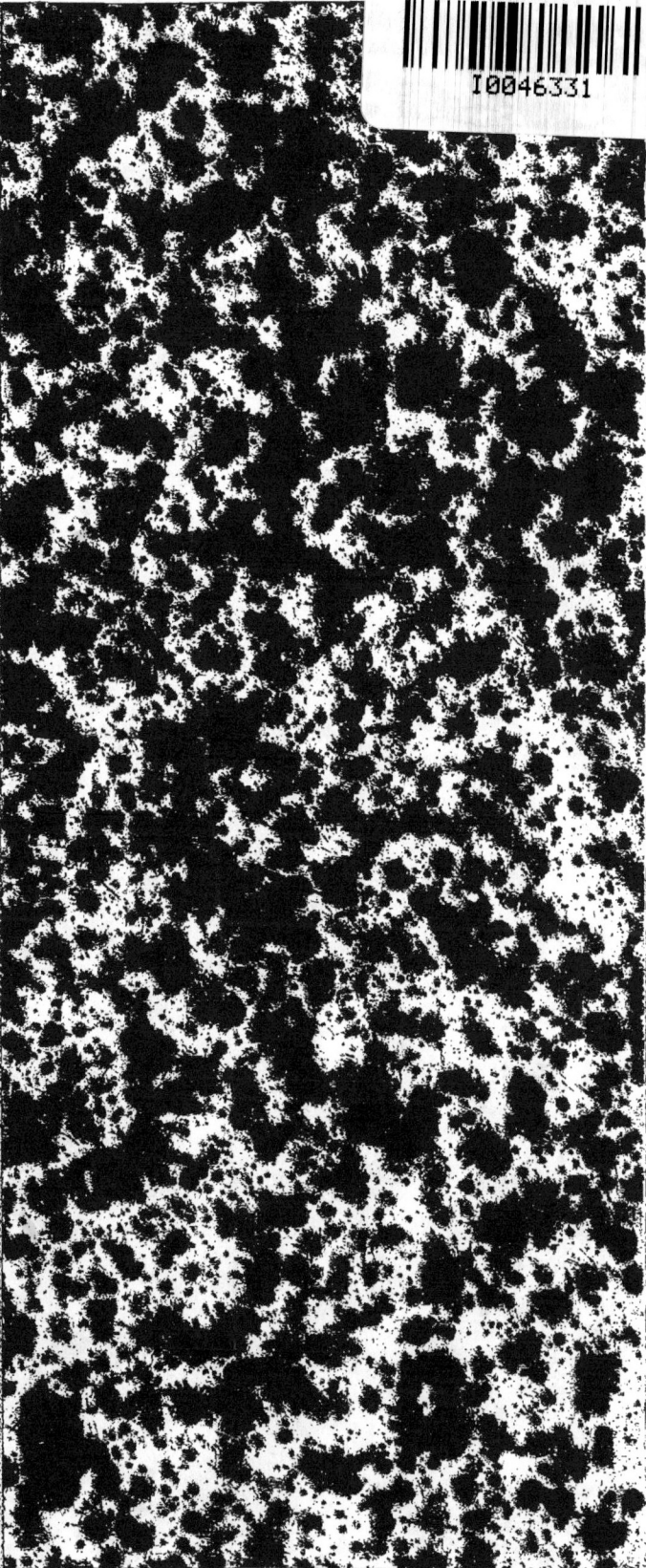

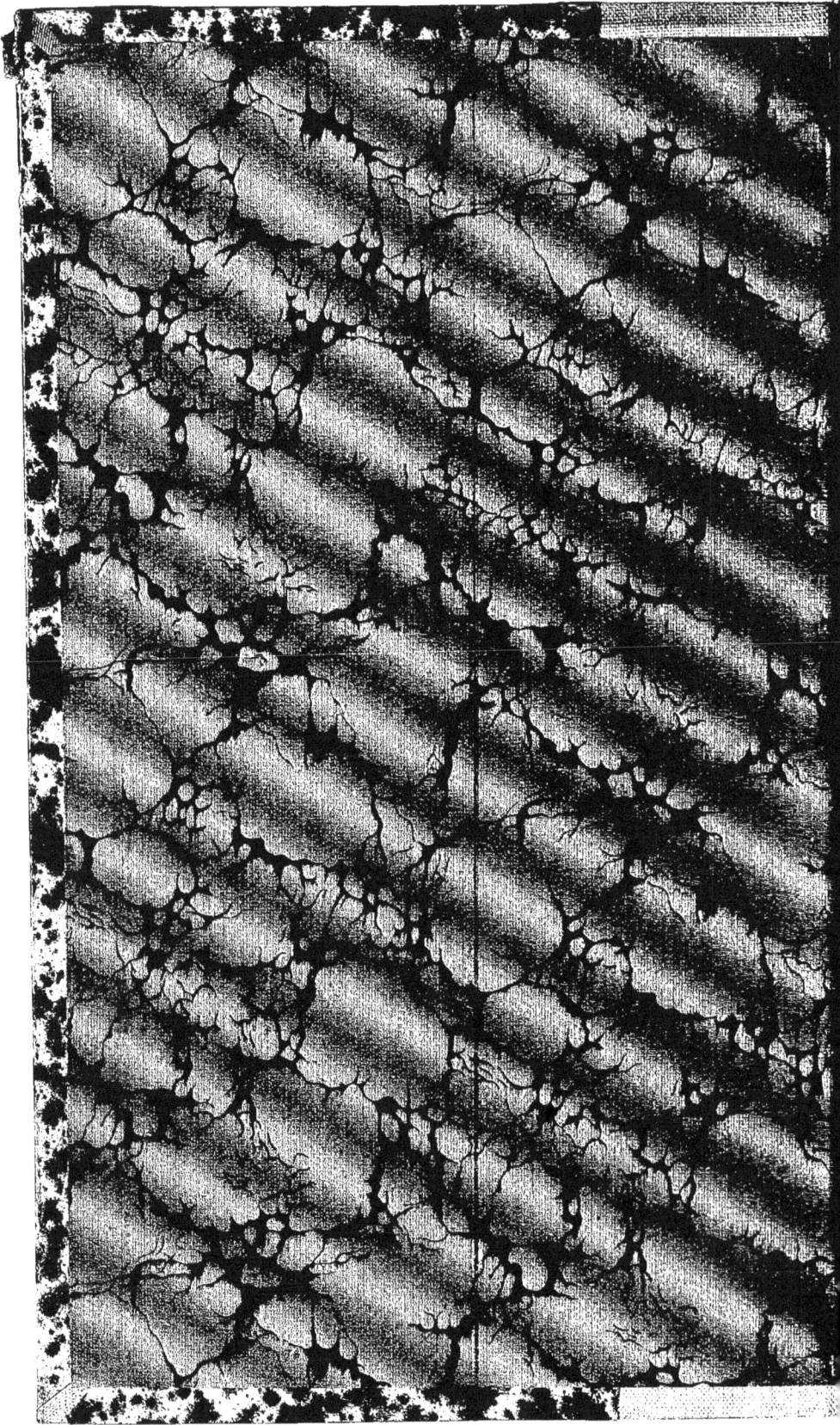

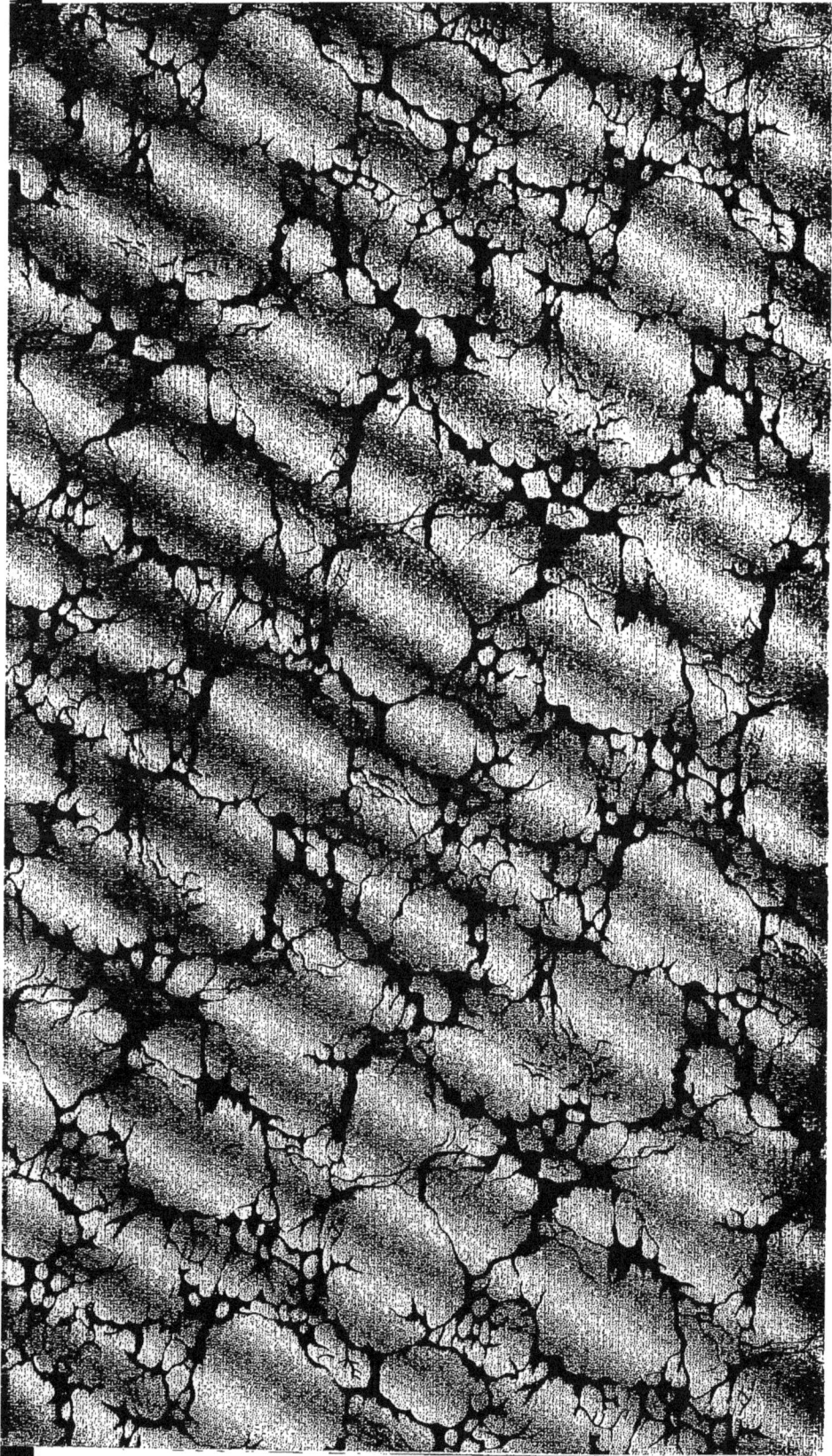

DEUXIÈME ÉDITION
CONSIDÉRABLEMENT AUGMENTÉE

TRAITÉ PRATIQUE

DE L'ENTRETIEN

ET

DE L'EXPLOITATION

DES

CHEMINS DE FER

PAR

CH. GOSCHLER

INGÉNIEUR, ANCIEN ÉLÈVE DE L'ÉCOLE CENTRALE DES ARTS ET MANUFACTURES
et successivement :
INGÉNIEUR PRINCIPAL AUX CHEMINS DE FER DE L'EST
DIRECTEUR GÉNÉRAL DU CHEMIN DE FER HAINAUT ET FLANDRES
DIRECTEUR GÉNÉRAL DU CONTRÔLE DES CHEMINS DE FER DE LA TURQUIE D'EUROPE
DIRECTEUR GÉNÉRAL DES ÉTUDES ET DE LA CONSTRUCTION DES CHEMINS DE FER
EN TURQUIE D'EUROPE
CONSEILLER TECHNIQUE DU GOUVERNEMENT OTTOMAN, ETC.

TOME TROISIÈME

IIᵉ PARTIE : SERVICE DE LA LOCOMOTION

PREMIÈRE SECTION

MATÉRIEL DE TRANSPORT

AVEC ATLAS DE 39 PLANCHES IN-FOLIO

PARIS

LIBRAIRIE POLYTECHNIQUE
J. BAUDRY, LIBRAIRE-ÉDITEUR
RUE DES SAINTS-PÈRES, 15
LIÉGE, MÊME MAISON

1878

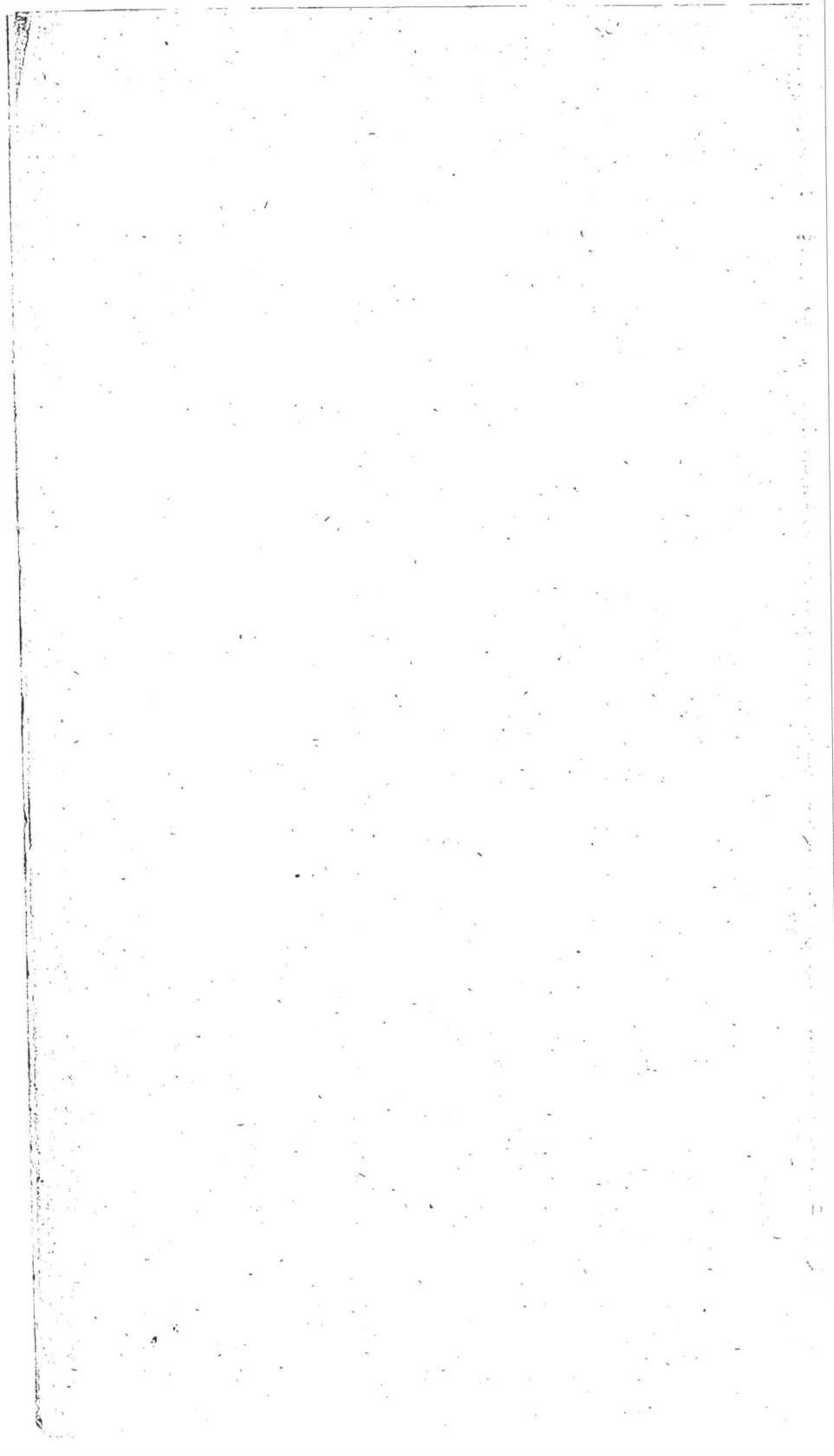

TRAITÉ PRATIQUE

DE L'ENTRETIEN ET DE L'EXPLOITATION

DES

CHEMINS DE FER

DU MÊME AUTEUR :

Les Chemins de fer nécessaires. Étude sur les chemins de fer économiques. Brochure in-8°, tableaux et planches.

Note sur les Chemins de fer suisses. Brochure in-8° avec tableaux et planches.

Note sur la construction du pont du Rhin à Cologne, avec planches.

Note sur la pénétration des bois par des sels métalliques.

Carbonisation de la Houille en 1852 et 1853.

Exploitation des Mines et Usines du Bleiberg-en-Eiffel.

Paris. — Typographie A. Hennuyer, rue d'Arcet, 7.

TRAITÉ PRATIQUE

DE L'ENTRETIEN

ET

DE L'EXPLOITATION

DES

CHEMINS DE FER

PAR

CH. GOSCHLER

INGÉNIEUR ANCIEN ÉLÈVE DE L'ÉCOLE CENTRALE DES ARTS ET MANUFACTURES
et successivement :
INGÉNIEUR PRINCIPAL AUX CHEMINS DE FER DE L'EST
DIRECTEUR GÉNÉRAL DU CHEMIN DE FER HAINAUT ET FLANDRES
DIRECTEUR GÉNÉRAL DU CONTRÔLE DES CHEMINS DE FER DE LA TURQUIE D'EUROPE
DIRECTEUR GÉNÉRAL DES ÉTUDES ET DE LA CONSTRUCTION DES CHEMINS DE FER
EN TURQUIE D'EUROPE
CONSEILLER TECHNIQUE DU GOUVERNEMENT OTTOMAN, ETC.

TOME TROISIÈME

SERVICE DE LA LOCOMOTION (IIᵉ PARTIE)

PREMIÈRE SECTION

MATÉRIEL DE TRANSPORT

DEUXIÈME ÉDITION

Considérablement augmentée

PARIS

LIBRAIRIE POLYTECHNIQUE

J. BAUDRY, LIBRAIRE-ÉDITEUR

RUE DES SAINTS-PÈRES, 15

LIÉGE, MÊME MAISON

—

1878

SECONDE PARTIE

SERVICE DE LA LOCOMOTION

PREMIÈRE SECTION

MATÉRIEL DE TRANSPORT

CHAPITRE I.

CONSIDÉRATIONS GÉNÉRALES.

§ I. RELATIONS DE LA VOIE ET DU MATÉRIEL ROULANT.

1. CONSTITUTION DES TRAINS DE VÉHICULES. — Ce qui sert à tout véhicule de chemin de fer de base, d'intermédiaire entre la voie et la chose à transporter, c'est le *Train*, composé d'un châssis rectangulaire, de divers appareils qui relient les véhicules entre eux et d'essieux montés sur roues.

Entre le châssis et la partie de l'essieu — la *Fusée* — sur laquelle est directement appliquée la charge à transporter, on interpose un *Coussinet de friction* enchâssé à cet effet dans une *Boîte* qui enveloppe la fusée. Une cavité réservée dans cette boîte reçoit la matière grasse qui lubrifie les surfaces frottantes de la fusée et du coussinet ; de là le nom de *Boîte à graissage* donné à l'ensemble de l'appareil. Pour amortir les chocs imprimés aux roues par les inégalités de la voie, on place un *Ressort* entre chaque boîte et le châssis.

Si les essieux ne restaient pas toujours parallèles entre

1

eux, les roues quitteraient la voie. Afin de conserver le
parallélisme des essieux et leur position sous le châssis,
les boîtes à graissage sont embrassées latéralement par
deux appendices fixés sur les faces longitudinales du châssis
et qui portent le nom de *Plaques de garde*. Un jeu suffisant
est ménagé entre les boîtes et les plaques de garde pour
que celles-ci puissent descendre et monter le long des
boîtes à graissage en suivant les flexions des ressorts.

Par suite de ces arrangements, tout mouvement imprimé
au châssis se transmet aux boîtes à graissage par leurs
attaches au châssis, et des boîtes aux essieux et aux roues
par l'intermédiaire des coussinets.

Les deux roues montées et *calées* sur un même essieu
sont solidaires. Elles portent au pourtour de leur jante, du
côté de l'intérieur de la voie, un bourrelet — *Boudin* ou
Mentonnet — saillie continue qui, en cas de besoin, empêche
la roue de passer en dehors de la voie.

Le train du véhicule de chemin de fer est donc caractérisé
par deux dispositions considérées jusqu'à présent comme
fondamentales : le parallélisme des essieux et la solidarité
des roues calées sur le même essieu avec la voie. Ainsi
constitué, ce train ne pourrait se mouvoir qu'en ligne droite,
et encore difficilement, si le constructeur n'avait apporté à
ces deux dispositions plusieurs correctifs qui permettent au
train de circuler librement en ligne droite et assez facilement dans les courbes de raccordement des alignements
droits. Ces correctifs sont : 1° le *jeu de la voie ;* 2° le jeu des
boîtes dans les plaques de garde ou *jeu des essieux ;* 3° la
conicité de la jante.

2. JEU DE LA VOIE. — On désigne ainsi l'espace libre
ménagé entre le boudin de la roue et le rail voisin, espace
suffisant pour empêcher le boudin de frotter trop fréquemment contre la face intérieure du champignon du rail. —
En France, dans les alignements droits, avec un espacement
intérieur des rails de $1^m,450$ et des champignons de $0^m,060$

de largeur, lorsque le cercle de roulement du bandage coïncide avec l'axe du rail, cet espace est de $0^m,015$ quand la roue et le rail sont neufs — il augmente jusqu'à $0^m,025$, quand le boudin est réduit au minimum de $0^m,019$ d'épaisseur à la hauteur du contact du champignon du rail.

En Autriche-Hongrie, où les rails sont espacés intérieurement de $1^m,436$, les faces intérieures des bandages à $1^m,360$ (pl. I, fig. 1), l'épaisseur des boudins étant $0^m,030$, le jeu de la voie est :

$$\frac{1}{2}[1^m,436 - (1^m,360 + 0^m,06)] = 0^m,008.$$

Il est double pour l'une des roues lorsque le boudin de l'autre roue touche le champignon voisin. Par l'usure des boudins et l'élargissement de la voie dans les courbes — Ire partie, 212 — ce jeu double s'élève jusqu'à $0^m,050$ (pl. I, fig. 2). Quand le jeu de la voie peut atteindre cette dimension, il faut tenir compte de la largeur de la zone de contact de la jante avec le rail et de la largeur de l'ornière des changements et croisements de voie — Ire partie, chap. VII, § 1 —. Avec un jeu trop grand, on arriverait à cisailler la face de roulement du rail d'une part et on courrait le risque de dérailler sur les pointes de cœur d'autre part.

Le jeu de la voie varie d'ailleurs avec l'espacement normal des rails et le minimum adopté pour le rayon des courbes. Sur le chemin d'Ergastiria — Compagnie du Laurium en Grèce — la voie a 1 mètre de largeur entre rails ; le champignon des rails $0^m,048$, le rayon minimum des courbes 50 mètres. La distance entre les bandages des roues de vagons est de $0^m,925$, la largeur des bandages $0^m,115$, et l'épaisseur des boudins $0^m,029$; le jeu de la voie est donc :

$$\frac{1}{2}[1^m,000 - (0^m,925 + 2 \times 0^m,029)] = 0^m,0085.$$

Pour les roues de locomotives du même chemin la distance entre les bandages est aussi de $0^m,925$, la largeur des bandages 0^m,125 et l'épaisseur des boudins 0^m,025. Le jeu de la voie pour ces roues est 0^m,0125.

La surlargeur donnée à la voie dans les courbes n'est que de 6 millimètres. La conséquence de ces dispositions se traduit par une usure très-prononcée des boudins de bandages.

Dans leur session tenue à Hambourg, en 1871, les ingénieurs des chemins de fer allemands ont fixé pour le jeu de la voie les valeurs suivantes :

Minimum = 0^m,01 ; maximum = 0^m,025, la distance entre rails étant de 1^m,436.

3. JEU DES ESSIEUX. — Dans chacune des deux faces de la boîte à graissage normales à l'axe de la voie est pratiquée une rainure a (pl. 1, fig. 3) qui reçoit la branche correspondante de la plaque de garde. Entre les faces de ces rainures et de ces branches, il existe un certain *jeu* qui laisse aux boîtes, et par conséquent aux essieux parcourant une courbe, la liberté de s'écarter un peu du parallélisme.

On sait que des essieux libres, circulant dans une courbe, tendent à converger vers le centre de cette courbe. Dans les véhicules de chemin de fer, on favorise un peu cette tendance afin d'éviter le glissement des jantes qui résulterait du parallélisme absolu. Calculons la valeur du jeu des essieux, nécessaire pour faciliter le passage dans les courbes.

Soient AB et CD (pl. 1, fig. 4) les positions des axes de deux essieux parallèles ; MN, leur distance moyenne ; ab et cd, les positions de ces deux axes convergeant vers le centre O de la courbe ; le jeu des essieux sera donc :

$$Bb = Aa = Dd = Cc = \frac{i}{2}.$$

Posant M = R, A M = $\frac{l}{2}$, MK = $\frac{h}{2}$, on trouve $i = \frac{lh}{2R}$, valeur d'autant plus grande que la voie est plus large, l'espacement des essieux plus prononcé, et d'autant plus faible que le rayon des courbes est plus grand.

En prenant $l = 1^m,50$, $h = 3$ mètres, R = 300 mètres, on a

$i = 0^m,0074$. Tel serait le jeu d'une boîte à graissage dans sa plaque de garde, si l'on voulait faire converger les essieux vers le centre de toutes les courbes au rayon minimum de 300 mètres; mais cette grande latitude de déplacement pourrait amener des oscillations trop prononcées dans la marche en ligne droite. En pratique, le jeu des essieux des voitures et vagons ne dépasse guère 3 à 4 millimètres.

Dans les machines locomotives à roues accouplées le jeu pour la convergence des essieux n'est plus admissible en raison de l'égalité de longueur des bielles conjuguées. Ici on a recours à un autre artifice pour faciliter l'inscription des roues dans la courbe, artifice qui consiste à laisser du jeu entre les collets des fusées et les coussinets de graissage, puis à diminuer l'épaisseur des boudins des bandages des roues du milieu et d'arrière — IIe part., 2ᵐᵉ section, chap. IV, § 1ᵉʳ.

4. CONICITÉ DES BANDAGES. — Le jeu de la voie, le jeu des boîtes, si les jantes des roues étaient cylindriques, laisseraient aux essieux trop de facilités d'osciller en tous sens. Le correctif de cette tendance, c'est l'inclinaison donnée a la face de roulement du bandage relativement à l'axe de l'essieu, la conicité.

Soient l l'espacement des rails d'axe en axe, ou la distance des centres des circonférences moyennes de roulement des bandages (pl. I, fig. 5), $2e$ la largeur de la zone de déplacement de la circonférence de contact du bandage et du rail, α l'inclinaison par unité de longueur de la face de roulement du bandage sur l'axe de l'essieu, r le rayon de la circonférence moyenne de roulement. La valeur des rayons des circonférences extrêmes de roulement sera respectivement $R = r + \alpha e$ et $R' = r - \alpha e$.

Lorsque, à la suite d'un déplacement transversal et total de l'essieu, la circonférence du rayon R de l'une des roues est en contact avec son rail, on voit que c'est la circonférence du rayon R' de la roue conjuguée qui porte sur l'autre rail. Les deux bandages parcourent dans le même temps des chemins de longueurs différentes en supposant qu'il n'y ait pas de glissement. Cette différence pour chaque tour de roue est $2\pi\varkappa e$. L'une des roues prend donc de l'avance sur l'autre. Voyons ce qui se passe dans les différentes phases du parcours sur la voie.

5. Pendant le parcours en ligne droite, la roue qui, par une cause quelconque, prend de l'avance, s'éloigne de son rail en donnant à l'essieu une position oblique. Alors la roue conjuguée devenant oblique se rapproche de son rail, qu'elle attaque à son tour par une circonférence de rayon de plus en plus grand, et prend de l'avance. Cette avance croît d'autant plus vite que la première roue voit diminuer le rayon de sa circonférence de roulement, et les deux roues se rapprochent l'une et l'autre de la position normale de leur circonférence moyenne sur l'axe de chaque rail pour s'en écarter de nouveau sous l'une des nombreuses causes de perturbation qui agissent sur le véhicule en mouvement. C'est cette différence de parcours des roues $2\pi\varkappa e$ qui contribue en grande partie à produire le mouvement de *lacet*, malheureusement trop connu des voyageurs.

Menons la ligne *nmo* qui, passant par l'extrémité du rayon $R = r + \varkappa e$ de l'une des roues et par l'extrémité du rayon $R' = r - \varkappa e$ de l'autre roue, coupe au point O l'axe de l'essieu. Ce point peut être considéré comme le sommet d'un cône dont la génératrice s'appuierait sur les circonférences extrêmes dont les rayons sont R et R'. L'essieu monté sur ses roues se meut, dans cette position extrême, à l'instar d'un cône, et dans sa rotation il doit tendre à sortir de la voie jusqu'à ce que, par l'effet de la conicité et l'entrée en action du boudin de la roue intérieure, le centre de rotation se déplace en passant d'abord à l'infini pour se retrouver toujours sur le prolongement de l'axe de l'essieu, mais de l'autre côté de la voie.

Déterminons en premier lieu la distance de la projection

du centre de l'essieu sur l'axe de la voie au sommet. On a :
$oq : op :: qn : pm$; en remplaçant $oq = \rho + \frac{l}{2} - e$; $op = \rho$
$- \frac{l}{2} - e$; $qn = R = r + \alpha e$; pm $R' = r - \alpha e$, on en tire
l'égalité

$$\frac{\rho + \frac{l}{2} - e}{\rho - \frac{l}{2} - e} = \frac{r + \alpha e}{r - \alpha e}, \text{ d'où } \rho = \frac{lr}{2\alpha e} + e,$$

ou plus simplement, et sans erreur sensible, $\rho = \frac{lr}{2\alpha e}$.

Pour $l = 1^m,50$, $r = 1$ mètre, $\alpha = \frac{1}{20}$, $e = 0^m,030$, on aurait
$\rho = 683$ mètres. La valeur de ρ indique, ce qui était d'ailleurs
évident *à priori*, que plus α diminue, plus ρ devient grand, et
que le point O est situé à l'infini quand la conicité est
nulle.

Pour connaître le chemin que parcourrait l'essieu en passant de sa position extrême de gauche à la position extrême
de droite s'il continuait à rouler comme un cône, il suffit de
prolonger la ligne du petit rayon pm et de décrire, du
sommet O du cône, avec un rayon égal à Os, un arc de cercle
jusqu'à sa rencontre z avec la ligne du petit rayon prolongé. On a la distance cherchée x ou pz donnée par la
proportion $2e : x :: x : 2\rho - \frac{l}{2} - e$, et en simplifiant :

$$x = 2\sqrt{\rho.e}, \text{ ou } x = 2\sqrt{\frac{lr}{2\alpha}}.$$

Cette limite de x n'est jamais atteinte en fait, puisqu'en
cheminant les circonférences de roulement changent de
rayon et tendent à redevenir égales. La valeur de x, considérée comme la limite de l'amplitude du mouvement de
lacet, fait voir qu'elle est indépendante de la valeur de e ou
du jeu de la voie, mais qu'elle est d'autant plus grande que
la largeur de la voie et le rayon des roues sont plus grands
et que la conicité des bandages est plus faible, toutes choses
égales d'ailleurs. Ainsi pour $l = 1^m,50$, $r = 1$ mètre, $\alpha = \frac{1}{20}$ on

a $x = 7^m,75$; en prenant $l = 1^m,50$, $r = 1$ mètre, $\alpha = \frac{1}{10}$, on a $x = 5^m,50$.

6. Dans le passage des courbes la force qui tend à conserver au véhicule son mouvement rectiligne le pousse vers le rail extérieur, la roue extérieure roulant sur la plus grande circonférence de roulement et la roue intérieure sur la plus petite.

Comme les chemins parcourus dans le même temps par les roues diffèrent de longueur, il y a tendance au glissement des roues sur les rails lorsqu'on n'établit pas un accord convenable entre les conditions du tracé de la ligne et celles de la construction du matériel roulant.

Si l'on prend en effet le point O (pl. 1, fig. 5) comme centre de la courbe parcourue par le véhicule, nous voyons que les roues circulant sur leurs circonférences extrêmes parcourront dans le même temps des chemins proportionnels à leurs rayons. Si ces chemins coïncident avec les axes des rails de la courbe du rayon ρ, on aura la même égalité que plus haut, d'où l'on tirera la valeur du rayon ρ de la courbe dans laquelle un matériel donné pourra circuler librement.

En posant $l = 1$ mètre, $r = 0^m,65$, $\alpha = 0^m,10$, $e = 0^m,02$, on trouve pour valeur du rayon ρ de la courbe favorable à la circulation du matériel, $\rho = 130$ mètres. Il ne faut cependant pas croire que la conicité suffise pour parer aux difficultés du parcours en courbe, mais elle les atténue dans une certaine mesure.

Sur les lignes à grande vitesse on prend ordinairement $\alpha = \frac{1}{20}$; mais dans les tracés sinueux on pourrait l'élever à $\frac{1}{16}$, valeur adoptée par les lignes de l'État hongrois, et même $\frac{1}{10}$, comme on l'a fait pour le matériel roulant sur la ligne des houillères d'Oravitza à Steierdorf (Hongrie).

D'un autre côté, une trop grande conicité comme un jeu trop considérable dans les plaques de garde appliqués au matériel construit spécialement pour une voie très-sinueuse, auraient deux inconvénients pour la circulation sur les lignes à grands rayons et dans des trains de grande vitesse, où les oscillations deviendraient considérables. Le transbordement d'une ligne à l'autre serait nécessaire, malgré l'adoption de la même largeur de voie : nouvel argument en faveur de la voie étroite pour les lignes d'intérêt secondaire.

7. Le boudin du bandage indispensable pour maintenir les roues sur les rails est une cause de résistance pour la circulation en courbe. En supposant que le mouvement imprimé au véhicule tende à le pousser vers le rail extérieur, le boudin ramène la jante vers le centre de la courbe et occasionne un glissement dans ce sens; glissement d'autant plus grand que la distance des essieux extrêmes supposés parallèles et sans jeu est plus grande, mais d'autant plus petit que le rayon de la courbe est plus grand.

Le boudin lui-même exerce une pression contre le rail. La résistance due au frottement qui en résulte est fonction de la portion du boudin masquée par le rail.

8. ESPACEMENT DES ESSIEUX. — Presque toutes les locomotives et quelques voitures de grandes lignes sont établies sur six essieux, la majeure partie des autres véhicules, sur deux essieux. On comprend sans peine que la distance des essieux extrêmes a une très-grande influence sur la facilité de parcours dans les courbes. Nous avons vu précédemment — 3 — qu'il existe entre le rayon des courbes parcourues, le jeu des boites à graissage et la distance des essieux extrêmes d'un même véhicule, une relation nécessaire pour que le parcours ait lieu sans trop de difficulté. L'équation $i = \frac{l.h}{2R}$ donne aussi $R = \frac{l.h}{2i}$, c'est-à-dire que plus h, écartement des essieux extrêmes, augmente, plus grand doit être le rayon de la courbe à parcourir.

Dans son congrès de 1865 l'Association des ingénieurs des chemins de fer allemands avait fixé comme suit l'écartement des essieux extrêmes et les rayons minima des courbes de la voie :

Espacements maxima.	Rayons maxima des courbes en pleine voie.
3ᵐ,66	240 à 300 mètres.
4 ,57	300 à 360 —
5 ,03	360 à 460 —
5 ,50	460 à 600 —
7 ,32	au-delà de 600 —

Ces dimensions appliquées et observées pendant six années ont donné lieu à des accidents et à des dépenses d'entretien tels que l'Association allemande a dû revenir sur ces prescriptions; dans sa réunion de 1871 à Hambourg elle a adopté les relations reproduites au tableau suivant :

Espacements maxima.	Rayons maxima des courbes en pleine voie.
3ᵐ,000	250 mètres.
3 ,400	300 —
3 ,800	350 —
4 ,200	400 —
4 ,600	450 —
5 ,000	500 —
5 ,400	550 —
5 ,800	600 —
6 ,000	au-delà de 600 —

9. Dimensions maxima des véhicules. — Dans le sens de l'axe de la ligne, on peut donner aux objets portés par le train, caisses, mécanisme, chargement, une longueur arbitraire, limitée toutefois par la longueur du châssis ou par la facilité de circulation, ou enfin, par les conditions de sécurité. Dans le sens transversal, les dimensions sont très-rigoureusement limitées.

Nous avons indiqué — 1ʳᵉ part., chap. ii, § 1ᵉʳ; chap. iv, § 2; chap. ix, § 2; chap. x, § 3 et § 4 — les dimensions transversales qu'il faut donner aux espacements des voies et des constructions qui s'élèvent au-dessus des rails pour laisser aux véhicules toute liberté de circulation.

Dans une locomotive les parties les plus saillantes sont : le cendrier, les pièces du mécanisme et la cheminée; dans les voitures et vagons, les marchepieds, les portières ouvertes, les toitures et enfin les chargements de marchandises sur plate-forme.

Le maximum de largeur transversale des véhicules est porté à deux fois et même deux fois et un quart celle de la voie. Ainsi, pour un espacement de rails de 1^m,450, la largeur extrême de quelques parties saillantes des véhicules atteint jusqu'à 3^m,25, mais cette largeur n'est pas uniforme sur tout le profil en travers. D'autre part, il y a pendant le parcours des véhicules des oscillations en tous sens qui proviennent tantôt des tassements inégaux sous la base des rails, tantôt des inégalités de répartition de la charge, de la flexibilité des ressorts, de l'inclinaison transversale de la voie en courbe, etc., oscillations qui augmentent l'étendue de l'espace théoriquement nécessaire au libre passage.

Il faut donc laisser autour du profil enveloppe, du gabarit, une zone supplémentaire de libre passage en pleine voie. Ce n'est pas tout encore : un garde, un surveillant, une équipe de cantonniers peuvent se trouver sur la ligne au passage d'un train. Pour se mettre hors d'atteinte, il leur faut un espace libre en dehors et du profil maximum des véhicules et de la zone supplémentaire.

Pour la voie de 1^m,50, le minimum de débouché imposé par le cahier des charges est 4^m,60 de largeur entre les parapets de viaduc, entre les culées des ponts, dans les tranchées en roche dure, dans les tunnels, et 4^m,80 de hauteur entre l'intrados des ouvrages en dessus et le rail. Les dimensions en largeur laissent de chaque côté de la voie et au niveau des rails un espace libre de 1^m,465, qui peut être réduit à 0^m,10 depuis la hauteur de 1^m,12 jusqu'à celle de 3 mètres au-dessus des rails par les véhicules.

En effet, les portières peuvent être ouvertes pendant la marche ou fortuitement, ou en vue du contrôle. Ces portières font saillie de $0^m,670$ sur la face de la voiture, sur une hauteur comprise entre $1^m,12$ et 3 mètres environ au-dessus du rail. Or, sur un chemin de $1^m,50$, la voiture ayant $2^m,760$ de large, l'espace occupé par le véhicule et ses portières ouvertes est donc de $4^m,100$ au minimum ; en y ajoutant une zone libre de $0^m,10$, on voit que la sécurité demande un débouché supérieur à $4^m,50$ pour une voie, puisqu'il ne reste plus que $0^m,100$ entre la largeur totale du véhicule dans les cas extrêmes que nous venons de rappeler et celle que tolère le cahier des charges.

Avec une entre-voie de 2 mètres et même de $2^m,20$, il y aurait danger à ouvrir en même temps du côté de l'entre-voie les portières de deux trains se croisant sur une ligne de largeur normale à deux voies, puisque l'espace libre n'a que $3^m,50$ de largeur d'axe en axe, *à fortiori* sur des lignes à deux voies espacées de $1^m,80$ seulement.

Certains vagons à marchandises, munis de portes latérales à vantaux pivotants, occupent sur la voie, quand leurs vantaux se trouvent fortuitement ouverts, une largeur qui peut atteindre $4^m,25$; ce dont il faut tenir compte quand on établit un gabarit de libre circulation.

Ainsi, la sécurité du personnel en présence sur la ligne n'est rien moins qu'assurée avec l'espace libre de $0^m,10$, évidemment insuffisant. La recommandation que nous avons faite de ménager à certains intervalles des niches de refuge entre les parapets de viaducs un peu longs, dans les parois des tranchées à pic et dans les pieds-droits des tunnels est donc bien justifiée.

En stations les diverses constructions et les manipulations pratiquées par le personnel réclament aussi des profils de libre parcours qu'il ne faut pas perdre de vue en projetant les plans de ces établissements.

10. Pour obtenir un régime uniforme dans les lignes nouvelles, on annexe aujourd'hui aux contrats d'entreprise le profil qui doit guider les constructeurs du chemin de fer, des bâtiments ou des véhicules. Enfin, le gabarit qui enve-

loppe les vagons découverts, chargés ou vides, est communiqué au service de l'exploitation proprement dite pour le transmettre à chaque station et installer le gabarit de chargement dont nous parlerons ailleurs — IIIᵉ partie, *Stations; Marchandises en petite vitesse.*

La figure 6, pl. I, représente le gabarit annexé au cahier des charges des chemins de fer concédés en Belgique, avec la clause suivante : « Article 12. Le matériel d'exploitation, consistant dans les locomotives avec leurs tenders et dans les voitures servant soit au transport des voyageurs, soit à tout autre transport de quelque nature qu'il soit, sera construit de manière à assurer la sécurité des transports, la facilité du raccordement entre elles des voitures appartenant aux différentes administrations et la commodité des voyageurs; il devra pouvoir sans inconvénient être admis à circuler sur les lignes de l'Etat ou faire partie de ses trains, et aura des dimensions telles, qu'à vide ou à pleine charge, sa section transversale soit renfermée dans les limites indiquées par des lignes pleines sur la figure annexée au présent cahier des charges, y compris la saillie des portières représentée par des lignes ponctuées. »

La figure 7, pl. I, règle les dimensions des charges exceptionnelles.

La figure 8, pl. I, reproduit le gabarit adopté par l'Association des chemins allemands. Dans ce dernier la partie gauche du profil est le gabarit de libre parcours en pleine voie; la partie droite s'applique aux constructions dans les stations.

Les chemins hongrois sur lesquels circulent des chasse-neige de grandes dimensions et des locomotives dont le mécanisme et les cylindres s'approchent très-près du plan des rails, ont apporté au gabarit de l'Union allemande les modifications indiquées planche I, figure 9. Dans ce gabarit on remarquera que le profil de libre passage dans les stations est occupé en partie par le développement des portes de la caisse inférieure des vagons - bergeries (pl. XXIV, fig. 1, 2, 3), cause bien probable d'accidents ou tout au moins d'avaries graves.

11. ACCOUPLEMENTS DES VÉHICULES. — Chaque véhicule est mis en rapport avec le véhicule voisin par des appareils qui servent, les uns à transmettre le mouvement imprimé par le moteur dans la marche en avant : ce sont les *appareils de traction*, les autres à recevoir les pressions exercées par l'un des véhicules sur son voisin lorsque le mouvement du premier se ralentit, s'arrête ou devient rétrograde ; ou enfin, lorsqu'un des véhicules étant en marche rencontre l'autre au repos : ce sont les *appareils de choc*.

12. APPAREILS DE TRACTION. — Au début, les véhicules étaient accouplés par des chaînes en fer suspendues à un crochet fixé tantôt sur·le côté des brancards du châssis, tantôt sur le milieu de la traverse extrême. Ces dispositions, appliquées encore aujourd'hui pour le matériel des chemins industriels ou des terrassements, occasionnaient en marche des secousses et des oscillations très-fatigantes pour les véhicules et pour les voyageurs. Il avait cependant l'avantage de faciliter le départ des trains, l'effort de la machine se transmettant successivement d'un vagon au vagon suivant. Ce système fonctionnait encore vers 1840 sur les lignes de Versailles (rive droite) et de Saint-Germain.

Plus tard on substitua aux chaînes l'accouplement par des barres de fer rigides. Cet arrangement rendait bien les véhicules solidaires les uns des autres et diminuait la violence des secousses de la marche ; mais au départ la continuité de l'attelage nécessitait un surcroît d'effort de traction qui se traduisait par un patinage souvent désastreux pour les machines.

Cet accouplement rigide en usage dans le matériel américain permet la suppression des appareils de choc, mais il est d'une manœuvre difficile, inconvénient sérieux quand il faut accoupler les voitures ou les découpler rapidement, ou bien en cas de déraillement.

Presque partout on a remplacé ces divers modes de réunion par un accouplement élastique. On fit d'abord passer la tige terminant les chaînes d'attelage par un trou pratiqué dans chaque traverse extrême du châssis. Cette tige se terminait en forme de chape qui enveloppait un ressort ayant la forme d'un arc dont les extrémités s'appuyaient contre la traverse extrême à l'intérieur du châssis. L'effort de traction était donc imposé tout entier à la résistance de la traverse extrême. Il en résultait une grande fatigue pour cette pièce et ses assemblages avec le reste du châssis qui devait transmettre l'effort de traction au véhicule suivant.

13. APPAREILS DE CHOC. — Autrefois les véhicules, reliés les uns aux autres par des chaînes de traction, étaient maintenus à distance lorsqu'ils se rapprochaient les uns des autres par un petit prolongement des brancards du châssis. Ces prolongements recevaient des secousses souvent violentes, dont le moindre inconvénient était la dislocation du matériel.

Pour les voyageurs les secousses étaient intolérables et les accidents nombreux. Comme palliatif on garnissait les extrémités de ces prolongements avec des tampons de matières compressibles recouvertes de cuir. Ces tampons, d'ailleurs peu efficaces et trop éloignés de l'axe des véhicules, se détérioraient rapidement. On en rencontre encore de rares applications sur quelques vagons à marchandises ou à terrassement.

14. APPAREILS DE TRACTION ET DE CHOC. — Aux tampons *secs* on substitua un tampon unique agissant sur un ressort à pincettes fixé à la traverse extrême du châssis (pl. 1, fig. 10). Comme le représente ce dessin en coupe et en plan, la traverse extrême du châssis se compose de deux moises qui comprennent entre elles l'une des moitiés du ressort, l'autre moitié faisant saillie en dehors du châssis. L'ensemble du ressort est maintenu dans un plan horizontal par quatre

guides en fer, qui peuvent glisser à travers des trous ménagés dans deux platines en fonte fixées l'une à l'arrière de la traverse extrême, l'autre à l'avant de la traverse voisine. A l'extérieur, ces tiges sont arrêtées à une platine en fer qui porte la chape de la partie extérieure du ressort, un tampon de choc et les anneaux des crochets d'attelage. Cette platine est reliée par quatre petits boulons à une pièce du même genre attachée à l'arrière de la partie interne du ressort.

Lorsque les véhicules se rapprochent, les tampons en contact pressent sur le ressort, qui reporte la compression contre la platine de fonte attachée à la première traverse, et de là sur l'ensemble du châssis. Quand au contraire les crochets d'attelage entrent en action, ils entraînent les platines en fer intérieures, compriment le ressort en l'appuyant contre la platine du tampon, qui reporte l'effort de traction, par l'intermédiaire des quatre tiges-guides, contre la face intérieure de la seconde traverse. Cette dernière se trouve elle-même reliée à la seconde traverse de l'autre extrémité du vagon par une longrine. La transmission des efforts de traction a donc lieu directement suivant l'axe des véhicules. Mais les effets de compression se transmettent encore par l'intermédiaire de la traverse extrême et des tampons rembourrés placés dans l'axe des brancards. De là encore des dislocations. Cet arrangement, très-ingénieux du reste, et auquel on reviendra en le modifiant pour l'adapter au matériel des lignes à voie réduite et à courbes très-roides, fatigue les châssis par son poids en porte à faux sur les extrémités des brancards.

15. Pour soulager les brancards, au chemin de Versailles (rive gauche), on plaça le ressort à pincettes sur le milieu du châssis (pl. I, fig. 11). La tête du tampon armé des anneaux à crochet se fixait à une tige terminée en chape pour embrasser les deux ressorts appuyés directement et de chaque côté sur la traverse du milieu du châssis. Cette traverse transmet immédiatement les efforts de compression

et de traction d'un ressort à l'autre, et par conséquent d'une barre d'attelage à l'autre, sans passer par l'intermédiaire du châssis. Ce dernier se trouve complétement affranchi des tendances à la déformation signalées plus haut.

Ce perfectionnement ne suffisait cependant pas pour empêcher le mouvement de lacet dans les trains à grande vitesse, car les tampons secs des brancards arrivent rarement au contact. Diverses dispositions furent alors adoptées pour remédier à cet état de choses.

16. Dans le matériel des lignes belges on reporta les ressorts de choc et de traction vers la tête des châssis (pl. I, fig. 12), en allongeant un peu les ressorts pour appliquer à leurs extrémités le bout des tiges des tampons rendus mobiles, ces tiges pouvant glisser dans des guides en fonte fixés contre la traverse extrême à une distance de $1^m,19$ d'axe en axe qui concordait avec un arrangement de brancards intérieurs abandonné depuis.

Les défauts de cette disposition sont : dislocation des châssis intéressés dans les chocs; surcharge des extrémités des châssis; insuffisance de la distance des tampons ($1^m,19$ d'axe en axe) et de leur course réduite par défaut de longueur des ressorts. Dans certains cas spéciaux elle peut, judicieusement appliquée, faire un bon service (pl. XXIII, fig. 7; pl. XXV, fig. 10 et 13; pl. XXVI, fig. 15).

17. Le chemin de Londres à Birmingham employait deux couples de ressorts à lames installés autour du centre et logés entre les pièces moisées du châssis, l'un des couples étant affecté à la traction, l'autre aux chocs, comme dans les châssis d'Orléans (pl. II, fig. 11 *bis*). L'un des ressorts du premier couple, simplement posé sur les traverses du centre, recevait l'effort de l'une des tiges de traction et le transmettait par l'intermédiaire de quatre tringles de jonction à son conjugué, qui le transmettait à son tour à l'autre tige de traction, de manière que l'effort de traction passait dans le châssis sans l'intéresser, par conséquent sans fatigue pour les assemblages. Les ressorts du second couple

s'appuyaient dos à dos au centre du châssis, leurs extrémités servant d'appui aux tiges des tampons de choc mobiles dans des boisseaux fixés aux traverses extrêmes dans l'axe des brancards. L'ensemble présentait une indépendance complète des pièces mobiles et du châssis ; et en même temps il améliorait l'appareil de choc par la grande flexibilité des ressorts de tampons.

18. Le chemin de Paris à Rouen a simplifié le système en le réduisant à deux grands ressorts établis au centre du châssis, et qui servent également à la traction et au choc. Cette disposition, conservée en principe par la compagnie de l'Ouest, est représentée dans les dessins du fourgon à bagages (pl. XII, fig. 1 et 2). Les ressorts, adossés du côté de leur convexité contre la traverse centrale et simplement posés sur deux tringles et deux traverses, sont saisis en leur milieu par les chapes qui terminent les tiges de traction ; à leurs extrémités elles s'appuient contre les bouts des tiges de tampons. Lorsqu'un des crochets de traction est tiré par le moteur, le ressort correspondant s'aplatit, et ses extrémités, tout en repoussant les tiges de tampons, buttent contre la traverse la plus voisine du centre. Celle-ci communique l'effort de traction aux brancards qui le transmettent à la deuxième traverse qui, à son tour, le fait passer au deuxième ressort, et de là, à la deuxième tige de traction. Avec ce système il restait donc encore une série, réduite il est vrai, mais enfin une série de pièces par lesquelles l'effort de traction devait se transmettre d'un véhicule au suivant.

19. La transmission appliquée aujourd'hui par la compagnie de l'Ouest est plus directe par la conjugaison des deux ressorts au moyen de quatre brides qui embrassent les deux ressorts vers le tiers de leur longueur. Par cette simplification les efforts de choc et de traction ne passent plus que par les ressorts et la traverse du milieu. A peu près irréprochable, si l'on n'envisage uniquement que sa destination, ce système a cependant le défaut d'être lourd et coû-

teux par les grandes dimensions des deux ressorts et la longueur des tiges de tampons.

20. Plusieurs administrations, principalement en Allemagne, ont adopté pour la traction un ressort installé au centre du châssis et formé tantôt de rondelles en caoutchouc, tantôt de rondelles en acier, tantôt de lames d'acier enroulées en spirales; et, pour appareils de choc, des tampons dont l'élément élastique est semblable à celui de l'appareil de traction — chap. V, § 2; pl. XXII, fig. 3 à 6.

21. Quel que soit d'ailleurs l'appareil de traction adopté, on accouple les tiges de traction de deux véhicules voisins au moyen d'un *tendeur à vis* qui rapproche (pl. XXXVI, fig. 7 et 8) à volonté les deux châssis de manière à mettre leurs tampons en contact. A l'aide de cette précaution les efforts de traction et de refoulement sont transmis successivement, sans chocs violents, à tous les véhicules et dans les deux sens du mouvement. Aussi dans les trains de grande vitesse les oscillations du lacet sont-elles d'autant moindres, toutes choses égales d'ailleurs, que les tendeurs rapprochent plus les tampons les uns contre les autres en donnant plus de bande aux ressorts — chap. V, § 2.

22. Pour le matériel à marchandises on était moins exigeant à l'origine. On voit encore des vagons à marchandises sans autres appareils de choc et de traction que des chaînes à crochet et des tampons secs, mais ils disparaîtront à leur tour, car l'entretien en est très-coûteux et leur intercalation dans les trains à attelages élastiques amène du désordre. On les remplace par des vagons munis d'appareils de choc et de traction, plus simples cependant que ceux des voitures à voyageurs.

Ce sont tantôt des ressorts en lames d'acier, tantôt des ressorts à spirales d'acier ou à rondelles d'acier ou de caoutchouc appliquées vers les têtes, ou bien réunis au centre du châssis (pl. XXII et XXVII).

Dans l'accouplement des vagons à marchandises le serrage des tampons n'est plus aussi nécessaire; on évite même de les amener au contact afin de faciliter le démarrage des trains, l'action du moteur se transmettant successivement à chaque vagon rendu indépendant en quelque sorte du véhicule qui le suit.

23. CHAINES DE SURETÉ. — Sous cette dénomination un peu trompeuse on emploie, pour compléter le système d'attelage, deux chaînes dites de *sûreté* placées de chaque côté du crochet d'attelage. Ces deux chaînes devant remplacer l'effet du tendeur brisé ou de la tige de traction rompue, il faut leur donner de fortes dimensions pour les empêcher de se briser sous l'effort du choc violent qui résulte de la rupture de l'attelage. Encore n'y résistent-elles pas toujours, surtout si elles ne viennent en prise que successivement, ce qui est le cas des ruptures d'attelage pour les trains lourds en rampe parcourant une courbe très-prononcée.

Les chaînes d'accouplement offrent plus de sécurité, autrement dit moins de chances de rupture, lorsqu'elles ne sont pas trop écartées de l'axe de traction et que l'effort exercé sur le châssis est amorti par l'interposition de rondelles en caoutchouc ou de ressorts en acier (pl. XXXVII, fig. 1 et 2.

24. POSITIONS RELATIVES DES VÉHICULES EN COURBE. — L'épure de la position de deux véhicules qui se touchent par l'un des tampons dans une courbe de petit rayon, démontre que les barres d'attelage prolongées, considérées comme les tangentes à la circonférence de l'axe de la voie, se réunissent en un point d'autant plus éloigné de cette circonférence que la longueur des véhicules est plus grande et le rayon de la courbe plus petit.

En appelant l la longueur des tiges de traction d'un crochet à l'autre d'un même véhicule (pl. I, fig. 13), ρ le rayon moyen de la courbe de la voie, h la distance du point de rencontre des deux tiges de traction à cette circonférence moyenne, on a $h : \frac{l}{2} :: \frac{l}{2} : h + 2\rho$, d'où $\frac{l^2}{4} = h^2 + 2h\rho$; en négligeant le terme h^2, on a $h = \frac{l^2}{8\rho}$. Prenant $l = 6$ mètres, $\rho = 100$ mètres, on aurait $h = 0^m,045$.

On voit que pour les vagons de longueur ordinaire l'effort de traction, dans les courbes les plus roides, prend une obliquité sans importance, corrigée d'ailleurs par la flexibilité des tiges, des tendeurs, par un peu de jeu dans les plaques de garde et dans la douille qui maintient la tige de traction au passage de la traverse de tête.

Dans les très-longs vagons américains, on divise la tige de traction par deux articulations qui la partagent en trois parties à peu près égales et, dans les courbes, l'amènent à la forme polygonale.

25. L'appareil de choc réclame plus d'attention. Quand les deux tampons intérieurs se touchent, les tampons extérieurs se trouvent écartés à une distance m d'autant plus grande (pl. I, fig. 13), que la longueur des véhicules et l'écartement des tampons sont plus grands et le rayon de la courbe plus petit.

En réduisant les pièces à leurs axes et en appelant l' la distance qui sépare deux tampons du même côté du vagon, d la distance d'axe en axe des tampons, et si l'on prend pour m la longueur des parties des axes prolongés des tiges comprises entre les tampons et leur point de rencontre, on a $\frac{m}{2} + \frac{l'}{2} : \frac{l'}{2} :: \rho + d : \rho - d$, d'où $m = \frac{2 l d}{\rho - d}$, ou à très-peu près $m = \frac{2 l' d}{\rho}$.

En prenant $l' = 6$ mètres, $d = 1^m,75$, $\rho = 200$ mètres, on trouve $m = 0^m,077$.

Ainsi dans une telle courbe, en supposant les vagons en refoulement, les tampons intérieurs devraient être enfoncés de près de $0^m,08$ avant que ceux de l'extérieur ne participent à la réaction. Si à cela on ajoute les différences de distance qui résultent du jeu de la voie, du jeu des plaques de garde et de la plus grande obliquité qui peut en résulter, on en conclut que, dans les parties de voie à courbes roides, il y a toutes chances de déraillement si on refoule trop brusquement sur des tampons à grand espacement:

De là cette conclusion, qu'il faut rapprocher autant que possible les axes des tampons de l'axe du véhicule. C'est en considération de cette nécessité que le matériel des lignes à voie réduite, revenant au point de départ des chemins de fer, n'emploie qu'un seul tampon comme dans le matériel du chemin de Festiniog, de Norwége, de Mondalazac, de la correction du Jura, du Brésil, etc. (pl. VIII, fig. 1, 7, 8, 10).

26. En fait, l'axe des barres d'attelage ne se trouve généralement pas dans le plan tangent à la circonférence moyenne de la voie en courbe. Il prend souvent la disposition indiquée par la figure 14 de la planche I. Si l'on considère comme fixe le point de jonction S des barres d'attelage de la figure 13, et qu'on amène la projection des barres d'attelage dans la position AB de la figure 14, on voit que le tamponnement devient plus défectueux encore par l'augmentation de la distance m entre les tampons extérieurs à mesure que grandit la distance AB des essieux extrêmes.

Dans les lignes exploitées par des trains à grande vitesse on corrige cette défectuosité par un serrage très-énergique des tendeurs, et par l'emploi de puissants ressorts posés avec une forte tension initiale. Mais l'observation précédente touchant le danger du refoulement brusque dans les courbes roides, avec un grand espacement des tampons et des voitures de grande longueur, n'en subsiste pas moins.

§ II. RÉSISTANCE DES TRAINS.

Les voitures et vagons réunis en trains éprouvent en se mouvant des résistances difficiles à analyser. Parmi celles que l'on croit pouvoir déterminer approximativement et sans courir trop de chances d'erreur on distingue :

1° La résistance développée à la jante des roues ;

2° La résistance produite par le frottement des fusées des essieux ;

3° La résistance occasionnée par la circulation dans les courbes ;

4° La résistance de l'air ;

5° La résistance due à la gravité.

27. RÉSISTANCE A LA JANTE. — Sans parler des réactions et des chocs inévitables et insaisissables par le calcul que les inégalités de la voie impriment à une roue en mouvement, le rail en bon état oppose à la marche de la jante une résistance dont l'intensité dépend de la dureté des surfaces en contact, du poids du mobile et du rayon de la roue.

Appelons T l'effort imprimé horizontalement au centre de la roue par l'intermédiaire du châssis et des plaques de garde, R le rayon de cette roue, $P + p$ la pression exercée par la roue sur le rail, P étant la portion du poids total du véhicule afférente à la roue et p le poids de cette roue et du demi-essieu correspondant. Cette pression engendre entre la jante et le rail une pénétration réciproque des molécules des deux corps en contact, une *adhérence* qui empêche la jante de glisser sur le rail et oblige la roue de tourner sous l'action de l'effort T. La réaction tangentielle qui résulte de cette adhérence est proportionnelle à la charge $P + p$. D'après les expériences de Coulomb, elle peut se représenter numériquement par l'expression $K(P + p)$, K étant un coefficient à déterminer par expérience et pour chaque cas particulier. Cette réaction tangentielle doit d'ailleurs être égale à l'action de la force T transportée à la jante, soit à $T \times R$, ce qui donne l'égalité $T \times R = K(P + p)$, d'où $T = \frac{K}{R}(P + p)$.

Le coefficient K peut être considéré comme le bras de levier d'une force Q égale à $P + p$, mais de signe contraire, qui serait la réaction du rail contre la jante et s'opposerait au roulement de la roue. Ce coefficient n'a pas encore été exactement déterminé ; très-variable de sa nature, il dépend du plus ou moins de tendance à la pénétration des surfaces en contact, de l'état plus ou moins convenable de la voie, des rails, des joints, etc.

Le facteur $\frac{K}{R}$ est donc aussi très-variable, mais on voit que, toutes choses égales d'ailleurs, il est d'autant plus faible que R est plus grand. D'après divers essais faits sur des roues de $0^m,900$ à 1 mètre de diamètre, on admet que la résistance de la jante au roulement est équivalente à l'effort de 1 kilogramme par tonne de charge brute $(P + p)$ exercé sur le centre de la roue.

28. Pour le dire en passant, cette même résistance sur les rails à ornière des tramways est d'environ 3 kilogrammes à $3^k,500$; sur une route de terre, même à l'état d'entretien le plus parfait, elle s'élève à 25 kilogrammes et plus par tonne de charge brute. C'est la variabilité excessive de cette cause de résistance qui produit les insuccès des locomotives routières.

29. RÉSISTANCE DUE AU FROTTEMENT DES FUSÉES. — Sous l'action du poids P sur la fusée de l'essieu et du mouvement de rotation de la fusée, il se produit entre le coussinet de la boîte à graissage et la fusée une résistance au glissement des deux surfaces l'une contre l'autre, un *frottement* dont l'intensité dépend de la nature et de l'état des deux corps en contact, du mode et de l'état de graissage. Supposons le poids P concentré sur le point de la génératrice de contact correspondant au rayon vertical de la fusée, et appelons f cette résistance au glissement par unité de poids, $f \times P$ donnera la mesure de la résistance due au frottement de la fusée. L'effort de traction T', nécessaire pour vaincre cette résistance agissant à l'extrémité du rayon de la roue R, aura pour expression T'R. Le moment de la résistance sera $f.P.r$, r étant le rayon de la fusée, ce qui donne en cas de mouvement uniforme l'égalité suivante :

$$T'R = fPr, \text{ d'où } T' = \frac{r}{R} f.P.$$

Ainsi l'effort de traction nécessaire pour vaincre la résistance aux fusées sera d'autant plus faible, que le rapport du rayon de fusée au rayon de la roue sera plus petit.

Diverses expériences paraissent démontrer que le frottement des fusées de voitures et de vagons ayant $0^m,075$ à $0^m,120$ de diamètre avec des roues de $0^m,85$ à $0^m,90$ de diamètre donne pour f une valeur qui se tient entre 1 kilogramme et $2^k,500$ par 1 000 kilogrammes de poids brut du véhicule, suivant la nature des parties en contact et la qualité du graissage, étant entendu que la pression ne dépasse pas la limite de charge qui refoule la matière grasse et fait gripper les métaux en contact.

30. Résistance au passage des courbes. — Le parallélisme et l'espacement plus ou moins grand des essieux, la solidarité des roues — 3 à 8 — doivent nécessairement produire au passage des courbes un frottement, entre les bandages et les rails, atténué par la conicité, le jeu de la voie et des essieux, mais qui n'en existe pas moins et réclame du moteur un surcroît d'effort. L'intensité de la résistance dans les courbes dépend encore du degré plus ou moins grand de tension des attelages — 21, 22.

Le calcul exact de la résistance due à ces deux causes ne présente aucun intérêt pratique, car il ne peut reposer que sur des hypothèses impossibles à vérifier, les réactions des véhicules les uns contre les autres, les inégalités de la voie et de la répartition des charges changeant à chaque instant la figure géométrique des organes en jeu. Nous verrons plus loin — 40 — que le surcroît d'effort dû au passage des courbes de 350 mètres de rayon peut approcher de 1 kilogramme par tonne pour un train de dix vagons, ce qui ferait par tonne et par vagon $0^k,10$ d'augmentation.

31. Résistance de l'air. — On a l'habitude de représenter la somme totale des résistances qu'éprouve un train en marche, par une expression de la forme $A + BV + CV^2$. Le premier terme de cette expression est une constante qui représente toutes les résistances du train animé d'une faible

vitesse : frottement normal des fusées, adhérence et frottement des bandages, etc.

Le second terme exprime les résistances dues aux chocs qui se produisent en raison de la vitesse du train au pourtour des roues, dans les boîtes à graissage, les plaques de garde, etc.

Le troisième terme donne la valeur de la résistance que l'air oppose à la progression du train et qui est proportionnelle au carré de la vitesse.

Le coefficient C est ordinairement de la forme $K\frac{S}{P}$, dans laquelle K est un facteur donné par l'expérience, S la surface que le premier véhicule en tête du train présente à la rencontre de l'air, P le poids du train exprimé en tonnes.

32. Nous croyons que cette expression de la résistance opposée par l'air au mouvement d'un train n'en donne pas toute la valeur, car elle ne tient pas compte du frottement latéral du train dans l'air. Il doit, en effet, se passer pour un train animé d'une certaine vitesse, quelque chose d'analogue à la perte de hauteur motrice occasionnée par la résistance d'un tuyau au mouvement de l'air qui le parcourt, perte qui est ordinairement exprimée par la valeur $\frac{\beta l}{g.S}.LV^2$ où L représente la longueur du tuyau, V la vitesse de l'air, S la surface de la section droite du tuyau, l le périmètre de cette section, g l'intensité de la gravité et β un coefficient que l'expérience doit déterminer. Ce serait encore un point de la question si ardue des résistances à vérifier.

33. INFLUENCE DES RAMPES ET PENTES. — Toutes choses égales d'ailleurs, le nombre de kilogrammes correspondant au surcroît d'effort de traction exigé par le passage d'une rampe succédant à un palier est égal au nombre de millièmes représentant l'inclinaison. Ce résultat concorde avec les données de la mécanique. On sait qu'un corps placé sur un plan incliné est soumis à l'action de la gravité qui tend à le ramener vers le bas du plan incliné. Le poids P de ce corps qui représente cette action, se décompose en deux

forces dont l'une est normale et l'autre parallèle au plan incliné. Soient a la longueur du plan incliné, b sa base, c sa hauteur, α l'angle compris entre a et b. Soient R la composante de P, parallèle au plan, et Q la composante normale. On sait que $R = P.\dfrac{c}{a} = P.sin\alpha$ et $Q = P.\dfrac{b}{a} = P.cos\alpha$.

L'effort de traction d'un train gravissant à faible vitesse une rampe, doit donc vaincre la résistance R parallèle au plan, en plus des résistances normales du train.

En appelant P, le poids brut du train et des roues, et K le coefficient applicable aux résistances sur palier des fusées et des jantes, l'effort de traction sera

$$T = KP cos\alpha + P sin\alpha.$$

L'inclinaison des rampes adoptée dans la construction des chemins de fer dépasse rarement $0^m,050$ par mètre, et dans ces limites le rapport $\dfrac{b}{a}$ ou $cos\alpha$ est très-près de l'unité. Quant à $sin\alpha$, c'est le rapport $\dfrac{c}{a}$, c'est-à-dire le quotient de la hauteur du plan incliné divisée par sa longueur, ou le nombre i de millimètres d'inclinaison par mètre.

L'effort de traction peut alors s'écrire sans erreur importante pour le service de la traction : $T = KP + P.i$.

34. En pente, l'influence de l'inclinaison est inverse, c'est-à-dire que, pour avoir l'effort de traction d'un train descendant un plan incliné, il faut du nombre de kilogrammes représentant l'effort de traction par tonne sur palier retrancher un nombre de kilogrammes égal au nombre de millimètres que mesure l'inclinaison du plan, et l'on a :

$T = KP - P.i$ ou $T = P(K - i)$, et selon que l'on a $i \gtreqless K$.

l'effort de traction est positif, nul ou négatif, c'est-à-dire que dans ce dernier cas il faudra employer un effort retardateur pour conserver au train un mouvement uniforme — chap. VII. —

35. FORMULE GÉNÉRALE DE LA RÉSISTANCE DES TRAINS. — Dans la pratique, on se contente de l'expression générale in-

diquée plus haut — 31 — et dont la valeur de chaque terme doit être arrêtée par l'expérience. Naturellement les résultats fournis par les essais exécutés sur un chemin ne sont rationnellement applicables que sur ce chemin et avec le matériel de ce chemin et dans les mêmes conditions de voie, de vent, de pluie, etc., ce qui est tout simplement irréalisable. Mais en prenant les moyennes des différents essais, et supposant toutes choses égales d'ailleurs, on peut faire entrer tous ces résultats dans une formule empirique qui sert à se rendre *approximativement* compte des résistances totales d'un train.

D'après ses expériences sur la résistance des vagons exécutées en 1834 au chemin de fer de Liverpool à Manchester, M. de Pambourg avait trouvé que la résistance totale s'élevait à $3^k,06$ par tonne de 1 000 kilogrammes, la résistance de l'air sur le premier vagon, estimée à 8 kilogrammes par vagon à la vitesse de 19 kilomètres par heure, étant déduite de la résistance totale pour être reportée sur la machine et son tender.

36. A la suite de la lutte engagée entre les deux largeurs de voie en Angleterre, M. Scott Russel, en se servant des résultats obtenus par M. Windham Harding, proposa en 1847 la formule suivante :

$$T = 2^k,72 + 0,094\,V + 0,00484\frac{SV^2}{P},$$

dans laquelle T exprime en kilogrammes la résistance du train brut comprenant le poids de la charge et des vagons, V la vitesse en kilomètres parcourus par le train dans une heure, S la section transversale maxima présentée par le train à la résistance de l'air.

Pour $V = 20$ kilomètres, $P = 300$ tonnes, $S = 6^{m^2},50$, on aurait $T = 5$ kilogrammes. Chiffre trop élevé et qui provient de ce que la formule a été établie sur des essais faits à l'aide de trains très-légers animés de grandes vitesses. Cette formule ne concorde plus avec les faits actuels, parce que les conditions de l'exploitation font varier entre des limites très-éloignées ses principaux facteurs. On a donc repris les expériences en ayant soin de grouper les résultats obtenus, non point dans une seule formule générale, mais dans une série de formules dont les coefficients varient suivant que la vitesse des trains est comprise entre certaines limites.

Ce procédé a été adopté au chemin de fer d'Orléans par ses ingénieurs, MM. Polonceau et Forquenot, et au chemin de fer de l'Est par ses ingénieurs, MM. Vuillemin, Guebhard et Dieudonné.

37. EXPÉRIENCES DU CHEMIN DE FER DE L'EST. — Dans le *Mémoire* sur la résistance des trains et la puissance des machines, inséré au *Compte rendu* des travaux de la Société des ingénieurs civils en 1867, les ingénieurs du chemin de fer de l'Est ont décrit avec détails les méthodes qu'ils ont employées pour « déterminer par des expériences multipliées la résistance des véhicules et des machines locomotives à la traction sur chemin de fer, en tenant compte de toutes les circonstances qui peuvent les modifier », à l'effet de « trouver par l'expérience une formule pratique pour calculer la charge que peut traîner une locomotive de formes et de dimensions connues en tenant compte de l'adhérence et des autres conditions importantes ».

Les résultats de ces essais ont démontré la nécessité :

1° De faire deux groupes applicables, l'un aux trains de marchandises marchant à moins de 32 kilomètres à l'heure, l'autre aux trains de toute nature marchant à plus de 32 kilomètres ;

2° De subdiviser le deuxième groupe en trois séries caractérisées par les vitesses respectives de 32 à 50 kilomètres, de 50 à 65 kilomètres, enfin de 70 kilomètres et au-dessus.

Voici les formules établies par les ingénieurs de l'Est :

Premier groupe. — Trains marchant à la vitesse de 12 à 32 kilomètres; courbes de grand rayon; beau temps; température, 15 degrés environ; traction sur palier. La résistance de l'air n'a pas d'importance.

a) Trains lubrifiés à l'huile : $T = 1^k,65 + 0,05\,V$.

b) Trains lubrifiés à la graisse : $T = 2^k,30 + 0,05\,V$.

Deuxième groupe. — Trains de toute nature ; vitesse supérieure à 32 kilomètres ; courbes de grand rayon ; palier.

c) Trains marchant à la vitesse de 32 à 50 kilomètres à l'heure : $T = 1^k,80 + 0,08\,V + \dfrac{0,009.S.V^2}{P}$.

d) Trains marchant à la vitesse de 50 à 65 kilomètres à l'heure : $T = 1^k,80 + 0,08\,V + \dfrac{0,006.S.V^2}{P}$.

e) Trains marchant à la vitesse de 70 kilomètres et au-dessus : $T = 1^k,80 + 0,14\,V + \dfrac{0,004.S.V^2}{P}$.

Les essais ont été faits dans des sections de lignes où le rayon minimum des courbes est de 800 mètres.

L'expression de la résistance des trains par tonne de train brut de marchandises doit être majorée respectivement de 1 kilogramme à $1^k,50$ en raison de leur longueur par suite de la résistance supplémentaire qu'ils éprouvent en passant dans des courbes de 1 000 et 800 mètres de rayon.

Pour les trains courts, de dix à vingt voitures, marchant sous des vitesses de 35 à 50 kilomètres, les essais n'ont pas indiqué de surcroît de résistance dans les courbes. Pour des vitesses supérieures à 50 kilomètres l'influence des courbes se fait sentir. Elle serait de 5 pour 100.

Dans les sections comprenant des rampes, l'effort de traction donné par les formules doit être augmenté de 1 kilogramme pour chaque millimètre d'inclinaison, ainsi que nous le verrons plus loin.

38. Pour ces expériences on a suivi deux méthodes :

1° Le véhicule à essayer était lancé à une vitesse déterminée, puis abandonné à lui-même jusqu'à l'arrêt complet. La résistance est donnée dans ce cas par l'équation

$$\tfrac{1}{2}m\,V_0^2 = x.s,$$

dans laquelle m représente la masse du véhicule, V_0 sa vitesse initiale en mètres à la seconde, s l'espace parcouru en mètres, x la résistance moyenne en kilogrammes pendant ce parcours;

2° Les véhicules à essayer étaient attelés à un dynamomètre de traction dont tous les détails de construction sont reproduits dans le *Mémoire* cité plus haut.

39. Expériences du chemin de fer d'Orléans. — Elles ont été commencées par M. Polonceau en 1857 et continuées depuis la mort de cet ingénieur par son successeur M. Forquenot, qui les a consignées dans une *Note* publiée dans le *Compte rendu* des travaux de la Société des ingénieurs civils, en 1868.

Les essais ont été faits uniquement au dynamomètre, la plupart avec un seul instrument, quelquefois avec un deuxième intercalé entre deux séries de véhicules de types différents.

Voici les résultats obtenus, la valeur de l'effort de traction se rapportant à la tonne brute, en palier :

40. *Influence des dimensions des fusées.* — Roues de 1 mètre de diamètre. Graissage à la graisse. — Dimensions des fusées, $0^m,155$ sur $0^m,080$; $0^m,150$ sur $0^m,072$; $0^m,102$ sur $0^m,060$. Vitesse des essais : 25, 35 et 50 kilomètres. — La moyenne des essais indique qu'en palier un effort de traction capable de vaincre la résistance de vingt vagons à petites fusées ne peut remorquer que dix-neuf vagons à grosses fusées. Différence, 5 pour 100 en faveur des petites fusées.

41. *Influence des dimensions des roues.* — Fusées de $0^m,155$ sur $0^m,080$. Graissage à la graisse. — Vitesse des essais : 23 kilomètres à l'heure. Diamètre des roues : 1 mètre et $1^m,200$. — Pour les premières l'effort de traction par tonne en palier est de $3^k,30$.

Pour les secondes $2^k,90$.

Soit une différence de 10 pour 100 en faveur des grandes roues, à peu près dans le rapport inverse des diamètres des roues $\frac{D}{D'}$.

42. *Longueur des convois et influence des courbes.* — A égalité de tonnage, de deux trains formés de matériel de
mêmes types, le plus dur à remorquer sur alignements
droits est le plus long.

Dans le passage des courbes, l'influence des courbes augmente encore la résistance à la traction.

Ainsi sur une section en rampe de $0^m,010$ avec des courbes
à rayon de 350 mètres, l'effort moyen par tonne est de
$11^k,84$ pour quinze voitures et de $12^k,55$ pour vingt-quatre
voitures, les deux trains marchant à 25 kilomètres. Retran-
chant de l'effort total la résistance due à la gravité, la résistance par tonne en palier serait respectivement $1^k,84$
pour le train de quinze véhicules et $2^k,55$ pour le train long ;
différence : $0^k,71$, attribuée à l'influence des courbes de
350 mètres de rayon sur les trains longs.

43. *Influence du chargement.* — Il y a en général égalité
de résistance quel que soit le chargement des véhicules,
toutes choses égales d'ailleurs, et à la condition que l'effort
imposé aux fusées n'atteigne pas la limite du grippage.

Pour le dire en passant, cette égalité de résistance ne
concorde pas avec les indications que nous avons recueillies
sur le chemin de fer de Smyrne à Aïdin, dont le type de
boîte à graissage est indiqué planche XXXVII, fig. 8
à 13. Là, à égalité de tonnage de deux trains formés de matériel de mêmes types, le plus dur à remorquer est celui
qui est chargé des marchandises les plus denses, par exemple des figues en sacs d'une part, de la valonnée de l'autre.
Est-ce une question d'élasticité de la charge appliquée sur
les fusées?

Sur le chemin d'Orléans, le matériel vide exige un
effort de traction par tonne supérieur à celui demandé par
le même matériel chargé. La différence serait de plus de
1 kilogramme en faveur du matériel chargé. Ceci confir-
merait l'exactitude de la dernière observation et ne concor-
derait pas avec la première.

44. *Humidité des rails.* — La résistance est légèrement moindre avec des rails mouillés qu'avec des rails secs, mais la différence est peu sensible. Cependant nous avons observé que, dans les courbes roides, les rails mouillés facilitent la traction.

45. *Etat de la voie.* — L'effort de traction est d'autant plus fort que l'entretien de la voie est plus défectueux.

46. *Nature du graissage.* — En général, la différence entre les résistances de deux matériels graissés, l'un à la graisse, l'autre à l'huile, serait de $1^k,20$ par tonne en temps ordinaire et de $1^k,80$ par le temps froid. Mais avec de la bonne graisse et en temps chaud, la différence est moins sensible — 37, *a* et *b*.

47. *Influence des rampes et pentes.* — Dans le nombre de kilogrammes qui représente l'effort de traction par tonne, la partie qui correspond à l'effort supplémentaire motivé par le parcours sur une rampe est égale au nombre de millimètres qui mesure l'inclinaison de la rampe — 33.

48. *Mode d'attelage.* — Les véhicules des trains de voyageurs sont accouplés avec des tampons serrés, ceux des trains de marchandises ont plus de liberté, ce qui rend le démarrage plus difficile pour les premiers. En pleine voie, alignement droit et palier, cette différence du mode d'attelage n'a pas d'influence. Dans les courbes avec les tampons très-serrés la résistance paraît augmenter. Les trains de marchandises qui présentent une grande longueur éprouvent dans ce cas, dit la note du chemin de fer d'Orléans, de grandes difficultés de traction. Cette dernière observation paraît être en contradiction avec les indications qui se rapportent aux trains de marchandises dont les tampons sont rarement très-serrés.

49. *Résistance de l'air.* — *Intensité et direction du vent.* — Le tableau suivant donne le résultat de quatre expériences arrangées pour mesurer la résistance de l'air calme.

Nombre de vagons.	Tonnage des trains.	Vitesse en kilomètres à l'heure.	Résistance totale de l'air.	Résistance par tonne.
15	167ᵗ	15	29ᵏ	0ᵏ,17
15	167	30	67	0 ,40
8	73 ,5	45	48	0 ,66
8	73 ,5	60	66	0 ,89

On a mesuré la section droite du train soumise au courant d'air en suivant la méthode de M. de Pambourg, c'est-à-dire en prenant la surface d'avant du vagon de tête augmentée de $\frac{1}{7}$ pour chaque vagon suivant. D'après cela la surface du train de huit voitures était 13^{mq},58.

Pour la fraction de l'effort de traction correspondante à la résistance de l'air, les résultats des quatre expériences du tableau sont inférieures à ceux que donnerait l'application de la formule $\frac{K.S.V^2}{P}$.

L'intensité et la direction du vent ont une grande influence sur l'effort de traction. Deux trains composés de vagons à caisse, marchant l'un en temps calme, l'autre avec un grand vent de travers, ont donné, en palier, les résultats suivants :

Nombre de vagons.	Tonnage.	Lubrification.	Vitesse en kilomètres à l'heure.	Résistance par tonne.
35	317	graisse	23	3ᵏ,57
35	363	huile et graisse	23	4 ,95

50. *Influence de la vitesse.* — Toutes choses égales d'ailleurs, une augmentation de vitesse nécessite une augmentation de traction. Le tableau suivant résume les nombreuses expériences exécutées par la compagnie d'Orléans pour déterminer l'effort moyen de traction des trains à diverses vitesses.

Type de machine.	Nombre de vagons.	Tonnage.	Vitesse moyenne en kilomètres à l'heure.	Résistance par tonne.
2 essieux moteurs	15	167ᵗ,500	15	1ᵏ,435
2 —	15	167 ,500	29	2 ,264
2 —	8	73 ,500	43	3 ,088
2 —	8	73 ,500	55	4 ,653
2 —	14	142	57	5 ,010
1 —	12	100	60	5 ,250

Sur les sections parcourues par ces trains se trouvent de nombreuses courbes, mais avec rayons supérieurs à 1 000 mètres.

51. CONCLUSION. — Dans l'état actuel de nos connaissances, il est impossible de déterminer *à priori* la valeur exacte des résistances que le matériel roulant éprouve dans son mouvement sur la voie. Nous verrons, en traitant de l'organisation du service de traction, dans quelles limites on en tient compte pour régler les charges imposées aux machines locomotives suivant le profil, le plan des sections parcourues et l'état atmosphérique de la région traversée au moment du parcours.

Cependant, des observations relevées sur de nombreux exemples on peut tirer la conclusion suivante, relativement à la construction des véhicules.

Pour réduire autant que possible la résistance des trains il faut :

1° Diminuer les dimensions des fusées jusqu'à la limite imposée par la résistance de la matière employée ;

2° Augmenter le diamètre des roues sans toutefois exagérer l'élévation des caisses, et approprier la conicité des bandages aux rayons des courbes ;

3° Réduire la distance des essieux fixes ; leur donner un jeu suffisant en tous sens, dans les limites indiquées par la tendance aux oscillations des véhicules, la vitesse des trains et les rayons des courbes ;

4° Réduire la hauteur des caisses et des chargements, sans trop allonger les véhicules ; augmenter autant que possible la largeur, dans les limites imposées par les conditions de stabilité ;

5° Munir tous les véhicules d'accouplements élastiques ;

6° Rendre très-flexibles les ressorts de suspension et très-souples leurs attaches au châssis ;

7° Réduire au minimum la vitesse des trains.

Enfin, s'il s'agit d'étudier de toutes pièces un projet de

chemin de fer avec son matériel, on se rappellera que la résistance à la traction et par conséquent les dépenses d'exploitation diminuent en réduisant la largeur de la voie.

52. APPLICATION DES CALCULS DE RÉSISTANCE. — La question de la résistance des trains, considérée au point de vue général, laisse et laissera toujours l'ingénieur en grande perplexité. Comment faire entrer dans une formule l'*état de la voie*, l'influence des courbes, les pressions accidentelles d'un vent violent de bout ou de travers, la nature et le mode de chargement, l'état des boîtes à graissage, les différents diamètres des roues et des fusées dans un même train, etc.?

Cependant les faits constatés doivent entrer en ligne de compte dans l'étude du matériel roulant ; c'est à ce propos que nous les avons cités, et tout en réservant leur application à l'étude de la puissance des machines — 2ᵉ section — nous croyons utile de conclure par l'indication sommaire de la marche à suivre pour calculer approximativement la résistance des trains dans trois cas généraux :

1° Train composé de 20 vagons ; tonnage brut : 200 tonnes ; vitesse, 23 kilomètres ; rayon minimum des courbes : 350 mètres ; rampe : 20 millimètres.

Résistance par tonne sur palier :

a. Résistance propre	1ᵏ,50	
b. Influence des courbes..............	0 ,75	
c. Influence du vent..................	1 ,50	
d. Influence de la composition du train, etc.	1 ,25	
	5ᵏ,00	
Résistance due à la rampe, 1ᵏ00×20......	20 ,00	25ᵏ,00
Effort total imprimé par le moteur sur le train, 200ᵗ × 25ᵏ,00....		5000ᵏ,00

2° Train mixte composé de 15 voitures ; tonnage brut : 175 tonnes ; vitesse : 30 kilomètres ; rayon minimum des courbes : 500 mètres ; rampe : 16 millimètres.

Résistance par tonne sur palier :

   a. Résistance propre..................... 2^k,50
   b. Influence des courbes............... 0 ,50
   c. Influence du vent................... 1 ,00
                                        4^k,00

Résistance due à la rampe, 1^k,00 × 16....... 16 ,00   20^k,00
Effort total imprimé par le moteur sur le
   train, 175^t × 20^k,00.................... 3500^k,00

3° Train express composé de 12 voitures ; tonnage brut :
100 tonnes ; vitesse : 60 kilomètres ; rayon minimum des
courbes : 1 000 mètres; rampes : 10 millimètres.

Résistance par tonne sur palier :

   a. Résistance propre................... 5^k,25
   b. Influence des courbes.............. »
   c. Influence du vent................... 0 ,75
                                        6^k,00

Résistance due à la rampe, 1^k,00 × 10....... 10 ,00   16^k,00
Effort total imprimé par le moteur sur le
   train, 100^t × 16^k,00 .... 1600^k,00

Il ressort des diverses applications que l'on peut faire
des évaluations de résistance des trains que, toutes choses
égales d'ailleurs, c'est l'influence de la gravité qui l'emporte
de beaucoup sur toutes les autres résistances.

Ainsi pour le train mixte pris comme exemple, la résistance propre du train sur palier n'est que le $\frac{1}{8}$ de la résistance totale sur rampe de 16 millimètres ; toutes les résistances réunies *a*, *b*, *c*, ne forment encore que le $\frac{1}{5}$ de la
résistance totale sur rampe de 16 millimètres.

Si ce même train devait gravir des rampes de 26 millimètres, les résistances *a*, *b*, *c*, du train restant les mêmes ne
seraient plus que le $\frac{1}{7.5}$ de la résistance totale et la machine
qui donne un effort de traction de 3 500 kilogrammes ne
pourrait remorquer sur la rampe de 26 millimètres que
$\frac{3\,500}{30} = 117$ tonnes brutes, soit environ les $\frac{2}{3}$ seulement du
tonnage du train remorqué sur une rampe de 16 millimètres.

Ce sont des considérations de cette nature qui jouent un grand rôle dans les questions de tracés et de profils des chemins de fer.

§ III. CONDITIONS ESSENTIELLES DU MATÉRIEL DE TRANSPORT.

53. En étudiant les projets du matériel de transport, on se trouve en présence de deux éléments difficiles à mettre toujours d'accord : d'une part, les exigences du public généralement très-légitimes, dont l'administration doit tenir compte sous peine de compromettre ses intérêts ; d'autre part, les conditions techniques et économiques sans lesquelles point de transports rémunérateurs.

A l'origine quel était le programme des types? Pour le transport des voyageurs, c'était assez simple. — Mais pour les marchandises? Comme en toutes choses, on a débuté par la solution la plus compliquée. A chaque espèce de marchandise on affectait un véhicule spécial plus ou moins convenablement approprié à sa destination, si bien qu'à force de spécialiser on était arrivé à une diversité de vagons telle, que le plus souvent, là où l'on était encombré d'un type, les autres faisaient défaut.

L'expérience a démontré que beaucoup de marchandises différentes peuvent sans inconvénient circuler dans un même type de véhicule.

Aujourd'hui le programme généralement suivi consiste à ramener au minimum le nombre de types des véhicules nécessaire à l'exploitation ; il va sans dire que ce programme n'exclut pas la condition de réduire au minimum le poids mort, sans pour cela rien sacrifier de la solidité ou du confort.

54. CLASSIFICATION DES VÉHICULES DE TRANSPORT. — Nous diviserons d'abord les véhicules en deux grandes catégories :

1° *Voitures à voyageurs* — chap. II —;

2° *Vagons à marchandises* — chap. III —.

Les transports militaires et l'appropriation des véhicules ordinaires à cette destination feront l'objet d'un chapitre spécial — chap. IV —.

55. VOITURES A VOYAGEURS. — On rencontre encore dans certaines localités quelques spécimens assez mal conservés des anciennes *Diligences* qui partout autrefois servaient au transport en commun. Assemblage de plusieurs caisses qui rappelle le coche du temps de La Fontaine, ces voitures sont divisées en compartiments et en places dont le tarif est fixé d'après le degré d'incommodité plus ou moins marqué qu'elles infligent au voyageur.

Les personnes exigeantes par condition sociale ou par goût choisissaient les places les plus confortables, du prix le plus élevé, celles du *Coupé*.

Les gens d'habitudes moins recherchées, mais encore délicates et qui pouvaient les satisfaire, se contentaient des places d'*Intérieur*.

Quant au commun des martyrs, celui qui ne peut payer que le prix le moins élevé, on l'encaquait dans la *Rotonde* ou on l'empilait sur l'*Impériale* de la voiture.

Composées en partie des administrateurs des anciennes entreprises de transport, les administrations des premiers chemins de fer, conservant le vieux mode d'association forcée des personnes, cette fâcheuse promiscuité où les mœurs ne peuvent que perdre, ont adopté la vieille répartition du public voyageur en trois et même en quatre *classes*.

Mais tandis que les chemins allemands, autrichiens et hongrois maintiennent encore ou reviennent à l'ancienne répartition des voyageurs en quatre classes, quelques lignes anglaises, le Midland Railway à leur tête, suppriment la 2ᵉ classe, mettant à la disposition des voyageurs riches qui désirent le luxe et l'isolement des voitures spéciales, imitées des *Palace-cars* américains.

La tendance du progrès serait donc simplement une amélioration du confort au profit exclusif de la classe riche, et au détriment de la classe moyenne, qui sera obligée ou bien de dépenser plus en prenant les premières places ordinaires, ou bien d'émigrer dans la 3ᵉ classe, qui manque de confort à tous égards. Ce n'est pas encore la solution désirable, à moins que l'on n'améliore beaucoup la voiture de 3ᵉ classe.

Pendant longtemps, les trains rapides ne renfermaient que des voitures de 1ʳᵉ classe, au détriment du grand public, qui ne peut pas en payer le prix.

Un progrès très-sérieux, introduit depuis 1872 par les Compagnies anglaises, c'est l'admission des voitures des trois classes dans les trains express, mesure éminemment utile pour le public travailleur et également profitable aux Compagnies. Nous ne nous étions donc pas trompé en la recommandant en 1868, dans la première édition de ce livre.

Les grandes Compagnies françaises en sont encore à l'étude de la question, aux tâtonnements, à une application restreinte.

Quant à la 4ᵉ classe des chemins allemands, autrichiens et hongrois, si elle a de sérieux inconvénients pour le voyage à longue distance, elle offre du moins l'avantage de mettre à la portée du public des campagnes de grandes commodités de relations à bon marché avec les villes. « Dans le pays de Bade, écrivions-nous en 1868 (1ʳᵉ édit., t. IV, p. 447), l'administration, qui cherche à faciliter le déplacement des populations agricoles, permet aux voyageurs qui portent leurs denrées au marché voisin de déposer, au départ, leurs paniers chargés dans le fourgon à bagages et de le reprendre à l'arrivée, sans avoir à payer d'autre rétribution que le billet de troisième ou de *quatrième* classe. »

56. En prenant pour point de départ l'ancien compartiment des diligences ou des malle-postes et en accolant dos à dos trois ou quatre de ces compartiments, on a formé les voitures dites du *système anglais*, qui constituent encore la presque totalité des voitures circulant en Europe, chacune de ces petites caisses affectée d'ailleurs à la classe des voyageurs qui paye une rétribution plus ou moins élevée.

57. En Amérique, où les apparences d'égalité et le sans-gêne des relations l'emportaient sur toute autre considération, les chemins de fer ont immédiatement offert au public de grandes caisses renfermant dans une seule enceinte le plus de voyageurs possible, tous payant le même prix pour la même distance parcourue. Ce sont les voitures du *système américain*.

58. Ces grands véhicules avec leur circulation intérieure, qui ne satisfont pas comme ceux du système anglais le besoin d'isolement relatif, présentent à certains points de vue des commodités que n'offrent pas les voitures du premier système ; mais ils ne se prêtent pas toujours aux exigences d'une exploitation économique. On a donc cherché à combiner les deux premiers systèmes en réduisant la longueur des véhicules américains sans sacrifier la circulation intérieure. On peut désigner ce système mixte sous le nom de *système suisse*, car c'est le chemin du Nord-Est suisse qui le premier l'a mise en activité et appliquée sur une assez grande échelle.

D'autres lignes, celle des Dombes en France, de Lausanne à Echallens (Suisse), les chemins algériens, les chemins ottomans de Scutari à Ismidt, de Moudania à Brousse, en projet ; diverses lignes, au Brésil ont adopté ce système qui, dans certains cas, peut avoir des préférences justifiées.

59. VOITURES DU SYSTÈME ANGLAIS. — Les caisses de ces voitures divisées en trois, quatre et quelquefois cinq compartiments, reposent sur un certain nombre d'essieux, deux au moins.

Chaque compartiment renferme, selon la classe à laquelle il appartient, trois, quatre, six, huit et dix places de voyageurs ; on y entre par deux portières opposées l'une à l'autre, pratiquées dans les longs côtés de la voiture.

Quelques-unes de ces voitures contiennent un ou plusieurs compartiments de chaque classe. De là leur nom de *voitures mixtes*.

Pour la formation des trains, ces voitures ont le grand avantage de permettre l'addition, en cas de besoin, d'un véhicule renfermant un nombre restreint de places répondant aux classes demandées.

Une fois en possession de sa place, le voyageur est enfermé avec un nombre relativement restreint de compagnons de route, qui peuvent être d'agréables rapports. Mais, dans le cas contraire, impossible de se soustraire à un voisinage incommode ou dangereux, du moins entre deux arrêts. Le voyageur a encore la chance d'être dérangé par le va-et-vient des voyageurs et des employés, qui, pour vérifier la classe et la destination des billets, le réveillent fréquemment, durant la nuit; cette vérification nécessaire ne laisse pas d'obséder le voyageur et trouble le repos qu'il est censé obtenir dans les compartiments séparés.

Excepté en Angleterre, où l'on a eu la précaution de conserver les quais élevés à la hauteur du plancher des caisses, l'entrée et la sortie des compartiments à l'aide des marchepieds, le passage à travers la portière encombrée souvent par les genoux des voyageurs assis vers l'entrée, sont lents et difficiles; cause sérieuse d'augmentation de durée de parcours.

60. Avec des compartiments séparés, on n'a pas encore trouvé de moyen infaillible pour avertir à temps les employés du train en cas d'accident, d'agression ou d'incendie. — Chap. II, § 9.

Sans parler des importunités plus ou moins graves que certains hommes se permettent, citons, parmi les épisodes du voyage en compartiments isolés, quelques-uns de ceux que les journaux ont publiés :

1. CHEMIN DE FER DE PARIS-LYON-MÉDITERRANÉE, 13 décembre 1869.— Le docteur Constantin James monte à Marseille dans un compartiment réservé du train qui part pour Paris à 9 heures 35 minutes. Le docteur James baissa les stores des portières, abaissa l'écran mobile, puis s'installa sur les coussins.

Le train se mit en marche.

A la première station, à Rognac, et au moment même où le convoi prenait son élan, la portière du compartiment du docteur s'ouvrit brusquement, un homme entra, ferma vivement cette portière, et, tombant pour ainsi dire sur le coussin, en face du docteur, il s'écria :

— Voilà mon affaire !

A travers l'obscurité, il put découvrir que celui qui venait d'entrer n'avait aucun de ces menus bagages que tout voyageur porte avec soi; il vit en outre que cet individu était très-pâle et assez négligemment vêtu.

Un pressentiment sinistre traversa la pensée du docteur James, et il ne put s'empêcher d'adresser la parole à l'inconnu en lui demandant s'il comptait aller jusqu'à Paris.

— Jusqu'à Arles seulement, répondit ce dernier.

Le train devait ne s'arrêter qu'à Arles, c'est-à-dire après une heure de trajet; mais un incident nouveau fit que le mécanicien dut s'arrêter à Saint-Chamas pour faire de l'eau ; c'est ce qui a sauvé la vie au blessé.

Il y avait quelques minutes à peine que le docteur venait de se recoucher, lorsqu'il se sentit atteint à la tempe droite d'un choc terrible; puis vint un second, puis un troisième... enfin, se croyant sous l'empire d'un cauchemar, il étendit ses bras et s'empara de ceux de son assassin.

Mais, déjà, le blessé perdait de ses forces : surpris dans son sommeil, les premiers coups, n'ayant pas été parés, lui avaient fait au front et aux tempes de larges plaies, d'où le sang coulait à flots. Au hasard, et, pour ainsi dire, à tâtons, il lutta un instant corps à corps avec son meurtrier. Celui-ci, debout et tenant sa victime étendue, frappait toujours à coups redoublés, sans merci.

Enfin, dans ce combat horrible, le docteur, éperdu, saisit une main avec ses dents, et l'étreignant de toutes les forces qui lui restaient, il retint ainsi captif, pendant quelques minutes, son agresseur.

Malgré la douleur que devait éprouver le misérable, il ne cessait de frapper, quand, chose inattendue, le train paraît ralentir sa marche et vouloir s'arrêter.

L'assassin n'avait pas compté sur cette circonstance imprévue, car si le train eût poursuivi, comme il le devait, jusqu'à Arles, le meurtrier avait une demi-heure encore devant lui pour achever sa victime. Le hasard ne le voulut pas ainsi.

En voyant le convoi prêt à s'arrêter, l'agresseur cessa ses attaques; il se plaça debout contre l'une des portières.

Le docteur James était littéralement baigné dans son sang, et pourtant il n'avait pas poussé un cri.

En voyant les premières lumières de cette gare de salut s'approcher, le blessé se remit un peu et adressa ainsi la parole à son assassin :

— Que vous ai-je fait pour que vous ayez voulu me tuer ?

— Je suis jeune, j'ai besoin d'argent... ne me perdez pas! fit le misérable, qui était toujours resté debout, près de la portière du côté opposé à la gare où l'on allait s'arrêter.

Le train s'arrêta en effet; il était onze heures du soir; l'inconnu ne fit pas un mouvement ; M. James Constantin ouvrit la portière et descendit péniblement du compartiment. Tout à coup, n'y voyant plus pour se conduire, il arracha de ses yeux deux caillots de sang coagulé; presque aussitôt, il se sentit défaillir, il appela ; l'homme qui graisse les essieux accourut et soutint le blessé.

Au premier mot du docteur, c'est-à-dire quand il eut dit : On a voulu m'assassiner, un bruit de portière se fit entendre, c'était l'assassin qui prenait la clef des champs.

II. CHEMIN DE FER DE THORN A BERLIN, 18 mars 1870. — Pendant le rapide voyage qu'elle vient d'effectuer de Saint-Pétersbourg à Liége, la marquise de Caux, la célèbre Adelina Patti, a failli être ravie pour toujours à l'admiration du monde musical.

M. de Caux avait fait venir un vagon à trois compartiments.

Chacun s'arrangea de son mieux pour passer la nuit.

Tout à coup, Adelina Patti est réveillée par une odeur âcre et pénétrante. Elle se précipite dans le salon, d'où sortait une épaisse fumée. Le poële avait communiqué le feu au plancher de la voiture. Déjà un canapé commençait à s'embraser.

En un clin d'œil, tous les habitants de la voiture sont sur pied. Mais comment arrêter un train express, en pleine vitesse, au milieu de la nuit ! En Allemagne, la sonnette d'alarme n'existe pas.

Ce fut un moment d'anxiété terrible.

Tout à coup le sifflet de la locomotive se fait entendre. La marche du train se ralentit. On entre dans la gare de Bromberg. Le train s'arrête. On est sauvé.

III. CHEMIN DE FER DE PARIS-LYON-MÉDITERRANÉE, 21 mars 1870. — A l'arrivée à Montélimart du train express de Marseille, on s'aperçut que la portière d'un vagon de première classe était ouverte du côté de l'entrevoie. Le tapis et le marchepied étaient tachés de sang. Entre les deux stations de Loriol et de Saulce, on trouve un cadavre mutilé.

On suppose que le meurtrier a sauté par la portière ouverte, au moment où le train ralentissait sa marche, avant d'entrer dans la gare de Montélimart.

On n'a pas toutefois pu découvrir sa trace.

IV. Chemin de fer de l'Est. — « Le jeudi 7 septembre 1876, dit M. Fournier, ingénieur, dans une lettre adressée au journal le Temps, je prenais à Epernay le train express n° 30, parti de Paris à 8 heures 35 minutes du soir et se rendant à Strasbourg. Il y avait du monde dans toutes les voitures, qui, si je ne me trompe, étaient au nombre de quatre, précédées du sleeping-car et d'un fourgon de bagages, suivi de deux autres fourgons qui fermaient le train ; le dernier de ces fourgons portait le garde-frein.

« Je ne trouvai à me caser que dans le dernier compartiment du dernier vagon, où se trouvait déjà un monsieur accompagné de sa femme. Je m'installai avec ma femme, mes deux filles, mon fils et une femme de chambre, nous étions donc au complet. D'Epernay à Châlons, tout se passa naturellement, et nous commencions à nous endormir.

« Peu de temps après avoir quitté la gare de Châlons, en pleine vitesse cependant, je fus réveillé par une trépidation soudaine de mon vagon, qui me parut de mauvaise nature, et j'eus tout de suite la pensée que la roue de droite de derrière, celle qui était sous mon compartiment, et sous la place même que j'occupais, venait d'éprouver une cassure. Nous marchions à toute vitesse, il pleuvait, et je me souviens que peu après nous passâmes devant une station intermédiaire.

« Ma femme et mes enfants dormaient ; je ne voyais dans le vagon aucun moyen de donner un signal d'alarme ; je craignais d'épouvanter ma famille ; je pouvais espérer que, si le mal ne s'aggravait pas, nous pourrions peut-être atteindre la prochaine station, et que là je ferais enlever le vagon. Je prêtais attentivement l'oreille, pour suivre les variations d'intensité du tic-tac de la roue, que je ne pouvais comparer qu'au bruit du blutoir dans un moulin, ou au bruit d'une table à secousses, dont j'éprouvais le mouvement saccadé ! Nous continuâmes ainsi plusieurs minutes sans aggravation ; mais bientôt le mouvement saccadé s'accentue et réveille tout le monde dans le vagon.

« Mes enfants m'adressèrent des questions auxquelles je ne voulus pas répondre ; j'attendais anxieusement, je pensais à sortir du vagon et à suivre les marchepieds jusqu'à la machine ; d'un autre côté je n'osais abandonner, un instant, toute ma famille dans un vagon qui pouvait être brisé un instant après que je l'aurais quitté ; il fallait se résigner et attendre.

« La situation s'aggravait rapidement, nous passâmes encore devant une station sans lumière ; peu après nous éprouvâmes une grande secousse, le vagon se souleva, puis s'affaissa presque à terre, mais continua à marcher avec un bruit effroyable. Il nous sembla alors que le train ralentissait sa marche, l'espoir me revint, on devait s'être aperçu de quelque chose ; mais l'espoir fut court, nous reprîmes de la vitesse au milieu de bruits atroces, puis un violent choc se fit sentir, la lampe fut éteinte, les bagages qui étaient dans le vagon furent précipités sur nous, le vagon s'affaissa complétement et j'entendis un grand bruit derrière nous ; je dis à tout le monde de mettre les jambes sur les banquettes et de se serrer les uns contre les autres, mais je ne prévoyais aucune chance de salut. Ma pauvre femme et mes enfants étaient d'une résignation admirable. Notre compartiment traînait complétement à terre, mais heureusement sur les rails. Enfin, un ralentissement rapide se fit sentir, puis un grand craquement, puis quelques mètres d'un frottement très-dur, et tout s'arrêta.

« Dieu soit loué ! nous étions tous sains et saufs. Les portières s'étaient ouvertes. Nous sortîmes de plain-pied. Nous étions dans une tranchée ; je fis grimper tout mon monde sur le haut du talus en traversant la seconde voie. Il était minuit et demi. Notre vagon était encore sur la voie, ayant perdu complétement ses deux roues de derrière. Le plancher de notre compartiment avait traîné sur les rails et commençait à chauffer.

« Derrière se trouvait un fourgon de bagages renversé sur le talus de gauche. Il n'avait plus de roues. Quant au dernier fourgon, qui portait le garde-frein, il était resté à 1 kilomètre en arrière, la roue brisée de notre vagon avait par ses débris cassé les roues du vagon de derrière, les unes après les autres, et, si le fourgon resté accroché à nous n'avait pas été rejeté hors la voie sur le talus, il aurait écrasé notre compartiment au moment de l'arrêt. »

V. Chemin de fer de l'Ouest, 24 mars 1877. — Train express de Paris à Rouen : A la hauteur de la gare de Bonnières, un vagon de première classe, qui, dès le départ de Paris, avait inquiété les voyageurs par un bruit insolite, éprouva une secousse par suite de la rupture d'un essieu, et fut projeté hors des rails. Alors commença pour les voyageurs de ce vagon un traînage fort émouvant. La voiture s'agitait en tous sens, les lanternes s'éteignirent; enfin les roues faisaient jaillir à droite et à gauche de nombreuses étincelles. Les voyageurs poussaient inutilement des cris d'alarme; plusieurs ouvrirent les portières, descendirent sur les marchepieds et se tinrent prêts à tout événement. Heureusement l'un d'eux, M. Alfred Hallat, de Paris, voyant que les cris n'étaient pas entendus, gagna de marchepied en marchepied le fourgon de tête, où se trouvait le conducteur, et put faire enfin suspendre la marche.

Le traînage s'était effectué sur plus d'un kilomètre et le train se trouvait au passage à niveau de Jeufosse, à 3 kilomètres de la station de Bonnières.

VI. Chemin de fer de Paris-Lyon-Méditerranée. Cour d'assises des Bouches-du-Rhône; audience du 23 février 1877. — On se souvient qu'au mois de juillet dernier, des voyageurs d'un train de chemin de fer qui allaient de Cassis à la Ciotat, ayant entendu pousser des cris dans un compartiment, constatèrent, aussitôt que le ralentissement et l'arrêt du train le permirent, qu'un homme, le jeune Jean Rozès-Salles, d'Auch, venait de mourir dans ce compartiment, où il était étendu aux pieds de son unique compagnon de route, l'accusé de Bouyn.

Après avoir soutenu que le crime avait été commis par un troisième voyageur qui s'était brusquement élancé du train et avait disparu, de Bouyn a fini par des aveux qui enlèvent aux débats qui s'ouvrent aujourd'hui une grande partie de l'intérêt qui s'y attachait d'avance. Nous citerons néanmoins la partie de l'acte d'accusation qui est relative aux moyens chimiques fort compliqués auxquels le meurtrier a eu recours :

« Les personnes qui avaient ouvert les premières le compartiment attestent avoir senti une odeur très-forte, suffocante, d'une substance analogue à l'éther. C'est là une constatation matérielle qui prouve l'emploi d'un puissant narcotique. On a trouvé dans le sac de l'accusé un appareil composé d'une poire en caoutchouc et d'un tube en verre recourbé et étranglé à son extrémité, ainsi que deux bouteilles, l'une contenant un liquide rouge, l'autre un liquide blanchâtre. »

L'examen du cadavre du malheureux Rozès-Salles a révélé tous les signes d'une congestion cérébrale. Les poumons étaient gonflés, à la racine du nez on a constaté une légère dépression horizontale ayant la forme de l'ongle; l'oreille gauche était fortement ecchymosée, la peau luisante et parcheminée. Cet état de l'oreille résultait sans doute d'une pression exercée.

Après s'être longtemps efforcé de tromper la justice, de Bouyn, vaincu par l'évidence, s'est décidé à faire des aveux. Il a déclaré que, voulant inventer des agents destructeurs d'une grande puissance, il avait préparé de l'acide prussique ou cyanhydrique avec du cyanure double de fer et de potassium décomposé par l'acide sulfurique. Ayant rempli un flacon de verre de cet acide, il l'avait fermé avec un bouchon en caoutchouc percé de deux trous. A l'un de ces trous il avait adapté un tube en verre coudé et étranglé à son orifice, de manière à donner au jet du liquide une force de propulsion plus grande en un jet très-mince.

Il avait introduit dans le second trou un autre tube de verre auquel s'adaptait à l'extérieur une boule en caoutchouc. Quand on pressait cette boule, l'air repoussait dans le premier tube le liquide et le lançait au dehors. M. le juge d'instruction s'est transporté le 8 décembre aux environs de Cassis, et, sur les indications de l'accusé, a découvert dans une grotte des flacons et des appareils ayant servi aux expériences sur l'acide prussique.

— J'ai fait ce que j'ai fait! Il est évident que c'est moi qui ai tué ce jeune homme, dit l'accusé.

En fait de satisfactions données aux légitimes préoccupations du public, voici le résultat d'une interpellation adressée au gouvernement sur ce grave sujet dans la séance du Sénat du 27 février 1877 :

L'ordre du jour appelle la discussion de l'interpellation de M. le baron Lafond de Saint-Mur, sur les dangers de toute sorte résultant de l'isolement des voyageurs dans l'intérieur des vagons de chemins de fer.

M. LAFOND DE SAINT-MUR. — Messieurs, ma demande d'interpellation a trait à un problème qui n'est pas nouveau, car il est examiné depuis dix-sept ans.

Il y a trois jours, la Cour d'assises des Bouches du-Rhône a condamné à vingt ans de travaux forcés un individu qui a donné la mort à un jeune homme, M. Rozès-Salles, en lui faisant respirer un poison violent. Or, ce jeune homme succomba par suite de l'isolement où il se trouvait dans son compartiment.

Chaque année, on vote un crédit au ministère des travaux publics pour le service de surveillance, et lorsqu'un tel crime se produit en causant une si vive et si juste émotion, on est en droit de demander si les agents de l'administration exercent une surveillance suffisante et combien il faudra de victimes pour qu'on avise sérieusement.

Les Compagnies ne veulent tenter aucune amélioration; il faut que le gouvernement les fasse sortir de leur sommeil. (Approbation sur plusieurs bancs.)

M. Christophle, ministre des travaux publics. — Messieurs, c'est la quatrième fois que l'honorable M. Lafond de Saint-Mur a porté à la tribune la question dont vous êtes saisis. Je ne m'en plains pas, mais je veux constater ceci : c'est que je serai dans la nécessité de lui répondre ce que lui ont déjà répondu mes honorables prédécesseurs. Je dois d'abord dégager ce que l'argumentation de l'honorable M. Lafond de Saint-Mur a de fondé de ce qu'elle a d'excessif, quand il considère les Compagnies comme complices et l'administration comme responsable, si elles ne trouvent pas le moyen de prévenir ces tristes événements.

Le reproche est évidemment injuste si les Compagnies, comme cela est vrai, ont fait tout ce qu'elles pouvaient. (Dénégations sur plusieurs bancs.) Non! me dit-on; je répète que les Compagnies et l'Administration ont fait tout ce qu'il semble possible de faire.

D'abord, il y a une observation à présenter. Est-ce que les faits dont il s'agit se produisent fréquemment? (Rumeurs.) La statistique dressée depuis 1860, c'est-à-dire depuis seize ans, constate que, dans cet intervalle, il n'a été commis que seize crimes ou attentats (Bruit); et si les précautions à prendre, par les difficultés qu'elles suscitent, amenaient un plus grand nombre de morts, le remède ne serait-il pas plus excessif que le mal auquel on veut pourvoir?

M. le ministre rappelle que, dès 1865, l'administration se préoccupait de ces crimes, et les Compagnies ont été invitées à faire des expériences qui ont été suivies sur les chemins de fer du Nord et de Paris-Lyon-Méditerranée. On a essayé le système dit *Prudhomme*, et il ne semble pas qu'on ait obtenu des résultats efficaces.

Une commission a été composée d'hommes expérimentés, et celle-ci n'a pas obtenu non plus de résultats bien satisfaisants.

4

L'honorable ministre examine les différents systèmes et en signale les inconvénients. Il dit que leur fonctionnement est très-limité par suite de causes spéciales. Il examine également le système de communication entre les vagons par un couloir, système américain, appliqué en Allemagne et en Suisse. D'abord, la transformation immédiate du matériel coûterait plusieurs centaines de millions. D'ailleurs, satisferait-elle le public?

En France, on aime l'isolement et on ne s'accommoderait guère de ce va-et-vient entre tous les compartiments. Ce qu'il fallait, c'était étendre le contrôle pendant le parcours. Les Compagnies ont pris des mesures pour atteindre ce but. Ainsi, satisfaction a été donnée dans la mesure du possible à l'honorable M. Lafond de Saint-Mur. Donc, ce n'est pas à l'administration et au ministre que l'interpellation aurait dû s'adresser : c'est à la science et au génie d'invention, qui seuls peuvent trouver le moyen d'écarter absolument tout danger. (Assentiment.)

M. Lafond de Saint-Mur croit devoir insister sur la nécessité de continuer les études, car le danger qui n'est pas conjuré peut d'un instant à l'autre produire de nouveaux ravages. Pourquoi ne pas généraliser, par exemple, le système des glaces dormantes appliqué sur la ligne du Nord? Jusqu'à présent, depuis quinze années, le public et l'administration ont été vaincus par l'inertie des Compagnies, qui ne veulent rien faire. (Mouvements en sens divers.)

61. Le contrôle des agents de l'administration est périlleux quand il est possible, ce qui n'est pas souvent le cas.

62. Le chauffage des compartiments isolés, quand on veut bien chauffer, ne peut s'appliquer que partiellement, et d'une manière très-onéreuse pour l'administration. — Chap. II, § 8.

63. La grande majorité des voitures du système anglais roulent sur deux essieux seulement. Quelques ingénieurs pensent cependant que les véhicules portant sur un plus grand nombre d'essieux offrent plus de sécurité en cas de rupture d'essieux et plus de confort. Le Midland Railway même, reprenant l'idée du train à deux bogies des Américains, après avoir fait l'expérience de voitures à huit roues en deux groupes, vient de construire de longues voitures à

sept compartiments, dont une caisse pour bagages (pl. XXXI, fig. 9 et 10), portées sur deux châssis à pivot, chacun à six roues.

La Compagnie de Lyon conserve toujours pour sa grande ligne de Paris à Nice ses longues voitures à six roues.

Dans l'Allemagne du Nord, en Russie, on persévère dans leur emploi.

En général, les autres administrations pensent que cette disposition multiplie les chances de rupture des essieux et augmente notablement les frais d'entretien. On s'en tient donc à peu près partout aux voitures à quatre roues, qui sont plus légères, plus faciles à manœuvrer, mieux équilibrées sur leurs essieux, offrant moins de résistance au passage des courbes roides et, à la condition d'espacer suffisamment les essieux, tout autant de régularité de marche à grande vitesse que les voitures à six roues.

D'un autre côté, en cas de collision, les voitures à quatre roues, plus courtes et plus légères, ont plus de tendance à chevaucher et à se renverser les unes sur les autres. A défaut d'autre raison on répond à cette objection par la statistique. La question est pendante.

64. Sur quelques lignes secondaires, comme celle de Bayonne à Biarritz (pl. V.), sur les chemins de la banlieue de Paris, le plafond des caisses du système anglais sert de plancher pour un deuxième étage de places analogues à celles d'impériale des anciennes diligences. On monte à ces places à l'aide de marchepieds, d'échelles ou d'escaliers généralement incommodes. Avec cette disposition, qui n'est pas à l'abri de toute critique, le voyageur court certains risques, même sans commettre d'imprudences. Mais elle offre l'avantage de réduire le poids mort et la longueur des trains.

65. Pour nous résumer, le principal et à notre avis le seul avantage du système anglais, c'est l'utilisation aussi complète que possible de l'espace offert par un véhicule de section donnée, et par suite la réduction du poids mort et de

la longueur du train. On met encore à son actif les qualités suivantes : facilité de modifications dans la composition des trains ; facilité de manœuvre dans les gares ; entrée et sortie en quelque sorte simultanées sur toute la longueur du train — 59 — facilité d'entretien ; promptitude de manœuvre, en cas de déraillement, etc.

66. Voici, en compensation, les défauts qu'on lui reproche à juste titre : difficulté et danger de monter dans les voitures ou d'en descendre ; impossibilité pour les voyageurs de changer de place ou de communiquer en tout temps avec les agents du train ; difficulté du contrôle de route ; fatigue du voyage pendant la saison chaude ; difficulté de chauffage de tous les compartiments ; gêne pour la circulation dans les gares pendant le stationnement des trains ; danger que présente l'ouverture des portières pendant la marche ; privation de l'usage du water-closet entre deux arrêts ; difficulté et quelquefois danger pour allumer les lanternes ; enfin ventilation et éclairage défectueux.

67. Voitures du système américain. — Ce sont de longues et larges voitures qui reposent sur deux trains indépendants l'un de l'autre. Chacun de ces trains est formé de deux essieux montés, très-rapprochés, dont l'ensemble peut pivoter autour d'une cheville ouvrière qui le réunit à la caisse. Cette disposition permet au véhicule de passer facilement dans les courbes de très-faible rayon, souvent inférieur à 100 mètres.

La caisse, qui peut recevoir de 70 à 80 voyageurs, contient deux séries de bancs perpendiculaires à l'axe de la voie, séparées par un couloir de circulation qui règne d'un bout de la voiture à l'autre et débouche sur une plate-forme qui termine la voiture à chaque extrémité. Cette plate-forme communique de plain-pied avec la plate-forme du véhicule voisin, et, par deux petits escaliers latéraux, avec les trottoirs et même le sol de la voie, leurs dernières marches distantes de quelques centimètres seulement au-dessus du ballast.

68. Au départ et à l'arrivée, le voyageur passe facilement du trottoir dans la voiture, et *vice versa*.

Dans ces voitures il dispose d'un grand volume d'air et de beaucoup de lumière. Pendant la marche le voyageur a la facilité de circuler librement dans chaque voiture de sa classe et d'appeler à l'aide en cas de danger. Les agents de l'administration contrôlent sans gêne d'un bout à l'autre du train. On éclaire, on chauffe et on ventile ces voitures sans la moindre difficulté ; l'allumage des lanternes se fait sans perte de temps, sans anticiper sur l'instant où l'éclairage devient nécessaire, en marche, par les agents du train, qui ne courent aucun risque dans cette opération.

69. En compensation, avec ce système, comme il n'y a que deux entrées par voiture et même quelquefois une seule, quand la voiture est divisée en deux classes, l'échange des voyageurs en stationnement est un peu long, dit-on. De plus, le couloir et les plates-formes occupent un espace qui représente le quart environ de la surface des voitures, augmentant le poids mort et les frais de construction calculés par unité de places.

Lorsque le train est complet, s'il survient dans une station un seul voyageur, on est contraint d'ajouter une grande voiture avec ses nombreuses places inutiles, ce qui augmente considérablement les frais de traction.

Le mode d'accouplement rigide et l'absence de tampons de choc rendent le système américain fort incommode. Pour la mise en marche l'effort de traction est comparativement très-élevé. A l'entrée et à la sortie des courbes et des contre-courbes, aux changements d'inclinaison de la voie, le voyageur des trains rapides est rudement secoué, conséquence de la rigidité des attelages. Il se produit des efforts obliques et quelquefois des déraillements. C'est dans ce dernier cas que ressortent les inconvénients du poids de la voiture et les défectuosités de l'accouplement rigide, quand il faut séparer les véhicules les uns des autres pour les replacer sur la voie.

Dans les manœuvres de gare pour la formation des trains, le personnel chargé d'accoupler ou de séparer les véhicules court certains risques ; il perd beaucoup de temps pour emmancher les accouplements et éviter les chocs des véhicules.

70. En résumé, on trouve dans le système américain : absence de danger à la montée ou à la descente ; facilité de contrôle et de communication ; facilité d'installation de lieux d'aisances, de lavabo et de buffet ; facilité d'éclairage, de chauffage et de ventilation ; commodité pour la circulation dans les gares pendant le stationnement des trains, au moyen des escaliers et des plates-formes.

Mais, d'autre part, on met à sa charge : trop grande liberté de circulation intérieure pendant le voyage de nuit ; danger de déraillements, par suite d'inégalité de chargement ; difficultés de manutention dans les gares ; poids mort et longueur de trains considérables.

71. Voitures du système suisse. — Pour faire disparaître une grande partie des inconvénients des systèmes anglais et américain sans perdre leurs avantages les plus saillants, on a emprunté au premier son train sur deux essieux parallèles avec son mode d'accouplement, et au second, la forme de sa caisse et ses plates-formes à escalier, le tout ramené à la longueur des voitures anglaises. La voiture suisse, convenablement aménagée à l'intérieur, admet un certain isolement relatif du voyageur, tout en permettant la circulation dans toute la longueur du train.

De plus, il se prête, comme le système américain, à l'installation des lits pour le voyage de nuit, et au développement d'un grand confort pour le voyage de jour (pl. VII, fig. 9 à 11). Enfin il admet l'addition d'une impériale, question intéressante pour les petites lignes (pl. VI, fig. 1 à 4).

On peut encore ranger dans cette classe quelques types de voitures à circulation intérieure partielle en service sur les lignes russes, prussiennes et du Nord de l'Espagne.

Pour devenir universel, ce système devra réduire son poids mort, son prix de revient et la longueur de ses trains : questions importantes surtout pour les lignes à profil accidenté et qui ne sont pas insolubles.

72. VAGONS A MARCHANDISES. — On s'efforce de réduire, avons-nous dit — 53 —, le nombre des types de vagons, en donnant à ceux que l'on conserve un caractère tel que, moyennant de légères modifications, ils puissent répondre à toutes les nécessités.

A quelques exceptions près, on fait rentrer tous les vagons à marchandises dans trois classes comportant chacune des détails d'appropriation, détails qui n'en altèrent pas le type fondamental :

1° *Les vagons fermés et découverts*, comprenant dans leur classe les fourgons à bagages des trains de voyageurs (pl. III, fig. 7 à 9 ; pl. VIII, fig. 7 et 8). A l'aide d'une large baie fermée par des vantaux roulants, ces vagons reçoivent et livrent rapidement les objets qui, sous un volume réduit, réclament un transport à l'abri des soustractions ou des influences atmosphériques. On les applique également, moyennant une certaine appropriation, aux besoins de la guerre et au transport des animaux (pl. XXII, fig. 1 à 7 ; pl. XXIII, fig. 1 à 7 ; pl. XXIV, fig. 1 à 3, fig. 9 à 12 ; pl. XXV, fig. 5 à 11 ; pl. XXVII, fig. 1 à 4, 12 et 13) ;

2° *Les vagons découverts à hauts bords*, employés pour le transport des matières brutes, telles que les matières minérales et leurs dérivés ou d'autres produits du sol, comme le blé, moyennant, dans ce dernier cas, l'emploi d'une bâche pour abriter le chargement. Ces mêmes vagons servent aussi au transport des grands animaux (pl. XXIV, fig. 4 à 8 ; pl. XXV, fig. 1 à 4, fig. 12 à 14 ; pl. XXVII, fig. 7 et 8, fig. 14 à 24) ;

3° Enfin les *vagons plats, découverts*, dont le plancher, garni sur ses quatre côtés de rebords très-bas qui peuvent au besoin se rabattre ou s'enlever, admet toute espèce de marchandises et même, en les abritant au moyen d'une bâche, celles que l'eau pourrait endommager (pl. XXVI, fig. 1 à 4; pl. XXVII, fig. 9 à 11).

Avec ces deux dernières classes de véhicules on a cet avantage précieux, que ne possèdent pas les vagons couverts, dépourvus d'un panneau mobile dans le toit, de permettre l'emploi immédiat des engins mécaniques pour le chargement et le déchargement des marchandises.

73. *Vagons spéciaux.* — Outre ces trois types principaux, on rencontre, sur les lignes qui ont un trafic spécial, des vagons affectés à certaines classes de marchandises d'un transport constant.

Ainsi, aux environs des grandes agglomérations, on trouve des vagons pour le transport du lait (pl. XXIII, fig. 8 à 10), des fruits frais, des moutons, chèvres ou cochons (pl. XXIV, fig. 1 à 3; pl. XXVII, fig. 3 et 4).

Pour les chevaux de luxe, on les place dans des vagons fermés et aménagés pour préserver les animaux des accidents de route (pl. XXII, fig. 6 à 8; pl. XXIII, fig. 1 à 3; pl. XXVII, fig. 12 et 13).

74. Ce sont encore des vagons spéciaux que ces véhicules employés pour le transport des chargements exceptionnels (pl. XXVI, fig. 5 à 8); des longs bois, pour lesquels on se sert des vagons de la troisième catégorie munis de fourches pivotantes et accouplés à l'aide de *flèches*, qui les transforment en vagons à huit et même à douze roues, lorsqu'ils ne sont pas construits de toutes pièces en vue de ce trafic exceptionnel (pl. XXII, fig. 8 à 11 ; pl. XXVI, fig. 5 à 8, fig. 13 à 16; pl. XXVII, fig. 5 et 6).

75. Enfin, sur les grandes lignes, on emploie pour les travaux d'entretien des terrassements, du ballast et le transport des rails, des vagons affectés spécialement au service de la voie (pl. XXII, fig. 12 et 13; pl. XXVI, fig. 9 à 12).

76. A quelque catégorie qu'il appartienne, un véhicule se compose d'une *caisse* et d'un *train*.

Dans les voitures à voyageurs, le train et la caisse doivent être indépendants l'un de l'autre, afin que chacun d'eux, en cas d'avarie, puisse subir séparément les réparations nécessaires, sans immobiliser la partie en bon état.

Dans les vagons à marchandises, le principe de la séparation est moins rigoureusement observé; la caisse et le train se trouvent presque toujours solidaires l'un de l'autre.

Nous examinerons, dans le chapitre II, tout ce qui concerne la construction des caisses de voitures et leurs aménagements; dans le chapitre III, nous étudierons la construction des caisses de vagons de toute nature, et dans le chapitre V, celle des trains de voitures et vagons.

CHAPITRE II.

CONSTRUCTION DES VOITURES.

§ 1. VOITURES A COMPARTIMENTS ISOLÉS.

77. VOITURES ANGLAISES. — A l'origine des chemins de fer, à l'époque où le public fut admis à voyager sur les nouvelles voies de communication, les Compagnies anglaises, négligeant complétement la masse de la population, organisèrent le service de transport pour deux classes de voyageurs seulement: la première, — compartiments à six places arrangées sous forme de fauteuils, — ménagée pour les gens nobles ou riches; la deuxième, — compartiments à dix places sur deux banquettes, — abandonnée à la petite bourgeoisie, aux domestiques; toutes les deux d'ailleurs d'un prix très-élevé.

Vers 1841, les Compagnies ajoutèrent aux trains des voitures de troisième classe, sorte de tombereaux où les patients devaient se tenir debout. Depuis ce temps, la clameur publique y fit introduire quelques améliorations, notamment un pavillon qui couvrait la voiture, des rideaux pour garnir les côtés, et des planches en guise de siéges. Presque partout les voitures portaient sur deux essieux.

Cet état de choses, imité du reste par les chemins de fer du continent, a duré plusieurs années. En général, les dimensions et l'aménagement des compartiments anglais de toutes classes laissaient fort à désirer et, après avoir servi de modèles aux administrations d'Europe, ils restaient bien loin en arrière de ceux que le public du continent avait obtenus. Ainsi, les compartiments de classe I avaient seulement 1^m,83 de longueur. Ceux de classe II, dépourvus de tout confort, n'avaient pas plus de 1^m,70 en longueur.

Le dossier garni s'arrêtait à 15 pouces du siége, qui était à peine rembourré, laissant vers l'arrière un creux où l'on déposait les cannes, parapluies, etc. Il n'y avait jamais de filets, de patères, de rideaux. Sur quelques chemins, le Great-Western entre autres, les voitures de classe II n'étaient pas du tout rembourrées.

78. Dans ces derniers temps le matériel anglais s'est sensiblement amélioré — 55 —. Sur certaines lignes, — North-Western, Midland-Ry, etc., — il surpasse en confort le matériel du continent européen. Tout le monde connaît au moins de réputation les *Palace-cars* américains, les *Pulman*, du nom de leur propagateur, ces grandes voitures à salon, à dortoir, à réfectoire, etc., portées sur deux trains séparés, les *double-bogies. Engeneering*, 1876, p. 532.

Depuis 1874, le Midland-Ry se sert des Pulman, et avec un succès tel, que la Compagnie est résolûment entrée dans l'emploi des voitures à double-bogie. En 1876, la Compagnie en avait 68, soit 25 voitures-salon-Pulman, 11 voitures à lits Pulman et 32 voitures mixtes des classes I et III, toutes portées par deux bogies à quatre roues chacun.

En Amérique, on préfère les bogies à six roues, qui pour une charge égale réclament des essieux et des roues moins lourds et moins puissants — chap. II, § 2, 99 —. Adoptant ce principe, le Midland-Ry a fait construire dans ces derniers temps quarante-quatre voitures mixtes des classes I et III, portées sur deux bogies à six roues chacun. Munies d'un double système de tampons, elles peuvent s'atteler indifféremment avec les Pulman qui n'ont qu'un seul tampon, dans l'axe du châssis, ou avec les voitures ordinaires à deux tampons latéraux. Ces voitures sont à compartiments: trois de classe I, quatre de classe III et un compartiment pour les bagages des voyageurs de la voiture, disposition très-commode pour ces voyageurs, qui en arrivant enlèvent rapidement leurs colis (pl. XXXI, fig. 9 et 10).

Chaque compartiment de voyageurs est muni de deux portières et de quatre fenêtres vitrées, toutes de mêmes dimensions, et de ventilateurs ; le pavillon de la caisse est surmonté dans toute sa longueur d'un lanterneau percé de baies vitrées et de ventilateurs. Voici leurs dimensions, celles du lanterneau comptées à part :

	Compartiments.		Lanterneau.	
	I.	III.	I.	III.
Longueur	2^m,210	1^m,790	2^m,210	1^m,790
Largeur	2 ,260	2 ,269	1 ,220	1 ,220
Hauteur.............	2 ,160	2 ,160	0 ,393	0 ,393
Nombre de places....	6	10		
Surface des vitres....	1^{mq},65	1^{mq},65	0^{mq},50	0^{mq},37
Nombre de lanternes..	$\frac{1}{1}$	$\frac{1}{1}$		

Espace dévolu à chaque voyageur :

	I.	III.
Longueur	1^m,105	0^m,895
Largeur.........	0 ,750	0 ,452
Surface	0^{mq},8324	0^{mq},404
Volume	1^{mc},974	0^{mc},980

Lumière allouée à chaque voyageur :

	I.	III.
Le jour (surface des vitres).	0^{mq},360	0^{mq},200
Rapport................	1	0,55
La nuit (lanternes).........	$\frac{1}{6}$	$\frac{1}{10}$
Rapport................	1	0,60

79. Les garnitures intérieures répondent aux justes exigences du public. En classe I, le pavillon est en double voligeage recouvert de drap ; coussins et dossiers à ressorts ; parois rembourrées sous drap, jusqu'à hauteur d'homme ; deux accotoirs de tête et deux accoudoirs pour chaque place ; rideaux, filets et courroies à chapeaux. Le plancher est à double voligeage croisé, recouvert d'une toile cirée, bordée à chaque entrée d'une corde garnie de tapis pour assurer la fermeture.

En troisième classe, absence de luxe, mais le strict nécessaire. Parois en bois peint, coussins rembourrés sur les siéges ; dossiers inclinés en planches ; filets et courroies à chapeaux. — On se demande pourquoi la Compagnie n'a pas placé de rideaux.

Comme en première classe, des ventilateurs ménagés à la partie supérieure des portières et dans le lanterneau assurent en tout temps un renouvellement d'air suffisant.

Nous reviendrons plus loin — chap. V, § 1 — sur le système de suspension de ces voitures qui, possédant d'ailleurs une masse considérable, offrent une habitation plus supportable que celle des autres voitures, bien que chaque véhicule soit muni du frein Westinghouse ; et l'on sait, par expérience, combien sont désagréables les trépidations des roues enrayées dans les voitures légères et suspendues suivant le mode ordinaire.

80. *Voitures de voie étroite.* — Afin de propager l'idée des chemins de fer à voie étroite, nous reproduisons, en nous excusant, l'extrait suivant d'un mémoire que nous avons publié à ce sujet en 1873, dans le Compte rendu des travaux de la Société des ingénieurs civils :

« En 1821, on ouvrit des carrières d'ardoises dans le district de Dinas, comté de Caernarvon, North-Wales. En 1832, on construisit le chemin de fer de Festiniog, en vue de transporter ces ardoises au bord de la mer à Port-Madoc, point d'embarquement situé au fond de la baie de Cardigan, canal de Saint-Georges.

« Sans tenir compte des embranchements des carrières, la ligne principale mesure $21^k,750$ dont $19^k,713$ en rampe moyenne de $0^m,0108$. Les courbes se touchent pour ainsi dire sans intercalation d'alignement droit. Leurs rayons se tiennent entre $35^m,20$ et 160 mètres ; espacement intérieur des rails : $0^m,60$.

A l'aide de la pente, les vagons descendent à la mer par l'effet de la gravité. Jusqu'en 1860, le remorquage des vagons à la remonte s'opérait à l'aide de chevaux. A dater de là, la Compagnie de Festiniog, sous la pression d'un accroissement continu du trafic, adopte la traction à vapeur.

En 1863, elle obtient du *Board of Trade* l'autorisation d'ouvrir sa ligne au trafic des voyageurs, sous la condition de limiter à 20 kilomètres la vitesse des trains. Le succès de l'entreprise est tel, qu'en 1870 la Compagnie transporte 97 000 voyageurs de toutes classes.

« A cette époque, le matériel affecté à ce trafic se composait de quatorze voitures à voyageurs ordinaires et de trente-deux voitures pour le transport des ouvriers. Les caisses des voitures de 1re classe (pl. VIII, fig. 14) contiennent douze places réparties en deux compartiments garnis chacun de deux banquettes transversales. Les dimensions intérieures de ces caisses sont :

« Hauteur, 1^m,53; largeur, 1^m,485; longueur totale, 2^m,971.

Surface allouée à chaque voyageur : $\dfrac{1^m,485 \times 2^m,971}{12} = 0^{m2},367$,

dimensions très-suffisantes pour le trajet qui dure une heure environ.

« Les voitures de 2e et 3e classe (pl. VIII, fig. 12 et 13) portent quatorze voyageurs, sept sur chacun des deux bancs longitudinaux adossés qui avoisinent l'axe de la voiture. Les dimensions intérieures de ces caisses sont :

« Hauteur, 1^m,53; largeur, 1^m,90; longueur totale, 2^m,90.

Surface allouée à chaque voyageur : $\dfrac{1^m,90 \times 2^m.90}{14} = 0^{m2},393$.

On a pu augmenter la largeur de ces caisses, sans compromettre la stabilité, en abaissant le centre de gravité de la voiture vers les roues logées dans le vide des banquettes. »

81. Voitures de l'Europe centrale. — Ici on a réparti le public voyageur en quatre classes : la première, d'un prix très-élevé, en vue d'isoler la noblesse du reste de la population ; la seconde, destinée à la bourgeoisie riche ; la troisième, allouée à la petite bourgeoisie ; la quatrième, laissée aux paysans, aux ouvriers, aux indigents. Un grand nombre de ces voitures portent sur trois essieux, mais il y a tendance à n'en employer que deux.

82. Ce qui établit une différence essentielle entre les caisses des quatre classes, c'est l'espace, c'est la lumière dévolus à chaque voyageur.

Prenons pour exemple les voitures de l'Etat, en Hongrie, construites en ces dernières années (pl. III, fig. 1 à 6). Leurs compartiments, sans tenir compte des garnitures, ont les dimensions intérieures suivantes :

	Classes			
	I.	II.	III.	IV.
Longueur	1^m,940	1^m,940	1^m,470	1^m,240
Largeur	2 ,400	2 ,400	2 ,400	2 ,420
Hauteur	2 ,000	2 ,000	2 ,000	2 ,000
Nombre de places	6	8	10	10

Voici les dimensions de l'espace dévolu à chaque voyageur :

	Classes			
	I.	II.	III.	IV.
Longueur	0^m,970	0^m,970	0^m,735	0^m,620
Largeur	0 ,800	0 ,600	0 ,480	0 ,484
Surface	0^{mq},775	0^{mq},582	0^{mq},353	0^{mq},300
Volume	1^{mc},552	1^{mc},164	0^{mc},706	0^{mc},600

Lumière distribuée dans chaque compartiment :

	Classes			
	I.	II.	III.	IV.
Surface des vitres	0^{mq},952	0^{mq},952	0^{mq},480	0^{mq},440
Nombre de lanternes ..	$\frac{1}{1}$	$\frac{1}{1}$	$\frac{2}{4}$	$\frac{2}{5}$

Lumière allouée à chaque voyageur :

	Classes			
	I.	II.	III.	IV.
Le jour	0^{mq},160	0^{mq},120	0^{mq},048	0^{mq},044
Rapport	1	0,750	0,300	0,275
La nuit (lanternes) ...	$\frac{1}{6}$	$\frac{1}{8}$	$\frac{2}{40}$	$\frac{2}{50}$
Rapport	1	0,750	0,150	0,120

83. Les garnitures des compartiments sont aussi disproportionnées que le reste, et bien loin du rapport des prix

payés, ce qui devrait être le véritable criterium. En première classe (pl. III, fig 1, 2 et 3), double plafond garni ; coussins et dossiers à ressorts ; parois rembourrées sous velours jusqu'à hauteur d'homme, deux accotoirs de tête pour chaque place ; accoudoirs mobiles pour permettre aux voyageurs de s'étendre sur les trois coussins à la fois ; rideaux, filets, miroirs ; en un mot, confortable aussi complet que le comporte ce système de voitures.

Sur la Staatsbahn, Autriche-Hongrie, et sur l'Est prussien, les coussins de chaque banquette, mobiles sur leur châssis, peuvent être amenés vers l'axe du compartiment, ce qui augmente beaucoup la profondeur du siége et le bien-être du voyageur : au besoin, deux siéges en contact forment un lit. Nous retrouvons cette disposition appliquée et améliorée dans les places de luxe — § 4.

Les compartiments de 2ᵉ classe ont double plafond garni ; même mode de rembourrage des coussins et dossiers qu'en 1ʳᵉ classe, mais le drap y remplace le velours ; un seul accotoir de tête et un seul accoudoir fixe par voyageur, rideaux et filets ; point de miroirs (pl. III, fig. 1 à 3).

En troisième classe, double plafond en voligeage, absence complète de coussins, de rembourrage, d'accotoirs et d'accoudoirs, cloisons séparatives des compartiments en voliges ; bancs et dossiers en planches profilés suivant une légère courbure épousant quelque peu les formes du corps ; vers le haut, tablettes, et sous les bancs espace suffisant pour déposer les menus bagages ; en somme, installation moins que médiocre (pl. III, fig. 5).

En quatrième classe, plafond fourni par le pavillon de la caisse, avec ses *courbes* en saillie ; point de cloisons séparatives ; bancs en planches de 0ᵐ,300 de largeur, plates, mais inclinées vers l'arrière ; pour dossier, une simple traverse en bois à 0ᵐ,50 au-dessus du siége et qui sert pour deux bancs adossés ; vers le haut, tablettes, et sous les bancs, place pour les menus bagages : en résumé, convenances absolument négligées, surtout pour de longs trajets (pl. III, fig. 6).

On a, en dernier lieu, modifié la distribution intérieure de cette voiture. Sur les dix portières primitives on en a supprimé six, celles des trois compartiments du milieu. Pour passer des compartiments extrêmes dans les autres, on a coupé trois bancs intermédiaires et leur dossier. Les cinq compartiments primitifs n'en forment plus que deux.

En hiver, on installe au milieu de la caisse un poêle qui occupe deux places, de sorte que les cinquante places du type primitif sont réduites à quarante par cet arrangement. On *perd* donc dix de ces places, mais on améliore un peu la condition des voyageurs de 1ᵉ classe. Il y a d'ailleurs économie en supprimant ces six portières, dont les frais de construction dépassent de beaucoup ceux des parois continues.

Sur d'autres lignes d'Allemagne, la quatrième classe est représentée par le *stehwagen*, voiture qui peut contenir soixante voyageurs debout, et conservant avec eux leurs fardeaux. Cette disposition un peu trop primitive permet cependant de satisfaire à bon marché et dans une certaine mesure aux besoins de la partie des populations pauvres qui n'a que de très-courts trajets à effectuer — 55 —.

84. Il est intéressant de rapprocher les uns des autres les produits des différentes classes en Hongrie, et d'apprécier le degré de justice distributive appliqué par les chemins de fer dans leurs faveurs, relativement au bien-être des voyageurs qui donnent les produits les plus avantageux.

Les chemins de fer de la Theiss ont transporté dans les années 1872 et 1873 les nombres de voyageurs indiqués ci-dessous :

Classes.	1872. Nombre total.	Pour 100.	1873. Nombre total.	Pour 100.
I	14 390	1.12	13 654	1.16
II	178 772	13.87	174 071	14.82
III	470 374	36.48	422 341	35.97
IV	570 211	44.23	520 265	44.30
Militaires	55 446	4.30	43 909	3.75
Totaux	1 289 192	100.00	1 174 240	100.00

Les recettes en argent ont été :

Classes.	1872. Recettes totales en florins.	Pour 100.	1873. Recettes totales en florins.	Pour 100.
I.............	68 893,23	3.53	66 139,82	3.78
II	584 409,40	29.87	536 249,07	3?.62
III............	739 937,39	37.82	672 786,77	38.41
IV............	509 666,83	26.05	435 778,20	24.88
Militaires.......	53 381,91	2.73	40 478,04	2.31
Totaux.......	1 956 378,76	100.00	1 751 431,90	100.00

Ainsi le nombre des voyageurs en classes I et II réunis est en moyenne au nombre des voyageurs en classes III et IV réunis, comme 16 à 80 ; autrement dit, il y a cinq fois plus de voyageurs en classes III et IV qu'en classes I et II.

Comme produit en argent, les voyageurs en classes I et II réunis ne donnent que le tiers de la recette totale. Et cependant, en 1873, les frais d'entretien des voitures des classes I et II s'élevaient à 52 000 florins, tandis que ceux des voitures de III et IV n'atteignent pas 20000 florins, pas même les $\frac{2}{5}$ de ceux occasionnés par les premières. Et si l'on se rappelle que le poids mort des voitures des classes favorisées s'élève souvent à 300 et 400 kilogrammes, quelquefois au delà, tandis que le poids mort des voitures des autres classes dépasse rarement 150 kilogrammes par voyageur ; quand on sait que les trains rapides offrent une résistance à la traction qui est presque le double de celle exigée par les trains ordinaires — 52 —, et que par conséquent les frais de traction dans l'un et l'autre cas sont dans le même rapport, on ne peut s'empêcher de penser que les administrations de chemins de fer sont mal inspirées dans leurs appréciations sur le mode de traitement applicable aux voyageurs de différentes classes. Nous reviendrons encore sur ce sujet — 90 —.

85. VOITURES MIXTES. — *Hollande.* — La Compagnie du chemin de fer Néerlandais-Rhenan a établi des châssis

en fer de plus de 10 mètres de longueur, portés sur 4 roues espacées de $6^m,700$; les tringles d'entretoisement des plaques de garde sont très-robustes et elles sont soutenues au milieu de la longueur par une bielle de suspension du bas de laquelle partent également des barres venant en diagonale se rattacher au châssis, près des bras des plaques de garde.

Sur ces châssis sont installées diverses sortes de caisses, soit de fourgons, soit de voitures à voyageurs mixtes, ou de 2ᵉ ou de 3ᵉ classe, soit enfin de combinaisons de compartiments à bagages et à voyageurs. La voiture mixte comprend trois compartiments de 2ᵉ classe de la longueur ordinairement usitée et trois compartiments de 1ʳᵉ classe un peu moins longs que ceux des lignes françaises : soit 54 places. La voiture de classe II comprend sept compartiments : 70 places.

Ces voitures vides pèsent moins de 10 tonnes ; chargées, au plus 15 tonnes, ce qui est loin du poids que les locomotives ou les tenders exercent sur les rails. Quant aux manœuvres de gare, ces voitures ne peuvent s'y prêter que par les aiguillages, comme les grandes voitures du Nord de l'Allemagne à 4 et 6 roues (— MM. Benoit-Duportail et J. Morandière, *Annales et Archives de l'industrie au dix-neuvième siècle*, Chemins de fer, chap. III —).

86. *Allemagne.* — Le tableau de l'annexe I reproduit les dimensions principales de trois voitures mixtes exposées en 1867 au Champ de Mars par les chemins de Halle-Cassel et Berlin-Stettin. Ces voitures, d'un poids mort assez élevé d'ailleurs, présentaient un confort que l'on n'est pas habitué à rencontrer partout. L'une des voitures de Halle-Cassel, à quatre compartiments, n'offre que 28 places très-largement arrangées.

Dans l'autre voiture du même chemin, comme dans celle de Berlin-Stettin, on y trouve un compartiment de 1ʳᵉ classe et un compartiment de 2ᵉ classe communiquant chacun avec un cabinet divisé en deux parties renfermant, l'une un fauteuil, l'autre un siége de water-closet avec lavabo pour la 1ʳᵉ classe seulement.

Il y a en outre deux cabinets semblables, mais sans communication avec les deux premiers compartiments. Ces cabinets sont destinés aux voyageurs des autres voitures du train et qui, subitement indisposés, peuvent y prendre place entre deux arrêts.

Nous reviendrons sur cette question du water-closet, à laquelle on paraît attacher à l'étranger plus d'intérêt qu'en France — 200 —.

Il faut reconnaître d'ailleurs qu'en Allemagne le public est généralement mieux traité au point de vue des convenances et des prix des places qu'en Angleterre et en France. Les compartiments de classe II y sont aussi confortables que la plupart de nos compartiments de classe I.

Sur le chemin de la Silésie supérieure, dans les caisses des vagons de 3ᵉ classe la cloison du milieu s'élève jusqu'au sommet; les deux autres s'arrêtent à la hauteur ordinaire. La longueur de chacun des compartiments est de 1ᵐ,745, et l'intervalle mesure entre les bancs 0ᵐ,627; la hauteur du dossier est de 0ᵐ,510. Nulle part en France on ne trouve de telles dimensions pour les compartiments de classe III.

Est-Bavarois. — Par la coupe longitudinale (pl. XX dans le texte, p. 68) de la voiture mixte appartenant à l'ancienne compagnie de l'Est-Bavarois aujourd'hui englobée dans le réseau des chemins de l'Etat, on voit que cette voiture contient un compartiment de classe I compris entre deux compartiments de classe II, puis à l'extrémité droite un coupé de classe I. Sur les lignes allemandes le prix des places de coupé est le même que celui des places de classe I. Seulement on surtaxe toutes les places dans les trains rapides. Nous signalerons en passant et pour la critiquer la saillie du bas sur le reste de la face extrême du coupé, saillie dangereuse pour le personnel des gares et qu'on ne rencontre plus dans les nouveaux véhicules.

Coupe longitudinale.

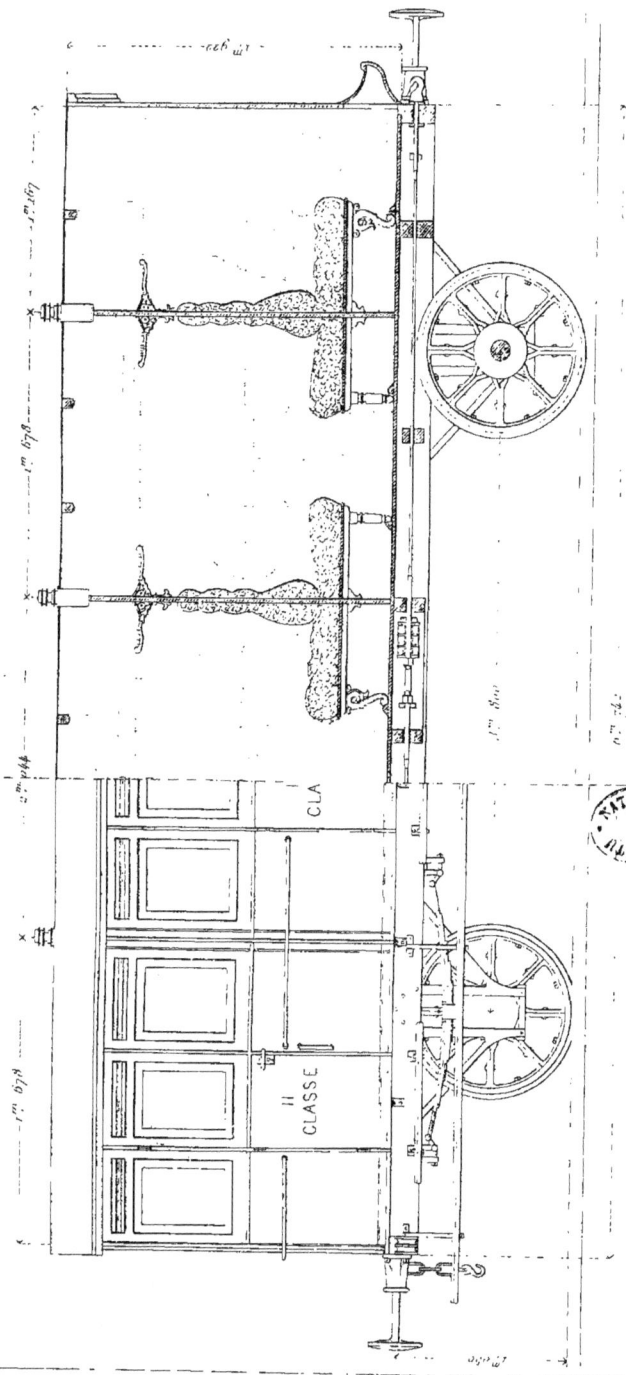

Élevation latérale.

II CLASSE

CLA

VOITURE MIXTE À VOYAGEURS

H.Freulon del.

Lemaitre Graveur de l'Empereur sc.

Noblet et Baudry, Editeurs.

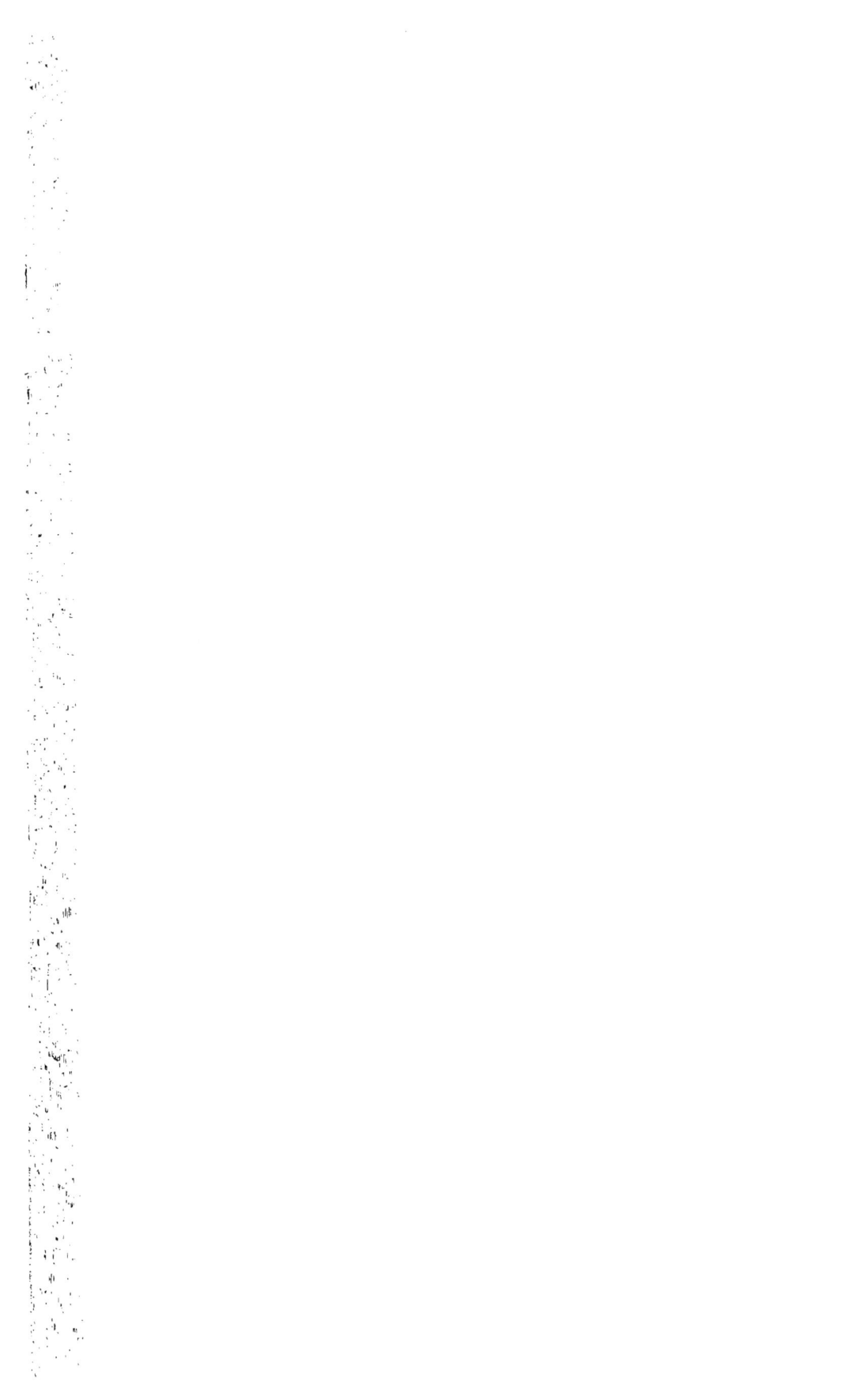

87. VOITURES FRANÇAISES. — Pendant plus de quinze ans les administrations françaises, à l'imitation des compagnies anglaises et d'accord avec les prescriptions des premiers cahiers des charges auxquels incombe la plus grande part de responsabilité, ont pris très-peu souci des convenances du public.

Ainsi l'article 36 du cahier des charges du chemin de fer de Mulhouse à Thann (avril 1837) admettait l'emploi de voitures découvertes et non fermées qui servaient aux voyageurs de 2ᵉ classe. On ne parlait pas alors de 3ᵉ classe.

L'article 36 du cahier des charges du chemin de fer de Strasbourg à Bâle (octobre 1840) prévoit l'emploi de voitures de trois classes :

« Voitures couvertes et fermées à glaces, suspendues sur ressorts (1ʳᵉ classe) ;

« Voitures couvertes et suspendues sur ressorts (2ᵉ classe);

« Voitures découvertes, mais suspendues sur ressorts (3ᵉ classe). »

Le mot *mais* provoque beaucoup de réflexions. D'ailleurs l'espace minimum réservé à chaque voyageur n'est pas encore stipulé.

Le cahier des charges pour l'adjudication du chemin de Montereau à Troyes passe cette question sous silence (1844).

Le cahier des charges du chemin de Paris à Strasbourg (juillet 1845) prévoit l'emploi de voitures couvertes et fermées avec rideaux pour la 3ᵉ classe.

Mais, à cette époque, la plupart des anciennes compagnies s'en tiennent aux premières conventions et se refusent à appliquer les conditions imposées par l'ordonnance du 15 novembre 1846, conditions bien modestes, comme on en peut juger par l'extrait suivant :

« Art. 12. Les voitures destinées au transport des voyageurs seront d'une construction solide ; elles devront être commodes et pourvues de ce qui est nécessaire à la sûreté des voyageurs. Les dimensions de la place affectée à chaque voyageur devront être d'au moins 0ᵐ,45 en largeur, 0ᵐ,65 en profondeur et 1ᵐ,45 en hauteur.

Pour arriver à faire donner aux voyageurs de 3ᵉ classe un abri contre la pluie et le soleil, il ne fallut rien moins qu'une révolution. C'est en effet par un décret du gouvernement provisoire de 1848 tombé avec lui et repris en 1852 par la gauche dans l'Assemblée législative que fut obtenu ce mince résultat, malgré l'opposition de certains députés basée sur ce que « la masse des voyageurs en 3ᵉ classe avait l'habitude d'être durement traitée. »

A partir de cette époque, les cahiers des charges (mars 1852) disent :

« Les voitures de voyageurs devront être du meilleur modèle. Elles seront toutes suspendues sur ressorts et garnies de banquettes. Il y en aura de trois classes au moins.

« Les voitures de la 1ʳᵉ classe seront couvertes, garnies et fermées à glaces ;

« Celles de la 2ᵉ classe seront couvertes, garnies, fermées à glaces et auront des banquettes rembourrées ;

« Celles de la 3ᵉ classe seront couvertes et fermées à vitres.

« Les places seront numérotées dans les voitures de 3ᵉ classe, comme dans celles de 1ʳᵉ et 2ᵉ classe.

« Les voitures de toutes les classes devront remplir les conditions réglées ou à régler pour les voitures qui servent au transport des personnes. »

Un coup d'œil jeté sur la planche II et sur le tableau de l'annexe n° 1 démontre que les compagnies, tout en suivant lentement le progrès des temps, apportent cependant quelques améliorations dans le matériel roulant, sans arriver encore à une équitable répartition de leurs faveurs entre les différentes classes. Abstraction faite des places de luxe dont il sera question plus loin, elles conservent toujours les trois classes du cahier des charges.

Les dimensions des compartiments dans les voitures du Nord français sont :

	Classes		
	I.	II.	III.
Longueur	1^m,950	1^m,550	1^m,350
Largeur	2 ,440	2 ,440	2 ,440
Hauteur	1 ,770	1 ,750	1 ,740

Voici les dimensions des compartiments de la Compagnie de l'Est :

	Classes		
	I.	II.	III.
Longueur	2^m,300	1^m,740	1^m,432
Largeur	2 ,650	2 ,650	2 ,650
Hauteur (au milieu)	1 ,900	1 ,800	1 ,800

Chaque compartiment offre, en classe I, huit places, en classes II et III, dix places, de sorte que chaque voyageur dispose des espaces suivants :

	Classes		
	I.	II.	III.
Longueur	1^m,150	0^m,870	0^m,726
Largeur	0 ,660	0 ,530	0 ,530
Surface	0^{mq},759	0^{mq},461	0^{mq},384
Volume	1^{mc},440	0^{mc},830	0^{mc},691

Lumière distribuée dans chaque compartiment :

	Classes		
	I.	II.	III.
Surface des vitres	0^{mq},980	0^{mq},733	0^{mq},733
Nombre de lanternes	$\frac{1}{1}$	$\frac{1}{2}$	$\frac{3}{5}$

Lumière allouée à chaque voyageur :

	Classes		
	I.	II.	III.
Le jour (vitres)	0^{mq},122	0^{mq},733	0^{mq},733
Rapport	1	0,600	0,600
La nuit (lant. nombre)	$\frac{1}{8}$	$\frac{1}{20}$	$\frac{3}{50}$
Rapport	1	0,400	0,480

88. La garniture, comme les dimensions, ne ressemble que de loin à celle des voitures anglaises du Midland-Ry ou allemandes.

En classe I le pavillon de la caisse est bien masqué par un plafond en marqueterie ou en étoffe, mais les dossiers et coussins, économiquement rembourrés, reposent sur des voliges ou des châssis cannés ; un accotoir et un accoudoir par place — l'accoudoir du milieu peut se relever ; enfin,

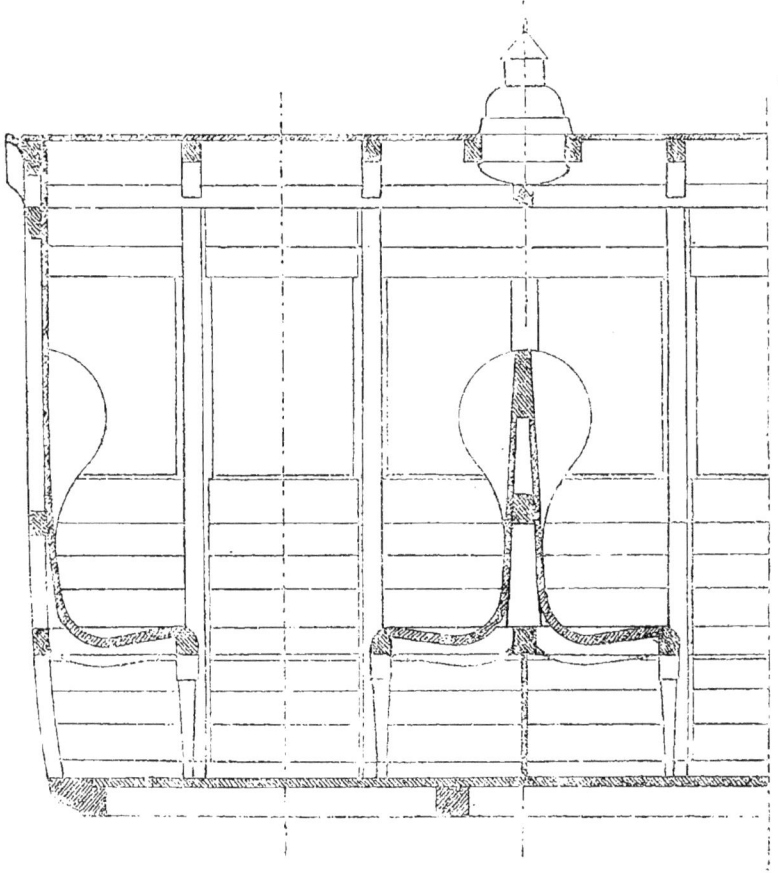

Voiture de troisième classe (Est). Coupe longitudinale. Échelle $\frac{1}{25}$.

rideaux et filets pour menus bagages ; un tapis sur le plancher garni de toile cirée.

En classe II le pavillon de la caisse fait plafond ; dossiers bas et coussins très-parcimonieusement rembourrés ; un accotoir par place, mais point d'accoudoirs ; rideaux et filets à bagages. La compagnie de l'Est est

jusqu'ici la seule qui donne un accotoir aux places de
2ᵉ classe.

Dans les voitures de classe III un des compartiments
réservés pour les dames seules est séparé du reste de la
caisse par une cloison complète. Les autres cloisons de
la voiture s'arrêtent
à hauteur de la tête
du voyageur assis.
Partout le bois est à
découvert. Les bancs
et dossiers sont pro-
filés suivant des li-
gnes courbes qui
épousent plus com-
modément les formes
du corps que les dos-
siers verticaux et les
bancs plats des voi-
tures de même classe
circulant sur les au-
tres lignes. Enfin on
y trouve des plan-
ches-appuie-tête pour
chaque voyageur, des
vitres mobiles au
droit de chaque ban-
quette et des ri-
deaux.

Les figures ci-con-
tre donnent une idée
de ces dispositions.

Voiture de troisième classe (Est). $\frac{1}{7}$ coupe transversale.

Echelle $\frac{1}{25}$.

En somme, les
voitures de classes II et III de l'Est (fig. 12, 13 et 14,
pl. II) sont encore les moins incommodes de toutes leurs
analogues en France — mais pourquoi refuser à la
classe III le plus maigre coussin? Est-ce que les rotondes

et impériales des anciennes diligences n'étaient pas un peu rembourrées?

Glace dormante entre les compartiments. — En Hollande et sur le chemin du Nord français, on a encadré dans la cloison qui sépare deux compartiments une glace sans tain qui établit une certaine communication entre les voyageurs et peut jusqu'à un certain point empêcher les attentats contre les personnes — 60 —.

89. *Nouvelles voitures d'Orléans.* — Pour organiser un service de trains rapides entre Paris et Bordeaux, la compagnie d'Orléans augmente les dimensions et par conséquent la masse des véhicules qui composeront ces trains. Afin de diminuer les oscillations que la grande vitesse imprime surtout aux voitures à 4 roues, on donne aux deux essieux de chaque voiture le plus grand écartement possible, $5^m,50$ pour la voiture de 1re classe — chap. V —.

En augmentant l'entr'axe des roues on a été conduit à allonger les caisses de cette voiture, composée de quatre compartiments ayant chacun $2^m,190$ de longueur, $2^m,750$ de largeur et $2^m,175$ de hauteur au milieu (pl. II, fig. 5 et 6); un double plancher, dont le vide est rempli de sciure de bois, amortit le bruit des roues.

Deux lanternes par compartiment répartiront uniformément leur lumière sur les huit places.

Les dossiers rembourrés s'appuient contre des ressorts en spirale jusqu'à hauteur de tête. Chaque coussin repose sur un sommier muni de ressorts en spirale. Cette addition de ressorts aux coussins ordinaires paraît être préférable aux banquettes à ressorts que les chemins allemands emploient depuis longtemps, en ce que les nouveaux siéges de la compagnie d'Orléans doivent simplement épouser les formes du corps sans lui donner les oscillations un peu fatigantes provenant d'une trop grande flexibilité des longs ressorts allemands. Enfin les accoudoirs sont, comme ceux de l'Est, à charnière pour laisser à un voyageur isolé la faculté de s'étendre sur les places libres de sa banquette.

La caisse de la voiture de classe II sera également allongée et exhaussée. Pour augmenter l'entr'axe des roues on reportera les menottes extrêmes des ressorts de suspension jusqu'aux traverses de tête du châssis, comme on l'a fait au Nord dans le même but lorsqu'on a allongé les ressorts de suspension en augmentant l'entr'axe des essieux des voitures des trains rapides.

Indépendamment de ces modifications, la caisse de la voiture de classe III recevra une autre amélioration par l'addition de quatre fenêtres dans chaque compartiment (pl. II, fig. 8 à 11); les précédentes voitures n'avaient, par compartiment, que deux châssis vitrés, ceux des portières.

90. Nous ne saurions assez insister sur l'inégalité choquante des conditions de bien-être présentées par les compartiments des différentes classes. Sans demander du luxe pour les voyageurs de classe III, qui ont souvent des façons d'être un peu rudes, on devrait cependant prendre en leur faveur quelques dispositions moins primitives, surtout en ce qui touche les convenances. — S'il arrive que quelques rideaux, des tirants de glace disparaissent, ce n'est pas bien ruineux. — D'ailleurs rien n'empêche de substituer aux rideaux des jalousies ou des persiennes; on se contente aussi pour manœuvrer les châssis de glace de pattes courtes en cuir qui ne mettent pas à l'épreuve la discrétion du public.

Un jour prochain verra d'ailleurs les voitures de toutes classes admises dans les trains rapides. Dès lors une sage prévoyance contraindra toutes les administrations à rembourrer non-seulement les banquettes, mais les dossiers et même les montants des portières et les parois latérales de toutes les classes, afin d'amortir pour chaque voyageur l'effet des chocs qui sont la conséquence des accidents, plus graves pour les trains rapides que pour les autres.

En définitive, il faut se rendre à l'évidence : ce sont les voyageurs de classe III qui fournissent la plus grande masse des recettes du service des voyageurs, comme on le voit d'après les chiffres suivants pris au hasard dans les rapports de quelques conseils d'administration des lignes françaises sur le produit des voyageurs en 1875.

Chemins de fer.	Nombre de voyageurs en classes :			Totaux.
	I.	II.	III.	
Midi	736 408	1 097 056	8 101 037	9 937 501
Ouest	1 027 399	1 914 958	9 110 462	12 052 819
Est	723 262	1 720 804	12 536 402	14 980 468
Totaux	2 490 069	4 731 818	29 748 901	36 970 788

Chemins de fer.	Produits des voyageurs en classes :			Totaux.
	I.	II.	III.	
	Fr.	Fr.	Fr.	Fr.
Midi	5 468 714	4 147 169	15 026 410	24 642 345
Ouest	8 239 927	8 001 007	17 396 137	33 637 072
Est	6 525 324	6 443 429	18 481 135	31 449 890
Totaux	20 233 965	18 591 605	50 903 682	89 729 307

D'après ce tableau, les voyageurs en classe III fournissent les 5/6 de la totalité en nombre et les 5/9 de la totalité des produits. Sans donc parler d'humanité, la raison de justice distributive suffit seule pour réclamer une moins grande parcimonie dans les installations des compartiments de la classe III.

91. *Voitures à deux étages*. — On rencontre sur les lignes de banlieue des environs de Paris des voitures de 2e et de 3e classe à impériale, contenant 84 et même 86 places. Cette disposition permet de diminuer sensiblement le poids mort du véhicule, mais à condition que le nombre de voyageurs par vagon soit suffisant, ce qui n'a pas lieu en hiver, où l'abaissement de température ne rend pas supportable le séjour des places d'impériale ; pendant l'été, au contraire, l'avantage que présentent ces voitures au point de vue des frais de traction est incontestable. Pour arriver à cet étage supérieur, on avait primitivement placé de distance en distance, contre les longues parois de la caisse, de simples échelons, que l'on a, depuis quelques années,

avantageusement remplacés par de doubles escaliers situés

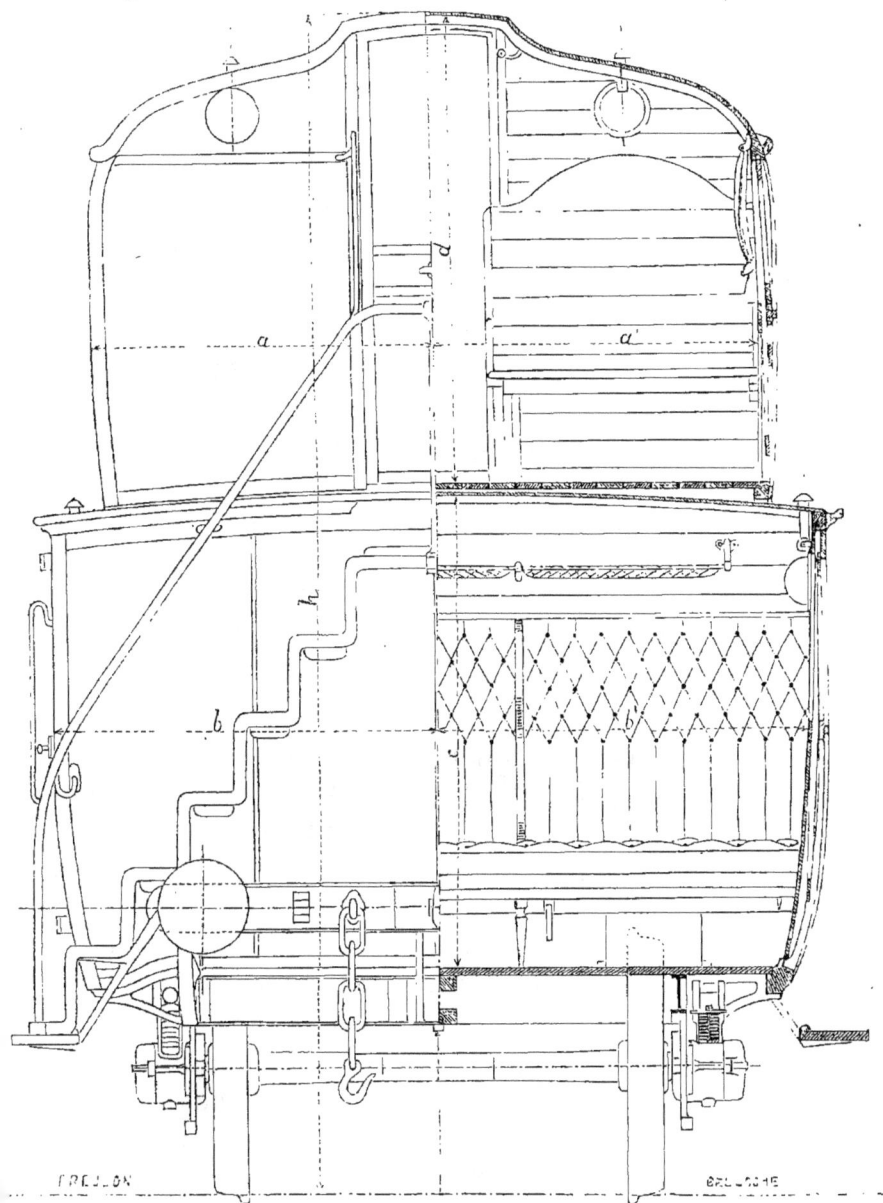

Voiture à deux étages, coupe et vue de bout (Est). Echelle $\frac{1}{30}$

aux deux extrémités du véhicule ; toutefois, le moyen
d'accès aux divers compartiments consistant en un pas-

sage très-étroit réservé au pourtour de l'impériale n'est
pas sans danger, et il y aurait certainement lieu de chercher à améliorer cette vicieuse disposition.

M. Vidard, inspecteur de la compagnie de l'Ouest, s'est
fait le propagateur infatigable des voitures à deux étages
et il a réussi à constituer un type de véhicule qui rend de
bons services dans plusieurs cas spéciaux. Le problème
posé et heureusement résolu par M. Vidard se résume
ainsi : utiliser la plus grande section possible du gabarit
de libre passage ; réduire le rapport du poids mort au poids
utile ; réunir dans une voiture les trois classes de voyageurs en proportions convenables ; abaisser le prix de revient du matériel de transport — Annexe n° 1 — Dimensions des voitures —.

La figure page 77, représente en section et en élévation transversales la voiture adoptée par la Compagnie
de l'Est pour la ligne de Paris à Coulommiers. — La section
du gabarit utilisée par ce type a 4^{mq},68 de surface pour la
caisse inférieure et 3^{mq},15 pour la caisse supérieure, ensemble 7^{mq},83 au lieu des 5 mètres carrés que les caisses
ordinaires occupent. Le rapport des sections transversales
est donc comme 5 à 8 en nombres ronds, ce qui au point
de vue de la résistance de l'air rendrait désavantageuse la
voiture à deux étages — 36, 49 —. Mais si l'on tient
compte de la surface des guérites et des vigies d'une part,
si l'on considère que la projection longitudinale d'un train
de voitures à deux étages est très-peu supérieure, par suite
de la réduction du nombre des véhicules et de la longueur
du train, à la projection longitudinale d'un train de voitures ordinaires renfermant le même nombre de voyageurs
que le premier, on arrive à écarter l'objection d'une augmentation sensible de l'effort de traction relatif aux voitures à deux étages.

La solution du problème obtenue par M. Vidard est la
conséquence de la disposition des brancards en col de
cygne et de l'attache latérale des ressorts de suspension

qui permettent d'abaisser la voiture de telle sorte que le plancher des caisses inférieures arrive à $0^m,80$ au-dessus du rail. Les roues sont logées sous les banquettes ; les ressorts de choc et traction se trouvent dans la partie recourbée des longerons recouverte elle-même par les escaliers de l'étage supérieur. La suppression des marchepieds permet d'élargir la caisse inférieure. Quant à la circulation des agents du train, elle peut se faire par l'étage supérieur au moyen du couloir qui le traverse dans toute sa longueur.

La voiture comprend à l'étage inférieur deux coupés de 1re classe à 4 placés chacun, deux compartiments de 2e classe à 10 places chacun et un compartiment de 3e classe également à 10 places, réservé pour les personnes qui ne veulent pas monter au 1er étage.

La caisse supérieure contient 40 places réparties sur deux rangs de banquettes transversales séparés par un couloir central qui aboutit aux deux escaliers.

Les deux caisses sont d'ailleurs fermées par des portières et des glaces. L'éclairage de chacun des deux coupés est fourni par une lampe placée dans la paroi de tête sous l'escalier. Des lampes à réflecteurs disposées aux angles du plafond dans la retraite des deux caisses projettent leur lumière dans les compartiments du milieu.

92. Le petit chemin de Bayonne à Biarritz, qui n'a point d'ouvrages en dessus et par conséquent point de limite de gabarit, a également adopté le système des voitures à deux étages, appliqué à différents véhicules dont nous avons indiqué les particularités dans les figures 1 à 8 de la planche V. — Toutes les voitures sont à trois classes ; l'un des véhicules comprend un compartiment à bagages.

Pour des raisons particulières, ce chemin a cru devoir se priver des facilités que le type de Coulommiers lui offrait et n'en a pas tiré tout le profit qu'il peut rendre. — Disposées principalement en vue des baigneurs et des touristes, les voitures sont d'ailleurs largement percées de jours en tous sens. Deux plates-formes couvertes, qui peuvent recevoir les fumeurs et les amateurs du grand air, servent d'accès à l'intérieur de la voiture. L'un des véhicules est à impériale ouverte (partie à droite de la figure 1, pl. V). L'escalier qui conduit à l'impériale se trouve à l'intérieur de la caisse, à l'extrémité du côté de la 2ᵉ classe. Bien que les parois longitudinales ne soient pas découpées par des portières, le constructeur — la Compagnie de matériel de chemins de fer à Ivry — a jugé prudent de consolider la caisse, qui est très-lourde, par un brancard d'une grande hauteur, ce qui réduit l'ouverture du fourgon et en rendra probablement le service un peu gênant.

L'éclairage est fait au pétrole par des lampes à réflecteurs. Celles de l'impériale sont à trois feux et remplacent les disques ordinaires de queue de train.

Ces voitures, en comprenant les places d'intérieur, d'impériale et de plates-formes, peuvent transporter 92 voyageurs. En examinant les figures 3 et 7 de la planche V, on voit qu'en se privant de deux places seulement la Compagnie aurait pu obtenir un type de voiture à circulation intérieure bien plus convenable pour le service spécial qu'elle doit faire.

93. ITALIE. — VOITURES DE VOIE ÉTROITE. — Les voies de largeur réduite ont aussi leurs partisans pour les voitures à compartiments isolés, témoin le petit chemin de Lagny et celui de Turin à Rivoli.

D'après une note que MM. Joyant et Georges Dumont, ingénieurs de la Compagnie de l'Est, ont publiée (*Mémoires de la Société des ingénieurs civils*, avril 1876) sur les chemins de fer à voie étroite, la ligne de Turin à Rivoli (12 kilomètres, voie de 0ᵐ,90) emploie pour le service des voyageurs 3 voitures de classe I, 7 voitures de classe II, 5 voitures mixtes et 3 fourgons. Leurs dimensions principales sont :

Longueur intérieure .	4ᵐ,50	Distance des roues ...	2ᵐ,50
Largeur............	1 ,50	Diamètre des roues...	0 ,60
Hauteur	1 ,80	Poids moyen.........	2ᵗ,60

Elles sont divisées en deux compartiments à 6 voyageurs chacun, 3 par banc. En 1876, on a dû mettre en circulation de nouvelles voitures qui auront 1^m,80 de largeur — le double de la voie — et qui contiendront 8 voyageurs par compartiment, 4 par banc.

La surface occupée par la caisse, y compris l'épaisseur des parois, est d'environ 8^{mq},75 et par voyageur 0^{mq},54.

§ 11. VOITURES A CIRCULATION INTÉRIEURE.

94. VOITURES AMÉRICAINES. — Dès leurs débuts en chemins de fer, les Américains n'ont point admis de classes, tout en reléguant dans des caisses spéciales les noirs ou les métis. Leur voiture type se compose d'une longue caisse sans divisions intérieures, reposant sur deux trains de quatre roues chacun. Dans quelques voitures, un compartiment séparé du reste de la caisse est réservé cependant pour les dames voyageant seules. La caisse renferme deux rangs de siéges à deux places chacun, disposés transversalement à l'axe de la voiture et séparés par un couloir qui court d'une extrémité de la caisse à l'autre. Chaque banc est muni d'un dossier fixé sur le plancher par deux montants à charnières et qui, en se renversant d'un côté ou de l'autre du siége, laisse aux voyageurs la faculté de s'asseoir à volonté face à l'avant ou face à l'arrière du train. Les parois longitudinales sont percées de fenêtres au droit de chaque banc. De là, profusion d'air et de lumière.

Les siéges sont rembourrés et recouverts en étoffe de crin. Des portemanteaux garnissent les parois longitudinales. Des persiennes et rideaux peuvent couvrir les vitres des fenêtres.

Les caisses ont de 12 à 18 mètres de longueur, 2^m,70 à 3 mètres de largeur, 1^m,80 à 2^m,25 de hauteur ; le couloir central a 0^m,60 à 0^m,65 de largeur.

La voiture se termine à chaque extrémité par une plateforme que recouvre le prolongement du pavillon de la caisse. De cette plate-forme descend un escalier qui s'abaisse jusqu'à quelques centimètres au-dessus du niveau de la voie. Le long des escaliers et de la plate-forme règne un garde-corps, interrompu par une ouverture à charnière au milieu de la plate-forme qui livre passage aux gardes circulant d'une extrémité du train à l'autre.

Ce type, appliqué dans toute sa simplicité en Autriche et abandonné aujourd'hui dans ce pays, circule encore en Wurtemberg et en Suisse, mais avec quelques modifications.

La voiture de classe III, sur le Central suisse, contient 72 places. La longueur totale, y compris celle des plates-formes, atteint $14^m,26$; celle de la caisse, à l'intérieur, $11^m,44$; la largeur, $2^m,67$, la hauteur sous pavillon, $2^m,14$ (pl. VI, fig. 1, 2, 2 *bis*).

L'espace dévolu à chaque voyageur est de $0^m,50$ sur $0^m,45$, soit en surface $0^{mq},225$, espace un peu exigu en apparence, si l'on ne fait pas remarquer que le voyageur placé du côté du couloir peut tenir une épaule et un bras en dehors du siége. Le volume d'air disponible est de $0^{mc},91$; la surface des vitres, $0^{m2},10$ par voyageur, sans compter celle qui lui vient des autres fenêtres de la caisse.

Comme agrément, la voiture américaine, qui permet au voyageur de se lever, de se tenir debout, de changer de place, de circuler en un mot, serait donc la voiture par excellence si la liberté de déplacement ne supprimait pas la faculté d'isolement, plus nécessaire encore dans le voyage de nuit. Pour satisfaire à ce besoin, les Américains ont introduit le type des vagons-dortoirs, que nous décrivons plus loin — 109 —.

95. *Voitures mixtes américaines.* — Dans les grandes voitures mixtes du type américain circulant en Suisse, on a conservé la forme extérieure de la caisse; mais à l'intérieur, pour séparer les classes I, II et III les unes des autres, on a élevé des cloisons percées de portes que les agents du train seuls peuvent ouvrir.

Dans la classe I, chaque place est isolée ; le voyageur dispose d'un fauteuil bien capitonné ; les parois sont convenablement rembourrées et garnies de patères et filets, de rideaux à toutes les fenêtres.

Dans les autres classes, les siéges sont adossés deux à deux, formant des petits compartiments à 4 places séparés par un couloir longitudinal de 0ᵐ.50 de largeur. Les siéges de classe II ont 1 mètre de longueur et 0ᵐ,50 de profondeur ; le dossier rembourré s'élève à 0ᵐ,80 au-dessus du plancher. L'espace entre deux siéges se faisant vis-à-vis dans un compartiment est de 0ᵐ,42, espace un peu étroit lorsque le voyage a une certaine durée, mais suffisant pour les petits trajets.

Malgré tous leurs avantages, ces longues voitures laissaient à désirer au point de vue des convenances de l'exploitation — 67 —. Pour corriger les défauts de ce type, le chemin du Nord-Est suisse a créé le système auquel nous avons donné le nom de *voiture suisse* et que nous allons décrire.

96. VOITURES SUISSES. — Ce type, introduit vers 1867 sur les lignes qui rayonnent autour de Zurich, réunit aux avantages des voitures américaines toutes les facilités que donnent les voitures de système anglais (figure page 84). La voiture, d'une longueur totale de 8ᵐ,50, repose sur deux essieux distants de 4 mètres d'axe en axe. Elle peut donc circuler sans difficultés dans des courbes de 350 à 400 mètres de rayon. La caisse est divisée en deux compartiments qui communiquent par une porte ménagée dans la cloison séparative. Le plus petit des deux compartiments est occupé par 6 fauteuils de classe I, le plus grand par 23 places de classe II, ensemble 29 places. En hiver, on remplaçait le siége isolé de classe II et le fauteuil contigu de classe I par un poêle à cheval sur la paroi de séparation. A ce mode de chauffage on a substitué un système de calorifère à air chaud dont nous parlerons plus loin — § VII —.

La même compagnie du Nord-Est suisse a récemment

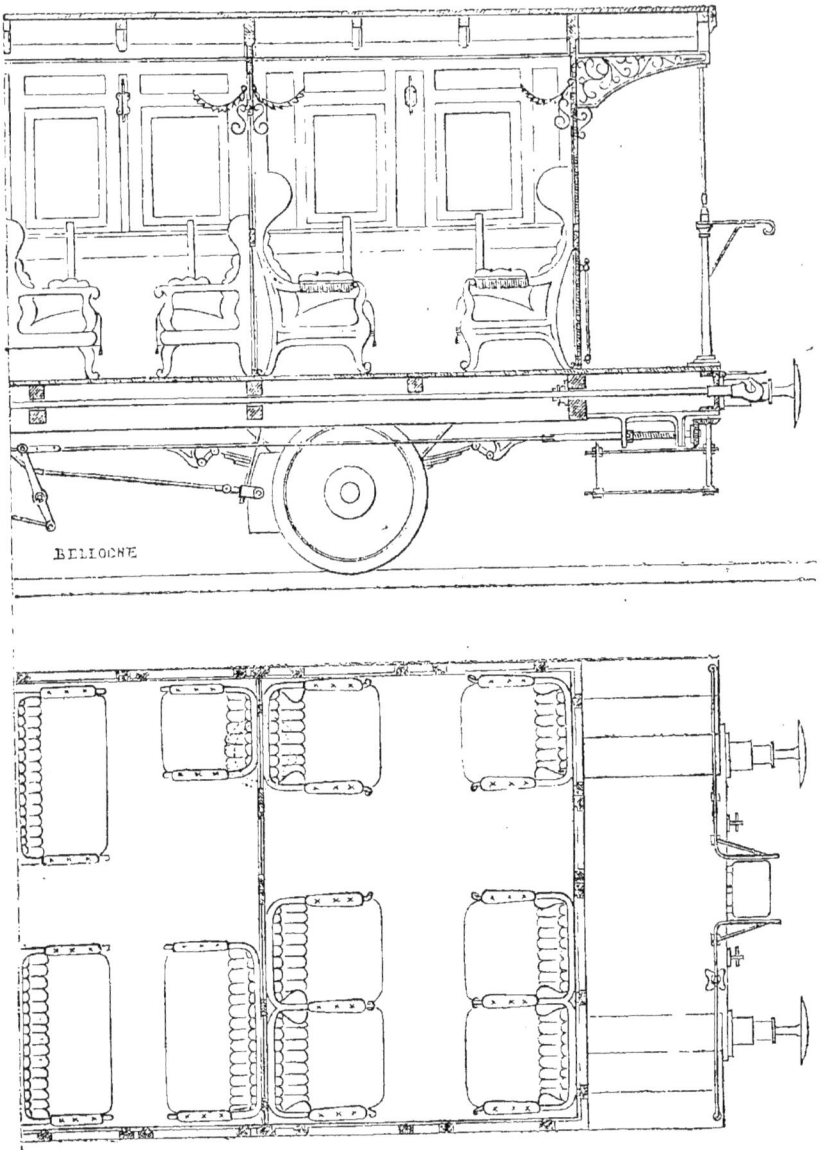

Voiture mixte, première et deuxième classe (Nord-Est suisse). Echelle $\frac{1}{50}$.

construit un nouveau type de voitures de classe I à
18 places, emménagées, ventilées et éclairées aussi com-

modément que possible ; calorifère, water-closet et lavabo
complètent l'ensemble des facilités que l'on peut réclamer
en voyage.

A l'espace disponible déjà très-large dans les voitures
suisses ordinaires s'ajoute encore celui que donne un lanterneau régnant sur toute la longueur du pavillon. L'examen des figures 1 à 6, pl. VII, qui représentent cette
voiture, démontre à l'évidence tous les soins pris pour
rendre parfaitement confortable ce véhicule dont les garnitures intérieures ne laissent rien à désirer. Il y a même
excès de luxe, surtout dans le poids, qui, nous a-t-on dit,
dépasse 600 kilogrammes par voyageur.

96 *bis. Voitures à deux étages.* — Une combinaison de la
voiture suisse et de la voiture Est-Coulommiers nous est
donnée par le type de voiture suisse à deux étages représentée en vue, en coupe et en plan par les figures 9 à 15 de
la planche VI. C'est la voiture par excellence des embranchements, des contrées pittoresques. Quelle que soit en effet
la place que le voyageur occupe, il peut jeter ses regards
de tous côtés, et sans se déranger, jouir de la vue du pays
qu'il parcourt. Les agents du train, ayant partout accès
pendant la marche, ont toutes facilités de délivrer, de contrôler et de retirer les billets, d'allumer et d'éteindre les
lampes selon les besoins du moment, de surveiller le public et d'avertir le mécanicien en cas de nécessité, de faire
arrêter le train et déposer un voyageur à un passage à
niveau, etc. L'impériale dispose d'une largeur égale à celle
de la caisse inférieure, sans dépasser la hauteur des cheminées des locomotives ou des guérites de garde-train.

On remarquera que le châssis est surmonté à chaque
extrémité par deux plates-formes ; la première, qui porte sur
la partie abaissée des longerons du châssis, se trouve à la
hauteur du plancher de la caisse inférieure, formant comme
la troisième marche des escaliers qui conduisent aux trottoirs des stations ; la seconde, posée au-dessus des appareils de choc et de traction et de la partie relevée des lon-

gerons, sert de plancher de communication entre véhicules et en même temps de repos pour l'escalier qui conduit à l'impériale. La caisse supérieure est complétement close, ce qui n'est pas à dédaigner dans certains cas. Les voitures du chemin de fer de ceinture de Paris feraient triste figure à côté de celle-ci.

97. Application du type suisse en Turquie. — Ce type, très-séduisant, s'est reproduit sur beaucoup de lignes. On le trouve en service sur les chemins de Belleville à Beaujeu, de l'Hérault, des Dombes et du Sud-Est, des Vosges, etc. La Compagnie de Paris-Lyon-Méditerranée l'a appliqué sur ses chemins algériens. Enfin le gouvernement ottoman en a fait usage pour la section de la ligne d'Anatolie comprise entre Haïdar-Pacha (Scutari) et Ismidt, l'ancienne Nicomédie, section qui offre sur ses 100 kilomètres de parcours une succession de paysages comparables à ceux du Bosphore.

Le matériel affecté en premier lieu à l'exploitation de cette ligne se composait de voitures de classe I, de voitures mixtes (classes I et II), de voitures de classe II, de voitures mixtes (classes II et III), et enfin de voitures à classe III.

Toutes les caisses de ces voitures ont uniformément $5^m,80$ de longueur, $2^m,78$ de largeur et $1^m,93$ de hauteur. Un double plafond avec circulation d'air règne sur toute la caisse, bonne précaution pour la saison chaude.

La voiture de classe I est divisée en six compartiments à 4 places et à 2 banquettes chacun, rangés trois par trois de chaque côté d'un couloir central de $0^m,60$ de largeur qui partage la caisse dans toute sa longueur en deux parties égales.

Les compartiments sont séparés les uns des autres et du couloir par des cloisons pleines et rembourrées jusqu'à la hauteur des filets. Chacun d'eux mesure $1^m,92$ en longueur, $1^m,10$ en largeur, ce qui donne pour chaque place une sur-

face de 0mq,528, dimension un peu exiguë pour un long
trajet.

Les plafonds, les frises, les parois verticales, les côtés
des stalles qui bordent le couloir, les parties apparentes
des cloisons de séparation des compartiments ainsi que
les portes d'entrée sont en bois de teck. Les dossiers et
les siéges sont rembourrés sous drap. La caisse est fermée
à chaque extrémité par une porte qui donne sur une plate-
forme de 0m,85 de largeur, munie de ses escaliers et de son
pont de communication.

La caisse des voitures mixtes de classes I et II comprend
deux parties de longueurs inégales. La plus petite contient
deux compartiments à 4 places; la plus grande, quatre
compartiments à 4 places, répartis de chaque côté d'un
couloir longitudinal qui conduit d'une plate-forme à l'autre.
suivant l'axe de la voiture.

Les compartiments de la classe I présentent les dispositions décrites plus haut. Dans ceux de la classe II, les
plafonds, les frises, les parois verticales pleines, les côtés
des stalles qui bordent le couloir, les parties apparentes
des cloisons de séparation, sont en bois de noyer au lieu
de bois de teck.

Les cloisons de séparation des compartiments s'élèvent à
hauteur de tête. Elles sont surmontées de filets. Le dossier
et le siége rembourrés sont garnis en étoffe de crin.

Quoique moins bien capitonnés que les compartiments
de classe I, ils sont cependant plus commodes que ces
derniers avec leurs demi-cloisons latérales, dont on ne
s'explique pas bien l'utilité et qui n'auraient de raison
d'être que si le petit compartiment de 4 places était complétement fermé par une porte, ainsi que le projette le chemin de fer du Nord de l'Espagne. En cas de déraillement,
il est vrai, ces portes pourraient ne pas s'ouvrir facilement
et retenir les voyageurs prisonniers dans la caisse.

Les caisses des voitures de classe II, à six compartiments à 4 places comme les voitures de classe I, dont elles

portent les dimensions, sont établies comme leurs analogues de la voiture mixte I et II.

Toutes les voitures de classe I, mixtes et de classe II contiennent 24 places de voyageurs.

Les voitures mixtes II et III en renferment 37, soit 8 de
classe II et 29 de classe III. Une cloison percée d'une porte
de communication les partage en deux sections, la plus
petite avec ses 8 places de classe II réparties en deux compartiments égaux séparés par le couloir, la plus grande
avec six compartiments de classe III. Dans cette partie, le
couloir de passage ne se trouve pas dans l'axe de la voiture. Il laisse d'un côté deux compartiments à 6 places,
soit 3 places par banquette; un compartiment à 5 places,
soit une banquette avec 3 places et une banquette avec
2 places, l'espace de la troisième étant pris par l'entrée
dans la division de la caisse réservée à la classe II.

Parallèlement et de l'autre côté du couloir se trouvent
trois compartiments renfermant chacun deux banquettes à
2 places.

Dans la voiture de classe III, qui a même longueur que
les autres, on a logé huit compartiments, savoir : quatre à
4 places séparés des quatre autres à 6 places chacun par le
couloir longitudinal qui ne se trouve plus dans l'axe de la
voiture (fig. 3, 4, 5, 6, 7 et 8, pl. VI). Dans cette voiture,
destinée il est vrai à un public peu habitué aux commodités du voyage, l'espace réservé à chaque place est absolument insuffisant : 0^m,462 à 0^m,467 en largeur, 0^m,710 en
longueur, c'est-à-dire 0^m,430 pour le siége et 0^m,280 pour
les jambes.

Quand on a vu la population qui s'entasse dans ces
caisses, population qui d'habitude porte *toute sa fortune
avec soi*, c'est-à-dire un amas de toutes sortes de choses,
on se demande comment elle peut arriver à se caser.

Dans les voitures algériennes qui servaient de types à la
commande faite par le gouvernement ottoman, la caisse a
6^m,40 en longueur, soit 0^m,60 de plus que la caisse de la

par voiture, soit 812 places réparties de la manière
suivante :

Classes.	Nombre de places.
I	92
II	230
III	490
Total	812

Combinée avec la première, la nouvelle fourniture offrait
au public 1 872 places ainsi réparties :

Classes.	Nombre de places.	Proportion.
I	172	91
II	390	208
III	1 310	701
Totaux	1 872	1 000

La proportion des voitures de classe III, relativement
aux deux autres, était devenue plus défavorable qu'auparavant; mais du moins les trains composés de voitures
renfermant un plus grand nombre de places desservaient
moins désavantageusement le trafic, chaque train pouvant
offrir au public 390 places.

Que fallait-il faire pour compléter le matériel toujours
insuffisant? Logiquement, poursuivre les commandes en
matériel de classe III suivant les derniers types achetés.
En Turquie, ce n'est pas la logique qui dirige, mais le
caprice. On revint au type désavantageux du premier
matériel en commandant 26 voitures qui contenaient
35 places en moyenne, soit 904 places réparties comme
suit :

Classes.	Nombre de places.
I	32
II	162
III	680
Total	904

Les 74 voitures provenant des trois premières commandes donnaient donc :

Classes.	Nombre de places.	Proportion des places	
		offertes.	nécessaires.
I.................	204	74	21
II..........	582	210	134
III............. ...	1 992	716	845
Totaux...... ...	2 776	1 000	1 000

Ainsi, malgré l'évidence du mal mis en lumière par
l'expérience, on était retombé dans une situation plus
fâcheuse qu'auparavant, chaque train moyen de 10 voitures ne pouvant plus offrir que 375 places avec excès de
classes I et II.

Pour améliorer cette situation, il aurait fallu transformer
en classe III toutes les voitures de classe I et de classe II.
Mais le temps et surtout les moyens matériels faisaient
défaut, car il n'y avait pas d'atelier de réparations à la
disposition du service. Consulté sur le moyen de sortir
d'embarras, nous avons donné l'avis de commander
26 voitures de classe III à 50 places du type d'Orléans qui
rendait d'excellents services. Avec cette addition, les
100 voitures nécessaires à l'exploitation auraient offert au
public 4 076 places réparties de la manière suivante :

Classes	Nombre de places.	Proportion.
I....................	204	51
II........	582	145
III........	3 290	804
Totaux..........	4 076	1 000

Il y avait grand excès de classe I ; mais du moins on
trouvait moins d'écarts dans la nouvelle proportion des
classes que dans la proportion primitive, et en fait chaque
train moyen aurait pu recevoir 407 voyageurs au lieu
de 350. Qu'a-t-on fait de cet avis ? Les circonstances ont-
elles permis d'y donner suite ?

Comme conclusion, nous pouvons tirer de cet historique un enseignement : le matériel algérien, avec son poids mort considérable, réclamait des machines beaucoup plus puissantes que celles dont on disposait, et au lieu de voitures de classe I et de voitures de classe II, on aurait dû se contenter de voitures de classe III avec une voiture mixte à classe I, II et III pour chaque train avec compartiments réservés aux femmes.

99. Voitures a voie étroite. — *Lignes du Brésil.* — Pour ses chemins de fer à voie de 1 mètre entre rails (Nazareth à Bahia), le gouvernement brésilien a adopté le type de voitures à circulation intérieure, mais à siéges parallèles à l'axe du véhicule. Les caisses de ces voitures, dont les projets sont dus à MM. Chevalier, Cheylus et Ce, de Paris (fig. I à 6, pl. VIII), ont uniformément en longueur extérieure 4^m,400, non compris les plates-formes avec leurs escaliers, et en largeur 2 mètres.

En 1re classe, la caisse est fermée sur les longs côtés par des glaces. Les voyageurs, assis sur deux bancs divisés en stalles dont le siége et le dossier sont cannés, se font vis-à-vis comme dans les omnibus ou les voitures des tramways de Paris. L'espace entre les bancs est de 0^m,97, la profondeur du siége 0^m,400, la distance entre les séparations des stalles 0^m,500, ce qui donne à chacun des 16 voyageurs de la voiture une surface de 0^{m2},315, en déduisant 0^m,500 pour le passage longitudinal. La hauteur sous le pavillon est de 2 mètres.

Le pavillon est surmonté d'un lanterneau à jalousies qui règne sur toute la longueur de la caisse.

La voiture de 2e classe n'a pas encore été construite. Elle ne différera de la 1re classe que par la forme des siéges et des dossiers, qui sont en lames de bois non jointives et par la suppression des séparations de places.

La voiture de 3e classe, munie d'un pavillon soutenu par des colonnettes, est ouverte de tous côtés, mais garnie de rideaux. Naturellement elle n'a pas besoin de lanterneau de ventilation ; le dossier est supprimé ; une planche plate fait fonction de siége. Comme la voiture de 2ᵉ classe, celle de 3ᵉ renfermera 20 voyageurs, ce qui donne pour chaque voyageur, non compris la largeur du couloir, une surface disponible de $0^{m^2},273$; la hauteur, sous le milieu du pavillon, est de $2^m,05$. La surface totale occupée par la caisse est $4^m,400 \times 2$ mètres $= 8^{mq},80$, ce qui donne par place $0^{mq},44$.

Toutes ces dispositions très-simples conviennent bien pour un trajet de courte durée et dans un climat très-chaud.

Toutes les voitures du train communiquent entre elles par plates-formes supportant des petits ponts à charnières.

100. *Ligne d'Appenzell.* — Les deux villes de Saint-Gall et d'Appenzell, capitales des cantons suisses de ce nom et qui se trouvent respectivement à l'altitude de 671 mètres et 727 mètres au-dessus de la mer, doivent être prochainement reliées par un petit chemin de fer à voie étroite qui, partant de la station de Winckeln sur la ligne de Winterthur à Saint-Gall, passe par Herisau, près de Heinrichbad, station balnéaire très-fréquentée. Wylen, Waldstatt, Zürchersmülhle et s'arrête, provisoirement, vers le point de partage à Urnäsch, situé à 817 mètres au-dessus de la mer, traversant une des contrées les plus pittoresques de la Suisse occidentale.

Le tracé, très-tourmenté, suit des courbes roides qui descendent jusqu'à 84 mètres de rayon et des rampes qui s'élèvent jusqu'à $0^m,036$. La distance entre rails mesure 1 mètre. Bien qu'inachevée, cette petite ligne a déjà 4 trains dans chaque sens de Winckeln à Urnäsch et 6 trains dans chaque sens entre Winckeln et Herisau. Le trajet entier s'effectue en une heure.

Les voitures de cette petite ligne sont établies, les unes d'après le type américain, les autres d'après le type suisse. Elles ont toutes une largeur de $2^m,40$, une hauteur totale

de $3^m,100$ et une hauteur du plancher de $0^m,880$ au-dessus
du rail. Diamètre des roues, $0^m,700$.

Les premières roulent sur deux trucs à 4 roues chacun
et portent à chaque extrémité une plate-forme. La caisse
mesure $11^m,40$ de longueur et contient 45 places réparties
dans trois compartiments communiquant entre eux et avec
les plates-formes, savoir : 6 places de classe II dans le compartiment réservé, 15 places de classe II dans le second
compartiment et 24 places de classe III dans le troisième.

Les voitures de classe III contiennent 48 places en deux
compartiments communiquant. Les trucs de ces voitures
sont distants de $6^m,450$, d'axe en axe, des pivots ; et les
deux essieux d'un même truc de $1^m,23$. Les caisses du
second type, qui roulent sur deux essieux fixes, ont $5^m,340$
de longueur, avec une seule plate-forme. Elles peuvent recevoir 21 voyageurs, soit 6 de classe II et 15 de classe III.
L'entr'axe de leurs essieux est de $2^m,500$.

La voiture à quatre essieux, contenant 48 places, occupe
une surface de $11^m,40 \times 2^m,400 = 12^{mq},36$, et pour chaque
voyageur $0^{mq},57$. Celle à deux essieux, qui renferme 21 voyageurs, mesure $5^m,34 \times 2^m,400 = 12^{mq},81$, et pour chaque
voyageur $0^{mq},61$. — Pour les lignes à voie réduite, ce système de voitures est donc moins avantageux, en ce qui
concerne l'utilisation de la surface des caisses, que le système à banquettes longitudinales. Aussi la Compagnie de
Lausanne-Echallens, qui a racheté tout le matériel fixe et
roulant du chemin Fell du mont Cenis (voie de 1 mètre),
en conserve la disposition des banquettes parallèles à l'axe
de la voiture.

101. *Projet Moudania-Brousse.* — Avant la crise finan-
cière qui s'est terminée en octobre 1875 par la suspension
de payement des intérêts de sa dette, le gouvernement
ottoman avait demandé à quelques constructeurs, des propositions pour la fourniture du matériel roulant destiné à
la ligne de Moudania-Brousse. Cette ligne, en partie construite, doit recevoir une voie à $1^m,10$ entre rails. En vue

de cette fourniture, la Compagnie française de matériel de
chemin de fer avait étudié un ensemble de véhicules, parmi
lesquels la voiture de classe III représentée par les figures 7,
8 et 9 de la planche VII. La caisse mesure en longueur 5^m,500, en largeur 2^m,350 — environ 2 fois 1/4 la
largeur de la voie — par conséquent en surface 12^{mq},925.
Comme elle contient 30 places, la surface correspondant à
chaque place est donc 0^{mq},43.

102. *Comparaison des différents types de voitures pour voie
étroite.* — Les indications qui précèdent nous permettent
d'apprécier les mérites de ces différents types, au point de
vue de la surface occupée par chaque voyageur et de l'utilisation du poids mort.

Désignation des voitures.	Surface occupée par place en classe III.	
1. Appenzell à 4 roues.......	0^{mq},61	banquettes transversales.
2. Appenzell à 8 roues............	0 ,57	—
3. Turin-Rivoli, compartiments isolés.	0 ,54	—
4. Moudania-Brousse, circulation in- térieure....................	0 ,45	—
5. Nazareth à Bahia (Brésil), circula- tion intérieure..............	0 ,44	banquettes longitudinales.

La cinquième disposition est donc la plus avantageuse.
N'est-elle pas aussi la plus commode pour le voyageur?
Celui-ci n'est-il pas mieux assis sur son large banc? ses
membres n'ont-ils pas plus de liberté que dans le petit
compartiment étriqué du quatrième type? Enfin il n'est pas
condamné à subir pendant tout le trajet le voisinage immédiat d'un vis-à-vis qui peut devenir intolérable.

Quant au troisième type, qui rentre dans la catégorie des
voitures à compartiments isolés, il est largement pourvu,
mais aussi bien onéreux.

Cette comparaison justifie la préférence accordée par la
compagnie de Lausanne à Echallens à la disposition des
bancs longitudinaux.

§ III. VOITURES DE LUXE.

103. — Un article des plus anciens cahiers des charges donne aux Compagnies françaises « la faculté de placer des voitures spéciales pour lesquelles les prix seront réglés par l'administration sur la proposition de la Compagnie ; mais il est expressément stipulé que le nombre de places à donner dans ces voitures n'excédera pas le cinquième du nombre total des places du convoi ».

Usant de cette faculté, toutes les compagnies ont réservé dans quelques-unes de leurs voitures un espace plus ou moins grand disposé de façon à rendre le voyage moins désagréable que dans les places ordinaires, mais aussi d'un prix de location plus élevé.

C'est tantôt un demi-compartiment, un *coupé*, disposé à l'extrémité d'une voiture ordinaire, où trois ou quatre voyageurs occupent chacun une place de classe I, mais sans vis-à-vis ; tantôt un *coupé-lit*, c'est-à-dire un coupé ordinaire dont le siége peut servir de repos à un malade accompagné par une ou deux personnes. Ailleurs ce sont des compartiments plus profonds occupés par trois lits ou trois fauteuils-lits. D'autres fois on met à la disposition du public pour la nuit de vrais lits substitués aux places de jour. Enfin on rencontre sur quelques lignes des voitures à salon ou à malades dans lesquelles une famille, des malades peuvent voyager avec toutes les précautions et toutes les convenances désirables.

104. COUPÉS ORDINAIRES. — La planche XX intercalée page (68) donne une idée de la disposition d'un coupé ordinaire à trois siéges dans une voiture de l'Est bavarois, qui contient en outre un compartiment de classe I et deux compartiments de classe II. Nous avons déjà critiqué la disposition de la saillie destinée à loger les pieds des voyageurs dans ce coupé-ci 85 — (fig. 3, pl. XVI).

Dans les coupés ordinaires à 4 places récemment construits par les Compagnies d'Orléans, de Lyon, etc., cette saillie est supprimée ; à la paroi verticale qui fait face aux voyageurs sont attachées des tablettes à charnières et des strapontins pour appuyer les pieds.

Sur le réseau P. L. M., le supplément de prix à payer par place de ce genre, en sus de la taxe de classe I, est de :

2f,75 pour un parcours égal ou inférieur à   200 kilomètres.
5 30   —   —   à   500   —
8 25 pour un parcours compris de 501 à   700   —
11 00   —   —   de 701 à 1 000   —
16 50 pour tout parcours supérieur....... à 1 000   —

Dans les trains autres que les express, le supplément de prix est réduit à 1 fr. 10 pour les trajets ne dépassant pas 60 kilomètres.

Le tarif du chemin de fer du Nord pour des places analogues est le suivant : 2 fr. 50 jusqu'à 150 kilomètres ; 3 fr. 30 jusqu'à 225 kilomètres ; 4 fr. 40 pour tout parcours excédant 225 kilomètres sur le réseau du Nord.

Le supplément prélevé par les Compagnies d'Orléans et du Midi est de 1/10 en sus du prix de 1re classe.

105. Coupés et compartiments a lits. — Les Compagnies d'Orléans, de Lyon offrent au public des coupés à lits dans lesquels, l'accoudoir de séparation étant relevé, une personne malade peut s'étendre le long de la banquette à l'extrémité de laquelle une tablette à charnière fait relever le coussin et reçoit un oreiller retiré de la banquette. A l'autre extrémité se trouve une chaise percée recouverte d'un coussin qui sert de siège à une seconde personne. En avant se trouvent des tablettes à hauteur d'appui et des strapontins.

Les figures 4, 5, 6 et 7, pl. IX, représentent une voiture ordinaire de classe 1 de la Compagnie de l'Ouest renfermant un compartiment à deux lits formés au moyen des banquettes, dont les siéges peuvent être tirés vers l'intérieur du compartiment et l'une des extrémités relevée pour former oreiller, l'accoudoir à charnière étant relevé. Ces voitures portent un double plancher qui amortit les chocs et le bruit. Il y a place pour deux voyageurs couchés et deux assis.

On trouve les mêmes dispositions sur le réseau de l'Est français. La location d'un compartiment à deux lits se paye au prix de cinq places de classe I.

Tout récemment la Compagnie de l'Ouest a mis en service des voitures à deux coupés-lits (fig. 1 à 4, pl. X) dont le siége, coussin et châssis, peut se ramener en avant à l'aide du mécanisme indiqué par la figure 1 *bis* et prendre la position du siége du coupé de gauche de la figure 1 et de la figure 2. Les châssis de glace sont doublés de châssis rembourrés, même ceux des coins arrondis (fig. 2 *bis*). Contre la paroi d'avant se trouvent des tablettes et strapontins; sous le siége, une chaise percée.

106. FAUTEUILS-LITS. — La Compagnie de l'Est a construit des voitures à trois compartiments dont le plus grand (fig. 5 et 6, pl. X) est occupé par trois fauteuils, en arrière desquels est logé un lit avec matelas et oreiller. Pour se coucher, le voyageur n'a qu'à tirer à lui un anneau placé à la partie supérieure du dossier. En s'abattant, le lit s'appuie sur le fauteuil, combiné pour se replier sur lui-même. A l'extrémité du lit et contre la paroi d'avant du coupé sont fixés à charnière des strapontins rembourrés pour porter les pieds des voyageurs assis. Le lit abattu, il reste encore, entre l'extrémité de la couchette et la face d'avant du coupé, un espace libre suffisant pour que chacun des trois voyageurs puisse sortir sans déranger les deux autres et sans avoir à enjamber par-dessus les lits. En guise de water-closet, on trouve dans une dépression pratiquée sous le tapis du plancher un ustensile d'usage trop intime pour être utilisé en présence de personnes quelque peu étrangères l'une à l'autre.

Le prix de location de chaque coupé-lit est de 50 pour 100 plus élevé que celui d'une place de classe I.

La Compagnie du chemin de fer du Nord possède aussi des coupés-lits semblables à ceux de la Compagnie de l'Est. Comme addition aux dispositions indiquées plus haut, on trouve dans ces coupés un water-closet caché sous le tapis et que le voyageur peut retirer du trou où il est logé, pour le placer sur le plancher. Les suppléments de prix à payer sont de 5 francs par place jusqu'à 150 kilomètres ; 7 fr. 50 par place de 150 à 225 kilomètres ; 10 francs par place pour un parcours excédant 225 kilomètres sur le réseau du Nord.

La Compagnie de Paris-Lyon-Méditerranée a des voitures à trois essieux, composées, dans le milieu, de deux compartiments ordinaires de classe 1 à 8 places chacun, à l'une des extrémités, d'un coupé ordinaire à 4 places — 103 — à l'autre extrémité d'un coupé renfermant trois fauteuils-lits. Chacun de ces fauteuils est séparé du voisin par une cloison fixe qui forme accotoir en haut, accoudoir au milieu et séparation suffisante vers le bas pour empêcher le contact des occupants. Le siége et le dossier sont mobiles ; le siége s'avance vers la paroi d'avant et le dossier s'abaisse, sa partie inférieure suivant le siége dans son mouvement en avant, la partie supérieure, retenue par une coulisse verticale fixée à la paroi du fond, descendant de $0^m,250$. Le siége s'approche à 7 centimètres du bord d'un strapontin-bascule logé dans l'épaisseur de la paroi d'avant, quand il est relevé. Les dimensions du fauteuil-lit, replié en forme de siége ordinaire, sont :

Profondeur	$0^m,600$
Largeur	$0,680$
Espace libre en avant	$0,970$

Le fauteuil-lit développé et le strapontin rabattu donnent en longueur :

Projection horizontale du dossier........	0^m,600

Projection horizontale du dossier........ 0^m,600
Projection horizontale du siége........ 0 ,700
Intervalle...................... 0 ,070
Projection horizontale du strapontin.... 0 ,400
Longueur totale................. 1^m,770

Chaque voyageur, pour prendre ou quitter sa place, doit enjamber par-dessus les autres voyageurs étendus.

Le coupé a pour dimensions intérieures 1^m,780 de longueur au milieu et 2^m,520 de largeur, ce qui donne pour chaque place une surface de 1^m,780 $\times$ 0^m,840 = 1^{mq},4952.

Dans les compartiments de classe I ordinaires, la longueur étant de 2^m,08, la largeur 2^m,520, la surface occupée par chaque place est 5^{mq},2416 : 8 = 0^{mq},6552, soit moins de la moitié de la surface occupée par un fauteuil-coupé.

La Compagnie de Paris-Lyon-Méditerranée, comme celle d'Orléans, prélève pour l'occupation d'un fauteuil-coupé la taxe d'une place de classe I augmentée d'un tiers du prix de cette place. Eu égard à la surface occupée, la surtaxe est assez modérée.

107. Voitures a salon. — Nous ne parlerons pas des voitures appartenant à certaines personnes qui, pouvant se permettre ce luxe, disposent l'intérieur de ces véhicules suivant leurs besoins, leurs goûts ou leurs fantaisies. Voici comment la Compagnie de Paris-Lyon-Méditerranée taxe le parcours de ces voitures occupées ou vides : « 1° 0 fr. 781 par kilomètre, si le vagon-salon est adjoint à un train omnibus; 2° 1 fr. 10 par kilomètre, si le vagon-salon est adjoint à un train express ou direct.

« Trois personnes peuvent, sans supplément de prix, voyager dans un vagon-salon. Chaque voyageur dépassant ce nombre payera, en plus du prix ci-dessus fixé, le prix d'une place de classe I, sauf les domestiques, pour lesquels il est perçu le prix d'une place de classe II par personne.

« Le stationnement d'un vagon-salon est taxé à 3 francs par jour pour les huit premiers jours, à 1 franc par jour pour chaque jour en sus, sans que la perception totale puisse excéder 300 francs pour une année consécutive. »

Les Compagnies mettent à la disposition du public des voitures comprenant de grands compartiments, dans lesquels les siéges fixes ou mobiles permettent aux membres d'une famille ou d'une société voyageant en commun de se grouper ou de s'isoler à volonté. Les figures 1 à 4, pl. IV, représentent une voiture que la Compagnie de l'Ouest a disposée pour recevoir une famille ou une société composée de onze personnes dans le salon réservé au milieu de la caisse, et les domestiques et bagages dans deux compartiments de classe II aux extrémités de la voiture.

L'administration des chemins de fer de l'Etat hongrois a des voitures dont la caisse renferme deux grands salons séparés par un cabinet servant de water-closet et de lavabo (fig. 5, 6, 7, 8, 9, pl. IV). La cuvette du lavabo, à bascule, se relève pour démasquer le siége du water-closet. La voiture est chauffée par un calorifère à air chaud dont le fourneau est suspendu en-dessous du châssis — double plancher et double plafond.

Les coussins des siéges de face sont mobiles et peuvent s'avancer vers l'intérieur du compartiment en augmentant de plus du tiers la profondeur du siége.

Les fauteuils de côté sont munis de tabourets repliés sous le siége. Développés en prolongement des siéges, ces tabourets les transforment en fauteuils-lits très-confortables.

La Compagnie du Nord a des vagons-salons qu'elle loue à raison de 100 francs pour un parcours de 51 kilomètres. Au-delà de cette distance, le véhicule est loué moyennant le prix de seize billets de classe I.

L'administration des chemins de fer de l'Etat hongrois loue ses voitures en totalité ou par compartiments, moyennant le prix des 2/3 de toutes les places offertes par la voiture ou le compartiment.

108. VOITURES A SALON ET A LITS. — La Compagnie d'Or-

léans a fait construire quelques voitures à salon et à lits
avec cabinet de toilette et de water-closet, dont l'un des
types est représenté par les figures 7 et 8 de la planche X.
Par la figure 7, qui donne le plan et la coupe horizontale
de cette voiture, on voit que le grand compartiment renferme deux canapés qui se transforment en lits en rapprochant le siége de l'axe de la voiture. Entre les deux canapés
se trouve un fauteuil dont le siége peut se dédoubler en
s'allongeant et fournir un troisième lit. Enfin dans le petit
compartiment on a disposé de chaque côté du cabinet de
toilette deux lits complétement enfermés, comme dans une
cabine de bateau à vapeur.

La Compagnie du Midi taxe les places des voitures-salons
au prix des places de classe I augmenté de 1/10, à la condition que le parcours sera d'au moins 200 kilomètres et
que le nombre de places louées sera de huit au minimum.

109. VOITURES A MALADES. — Les figures 9 et 10 de la
planche X donnent, en plan et en vue par bout, les dispositions de la voiture construite par le Central-Suisse pour le
transport des malades. Cette voiture, comme celles du type
suisse à 4 roues, porte à chaque extrémité une plate-forme
et ses escaliers recouverts par le prolongement du pavillon
de la caisse. La petite ouverture, ordinairement ménagée
dans le garde-corps de la plate-forme, pour la circulation
des agents du train d'une voiture à l'autre, est remplacée
par une large ouverture démasquée par le garde-corps divisé en deux parties articulées qui peuvent se relever de
chaque côté de l'axe et livrer passage, sur une largeur d'au
moins 1 mètre, au brancard chargé d'un malade. La vue
par bout (fig. 9, pl. X) représente l'une des moitiés du
garde-corps relevée, l'autre moitié abaissée.

La caisse est partagée en deux compartiments qui communiquent avec la plate-forme voisine par une porte à deux
vantaux assez large pour que le brancard chargé puisse
passer sans difficulté. Chaque compartiment peut recevoir.

outre le brancard du malade, une chaise percée, un lavabo, et les personnes qui accompagnent le malade.

Les deux compartiments peuvent être chauffés par un seul poêle placé à cheval sur la cloison qui les sépare. (Communication due à l'extrême obligeance de M. l'ingénieur Egger, chef des ateliers principaux du chemin de fer Central-Suisse à Olten.)

110. VOITURES AMÉRICAINES A LITS ÉTAGÉS. — L'Exposition universelle de 1867 donnait un spécimen très-intéressant de la voiture américaine, sous la forme d'un modèle à 1/16 d'une des voitures du Grand-Trunk Ry au Canada.

La voiture mesure en longueur $19^m,40$ et $3^m,124$ en largeur; les deux plates-formes terminales, auxquelles on arrive par des escaliers, ont $0^m,70$ de largeur. De chaque plate-forme on entre dans la caisse par une porte à deux vantaux. Les longs côtés sont percés de vingt fenêtres sur chaque face. La caisse est surmontée d'un lanterneau percé de seize fenêtres latérales garnies de glaces dépolies.

Le châssis de la caisse repose sur deux trucs roulant chacun sur trois paires de roues espacées de $1^m,676$ d'axe en axe. Les roues, en fonte, mesurent $0^m,836$ en diamètre au roulement. Chaque truc porte quatre doubles ressorts à pincettes, deux de chaque côté, qui répartissent la pression sur les trois essieux à l'aide de balanciers. Entre la traverse qui reçoit le pivot d'attache du truc au châssis de la caisse et le bâti du truc, on a placé un autre système de ressorts composé de rondelles en caoutchouc. Cette double suspension amortit beaucoup les chocs et le bruit.

Dans la caisse règne suivant l'axe un couloir longitudinal de $0^m,71$ de largeur, de chaque côté duquel on trouve six compartiments comprenant chacun deux siéges qui offrent 4 places pour le jour; en tout, 48 places. Pendant la nuit les deux siéges, reliés par deux barres transversales, reçoivent un matelas, couvertures et coussins, et forment un lit complet. Immédiatement au-dessus de la première, une seconde couchette masquée dans une caisse repliée sur elle-même et fixée à charnière contre la paroi s'abat et repose sur des tasseaux arrêtés contre les cloisons des compartiments.

Des rideaux glissant sur tringles isolent les voyageurs d'un compartiment du reste de la voiture. Enfin deux petits salons, des cabinets de toilette et des water-closets placés aux extrémités de la voiture complètent l'installation de ce véhicule, qui laisse bien loin en arrière les dispositions adoptées en Europe dans les compartiments isolés.

Nous reviendrons sur cette voiture à propos de la ventilation et du chauffage — chap. II, § VII, 172.

111. Voitures Pulman en Italie. — Nous avons déjà parlé de ces voitures Pulman. Les constructeurs américains en ont livré plusieurs qui circulent en Europe, notamment sur le Midland-Ry, en Angleterre.

Les personnes qui traversent la ligne de Turin à Venise peuvent aussi profiter des avantages de ce système de véhicules récemment introduit sur le réseau de la haute Italie.

Cette voiture, portée sur deux trains de 4 roues chacun, a une longueur de 21 mètres. Pour lui permettre de circuler dans les courbes, même de faible rayon, les trains sont articulés ; la voiture, malgré sa longueur, passe facilement dans des courbes de 200 mètres de rayon. La stabilité est parfaite à une vitesse de 70 kilomètres par heure. Le poids de la voiture est de près de 23 tonnes. Elle a été construite dans tous ses détails à Chicago (Etats-Unis d'Amérique) et montée à Turin, aux ateliers de la Compagnie. Elle a coûté 85 000 francs. Ce prix considérable s'explique par le luxe uni au confortable des aménagements intérieurs.

La voiture est divisée dans presque toute sa longueur par un couloir central, de chaque côté duquel sont disposées des banquettes à sièges mobiles servant pour le jour, et se rapprochant de manière à former des lits pour la nuit. Les gens de service complètent les lits avec tous les objets de literie, qui sont dans une armoire supérieure occupant la place de la corniche de la voiture. C'est cette corniche qui se rabat, et dont le rabattement est solidement suspendu au plafond de la voiture, qui forme les lits du deuxième étage. On y monte par un escabeau.

La largeur réservée à chaque lit, au premier ou au deuxième étage, est de 1 mètre, et la longueur $1^m,90$. En outre de la salle centrale pouvant contenir seize voyageurs couchés, il y a à chaque extrémité de cette salle des compartiments réservés pour les dames, et disposés d'une manière analogue, pouvant donner 8 places couchées.

Enfin, à chaque extrémité du vagon se trouvent des cabinets de toilette et des water-closets. Tout cet ensemble de dispositions est installé avec un grand luxe et un parfait confortable. Les plus petits détails de serrurerie, de menuiserie, de tenture y sont étudiés avec un soin particulier pour l'agrément et le bien-être du voyageur.

Le chauffage se fait au moyen d'une circulation d'eau chaude dont les tuyaux longent les parois du vagon et alimentent des chaufferettes sous les pieds des voyageurs. La ventilation se fait par des vasistas mobiles placés à la partie supérieure, au-dessus des lits du deuxième étage.

La Compagnie des chemins de fer de la haute Italie fait la traction à ses frais et perçoit la taxe entière du voyageur. La Compagnie Pulman perçoit 12 francs de surtaxe par voyageur pour une distance qui, jusqu'à présent, n'a pas dépassé 500 kilomètres. Le service va prochainement être organisé pour aller jusqu'à Rome et dans l'Italie méridionale. — (*Mémoires de la Société des ingénieurs civils*, 1876, p. 562.)

112. VOITURES MANN A LITS ÉTAGÉS. — Frappés des avantages que les voitures Pulman procurent au public et de la faveur dont elles jouissent en Amérique, deux voyageurs belges, MM. Georges Nagelmackers et l'un de ses amis, ont organisé vers 1870 une Compagnie pour l'appli-

cation du système des voitures-boudoirs, en l'appropriant aux exigences des lignes européennes. Aujourd'hui cette Compagnie, sous la dénomination *Mann's Railway Sleeping Carriage Company*, possède de nombreuses voitures — brevetées — qui circulent sur les principales lignes du continent. Nous devons à l'obligeance de cette Compagnie et de son ingénieur M. Paterson le dessin d'une voiture destinée à circuler sur les chemins de fer français (fig. 1, 2, 3, pl. IX). Elle roule sur deux essieux à écartement de 5^m,25 ; son poids, 11 000 kilogrammes, donne à chaque boîte à graisse une pression qui dépasse 2500 kilogrammes. Dans l'origine, les coussinets et les fusées s'échauffaient. On a fait disparaître cet inconvénient en réduisant l'étendue des surfaces en contact, disposition adoptée par la Compagnie d'Orléans dans ses nouvelles voitures — 89 — (fig. 18 et 19, pl. XXXV, § IX).

La voiture Mann, que nous avons indiquée dans la planche IX, n'a qu'une plate-forme et une entrée. Un couloir latéral conduit à quatre compartiments aménagés pour contenir, le premier, deux banquettes à 2 places pour le jour et la nuit quatre lits ; le second et le troisième, chacun 2 places de jour et deux lits pour la nuit ; le quatrième, 5 places de jour ou cinq lits ; en tout, 13 places ou treize lits. Contigus à la plate-forme fermée se trouvent un lavabo, un watercloset et une armoire pour renfermer les objets de service des lits. Un pont de communication entre deux véhicules attelés bout à bout permet à un seul employé de faire le service de deux voitures au besoin.

Comme dans la voiture Pulman, le voyageur qui fait usage de ce véhicule paye une place de 1re classe dont le prix revient à la Compagnie du chemin de fer qui prend les frais de traction à sa charge et un supplément de prix pour l'usage du lit, supplément qui appartient à la Compagnie Mann.

Sur la ligne de Paris à Orléans circule une voiture Mann à 10 lits dans laquelle le supplément de prix à payer par lit est de 24 francs pour tout ou partie du trajet qui est de 585 kilomètres.

Des voitures semblables fonctionnent entre Paris et Cologne. Le supplément de prix pour tout ou partie du trajet (492 kilomètres) est de 10 francs. Un voyageur peut se réserver pour lui seul une section de compartiment contenant un lit de premier rang et un lit de second rang, en payant une place et demie de classe I et un supplément de prix de 15 francs pour l'usage des deux lits.

Un compartiment spécial est réservé pour les dames.

Jusqu'à présent cette Compagnie fonctionne sur les lignes de Paris à Vienne, à Berlin, etc. Mais elle n'est pas encore parvenue à s'entendre avec la Compagnie de Paris-Lyon-Méditerranée pour la mise en circulation de ses véhicules sur le réseau de cette administration, au grand dommage des voyageurs qui en feraient fréquemment usage, notamment sur la grande ligne de Paris à Turin ou sur celle de Paris à Nice, où les places de coupés font constamment défaut.

La voiture Mann, représentée dans la planche IX, fig. 1, 2, 3, mesure pour la caisse seule $8^m,400$, et avec la plate-forme $9^m,180$ en longueur, $2^m,800$ en largeur. Elle pèse 11 000 kilogrammes en totalité, et par voyageur.

§ IV. DU POIDS MORT DES VOITURES.

113. POIDS DES VOITURES. — En matière d'exploitation, ce qui intéresse le service de la locomotion, c'est le poids brut à transporter, composé du poids du véhicule jusques et y compris les essieux montés sur roues, et du poids de l'objet à transporter. Naturellement, plus est élevé le poids du véhicule, le poids *non payant* des Anglais, ou *poids mort*, plus doit s'accroître le prix de transport du *poids utile* ou *poids payant*, toutes choses égales d'ailleurs.

Une étude de matériel roulant s'étend donc aussi à celle du poids des voitures. En vue de faciliter ce travail, nous avons inséré dans l'annexe I, Tableau des voitures, le poids mort de chaque véhicule ramené à l'unité, c'est-à-dire que les chiffres portés à la ligne « Poids du véhicule » représentent le quotient de la division du poids de chaque voiture par le nombre de places contenues.

En partant de ces données et comme approximation suffisante, on peut ramener le poids connu des véhicules types au mètre carré et en déduire pour un nouveau matériel le poids mort cherché. Le tableau du numéro 114 peut aider à résoudre cette question. Il faut cependant distinguer. Quand il s'agit de transporter des voyageurs, la question de sécurité prime et de beaucoup la question d'économie. Pour une ligne à grand trafic et à faibles pentes comportant des trains à grande vitesse, on recherche avant tout à donner aux voyageurs le plus de bien-être possible et le plus de chances favorables contre les conséquences des accidents. Le minimum d'oscillations des voitures, le maximum de volume et de sécurité offert à chaque place, ne peuvent s'obtenir qu'en donnant aux véhicules un entr'axe d'essieux aussi grand que les courbes de la voie le permettent, une largeur et une hauteur de caisse pouvant s'inscrire dans le gabarit de libre circulation. Tous ces perfectionnements s'achètent par l'augmentation de l'équarrissage des pièces et par conséquent au prix d'un accroissement de masse et de poids. Enfin le poids brut a moins d'importance sur les faibles rampes que sur les rampes prononcées.

Nous trouvons des exemples de voitures lourdes et de grandes dimensions sur les lignes de Paris-Lyon-Marseille et Nice, Berlin-Hanovre-Cologne (voitures à 6 roues), sur le Midland-Ry (voitures à 6, 8 et 12 roues), sur la ligne d'Orléans (voitures à 4 compartiments de 1re classe), etc.

Ainsi que nous l'avons vu, l'effort de traction croît rapidement avec l'inclinaison. D'ailleurs, sur les lignes où se rencontrent de fortes rampes, le trafic est généralement moins actif et la vitesse des trains très-modérée. Le matériel circulant sur ces lignes peut et doit être plus léger que celui des grandes lignes.

C'est même là une des principales causes de la préférence accordée aux chemins à voie étroite sur les chemins à voie large, car la petite voie, avec des vitesses modérées, comporte un poids mort très-réduit et par là donne à l'exploitation plus de facilités que la voie large, en employant pour le même tonnage utile, un plus faible effort de traction. En effet, la vitesse y étant forcément modérée, surtout à la descente, les accidents en cas de collision deviennent moins graves ; d'ailleurs le nombre des voyageurs restreint exige des véhicules de petites dimensions. On a donc besoin d'un moindre équarrissage pour les pièces de la charpente des véhicules, par conséquent d'une masse et d'un poids mort plus faible.

114. Nous complétons les indications des tableaux de l'annexe 1 par les renseignements qui suivent sur le poids mort de quelques voitures de différents systèmes, en appelant plus particulièrement l'attention des ingénieurs sur les véhicules des chemins de fer à voie étroite.

C'est d'aujourd'hui que commence véritablement l'ère des chemins de fer économiques ; les applications de ce mode d'établissement actuellement en exploitation ne sont que des spécimens propres à guider dans les études ultérieures. Or le développement de ces voies de transport, dont l'importance est énorme pour l'avenir des contrées déshéritées jusqu'à présent, n'est industriellement et commercialement possible que moyennant l'adoption de la voie étroite. Nous avons essayé de le démontrer dans le mémoire déjà cité — *les Chemins de fer nécessaires* — et les faits nous donnent raison. Quand on voit les pouvoirs publics persister à concentrer dans les mains des six grandes Compagnies toute l'activité d'un grand pays comme la France, on ne peut que gémir et s'incliner devant la force des choses ; mais il reste au pays le pouvoir de sauver du monopole l'ensemble des chemins à établir en construisant des lignes à petite voie dont l'absorption par les grandes Compagnies n'aura lieu que le jour où, le trafic de ces petites lignes le comportant, elles les transformeront en chemins de fer à grande largeur; ce jour est encore bien éloigné.

115. *Tableau des dimensions et des poids de quelques voitures à grande et petite voie.*

DÉSIGNATION DES CHEMINS DE FER ET DES VOITURES.	NOMBRE D'ESSIEUX.	CAISSE.		NOMBRE DE PLACES.	POIDS.	OBSERVATIONS.
		LONGUEUR.	LARGEUR.			
Paris - Lyon - Méditerranée.		m.	m.		kil.	Poids du matériel avec brancards en bois.
Salon + 1 comp. de service	3	7,000	2,600	16	8 350	A frein (Paris-Lyon).
Salon + 2 coupés.........	3	6,700	2,630	18	8 500	Lyon-Méditerranée.
3 comp. cl. I + 1 coupé-lit.	3	7,000	2,600	28	7 400	P.-L.
3 comp. cl. I + 1 coupé-lit.	3	7.650	2,600	28	9 900	Châssis en fer (P.-L.-M.).
2 comp. cl. I + 2 coupés...	3	6,700	2,630	24	7 400	L.-M.
3 comp. cl. I + 1 coupé...	3	7,080	2,610	28	7 000	L.-M.
3 comp. cl. I.............	2	5,600	2,600	24	6 000	A guérite et frein (P.-L.).
3 comp. cl. I.............	2	5,650	2,600	24	5 800	L.-M.
3 comp. cl. I.............	2	5,530	2,610	24	5 250	Grand–Central.
3 comp. cl. I.............	2	6,320	2,650	24	6 050	Bourbonnais.
2 comp. cl. I + 2 comp. cl. II	3	6,820	2,600	36	7 050	P.-L.
1 comp. cl. I + 4 comp. cl. II	3	6,800	2,650	48	7 030	L.-M.
1 comp. cl. I + 2 comp. cl. II	2	5,550	2,630	28	5 200	Gr.-C.
1 coupé + 1 comp. cl. I + 2 comp. cl. II.............	2	6,980	2,650	32	7 650	Guérite et frein (Bourbonnais).
4 comp. cl. II............	3	6,800	2,600	40	7 030	P.-L.
3 comp. cl. II............	2	4,950	2,600	30	6 000	Guérite et frein (P.-L.).
4 comp. cl. II............	2	6,100	2,500	40	5 700	L.-M.
4 comp. cl. II............	2	6,140	2,610	40	5 550	Gr.-C,
4 comp. cl. II............	2	6,320	2,650	40	5 950	Bourb.
5 comp. cl. III...........	3	6,800	2,600	50	7 800	Guérite et frein (P.-L.).
5 comp. cl. III	3	6,700	2,410	50	6 600	L.-M.
4 comp. cl. III...........	2	5,600	2,580	40	6 950	Guérite et frein (P.-L.).
4 comp. cl. III.....	2	5,500	2,610	40	5 350	Guérite et frein (Gr.-C.).
5 comp. cl. III...........	2	7,040	2,620	50	6 100	Bourb.

DÉSIGNATION DES CHEMINS DE FER ET DES VOITURES.	NOMBRE D'ESSIEUX.	CAISSE.		NOMBRE DE PLACES.	POIDS.	OBSERVATIONS.
		LON-GUEUR.	LAR-GEUR.			
Festiniog (voie de 0m,60).		m.	m.		kil.	— 80 —
2 comp. cl. I.............	2	2,971	1,485	12	1170	
1 comp. cl. II....	2	2,900	1,900	14	1320	
1 comp. cl. III..........	2	2,900	1,900	14	1320	
Ouest.						Tout le matériel à châssis en bois.
1 salon + 1 comp. cl. I...	2	6,240	2,620	19	5800	
2 coupés à lit + 2 comp. cl. I.................	2	7,470	2,630	24	8200	Pl. X, fig. 1 à 4.
3 comp. cl. I............	2	6,240	2.620	24	6400	Pl. IX, fig. 4 à 7; pl. II, fig. 1 à 4 bis.
2 comp. cl. I + 2 comp cl. II..	2	6,990	2,620	36	6100	
1 salon + 2 comp. cl. II..	2	6,860	2,640	31	6600	Pl. IV, fig. 1 à 4.
1 salon + 2 comp. cl. II..	2	6,860	2,640	31	7300	Guérite et frein.
4 comp. cl. II............	2	6,790	2,520	40	6400	
4 comp. cl. II............	2	6,790	2,620	40	7100	Guérite et frein.
4 comp. cl. II + impériale.	2	6,150	2,620	72	7400	
4 comp. cl. II + impériale.	2	6,150	2,620	70	7800	Guérite et frein.
5 comp. cl. III...........	2	6,790	2,680	50	6300	
5 comp. cl. III...........	2	6,790	2,600	50	7000	Guérite et frein.
5 comp. cl. III + impér..	2	6,790	2,600	86	7000	
5 comp. cl. III + impér..	2	6,790	2,600	84	7600	Guérite et frein.
État hongrois.						Tout le matériel à châssis en fer.
1 comp. cl. I + 2 comp. cl. II.................	2	6,040	2,560	22	8150	Pl. III, fig. 1 à 3.
4 comp. cl. III	2	7,350	2,560	40	7500	Pl. III, fig. 5.
4 comp. cl. III	2	7,350	2,560	40	8580	Guérite et frein.
5 comp. cl. IV	2	6,350	2,560	50	7200	Pl. III, fig. 6.
5 comp. cl. IV	2	6,350	2,560	50	8170	Guérite et frein.
Scutari-Ismidt.						Brancards en fer.
Cl. I (à couloir)..	2	5,800	2,780	24	7660	
Cl. II (à couloir)........	2	5,800	2,780	24	7560	
Cl. II + cl. III (à couloir).	2	5,800	2,780	37	7475	s. fr. (à frein 7875 kil.).
Cl. III (à couloir)........	2	5,800	2,780	40	7100	s. fr. (à frein 7500 kil.).
Brésil (voie de 1 mètre).						
Cl. I (à couloir)	2	4,400	2,000	16	3200	Pl. VIII, fig. 1 et 3.
Cl. III (à couloir)........	2	4,400	2,000	20	2850	Pl. VIII, fig. 5, 6 et 3 bis.

§ V. COMMUNICATIONS DANS UN TRAIN EN MARCHE.

116. NÉCESSITÉ D'ÉTABLIR UNE COMMUNICATION ENTRE LES VOYAGEURS ET LES AGENTS DU TRAIN. — La question de sécurité des voyageurs, pendant le trajet, a depuis longtemps préoccupé l'administration et les ingénieurs des lignes où le système de voitures employé nécessite l'application d'une disposition spéciale pour assurer la communication des agents des trains entre eux, ou des voyageurs avec ces derniers, système des compartiments isolés.

Aucun des nombreux moyens proposés pour atteindre le résultat désiré n'a paru jusqu'ici satisfaire aux données du problème, qui semble devoir attendre longtemps encore une solution pratique — 60 —.

Le principe même de la question a été contesté. En 1857, le rapporteur de la commission d'enquête sur les chemins de fer s'exprimait ainsi :

« Quelques personnes désireraient qu'il fût possible de mettre à la disposition de tous les voyageurs un moyen de donner au mécanicien le signal d'arrêt. Des recherches sérieuses n'ont pas été faites dans cette voie par les Compagnies, et on le comprend ; en effet, outre que le problème se complique au point de vue mécanique, il y aurait à craindre que certains voyageurs ne se fissent un jeu de répandre l'alarme en provoquant l'arrêt des trains ou n'abusassent des moyens mis à leur disposition exclusivement pour les cas graves, en donnant le signal d'arrêt pour des cas futiles ou sans gravité réelle.... »

Cependant, en 1861, à la suite d'événements qui émurent vivement le public, l'administration crut devoir appeler de nouveau l'attention des Compagnies sur ce sujet, et nomma pour étudier la question une nouvelle commission d'ingénieurs de l'administration.

Cette commission, après examen, écarta tout d'abord l'idée d'une communication entre les voyageurs et les agents du train et se borna à demander que les Compagnies fussent invitées : « 1° à pratiquer, dans le délai de six mois, dans les compartiments de 1re et de 2e classe, une ou deux ouvertures fermées par une glace transparente et placée au-dessus des filets à bagages ; 2° à organiser dans le même délai, sur toutes les voitures composant les trains de voyageurs, un système de marchepieds et de mains-courantes horizontales, qui permît soit aux agents du train, soit à des contrôleurs spéciaux de parcourir toute la longueur du convoi du côté des accotements du chemin ; 3° à présenter au ministre les ordres de service arrêtés par elle pour ce contrôle de route, en exécution des prescriptions ci-dessus. »

Enfin, en 1863, la commission d'enquête sur les chemins de fer, résumant dans son rapport les opinions que nous venons de rappeler, adopta en partie les mêmes conclusions et déclara : « Que la communication directe entre les voyageurs et les agents d'un train présenterait plus de dangers que d'avantages ; qu'elle mettrait aux mains du public un moyen d'arrêter le train à tout moment, moyen dont l'emploi, laissé forcément à la libre disposition de chacun des voyageurs, serait de nature sinon à occasionner des accidents par des arrêts imprudents, au moins à retarder la marche des trains par des pertes de temps multipliées... Que les mesures recommandées par la commission spéciale de 1861 n'étant pas de nature à amener des résultats efficaces, il ne convenait pas d'en prescrire l'établissement aux Compagnies... »

« Quant aux communications nécessaires pour assurer non plus seulement la sécurité individuelle des voyageurs, mais celle du train tout entier, la communication des agents du train entre eux et le mécanicien, » la commission a été d'avis « qu'elle pouvait être établie dans beaucoup de cas, et qu'elle devait l'être toutes les fois que ce serait possible. »

117. En Angleterre, la question est également à l'ordre

du jour depuis une trentaine d'années, et le capitaine Tyler, dans un rapport présenté à l'administration en 1865, étudia les divers procédés successivement mis à l'essai jusqu'à cette époque ; nous les résumerons, d'après lui, de la manière suivante :

1° Emploi d'une cloche, d'un sifflet, d'un pétard ou de tout autre signal acoustique, avec une disposition particulière indiquant le compartiment d'où il est parti. L'installation de ces systèmes est simple et facile, mais la plupart du temps sans effet utile. Dans les tranchées, les tunnels, sur les ponts, il est impossible, lorsque le vent est contraire ou que la vitesse du train est considérable, de les entendre.

2° Les indicateurs ou signaux optiques ont également l'avantage de la simplicité d'installation, mais demandent une attention que l'on ne saurait exiger que d'un employé spécial ; leur effet disparaît d'ailleurs dans le passage des souterrains, pendant la nuit, le brouillard ou sous l'influence de la fumée de la locomotive.

3° On a imaginé l'emploi de glaces dans lesquelles le mécanicien ou le chef de train pourraient voir tout ce qui se passe dans chaque compartiment ; ces appareils demandent beaucoup d'entretien, deviennent inutiles dans les mêmes circonstances que les précédentes et ne sauraient recevoir l'approbation du public, pour lequel un contrôle de cette nature est toujours importun.

4° Les signaux mis en action par le mouvement des roues du tender ou du fourgon s'appliquent mal à des vitesses variables, et le fonctionnement des freins les rend inefficaces.

5° Les tuyaux acoustiques régnant sur toute la longueur du train ne fonctionnent pas d'une manière suffisante, et il est difficile d'arriver par leur emploi à la désignation du compartiment où le secours est réclamé.

6° L'établissement d'une communication extérieure par les marchepieds n'est pas possible sur toutes les lignes, en raison du peu de largeur de l'entre-voie ; il faut avoir au moins, dans ce cas, 0ᵐ,70 entre les parois des voitures et celles des ouvrages d'art. Cè système, appliqué en Belgique, coûte annuellement la vie à un employé, en moyenne.

7° Les glaces sans tain placées dans les parois n'ont pas une grande efficacité, quoiqu'elles soient employées en Angleterre sur plusieurs lignes.

8° Une corde courant tout le long du train et aboutissant à une cloche ou à un sifflet se trouve également appliquée en Angleterre sur beaucoup de chemins, mais ne donne pas, en général, de résultats bien satisfaisants, surtout pour des trains un peu longs.

9° Un employé spécial chargé de la surveillance augmente beaucoup les frais d'exploitation.

10° Enfin l'emploi d'une communication électrique semble le plus pratique, en raison du peu d'entretien nécessité par les piles. Un appareil de ce système, construit par M. Preece, fut essayé avec succès sur le South-Western Railway. Toutefois le capitaine Tyler fait remarquer que cette disposition ne peut être appliquée avec avantage que dans le cas où la construction de la voie permet à l'employé de se rendre immédiatement au compartiment d'où est parti le signal de détresse, sans être obligé de faire auparavant arrêter le train.

Une réunion des directeurs des principales Compagnies anglaises, qui examina en 1865 cent quatre-vingt-seize, je dis 196 propositions s'appliquant à autant de systèmes particuliers, constata l'absence de tout progrès dans cette question depuis douze ans, déclara l'impossibilité d'introduire dans la pratique un système quelque peu compliqué en raison des manutentions nombreuses que les voitures et les trains ont à subir sur les lignes de la Péninsule, et adopta le même principe que les commissions françaises, à savoir : que les avantages pouvant résulter de l'adoption d'un moyen de communication entre les voyageurs et les

agents seraient plus que compensés par l'inconvénient forcé
de le laisser entre les mains des voyageurs.

118. CORDE D'APPEL. — En Allemagne et en Autriche-
Hongrie, en Angleterre et en Belgique, au sifflet de la locomotive ou à un timbre placé dans le compartiment du chef
de train aboutit une corde qui, passant tantôt en-dessous
tantôt par-dessus les voitures du train, se trouve sur tout
son parcours à portée des gardes du train et quelquefois
des voyageurs. Ce moyen de communication, très-facile à
établir, n'a qu'une efficacité relative pour les voyageurs,
qui ne peuvent pas toujours atteindre jusqu'à la corde.
Cette corde, en général, part du premier fourgon de tête
et s'arrête à la guérite du garde posté sur le dernier véhicule du train, en passant successivement par l'œil de pitons
à tête contournée en spirale, fixés sur la charpente de la
caisse de chaque véhicule. Ces pitons sont représentés à
petite échelle dans les coupes transversales (fig. 2 et 9,
pl. III ; fig. 7, 8, 9, pl. IV; fig. 6, 7, pl. XXII ; fig. 2, 3,
11, pl. XXIV), et à grande échelle dans la figure 13,
pl. XXX.
   La corde-signal s'enroule sur un treuil portatif (fig. 10,
pl. XXIV ; fig. 14, 15, 16, 17, 18 et 19, pl. XXX) dont les
pieds sont fixés sur la caisse, à côté de la guérite du garde,
et qui sert à donner à la corde la tension et la longueur
convenables. Les gardes peuvent donc correspondre entre
eux et avec le mécanicien, en cas d'accident survenu dans
le train et aperçu par eux.
   Mais pour donner un signal et faire appeler le personnel,
un voyageur est obligé de sortir de la voiture et, au risque
de se heurter contre quelque ouvrage d'art ou de tomber,
de chercher à saisir la corde par un moyen quelconque.
   119. *Addition Hilf.* — Avec cette addition très-simple,
aussi pratique qu'ingénieuse, la difficulté pour les voyageurs de communiquer par la corde avec le personnel disparaît ; en même temps un appel fait sans utilité est décélé

à l'aide de l'appareil mis en activité par le voyageur qui a
commis l'infraction au règlement. M. Hilf introduit, à cet
effet, dans l'épaisseur de la paroi de la caisse un treuil vertical qui s'élève au-dessus du pavillon. La partie supérieure
de ce treuil est garnie d'une série de pointes en fer formant
une sorte de couronne ouverte par le haut. Cette couronne
remplace l'anneau ouvert du piton indiqué plus haut ; la
corde d'appel passe entre ces pointes de fer et s'y trouve
retenue pendant la marche.

Lorsqu'un voyageur veut appeler du secours, il lui suffit
de couper une ficelle plombée qui, dans l'intérieur du compartiment, maintient à l'arrêt une petite manivelle ; de
mettre en mouvement cette manivelle qui, par un engrenage
d'angle, fait tourner le treuil et tirer la corde. Comme le
treuil ne peut pas tourner à rebours, le garde, en suivant
la corde, arrive au point où elle est restée enroulée et se
met à la disposition du voyageur qui a fait l'appel. Le garde
peut aussi, sans hésiter, dresser procès-verbal contre le
délinquant, s'il y a lieu.

120. Système Prud'homme. — Le système de communication électrique de M. Prud'homme[1], essayé sur les chemins de fer du Nord et de Lyon, est établi en vue de satisfaire aux conditions suivantes[2] :

1° Mettre les différents agents attachés au service du
train à même de communiquer entre eux ;

2° Faire en sorte qu'un voyageur d'un compartiment
quelconque puisse faire appel aux différents conducteurs ;

3° En cas de division accidentelle du train, faire que le
conducteur de chaque tronçon soit averti de la rupture.

Pour réaliser ce programme, M. Prud'homme établit
dans le train un ensemble d'appareils électriques qui, en

[1] Cessionnaire du brevet de M. Preece.
[2] Extrait du *Bulletin de la Société des ingénieurs civils.* Séance du
4 mai 1866. Communication de M. Bonnaterre sur les appareils électriques
de Prud'homme.

repos lorsque rien d'anormal ne se présente pendant la marche, ne se mettent en action que si le train vient à se rompre ou si un conducteur ou un voyageur fait appel au personnel du train. L'appareil d'appel se compose d'une sonnerie trembleuse et d'une pile enfermées dans une même boîte. Il y a autant d'appareils que de postes à desservir.

Tous les pôles positifs de ces piles sont mis en communication avec le sol par l'intermédiaire de fils métalliques reliés aux barres d'attelage et aux ressorts, plaques de garde, boîtes à graissage, essieux, roues et rails. Les pôles négatifs sont reliés par un fil isolé et continu qui traverse les sonneries d'appel. En marche normale, les pôles de nom contraire ne communiquent pas entre eux ; le courant électrique ne circule pas, les sonneries restent muettes.

La continuité du fil négatif sur toute la longueur du train se trouve réalisée à l'aide de câbles formés de fil de cuivre rouge enroulé en spirale et recouvert de trois couches de coton tressées et goudronnées. Entre deux voitures, la liaison de deux portions du câble est obtenue par une section de câble de plusieurs décimètres de longueur terminée à l'une des extrémités par un plateau, à l'autre par un anneau métallique. Le plateau est fixé à la traverse de tête du véhicule ; l'anneau, quand les voitures sont accouplées, se fixe à la traverse de tête du véhicule voisin dans un crochet à levier vertical muni d'un ressort qui tend à le ramener au contact d'un boulon mis en communication avec les fils reliant les pôles positifs entre eux. Tant que les voitures sont reliées entre elles par leurs attelages, l'anneau du câble des fils négatifs reste dans le crochet et le levier vertical ne touche pas le bouton de communication. S'il y a rupture d'attelage, l'anneau tiré par le câble lâche le crochet, et le levier rendu libre touche le bouton de communication. Le circuit des piles se ferme et la sonnerie parle.

La pile se compose de six éléments à l'oxyde de mercure

enfermés avec la sonnerie trembleuse dans une boîte de $0^m,440$ de hauteur, $0^m,300$ de longueur et $0^m,200$ de profondeur ; cette boîte se place auprès du siége du garde-train au moyen de deux crochets en cuivre qui établissent la communication entre la pile et les fils du véhicule.

Comme les vibrations du train pourraient influer sur la sonnerie et donner un faux signal, M. Prud'homme a rendu mobile, autour d'un point fixe, l'armature réunissant les deux électro-aimants, et l'a munie d'un retour d'équerre qui vient buter contre le marteau et l'empêcher de frapper sur le timbre. Mais aussitôt que le courant passe, l'armature est attirée contre les bobines, le retour d'équerre se lève et laisse le marteau libre.

Comme nous l'avons dit, les pôles positifs des deux piles communiquent avec les barres d'attelage, et, pour plus de garantie, sont mis en communication avec la terre par les plaques de garde.

Quant aux pôles négatifs, ils se réunissent au moyen de fils métalliques en passant par des commutateurs après avoir traversé les sonneries.

Ces commutateurs, à la portée de chaque conducteur, peuvent mettre à volonté en communication les pôles positifs avec les pôles négatifs, faire par là fonctionner les sonneries et servir aux avertissements mutuels.

Dans chaque compartiment des voitures, deux fils communiquant, l'un à la ligne des pôles négatifs, l'autre à la ligne des pôles positifs, et convenablement isolés, aboutissent aux deux lames d'un bouton de contact.

Le voyageur, en appuyant sur ce bouton, met en communication les pôles de noms contraires ; le courant passe, et les sonneries fonctionnant avertissent simultanément le conducteur et le garde-frein. Par malice ou ignorance, certains voyageurs pourraient faire un appel inutile. Aussi ce bouton de contact est protégé par une vitre que le voyageur est obligé de briser pour donner le signal.

D'un bout du train à l'autre, les pôles positifs, d'une part, les pôles négatifs de l'autre, sont réunis entre eux par des fils métalliques passant sous les châssis et sortant à chaque extrémité des vagons, le fil négatif par des anneaux et des crochets munis de contact en cuivre, le fil positif passant par la barre d'attelage et par la terre ; ces fils viennent se relier à un bouton de contact fixé au-dessus du crochet et isolé par le seul fait de l'accrochage.

Chaque extrémité du vagon est munie d'un crochet et d'un anneau, par conséquent de deux attaches réunissant les pôles négatifs des deux piles ; mais aussitôt que, pour une raison quelconque, l'anneau s'échappe du crochet, celui-ci, en métal bon conducteur, vient toucher un contact, et met en communication les pôles de noms contraires.

Ainsi, qu'une cause quelconque fasse rompre un train, les anneaux étant séparés des crochets, le courant s'établit, les sonneries marchent, et les conducteurs de tête et de queue sont prévenus de l'accident.

On remarque que ces anneaux et les crochets sont inversement placés et permettent de former le train, dans quelque position que les vagons se présentent.

Si l'un des voyageurs appelle, il est urgent que les employés n'aient pas de longues recherches à faire ; pour cela, M. Prud'homme a disposé de chaque côté de la voiture deux disques, l'un à droite, l'autre à gauche, qui, dans leur position normale, ne présentent que leur tranche à la vue ; mais, aussitôt le contact établi dans l'un des compartiments, ces disques prennent la position verticale et montrent leur face rouge.

L'application de ce système aux voitures du chemin de fer du Nord comporte la modification suivante [1] :

Une tringle traverse la voiture, dans l'épaisseur et à la partie supérieure de la cloison qui sépare deux compartiments ; elle porte, extérieurement au vagon, à ses deux extrémités, des ailettes peintes en blanc, dont une d'elles

[1] *Bulletin de la Société des ingénieurs civils.* Séance du 18 mai 1866. — Communication de M. Bricogne.

correspond à un petit commutateur. Cette tringle, fixée par des brides, peut prendre deux positions à 90 degrés; les ailettes qui en dépendent suivent le même mouvement, de façon qu'horizontales dans l'état ordinaire, elles deviennent verticales en cas d'appel.

Le mouvement est donné au moyen d'un petit levier fixé à la tringle, lequel est manœuvré au moyen d'une chaîne terminée par un anneau, qui pend au milieu d'une ouverture traversant la cloison un peu au-dessous de la tringle.

L'ouverture est vitrée sur les deux faces de la cloison pour permettre de voir d'un compartiment dans l'autre. Le voyageur qui veut appeler casse la vitre correspondant à son compartiment, avec le coude ou un objet quelconque, et tire sur l'anneau.

Au moyen du commutateur extérieur auquel aboutissent les fils conducteurs, le déplacement de la tringle établit le circuit des piles et des sonneries placées dans les guérites des conducteurs et gardes-freins. Une fois l'appel produit, il n'est pas possible au voyageur, à cause de la flexibilité de la chaîne de tirage, de remettre la tringle dans la position du repos.

L'agent du train se rend, par les marchepieds, jusqu'au compartiment dont l'ailette a été déplacée, et, après avoir constaté la cause de l'appel, replace à la main l'ailette relevée; alors le commutateur et la tringle reprennent leur position normale. Dans les voitures du réseau du Midi, il n'y a pas de vitre à casser; en ouvrant un petit couvercle suspendu au plafond, le voyageur trouve un cordon qui sert en le tirant à déplacer le levier du commutateur.

Dans les voitures de la compagnie Paris-Lyon-Méditerranée, l'appel de secours se fait en pressant le bouton central d'un petit disque analogue à celui des sonneries d'appartement et fixé au plafond de chaque compartiment. Ce disque porte en exergue l'inscription suivante : *appel au chef de train en cas de danger absolu.*

Dans le système Prud'homme, les câbles ou cordes qui

réunissent les voitures présentent une suffisante résistance,
à la condition, toutefois, que ces câbles ne traînent pas à
terre ou ne soient pas tordus ou enroulés sur les barres
d'attelage ; un certain nombre de câbles ont été avariés au
chemin de fer de Lyon, par suite d'inobservation de ces
précautions.

Le crochet à ressort est dans de bonnes conditions au
point de vue de la résistance et de la sécurité de l'attelage.
On doit, dans l'intervalle des voyages, le nettoyer ainsi
que l'anneau de la corde, afin d'éviter que la graisse ou la
poussière intercalées entre les contacts ne produisent des ·
interruptions.

L'appareil Prud'homme se sert du rail comme fil en retour ou fil de terre. En général, sous les halles des gares
de formation, on a constaté que ce moyen de fermer le circuit laissait à désirer, eu égard aux rails couverts de graisse
et à l'interposition des plaques tournantes, le fil de terre
n'étant relié qu'aux plaques de garde ; depuis qu'on a réuni
ce fil non-seulement aux ressorts de suspension, mais
encore aux ressorts de traction et aux barres d'attelage, de
telle sorte qu'en outre d'une communication multiple à la
terre, on réalise une sorte de fil en retour par les barres
d'attelage, on a rendu la communication bonne, quelle que
soit la position du train dans la gare. Par suite, on peut se
rendre compte plus sûrement de l'état général des appareils avant le départ des trains.

121. SYSTÈME ACHARD. — L'appareil de M. Achard,
essayé sur le chemin de fer de l'Est, n'est qu'une application particulière de son système de frein à embrayage électrique, dont nous parlerons plus loin — chap. VII—. Il diffère
donc de la disposition de M. Prud'homme en ce que dans
cette dernière le courant est intermittent et produit par la
manœuvre d'un commutateur ou la rupture d'un attelage,
tandis que, dans celle de M. Achard, le courant continu
doit être interrompu par une cause quelconque pour mettre

en mouvement les sonneries. Il en résulte un appauvrisse-
ment beaucoup plus rapide des piles motrices et l'inconvénient pour ce système d'être plus sujet à donner de
fausses indications par suite d'interruptions accidentelles
causées par les mouvements vibratoires du train, et par
cela même une infériorité relativement au système du courant intermittent [1].

L'avertisseur Achard est fixé à chaque fourgon. Il se
compose d'une batterie de six éléments Daniell, du mécanisme servant à l'embrayage du frein et d'une sonnerie.
Une corde, formée de quatre ou cinq fils de cuivre rouge
enveloppés de gutta-percha, part du pôle positif de la pile
du fourgon de tête, passe en avant du train dans le tender
jusqu'à un commutateur à la portée du machiniste. De là,
la corde revient vers le train et se rend au pôle négatif de
la pile placée dans le fourgon de queue. Du pôle positif
de cette seconde pile part une seconde corde qui, comme
la première, mais en sens inverse, suit le train dans toute
sa longueur et se relie au pôle négatif de la pile du fourgon
de tête. Le commutateur du tender établit le circuit entre
tous les appareils. Pour les faire fonctionner, on inter-
rompt le courant : à ce moment la mise en mouvement de
l'appareil d'embrayage du frein agit sur un levier qui met
en action la sonnerie fixée au fourgon.

L'attelage entre les vagons est réalisé par deux conducteurs en fil métallique de petite section pouvant, comme
dans l'appareil Prud'homme, en cas de rupture du train,
fermer le circuit des sonneries avertisseurs.

Au lieu de crochets à ressorts, on se sert d'une sorte de
pincette métallique, dont la mâchoire fait ressort et reçoit
le bout du fil opposé. Au moment de la rupture, les deux
lames constituant la mâchoire abandonnent le fil conducteur opposé et, en se refermant, ferment le circuit. Il faut

[1] Procès-verbal de la conférence sur l'emploi des communications
électriques, etc. Janvier 1866.

bien nettoyer les contacts et éviter de laisser traîner à terre ou tordre les câbles.

Pour permettre aux voyageurs de faire appel aux agents, un commutateur à leur portée peut aussi interrompre le courant et mettre la sonnerie en mouvement.

La Compagnie du chemin de fer de l'Est a fait l'essai de commutateurs à mercure. Le métal liquide, renfermé dans un tube, est en communication avec l'un des pôles de la pile, tandis que le fil du pôle opposé vient aboutir à un petit piston métallique suspendu au-dessus de sa surface, et dont la chute, déterminée par le bris d'un petit tube en verre, ferme le courant et met en mouvement les sonneries.

Le bon fonctionnement de tout système de communication électrique dépend principalement du choix des piles. La pile Leclanché, disposée pour ne consommer que quand elle fonctionne, paraîtrait, d'après les essais qui ont été faits sur le chemin de l'Est, répondre le mieux à la condition d'une marche sûre, régulière et économique [1]. Les faibles dimensions de ses éléments facilitent beaucoup son installation.

122. AVERTISSEUR PNEUMATIQUE JOLY. — L'appareil se compose d'une conduite à air qui aboutit à des sonneries placées, l'une sur la machine, une seconde près du chef de train et les autres près des gardes-freins. De cette conduite partent des branchements qui la mettent en communication avec des pompes aspirantes dont le piston peut être manœuvré par chaque agent et par les voyageurs. En déplaçant le piston de l'une quelconque de ces pompes, le vide relatif qui se produit dans la conduite à air met les sonneries en mouvement.

La conduite à air est formée d'un tube en fer qui passe sous la voiture, d'une traverse de tête à l'autre, et reçoit à ses deux extrémités un bout de tube en caoutchouc. Pour

---

[1] Voir la description de cette pile dans les *Mémoires et Comptes rendus de la Société des ingénieurs civils*. — Séance du 1er juin 1866.

établir la communication d'une voiture à l'autre, on réunit
les deux tubes en caoutchouc correspondants par une pièce
en laiton ayant la figure d'un T dont la branche horizontale
est creuse et la branche verticale pleine. Les deux extrémités de la branche creuse entrent à frottement dans les
tubes en caoutchouc. La branche verticale pleine, disposée
pour entrer aussi à frottement dans les tubes, sert à fermer
l'extrémité de la conduite au bout du vagon de queue.

Malgré la simplicité de ses appareils, le système Joly ne
donne pas assez de garanties d'infaillibilité pour être recommandé dans les grands réseaux où la composition d'un
train est susceptible de variation en route. Mais, bien sur-
veillé, il peut rendre des services sur les lignes secondaires
où les trains très-courts ne subissent aucune décomposition.

123. *Conclusion.* — En résumé, depuis les premiers essais
tentés par la Compagnie d'Orléans sur la ligne de Corbeil,
il y a près de trente ans, l'application de l'électricité ou de
force élastique de l'air à la mise en communication des personnes voyageant en commun n'a réalisé qu'une partie du
programme. On ne peut actuellement se fier d'une manière
absolue à l'infaillibilité de l'une quelconque des diverses
combinaisons que nous venons d'indiquer.

Les systèmes appliqués sur un certain nombre de voitures des chemins de fer français, à la suite de la circulaire ministérielle du 29 novembre 1865 — Annexe n° IV —
ne permettent pas encore de compter sur une solution
définitive du problème. L'hésitation des Compagnies sur
l'application d'un système de communication entre les
voyageurs et les agents nous semble d'ailleurs basée
sur des craintes légitimes; et si l'on ajoute à cela toutes
les difficultés que doit nécessairement présenter, au point
de vue de l'entretien et du service de l'exploitation, l'introduction d'appareils aussi délicats et aussi compliqués
que ceux dont il s'agit, on comprendra que là n'est pas la
solution du problème.

En admettant d'ailleurs l'efficacité de l'un quelconque des systèmes télégraphiques proposés, en quoi peut servir ce moyen d'avertissement transmis aux conducteurs du train s'il s'agit de l'attaque soudaine d'un voyageur isolé par un ou plusieurs malfaiteurs ? Avant que le voyageur ait pu parvenir au commutateur, briser la glace, etc., il sera mis dans l'impossibilité de se mouvoir, et l'attentat se produira impunément malgré l'apparente sécurité donnée par l'application du télégraphe dans le train — 60 —.

M. Dapples, dans une brochure qui date de 1866, où il passe en revue une partie des faits que nous venons de citer, et d'après lesquels il constate l'inefficacité de tous les systèmes proposés jusqu'à ce jour, considère la substitution de la voiture américaine modifiée — 96 — à la voiture actuelle à compartiments isolés, comme la seule solution vraiment satisfaisante du problème posé depuis tant d'années par le public aux administrations de chemin de fer.

En somme, avec le matériel à compartiments isolés et tant qu'on n'aura pas adopté universellement les voitures à circulation intérieure, le système le plus simple et le plus facile à appliquer jusqu'à ce qu'on dispose d'un système électrique infaillible, est encore l'emploi de la corde d'appel avec l'addition de M. Hilf ou de toute autre analogue. Telle était déjà notre conclusion en 1868.

123 *bis*. Les lignes qui précèdent étaient imprimées lorsque nous avons reçu le procès-verbal de la séance du 18 mai 1877, dans laquelle M. Banderali, inspecteur principal au chemin de fer du Nord, a rendu compte, à la Société des ingénieurs civils, d'une nouvelle application de l'électricité à la manœuvre des freins continus.

Nous reviendrons sur la question des freins — chap. VII. — Mais, à propos du sujet qui nous occupe, nous devons signaler ici l'application, à l'intercommunication dans un train en marche, que l'on peut faire du système d'avertisseur électrique que M. Banderali a signalé dans sa Note. Cette application reposerait sur le principe du sifflet électroautomoteur du système Lartigue, Forest et Digney, employé depuis plus de trois ans sur le chemin de fer du Nord, d'après les dispositions suivantes :

Un sifflet à vapeur placé sur la locomotive est mis en fonction par le passage d'un courant à travers un électro-aimant Hughes. Le bruit du sifflet avertit le machiniste qu'un disque d'arrêt dont il s'approche *est à la position* DANGER ; dans cette position, ce disque fait office de commutateur et envoie dans un contact fixe, placé sur la voie, un courant électrique qui se transmet à l'électro-aimant Hughes par un fil et une brosse métallique que porte la machine et dont le frottement sur le contact fixe complète le circuit.

— Si, en utilisant l'intercommunication électrique du système Prud'homme qui existe dans les trains du chemin de fer du Nord, on envoie, par un commutateur placé dans le train, un courant de sens convenable au sifflet de la locomotive, on met ce sifflet en activité sans l'intervention de la main du machiniste — 120, 121 —.

Cette mise en activité peut s'appliquer au déclanchement soit de la manette du commutateur électrique qui commande le frein Achard, soit de la queue de la valve équilibrée commandant le frein pneumatique Smith — chap. VII —. Aussitôt ce déclanchement opéré, les freins agissent, le train se ralentit et s'arrête, même si le machiniste ne ferme pas son régulateur.

Ainsi, de l'intérieur des véhicules du train, on pourrait, à la rigueur, appliquer les freins à l'insu du machiniste et malgré lui ; faculté plus ou moins discutable suivant les habitudes d'exploitation et des pays si on l'abandonne à la discrétion des voyageurs, mais d'absolue nécessité entre les mains des agents des trains.

De même une rupture d'attelage applique immédiatement les freins de la tête du train et l'empêche de s'éloigner de la partie séparée.

Bien que reposant sur des communications électriques, dont l'action n'est pas *absolument* sûre, ces ingénieuses dispositions présentent pour l'exploitation, surtout avec des compartiments isolés, un très-vif intérêt : le public doit donc savoir bon gré à la Compagnie des chemins de fer du Nord, des recherches qu'elle poursuit avec persévérance, sur les mesures propres à diminuer les risques d'accidents en chemin de fer.

§ VI. ÉCLAIRAGE.

124. ECLAIRAGE A L'HUILE VÉGÉTALE. — L'intérieur des voitures est généralement éclairé à l'aide de lampes à réservoir en couronne, triste imitation de la *couronne astrale* de Bordier ; le réservoir est rempli d'huile de colza épurée qui brûle à l'extrémité d'une mèche plate suspendue en dessous du réservoir dans une coupe en verre. Cette lampe, ou plutôt cette lanterne primitive, insérée dans une ouverture ménagée au travers du plafond des voitures, donne une lumière très-irrégulière ; assez vive au départ et seulement dans le voisinage de la lampe, cette lumière ne tarde pas à diminuer d'intensité par deux causes — abaissement du niveau de l'huile dans le réservoir ; carbonisation de la mèche — et à se transformer en simple *veilleuse* pendant le reste du voyage, s'il se prolonge quelques heures seulement (fig. 4, 5, 6, 7, pl. XXI).

D'un autre côté, le système de lampe à réservoir supérieur présente encore cet inconvénient de laisser écouler l'huile en trop plein qui se déverse dans la coupe inférieure, surtout quand la lampe est éteinte. Si dans ce cas la voiture éprouve des mouvements de lacet un peu vifs, l'huile est projetée hors de la coupe et coule souvent dans l'intérieur du compartiment.

Enfin, l'obturation du trou pratiqué dans le pavillon par le rebord de la lanterne n'est pas toujours complète et la pluie pénètre parfois dans la voiture.

Quelques chemins de fer du nord de l'Allemagne ont perfectionné ce système d'éclairage en se servant de becs à

double courant d'air avec cheminée de verre — mais c'est
encore l'exception.

La lanterne proprement dite est recouverte par un capuchon mobile autour d'une charnière horizontale qui fait
saillie de 0^m,25 à 0^m,30 au-dessus du pavillon de la voiture.
Ce capuchon est percé d'ouvertures ménagées pour établir
un courant d'air, mais dirigées vers le bas pour amortir autant que possible l'action des coups de vent sur la flamme.

L'huile végétale se congèle, lorsque la température
s'abaisse de quelques degrés au-dessous de zéro. On peut
lui conserver sa fluidité en y mêlant de l'huile de pétrole
dans la proportion de 3 pour 100, soit 97 parties d'huile de
colza et 3 parties d'huile de pétrole. Il faut éviter d'augmenter la proportion d'huile de pétrole, sans quoi l'élévation de température de la flamme pourrait occasionner des
accidents.

125. ÉCLAIRAGE A L'HUILE MINÉRALE. — Sur plusieurs
chemins de fer d'Allemagne on a substitué aux lampes à
l'huile végétale, des lampes à huile minérale. La ligne du
Kaiser-Ferdinand, en Autriche, a fait une application très-
étendue de ce mode d'éclairage qui lui a donné des résultats
satisfaisants. La consommation d'huile minérale qui, dans
la première année (1851), fut de 3 500 kilogrammes environ,
atteignit en 1864 le chiffre de 74 600 kilogrammes, et la
Compagnie estimait à 840 000 francs l'économie réalisée
pendant cette période de quatorze ans, par la seule substitution de l'huile minérale à l'huile végétale.

Le chemin de la Theiss, en Hongrie, emploie des hydro-
carbures, comme liquide d'éclairage, qui donnent une belle
et vive lumière, mais qui réclament des soins particuliers
dans son application.

Sur le chemin de la haute Silésie, on a essayé, comme liquide éclairant, un mélange d'huiles de colza et de pétrole.
Plusieurs explosions du réservoir contenant ce mélange ont
motivé la cessation des essais.

L'huile minérale a été essayée sans succès sur la ligne de Gallicie, sur celles de Wurtemberg ; la facilité avec laquelle la flamme s'éteint, le bris fréquent des verres de lampe, l'odeur et la chaleur que cet éclairage occasionne, ont engagé les administrations de ces lignes à l'abandonner. En présence de ces résultats contradictoires, on ne peut s'empêcher de reconnaître que la question demanderait à être étudiée plus à fond. Cependant la majorité des ingénieurs de l'association allemande présents à la conférence de Munich, en 1868, a été d'avis que l'éclairage à l'huile minérale entraîne avec soi trop d'inconvénients et de dangers d'incendie pour que l'on en recommande l'emploi.

Il ne faut cependant pas oublier que le pouvoir éclairant de l'huile de pétrole est de beaucoup supérieur à celui de l'huile végétale, tandis que le prix de la seconde dépasse notablement celui de la première — Ire partie, chap. VIII, § 1, 295 —. Les lignes secondaires n'hésitent pas à éclairer leurs voitures au pétrole, et nous en trouvons l'application dans la voiture de Bayonne-Biarritz, où la lampe à cheminée de verre est placée à l'intersection des plans bissecteurs des deux angles dièdres formés par trois miroirs qui réfléchissent la lumière dans toutes les parties de la caisse.

126. ÉCLAIRAGE A LA BOUGIE. — L'huile végétale se congelant en hiver, plusieurs lignes du nord de l'Allemagne, Berlin-Stettin entre autres et les chemins russes, se servent de bougies de cire ou de stéarine pour l'éclairage des voitures. Chaque bougie est placée dans un tube fermé à sa partie inférieure, et contenant un ressort en spirale. La bougie, refoulée par ce ressort, est maintenue à l'aide d'un bouchon relié au tube par une fermeture à baïonnette et percé d'un trou, de telle sorte que, tout en fermant le tube à sa partie supérieure, il laisse passer la mèche de la bougie. Les supports de ces bougies sont renfermés dans des cages en verre qui les mettent hors des atteintes des voyageurs.

Sur le chemin de fer de l'Est prussien, chaque compartiment de première classe est muni de deux lanternes à
bougies placées au milieu contre les parois.

Il résulte des expériences faites sur cette ligne que l'éclairage au moyen de 0^k,500 d'huile végétale correspond à
celui que produisent cinq bougies ; le prix de ces dernières
est de 0^f,885 ; celui de 0^k,500 d'huile, de 0^f,515 ; il y a donc
économie de 0^f,37, soit 40 pour 100 environ en faveur du
mode d'éclairage à l'huile. Néanmoins, quoique l'on ait déjà
une fois abandonné l'emploi des bougies, on y est revenu
pour éviter les embarras que cause l'usage de l'huile en
hiver.

126 *bis*. ECLAIRAGE ÉLECTRIQUE.— On n'a pas encore appliqué aux trains la lumière électrique, qui réussit très-
bien dans les gares et les ateliers. Cependant, bien étudiée,
elle donnera le meilleur de tous les systèmes d'éclairage
des voitures.

127. ECLAIRAGE AU GAZ. — Voici ce que nous écri-
vions sur ce mode d'éclairage en 1868 — 1e édition, t. III,
p. 365 — :

« L'éclairage au gaz employé sur quelques lignes d'Angleterre nous paraît appelé à se répandre bientôt sur les
lignes du continent, lorsque des perfectionnements suf-
fisants auront été apportés à son mode d'installation. Les
becs de gaz sont au nombre de deux par compartiment,
renfermés dans des espèces de cylindres percés de trous
vers la partie supérieure pour laisser échapper les produits
de la combustion, et terminés à l'intérieur du vagon par un
cul-de-lampe en verre. Les robinets placés à l'extérieur ne
peuvent être manœuvrés que par les agents chargés de ce
service. Sur le Metropolitan-Railway, chaque compartiment
porte son réservoir à gaz. Celui-ci, placé sur la voiture entre
les deux becs qu'il doit alimenter, est un cylindre en toile
terminé par deux fonds en tôle. Le poids du fond supérieur
suffit pour écouler le gaz avec la pression nécessaire, et

une aiguille mise en mouvement par l'abaissement de ce fond, indique le degré de remplissage du réservoir. Les réservoirs d'une même voiture communiquent entre eux par un petit conduit horizontal, mais généralement on n'établit pas de communication entre les réservoirs des diverses voitures. La quantité de gaz emportée par chaque voiture est de 150 pieds cubes (4^m,240) et suffit à l'éclairage pendant deux heures et demie. Le remplissage se fait alors au moyen d'une prise spéciale pour chacune d'elles, manœuvre qui peut s'exécuter facilement dans les gares principales où l'on a eu soin de ménager, sur le tuyau de conduite qui règne parallèlement au quai, des tubulures espacées de la longueur d'une voiture.

« Cette opération se fait très-promptement ; deux minutes suffisent pour approvisionner cinq voitures.

« Avant d'entrer dans les réservoirs, le gaz passe au travers d'un petit appareil épurateur fixé à l'une des extrémités de la voiture.

« Sur d'autres lignes, un seul réservoir placé dans le fourgon à bagages contient le gaz qui doit servir à l'éclairage de toutes les voitures, et celles-ci communiquent alors au moyen d'un tuyau en caoutchouc vissé par ses deux bouts aux extrémités des tuyaux attachés à chacune d'elles.

« Cet éclairage demande certaines précautions d'installation, notamment celle d'un régulateur de la pression du gaz pour produire une lumière d'intensité constante. »

Nos prévisions ont porté juste ; aujourd'hui, il existe plusieurs procédés d'application, dont les inventeurs se disputent les mérites, et qui se répandent de plus en plus. En 1876, l'éclairage au gaz, d'après un seul de ces systèmes, était employé sur 497 véhicules du chemin de la Basse-Silésie et Marche, 247 de l'Est prussien, 67 de Berlin à Dresde, 33 de Berlin à Hambourg, 4 de Magdebourg à Halberstadt, 30 voitures de la poste allemande, etc. Enfin, il s'appliquait à tout le matériel roulant des chemins de fer de l'Etat belge qui comptait à cette époque plus de 2500 véhicules éclairés par le gaz.

Il y a eu deux modes différents tentés pour l'application du gaz à l'éclairage des trains. Celui des réservoirs à gaz spéciaux à chaque voiture, et celui d'un réservoir unique alimentant toutes les voitures d'un train par une conduite générale.

Le premier, que le chemin de fer du Hanovre a mis en essai de 1864 à 1868 et qui ne lui a pas donné de bons résultats, vu son prix de revient très-élevé, est reproduit dans ses dispositions générales par les figures 14 à 17, pl. XIX. Le gazomètre d est placé sous la voiture, disposition plus convenable que celle où le gazomètre repose sur le pavillon. Il est formé par un réservoir en caoutchouc d'une épaisseur d'un quart de pouce anglais, recouvert d'une couche de vernis au caoutchouc qui le rend complétement étanche. Ce réservoir est contenu dans une caisse en bois pour le protéger contre les chocs ; sa contenance est d'environ 180 pieds cubes de gaz. Le remplissage se fait en une demi-heure environ par un boyau b qui se rend au gazomètre fixe. Pour accélérer le remplissage, on soulève le réservoir à l'aide d'un petit treuil a, arrêté par déclic, l'éclairage étant suspendu.

La lumière des becs placés dans chaque compartiment ne laissait rien à désirer tant que le gaz était récemment introduit dans le gazomètre. Mais si l'on voulait utiliser le gaz conservé quelque temps sous la voiture, l'intensité de la lumière baissait. Aussi, pour un long parcours, s'était-on décidé à évacuer tout le gaz non utilisé et à renouveler le chargement avant le départ.

128. Le second mode d'éclairage des voitures par le gaz a eu plus de succès en Belgique. Grâce à l'obligeance de M. le directeur Belpaire, nous pouvons communiquer à nos lecteurs une notice rédigée par M. l'ingénieur en chef Cambrelin, fonctionnaire distingué, dit M. Belpaire en nous envoyant cette note, qui, dès l'origine, s'est

occupé spécialement de l'application du gaz à l'éclairage des trains.

« Les essais d'éclairage au gaz datent de juin 1863, époque où l'on appliqua les premiers appareils aux trains express de nuit de Bruxelles à Verviers. On les continua jusqu'en juillet 1864. A ce moment, ils furent suspendus par suite de l'organisation des trains directs de Bruxelles à Cologne. On reprit alors les études de détails, et en juin 1866 le train du chemin de fer de ceinture à Bruxelles fut éclairé au gaz, puis successivement les trains des autres lignes de l'Etat. Les appareils belges ont servi de types à ceux adoptés pour le mont Cenis exposés à Vienne en 1873.

« Le gaz employé en Belgique pour l'éclairage des voitures est extrait soit du boghead, soit du pétrole, soit de matières grasses ; on le mélange avec du gaz de houille. Pour alimenter les lanternes d'un train (pl. XX), on introduit le gaz dans un réservoir en tôle, placé dans le compartiment réservé du fourgon à bagages. De ce gazomètre, il se rend le long du train dans des conduites en fer reliées de voiture à voiture par des boyaux en caoutchouc.

« Un réservoir self-acting placé à la queue du train sert, comme nous le verrons plus loin, à opérer diverses manœuvres, et notamment à intercaler ou à retirer une voiture sans arrêter l'éclairage.

« Ces dispositions sont moins coûteuses que l'installation de réservoirs spéciaux adaptés à chaque véhicule, et plus sûres que ce dernier système, où chaque véhicule est muni d'un régulateur de pression qu'il faut vérifier ou remplacer au besoin, et précisément à l'instant où le train doit partir ; plus commodes aussi en ce qu'elles assurent l'éclairage immédiat des voitures de réserve ajoutées aux trains en cas d'affluence à une gare quelconque.

« Plus facilement aussi que l'appareillage par voiture, ce système permet d'étendre le nouveau mode d'éclairage aux embranchements secondaires, sans transport de matériel à vide, et sans construction d'usines secondaires, coûteuses d'installation et de frais journaliers.

129. « Le réservoir général se compose de 2 cylindres (fig. 1, 2, 3, 4, pl. XX) essayés à 20 atmosphères ; leur diamètre est d'environ $0^m,85$; ils cubent chacun 1250 litres ; leur charge habituelle étant de 8 à 10 atmosphères effectives, ils peuvent donc ensemble pourvoir à l'alimentation, pendant sept cents à huit cents heures, d'un bec débitant 30 litres à l'heure. Un manomètre (fig. 2 et 13, pl. XX) indique en tout temps la pression et le nombre de becs-heures disponibles. Au moyen de tuyaux en cuivre de $0^m,020$ et $0^m,012$ de diamètre intérieur, les cylindres, munis de robinet d'interruption, sont reliés entre eux, avec le robinet de chargement placé sous le plancher et avec le régulateur. Le siége de ces robinets est formé d'une plaque d'étain donnant une fermeture aussi durable que parfaite.

« Le régulateur, peu différent de celui qu'emploient les usines à gaz comprimé (fig. 14, 15, 16, 17, pl. XX), se comprend aisément ; on le règle au moyen de rondelles métalliques additionnelles ; la pression adoptée en Belgique est $0^m,050$ d'eau.

« Du régulateur, le gaz se rend aux conduites générales en passant par le robinet commandeur, dont la clef ne peut être retirée pendant l'éclairage ; on l'enlève pendant le chômage pour qu'elle ne se perde pas (fig. 18 à 21, pl. XX.)

« Deux indicateurs de pression (fig. 1 et 22, pl. XX) sont placés près du robinet commandeur. L'un contenant quelques centimètres de mercure communique pendant le chômage avec la tuyauterie d'amont, à travers le robinet commandeur ; il sert alors de soupape de sûreté en cas de dérangement du régulateur. L'autre, branché sur la conduite d'aval, sert, par l'eau qu'il contient, à contrôler la pression pendant l'éclairage.

« Après le robinet commandeur, le gaz atteint la conduite mère de $0^m,025$ de diamètre intérieur ; les tuyaux en fer qui la composent portent à chaque extrémité de voiture un robinet (fig. 18, 19, pl. XX) et un raccord pour le boyau en caoutchouc.

« Le robinet d'impériale est à trois voies (fig. 33, 35, pl. XX); la voie transversale sert à expulser l'air renfermé dans les tuyaux; lorsqu'on intercale une voiture dans un train éclairé, la clef de ce robinet doit être orientée parallèlement à la grande voie, afin que le lampiste n'éprouve aucune hésitation pendant les manœuvres; la petite voie du cône doit être aperçue du dehors, lorsque la grande voie est d'équerre avec la conduite. Un couvre-joint, mobile avec le cône, est muni d'une came qui arrête le mouvement dans les deux seules positions nécessaires au service (passage libre du gaz, interruption).

« Le boyau en caoutchouc de $1^m,50$ de longueur se lie par un fil de cuivre sur le bec du raccord, dont la disposition et le jeu se comprennent facilement. L'étanchéité s'obtient complète au moyen d'une bague en caoutchouc pressée entre les deux collets. Un bouchon suspendu au bec de raccord sert à masquer l'entrée de la canalisation, lorsque la voiture fait partie d'un train éclairé à l'huile.

« Des tuyaux en cuivre de $0^m,007$ de diamètre intérieur (fig. 27, 29, pl. XX) distribuent le gaz aux lanternes. Au point où ils s'embranchent sur la conduite-mère, un modérateur, dont le fond est percé d'un trou, réduit à $0^m,012$ ou $0^m,015$ la pression, ramenant ainsi le gaz dans de bonnes conditions d'emploi, sans intervention de robinets de réglage. Ce trou, qui pour un bec n'a qu'une fraction de millimètre, ne s'obstrue jamais en service. Il serait d'ailleurs très-facile à épingler.

« Le raccordement des lanternes au tuyau se fait par des jointures à vis et à cône sans bourrage (fig. 31, 32, pl. XX).

« Les anciennes lanternes à l'huile peuvent, comme cela a été fait en Belgique, être appropriées pour l'éclairage au gaz (fig. 4, 5, pl. XXI) en donnant d'ailleurs au réflecteur en tôle émaillée une forme convenable selon que la saillie de la coupe en cristal dans l'intérieur de la voiture sera plus ou moins prononcée (fig. 6 et 7, pl. XXI). Avec ces lanternes ainsi appareillées, la capillarité n'étant plus combattue par l'état graisseux des pièces, les eaux pluviales pénétreraient entre les surfaces, jusque dans la coupe de la voiture, si on n'augmentait pas le diamètre du cercle couvre-joint (fig. 4 et 6, pl. XXI).

« Une disposition spéciale a été adoptée pour les lanternes du fourgon réservoir (fig. 8, 9, 10, 11, pl. XXI) ; la coupe est mastiquée dans le corps cylindrique et l'air nécessaire à la combustion pénètre par des ouvertures ménagées dans la partie externe de la lanterne.

« Les becs sont des *Manchester* en terre réfractaire (stéatite) plus faciles à épingler que les becs fendus. A l'origine leur tare était de 30 litres, sous une pression de 15 millimètres d'eau ; mais la qualité du gaz fourni à l'entreprise ayant laissé à désirer, on dut employer des becs de 40 litres pour les grands compartiments. Ce modèle a été conservé concurremment avec les becs primitifs, maintenus en employant pour l'éclairage un mélange de gaz riche et de gaz de houille. Il y aurait avantage à reprendre l'ancien type de bec en proscrivant le gaz de houille.

« La consommation des becs en service est moindre que leur tare normale. Des essais au compteur, prolongés pendant plusieurs mois, n'ont donné, toutes pertes comprises, que 26 litres pour les becs employés à l'origine, résultat dû au faible diamètre du trou des modérateurs, qui réduit la pression d'aval à moins de $0^m,015$, et aux obstructions partielles des becs négligées par les lampistes allumeurs.

130. « Le réservoir de queue est une caisse en fonte ou en tôle (fig. 40, 41, 42, 43, pl. XX) dans laquelle se meut un piston, relié aux parois par une membrane en vachette, cuir mince graissé. Des tuyaux en cuivre de petit diamètre en mettent la capacité inférieure en communication permanente avec la conduite mère. Des toiles métalliques pro-

tégent les rentrées de flamme dans le cas d'un flambage intempestif des conduites mères, en présence d'un mélange explosif dans le réservoir de queue, et de la fermeture du robinet commandeur. Un robinet semblable à celui des voitures permet d'évacuer en quelques secondes, si on le désire, le gaz mélangé d'air qui s'est accumulé dans le réservoir lors de l'allumage ; mais cette manœuvre n'est pas nécessaire dans le service ordinaire et ne peut être utile que pour des trains très-considérables. On pourrait donc supprimer le robinet d'évacuation, sauf, dans les cas exceptionnels, à effectuer la purge par le jeu des robinets extrêmes du vagon de queue (fig. 5, 6, pl. XIX).

« Le poids des parties mobiles, piston et membrane, est tel, que la pression nécessaire pour les soulever ne dépasse pas $0^m,015$ à $0^m,020$; aussi, dès l'ouverture du robinet commandeur, y a-t-il absorption efficace de la partie d'air qui ne peut être évacuée par les becs, ce qui facilite beaucoup l'allumage. Lorsque l'on ferme la communication d'une partie du train avec le réservoir principal, le fluide est immédiatement restitué pour l'alimentation des lanternes par le réservoir self-acting, disposition qui donne la possibilité de scinder un train en deux parties sans éteindre aucune lampe.

« Bien que la capacité utile du réservoir auxiliaire (60 litres environ) ne dépasse pas un volume de tuyauterie correspondant à 14 ou 15 voitures, elle est cependant suffisante pour fournir, même dans le cas d'un train de plus de 20 voitures, un mélange capable d'alimenter les lanternes. Le temps pendant lequel une partie du train peut être séparée du réservoir principal est aussi beaucoup plus long que celui calculé au prorata de la consommation du bec-type. Cet effet est dû surtout à la réduction de pression dans les conduites mères lorsque fonctionne le réservoir de queue ; une quinzaine de becs sont alimentés pendant 12 à 15 minutes, délai largement suffisant pour une manœuvre de train, telle que l'addition ou le retrait d'une voiture.

131. « Pour effectuer cette dernière opération, il suffit de fermer les robinets d'about aux deux voitures contiguës, et de dégager l'un des boyaux en caoutchouc ; puis, la voiture retirée, raccorder la conduite et rouvrir les robinets.

« Pour intercaler entre A et B une voiture C (fig. 3 et 3 *bis*, pl. XXI), on doit tout d'abord préparer la disjonction du train, comme dans le cas de retrait ; puis le lampiste, après avoir opéré le raccordement des conduites et s'être assuré, en traversant C, que les robinets y sont dans la position n° 1 (passage libre), ouvre le robinet de la voiture B sur laquelle il se trouve, et livre entrée au gaz dans la tuyauterie de C remplie d'air qu'il expulse ainsi par le robinet de A (n° 2). Revenant sur ses pas, il peut presque immédiatement allumer les lanternes de C, puis rétablir au passage libre le robinet de la voiture A que le gaz a atteint, ce dont le lampiste s'assure par l'odeur du fluide qui se dégage du robinet A.

« A l'aide de manœuvres analogues, une fraction de train éclairé au gaz peut être distraite de la partie principale et ajoutée à un autre train muni d'un fourgon-réservoir.

« Le rôle attribué au réservoir de queue aurait pu être rempli par des réservoirs de quelques litres, communiquant avec la tuyauterie de chaque voiture (fig. 2. pl. XXI). Cette disposition aurait eu en outre l'avantage de maintenir les compartiments éclairés pendant quelques minutes en cas de bris d'attelage, le modérateur formant un obstacle suffisant pour empêcher l'échappement instantané du gaz par le point de rupture des conduites mères. Mais la disposition adoptée a été jugée satisfaisante et plus simple.

132. « Pour placer dans le corps d'un train éclairé au gaz une voiture non munie de tuyaux fixes, on lui adapte un tuyau en caoutchouc de 10m,500 (fig. 1, pl. XXI) qui, avec son allonge en fer et l'addition d'un tuyau de 1m,50, donne une longueur totale de 12 mètres, susceptible d'être réduit à 7 ou 8 mètres à l'aide de circonvolutions, maintenues par des bracelets et des chaînes à crochets (pl. XXI). Des tire-

fonds que le lampiste fixe dans la corniche, au moyen d'un outil dont il est porteur, servent à assurer une installation en deux ou trois minutes. La communication à travers un truck, peut s'effectuer soit par des conduites en fer placées le long d'une des haussettes, et de boyaux en caoutchouc de 3^m,50, conservés dans une caisse faisant fonction de marche=pied latéral, soit plus simplement par un boyau de 10 mètres (fig. 9, 10, pl. XIX).

133. « Chargés complétement, les fourgons-réservoirs peuvent assurer, pendant soixante-cinq à soixante et dix heures, le service d'un train comprenant une douzaine de lampes, tels que ceux circulant sur les embranchements secondaires, et dont l'éclairage moyen ne dépasse pas quatre heures par jour.

« Pour assurer un pareil service, il suffirait donc de faire permuter vingt-cinq à trente fois par année, selon la réserve jugée nécessaire, le fourgon alimentaire avec un autre envoyé, par l'usine voisine, ou, comme cela est souvent possible, avec un des appareils circulant sur la ligne principale.

134. « Pour rétablir l'éclairage à l'huile dans une voiture munie de lanternes à gaz, le remplacement des appareils se fait rapidement, un certain nombre de lampes à huile étant toujours prêtes dans les lampisteries. Un bouchon fileté accompagnant chaque lanterne à l'huile peut, le cas échéant, fermer les tuyaux en cuivre restés béants. Il ne faut pas plus de temps pour opérer la manœuvre inverse et éclairer au gaz une voiture momentanément éclairée à l'huile.

« Il est à remarquer que le modérateur permet d'opérer ces transformations sans nuire à l'éclairage des voitures voisines, et qu'une négligence à placer les bouchons filetés n'entraîne d'autre inconvénient qu'une perte de gaz à peine supérieure à la consommation normale de la voiture où l'on vient d'installer l'éclairage à l'huile.

135. « Les indicateurs de pression, placés dans le fourgon-

réservoir, permettent au lampiste de vérifier, sans allumage, le fonctionnement du régulateur avant le départ. En cas de dérangements, très-rares d'ailleurs, le remplacement du régulateur se fait en une ou deux minutes.

« Les indications du manomètre permettent de s'assurer chaque jour et avant chaque départ, de la quantité de gaz réellement disponible. On n'a donc jamais à craindre d'extinction par défaut d'approvisionnement. Au reste, un train ne comportant que rarement plus de vingt-cinq lampes, il suffit, en hiver même, de renouveler le remplissage tous les cinq ou six jours.

136. « Le remplissage d'un fourgon-réservoir s'opère au moyen de boyaux en caoutchouc de 10 mètres, fixés à demeure sur les robinets placés près des voies de départ, dans des regards (fig. 11 et 12, pl. XXI) et reliés à l'usine par des tuyaux souterrains en plomb de $0^m,020$ à $0^m,025$ de diamètre intérieur et de 450 à 500 mètres de longueur. Un fil électrique donne à l'usinier l'ordre d'ouvrir la sortie du gaz. Le remplissage se fait en quinze ou dix minutes, et moins encore, suivant le rapport des pressions du gaz dans le fourgon et à l'usine.

137. « Le coût des objets fournis pour l'éclairage des trains a varié notablement suivant diverses circonstances; d'après les dernières adjudications, l'installation d'un fourgon-réservoir est évalué comme suit :

Deux cylindres avec les ferrements d'attache.......	897f,50
Deux robinets de cylindre......................	14 ,80
Un robinet de chargement avec support..........	14 ,00
Un manomètre................................	26 ,00
Un régulateur................................	23 ,50
Un robinet commandeur.......................	6 ,50
Deux indicateurs de pression...................	18 ,00
Deux raccords et becs en cuivre................	13 ,90
Deux robinets d'impériale.....................	12 ,90
Une lanterne avec la jointure..................	21 ,75
Un modérateur...............................	1 ,45
Total	1 050f,30

Report	1 050f,30
Menues pièces fondues en laiton................	15 ,20
Tuyauterie en cuivre.........................	14 ,57
Tuyauterie en fer.	31 ,18
Charpente pour support de cylindres...........	46 ,48
Un boyau en caoutchouc de 1,50................	7 ,29
Main-d'œuvre et menues fournitures.............	34 ,98
Soit...........................	1 200f,00

« Une voiture ordinaire coûte :

Deux raccords et becs en cuivre..................	13f,90
Deux robinets d'impériale.......	12 ,90
Un modérateur..............................▪...	1 ,45
Deux lanternes..............................	45 ,58
Menues pièces fondues en laiton..................	0 ,80
Tuyauterie en cuivre.........................	4 ,08
Tuyauterie en fer.............................	14 ,22
Un boyau en caoutchouc de 1m,50................	7 ,29
Main-d'œuvre et menues fournitures....	4 ,86
Soit.........................	105f,00

« Une voiture avec réservoir de queue coûte, en plus, environ 80 francs, soit en totalité 185 francs.

« Le prix de revient d'un train composé de 12 voitures est donc :

Un fourgon réservoir.........................	1 200f,00
Dix voitures.................................	1 050 ,00
Un vagon de queue...........................	185 ,00
Total......................	2 435f,00

Soit par voiture : 203 francs.

« En utilisant, comme on l'a fait en Belgique, les anciennes lanternes, dont l'appropriation ne coûte que la moitié de la fourniture des lanternes neuves, le train de douze voitures ne coûterait que 2174 francs, soit, par voiture, 181 francs.

« Une voiture simplement munie de conduites pour le passage du gaz coûte, sans becs en cuivre et sans boyau en caoutchouc :

Deux raccords ...	11^f,80
Tuyauterie en fer...	12 ,68
Main-d'œuvre et menues fournitures...	3 ,02
Soit...	27^f,50

138. « Au 1er février 1876, l'administration belge possédait 2 482 véhicules du service des voyageurs (portant 4 800 lanternes) dont 159 fourgons-réservoirs, appropriés pour le gaz ; un bon nombre de vagons accessoires (vagons à petites marchandises, boxes, etc., etc.), susceptibles d'entrer dans la composition des trains de voyageurs, avaient en outre reçu des tuyaux de conduite. La dépense totale, à cette époque, s'élevait à 437 257^f,29, soit 176 francs par véhicule ; mais il restait à livrer ou à modifier un certain nombre de lanternes pour compléter des voitures en service sur les parties du railway, où l'éclairage au gaz ne peut encore fonctionner.

« Pour armer tout le matériel roulant du nouvel éclairage, il restait à approprier 348 voitures, ainsi qu'à établir des réservoirs dans un nombre de fourgons à déterminer ultérieurement.

139. Composition d'une usine a gaz. — « Deux usines fonctionnent actuellement en Belgique pour la fabrication du gaz comprimé, l'une à Bruxelles Nord, l'autre à Bruxelles Midi, alimentant directement 60 pour 100 de la totalité des trains circulants ; trois autres usines, d'une importance moindre (Gand, Mons et Namur), compléteront le système d'approvisionnement.

« L'établissement d'une usine comprend : 1° pour la fabrication : en activité, deux fours pouvant produire en vingt-quatre heures, 200 à 250 mètres cubes de gaz, une locomobile de 3 à 4 chevaux, un compresseur ; en réserve, un four, une locomobile, un compresseur ; 2° pour l'emmagasinement du gaz comprimé : six séries de quatre cylindres semblables à ceux des fourgons-réservoirs.

« Les cylindres en tôle sont répartis en six séries, chaque série formant un réservoir séparé. A mesure de leur épuisement, chacune de ces séries est mise successivement, pour en opérer la vidange méthodique, en communication avec les fourgons amenés près des bouches de remplissage situées dans la station. Un jeu de robinets convenablement disposés permet de délivrer le gaz aux fourgons, sans interrompre le travail de compression, et de le débarrasser, par le refroidissement et le repos, des vapeurs qui l'accompagnent au sortir des appareils.

« Chargées à 10 atmosphères effectives, les six séries établies à Bruxelles-Nord peuvent, en portant à 8 ou 9 atmosphères la pression des réservoirs de fourgons, leur délivrer 100 à 120 mètres cubes de gaz ; cette réserve est suffisante pour parer aux irrégularités du service journalier ou même suspendre la fabrication pendant certains jours d'été. En portant la pression des séries à 12 atmosphères, la réserve utile serait presque doublée.

« Deux manomètres placés à l'usine donnent toutes les indications de pression nécessaires pour le remplissage des séries de réservoirs et des fourgons.

140. Dépenses d'installation d'une usine. — « Les frais d'installation d'une usine peuvent être évalués comme suit:

Bâtiments............................	12 000ᶠ,00
Trois fours à deux cornues avec la tuyauterie et une cloche de gazomètre d'une vingtaine de mètres cubes............................	7 700 ,00
Deux locomobiles............................	6 500 ,00
Deux compresseurs Colladon.................	4 500 ,00
Vingt-quatre réservoirs en tôle..............	10 530 ,00
Cuve du gazomètre, compteur, réservoirs d'eau, tuyauterie, mise en train, etc., etc...........	13 270 ,00
Total	54 500ᶠ,00

141. Prix de revient de l'éclairage au gaz.— « Diverses matières ont été traitées pour gaz riche, telles que boghead,

goudron de pétrole, huile de résine et un produit accessoire de la fabrication des bougies stéariques. Pour suppléer à une insuffisance momentanée de production des fours dans des circonstances exceptionnelles, on a aussi incorporé dans le gaz riche une partie de gaz de houille pris dans les conduites de l'éclairage de la station.

« La dépense totale pour les usines de Bruxelles-Nord et de Bruxelles-Midi a été en 1875 de 77 624^f,03, comprenant les frais de compression et de livraison aux fourgons, ainsi que l'amortissement et l'intérêt des constructions, pour 110 473 mètres cubes ramenés à la pression atmosphérique. Le prix de revient a donc été de 0^f,7026 1/2 par mètre cube contenant 28 pour 100 de gaz de houille acheté à 0^f,17 le mètre cube. La consommation normale d'un bec de 30 litres coûterait donc 0^f,7026 1/2 × 0,030 = 0^f,0211. »

142. Comparaison des prix de revient de l'éclairage. — La consommation d'une lanterne de voiture alimentée à l'huile végétale est de 11 à 12 grammes d'huile en moyenne par heure. Au prix de 100 francs les 100 kilogrammes ou de 0^f,001 le gramme, ces 11 à 12 grammes représentent une dépense de 0^f,012 par heure. L'avantage en argent paraîtrait donc du côté de l'éclairage à l'huile végétale ; mais il faut ajouter à la dépense d'huile celle d'entretien des lampes et lanternes, les frais de toute nature qu'entraîne le service de la lampisterie, l'amortissement des installations, etc. Enfin la question de convenance doit également entrer en ligne de compte, et il faut bien le répéter, l'éclairage actuel à l'huile, dans la plupart des voitures à compartiments, est des plus défectueux. La substitution du gaz serait un progrès sensible et bien accueilli du public.

Du reste, on commence à reconnaître que tout n'est pas pour le mieux dans les dispositions adoptées jusqu'ici. Au lieu d'une seule lanterne généralement employée par compartiment de classe I, la Compagnie d'Orléans, dans ses nouvelles voitures de train express, en place deux par compartiment. Les lanternes des coupés-lits sont d'un plus fort calibre que les lanternes ordinaires.

Les compartiments de classe II sont éclairés par une lanterne placée à cheval sur la séparation de deux compartiments, soit deux lanternes par voiture.

En troisième classe, on ne plaçait aussi que deux lanternes pour les cinquante voyageurs. Dans les voitures de cette classe, la Compagnie de l'Ouest se sert aujourd'hui de trois lanternes.

143. Le service de l'allumage laisse encore beaucoup à désirer. En France, le lampiste muni d'une petite échelle monte sur le pavillon des voitures et, au risque de tomber, court sur la toiture le long du train, se donnant à peine le temps d'allumer chaque lanterne. En Allemagne et en Autriche-Hongrie, la voiture est munie d'une passerelle qui règne tout le long du train, et plusieurs véhicules sont garnis à l'extrémité (fig. 7 et 9, pl. III) de marchepieds qui conduisent à la passerelle et facilitent le service (fig. 1, 2, 5, 6, 7 et 9, pl. III). Le service de l'allumage doit un jour se faire directement des marchepieds longitudinaux ou des trottoirs, quand on en viendra à la disposition des lanternes sur les faces latérales des compartiments, ou bien à celles des voitures à circulation intérieure, dans lesquelles le garde-train lui-même fait le service des lanternes, sans le moindre inconvénient pour personne.

Nous aurons à revenir plus tard — III° partie, chap. II, § 2 — sur les détails du service des lanternes ; mais les occasions de signaler un progrès dans cette partie du service sont si rares, que nous voulons, sans ajournement, parler du petit perfectionnement introduit par MM. Dezelu et Guillot, attachés à la Compagnie des chemins de fer de l'Ouest. Ce perfectionnement répond à un véritable besoin du service de la lampisterie, celui de remplir les lampes avec promptitude et sans perdre de liquide. L'appareil de MM. Dezelu et Guillot se compose d'un bidon et d'une petite pompe aspirante et foulante, dont le piston est mû

par un ressort d'un côté et la main de l'opérateur de l'autre.
En posant l'ajutage du réservoir sur la lance de la petite
pompe, le liquide dosé pour la capacité du réservoir le remplit instantanément sans qu'il se produise d'épanchement.
Le remplissage complet des réservoirs à couronne est de
rigueur, car l'air renfermé dans le réservoir s'échauffe, se
dilate et fait déverser l'huile dans la coupe.

Avant d'allumer une lampe, il faut s'assurer que le réservoir d'huile est garni, et les accès d'air bien libres.
Pour allumer, on se sert de bougie filée (rat-de-cave).
Pour activer l'allumage, le lampiste enduit l'extrémité de
la mèche avec quelques gouttes d'alcool, et non pas de
pétrole, de crainte des incendies. Il aura soin de rabattre
à la main les chapiteaux des lanternes et de les fixer avec
précaution. En les rabattant brusquement, il brise les
coupes ou bien il court le risque de ne pas faire prendre
les crochets d'arrêt.

§ VII. Chauffage et ventilation.

144. Grâce au mouvement qui a suivi la révolution de 1848,
avons-nous dit — 87 —, le public français voyage, en
classe III, dans des voitures couvertes et fermées. L'Assemblée nationale, en 1875, a également obtenu une amélioration de principe : les voyageurs en classe II et III jouiront,
aussi bien que les voyageurs en classe I, de la faveur d'être
chauffés en hiver. A la suite des lois votées en décembre 1875, et en attendant mieux, certaines compagnies ont
en effet décidé que « les voitures de toutes classes composant les trains dont la durée de parcours excède deux
heures seraient chauffées. » D'autres compagnies ont pris
pour limite, au lieu du temps, le chemin parcouru, et fixé à
200 kilomètres le minimum de longueur de parcours qu'il
faut effectuer pour avoir droit au chauffage en toutes classes;
limites arbitraires, mais en définitive motivées par l'impos-

sibilité matérielle de satisfaire immédiatement au chauffage de toutes les voitures circulant en France.

La question du chauffage des voitures est née en France, mais elle n'y a pas grandi. Depuis plus de quinze ans, on a essayé en Amérique, dans le Nord, en Allemagne et en Suisse, divers systèmes de chauffage des trains de chemin de fer. Les essais ont démontré la possibilité de chauffer les voitures de toutes classes, et, à la suite de ces tentatives, une circulaire du ministère prussien, en date du 11 mai 1871, prescrivit aux administrations de chemins de fer de chauffer toutes les voitures, sans désigner le système.

En Suisse, la loi sur les chemins de fer votée vers la même époque par les Chambres fédérales fait, du chauffage des voitures de toutes les classes, une obligation.

Dans ces dernières années, les administrations des chemins de fer en France se sont émues de la persistance avec laquelle la question du chauffage des voitures se présentait parmi les demandes et les désirs du public, désirs dont nous nous faisions l'organe dans la première édition de ce livre en 1868 (t. III, p. 306). Les compagnies se sont concertées et la Compagnie de l'Est s'est chargée de faire, pour leur compte, des recherches et des expériences suffisantes pour qu'il fût possible de formuler des conclusions pratiques. Commencées en 1873, ces recherches et expériences ont été poursuivies en 1874 et 1875, et résumées dans un travail aussi considérable qu'intéressant publié par M. Regray, ingénieur en chef du matériel et de la traction de la Compagnie de l'Est, par ordre du conseil d'administration.

Avec l'autorisation de M. Regray, nous ferons à son ouvrage de fréquents emprunts, et si nous ne sommes pas toujours d'accord avec lui, nous n'en rendons pas moins hommage aux soins et au talent qui ont présidé à l'exécution de ce travail, que tout ingénieur de chemins de fer devra désormais consulter.

Il y a aujourd'hui en présence deux principes de chauffage des trains :

1° Le *chauffage intermittent*, qui comprend plusieurs systèmes : *a*, chauffage par bouillottes ou chaufferettes à eau chaude ; *b*, chaufferettes à sable chaud ; *c*, chaufferettes à feu ;

2° Le *chauffage continu*, qui se subdivise en quatre systèmes : *d*, chauffage par les poêles ; *e*, chauffage par circulation d'air chaud ; *f*, chauffage par circulation d'eau chaude ; *g*, chauffage par circulation de vapeur.

Restant dans les limites de notre cadre, nous ne citerons, parmi tous les types essayés, que ceux dont l'expérience a démontré l'efficacité, ceux qui, ayant joui d'une certaine vogue, sont destinés à disparaître, ou ceux enfin qui présentent des conditions de succès suffisantes pour en assurer l'avenir.

145. CHAUFFAGE INTERMITTENT. — BOUILLOTTES. — Les compagnies françaises ont, dès le début, chauffé les compartiments de classe I à l'aide de *bouillottes* ou chaufferettes mobiles, récipients en métal remplis d'eau chaude. Après trente années d'expérience, et malgré les résultats fournis par les autres systèmes de chauffage, elles ont, comme nous le verrons plus loin, adopté les conclusions de la Compagnie de l'Est et décidé, à la surprise générale, que le chauffage de toutes les voitures, dans certains trains, se ferait à l'aide de bouillottes.

Ces appareils affectent plusieurs formes : tantôt, comme aux chemins de fer de l'Ouest et du Nord, c'est une caisse plate, à section partie rectangulaire, partie légèrement bombée. Tantôt, comme aux chemins de fer de l'Est, de Lyon et d'Orléans, elle prend la forme d'un cylindre à base elliptique ou circulaire ; mais cette dernière n'est plus employée.

Nous avons représenté, par les figures 16 à 22, pl. XVIII, l'ensemble et les détails de la bouillotte employée sur le chemin de fer de l'Ouest. Le dessous de la caisse est couvert d'une garniture en bois d'orme franc, ainsi que les deux bouts, garniture qui a pour effet de faciliter la manipulation des appareils et de ménager les tapis des voitures.

Les chaufferettes se font en fer étamé et rivé. Celle de l'Ouest est en tôle de 0m,002 d'épaisseur, plombée, zinguée ; sa section quasi-rectangulaire a 0m,060 sur 0m,220 ; elle a 0m,802 de longueur. La face bombée est soutenue par un renfort représenté en coupe horizontale par la figure 17 et en coupe verticale par la figure 19, pl. XVIII. Enfin les faces supérieures latérales sont protégées par une feuille de zinc de 0m,001 d'épaisseur, soudée, et dont les bords sont rabattus. Les figures 20, 21 et 22 indiquent le mode d'attache de la garniture en bois d'orme franc.

Les chaufferettes cylindriques qu'emploie le chemin de fer de l'Est, faites en tôle étamée de 0m,0015, ont une section ovale de 0m,078 sur 0m,200 en largeur ; leur longueur totale est de 0m,910 ; elle pèse 7k,500 à vide et contiennent 10 litres d'eau. La chaufferette de la Compagnie de Lyon, comme celle d'Orléans, a la même forme que la chaufferette de l'Est, mais elle est enveloppée de tapis moquette retenu aux extrémités par des cercles de laiton de 0m,025 de largeur, avec des diamètres extérieurs de 0m,095 et 0m,210. Un trou pour le remplissage est ménagé dans l'un des bouts ; la tôle de ce bout est *renvoyée* sur 0m,027 de profondeur, et comme le chapeau du bouchon du trou n'a que 0m,020 de saillie à partir du dessous de la rondelle de cuir qui complète la fermeture, il reste un espace de 0m,007 entre l'extrémité supérieure de la tête et l'arête du cercle de laiton, espace qui paraît suffire pour la manœuvre des chaufferettes. La tête de ce bouchon est creuse et conique ; le creux est traversé par deux barrettes qui forment arrêt pour les creux correspondants de la clef en fer dont l'ouvrier se sert pour la manœuvre.

Le bouchon des chaufferettes d'Orléans a une fermeture à baïonnette qui se manœuvre au moyen d'une clef pénétrant dans le trou carré de la partie supérieure. Ce système de fermeture est plus rapide que celui des bouchons à vis dont nous parlerons plus loin.

Dans les bouillottes de l'Ouest, le trou de remplissage, qui doit être fermé par un obturateur parfaitement étanche, se trouve ménagé sur la face bombée, disposition qui n'expose pas, autant que celle des bouillottes du type de Lyon, les voyageurs à se baigner les pieds dans l'eau chaude ou glacée.

Les détails d'exécution du bouchon demandent un soin tout particulier. On voit dans la figure 16, pl. XVIII, la coupe verticale du bouchon à vis des chaufferettes de l'Ouest. Le siége de ce bouchon est soudé à une platine en fer emboutie et rivée à la tôle du vase ; son diamètre extérieur a 0^m,037 ; il est percé d'un trou taraudé dont le pas de vis a 0^m,002 et 0^m,0015 de profondeur, de sorte qu'il reste au métal plein du siége une épaisseur de 0^m,002. La hauteur totale du siége, y compris celle de 0^m,004 du rebord d'appui sur la tôle, est de 0^m,014.

Le bouchon est un cylindre taraudé au même pas de vis que le siége ; sa hauteur totale est de 0^m,020, savoir : 0^m,012 de partie filetée au diamètre extérieur de 0^m,033, et 0^m,008 de tête ; cette seconde partie a 0^m,041 de diamètre ; sa face supérieure est creusée suivant deux gouttières séparées par une saillie ; c'est dans ces gouttières que s'engage la tête de la clef qui sert à manœuvrer le bouchon. Lorsque celui-ci est en place, il appuie le rebord de sa tête sur une rondelle de cuir de 0^m,003 d'épaisseur interposée entre ce rebord et le siége du bouchon ; comme dans cette position il y a six filets de la vis engagés, il s'ensuit que l'ouvrier chargé du service des chaufferettes doit faire faire six tours au bouchon, ce qui demande un peu de temps.

Le bouchon des chaufferettes d'Orléans a une fermeture à baïonnette qui se manœuvre au moyen d'une clef pénétrant dans le trou carré de la partie supérieure. Ce système de fermeture est plus rapide que celui des bouchons à vis, puisqu'il suffit de donner au bouchon une fraction de tour pour le dégager de son siége. Dans la crainte que le cuir ne devienne cassant par le réchauffage à vapeur dont nous parlerons plus loin — 148 —, on l'a remplacé par une rondelle en métal blanc pressée sur son siége par un ressort à boudin. L'expérience prononcera sur la valeur de cette délicate innovation.

Dans la presque généralité des cas, les bouillottes se placent simplement sur le plancher du compartiment; l'échange des bouillottes froides contre des chaudes s'effectue donc en forçant les voyageurs de lever les pieds, assez haut pour ne pas gêner la manœuvre, et pour éviter les chocs des bouillottes manipulées, quelquefois, un peu brusquement.

Quelques anciens chemins de fer, les lignes d'Alsace entre autres, avaient ménagé dans le plancher une rainure assez profonde pour loger la chaufferette, laquelle, ne faisant plus saillie sur le plancher, ne réclamait plus autant de précautions lors de l'échange, et en route gênait moins les voyageurs; mais on a renoncé à cette disposition pour ne pas compliquer la construction de la caisse et ne pas perdre de la hauteur intérieure. Elle a été cependant conservée par trois lignes qui font partie de l'association allemande : le chemin du Nord Empereur Ferdinand ; le chemin de Gallicie Charles-Louis, et la ligne de Lemberg-Czernowitz. Avec la nouvelle application des planchers doubles — § IX —, on pourrait y revenir sans inconvénients.

146. En Angleterre, le chauffage des compartiments s'effectue presque partout à l'aide des bouillottes, généralement réservées aux voyageurs de classe I; quelques lignes en distribuent aussi aux voyageurs des autres classes, mais elles sont encore en infime minorité.

Un grand nombre de lignes allemandes ont employé pendant longtemps les chaufferettes à eau chaude, en limitant cet emploi aux compartiments des classes I et II. Depuis quelques années, il y a tendance à renoncer à ce mode de chauffage et à le remplacer par l'un des autres systèmes que nous décrirons plus loin. Cependant certaines lignes conservent l'usage des bouillottes dans les voitures qui ne sont pas encore appropriées aux autres systèmes, comme au chemin de fer du Nord-Empereur Ferdinand, en Autriche.

En général, la bouillotte construite en tôle de fer étamé, en laiton et même en cuivre, enveloppée d'une étoffe de laine, a une longueur de $0^m,90$ avec une section ovale de $0^m,20$ sur $0^m,10$ (Allemagne, Bade).

147. RÉCHAUFFAGE DE L'EAU DES CHAUFFERETTES. — *Vidange et remplissage.* — Pour renouveler la provision de chaleur, on vide généralement la bouillotte refroidie et on la remplit d'eau tirée d'une chaudière entretenue à la température de 100 degrés.

Ces chaudières ont presque partout la forme d'un cylindre vertical à foyer intérieur entouré d'eau. La Compagnie de Paris-Lyon-Méditerranée emploie des chaudières à tubes verticaux plongeant dans la flamme du foyer (système Field), qui paraissent plus économiques que les chaudières ordinaires.

Le remplissage des chaufferettes se fait à l'aide d'un robinet relié à une tubulure qui part du bas de la chaudière. Pour activer l'opération, on donne à cette tubulure une longueur suffisante pour y fixer plusieurs robinets de prise d'eau ; la distance de ces robinets est de $0^m,300$ d'axe en axe. On peut ainsi remplir plusieurs chaufferettes à la fois.

148. *Injection de vapeur.* — *Système du chemin de fer du Main-Weser.* — Les bouillottes mobiles étaient traversées de part et d'autre des fonds par un tuyau droit au travers duquel on faisait passer un courant de vapeur qui réchauffait l'eau du vase. On évitait ainsi la vidange et le remplissage.

Système de la Compagnie des Charentes. — Cette Compagnie a chauffé pendant les années 1873, 1874, 1875, un certain nombre de ses trains à l'aide de réservoirs à eau chaude fixes, insérés dans l'épaisseur du plancher de chaque compartiment. Les chaufferettes avaient une longueur uniforme de 2 mètres et une largeur uniforme de 0ᵐ,300 ; la hauteur était de 0ᵐ,09 en classe I, de 0ᵐ,07 en classe II et de 0ᵐ,06 en classe III, donnant ainsi des surfaces de chauffe proportionnelles aux volumes des compartiments.

Pour réchauffer l'eau de ces chaufferettes fixes, on a, en premier lieu, employé un serpentin placé dans la chaufferette, puis un tube droit la traversant de part en part, qui réchauffaient l'eau par le passage de la vapeur, enfin un tube percé de trous pour injecter directement la vapeur dans l'eau même de la chaufferette.

La vapeur prise d'abord sur la locomotive du train, puis sur une locomotive de réserve, était amenée à chaque chaufferette par un tube branché sur la conduite principale qui, placée dans l'axe de chaque voiture, passait tout le long du train, la réunion des tubes entre deux véhicules voisins s'opérant par un raccord en caoutchouc.

148 *bis. Applications du réchauffage par la vapeur.* — Depuis longtemps la Compagnie de l'Est réchauffe les bouillottes des trains des petits embranchements, où il n'y a pas de chaudière spéciale, en y injectant de la vapeur prise sur la locomotive.

Les chemins de fer autrichiens de l'Etat et plusieurs chemins de fer anglais emploient aussi le même procédé pour le réchauffage des bouillottes ; mais toutes ces applications du principe de réchauffage ont l'inconvénient de demander encore beaucoup de temps quand il faut procéder sur une seule bouillotte à la fois.

Pour activer l'opération, la Compagnie du chemin de fer d'Orléans place vingt chaufferettes pleines, mais froides et débouchées, debout les unes à côté des autres, dans un chariot divisé en vingt cases ; les bouchons enlevés, le chariot est amené sous un appareil composé d'un tuyau principal qui conduit de la vapeur à haute pression dans vingt tubes verticaux correspondant chacun à chacune des vingt bouillottes chargées dans le chariot (fig. 9 à 12, pl. XVIII). Au moyen d'un levier à main, on abaisse simultanément les vingt tuyaux jusqu'à ce qu'ils pénètrent par les trous des bouchons dans l'eau des chaufferettes ; on laisse alors arriver la vapeur de la chaudière, qui, en se condensant, réchauffe l'eau des bouillottes. Ce résultat obtenu, le robinet d'entrée de vapeur est fermé, les petits tubes relevés, le chariot retiré du réchauffeur et les bouchons remis en place.

Le chariot porte-bouillottes se compose de deux parties : l'une, formant l'ensemble des vingt cases à bouillottes, est supportée par deux tourillons qui s'appuient sur l'autre partie du chariot, bâti muni de trois roues. Par cette disposition, le porte-bouillottes peut pivoter sur ses deux tourillons et ramener les cases à la position horizontale. Il est facile alors d'en retirer les chaufferettes chaudes pour les placer dans les voitures, ou d'y placer les bouillottes froides retirées du train. L'opération inverse se comprend de soi : redressement du chariot pour placer les bouillottes dans la position verticale ; enlevage des bouchons ; placement du chariot sous l'appareil à injection de vapeur, etc.

Le procédé adopté par la Compagnie des chemins de fer de l'Ouest, dont nous devons la communication à l'obligeance de M. Ernest Mayer, ingénieur en chef du matériel et de la traction des chemins de fer de l'Ouest, est aussi prompt que celui d'Orléans et plus simple de manœuvre. Nous avons vu que les bouillottes de ce chemin portent l'ouverture de remplissage sur leur face supérieure (fig. 16, pl. XVIII). En sortant des voitures, ces bouillottes sont placées horizontalement sur un chariot-étagère (fig. 13 et 15, pl. XVIII) et conduites sous une sorte de herse composée de vingt-quatre tubes verticaux, fixés à un bâti mobile relié à la conduite de vapeur provenant d'une chaudière. La manœuvre de l'injection est d'ailleurs semblable à celle que nous venons de décrire.

Les vingt-quatre tubes portent, à quelques millimètres de leur extrémité inférieure, une fente *horizontale* de 1 millimètre d'épaisseur, qui donne issue à la vapeur de réchauffage. C'est la position et l'épaisseur de cette fente qui constituent l'un des points délicats du problème. Une autre difficulté du service du chariot à vingt-quatre chaufferettes, provient des 900 kilogrammes que pèse le cabrouet chargé. Sur les trottoirs en dallage ou bitume, le roulage se fait sans encombre; mais dans le ballast la manœuvre devient très-pénible, sinon impossible.

149. *Réchauffage par immersion dans l'eau chaude.* — Pour supprimer l'opération du débouchage et du rebouchage des bouillottes, et opérer le réchauffage dans un temps aussi court que par l'injection de vapeur, la Compagnie de l'Est plonge les bouillottes froides dans une cuve pleine d'eau entretenue à une température constante de 100 degrés. « L'appareil consiste en une sorte de noria composée de deux chaînes sans fin, dont les maillons successifs peuvent recevoir chacun une chaufferette, et qui plongent dans la cuve.

« Un tambour, animé d'un mouvement continu suffisamment lent, amène successivement les maillons à la hauteur convenable, d'un côté pour le chargement de la bouillotte froide, de l'autre pour l'enlèvement de la bouillotte réchauffée. » (M. Regray, ouvrage cité, p. 353.)

Il y a dans l'idée de réchauffer les bouillottes par l'extérieur un progrès réel, indiscutable. Nous croyons cependant que l'appareil adopté par la Compagnie de l'Est est trop compliqué pour ne pas se déranger et donner lieu à des interruptions de service. Il nous semble qu'on arriverait au réchauffage simultané d'un nombre suffisant de chaufferettes, en plaçant un casier mobile analogue à celui de l'Ouest, mais plus simple, sur un chariot indépendant, qui serait soit une brouette ou un tricycle ordinaire; on introduirait ce casier dans un espace entretenu à une température constante de 100 degrés. Cet appareil pourrait être disposé, sauf les détails, comme celui que nous avons décrit à propos de la préparation des bois. — 1re partie, t. Ier, chap. VI, § 1.

150. Effet utile des chaufferettes a eau chaude. — Tout le monde connaît la gêne que le renouvellement des chaufferettes cause aux voyageurs. On sait aussi qu'au moment du départ, la chaufferette, avec sa température maximum de 80 degrés, en pratique, est trop chaude pour les pieds des voyageurs, sans pour cela élever sensiblement la température du compartiment, puisqu'au bout d'une heure ou deux la chaufferette ne donne plus de chaleur, et que sa température descend au-dessous de celle du corps humain. Voici, d'après un graphique, les observations faites par la Compagnie de l'Est sur les modifications de température des chaufferettes à eau chaude :

Indication de l'heure des observations.	Températures correspondantes en degrés centigrades.			Observations.
	Chaufferette.	Compartiment.	Extérieur.	
0^h,00′.....	95°	3°,00	+1°,00	Eau de la chaudière à 100°.
0 ,15	80	5 ,00	+1 ,00	Mise en voiture.
0 ,30	73	7 ,00	+1 ,00	
0 ,45	69	8 ,00	+1 ,00	
1 ,00	65	9 ,00	+1 ,00	
1 ,15	61	9 ,00	+1 ,00	
1 ,30	58	8 ,00	+1 ,00	
1 ,45	55	8 ,00	+0 ,75	
2 ,00	52	8 ,00	+0 ,50	
2 ,15	49	7 ,50	+0 ,25	
2 ,30	46	7 ,50	+0 ,20	
2 ,45	44	7 ,00	+0 ,125	
3 ,00	41	6 ,00	0 ,00	
3 ,15	39	5 ,50	—0 ,20	
3 ,30	36	5 ,25	—0 ,25	
3 ,45	34	5 ,25	—0 ,50	
4 ,00	33	5 ,00	—1 ,00	

D'autre part, voici les variations de température de 24 thermomètres placés les uns sur les chaufferettes, d'autres sous les bancs, les derniers sous le pavillon d'une voiture à 50 places, de 3e classe, garnie de 10 chaufferettes :

| Heures. | Température moyenne approximative des thermomètres | | | |
Aller.	au-dessus des cloisons.	au-dessous des bancs.	sur les chaufferettes.	en dehors de la voiture.
9ʰ,20′	— 0°,75	— 1°,00	49°,3	— 4°,25
10 ,20	— 0 ,25	+ 0 ,50	40 ,1	— 6 ,00
11 ,20	— 0 ,20	+ 0 ,25	32 ,1	— 5 ,00
12 ,20	0 ,00	0 ,00	26 ,0	— 5 ,00
Retour.				
1ʰ,20′	+ 4°,00	+ 4°,70	64°,6	— 3°,00
2 ,00	+ 4 ,30	+ 4 ,70	51 ,5	— 3 ,75
3 ,00	+ 3 ,00	+ 3 ,80	42 ,5	— 4 ,00
4 ,10	+ 1 ,80	+ 2 ,40	33 ,0	— 5 ,50

L'effet utile n'est pas augmenté par l'enveloppe d'étoffe de laine que certaines lignes conservent encore, malgré la gêne et les désagréments qu'elle occasionne quand elle est humide.

Ces indications thermométriques, relevées avec soin, démontrent que le chauffage par les bouillottes est plutôt nominal qu'effectif, surtout dans les voitures de classe III, où les parois, dépourvues de toute garniture, perdent plus rapidement encore que les autres voitures le peu de chaleur que leur transmettent les bouillottes. Dans les deux sens du parcours, la différence entre les températures extérieure et intérieure s'est tenue, à certaines heures, entre 3 et 4 degrés, sans dépasser jamais 7 degrés. Et cependant que de conditions favorables ! Des bouillottes aussi chaudes que le service normal peut en fournir ; pas de voyageurs dans la voiture, par conséquent point ou très-peu de portières ouvertes ; point de glaces abaissées.

L'expérience paraît complète. Les bouillottes ne sont que des chauffepieds quand elles ne sont pas des glacières, car il arrive quelquefois que la bouillotte perd son eau, qui coule alors sur le plancher de la voiture et se congèle à l'occasion.

Le chauffage des voitures de classe III par bouillottes est donc insuffisant, car les voyageurs en classe III ne sont pas toujours très-chaudement vêtus : pour eux, avoir les pieds à peu près chauds, ce n'est pas suffisant quand ils respirent un air glacé. Les trajets, plus longs pour eux que pour les autres voyageurs à qui on réserve la faveur des trains rapides, leur infligent souvent de longues heures d'attente dans des stations, où il ne leur est même pas toujours permis de quitter le train, et où les chaufferettes refroidies ne sont plus qu'une gêne de plus ajoutée à toutes les autres. Concluons de là que la question du chauffage des voitures de toutes classes n'est pas résolue par un emploi général des bouillottes, malgré l'autorité d'une décision récente des grandes compagnies françaises. Espérons qu'avant peu le chauffage par l'eau chaude ou par la vapeur remplacera les bouillottes — 197 —.

151. *Prix de revient du chauffage par bouillotte.* — Pour nous rendre compte de ce prix de revient, nous supposerons le chauffage appliqué aux voitures d'une ligne de 300 kilomètres, desservie chaque jour par quatre trains dans chaque sens, marchant à la vitesse moyenne de 30 kilomètres à l'heure.

Chaque train comprendra 10 voitures de voyageurs à 4 compartiments. Dans chaque compartiment on placera 2 bouillottes, soit 8 bouillottes par voiture ; et, comme il faut prévoir les cas d'avarie, de réparation, d'affluence exceptionnelle, nous admettrons que chaque voiture demande deux bouillottes supplémentaires. Le train entier disposera donc de $10 \times 10 = 100$ bouillottes, et l'ensemble des quatre trains, de 400 bouillottes.

Sur le parcours, chaque train échangera deux fois ses bouillottes refroidies contre des bouillottes chaudes. L'échange se fera, pour tous les trains, aux gares de tête et dans deux stations intermédiaires, où se trouveront tous les appareils nécessaires et une garniture de 100 bouillottes qui servira au renouvellement de tous les trains.

Le nombre total des bouillottes nécessaires sera donc de 600, et comme le prix moyen de chaque bouillotte est de 20 francs, sans enveloppe, les frais de premier établissement s'élèveront à. . . . . 12 000 fr.

Il y aura quatre chaudières pouvant remplir 100 bouillottes ou 1 000 litres entre deux passages de trains. Chaque chaudière avec ses installations et appropriations, coûtant en moyenne 4 000 francs, les quatre coûteront. 16 000

Dans chaque gare il y aura 2 chariots, en tout 8 chariots à 100 francs. 800

Approvisionnement, pièces de rechange, etc. 1 200

Total des dépenses de premier établissement. . . . . 30 000 fr.

Soit par voiture $\frac{30000}{40}$ = 750 francs, et par compartiment $\frac{750}{4}$ = 187^f,50.

Frais d'exploitation. — *Eau.* — Chaque train a besoin de 300 bouillottes pleines à 10 litres, soit 3 000 litres d'eau ; les huit trains par jour emploieront donc $3^{m3} \times 8 = 24$ mètres cubes. En admettant que l'on chauffe les trains pendant 150 jours, la quantité totale d'eau nécessaire sera $24 \times 150 = 3 600$ mètres cubes à 0^f,10. . . . . 360 fr.

Combustible. — Chaque chaudière brûlera 50 kilogram. de houille pour chauffer 1 000 litres ou 1 mètre cube d'eau à 100 degrés ; pour 24 mètres cubes d'eau, les quatre chaudières brûleront 1 200 kilogrammes par jour, pendant 150 jours, 180 000 kilogrammes qui, au prix de 30 francs la tonne, porteront la dépense à. . . 5 400

Main-d'œuvre. — Dans chaque gare de tête, il y aura 2 hommes par 12 heures, et dans chaque station de passage 3 hommes, parce que le service d'échange y est plus chargé, en tout 20 hommes par 24 heures, à 3 francs, soit 60 francs par jour et pour 150 jours. 9 000

Amortissement des bouillottes. — La durée moyenne des bouillottes est de cinq années.

A reporter. . . . . . 14 760 fr.

Report.	14 760 fr.

Les frais annuels d'amortissement seront donc

$\frac{12\,000^f}{5} =$ 2 400

Entretien. — Petites réparations à 2 francs par bouillottes, 600 × 2. . . . . 1 200

Amortissement des chaudières. — En admettant une durée moyenne de quinze années pour chaque installation, les frais annuels d'amortissement des installations s'élèveront à $\frac{16\,000}{15}$. . . . 1 066

Entretien. — Petites réparations évaluées à 100 francs par installation. 400

Amortissement des chariots. — Durée : dix années ; frais annuels d'amortissement. 80

Entretien. — Réparations annuelles à 15 francs par chariot. 120

Amortissement des rechanges. — Durée : dix années, soit par an. 120

Intérêt du capital de premier établissement à 5 pour 100 l'an. 1 500

Frais d'exploitation par an. . . . . . . 21 646 fr.

Chaque journée de chauffage coûte donc en nombre rond 150 francs, chaque voiture 3 fr. 75, et chaque compartiment $0^f,937$; il s'ensuit que l'heure de chauffage revient à $0^f,1875$ par voiture, ou à $0^f,0469$ par compartiment.

152. Caisses a sable. — On sait que les bouillottes à eau se refroidissent assez rapidement. Plusieurs chemins de fer, tels que le Nord-Hessois, le Schleswig, le chemin de West-phalie, le Bergisch-Märkisch, ont simplement remplacé l'eau des bouillottes par du sable chauffé, pensant que la chaufferette devait fournir une plus longue carrière utile, un tiers en plus environ que les bouillottes à eau ; mais le calcul reposait sur une erreur. La capacité calorifique du sable étant inférieure à celle de l'eau, le refroidissement des cais-

ses à sable est plus rapide que le refroidissement des bouillottes.

La ligne de Leipzig à Dresde s'est servie, pendant plus de
vingt-cinq ans, de chaufferettes à sable placées dans un ren-
foncement ménagé sous la face supérieure du plancher du
compartiment.

Le chemin de Brunswick employait des caisses de tôle
emplies de sable chaud, que l'on introduisait dans le vide
du double plancher des voitures par des ouvertures pratiquées sous les portières.

Enfin les lignes de l'Est prussien, de la basse Silésie, de
le Thuringe, de la Finlande et les chemins suédois, se sont
servi de caisses à sable disposées au-dessous des banquettes
des compartiments. Ces caisses placées dans une gaîne en
tôle qui les isole des pièces environnantes, sont introduites
dans le compartiment par de petites portières ménagées
dans les parois de custodes, ce qui épargne aux voyageurs
les ennuis et la gêne de la manœuvre des chauffe-pieds ordinaires.

Le sable ou le gravier fin employé pour chaufferettes, est
chauffé dans des fours; les caisses à sable ont $1^m,120$ de
longueur, avec une section rectangulaire de $0^m,10$ sur $0^m,13$.

Ce mode de chauffage, comme celui des briques chaudes,
est destiné à disparaître ; nous n'en faisons donc ici mention
que pour mémoire. La haute température que le sable peut
fortuitement acquérir, produit, malgré l'enveloppe isolante,
une sorte de carbonisation des parcloses, des sommiers des
banquettes ou du plancher, qui développe des gaz et des
odeurs désagréables ; elle peut même causer l'incendie. Le
prix du chauffage du sable est élevé ; enfin la manipulation
est difficile, longue et par conséquent coûteuse.

153. CHAUFFERETTES A FEU. — *Combustible.* — Ce mode
de chauffage est basé sur ce principe que le charbon de bois,
intimement mêlé et aggloméré avec une substance qui puisse,
par l'action de la chaleur, lui fournir l'oxygène nécessaire

à sa combustion complète, brûle lentement et développe une quantité de chaleur constante. Le produit comburant est généralement du nitrate de potasse, et la matière agglutinante, la farine, la dextrine ou quelque substance analogue.

Ce combustible aggluné a la composition moyenne suivante :

Charbon de bois.........	79	à	83
Eau..................	4	à	6
Matière agglutinante......	6	à	1
Nitrate de potasse........	3	à	5
Cendres..............	8	à	5
	100		100

On lui donne la forme de briquettes bien comprimées, séchées, rendant au choc un son clair. Voici les dimensions de quelques types de briquettes :

Dimensions des briquettes.	Chemins de fer de :					
	Berlin-Anhalt.	Berlin-Magdebourg.	Bergisch-Markisch.	Saarbruck.	Nassau.	Norwége.
Hauteur..	0m,060	0m,060	0m,060	0m,035	0m,045	0m,050
Largeur..	0 ,090	0 ,095	0 ,080	0 ,105	0 ,105	0 ,100
Longueur.	0 ,300	0 ,300	0 ,230	0 ,150	0 ,145	0 ,300
Poids	0k,940	1k,000	0k,640	0k,320	0k,400	0k,875
Volume ..	1déc³,620	0déc³,171	0déc³,110	0déc³,055	0déc³,685	0déc³,500

Appareils. — Les briquettes, préalablement allumées, sont couchées sur des paniers en fer, à jour de tous côtés, placés dans une boîte métallique enveloppée quelquefois d'une gaîne également métallique, fixée dans l'intérieur de chaque compartiment. La première boîte communique avec l'atmosphère par deux ouvertures servant, l'une à l'introduction de l'air frais, l'autre à l'évacuation des gaz produits par la combustion. Les joints de cette boîte doivent être parfaitement étanches, afin qu'il ne se produise aucune communication entre l'intérieur de la boîte, où s'effectue la combustion des briquettes, et le compartiment.

Par contre, la gaîne ou enveloppe communique avec le compartiment ; elle sert à protéger les parties constitutives de la voiture contre le rayonnement de la boîte à feu. Enfin la manœuvre des paniers à briquettes se fait de l'extérieur de la voiture, par conséquent sans nécessiter l'ouverture des portières des compartiments, sans gêner ni déranger les voyageurs.

154. L'application de ce système est très-variée dans ses détails ; mais ramenée à ses éléments essentiels, elle se réduit à deux modes d'exécution : la chaufferette à feu est placée ou bien sous les siéges, ou bien dans l'épaisseur du plancher, sous les pieds de voyageurs.

Le premier est adopté par plusieurs administrations allemandes, le Hanovre entre autres ; les figures 16 à 20, pl. XIII, en représentent les dispositions essentielles.

« L'appareil consiste en une caisse rectangulaire en cuivre rouge ; l'une de ses extrémités traverse la paroi latérale de la voiture et est fermée par une porte pleine en fonte ; cette ouverture sert à l'introduction du combustible. De l'autre extrémité de la caisse part un tuyau en cuivre rouge qui s'emboîte dans un coude à angle droit en bronze. Cette dernière pièce est raccordée avec un tuyau vertical en fer, qui traverse le plancher et se termine par un chapeau en tôle mince.

« Un tuyau vertical en fer traverse le brancard de la caisse et débouche dans l'appareil près de la porte de chargement ; il se termine, à sa partie inférieure, par deux manches à vent dirigées en sens opposés, de manière à présenter toujours une ouverture béante qui reçoit l'air du dehors et l'amène dans la caisse à feu, quel que soit le sens de la marche du véhicule.

« Le tiroir ou panier sur lequel on place les briquettes en nombre qui varie de 1 à 5, selon le degré de la température extérieure, est à double fond, en tôle perforée sur les faces latérales et sur le fond supérieur. Le fond inférieur se prolonge d'un côté et se termine par une cornière qui, lors-

que le tiroir est en place, butte contre l'extrémité de la
caisse en cuivre. Du côté opposé à ce prolongement, le tiroir
porte une poignée qui sert à le manœuvrer. De petits taquets, rivés sur les côtés du tiroir, empêchent les briquettes
de se toucher.

« Dans cet appareil tous les joints sont soudés à la soudure forte ; en outre ceux de la caisse en cuivre sont rivés.
Celle-ci doit être essayée en la remplissant d'eau. Le joint à
frottement doux du tuyau en cuivre rouge avec le coude en
bronze, est fait avec beaucoup de soin ; il doit être hermétique tout en permettant la dilatation du tuyau.

« Pour éviter toute chance d'incendie, l'appareil est enveloppé d'une caisse en tôle, qui ne laisse découverte que sa
partie supérieure ; en outre, sur toute sa longueur le plancher est recouvert d'une couche isolante formée d'un mélange de sable et de silicate liquide. Cette couche est maintenue sur ses bords par deux cornières ; une tôle mince la
recouvre. La banquette est d'ailleurs protégée contre le
rayonnement direct par un double écran en tôle ; enfin, un
grillage vertical ferme le dessous de la banquette et empêche tout contact avec l'appareil.

« Chaque compartiment est chauffé par deux appareils
semblables ; on en place un sous chaque siége, et on les
dispose de telle façon, que l'un s'ouvre sur la paroi latérale
de droite et l'autre sur celle de gauche. Les appareils employés pour les trois classes de voitures sont identiques. »

155. La Compagnie des chemins rhénans emploie, comme
le chemin de Berlin-Anhalt, une caisse rectangulaire en
tôle, placée sous le siége (fig. 24 et 25, pl. XIII), et communiquant avec l'air extérieur, d'un côté par une porte pratiquée dans la paroi longitudinale de la caisse, de l'autre par
un tuyau vertical qui traverse le plancher. Cette caisse,
bien étanche, contient le tiroir chargé du panier à claire-
voie qui porte les briquettes. Les faces latérales du tiroir
sont garnies de ressorts qui s'appuient contre les parois de
la caisse et l'empêchent de se déplacer pendant la marche. La

circulation des gaz dans l'appareil s'opère par le tube vertical et deux rangées de trous pratiqués dans la porte, trous qui peuvent être plus ou moins masqués par un tiroir de réglage. On a, en outre, ajouté un tube avec double manche à vent, comme dans l'appareil de Hanovre.

Dans les voitures de classe I et classe II, de Berlin-Anhalt, le plancher, sous l'appareil, est recouvert de terre réfractaire et d'une tôle. Le chemin rhénan ne prend pas cette précaution. Trois écrans en tôle, entre lesquels l'air s'échauffe et circule, protégent les parties avoisinantes contre le rayonnement direct de la chaufferette. Il n'y a par compartiment qu'un seul des côtés qui soit ainsi garni de ces appareils. Dans les voitures de classe III de Berlin-Anhalt, la couche réfractaire et deux tôles de l'écran sont supprimées.

156. La disposition de chaufferette à feu adoptée par le chemin de fer de Rhein-Nahe est beaucoup plus simple que les précédentes. Les briquettes allumées sont rangées sur un seul panier en tôle de 770 millimètres de longueur, garni de longues poignées à l'aide desquelles on le fixe dans un tube ovale en fer soudé, de 195 millimètres de largeur sur 89 millimètres de hauteur, qui traverse le compartiment d'une paroi à l'autre sous l'un des siéges. Chaque extrémité du tube est fermée par une porte munie d'un ressort intérieur et d'une tubulure extérieure. L'orifice de l'une des tubulures est tourné en sens inverse de l'orifice de la tubulure opposée, ce qui assure la circulation de l'air, quel que soit le sens de la marche. Les ressorts intérieurs buttent contre les poignées et maintiennent en place le panier à briquettes.

Dans les voitures de classes I et II, on place une tube par compartiment. Dans celles de classe III, quatre tubes servent pour les cinq compartiments. Dans ce dernier cas, un écran en tôle en forme de V, suspendu à la banquette au-dessus du panier, renvoie l'air chaud vers les pieds des voyageurs et protége le dessous de la banquette.

157. Avant d'adopter le mode de construction décrit plus

haut, la Compagnie des chemins rhénans plaçait la chaufferette à feu sous une tôle striée, percée de trous, à fleur
du plancher et formant chauffe-pieds, dans une boîte en bois
doublée d'une tôle mince, entre les siéges, dans l'épaisseur
du plancher (fig. 20, 21, 22 et 23, pl. XIII). Deux caisses
métalliques suspendues dans cette boîte reçoivent les tiroirs
en tôle perforée chargés de briquettes. Des tubes verticaux,
débouchant sous la voiture, servent à la circulation
des gaz.

Cette disposition exige que la caisse se trouve à une certaine hauteur au-dessus des brancards du châssis. Ce n'est
pas toujours le cas, et lorsque la caisse repose directement
sur les brancards, on revient à la disposition moins convenable des chaufferettes sous l'une des banquettes du compartiment, qui a le grave inconvénient de trop fortement
chauffer l'un des siéges, et de chauffer insuffisamment les
voyageurs assis sur l'autre banquette.

158. Parmi les nombreux et intéressants essais de chauffage de la Compagnie de l'Est, M. l'ingénieur en chef Regray cite celui des chaufferettes à feu, qui a été appliqué
sur une voiture de classe III. La chaufferette (fig. 26 et 27,
pl. XIII) est composée de trois tôles espacées entre elles, recourbées à angle droit et rivées à leur partie supérieure contre
une tôle striée qui en forme le dessus, le tout encastré dans
le plancher, entre les deux banquettes de chaque compartiment. Aux deux extrémités de cette caisse se trouve une
tôle verticale, percée d'une ouverture fermée par une porte
à deux vantaux verrouillés — ces portes sont percées de
trous à registres pour l'accès de l'air ; les gaz de la combustion s'échappent par quatre tubes en cuivre rouge qui
traversent les trois enveloppes. La tôle supérieure de la
chaufferette est garantie du rayonnement direct par une
tôle intermédiaire.

Les paniers à briquettes ont leurs faces latérales percées
de trous ; les briquettes ne reposent pas directement sur le
fond ; elles en sont séparées par une claie en fil de fer. Des

poignées qui s'engagent les unes dans les autres sont fixées aux extrémités des paniers, ce qui permet d'introduire ou de retirer les deux paniers qui garnissent la chaufferette, par l'une ou l'autre de ses extrémités.

Des trous ménagés aux extrémités et en dessous de la chaufferette, laissent pénétrer, entre la caisse à feu et la première enveloppe, l'air extérieur qui s'échauffe au contact de la caisse intérieure, et s'échappe dans le compartiment par des bouches de chaleur à registre.

L'espace ménagé entre les deux tôles extérieures sert à isoler la chaufferette et à préserver la voiture du rayonnement direct.

Pour installer la chaufferette dans l'épaisseur du plancher, et introduire les paniers par l'extérieur sans entailler les brancards, on a surhaussé la voiture au moyen de pièces de bois transversales doublant les traverses de la caisse. Ce surhaussement ne dépasse pas 5 centimètres.

159. *Allumage des briquettes.* — Pour que la chaufferette puisse produire de la chaleur au moment où les voyageurs prennent leurs places, il faut que les briquettes soient allumées une heure avant le départ du train. Le procédé le plus efficace pour l'allumage consiste à placer les briquettes sur une série de jets de gaz d'éclairage, qui doivent mettre en ignition la face inférieure et les faces latérales de chaque briquette. L'effet du jet de gaz peut être activé par l'addition d'un jet d'air lancé à l'intérieur du jet de gaz, ainsi transformé en chalumeau.

Lorsque les paniers chargés de briquettes allumées sont placés dans les chaufferettes, on laisse ouvertes les portes des caisses pour compléter et entretenir l'allumage, et laisser sortir la vapeur d'eau qui a pu se condenser dans les appareils.

160. *Effet utile des chaufferettes.* — On est généralement d'accord sur ce point, qu'il ne faut pas, dans l'intérêt de la santé des voyageurs, élever au-delà de 12 degrés la tempé-

rature de l'intérieur de la voiture. Pour réaliser cette disposition, on règle le poids de combustible en ignition dans la
chaufferette, d'après la température extérieure et la durée
du trajet que le train doit effectuer.

Voici quelques données sur la consommation pour un
compartiment :

Chemins de fer.	Température extérieure.	Durée du trajet en heures.	Combustible brûlé (en briquettes).		
			Nom-bre.	Poids par heure.	Poids total.
Berlin-Anhalt......	+ 5°	8 à 10	1	0^k,090	0^k,900
—	0°	8 à 10	2	0 ,180	1 ,800
—	— 5°	8 à 10	3	0 ,270	2 ,700
—	—10°	8 à 10	4	0 ,360	3 ,600
Berlin-Magdebourg.	+5° à 0°	12 à 14	1	0 ,081	1 ,050
— .	0° à —5°	12 à 14	2	0 ,162	2 ,100
— .	— 5° et au-dessous	12 à 14	4	0 ,324	4 ,200
Nassau	au-dessus de 6°,25	10	2	0 ,080	0 ,800
—	+6°,25 à 0 ,00	10	4	0 ,160	1 ,600
—	0 ,00 à —6 ,25	10	6	0 ,240	2 ,400
—	—6 ,25 à —12 ,50	10	8	0 ,320	3 ,200

Il est utile d'avoir en réserve des briquettes de poids différents, de manière à régler la consommation d'après la
durée du trajet de chaque train, et à éviter les déchets ou
les pertes de chauffage inutile.

161. *Prix de revient du chauffage par chaufferettes à feu.* —
Prenant comme exemple le service d'exploitation indiqué
au numéro 151, pour chauffer les quatre trains en chaque
sens, il faudra un appareil complet par compartiment, soit
4 par voiture, 40 par train, et 160 pour les quatre trains,
plus 15 appareils pour réparations, rechanges, affluences
exceptionnelles ; ensemble 175 appareils complets.

Le coût des appareils installés dans les voitures dépend
du système d'arrangement adopté, ainsi que le démontre le
tableau suivant :

Chemins de fer.	Prix des appareils en classes :			
	I.	II.	III.	IV.
a. Berlin-Anhalt..........	112^f,50	112^f,50	75^f,00	
b. Berlin-Magdebourg......	137 ,65	137 ,65	114 ,34	117^f,30[1]
c. Rhein-Nahe.............	119 ,95	119 ,95	95 ,95[2]	»
d. Rhenan (entre banquettes).	178 ,12	178 ,12	»	»
e. — (sous les siéges, type b).................	150 ,00	150 ,00	»	»
f. Berlin-Hambourg........	125 ,00	125 ,00	112 ,00[3]	112 ,00[3]
g. Hanovre................	217 ,50	217 ,50	217 ,50	»
h. Cologne-Minden (type f)..	187 ,50	187 ,50	»	»
i. Nassau (type f).........	150 ,00	150 ,00	»	»
j. Mein-Weser (type f)......	142 ,50	142 ,50	»	»
k. Norwége(type b, en cuivre rouge).................	460 ,00	460 ,00	»	»
l. Est français...........	126 ,00	133 ,00	136 ,00[4]	»
m. Etat Saxon	123 ,75	123 ,75	»	»
n. Silésie	169 ,50	169 ,50	168 ,75	168 ,75

On peut, d'après ce tableau, prendre comme moyenne des frais d'installation du chauffage par chaufferettes à feu dans un compartiment, le prix de 150 francs.

Le montant de l'installation de tous les appareils sera donc 175×150 francs. . . . . 26 250 fr.

Fourneaux d'allumage, chariots, etc. Les briquettes pouvant brûler dix heures, il faudra seulement 1 appareil d'allumage à chaque gare de tête, soit deux installations à 1 200 francs. . 2 400

Total des dépenses d'installation. . . . 28 650 fr.

Soit par voiture $\frac{28650}{40} = 716^f,25$, et par compartiment $\frac{716.25}{4} = 179^f,06$.

[1] Un appareil par double compartiment de classe IV.
[2] Quatre appareils pour cinq compartiments.
[3] Un appareil par double compartiment.
[4] Plus 100 francs par voiture pour surhaussement de la caisse.

Frais d'exploitation. — Combustible. — Le prix des briquettes ne paraît pas encore bien fixé, à en juger par le tableau suivant :

Chemins de fer.	Briquettes. Prix par 100 kilogrammes.
Berlin-Anhalt................	37^f,50
Berlin-Magdbourg............	31 ,25
Bergisch-Mærkisch...........	22 ,50
Saarbruck...................	35 ,00
Hanovre ....32^f,50 à	33 ,75
Alsace-Lorraine.............	37 ,50
Mein-Weser.................	43 ,75
Cologne-Minden.............	22 ,50
Brunswick	30 ,00
Berlin-Hambourg............	37 ,50
Norwége	38 ,00

Il est difficile de choisir entre ces différents prix. Si la consommation venait à se fixer, on arriverait probablement à établir un prix de bien peu supérieur à celui du charbon de bois, qui ne dépasse guère 15 francs par 100 kilogrammes. Quoi qu'il en soit, on peut admettre le prix de 22 fr. 50 par 100 kilogrammes, payé par le Cologne-Minden et le Bergisch-Märkisch. Nous avons vu — 160 — que la consommation de briquettes varie entre 0^k,162, 0^k,240 et 0^k,270 par heure et par compartiment, pour une température comprise entre 0 degré et 5 degrés; prenons 0^k,225 par heure pendant onze heures de consommation, y compris une heure de combustion pour la mise en train; chaque compartiment brûlera 2^k,475 par jour. Les quarante compartiments d'un train consommeront donc 99 kilogrammes, soit 100 kilogrammes; pour les quatre trains, dans les deux sens, la consommation journalière s'élèvera à 800 kilogrammes. La durée du chauffage étant de cent cinquante jours par année, la consommation annuelle sera de 120 tonnes, et la dépense 120^t × 225. . . . . 27 000^f,00

A reporter. . . . . . 27 000^f,00

Report.	27 000^f,00

Allumage au gaz. — 10 mètres cubes de gaz par tonne de briquettes, soit 1 200 mètres cubes à 0^f,30 . . . . 360 ,00

Main-d'œuvre. — Un seul homme, aidé par le personnel de la gare à chaque tête, suffira pour préparer les paniers et les répartir, soit deux hommes à 3 francs par jour : 6 francs par journée et pour cent cinquante jours, 150×6 francs. . . . . 900 ,00

Amortissement des appareils. — En admettant une durée moyenne de dix années, le capital de premier établissement des appareils demandera une annuité de. . . . . . . 2 865 ,00

Entretien. — 10 francs par appareil, soit 175×10. . . . . 1 750 ,00

Intérêt du capital de premier établissement à 5 pour 100. . . . . 1 432 ,50

Somme à valoir. . . . . 1 692 ,50

Frais d'exploitation par an. .   36 000^f,00

Chaque journée de chauffage coûtera donc, en nombre rond, 240 francs ; chaque voiture en circulation $\frac{240}{40} = 6^f,00$ et chaque compartiment 1 fr. 50 par journée ; ce qui donne par heure de service, 0^f,300 par voiture, et 0^f,075 par compartiment.

162. *Observation.* — Malgré le bas prix que nous avons adopté pour le combustible, malgré le faible chiffre de la consommation, le prix de revient du chauffage par les chaufferettes à feu, qui ressort de nos hypothèses, est encore très-élevé, surtout en le rapprochant du coût du chauffage par bouillottes. Son seul mérite, il est incontestable, c'est de bien chauffer, trop bien peut-être, puisqu'il devient souvent incommode et parfois dangereux. Des incendies partiels ont été signalés, à temps fort heureusement. Mais que deviendraient tous ces foyers, en cas d'accident, de

collision grave? ce que deviennent les poêles, dont nous allons étudier l'installation : autant de causes de catastrophe. C'est à tort, croyons-nous, que l'on ferme les yeux sur cette éventualité. Aussi nous paraît-il intéressant, avant de commencer l'examen du chauffage par poêles, de parler de l'incendie d'un train survenu à la suite d'un déraillement.

163. CHAUFFAGE PAR POÊLES. — *Incendie d'un train.* — Le chemin de fer qui, d'Odessa, se dirige par Balta, Jelisavethgrad, Alexandria, vers Charkow, traverse, à 186 verstes de la tête de ligne, entre les stations de Balta et Birsula, le ravin du Tiligul, où la voie, en courbe et en remblai de 300 mètres de longueur, se trouve à $27^m,70$ de hauteur au-dessus du fond du thalweg. En ce point, un ponceau de $3^m,50$ d'ouverture, de 9 mètres de hauteur et $79^m,50$ de longueur, traverse le remblai pour livrer passage aux eaux du ravin. Le remblai, formé de mauvais matériaux, a constamment éprouvé des tassements qui ont souvent gêné et quelquefois même interrompu le parcours des trains. La circulation présentait tant d'incertitudes, que l'on avait cru nécessaire d'établir là un poste télégraphique qui informait les deux stations voisines de l'état de la voie. Par raison d'économie, ce poste fut supprimé quelque temps avant l'accident que nous devons raconter.

Le 5 janvier 1876, à dix heures du matin, une équipe de poseurs occupée à relever la voie, venait d'enlever quatre rails de la file extérieure, et cela sans avertir les stations voisines, sans placer les pétards réglementaires, sans prendre d'autre précaution, sur une section qui est en pente vers le point en réparation, que de planter dans le ballast et à faible distance un drapeau rouge.

Le vent, assez vif, chassait la neige en tourmente. A ce moment arrive près du chantier de réparation le train mixte n° V, parti le 4 au soir d'Jeliawethgrad. Ce train, dérangé dans sa marche par un train qui cheminait en sens inverse, était en retard. Il se composait de onze voitures de classe III,

chauffées par des poêles et occupées par les voyageurs civils, de onze voitures de classe III, chauffées par des poêles
et occupées par des soldats et recrues, de quatre vagons
couverts chargés de sucre, de neuf vagons plats chargés de
grains, et de deux fourgons.

Le mécanicien, en approchant du chantier, n'a pas vu le
drapeau rouge renversé par le vent; il n'a connaissance du
danger imminent que par les signes de détresse que lui font
les ouvriers; il parvient cependant à ralentir le train, mais
sans pouvoir l'arrêter. Arrivée sur la solution de continuité,
la locomotive s'incline vers la gauche en suivant la direction
de la tangente à la courbe, descend le long du talus et se
renverse sur la tête du ponceau, dont elle défonce la voûte et
ne s'arrête que sur le radier, entraînant à sa suite vingt-six
voitures et vagons. Tout cela, à l'exception de deux voitures
qui tombent l'une à gauche, l'autre à droite, ne forme plus
qu'un indescriptible amoncellement d'êtres humains et de
matériel dans lequel, à la suite de la rupture des poêles, le
feu éclate, qu'avivé par le vent, qui souffle comme dans une
tuyère, sous la voûte du ponceau. Impossible d'approcher
de ce brasier, de l'éteindre, d'en retirer quoi que ce soit.

Pendant cinq jours, ce monceau de ruines brûla, ranimé
par le chasse-neige qui durait toujours, alimenté par le chargement de sucre et de blé que le train transportait. Parmi
les 372 personnes montées dans le train, il y a eu 66 voyageurs brûlés, 2 non brûlés, mais tués sur place, et 5 morts
des suites de leurs blessures, plus 1 chauffeur et 1 conducteur de la voie, enfin 49 blessés grièvement : — en tout
124 victimes de cette catastrophe.

Évidemment elle n'a pris ce caractère de complications
que par un fatal concours de circonstances impossibles à
prévoir. Il faut néanmoins reconnaître que le déraillement
n'aurait pas eu toutes ces lamentables conséquences, si
l'incendie causé par le feu des poêles n'était pas venu ajouter son horreur à toutes les autres. Et cependant, on continue et on continuera à chauffer les voitures par des poêles,

jusqu'à ce que la clameur publique, soulevée par une autre catastrophe plus grande encore, s'il est possible, que celle du 5 janvier 1876, contraigne les administrations de chemins de fer à chauffer les voitures par un procédé moins primitif, moins barbare, mais moins économique.

164. APPLICATIONS DU CHAUFFAGE PAR POÊLES. — Une fois admis le principe du chauffage par poêles, on n'a plus que l'embarras du choix entre les nombreux types employés. Quels qu'ils soient, d'ailleurs, les poêles ne sont tolérables que dans des voitures présentant un grand volume à chauffer, comme les véhicules des types américains ou suisses, des voitures de classes III et IV sans cloisons, des voitures de la poste ou des voitures à salon.

Le rapport présenté au congrès tenu à Munich en 1868, par l'Association allemande, citait cinq administrations de chemins de fer chauffant les voitures avec des poêles, savoir :

1° Les chemins badois : — poêles alimentés au bois dans les voitures à salon de classe I, et les poêles à la houille dans les voitures de classe III.

2° Les chemins du Wurtemberg : — voitures des classes I et II, système américain, chauffées par de petits poêles brûlant du bois. L'emploi de ces poêles, dit le rapport, réclame beaucoup d'attention ; l'effet en est très-irrégulier et le rayonnement de la chaleur souvent pénible. On avait l'intention de leur substituer des poêles à charge pleine composée de coke réduit en petits morceaux.

3° Les chemins de Brunswick : — essai de chauffage d'une voiture de classe III, à l'aide d'un poêle à fourreau alimenté de l'extérieur de la voiture.

4° Le chemin de l'Est prussien : — voitures-salon de classe I ; compartiments de service des fourgons à bagages et un certain nombre de voitures de la poste, chauffés au moyen de poêles à charge pleine, alimentés au charbon de bois. Les poêles des voitures-salon et de la poste s'élèvent à travers le pavillon, au-dessus de la toiture, et reçoivent leur chargement de l'extérieur; le tirage du poêle se règle de l'intérieur.

La hauteur des poêles du compartiment de service est moindre que celle des autres poêles, de sorte que l'alimentation peut se faire de l'intérieur du vagon.

Ces deux types de poêles sont satisfaisants, mais le poêle à chargement extérieur est préférable en ce que le service, c'est-à-dire le remplissage, ne gène pas les voyageurs; de plus, parce qu'avec un faible diamètre, il contient la plus grande quantité possible de combustible, et parce qu'enfin, dans le cas de fermeture incomplète du couvercle, les voyageurs ne sont pas incommodés par la sortie des gaz de la combustion.

Quelques-uns des poêles s'allument par une ouverture ménagée en dessous de la voiture.

5° Le chemin de Varsovie-Vienne : — chauffage des voitures-salons au moyen des mêmes appareils que les précédents.

Six ans après, le rapport au congrès tenu à Dusseldorf en 1874, constatait que le chauffage par les poêles était appliqué aux voitures de classes III et IV par dix chemins de fer, aux voitures de classe III par neuf chemins de fer, aux de classe IV par cinq administrations, et enfin à un certain nombre de voitures de toutes classes, soit à titre définitif, soit à titre d'essai, par dix administrations. — Une seule ligne, celle de Berlin-Stettin, avait abandonné ce mode de chauffage comme trop dangereux.

Il y a donc à distinguer entre les deux systèmes : poêles à chargement intérieur ; poêles à chargement extérieur.

Nous venons de voir pour quelles raisons l'Est prussien donnait la préférence au poêle à chargement extérieur. Entrons dans quelques détails.

165. *Poêles à chargement intérieur.* — Ce sont ceux que l'on emploie le plus souvent. Nous en avons esquissé quelques types dans la planche XIII.

a. La figure 1 représente le poêle à charge constante du chemin de fer de Mittau (Russie), composé d'une colonne cylindrique qui repose sur le plancher de la voiture et s'élève à mi-hauteur de la caisse. Vers le bas, deux portes superposées s'ouvrent, l'une en dessous, l'autre en dessus d'une grille ; la première sert à l'allumage et au nettoyage ; la seconde donne accès au cendrier et à l'air pour la combustion. Dans l'intérieur de cette colonne se trouve un tuyau concentrique en tôle qui descend jusqu'au milieu de la porte située au-dessus de la grille. Ce tuyau intérieur s'évase du haut en bas, comme un petit haut fourneau ; il reçoit la charge de combustible par l'ouverture supérieure, qui est fermée au moyen d'un couvercle fortement maintenu par un étrier et par une vis de pression. La combustion a lieu à la base du tuyau intérieur ; aussi la partie de l'enveloppe qui avoisine le foyer est-elle garnie de terre réfractaire ; l'extrémité du tuyau, exposée à être brûlée, est conique, comme un étalage de haut-fourneau, et disposée pour que l'on puisse la remplacer facilement, la réunion avec le tuyau principal étant faite à l'aide d'un manchon qui embrasse les deux cônes.

Les gaz de la combustion s'élèvent dans l'espace annulaire compris entre le tuyau intérieur et la colonne qu'ils échauffent ; ils sortent par un tuyau branché latéralement à la partie supérieure de la colonne et capuchonné par une cloche qui, en oscillant autour de son point de suspension, laisse échapper la fumée sans que le vent latéral puisse rentrer dans le tuyau. Ce tuyau est isolé de la toiture à la traversée du pavillon, pour éviter les chances d'incendie. Dans le même but, la partie inférieure du cendrier, à $0^m,10$ du plancher, porte une cloison horizontale sur laquelle est étendue une couche de terre réfractaire. Entre cette cloison et la plaque du bas du poêle, circule une lame d'air isolante. En résumé ce sont, en dimensions réduites, les dispositions du poêle à chargement extérieur du chemin de fer de l'Est prussien — 166 —.

b. Dans d'autres poêles, comme celui du chemin de Lo-sowo-Sévastopol (fig. 2 à 5, pl. XIII), la charge du combustible en ignition est variable et l'alimentation intermittente. Le fourneau porte des cannelures saillantes venues de fonte (fig. 4, coupe G H), qui augmentent la surface de chauffe. Directement au-dessus et dans l'axe du fourneau s'élève le tuyau d'échappement de la fumée qui, bien isolé à la traversée de la toiture, se termine par une sorte de mitre qui forme aspiration d'air pour ventiler la voiture.

Autour du fourneau se trouve une enveloppe en tôle mince, laissant, entre sa face interne et la face cannelée du fourneau, un intervalle ou espace annulaire dans lequel monte et s'échauffe l'air de la voiture qui pénètre dans l'espace annulaire par des trous ménagés au bas de l'enveloppe, et s'échappe vers le haut par des trous percés dans la même enveloppe, comme l'indiquent les flèches de la figure 2, pl. XIII.

La charge de combustible qui, naturellement, ne dépasse pas la porte de chargement, dure environ six heures. L'appareil est placé au milieu de la voiture, dans un petit cabinet qui fait pendant à celui du water-closet, et dont les parois sont percées d'ouvertures à registres qui distribuent l'air échauffé par le poêle dans les compartiments de la voiture (fig. 5, pl. XIII).

c. Les voitures de classe III des chemins de fer du Sud de l'Autriche sont chauffées par un poêle placé contre l'une des parois longitudinales de la caisse, et à cheval sur l'une des cloisons du compartiment du milieu (fig. 7 à 11, pl. XIII).

Le poêle se compose d'un fourneau cylindrique en fonte et d'une double enveloppe en tôle mince (fig. 7, pl. XIII). Le fourneau est percé de trois ouvertures destinées, celle du bas à recevoir le cendrier, la seconde à nettoyer la grille placée immédiatement en dessous, la troisième à faire le chargement de combustible. La fumée s'échappe par un tuyau posé dans l'axe du fourneau, mais elle est ralentie dans sa marche par un disque horizontal en fonte, qui forme chicane entre B et D de la partie supérieure du fourneau.

L'enveloppe, double sur la face arrière du poêle, est percée, haut et bas, de trous qui laissent circuler l'air de la voiture autour du fourneau et, dans sa face avant, d'une ouverture de grande dimension, par où se fait le service du poêle. Seuls, les agents du train peuvent manœuvrer la porte qui ferme cette ouverture.

Dans ces derniers temps, la Compagnie du Sud de l'Autriche a remplacé le fourneau fermé, par un fourneau dont le pourtour est composé de vides et de pleins obtenus à l'aide de barreaux verticaux ; l'enveloppe de la première disposition restant d'ailleurs la même. D'après les renseignements fournis par M. l'ingénieur en chef Gottschalk à M. l'ingénieur en chef Regray, le nouveau poêle aurait donné de meilleurs résultats que le premier. Il nous semble cependant que la *qualité* de l'air échauffé doit être inférieure, avec la nouvelle disposition.

Entre le poêle, qui occupe deux places, et les voyageurs assis à côté de l'appareil, on a placé un écran protecteur en bois, dont les détails de construction sont indiqués dans les figures 8, 9 et 11 de la planche XIII.

d. Les poêles que nous venons de décrire sont de construction assez simple. Il en est d'autres dans lesquels on a cherché à utiliser plus complétement la chaleur développée par le combustible, en recourant à de grandes surfaces de chauffe, à des renversements de fumée, à des chicanes, en un mot, à des complications de construction trop savantes, qui rendent l'appareil trop lourd, trop coûteux d'installation et d'entretien.

Parmi ces derniers, nous citerons le poêle installé dans les voitures de classe III du Main-Weser et des chemins de fer du Hanovre (fig. 12 à 15, pl. XIII). Le poêle de ce dernier chemin, adossé à l'une des cloisons du compartiment du milieu et dans l'axe de la voiture (fig. 6, pl. XIII), est

formé d'un fourneau en fonte à section pentagonale, enveloppé d'un manteau en tôle mince à section rectangulaire.
Le fourneau est composé de quatre plaques verticales et de
deux plaques horizontales. Trois des plaques verticales portent des nervures saillantes venues de fonte, qui augmentent la surface de chauffe. Trois des angles dièdres formés par ces plaques sont droits, les deux autres obtus par
suite du pan coupé pris sur la section carrée, pour laisser
passer le tuyau de fumée. La quatrième plaque verticale est
percée de trois ouvertures fermées par des portes; cendrier, nettoyage, chargement. La porte de nettoyage est
doublée d'une grille verticale qui empêche les morceaux de
combustible de tomber hors du fourneau, quand on fait la
visite. A l'intérieur du fourneau, une garniture de briques
réfractaires protége les plaques de fonte jusqu'à la hauteur
de la porte de chargement. A partir de ce niveau, la garn-
ture réfractaire de la paroi opposée à cette porte fait saillie,
s'avance jusqu'au milieu du foyer pour supporter une cloison verticale en briques, qui s'élève jusqu'à $0^m,10$ en
dessous du couvercle du fourneau, partageant ainsi le
vide supérieur du fourneau en deux compartiments, dans
l'un desquels, celui d'avant, la fumée monte jusqu'au couvercle. De là elle redescend dans l'autre compartiment jusqu'à la saillie de briques réfractaires, où se trouve l'ouverture du tuyau coudé qui la conduit au dehors. A la traversée du pavillon, ce tuyau est isolé par une couche d'air, une
tôle et une couche de terre glaise. Il se termine enfin par
un chapeau qui forme aspiration.

L'air de la voiture pénètre par le bas du poêle dans le
vide ménagé entre l'enveloppe et le fourneau et s'échappe
par le haut. Du côté de la cloison, deux tubulures, ajustées
à l'enveloppe, dirigent l'air des deux compartiments séparés.

Le poêle est d'ailleurs isolé du voisinage par des doubles
tôles formant écran.

e. Les chemins suisses ont adopté un type de poêle qui a

beaucoup d'analogie avec celui du Hanovre, mais plus petit et plus simple. La hauteur totale du poêle du Hanovre est de 1ᵐ,85 à 1ᵐ,90; son foyer a 0ᵐ,20 de côté. Les poêles de Suisse ont 1ᵐ,00 à 1ᵐ,25 de hauteur et un foyer de 0ᵐ,15 de côté.

166. *Poêles à chargement extérieur.*— Ce poêle ne diffère du poêle du chemin de Mittau — 165, *a* — que par la hauteur. Il s'élève, en effet, au-dessus du pavillon; le couvercle et son étrier se manœuvrent de l'extérieur pour effectuer le chargement. A la traversée du pavillon, le poêle est isolé de la toiture par une couche d'air et une couche d'asbeste comprises entre deux tôles coudées, fixées aux courbes du pavillon, et qui maintiennent le poêle dans sa position verticale. Un couvre-joint, analogue à celui des lanternes d'éclairage, garnit le pourtour du poêle et empêche l'entrée de la pluie dans la voiture.

Le pied du poêle est percé de trous à travers lesquels circule l'air qui forme écran entre la plaque d'assise du fond du poêle et la plaque du cendrier.

Dans la porte du cendrier se trouve un papillon qui permet de régler l'entrée de l'air d'alimentation du foyer.

Les dimensions principales du poêle de l'Est prussien sont les suivantes :

	Millimètres.
Cylindre enveloppe en fonte. Saillie au-dessus du pavillon....	250
— — Diamètre extérieur en bas......	280
— — — en haut......	272
— — Epaisseur de la fonte en bas....	12
— — — — en haut...	10
Vide sous le cendrier. Hauteur au-dessus du fond..........	68
Cendrier. Distance entre la couche réfractaire et le dessous de la grille..	64
Grille. Hauteur au-dessus du plancher de la voiture........	192
— Diamètre intérieur du vide.....................	172
Garniture réfractaire. Hauteur à partir de la grille..........	250
— Epaisseur sur la grille..............	48
— — en haut................	12

			Millimètres.
Tuyau du Fourneau. Buse ou étalages. Diamètre inférieur....			154
—	—	— supérieur...	175
—	—	Hauteur	123
—	Distance du bas de la grille............		72
—	Diamètre au manchon d'assemblage		175
—	— au gueulard................		128
—	Epaisseur de la tôle.................		4
Tuyau d'échappement de la fumée. Diamètre intérieur.......			85
—	—	— extérieur.......	96
—	—	Hauteur au-dessus du pavillon..........	545
Cloche mobile recouvrant l'ouverture du tuyau. Hauteur			120
—	—	Diamètre intérieur.	145
—	—	— extérieur.	155
Soupape de fermeture du fourneau. Diamètre intérieur......			170
—	—	Distance du siége au-dessus du pavillon........	280
Hauteur de la clef de vis au-dessus du pavillon			440

167. **Effet utile des poêles.** — On brûle dans les poêles du charbon de bois, du bois, du coke ou de la houille, mais tous ces appareils, sans exception, donnent un chauffage inégalement réparti dans la voiture. Excessive dans leur voisinage, la chaleur qu'ils produisent est souvent trop faible vers les extrémités de la voiture. Même effet sur la température des différentes couches d'air chaud dans le sens de la hauteur : intolérable vers le pavillon, insuffisante vers le plancher. Congestion cérébrale et pieds gelés : tel est le régime du chauffage par les poêles, quand on a échappé aux chances d'empoisonnement par les gaz qui traversent les parois de la fonte ou les joints des pièces, aux maladies que peut engendrer la sortie brusque de la voiture trop chaude dans une atmosphère glacée ; aux incendies qu'occasionne ce mode de chauffage.

On peut, à l'aide d'un poêle, obtenir des températures très-élevées, comme l'indique l'extrait suivant d'un tableau communiqué par M. Gottschalk à M. Regray, relatif à des expériences de chauffage sur le chemin de Vienne à Trieste, par les poêles décrits plus haut — 165, *c.* —

Température extérieure en degrés centigrades.	Température dans la voiture en degrés centigrades.	
	Au plafond.	Au plancher.
— 1°,00	+23°,75	+ 8°,12
+5 ,00	+11 ,87	+ 5 ,63
— 8 ,75	+28 ,75	+ 4 ,65
— 3 ,12	+ 6 ,25	+ 1 ,00
— 1 ,25	+28 ,75	+15 ,87
+5 ,00	+19 ,12	+ 9 ,12
— 8 ,75	+28 ,12	+ 7 ,37
— 3 ,12	+12 ,50	+ 6 ,25

Dans les expériences de la Compagnie de l'Est sur le chauffage au moyen d'un poêle au coke installé au milieu d'une voiture de classe III, on a constaté les écarts de température suivants relevés à l'aide de dix thermomètres placés les uns près du plancher, deux d'entre eux à la hauteur des appuis-tête, et les cinq autres auprès du pavillon :

Heures.	Température extérieure.	Températures intérieures.									
		Au plancher.			A l'appui-tête.		Au plafond.				
6ʰ,00′	6°	6°	6°	6°	6°	6°	6°	6°	6°	6°	6°
9 ,14	6	11	57	11	45	54	28	47	53	48	30
11 ,55	6	9	38	7	26	32	12	20	24	21	12
2 ,35	7	11	52	6	44	53	24	43	49	44	26
5 ,15	7	12	44	12	37	43	21	30	35	29	37

Ces expériences s'effectuaient dans des voitures vides ; en service, l'élévation de température est atténuée par l'ouvertures des portières. Cependant les écarts qu'elles indiquent, et la possibilité seule de les voir se produire, même atténués, en service, devrait suffire pour faire abandonner ce procédé de chauffage, qui n'a pour lui que le bon marché.

168. PRIX DE REVIENT DU CHAUFFAGE PAR POÊLES. — Ce système de chauffage n'étant pas applicable aux voitures à

compartiments isolés, nous supposerons que dans les 40 voitures de notre ligne, construites d'après le type suisse, on placera un poêle.

Les frais de premier établissement des poêles varient entre des limites assez étendues, comme l'indique le tableau suivant :

Chemins de fer.	Prix par appareil.	Dépense de chauffage par voiture et par heure.
Russie. Empereur Nicolas.	186^f à 760^f	
Allemagne. Est prussien, Saarbruck.	515	0^f,052 à 0^f,0625
— Haute-Silésie.	300 à 375	
— Hanovre.....	338	0 ,062 à 0 ,1040
France. Est...........	250	0 ,044 (1^k,100 coke p. h. marc.)
Allemagne. Main-Weser .	232	0 ,027 (9^k de houil. en 10 h.)
Autriche. Sud.........	228 à 246	0 ,045 à 0 ,037
— Etat	118	0 ,024
Suisse. Nord-Est........	132	0 ,045 (1^k,50 houil. par heure.)
— Central........	120	0 ,045 —
Allemagne. Rhénan.....	130	0 ,047 (1^k,560 houil. p. heure.)
Suisse. Union	100	0 ,045 (1^k,500 houil. p. heure.)
Allemagne. Nassau......	75	0 ,160

D'un autre côté, les frais de consommation de combustible sont si minimes, qu'il paraît inutile, d'après les indications fournies sur les frais de chauffage, de rechercher les appareils compliqués et coûteux.

Adoptons pour type un poêle coûtant 120 francs d'achat et d'installation.

Les frais de premier établissement s'élèveront donc, pour 40 voitures, à. . . . . 4 800 fr.

Pièces de rechange, chariots pour transporter le combustible, somme à valoir, etc. 1 200

Total des frais de premier établissement. . 6 000 fr.

Soit par voiture $\frac{6\ 000}{40}$ = 150 fr. et par compartiment $\frac{150}{4}$ = 37 fr. 50.

Frais d'exploitation. — *Combustible.* — Nous supposons

qu'on brûle de la houille, à raison de $1^k,500$ par poêle et par heure de marche, et $0^k,500$ par heure d'allumage et de stationnement. Chaque poêle ayant 10 heures de marche, 1 heure et demi de stationnement et 1 demi-heure d'allumage, consommera 10 heures $\times 1^k,50 + 2$ heures $\times 0^k,50 = 16$ kilogrammes de houille. Les 10 voitures d'un train, 100 kilogrammes, et les quatre trains en chaque sens, 1 280 kilogrammes par jour. La durée du chauffage étant de 150 jours par année, la consommation annuelle sera de $1 280^k \times 150$ jours $= 192 000$ kilogrammes, et la dépense 192 tonnes $\times 30$ fr. $= \ldots \ldots \ldots \ldots \ldots$ 5 760 fr.

Bois et copeaux d'allumage   240

Main-d'œuvre. — Deux hommes pour l'allu-   900
mage, etc. . . . .

Amortissement des appareils. — En supposant une durée moyenne de 10 années, l'annuité d'amortissement du capital sera de.   600

Entretien, pose et dépose à 10 francs par appareil   400

Intérêt du capital de premier établissement à 5 p. 100.   300

Somme à valoir.   300

Frais d'exploitation par an. . . . . . .   8 500 fr.

La journée de chauffage coûtera 60 francs en nombre rond; chaque voiture en circulation $\frac{60}{40} = 1^f,50$ et chaque compartiment, $0^f,375$, ce qui donne par heure de service $0^f,15$ par voiture et $0^f,0375$ par compartiment.

169. CHAUFFAGE PAR LE GAZ. — Nous avons parlé au § V, nos 128 à 143, de l'éclairage des voitures par le gaz que l'État belge applique à son matériel roulant. M. Chaumont a profité des dispositions de ce mode d'éclairage pour étudier un système de chauffage des voitures par le gaz. A cet effet, il place dans l'intérieur du plancher, entre les siéges, une chaufferette en tôle placée dans une boîte en

bois garnie de feutre. A l'intérieur de la chaufferette (fig. 18 et 19, pl. XIII) passent deux tuyaux en cuivre rouge, à section ovale de $0^m,065$ sur $0^m,040$, dans lesquels circulent, en sens inverse, les produits de la combustion de deux becs de gaz placés l'un à droite, l'autre à gauche du compartiment, en dessous du brancard de la caisse et contre le brancard du châssis.

Après avoir traversé la chaufferette sur toute sa longueur, les produits de la combustion s'échappent à l'extérieur par un tuyau vertical de $0^m,04$ de diamètre, placé le long de la paroi, à l'intérieur de la voiture.

Le gaz est amené par un petit tuyau en cuivre qui descend de la conduite principale et se rend aux becs des chaufferettes en suivant le dessous du brancard de caisse.

La Commission officielle chargée de constater les effets de ce mode de chauffage, a déclaré que les chaufferettes alimentées par le gaz, prenaient la température des bouillottes et la conservaient pendant tout le temps du voyage ; qu'une consommation de 40 litres sous pression de $0^m,02$ au bec, suffisait pour produire ce résultat ; que le coût d'installation des appareils s'élèverait à environ 1 000 francs par voiture, dépense élevée dont une partie notable provient des frais de modification apportée aux marchepieds ; qu'enfin la dépense de chauffage par heure et par voiture de 4 compartiments, serait égale à $8 \times 0^{m3},04 \times 0^f,65$ ou $0^f,208$ et par compartiment $0^f,052$.

170. CHAUFFAGE PAR CIRCULATION D'AIR CHAUD. — Ce n'est pas autre chose que le chauffage par poêle, l'appareil de production de chaleur étant reporté en dehors du véhicule, avec cette amélioration, que le calorifère se trouve en dessous de la voiture et qu'on fait arriver l'air dans la caisse par des ouvertures ménagées au travers du plancher ; que cet air chauffe les voyageurs en commençant par les pieds, et peut s'échapper par des sorties distribuées sous le pavillon, ou retourner au fourneau.

De tous les calorifères à air chaud, le plus simple, croyons-nous, est celui du Central suisse, indiqué par les figures 2 à 8 de la planche XIV, d'après les dessins et les détails explicatifs suivants, que nous devons à l'obligeance de M. l'ingénieur Egger, directeur des ateliers d'Olten :

« L'appareil, appliqué aux voitures à quatre essieux, se compose d'un fourneau suspendu sous la caisse, près de son milieu, et enveloppé d'une chambre à air en communication constante avec chaque compartiment de la voiture, par des tuyaux à air froid et à air chaud. On ne puise point d'air frais au dehors, car l'air de la voiture se renouvelle assez rapidement par d'autres voies, et le fourneau se refroidirait trop, s'il était exposé à l'afflux de l'air froid extérieur.

« Sous la grille se trouvent deux clapets mobiles à l'aide desquels on peut régler à volonté l'entrée de l'air destiné à la combustion ; selon le sens du mouvement de la voiture, l'un des clapets est ouvert, tandis que l'autre reste fermé.

« Dans les appareils exécutés précédemment, la chambre à air était enveloppée d'une doublure en bois, destinée à empêcher le refroidissement. Cette garniture est maintenant remplacée par une double enveloppe en tôle dont le vide est rempli de *laine de laitier* parfaitement appropriée à cette destination, parce qu'elle est incombustible et mauvaise conductrice de la chaleur.

« Cet appareil offre l'avantage de chauffer toute une voiture avec un seul foyer, de pouvoir être desservi du dehors et de n'occuper aucune partie de l'intérieur de la caisse.

« On alimente le foyer avec du coke. Par les grands froids on obtient, à l'intérieur, une température de 12 à 15 degrés centigrades.

« La répartition de l'air chaud s'effectue par des registres placés à chaque bouche de chaleur. »

Le fourneau du calorifère se compose d'un foyer rectan-

gulaire en tôle de 0^m,457 de longueur, garni d'un revêtement réfractaire et recouvert d'un demi-cylindre en tôle
qui se prolonge au-delà du foyer sur une longueur de
0^m,469. Trois des faces verticales du foyer et le demi-cylindre sont enveloppés par une double caisse en tôle, dans
laquelle l'air froid circule le long des tôles extérieures et
s'échauffe de plus en plus à mesure qu'il approche du
demi-cylindre. Ce n'est qu'après avoir atteint cette partie
de la chambre à air, qu'il sort avec la température voulue
pour se distribuer dans les conduits d'air chaud et les bou-.
ches de chaleur.

Dans la figure 5, pl. XIV, on voit la coupe de l'appareil suivant la ligne R S de la coupe longitudinale, fig. 6,
et suivant la coupe S T du plan de l'appareil, fig. 7. Au
point Q de la figure 7 se trouve le conduit d'échappement de
la fumée qui a rencontré, à sa sortie du foyer, les chicanes
en tôle placées en travers dans le berceau cylindrique.

L'air froid pénètre par trois canaux, comme celui marqué T sur la figure 7. L'air chaud s'échappe par le canal incliné (à gauche de la figure 5), et S du plan, fig. 7, et par
deux canaux verticaux qui s'élèvent au-dessus de la chambre
à air.

Dans la figure 2, les canaux d'air froid sont désignés par
les lettres C D, E F, G H. Ils ont tous trois 0^m,075 de hauteur, les deux plus courts 0^m,260, et le plus long 0^m,300 de
largeur. Le canal désigné par les lettres A B porte l'air
chaud dans les deux compartiments extrêmes, où il sort à
travers deux bouches de chaleur placées sous les banquettes.
Sa section a 0^m,085 sur 0^m,300. Deux autres bouches de
chaleur, qui prennent l'air presqu'à sa sortie du calorifère,
distribuent l'air chaud dans les grands compartiments, à
droite de la voiture.

Dans la coupe M N, fig. 4, on voit la disposition des
tuyaux à fumée, réduits à une section aplatie pour la partie
logée dans l'épaisseur de la cloison de séparation des deux
grands compartiments.

En se reportant aux figures 2 et 3 de la planche XIV, on voit que l'air froid descendant vers le fourneau par les prises d'air H, des deux compartiments extrêmes, se rend dans la partie la plus chaude de la chambre à air, et retourne dans les mêmes compartiments par les bouches de chaleur A ; que, de même, l'air froid des grands compartiments descend vers le fourneau par les prises d'air D et F, et sort dans les mêmes compartiments par les bouches de chaleur voisines du point G.

Les frais d'installation de l'appareil peuvent s'élever à 500 francs en nombre rond.

Le foyer contient environ 12 kilogrammes de coke de four. La consommation moyenne, par voiture et par heure, s'élève à 2 kilogrammes environ, ce qui, au prix de 40 francs la tonne, fait revenir le prix du chauffage, pour le combustible seulement, à $0^f,08$ par voiture et par heure.

171. La Compagnie du chemin de fer des Dombes chauffe ses voitures de toutes classes, établies d'après le type suisse, à l'aide d'un appareil à air chaud dont la disposition générale est indiquée par la figure 1 de la planche XIV. L'appareil se compose d'un fourneau et d'une enveloppe entre lesquels l'air frais s'échauffe, puis de là se rend aux bouches de chaleur distribuées dans la voiture.

Le fourneau est formé d'un foyer cylindrique, vertical, en tôle, et d'une cloche en fonte surmontée latéralement du tuyau à fumée. Sous la grille du foyer se trouve une double manche à vent qui amène l'air pour la combustion.

L'enveloppe qui forme chambre à air autour du fourneau, part du bas de l'appareil. Une autre enveloppe en tôle mince, percée de trous, s'élève autour du tuyau à fumée jusqu'au plafond de la voiture. A mi-hauteur du fourneau, l'enveloppe porte une bague en fer d'angle, dont la partie horizontale repose sur le plancher de la voiture et qui supporte tout l'appareil. L'air frais est amené dans la chambre à air par un tuyau en forme de trompe. Dans la partie inférieure, celle qui entoure le foyer, et qui se trouve au-dessous du plancher, l'enveloppe est double et comprend, dans l'espace annulaire ainsi formé, une couche de sable qui protége le calorifère contre le refroidissement. L'air chaud pris dans le bas de l'enveloppe, près du foyer, est distribué par un tuyau rectangulaire horizontal de $0^m,09$ sur $0^m,10$ appliqué contre la paroi latérale de la voiture. L'air qui s'échauffe en montant le long du tuyau à fumée, s'échappe dans la voiture, près du pavillon.

Le chargement du combustible se fait en détachant le foyer de sa cloche, à laquelle le réunit un assemblage à baïonnette. On remplit le foyer de charbon de Paris, allumé par le haut, et on le met en place une demi-heure avant le départ. La charge est de $9^k,500$ et dure environ trois heures. Le coke, essayé dans le fourneau, brûle très-rapidement la tôle ; on y a renoncé.

La figure 1, pl. XIV, représente le plan d'une voiture de classe III chauffée par le calorifère que nous venons de décrire. L'appareil occupe une place de voyageur.

Dans les voitures mixtes de classes I et II, l'appareil, placé contre la cloison de séparation, dans le comparti- ment de classe II, occupe deux places de voyageurs.

Les dépenses d'installation de cet appareil sont de 180 francs environ par voiture. La consommation de combus- tible étant de $2^k,850$ environ de charbon de Paris, par heure de marche, au prix de 16 francs les 100 kilo- grammes, la dépense de chauffage, pour le combustible seulement, est de $0^f,457$ par voiture et par heure.

172. Les grandes voitures américaines se prêtent très- bien à l'aménagement des appareils de chauffage et de ventilation. Nous en avons eu un exemple dans le modèle au 1/16 d'une voiture à lits exposé en 1867 par la Compa- gnie du Grand-Trunk Railway of Canada. Une boîte *a* (fig. 9, pl. XIV), ouverte aux deux bouts qui font face à l'avant et à l'arrière, est placée sur le pavillon de la voiture. Dans cette boîte un clapet oscille autour d'un axe horizon- tal, et conduit l'air du dehors qui s'engouffre dans la boîte,

le long d'un canal vertical partagé en deux compartiments
par une cloison verticale qui s'arrête à quelques centimètres
au-dessus d'une nappe d'eau de $0^m,12$ d'épaisseur, contenue
dans une caisse en fonte t. En passant du premier compartiment sur l'eau, l'air se dépouille des poussières dont
il est chargé ; puis il remonte par le second compartiment.
En été, il sort dans la voiture par l'ouverture, à grillage
ménagée vers le haut de ce second compartiment.

En hiver, il se rend, en passant sur un bain d d'eau
tiède où il se charge d'une certaine quantité de vapeur
d'eau, dans les tuyaux et autour d'un poêle calorifère $c f$,
où il s'échauffe avant de se répandre dans la voiture.

L'air vicié descend vers le bas de la voiture, pénètre, par
des trous ménagés sous les siéges, dans le vide formé par
le double plancher, et sort de la voiture par le haut d'un
canal vertical (fig. 10, pl. XIV) établi le long de la face de
la voiture, opposée à celle qui avoisine le canal d'entrée
de l'air.

La figure 11 représente, en coupe et en projection verticales, les divers éléments de l'appareil.

173. Fondé sur un principe analogue, le poêle-calorifère américain représenté en coupe par la figure 12, pl. XIV,
est disposé pour ventiler et chauffer la voiture.

Quel que soit le sens de la marche du véhicule, l'air extérieur pénètre dans un tuyau horizontal ouvert aux deux
bouts et placé parallèlement à l'axe de la voiture. Il rencontre, dans sa marche, un clapet qui peut osciller autour d'un
axe horizontal, disposé à sa partie supérieure, et qui le
conduit dans un tuyau vertical par lequel il descend dans
le vide ménagé entre le fourneau et son enveloppe en tôle.

L'air chaud est distribué dans la voiture par un canal à
section rectangulaire de $0^m,185$ sur $0^m,095$.

Cet appareil a été installé dans une voiture du train
impérial du chemin de fer de Saint-Pétersbourg à Moscou.

Les chemins de fer de l'État hongrois chauffent leurs
voitures-salons, celles de classe I, II et III, au moyen de

calorifères à fourneau vertical placés sous les caisses, comme le montrent les figures 5 à 8, pl. IV. On y brûle du coke ou de la houille. La dépense s'élève de 0^r,125 à 0^r,1483 par voiture et par heure.

Le chemin du Nord Empereur Ferdinand se sert d'un fourneau cylindrique en tôle, placé sous le châssis, dans lequel on glisse un panier formé de barres de fer, rempli de combustible. En dessous du cylindre se trouve un cendrier, muni d'un registre qui règle l'entrée de l'air comburant. Les produits de la combustion sortent par un tuyau rivé au-dessous du cylindre, et retourné vers l'arrière de la voiture. Cet air est pris au dehors par deux manches à vent.

Une enveloppe en tôle forme chambre à air, et préserve de l'incendie les pièces combustibles voisines du fourneau. De cette enveloppe partent, à droite et à gauche, deux tuyaux qui distribuent l'air chaud dans les compartiments au niveau du plancher de la caisse. Des canaux en bois enveloppent ces tuyaux et les préservent du refroidissement.

L'entrée de l'air chaud dans les compartiments de classe I et II est réglée par des registres mus à l'aide de boutons placés au-dessus des dossiers. Un écran protecteur se trouve à chaque bouche de chaleur.

L'air vicié est expulsé hors de la voiture par deux ventilateurs à papillon, encastrés dans le pavillon.

Le combustible se compose, par charge, de 8 kilogrammes de coke cassé à la grosseur d'une noix, et de 4 kilogrammes de charbon de bois dur, placé au-dessus du coke, le tout bien sec.

Le prix de revient du chauffage d'une voiture est de 0^r,28 à 0^r,37 par heure, tout compris.

Nous reproduisons, aux annexes, le Règlement de service relatif à ce mode de chauffage.

174. La Compagnie de l'Est a fait de nombreux essais pour appliquer au chauffage des voitures l'appareil dit système Mousseron. C'est un calorifère extérieur dans

lequel le mouvement de la voiture fait entrer l'air frais dans une chambre qui enveloppe le foyer, et de là le pousse dans le véhicule à travers des bouches de chaleur.

Après diverses tentatives infructueuses dans lesquelles on a constaté que la température était presque toujours trop élevée vers le pavillon, et insuffisante auprès du plancher, que les foyers, trop petits, nécessitaient fréquemment des rechargements de combustible et des réparations, la Compagnie de l'Est a construit un appareil qui, le principe accepté, peut rendre quelques services. Le calorifère est suspendu à l'extérieur vers le milieu de l'un des brancards du châssis ; il consiste en un foyer en fonte pouvant contenir 16 kilogrammes de coke de gaz, entouré de deux enveloppes en fonte qui comprennent et échauffent deux couches d'air superposées, fournies par des manches à vent, dans lesquelles l'air frais s'engouffre par le mouvement du véhicule. Chaque enveloppe a son conduit spécial qui mène l'air chaud, l'un à droite, l'autre à gauche du foyer, dans des chaufferettes en tôle installées sous le plancher, entre les banquettes. Une tôle intérieure placée obliquement, de l'extrémité au milieu de la chaufferette, empêche l'air chaud de frapper directement le dessus de la chaufferette en sortant de la conduite.

Les sections des ouvertures de communication des conduites d'air chaud dans les chaufferettes, étaient réglées proportionnellement à leur distance du foyer.

Malgré toutes ces minutieuses précautions et le talent des expérimentateurs, on n'a obtenu qu'un effet utile de 8 à 11 degrés, avec des inégalités de température de 11 degrés dans le même compartiment.

Les dépenses d'installation et d'appropriation aux voitures de la Compagnie, sont estimées, par M. Regray, aux nombres suivants, qui pourraient être réduits pour des installations de chauffage combinées avec la construction des voitures :

Voiture de classe I ou mixte..	720ᶠ ou par compartiment..	240ᶠ
— II — ..	820ᶠ —	.. 205ᶠ
— III — ..	920ᶠ —	.. 185ᶠ

La consommation de coke de gaz s'est élevée à $2^k,500$ par heure de marche, et à 2 kilogrammes par heure de stationnement. Malgré les enveloppes protectrices, il y avait de grandes déperditions de calorique par rayonnement. Au prix de 40 francs la tonne de coke de gaz, la dépenses du chauffage était de $2^k 500 \times 0$ fr. $04 = 0$ fr. 10 par voiture et par heure de marche. $2^k \times 0$ fr. $04 = 0$ fr. 08 par voiture et par heure de stationnement.

En résumé, dit le rapport de la Compagnie de l'Est, l'air chaud avait fréquemment une odeur très-désagréable ; les voyageurs, dans les voitures chauffées par le système essayé, avaient toujours la tête plus chaude que les pieds, et manifestaient leur mécontentement, soit en quittant la voiture, soit en ouvrant les portières.

175. EFFET UTILE DES CALORIFÈRES A AIR CHAUD. — En comparant entre eux les résultats pratiques fournis par les trois modes de chauffage qui viennent d'être décrits : calorifère à air chaud du Central-Suisse ; poêle-calorifère des Dombes ; calorifère Mousseron perfectionné par la Compagnie de l'Est français, c'est au premier qu'il y aurait lieu de donner la préférence. Le dernier, en effet, ne fournit qu'une quantité de chaleur insuffisante et trop inégalement répartie. Le second, affecté du vice inhérent à tout chauffage par poêle, doit donner des températures trop élevées au voisinage de l'appareil. Le prix du chauffage lui-même est d'ailleurs excessif et la dépense d'entretien du fourneau probablement très-élevée. Reste donc le calorifère à air chaud des chemins de fer suisses, quelles que soient d'ailleurs les variantes de détails, car on le retrouve appliqué de différentes manières en Suisse : sur le chemin du Nord-Est, sur celui de l'Union et sur le Central.

Malgré cette quasi-unanimité dans le choix du système de chauffage, nous ne croyons pas qu'il puisse être préféré à ceux que nous décrirons plus loin. Ce qui plaide en sa faveur, c'est la facilité d'installation, d'entretien et de service en marche, la faible dépense de combustible, l'indépendance des véhicules. Par contre, on peut lui reprocher de livrer de l'air trop desséché, de trop chauffer pour des températures extérieures voisines et au-dessus de 0 degré, inconvénient qu'il est difficile d'éviter, car il provient des dimensions du foyer et des surfaces de chauffe. On ne peut pas réduire ces dimensions, sous peine de ne pas chauffer suffisamment lors des basses températures ou de réclamer un fourgonnement et un rechargement trop fréquents du foyer, si la charge en est trop réduite par l'exiguïté du fourneau.

Tel qu'il est cependant, il nous paraît meilleur que tous les autres chauffages par bouillottes, chaufferettes ou poêles dont nous avons parlé.

176. Prix de revient du chauffage par l'air chaud. — *Dépenses de premier établissement.* — Nous admettons que l'installation d'un appareil coûtera 500 francs par voiture ; qu'il y aura à chaque tête de ligne et au milieu, un dépôt de combustible pour renouveler la charge en route, et que chacun de ces dépôts avec son outillage coûtera 500 francs.

Les dépenses de premier établissement comprendront donc :

1º Quarante appareils à 500 francs chacun......... 20 000ᶠ
2º Trois dépôts et outillage à 500 francs........... 1 500
3º Pièces de rechange, somme à valoir............,.. 1 500
          Total des dépenses de premier établissement... 23 000ᶠ

Ce qui donne par voiture $\frac{23000}{40} = 575$ francs, et par compartiment $\frac{575}{4} = 143^f,75$.

Dépenses d'exploitation. — *Combustible.* — Nous admettons une consommation de 2 kilogrammes de coke de four par heure de marche et de 1 kilogramme par heure de stationnement. Chaque foyer consommera 40 kilogrammes de coke en 20 heures de marche, plus 1 kilogramme pendant une heure avant chaque départ. Les 40 foyers consomment donc par jour, 40×42 kilogrammes $= 1\,680$ kilogrammes, et, pendant 150 jours de chauffage, 1 680 kilogrammes $\times$ 150 journées $= 252\,000$ kilogrammes de coke de four, qui, au prix de 40 francs la tonne, occasionneront une dépense de 252 tonnes $\times$ 40 francs. . . . 10 080 fr.

Matières pour l'allumage. 600

Personnel. Quatre hommes à 3 francs par jour, 12 francs $\times$ par 150 jours. 1 800

Entretien et nettoyage des appareils à 40 francs par an. 1 600

Amortissement du capital. Supposant les appareils hors de service en dix ans, l'annuité pour l'amortissement du capital sera de. . 2 300

Intérêt du capital à 5 pour 100. . . . . . . 1 150

Somme à valoir. 470

Total des dépenses d'exploitation. . . . . 18 000 fr.

Chaque journée de chauffage coûtera 120 francs; chaque voiture, 3 francs; chaque compartiment, $0^f,75$; et par heure de service, chaque voiture, $0^f,150$, et chaque compartiment, $0^f,0375$.

177. CHAUFFAGE PAR CIRCULATION D'EAU CHAUDE, A BASSE PRESSION. — Dans les premiers mois de l'année 1872, la Compagnie des chemins de fer de la Suisse occidentale, stimulée par la nouvelle loi des chemins de fer, a fait établir par MM. Weibel, Briquet et Ce, ingénieurs-constructeurs à Genève, des appareils de chauffage par circulation d'eau chaude dans six voitures à voyageurs du système anglais, savoir : trois de classe II à quatre compartiments et trois de classe III à cinq compartiments.

Le programme des conditions à remplir était le suivant :

Indépendance complète des voitures entre elles ;

Appareil pouvant fonctionner sans aucune surveillance entre deux stations principales, pendant au moins trois heures, et n'exigeant qu'un temps de service très-court en stations ;

Conservation de toutes les places de la voiture ;

Entrée et sortie sans gêne pour les voyageurs ;

Absence complète de toute saillie pouvant faire obstacle aux manœuvres de gare.

M. Weibel, Briquet et Ce ont adopté le principe du chauffage à eau chaude à basse pression et l'ont appliqué de la manière suivante :

Chaque voiture porte, suspendue au plancher, sous la banquette adossée à l'une des parois de bout, une chaudière de 0^m,500 de hauteur et de 0^m,350 de diamètre extérieur. Cette chaudière est fermée à sa partie supérieure par une plaque de fonte boulonnée avec un fer d'angle qui en forme le bord supérieur. Cette plaque de fonte porte au centre une trémie qui, en s'obliquant, sort de la caisse et présente à l'extérieur sa gueule de chargement ; à côté de la trémie se trouve la tubulure d'où part le tuyau de fumée.

Le foyer a la forme d'un tronc de cône de 0^m,250 de diamètre inférieur. Il se resserre vers le haut à 0^m,190 de diamètre, et ne laisse autour de l'entonnoir de la trémie qu'un passage de 1 centimètre de largeur, par lequel s'échappent les produits de la combustion. Une grille portée par un fer d'angle fixé au bas de la chaudière, termine le foyer vers le bas. L'eau remplit le vide annulaire compris entre l'enveloppe de la chaudière et le foyer. Le foyer une fois allumé, cette eau s'échauffe, se dilate et sort de la chaudière par un tuyau qui s'en détache à la partie supérieure et se rend, d'un côté, dans un vase d'expansion placé sur le pavillon de la voiture ; de l'autre, par un branchement, dans une conduite qui longe la caisse sous le pavillon contre la paroi longitudinale. De cette conduite, l'eau descend dans des tubes verticaux qui, au bas de la caisse, se bifurquent en deux branches formant tuyaux de chauffe appliqués sur le plancher, d'un bout à l'autre de chaque compartiment, à l'aplomb du bord des banquettes. A l'extrémité du compartiment, les tuyaux traversent le plancher et descendent dans une conduite générale qui ramène l'eau refroidie à la partie inférieure de la chaudière.

Ainsi disposé, l'appareil peut élever la température de l'intérieur à 16 ou 18 degrés au-dessus de la température extérieure, en brûlant 1 kilogramme de coke par voiture et par heure. Le foyer contient 6 kilogrammes de coke et la trémie $4^k,50$. La voiture peut donc circuler pendant quatre heures et demie sans nécessité de rechargement.

178. La Compagnie de l'Est a monté sur une voiture de classe III un appareil disposé, en principe, comme celui que nous venons de décrire, mais différent par les détails, ainsi que l'indiquent les figures 5 à 15 de la planche XVII. La chaudière (fig. 8, 9 et 10) est en fonte coulée d'une seule pièce, sauf le couvercle, qui porte la tubulure du tuyau de fumée. La grille, en fonte et à charnière, est maintenue en place par un verrou.

La conduite de départ pénètre dans la caisse en traversant le plancher près de la chaudière, et amène l'eau chaude dans un premier tuyau de chauffe couché sous la banquette du premier compartiment. A l'extrémité de ce tuyau, la conduite se relève verticalement dans l'angle de la caisse, et se retourne à angle droit sous le pavillon, dont elle suit la naissance jusqu'à l'aplomb de la séparation des deux derniers compartiments. A l'aplomb de la seconde division de la caisse, un tuyau se détache de la conduite principale et amène l'eau par une double branche dans deux tuyaux de chauffe sous les deux banquettes adossées des deuxième et troisième compartiments. A son extrémité, la conduite descend à angle droit jusqu'auprès du plancher, où elle se bifurque pour pénétrer dans deux tuyaux de chauffe en cuivre rouge de $0^m,090$ de diamètre extérieur et 2 mètres de longueur, installées sous les deux banquettes adossées. Cette conduite est en tuyaux à gaz, en fer, de 0^m,027 de diamètre intérieur depuis la chaudière jusqu'aux tuyaux de chauffe du milieu ; au départ, elle est en cuivre rouge sur une petite longueur.

La conduite qui reçoit de chaque tuyau de chauffe le retour d'eau refroidie est placée à l'extérieur de la voiture, le long du brancard du châssis et du côté opposé au tuyau de départ. Elle a les mêmes diamètres que la conduite de départ.

Les tuyaux de chauffe formant couple sont réunis entre eux par un tuyau en fer courbé deux fois, comme le montre la figure 15, pl. XVII, et maintenus sur le plancher par une bride en fer (fig. 14). Un tuyau branché sur la conduite de départ met le vase d'expansion (fig. 11 et 12) soudé sur le pavillon, en communication avec l'appareil. Il contient un flotteur dont la tige, prolongée à l'extérieur, renseigne les agents sur la position du niveau de l'eau, et un appendice soudé au couvercle, en cône renversé, qui atténue les oscillations de l'eau, tout en laissant échapper la vapeur et les bulles d'air qui se dégagent.

L'appareil vide pèse 400 kilogrammes ; il contient 100 litres d'eau ; le foyer et la trémie, 16 kilogrammes de coke de gaz.

Un second appareil a été établi d'après le même système, mais avec des tuyaux de départ portant 0^m,033 de diamètre intérieur depuis la chaudière jusqu'au branchement des tuyaux de chauffe du milieu. La conduite de retour a un diamètre uniforme de 0^m,033 dans toute sa longueur.

La capacité de cet appareil est de 120 litres d'eau, et son prix de revient, évalué par M. Regray, s'élèverait à 800 francs environ.

Lors des expériences, la température, un peu plus élevée sous le pavillon que près du plancher, avec des écarts de 3 à 4 degrés entre les points les plus chauds et les points les plus froids, dépassait la température extérieure de 14 degrés en moyenne.

On consommait 2 kilogrammes de coke de gaz par heure de marche et 1^k,300 en stationnement.

179. La Compagnie des chemins de fer Rhénans a monté dans une voiture-salon un appareil à circulation d'eau chaude, que nous avons indiqué par les figures 1 à 4 de la planche XVII. La chaudière, à double enveloppe, renfermant un foyer cylindrique, est suspendue à la traverse de tête du châssis par les prolongements de deux fers d'angles qui l'embrassent haut et bas. Elle porte deux tubulures, l'une à la partie inférieure, l'autre à la partie supérieure. De cette dernière part la conduite qui mène l'eau chaude à travers cinq chaufferettes disposées dans le plancher de la voiture (fig. 1). L'eau refroidie revient directement de la chaufferette extrême à la tubulure inférieure de la chaudière, alimentant, avant de rentrer, le vase d'expansion qui surmonte la conduite de retour.

D'après les renseignements fournis au congrès de Dusseldorf, en 1874, la consommation de la chaudière était de 3^k,125 de houille par heure de marche. Les frais de construction et d'installation de l'appareil s'étaient élevés à 562^f,50.

180. A la suite de ses expériences, la Compagnie de l'Est trouvait au système Weibel et Briquet trois défauts principaux : emploi d'une longue conduite d'eau *à l'intérieur* de la voiture ; insuffisance du chauffage au bas de la caisse ; consommation de combustible trop élevée. Après des études très-détaillées et rapportées dans l'ouvrage de M. Regray, on s'est arrêté à l'essai d'un nouveau type de chauffage à circulation d'eau dans des chaufferettes fixes, représenté par les figures 1 à 7 de la planche XVIII.

La chaudière, réduite à de très-petites dimensions, a la forme d'un prisme rectangulaire, terminé à sa base en tronc de pyramide renversée. La section intérieure de la chaudière a 0^m,190 de côté jusqu'à la grande base du tronc de pyramide, et 0^m,120 à la petite base. Son enveloppe, venue de fonte avec le foyer, a 0^m,005 d'épaisseur et laisse un vide de $0^m,030$ de largeur. Un manteau de feutre et une tôle protégent la chaudière contre le refroidissement.

La trémie est en fonte en deux parties, l'une intérieure à la chaudière, l'autre extérieure, destinée à recevoir le chargement du coke. Sa partie inférieure laisse en dedans du gueulard du foyer un espace annulaire de $0^m,025$ pour le passage de la fumée.

La distance qui sépare le bas de cette partie de la grille, détermine la hauteur du feu, la puissance calorifique et la consommation de combustible. Cette distance varie avec la capacité de l'appareil. Pour les voitures de classe I, elle est de $0^m,190$; pour celles de classe II, de $0^m,225$; et pour celles de classe III, de $0^m,235$.

La surface totale de la grille a $0^{m2},0144$, dont $0^{m2},0065$ de parties vides. A la grille est suspendu un cendrier fermé par le bas et ouvert sur les côtés faisant face aux deux bouts de la voiture. Un clapet mobile permet de régler l'admission du vent, quel que soit le sens de la marche du véhicule.

Pour la voiture de classe I, on place la chaudière à l'extrémité du châssis, et au milieu de leur longueur pour les voitures de classe II et III, afin de partager la circulation en deux parties et de diminuer les distances du parcours de l'eau.

La cheminée de la voiture de classe I, placée obliquement sur le fond jusque dans l'axe, et qui a $0^m,08$ de diamètre, dépasse le pavillon de $0^m,350$; hauteur suffisante pour que le remou de l'air, derrière les voitures, ne coupe pas le tirage.

La cheminée des autres voitures appliquée contre la paroi longitudinale extérieure ne dépasse pas le bord du pavillon de plus de $0^m,130$. Chaque cheminée est protégée contre le refroidissement par une enveloppe en tôle, qui laisse un espace vide annulaire de $0^m,01$ de largeur.

La section des cheminées des classes II et III est elliptique, et mesure, pour les premiers, $0^m,092/0^m,050$; pour les secondes, $0^m,095/0^m,060$.

La conduite de départ, en cuivre rouge, de $0^m,045$ de diamètre intérieur, est placée parallèlement et à $0^m,150$ en dessous du niveau du plancher. Elle est enveloppée d'un feutre roulé en spirale et d'une forte toile recouverte de peinture. Sur son parcours, elle distribue l'eau chaude dans des chaufferettes en fonte à sections rectangulaires, dont les bouts sont fermés par des couvercles à joint plat. A chaque extrémité est une tubulure pour recevoir, d'un côté, le tuyau de distribution de l'eau chaude; de l'autre, le tuyau de sortie de l'eau refroidie. Ces chaufferettes ont $0^m,200 \times 2^m,290 = 0^{m2},458$ en surface de rayonnement. Elles sont encastrées dans une boîte ménagée dans l'épaisseur du plancher de la caisse et enveloppées de sciure de bois, sauf à la partie supérieure qui affleure le plancher et porte des rainures assez profondes pour empêcher qu'on ne glisse sur sa surface. Chaque chaufferette est munie d'un petit tuyau qui s'élève le long de la paroi de la voiture, pour laisser échapper les bulles d'air qui pourraient, sans cette précaution, s'y emmagasiner.

Les conduites de retour, en cuivre rouge, de $0^m,050$ de diamètre intérieur, suivent le dessous du plancher à $0^m,206$ en contre-bas. La différence de niveau entre les deux conduites est donc de $0^m,055$, suffisante pour provoquer la circulation de l'eau. Les conduites de retour sont, comme celles de départ, munies d'une enveloppe protectrice contre le refroidissement.

Le vase d'expansion, en fonte (fig. 6 et 7, pl. XVIII), sans flotteur, placé à l'intérieur sur le plancher de la voiture, porte, venu de fonte, un tuyau de trop-plein qui aboutit à l'extérieur sous le plancher. Il communique avec la conduite de retour d'eau par sa partie inférieure.

Voici les dimensions, capacités, poids, prix et consommations des appareils pour les différentes classes de voitures neuves :

Classes.	Surface de chauffage.	Capacité en litres.	Poids en kilogr.	Prix en francs.	Consommation de coke.	
					Marche.	Stationnem^t.
I....	$0^{mq},458 \times 3 = 1^{mq},374$	80	550	510	$1^k,40$	$0^k,80$
II...	$0 ,458 \times 4 = 1 ,832$	100	650	600	»	»
III...	$0 ,458 \times 5 = 2 ,290$	115	750	650	»	»

Le foyer et la trémie renferment $6^k,400$ de coke ; la voiture peut donc faire un trajet de trois heures sans rechargement. Pour que le feu soit bien entretenu, il suffit de piquer à des intervalles d'une heure et demie en marche et d'une heure en stationnement.

181. *Effet utile du calorifère à eau chaude.* — Les expériences, répétées pendant deux hivers consécutifs, sur les voitures munies de cet appareil, ont constaté :

1° Que les températures prises vers le plancher et sous le pavillon diffèrent très-peu les unes des autres, et qu'elles se tiennent à environ 10 degrés en moyenne au-dessus de la température extérieure ;

2° Que les températures relevées sur les chaufferettes se maintiennent assez uniformément de 50 à 60 degrés au-dessus de la température extérieure.

Ce système présente donc l'avantage de pouvoir chauffer suffisamment les voyageurs de toutes classes sans nuire à leur santé, et sans les déranger pendant le voyage pour le service du chauffage, tout en laissant à chaque véhicule sa complète indépendance.

Il a contre lui sa lenteur à prendre la température voulue pour le voyage et le danger de congélation si le feu vient à s'éteindre en route, ou si, en stationnement, on a négligé soit d'entretenir le feu, soit de vider l'appareil. On pourrait tourner ce dernier inconvénient en ajoutant à l'eau environ 20 pour 100 de glycérine ; remède coûteux. D'ailleurs, tout compte fait, il pourra, dans certains cas, y avoir avantage à maintenir les appareils en feu pendant tous les stationnements de service, puisque la mise en train demande un chauffage de plus de deux heures. C'est le cas le plus défavorable, et nous l'adopterons dans le calcul qui va suivre.

182. PRIX DE REVIENT DU CHAUFFAGE PAR CIRCULATION D'EAU CHAUDE. — *Dépenses de premier établissement.* — Nous admettrons que le prix d'un appareil pour une voiture à 4 compartiments s'élève à 600 francs. La dépense totale pour les 40 voitures sera 600 francs $\times$ 40 $=$ 24 000 fr.

Pièces de rechange, réserve, accidents, etc. . 1 200

Installations des dépôts, outillage, etc. Deux de tête et deux intermédiaires, soit quatre installations à 500 francs. 2 000

Total des dépenses de premier établissement. . 27 200 fr.

Soit, par voiture, $\frac{27200}{40} =$ 680 francs, et par compartiment, $\frac{680}{4} =$ 170 francs.

Dépenses d'exploitation. — Combustible. — Chaque voiture a, par 24 heures, 20 heures de marche et 4 heures de stationnement ; elle consommera $20^h \times 1^k,400 + 4^h \times 0^k,800 = 31^k,20$ de coke. Les 40 voitures consommeront donc par jour $40 \times 31^k,20 = 1\,248$ kilogrammes de coke, et pendant les 150 journées de chauffage, $150^j \times 1\,248^k = 187^t,2$ de coke à 40 francs. . . . . 7 488 fr.

Personnel. 6 agents à 3 francs par jour $= 18^f \times 150$ journées. 2 700

Entretien des appareils. 40 appareils à 50 francs par an. 2 000

Amortissement. Dix annuités à 2 720 francs chaque. 2 720

Intérêt du capital. 1 360

Somme à valoir. 732

Total des dépenses d'exploitation. . . . 17 000 fr.

Le chauffage coûtera donc $\frac{17000}{150} = 113^f,33$ par jour ; chacune des quarante voitures en service dépensera par jour

$\frac{113,33}{40} = 2^f,83$, et par heure de service effectif, $\frac{2,83}{20} = 1^f,415$, et chaque compartim., $\frac{2,83}{4} = 0^f,707$ par jour, et $\frac{0,707}{20} = 0^f,0353$ par heure de service.

183. CHAUFFAGE PAR CIRCULATION DE VAPEUR. — Le rapport au congrès tenu à Munich en septembre 1868 appelait l'attention de l'association allemande sur le chauffage à vapeur essayé par les chemins de fer du Brunswick, de l'Est prussien, du Hanovre et de Basse-Silésie-Marche.

Sur le chemin du Brunswick, la vapeur, prise dans la chaudière par un robinet de $0^m,032$ de diamètre, était menée, le long des voitures, à l'intérieur de la caisse, par deux conduites de cuivre rouge de $0^m,076$ de diamètre, logés dans l'épaisseur du plancher. La réunion de ces conduites entre les voitures s'opérait à l'aide de boyaux flexibles. Les conduites étaient à découvert, sauf au passage entre les banquettes, où ils étaient protégés par des tôles perforées. Sous les banquettes, un écran ramenait l'air chaud vers les pieds.

On obtenait ainsi une température supérieure de 12 à 15 degrés à celle de l'extérieur.

184. Les essais de l'Est prussien datent de 1865, époque à laquelle on organisa le chauffage d'un train express, voitures et fourgon. La vapeur nécessaire au chauffage provenait d'une chaudière tubulaire verticale installée dans l'un des compartiments du fourgon à bagages voisin du tender. La vapeur, sous une pression maxima de 2 atmosphères, était menée sous les voitures par une conduite au diamètre de $0^m,034$. La jonction des tuyaux de la conduite entre les voitures s'opérait à l'aide de boyaux en caoutchouc réunis aux tuyaux par un joint à baïonnette. A chaque extrémité des tuyaux et en avant de ce joint se trouvait un robinet destiné à fermer la conduite lors des changements de voitures en station ; au milieu de la longueur, par conséquent au point le plus bas de chaque boyau

en place, on avait disposé un petit robinet de purge qu'on ouvrait pendant les stationnements pour évacuer l'eau condensée.

Sous les siéges des voitures se trouvaient des tuyaux de chauffe en cuivre de 1^m,50 à 2 mètres de longueur au diamètre de 0^m,130, légèrement inclinés sur l'horizontale, dans lesquels la vapeur était amenée par des branchements partant de la conduite principale et traversant le plancher.

Sur les petits tuyaux de branchement, un robinet manœuvrant du dehors permettait de régler l'admission de vapeur dans le cylindre de chauffe.

On chauffait ainsi 3 voitures, soit 15 compartiments, et sans aucune difficulté. La température obtenue dépassait, si on le voulait, de 25 à 30 degrés celle de l'extérieur en brûlant de 3 kilogrammes à 3^k,500 de houille par mille, soit 0^k,400 à 0^k,450 par kilomètre.

185. Les chemins du Hanovre ont également installé une petite chaudière tubulaire et verticale dans un compartiment du fourgon à bagages pour le chauffage de deux trains express entre Cologne et Berlin. Cette chaudière avait 0^m,575 de diamètre, et les 19 tubes qu'elle renfermait, 0^m,95 de longueur.

Les tuyaux de chauffe des voitures étaient disposés comme ceux du Brunswick. Dans l'un des trains, ces tuyaux étaient en fer au diamètre de 0^m,075; dans l'autre, en cuivre, au même diamètre. Mais, entre les siéges, ces tuyaux étaient aplatis à 0^m,030 de diamètre vertical, et le plancher relevé d'autant, de manière que la tôle perforée dont on les recouvrait se trouvait de niveau avec le reste du passage. Les tuyaux de chauffe, à découvert sous les siéges, pouvaient être masqués par un clapet de réglage d'air chaud, manœuvrable du dehors et du dedans du compartiment.

En brûlant 12 à 13 kilogrammes de houille à l'heure, avec une consommation d'eau de 87 à 88 litres, on obtenait

12 à 13 degrés de différence entre les températures intérieure et extérieure.

Les dispositions essayées par le chemin de fer de Basse-Silésie-Marche étaient basées sur les mêmes principes que celles des chemins du Hanovre.

186. Depuis 1868, les applications du chauffage par la vapeur se sont propagées. Le rapport au Congrès de 1874, à Dusseldorf, signale treize chemins de fer qui l'ont ou adopté définitivement, ou mis en expérimentation. Parmi ces derniers ne figurent plus les chemins de fer du Brunswick et du Hanovre, qui l'ont abandonné, le dernier à cause, selon lui, de la difficulté de chauffer chaque compartiment au degré convenable, le premier, parce que, dit-il, la pose des raccords retarde et rend coûteuse la manœuvre des voitures, et que la prise de vapeur sur la locomotive en diminue la puissance. Probablement deux prétextes qui masquent un défaut d'entente entre les diverses lignes qui composent le Nord-Verband.

Il faut croire, d'ailleurs, que ces reproches n'ont rien de fondamental, puisque le chauffage à vapeur est conservé sur plusieurs réseaux et s'applique concurremment avec d'autres systèmes. Nous voulons indiquer ici deux des principales applications de ce chauffage, celle de l'Est prussien et celle des chemins bavarois, que nous empruntons au Rapport de la Compagnie des chemins de fer de l'Est, déjà cité.

187. Sur le chemin de fer de l'Est prussien, les trains circulant sur les lignes principales, sont chauffés à la vapeur. Pour les trains de grande vitesse, la vapeur est prise dans la chaudière de la locomotive; pour les trains ordinaires, dans une chaudière spéciale. — 184. —

Afin de diminuer les chances de fuites et d'avaries dans la conduite, la pression effective de la vapeur employée au chauffage ne dépasse pas 2 kilogrammes par centimètre carré.

Lorsque la vapeur est prise dans la locomotive, il faut en

détendre la pression ; les premières dispositions adoptées pour ramener la vapeur à la pression applicable au chauffage, sont dues à M. Graff, ingénieur des chemins de fer de l'Est prussien. Aujourd'hui on se sert du régulateur Grund (fig. 12, pl. XV), cuvette en fonte fermée par une plaque circulaire en acier non trempé, de $0^m,0028$ d'épaisseur. Une tubulure coudée, rapportée au centre de cette cuvette, supporte, dans le sens vertical, une soupape, et dans le sens horizontal, le raccord avec le tuyau de prise de vapeur.

Un ressort à boudin fixé sur la base de la tubulure, relève cette soupape contre son siége ; mais elle est arrêtée dans sa course par la plaque d'acier contre laquelle butte le prolongement de l'une des ailes de la soupape. La vapeur venant de la locomotive, pénètre dans la cuvette par l'intervalle ménagé entre la soupape et son siége. Sous l'action de la vapeur, la plaque d'acier se bombe, et lorsque la pression atteint 2 kilogrammes effectifs, la levée de la soupape est réglée pour laisser passer la quantité de vapeur nécessaire au chauffage du train.

Si la pression augmente, la plaque d'acier se soulève, la soupape se rapproche de son siége et réduit le débit, par conséquent la tension de la vapeur.

L'effet inverse se produit si la pression descend en dessous de 2 kilogrammes effectifs.

Une petite soupape de sûreté, maintenue sur son siége par un ressort, est placée sur la cuvette en fonte. Elel se soulève lorsque la pression dépasse 2 kilogrammes effectifs.

Pour les trains omnibus, la chaudière installée dans un compartiment du fourgon, offre les dispositions suivantes :

Surface de chauffe......	$4^{m2},531$	Surface de grille	$0^{m2},175$
Volume d'eau.........	$0^{m3},1950$	Volume de vapeur.....	$0^{m3},0868$
Poids de la chaudière vide..............	525^k	Poids de l'outillage....	29^k
Capacité des caisses à eau..............	$0^{m3},873$	Poids d'eau vaporisée par kilog. de houille.	4^k
Capacité des caisses à houille............	$0^{m3},309$		

La conduite de vapeur placée sous chaque voiture, est faite en tuyaux de fer au diamètre intérieur de $0^m,033$ avec une épaisseur de $0^m,0025$, à partir du milieu et tout en s'abaissant légèrement vers les traverses de tête du châssis pour faciliter l'écoulement de l'eau de condensation (fig. 6 et 8, pl. XV), elle prend une direction presque parallèle à la diagonale du châssis. Près des tampons (fig. 7) elle se contourne pour recevoir le boyau de raccord qui vient de la conduite portée par le véhicule voisin, et dont l'extrémité se trouve dans la position inverse. La direction de ce raccord oblique par rapport à celle du tendeur sous lequel il passe, est à peu près perpendiculaire à la ligne diagonale que suit la conduite sous la voiture qui est toujours orientée. Chaque extrémité du tuyau porte un robinet de fermeture, monté au moyen de joints à brides tournées suivant des surfaces sphériques convexes, comme les rondelles interposées. A l'extrémité libre du robinet, on visse, puis on soude à l'étain une douille portant deux oreilles saillantes à surface intérieure héliçoïdale.

Ces oreilles sont destinées à recevoir les griffes d'une virole de serrage dont sont munis les raccords formés de deux tuyaux en caoutchouc (fig. 10, pl. XV) réunis par un tuyau cintré en cuivre rouge (fig. 11, pl. XV), qui porte en son milieu un petit robinet purgeur. A l'extrémité de la conduite on place un petit robinet constamment ouvert.

Chaque compartiment de classe I ou II est chauffé par deux tuyaux transversaux en tôle (fig. 8, pl. XV) placés sous la même banquette ; chaque compartiment de classe III, par un seul. Un double écran préserve les siéges du trop fort échauffement. Les voitures de classe IV (fig. 6 et 7, pl. XV) sont chauffées par des tuyaux longitudinaux placés dans l'angle du plancher et des parois latérales, sous une enveloppe de tôle perforée.

Voici les dimensions de ces divers tuyaux et des compartiments qu'ils chauffent, ainsi que les prix d'installation :

Caisse ou compartiments.	Classes :			
	I.	II.	III.	IV.
Largeur.....................	2ᵐ,380	3ᵐ,380	3ᵐ,380	2ᵐ,585
Longueur...................	2 ,040	1 ,885	1 ,570	7 ,390
Hauteur....................	2 ,035	2 ,035	2 ,055	2 ,056
Volume....................	9ᵐ³,900	9ᵐ³,120	7ᵐ³,700	39ᵐ³,000
Tuyaux.				
Diamètre extérieur ......·....	0ᵐ,130	0ᵐ,130	0ᵐ,152	0ᵐ,050
Épaisseur..................	0 ,0025	0 ,0025	0 ,0025	0 ,0025
Longueur...................	1 ,800	1 ,725	2 ,008	12 ,600
Surface de chauffe	1ᵐ²,520	1ᵐ²,460	1ᵐ²,000	1ᵐ³,860
Prix d'installation.				
Par voiture à 4 compartiments .	750ᶠ	719ᶠ	687ᶠ	575ᶠ

Par les plus grands froids, le nombre des voitures que l'on peut chauffer avec la machine ne dépasse pas dix-sept, et avec une chaudière spéciale, douze. Les moyennes sont quinze et dix voitures.

La chaudière spéciale est placée en tête du train, derrière le tender; quand la longueur du train dépasse le maximum qui peut être chauffé par une seule chaudière, on intercale une seconde chaudière montée sur un fourgon.

On trouvera aux Annexes l'ordre de service qui règle l'emploi de ce mode de chauffage.

188. La Compagnie de l'Est bavarois, dont les lignes sont achetées et exploitées par l'État bavarois, chauffait à la vapeur toutes les voitures de tous les trains à voyageurs, sauf celles comprises dans les trains mixtes ou à marchandises.

La vapeur employée est prise dans la chaudière de la locomotive. Elle est menée aux appareils de chauffe par une conduite placée sous les châssis des voitures, chaque portion de la conduite appartenant à une voiture étant reliée à la portion voisine par un boyau en caoutchouc (fig. 1 à 19, pl. XVI).

À la sortie de la chaudière, la pression de la vapeur, ordinairement à 8 atmosphères, est réduite à 3 atmosphères à l'aide du régulateur de pression représenté par la figure 11. C'est une soupape à double siége, placée sur le tuyau de prise de vapeur, et sous laquelle se trouve une membrane en caoutchouc dont la face inférieure est pressée par l'atmosphère et un ressort à boudin, et la face supérieure par la vapeur. A la pression de 3 atmosphères, il faut régler la tension du ressort pour que la vapeur circule à travers la soupape. Le ressort étant réglé, toute variation de pression fait ouvrir ou fermer la soupape qui régularise la pression de la vapeur, indiquée par un petit manomètre établi au-dessus de l'appareil. Avant de livrer la vapeur à la conduite, on prend la précaution de placer à la suite du régulateur une soupape de sûreté qui s'ouvre sous une pression un peu supérieure à 3 atmosphères, puis une petite soupape automatique de purge.

La portion de la conduite générale afférente à chaque voiture se compose (fig. 1, 2 et 3, pl. XVI) d'un tube en fer au diamètre intérieur de 0^m,032, qui règne d'une traverse de tête à l'autre sous le châssis, tout près de l'axe du véhicule, et présentant deux pentes vers les extrémités de la voiture. Ce tube est enveloppé d'une couche de matière isolante de 0^m,015 d'épaisseur.

A chaque extrémité de ce tube, on adapte un robinet (fig. 12, pl. XVI) à presse-étoupe, dont l'une des branches porte un petit robinet de purge, et l'autre branche le raccord avec le boyau de caoutchouc.

Ces boyaux sont munis (fig. 12 et 13, pl. XVI), aux deux bouts, de viroles métalliques à écrou roulant d'une part, à talon de l'autre, et au milieu d'une soupape automatique de purge. Tant que la pression de la vapeur, dans la conduite, n'atteint pas une demi-atmosphère, cette petite soupape se soulève sous l'action d'un ressort à boudin, de façon que l'eau de condensation peut s'écouler par tous les points bas des pentes et contre-pentes ménagées sur la longueur de la conduite, quand on cesse d'envoyer de la vapeur.

Ces boyaux en caoutchouc ne résistent convenablement

au service qu'en les composant de cinq couches de caoutchouc alternant avec autant de couches de toile.

Le chauffage des compartiments s'opère par des tuyaux
fixés sur le plancher, transversalement à l'axe de la voiture.
Dans les compartiments de classe I et II, on dispose, sous
chaque- banquette, deux tuyaux accolés, communiquant
avec la conduite de vapeur à l'aide d'un raccord (fig. 18) et
d'un piston-tiroir cylindrique (fig. 15 et 16), qui règle l'admission de la vapeur dans les tuyaux de chauffe par deux
tubes de jonction. Ce piston est percé de lumières arrangées de façon que l'on peut, à volonté, ou donner libre entrée
à la vapeur soit dans les deux tuyaux de chauffe, soit
dans un seul, ou l'intercepter complétement, en soulevant
ou en abaissant ce piston, manœuvre mise à la disposition
des voyageurs, qui sont suffisamment renseignés par les indications du levier (fig. 15) placé dans chaque compartiment (fig. 1, 2 et 3, pl. XVI).

Les compartiments de classe III sont chauffés par deux
tuyaux seulement. Tous les tuyaux sont en fer de $0^m,005$
à $0^m,006$ d'épaisseur.

Voici les dimensions de ces divers tuyaux :

Position.	Longueur.	Diamètre intérieur en millimètres.	Nombre par compartiment.
Coupés de classe I..........	$1^m,825$	38	2
Compartiments de classes I et II.	1 ,825	32	4
— de classe III ...	2 ,125	50	2

Les dépenses d'installation de ce mode de chauffage s'é-
lèvent à 790 francs par voiture et de 500 à 600 francs par
locomotive et tender.

Le nombre de voitures chauffées dans un train ne dépasse pas 12.

189. Les chemins de fer de l'État bavarois chauffent
les trains express par la vapeur de la locomotive ; les trains-
poste, omnibus et mixtes, au moyen d'une chaudière spéciale. Les voitures mises dans les trains de marchandises
ne sont pas chauffées.

Les dispositions adoptées ne diffèrent des précédentes que par des détails sans importance.

Ainsi, le régulateur de pression est installé sous une double tubulure qui porte à l'une des extrémités la soupape de sûreté, et à l'autre, le manomètre indicateur de pression. Les tuyaux de conduite ont $0^m,032$ et $0^m,042$ de diamètre intérieur et extérieur. Recouverts d'un mastic isolant, ils sont, de plus, placés dans un coffrage en bois.

Voici les dimensions des tuyaux de chauffe, qui sont en fer forgé, à fonds soudés et essayés à 20 atmosphères :

Position.	Longueur.	Epaisseur.	Diamètre intérieur.	Nombre par compartim^ts.
Coupés......................	$1^m,650$	$0^m,003$	$0^m,094$	1
Compartiments de classes I et II.	1 ,650	0 ,003	0 ,094	1
— de classe III...	1 ,650	0 ,003	0 ,140	4/5

La chaudière spéciale, qui d'ailleurs sera supprimée dans l'avenir, a les dimensions suivantes :

Hauteur totale (non compris le cendrier et le chapiteau)	$1^m,340$
Diamètre extérieur.....................	0 ,746
Distance entre la grille et la plaque tubulaire inférieure	0 ,435
Nombre de tubes	90
Diamètre des tubes	$0^m,041$
Longueur totale des tubes...............	0 ,885
Diamètre intérieur du foyer	0 ,595
Surface de la grille.....................	$0^{m2},159$
Surface de chauffe du foyer...............	0 ,950
— — des tubes.............	10 ,670
— — totale...............	11 ,620
Volume total de la chaudière	$0^{m3},330$
— de l'eau.....................	0 ,275
Timbre, nombre d'atmosphères...........	10
Poids de la chaudière à vide.............	1 200^k

Les dépenses d'installation du chauffage sont les suivantes :

Voiture à quatre compartiments (I et II)..... 625 fr.
Voiture à cinq compartiments (III).......... 508
Fourgon de chef de train.................. 406
Chaudière installée dans un fourgon........ 2120

190. Les chemins rhénans et badois ont adopté des dispositions semblables à celles des chemins bavarois pour le chauffage à vapeur, sauf quelques différences de détails sans importance.

Les dépenses d'installation des appareils sont les suivantes :

Chemin rhenan. Aménagement d'une voiture à
           quatre compartiments .... 412^f,50
Chemin badois. Appareil des voitures (I et II) à
           quatre compartiments avec ro-
           binet de réglage, de 570 à ..... 769 ,00
   —   Appareil des voitures (III) à cinq
           compartiments sans robinet de
           réglage .... 537 ,50
Chaudière à 4 atmosphères installée dans son four-
   gon, accessoires, etc...................... 2 319 ,00

191. Un ingénieur russe, M. le baron N. de Derschau, s'est fait le propagateur, en Russie, le pays des longs parcours par des froids qui descendent jusqu'à 32 degrés, du chauffage et de la ventilation des voitures de chemin de fer par la vapeur. Dans les climats tempérés et sur les lignes où les stations se trouvent à de petites distances les unes des autres, et où l'air des voitures est fréquemment renouvelé par l'ouverture des portières, et par les vides laissés autour des baies fermées au moyen de vitrages simples, si le chauffage est nécessaire en hiver, le besoin de ventilation se fait beaucoup moins sentir que dans un pays où les stations sont échelonnées à de longues distances, parcourues dans des voitures bien fermées, garnies de doubles portes et de doubles fenêtres. M. le baron de Derschau a publié, en 1871, sur ce sujet, une *étude* qu'il a bien voulu

nous communiquer et à laquelle nous ferons quelques emprunts.

Après divers essais commencés en 1866 sur le chemin de Moscou à Koursk, M. de Derschau fut chargé d'installer le chauffage et la ventilation des douze voitures composant le train impérial de Russie. Partageant le train en six groupes de deux voitures, il établit dans un petit compartiment de l'une des voitures de chaque groupe une chaudière verticale de 1^m,70 de hauteur au diamètre de 0^m,45, destinée à fournir la vapeur nécessaire au chauffage de deux voitures contiguës. La vapeur circule dans des tuyaux en cuivre au diamètre de 0^m,005, qui longent, par paires, les parois intérieures des voitures près du plancher. Les conduites des deux voitures conjuguées sont reliées entre elles par des boyaux en caoutchouc.

L'eau de condensation se rend, par un tuyau placé sous la voiture, dans un réservoir fixé sous la chaudière, d'où elle est pompée pour être de nouveau vaporisée dans l'appareil.

Des rosaces à jour établies dans le pavillon servent à l'évacuation de l'air vicié, qui se rend dans l'atmosphère par des tuyaux fixés sur le toit des voitures. Les voitures étant d'ailleurs reliées entre elles par des ponts couverts et fermés latéralement, il n'y a aucune déperdition de chaleur par les communications qui ont lieu dans la longueur du train.

En été, la ventilation de la voiture de S. M. l'Impératrice s'effectue au moyen d'une prise d'air établie sous la caisse à l'aide d'une manche à vent, dont l'ouverture, tournée vers l'avant du train, est pourvue d'une double toile métallique à mailles très-serrés.

Pour abaisser la température de l'air affluent, on place dans le courant un cylindre contenant un mélange réfrigérant de 4 parties de glace pilée et de 3 parties de chlorure de calcium cristallisé.

Grâce à ces diverses mesures, on a pu obtenir, par des froids de — 32 degrés, une température constante de + 19 à 21 degrés, et, en été, abaisser de 6 degrés la température de l'air extérieur.

192. A la suite de ces essais, le chemin de Moscou-Koursk (612 kilomètres) a installé le chauffage par la vapeur sur 317 voitures ; le chemin Nicolas (Saint-Pétersbourg-Moscou) sur les trains-poste ; celui de Koursk-Kief sur un certain nombre de voitures de classe I et II, etc. Dans ces différentes applications de chauffage, la vapeur est fournie par une chaudière spéciale placée au milieu du train (fig. 23, pl. XVI); celles de Moscou-Koursk pouvant desservir 4 à 8 grandes voitures, ont une hauteur de $1^m,70$ sur un diamètre de $0^m,60$, avec une surface de chauffe tubulaire de $2^m,52$.

Nous avons représenté par les figures 1, 2, 3, 4 et 5, pl. XV, les dispositions adoptées pour l'installation des tuyaux de chauffe dans une voiture à six roues du système américain. Dans la voiture, on a placé de chaque côté, près du plancher, une paire de tuyaux de chauffe masqués par des grillages métalliques entre les banquettes. Le diamètre de ces tuyaux est de $0^m,05$ dans les voitures de classe I et II, et de 0^m04 dans celles de classe III. La vapeur est distribuée dans ces tuyaux par une conduite d'un diamètre de $0^m,025$, à raccords en caoutchouc, et qui court sur le toit des voitures entourées d'une enveloppe en feutre et en bois, et par des branchements de $0^m,013$ de diamètre qui pénètrent dans la voiture vers ses deux extrémités. A partir de l'admission, le tuyau de chauffe longe la paroi avec une pente régulière jusqu'à l'autre extrémité ; il est réuni par un coude en cuivre au deuxième tuyau de chauffe, qui revient avec une pente inverse vers le point de départ, d'où un branchement de $0^m,017$ conduit l'eau de condensation vers un tube collecteur qui règne sous le châssis de la voiture.

Pour le chauffage des longues voitures américaines du chemin Nicolas, on a remplacé les deux tuyaux de chauffe accolés, par un seul tuyau de $0^m,065$ de diamètre, partagé en deux sections d'égale longueur ; chacune de ces sections reçoit la vapeur de la conduite générale par un branchement spécial ; inclinée à partir de la prise de vapeur, chaque section porte au sommet de la pente un petit robinet pour l'évacuation de l'air lors de la mise en train. Par cette disposition, on évite la double conduite de vapeur et d'eau de condensation.

193. Ce mode de chauffage ne pouvant s'appliquer sur des voitures du système anglais, M. de Derschau a établi un projet de chauffage et de ventilation par vapeur, esquissé dans les figures 20, 21 et 22 de la planche XVI. D'après son mémoire descriptif déposé à l'appui d'une demande de brevet d'invention, la caisse en bois *a*, revêtue de feutre et de tôle mince, contient les tuyaux de chauffe *b*, et une caisse en fonte divisée en deux compartiments par une cloison horizontale, à laquelle aboutissent ces tuyaux *b*. La vapeur, fournie par une chaudière spéciale, est amenée par une conduite dans la caisse en fonte, d'où elle se distribue dans les tuyaux *b*.

L'air extérieur entre par des manches à vent dans la caisse *a*, s'y échauffe et se distribue dans chaque compartiment par des tuyaux percés de trous et placés sous chaque banquette. Il s'échappe du compartiment par des ventilateurs à cheminée *k*, fixés sur le pavillon de la voiture.

Nous n'avons pas connaissance que ce dernier système ait été appliqué. Quant au mode de chauffage à vapeur ordinaire, il fonctionne sur les lignes de Saint-Pétersbourg-Moscou-Koursk.

Suivant les renseignements fournis par M. de Derschau à la Compagnie des chemins de fer de l'Est, le chemin de Moscou-Koursk a payé 496 000 francs pour l'installation du chauffage dans 314 voitures et l'achat de 36 chaudières ; et la Grande Société des chemins de fer russes, pour le chauffage de vingt grandes voitures de 12 mètres de la ligne Nicolas, 1 920 francs par voiture, et 5 500 francs par chaudière, avec tous ses accessoires.

194. EFFET UTILE DU CHAUFFAGE PAR LA VAPEUR. — Suivant

la longueur du train et le degré de température extérieure, il faut commencer le chauffage de quarante-cinq minutes à une heure et même deux heures avant le départ du train.

Quelle que soit la source de vapeur, on est à peu près d'accord sur la consommation nécessaire pour produire le chauffage, savoir : $1^k,50$ à 2 kilogrammes de houille et 12 à 14 kilogrammes d'eau, par heure et par voiture à quatre compartiments. Moyennant cette dépense, on obtient une température qui dépasse de 12 à 15 degrés la température extérieure, d'après l'Est prussien, et 22 à 23 degrés la température extérieure, d'après l'Est bavarois.

En forçant la consommation de houille et d'eau, on peut amener la température à + 20 degrés avec une température extérieure de — 18°,75 (État bavarois), et même à + 12 degrés avec une température de — 32 degrés.

Le chauffage à vapeur peut donc être considéré comme sorti de la période des simples essais. Il donne une chaleur uniforme dans toutes les parties de la voiture ; quand il est convenablement installé, il ne donne lieu à aucun inconvénient, à aucune gêne pour les voyageurs ; il fonctionne très-régulièrement ; il n'occupe point de place utilisable ; enfin, il ne porte pas, comme tous les appareils à chauffage indépendant, autant et plus de foyers et de causes d'incendie que de véhicules.

On lui reproche d'autre part les inconvénients suivants :

Élévation des dépenses d'installation ;

Dérangements dans le service par suite d'obstruction dans les tuyaux ;

Difficultés pour la composition des trains et l'adjonction de matériel étranger ;

Prix de chauffage trop élevé.

Nous reviendrons sur ces diverses objections à l'emploi de la vapeur, en comparant les divers systèmes de chauffage — 197 —.

Voyons si le dernier reproche est bien fondé.

195. Prix de revient du chauffage a la vapeur. — *Dépenses de premier établissement.* — En prenant la vapeur sur la chaudière de la locomotive, mode qui nous paraît le plus économique et le plus convenable à tous les points de vue, et en limitant l'appareil de chauffage au strict nécessaire — comme le chemin du Nord-Empereur-Ferdinand, deux tuyaux en tôle mince, au diamètre de 0^m,100 sur 2 mètres de longueur, par compartiment — sans luxe de construction ou de précautions superflues on pourrait, comme les chemins rhénans, installer le chauffage à vapeur au prix de 412^f,50 par voiture. Pour faire la part de toutes les éventualités, et en profitant de l'expérience acquise, admettons que le chiffre de cette dépense atteindra 500 francs ; enfin que les frais d'appropriation de chaque locomotive fournissant la vapeur au chauffage s'élèveront à pareille somme. Les frais de premier établissement, pour notre ligne de 300 kilomètres, se résumeront de la manière suivante :

Quarante appareils à 500 francs....................	20 000 fr.
Quatre prises de vapeur sur locomotive à 500 francs..	2 000
Pièces de rechange, réserve, accidents, etc..........	2 000
Total des dépenses de premier établissement......	24 000 fr.

soit par voiture $\frac{24\,000}{40} = 600$ francs et par compartiment $\frac{600}{4} = 150$ francs.

Dépenses d'exploitation. — Chaque voiture a, en vingt-quatre heures, vingt heures de marche et quatre heures de stationnement. Comme on peut vider les tuyaux à l'arrivée de chaque train, le chauffage ne comprendra, pour chaque train, que dix heures de marche à 2 kilogrammes de houille par voiture et par heure, et en moyenne une heure de préparation pendant laquelle on brûlera 1^k,50 de houille par voiture. La consommation journalière de chaque train sera donc $10^r \times 2^k \times 10^h + 10^r \times 1^k,5 \times 1^h = 215$ kilogrammes de houille ; celle des huit trains $= 215^k \times 8 = 1\,720^k$, et pour les 150 journées de chauffage 1 720^k × 150^j = 259 500^k, soit 260 tonnes de houille à 30 francs. . . . . .   7 800 fr.

Personnel. — Supplément aux agents des trains, primes d'économies, etc., 8 francs par jour × 150^j,   1 200

Entretien des appareils. — 40 appareils à 50 francs par an. 2 000

Amortissement en dix annuités sur un capital de 24 000 francs 2 400

Intérêt du capital. 1 200

Somme à valoir 1 400

Total des dépenses d'exploitation . . .   16 000 fr.

Le chauffage à vapeur coûtera donc $\frac{16,000}{150} = 106^f,66$ par jour ; chacune des quarante voitures en service dépensera $\frac{106,66}{40} = 2^f,665$ par jour, $\frac{2,665}{20} = 0^f,1838$ par heure de service, et chaque compartiment $\frac{2,665}{4} = 0^f,666$ par jour, $\frac{0^f,666}{20} = 0^f,0333$ par heure de service.

196. *Tableau récapitulatif des dépenses de chauffage par divers systèmes*, applicables à une ligne de 300 kilomètres, pour quatre trains par jour dans chaque sens.

Système de Chauffage.	Dépenses de premier établissement :		Dépenses d'exploitation	
	par compartiment.	totales.	journalières (20 h.) par compartiment.	annuelles totales.
Bouillottes.	187 ^{f},50	30 000^f	0 ^{f},937	21 646 ^{f}
Chaufferettes à feu.	176 ,06	28 650	1 ,500	36 000
Chaufferettes à gaz.	250 ,00	40 000	1 ,040	24 660
Poêles.	37 ,50	6 000	0 ,375	8 500
Calorifères à air chaud. . .	143 ,75	23 000	0 ,750	18 000
Calorifères à eau chaude. .	170 ,00	27 200	0 ,707	17 000
Calorifères à vapeur.	150 ,00	24 000	0 ,666	16 000

197. CONCLUSION. — Au cours de cette esquisse sur le chauffage des voitures, nous avons suffisamment insisté sur les mérites et les inconvénients des divers systèmes passés en revue ; inutile d'y revenir. Le tableau récapitu-

latif nous vient encore en aide pour fixer nos préférences, basées sur des considérations que nous résumons ainsi :

Le chauffage intermittent est inadmissible, puisqu'il ne remplit qu'imparfaitement le programme imposé. En outre, le chauffage par *bouillottes* ne chauffe pas ; il est gênant, il est très-coûteux. Le chauffage par *chaufferettes à feu* chauffe trop ; il peut asphyxier et incendier, il est d'un prix excessif. — *Enquête en Allemagne :* annexe VI —.

Parmi les systèmes de chauffage continu, le chauffage par le gaz n'est pas suffisamment étudié.

Les poêles doivent être absolument proscrits de l'exploitation des chemins de fer.

Le chauffage par calorifères à air chaud, le plus cher des trois seuls systèmes admissibles, ne répartit pas uniformément la chaleur ; l'air qu'il fournit est quelquefois si brûlant, que les voyageurs n'hésitent pas, dans ce cas, à ouvrir les fenêtres des voitures, au risque de contracter une maladie en s'exposant aux courants d'air qui les sauvent de la suffocation.

Le chauffage à eau chaude et le chauffage à vapeur méritent seuls d'arrêter le choix des ingénieurs et des personnes qui ont voix au chapitre.

Si le premier, en effet, a pour lui l'indépendance des véhicules et la facilité de composition des trains et des manœuvres de gare, il a contre lui un prix de revient plus élevé d'une part, et de l'autre des difficultés à vaincre lors des grands froids.

Le dernier système, celui du chauffage à vapeur, n'a d'inconvénients que la solidarité des véhicules d'un train. Mais cette question de solidarité fait chaque jour des progrès. La jonction des véhicules pour la transmission de l'action des freins à air est un fait passé dans la pratique. — 123 ; chap. VII —. Il en sera de même pour le chauffage. On invoque les difficultés provenant de la question des voitures d'embranchements ou des raccordements avec les autres réseaux. Quand les lignes secondaires sont importantes, on les traite comme les grandes lignes. Si elles ont un faible trafic on peut ne pas les chauffer, car le séjour n'y est généralement pas de longue durée. Quant aux trains de marchandises remorquant des voyageurs, on ferait aussi bien de les modifier en hiver et d'obliger les administrateurs à scinder en deux ce service, car il est onéreux pour tout le monde et cruel pour les martyrs qui s'y confient. Touchant les raccordements avec les autres réseaux, une entente sera plus facile entre plusieurs administrations qui toutes disposent de la même source de chaleur, la vapeur, et qui en dehors de ce système, peuvent chacune avoir leurs préférences plus ou moins justifiées pour tel ou tel des autres systèmes, et qui tous appliqués dans un train de raccordement nécessiteraient la présence, dans le train, d'autant d'agents que de voitures à surveiller.

D'ailleurs, il en est de cette question comme de celle du transbordement à propos des lignes à voie étroite. Quelle que soit la largeur de la voie, on transborde presque toujours aux changements de réseaux. Il y a plus ; on transborde aujourd'hui dans l'intérieur d'un même réseau ; on transbordera encore quand le chauffage à vapeur et les freins pneumatiques seront universellement adoptés.

§ VIII. WATER-CLOSETS ET LAVABO.

198. UTILITÉ. — Quand on assiste à l'arrêt prolongé d'un train de long parcours, on reconnaît que l'adjonction de cabinets ou water-closets est utile à tous les trains de voyageurs, nécessaire aux trains rapides. Si cette adjonction impose un léger surcroît de dépenses à l'administration, elle lui donne, en compensation, la faculté d'abréger les temps d'arrêt de route, par conséquent, la durée totale du trajet, et elle lui amène des voyageurs, qui, sans cette disposition, ne pourraient pas entreprendre un long voyage.

On a cru remarquer que les voyageurs font rarement

usage des water-closets installés dans les trains. Nous pensons que cette indifférence n'est qu'apparente et qu'elle provient de plusieurs causes.

En général, le public ignore qu'il peut disposer de cette installation, et gratuitement encore. Les *Indicateurs* en font souvent mystère; les stations, les salles d'attente, l'intérieur des voitures ne portent aucune mention à ce sujet. Si les véhicules *ad hoc* annoncent, par une inscription, la spécialité de leur destination, il faudrait, pour en être averti, faire une reconnaissance préalable du train avant le départ. Quel est le voyageur qui, en ce moment, prend cette précaution?

En second lieu, l'avertissement lui-même, quand il existe, manque souvent de forme. Ici, comme en beaucoup de choses, le sous-entendu a son importance. Si le cabinet portait une mention déguisée, comme celle de *lavabo,* de *toilette* ou toute autre équivalente, le public en général et les dames en particulier hésiteraient moins à s'en servir.

Enfin, l'installation même n'est pas toujours engageante. Dans un train à compartiments isolés, une personne seule ou accompagnant des enfants, hésitera longtemps avant de s'exposer, pendant tout le trajet qui sépare deux arrêts du train, à l'ennui d'un séjour prolongé dans un compartiment à bagages ou dans un cabinet dépourvu du confort le plus élémentaire.

199. Dispositions diverses. — Les water-closets ambulants peuvent être installés avec ou sans cabinet d'attente, soit dans les fourgons à bagages, soit dans les voitures à voyageurs. On peut encore diviser le cabinet en deux autres, destinés l'un aux hommes, l'autre aux dames. Ailleurs le cabinet est mis à la disposition de tous les voyageurs du train, ou bien affecté spécialement aux voyageurs de telle ou telle classe, ou enfin réservé aux voyageurs de la voiture qui le renferme.

De toutes les dispositions, la plus désagréable est celle

que représentent les figures 7 et 10 de la planche III. Là, le voyageur est obligé d'occuper le cabinet pendant tout le trajet d'un point d'arrêt au suivant.

L'installation indiquée par la figure 17 de la planche XVII offre moins d'inconvénients que la précédente. Le water-closet est accessible de la plate-forme qui termine le fourgon, et, du water-closet, le voyageur peut passer dans un petit cabinet d'attente jusqu'à la prochaine station. Lorsque, comme dans le matériel américain et suisse, la circulation dans l'intérieur du train est possible, cette installation dans les fourgons à bagages est tolérable; mais avec le matériel anglais on ferait bien d'adopter au moins une disposition analogue à celle que les chemins badois ont appliquée dans les trains express. On prend, dans une voiture de classe II, deux compartiments, l'un pour les dames, l'autre pour les hommes. Entre les deux compartiments sont installés deux cabinets de $0^m,60$ de largeur, communiquant chacun avec l'un des compartiments.

Une autre disposition, aussi commode et plus simple que la précédente, est indiquée par la figure 8 de la planche XVIII. On ne perd que l'emplacement d'une banquette du compartiment des hommes et une place du compartiment des dames.

La figure 18 de la planche XVII offre quelque analogie avec les précédentes. Ici les cabinets sont distincts pour chaque classe, et le compartiment de classe I dispose d'un lavabo ajouté au water-closet — 86 —.

Mais tous ces arrangements ne valent pas celui que reproduisent les figures 2 et 4 de la planche VII. Dans la voiture du Nord-Est suisse, le water-closet se trouve annexé à un cabinet de toilette auquel on arrive de chaque côté de la voiture. La voiture elle-même étant en rapport avec tout le reste du train, le water-closet se trouve à la disposition de tous les voyageurs en marche.

Il en serait de même des water-closets de la voiture Mann (fig. 3, pl. IX) et de la voiture Losowo-Sevastopol (fig. 5, pl. XIII), si les plates-formes étaient accessibles aux voyageurs des autres voitures.

Comme destination spéciale, nous signalerons enfin le cabinet annexé aux salons de la voiture de l'État hongrois (fig. 5, 6 et 8, pl. IV). Un petit compartiment qui communique aux deux salons, donne accès dans le cabinet, où le voyageur trouve un lavabo à charnière, avec réservoirs latéraux, et en dessous, un water-closet muni d'un tuyau à clapet qui ne s'ouvre que quand le siége est découvert, bonne précaution pour les arrêts en station.

§ IX. DÉTAILS D'EXÉCUTION.

200. CONDITIONS GÉNÉRALES. — Les services que peut rendre le matériel destiné aux transports dépendent de la *disposition*, de l'*exécution* et de l'*entretien* des véhicules. En raison des chances nombreuses de détérioration auxquelles ceux-ci se trouvent sans cesse exposés, il importe donc, en chacun de ces trois points, d'approcher autant que possible d'une perfection relative, sous peine de rendre le trafic onéreux en augmentant outre mesure les frais de réparation. Ce but ne saurait être atteint qu'en satisfaisant à certaines conditions sur lesquelles nous appelons l'attention de l'ingénieur.

Le *choix du type* se présente en premier lieu ; nous avons examiné, en commençant ce chapitre, les différents systèmes en faveur sur les diverses lignes de chemin de fer ; nous avons discuté leurs avantages et leurs inconvénients, énuméré les différentes conditions auxquelles devait satisfaire le type choisi par une nouvelle exploitation. Quel qu'il soit, la simplicité de construction est la condition dominante d'un entretien facile et économique.

Une autre question importante, c'est la réduction du nombre des modèles différents pour toutes les parties de même espèce qui composent les véhicules. Il faut, par exemple, qu'à un moment donné, et aussitôt que le service l'exige, on puisse substituer sans difficulté sur un même châssis, à la caisse qu'il supportait, celle d'un autre véhicule ; semblable facilité de substitution est nécessaire pour toute fraction d'un vagon dans une même série.

En second lieu, le *choix des matériaux* occupe une large place dans les conditions de durée d'un véhicule. Les matériaux employés seront donc de première qualité ; les bois, qui constituent la plus grande partie de la caisse, seront surtout l'objet d'un examen des plus sérieux ; leur état de siccité sera aussi parfait que possible, car en employant des bois humides ou défectueux on s'exposerait à voir la charpente de la caisse se déformer et même se détériorer après un court laps de temps, et la solidité de la voiture compromise.

Les métaux qui servent à la fabrication des roues, essieux, plaques de garde, ressorts de suspension et de traction, et quelquefois même à la construction du châssis tout entier, doivent également présenter toutes les marques d'une qualité supérieure.

Enfin, l'exécution, pour être satisfaisante, réclame le concours d'ouvriers intelligents, une surveillance active et sévère, au prix de laquelle seulement on obtient le degré de perfection nécessaire au bon service du véhicule. Toute voiture dans laquelle les différents éléments sont mal assemblés ne tarde pas à nécessiter des réparations, un chômage, et à donner une fois de plus la preuve que les frais de réparation du matériel compensent bien largement l'économie que l'on aura voulu faire sur les frais de construction.

201. CAISSE. — Une caisse de voiture se compose essentiellement d'une charpente formant les quatre parois extérieures, reliées dans certains cas par des cloisons intérieures qui la divisent en compartiments. La forme des parois extérieures de la caisse n'est pas le plus souvent celle d'un pa-

rallélipipède rectangle ; afin de donner plus d'ampleur aux compartiments, et laisser aux marchepieds une saillie suffisante, on augmente la dimension transversale des caisses à partir du plancher, en donnant à la charpente un bombement de 0^m,050 à 0^m,120. La même disposition est adoptée pour les faces des deux bouts.

Les diverses pièces de la charpente doivent être disposées de manière à former un ensemble bien solidaire, tout en l'arrangeant pour pouvoir enlever séparément chaque pièce avec facilité, sans que l'on soit obligé, pour remplacer l'une d'elles, de démonter un trop grand nombre de celles qui l'environnent. Cette condition est très-importante pour diminuer autant que possible les frais de réparation.

Les vides existant entre les diverses pièces de la charpente se trouvent remplis, à l'exception des ouvertures ménagées pour les baies, par un double garnissage, en bois à l'intérieur, en bois ou en tôle sur la face externe.

Une toiture, un plancher, divers accessoires, tels que les garnitures en étoffe, les châssis à glaces, les appareils d'éclairage, etc., complètent l'ensemble d'une caisse de voiture, dont nous allons examiner quelques détails. Mais répétons encore que la charpente, constituant l'ossature des caisses, doit présenter, dans toutes ses parties, des dispositions propres à en assurer la durée, à en empêcher la déformation. Aussi tous les assemblages exigent une consolidation en fer bien étudiée, qui empêche les éléments de la caisse de se disjoindre, de se séparer. C'est ainsi qu'on assurera la liaison, autant que possible, entre le toit et les faces latérales, afin d'éviter l'arrachement de la couverture en cas de choc violent, et que l'on armera fortement les deux faces extrêmes, pour en prévenir la déformation par suite de collisions.

202. *Charpente.* — On a fait quelques essais infructueux pour remplacer le bois par le fer, dans la construction de la charpente des caisses de voitures : jusqu'ici l'emploi du bois a prévalu.

La charpente des caisses se repose sur deux cadres : l'un inférieur, formé de deux longs brancards et de deux traverses extrêmes, assemblés à doubles tenons avec harpons et équerres ; l'autre, — le *pavillon*, — de construction analogue, occupant la partie supérieure de la caisse ; les pièces longitudinales de ce dernier cadre s'appellent *battants*, et les pièces transversales débillardées à leur partie supérieure suivant la courbure de la toiture — les *courbes extrêmes* de pavillon.

Entre les traverses extrêmes, on place une série de traverses intermédiaires, espacées de 0^m,735 à 0^m,810 d'axe en axe, qui relient entre eux les deux brancards ; entre les courbes extrêmes, une série de courbes intermédiaires, distantes de 0^m,35 à 0^m,40, qui s'appuient sur les deux battants de pavillon.

Quatre poteaux verticaux, appelés *pieds corniers* ou *pieds d'angle*, formant les quatre angles de la caisse, réunissent entre eux les deux cadres inférieur et supérieur, avec lesquels ils sont assemblés à tenons et mortaises ; les assemblages sont consolidés par des harpons à écrous noyés. Entre ces quatre pièces principales, les deux cadres sont encore entretoisés par une série de pièces verticales formant l'ossature des parois de la caisse, et qui comprennent :

1° Sur les faces de bout, plusieurs *pieds de bout* assemblés à tenons et mortaises avec les courbes et traverses extrêmes. L'assemblage dans les traverses est consolidé par des harpons. Ces pieds de bout reçoivent également à tenons et mortaises deux ou trois cours de traverses qui maintiennent leur écartement et servent de supports aux panneaux de revêtement ;

2° Sur les longs côtés, un certain nombre de pièces verticales qui peuvent se diviser en trois catégories, savoir :

a. Les *pieds intermédiaires* ou *pieds extrêmes* des cloisons ;

b. Les *pieds d'entrée*, écartés de 0^m,450 à 0^m,670, formant la baie des portières, assemblés à tenons et mortaises dans les battants et les brancards, et réunis à ces derniers par des harpons. Dans les nouvelles voitures de l'Ouest et d'Orléans (fig. 5, pl. II ; fig. 1, pl. XXX), le brancard de caisse, entre les pieds d'entrée, est entaillé, pour laisser la portière se prolonger jusqu'au niveau de la face inférieure du brancard ; on gagne par là, pour le dégagement du pied à l'entrée de la voiture, toute l'épaisseur de la portière, soit 0^m,080 environ — 203 —;

c. Les *pieds à feuillures*, servant spécialement de coulisses aux châssis de custodes, qui tantôt s'assemblent à la fois dans les brancards et les battants, — voitures de première classe, — tantôt, — deuxième et troisième classe, — s'arrêtent à une certaine hauteur au-dessus des premiers, et portent alors le nom de *faux pieds*. L'écartement des pieds d'entrée et des faux pieds qui mesure la largeur des baies de custode est généralement de 0^m,350 à 0^m,360.

Diverses pièces horizontales réunissent entre eux les pieds verticaux. Ce sont, en partant du cadre inférieur :

1° Les *traverses d'arrêt de glace*, assemblées à tenons et mortaises dans les pieds d'entrée et dans les pieds à feuillures de custodes : lorsque ceux-ci sont des faux pieds, ils reposent, au contraire, à tenons et embrèvement sur les traverses d'arrêt qui se prolongent jusqu'aux pieds corniers ou intermédiaires avec lesquels elles viennent s'assembler à tenons et mortaises. Les traverses d'arrêt de glace sont évidées de manière à laisser passer les débris de glace ;

2° Les *traverses de ceinture*, servant à soutenir les panneaux du revêtement extérieur, et assemblées à tenons et mortaises dans les pieds corniers intermédiaires et d'entrée, et à mi-bois sur les faux pieds à coulisse de custodes ;

3° Les *traverses de repos de glace*, qui s'assemblent dans les pieds d'entrée et les pieds à coulisse, et sont garnies sur leur face supérieure d'un repos de glace en tôle auquel on donne une légère inclinaison vers l'extérieur pour faciliter l'écoulement de l'eau (fig. 1 et 3, pl. XXX) ;

4° Les *traverses supérieures de baies*, situées à 0^m,570 ou

$0^m,700$ des précédentes et assemblées comme elles dans les pieds d'entrée et les pieds à feuillures ;

5° Les *traverses de remplissage*, formant suite aux traverses supérieures de baies entre les pieds à coulisse et les pieds corniers ou intermédiaires, et d'autres placées vers le milieu de la hauteur des baies, entre les mêmes pièces verticales, lorsqu'il existe entre elles un intervalle suffisant, ainsi que cela se rencontre dans les compartiments de première classe. Ces traverses de remplissage ont pour but de maintenir l'écartement des poteaux et de soutenir les panneaux qui forment le revêtement extérieur de la caisse.

Enfin, les côtés extrêmes se trouvent consolidés par des contre-fiches assemblées à tenons et mortaises dans les pieds corniers et les traverses extrêmes ; sur les longs côtés, on place également, pour chaque compartiment, quatre contre-fiches assemblées par leurs extrémités à tenons et mortaises, d'une part avec les pieds corniers ou intermédiaires et les traverses de ceinture, d'autre part avec les pieds d'entrée et les brancards, et qui, sur leur longueur, s'assemblent à mi-bois avec les pieds à coulisse et les traverses d'arrêt de glace. Ces contre-fiches affament les bois et ne paraissent pas indispensables. Les figures 1 et 5, pl. III, et la figure 5, pl. IV, montrent des caisses sans contre-fiches, judicieusement remplacées par des équerres à boulons placées à tous les joints principaux.

Dans les voitures de première classe, les baies de custode sont généralement cintrées à la partie inférieure. Elles reçoivent, à cet effet, des encadrements cintrés, vissés sur les traverses de repos de glace et les pieds intermédiaires.

203. *Portières.* — Chaque portière est formée de deux montants à rainures réunis par cinq traverses (fig. 1, pl. XXX) :

Une traverse inférieure entaillée sur sa face intérieure pour laisser passer les débris de glace ;

Une traverse d'arrêt de glace fixée aux montants par des pointes, portant à sa partie supérieure deux coussins élastiques de $0^m,025$ de hauteur, $0^m,050$ de large, destinés à amortir le choc des châssis lorsqu'on les laisse tomber : ces coussins sont placés de manière que leur milieu corresponde à l'aplomb du châssis de glace ;

Une traverse de ceinture ;

Une traverse de repos de glace ;

Enfin, une traverse supérieure de baie. Cette dernière porte une entaille longitudinale de $0^m,025$ destinée à faciliter l'entrée du châssis de glace. Un faux pied, entaillé à mi-bois sur les traverses d'arrêt de glace et de ceinture, s'assemble à tenons et mortaises dans la traverse inférieure et celle du repos de glace. Le tout est consolidé par une contre-fiche traversant en diagonale le panneau inférieur et assemblée à mi-bois sur le faux pied, la traverse de ceinture et celle d'arrêt de glace. Le montant opposé aux charnières est armé d'une plate-bande en fer sur toute sa hauteur et muni d'une serrure à pêne avec poignée en cuivre.

Afin d'amortir les vibrations des châssis quand ils sont montés, l'intérieur des feuillures des montants est muni d'un ressort, ou mieux, les montants du châssis de glace ainsi que les deux traverses supérieures qui maintiennent le châssis sont garnis de velours (Ouest, Orléans, Lyon, fig. 3, 4 et 5, pl. XXX).

Le seuil des portes est formé par la face supérieure du brancard entaillé sur une partie de sa largeur et garni d'une bande de fer plat ou de cuivre fixée par des vis à tête noyée.

204. *Fermeture des portières.* — Nous avons reproduit, sous le numéro 11 des figures de la planche III, divers détails à 1/10 des appareils de fermeture appliqués sur les chemins de l'État hongrois. Indépendamment des ferrures pour couvre-joints et charnières, ces détails comprennent :

1° Une serrure à deux pênes à ressort : le premier pêne est glissant et se manœuvre à l'aide d'une poignée extérieure ; — le second pêne est tournant ; il se manœuvre, à l'intérieur, à l'aide d'une poignée ; à l'extérieur, au moyen d'un carré auquel s'adapte une clef mobile que conserve le garde-train ;

2° D'un loqueteau.

Le second pêne de la serrure complique et renchérit un peu la serrure, mais il a son utilité, en empêchant les déclassements frauduleux et l'introduction des gens malintentionnés. Il remplace l'ancienne fermeture qui se trouvait uniquement à la disposition des gardes, avec cette différence que le voyageur peut ouvrir la portière à l'aide de la poignée intérieure ; enfin il sert à fermer la voiture en remisage.

Le loqueteau est nécessaire pour empêcher les enfants ou les étourdis d'ouvrir la portière pendant la marche ou avant l'arrêt du train. Il se trouve à $0^m,435$ ou $0^m,500$ en contre-bas de la traverse de repos de glace.

Ce loqueteau doit être fermé par les gardes-train au moment du départ.

205. *Châssis de glaces.* — Les châssis de glace se composent de deux montants réunis par deux traverses ; dans les voitures de première classe, on emploie généralement pour leur construction l'acajou ; dans les deuxièmes et troisièmes classes, on les fait en noyer vernis ou en teck.

Les châssis sont munis de glaces ou de verres le plus ordinairement, de $0^m,003$ d'épaisseur, maintenues entre deux couches de mastic ou deux bandes de feutre ou de caoutchouc, le tout serré en place par un cadre à feuillure rapporté et vissé aux quatre angles.

Le mouvement de la voiture produit des vibrations qui tendent à détériorer le châssis, et dont le bruit est fort désagréable pour les voyageurs. Le ressort qui doit l'appuyer constamment contre la face intérieure de la feuillure, ne s'y oppose pas toujours complétement ; plusieurs dispositions ont été mises à l'essai, en Allemagne, pour remédier à cet inconvénient. La plus simple consiste à fixer sur son contour un cadre en caoutchouc un peu plus épais que le châssis, qui amortit les chocs, ou un liteau garni de velours, et, dans le haut du dormant, à maintenir le châssis entre deux tringles également garnies de velours (fig. 3 et 5, pl. XXX).

Afin de permettre aux châssis de rester en place dans toutes les positions, on a songé à les équilibrer au moyen de contre-poids. Cette disposition est employée en Allemagne, sur le Nord-Est suisse, au Nord français, sur les chemins de fer romains et Nord-Espagne, mais elle n'est pas toujours irréprochable.

En général, on se contente de percer de distance en distance, dans les tirants de manœuvre, des trous qui permettent d'arrêter le châssis à deux ou trois hauteurs différentes.

Il existe quelquefois double châssis pour chaque baie, l'un étant formé d'un panneau plein, l'autre portant une glace (chemins de fer romains, Ouest, Est, Lyon pour les coupés, fig. 2 et 2 *bis*, pl. X).

206. *Cloisons.* — Les cloisons intérieures des voitures de première classe consistent ordinairement en cadres formés par des montants verticaux et des traverses horizontales portant un remplissage en planches[1]. Leurs fonctions ne consistent pas seulement à séparer les divers compartiments, mais à entretoiser les parois longitudinales de la caisse, et leur mode de construction doit être établi en vue d'obtenir ce résultat :

Ordinairement, ces cloisons se composent :

1° D'une traverse supérieure assemblée à tenons et mortaises dans les battants de pavillon, et consolidée par deux harpons à écrous-noyés ;

2° D'un ou de deux pieds milieux assemblés à tenons et mortaises dans la traverse supérieure et à embrèvement dans un tasseau fixé lui-même au plancher par des vis ;

3° De trois ou quatre traverses intermédiaires assemblées

---

[1] Sur le chemin de Bade et de l'Est de Bavière, les voitures de deuxième classe à quatre compartiments ont une seule cloison et deux fausses cloisons arrêtées à 1m,30 du plancher, et surmontées d'un châssis à jour en fer soutenant les filets.

à tenons et mortaises dans le pied milieu et les pieds intermédiaires de la caisse.

Sur quelques lignes, on trouve en outre dans la cloison une croix de Saint-André formée par quatre écharpes fixées à embrèvement et par des vis à la partie supérieure dans la courbe du pavillon ; au centre, dans le pied milieu et la traverse ; à la partie inférieure, dans des tasseaux. Des plaques en tôle consolident les assemblages à la partie supérieure et au milieu.

Dans les voitures du chemin de fer d'Alsace, chaque cloison se composait d'une traverse supérieure assemblée dans les pieds intermédiaires de la caisse, de cinq pieds de bout assemblés à embrèvement dans la traverse supérieure, d'une traverse inférieure assemblée à tenons et mortaises dans les deux pieds extrêmes et à embrèvement dans les trois pieds du milieu, de huit traverses intermédiaires et d'une croix de Saint-André en fer plat de $0^m,010$ d'épaisseur.

Nous considérons comme superflues ces mesures de précaution contre la déformation latérale, car les doublures forment un contreventement suffisant.

Dans divers compartiments, on pose, à la séparation des places sur une même banquette, une planche découpée suivant un certain profil, et fixée perpendiculairement à la cloison par des liteaux, quelquefois par des coins de remplissage et par des queues en fer : ce sont les accotoirs.

Les accoudoirs, qui font également partie des accessoires des compartiments de première et de deuxième classe, sont fixés chacun aux doublures de custodes et aux cloisons des stalles par quatre équerres, dont deux en dessus et deux en dessous.

Pour rendre plus confortables les voyages de nuit, sur certains chemins on dispose l'accoudoir du milieu, de manière à pouvoir être relevé, en l'attachant au moyen d'une charnière ménagée sous la garniture.

Dans les compartiments de troisième classe, les cloisons

intermédiaires ne s'élèvent pas toujours au plafond. La caisse n'est entretoisée que par les dossiers des banquettes. Comme dans les vagons du système américain, on doit alors donner à un certain nombre de courbes de pavillon des dimensions plus fortes pour compléter la liaison entre les deux parois longitudinales.

En Allemagne, en Hongrie, et sur l'Est français, les cloisons sont doubles vers le bas pour former des dossiers inclinés, moins incommodes que les dossiers droits généralement infligés à la troisième classe (fig. 5, pl. III, et fig. 14, pl. II ; fig. 12, pl. XIII ; fig. 88, pl. XV).

Les cloisons, qui, quelquefois, isolent les compartiments de troisième classe réservés aux dames, sont formées de simples planches fixées par leurs extrémités aux parois latérales.

207. *Doublures.* — La garniture de la charpente se fait à l'intérieur, à l'aide de planches en sapin placées horizontalement, de 0^m,010 d'épaisseur, appelées *doublures*, assemblées entre elles à rainures et languettes, et fixées par des pointes ou des vis dans des feuillures pratiquées sur les pieds et les traverses de la charpente des parois et des cloisons. Sur les côtés, les doublures s'arrêtent généralement au niveau des parcloses. La partie qui forme doublure de la traverse de repos de glace, qu'elle dépasse de 0^m,020, se fait en chêne. Il en est de même des parties de doublures de custodes supérieures aux baies, qui forment des *clefs mobiles* pour faciliter l'entrée des châssis. Dans les compartiments de première classe, ces clefs, ayant une assez grande dimension, peuvent tourner autour d'une charnière horizontale. Dans les deuxièmes classes, elles se composent de simples lattes en chêne, de 0^m,015 d'épaisseur, fixées par des vis. Des lattes mobiles semblables, servant de même à l'introduction des châssis des baies, sont également maintenues par des vis contre la face intérieure des pieds d'entrée.

On revêt l'intérieur des portières d'une doublure analogue

en sapin, terminée à la hauteur de la baie par une pièce en chêne.

En Allemagne, en Autriche-Hongrie, le bas de la doublure de la portière est disposé en forme de petite porte à charnières qui sert à retirer les débris de glace ou les objets introduits entre la doublure et la traverse de repos de glace.

Lorsque les doublures doivent rester apparentes, ainsi que cela a lieu dans la partie supérieure des compartiments de deuxième classe et dans ceux de troisième, on indique les joints à l'aide d'une moulure ; elles portent alors le nom de *frises*.

208. *Parcloses*. — En première et deuxième classe de certains chemins les parcloses ou assises des siéges sont formées de voliges en sapin, qui s'appuient par leurs extrémités sur des cadres fixés aux doublures de custodes, et, par leur milieu, sur un chevalet dont la traverse inférieure est reliée au plancher par des vis. La hauteur des parcloses au-dessus du plancher varie généralement de 0ᵐ,300 à 0ᵐ,325. On remplace avec avantage ces planches dans les voitures de première classe par des cadres garnis d'un treillage en canne, ou par des espèces de sommiers, qui, en augmentant l'élasticité du siége, empêchent les coussins de s'aplatir au bout d'un certain temps de service. Les parcloses en canne s'emploient aussi sans coussins (fig. 1, 2, 3, pl. VIII).

Dans les voitures de troisième classe, les parcloses tiennent lieu elles-mêmes de dessus de banquettes. On leur donne alors ordinairement une double inclinaison, que l'on remplace maintenant sur quelques lignes par une planche courbe, ainsi que nous l'avons déjà indiqué — 88 — (fig. 5 et 6, pl. III ; fig. 12, pl. XIII ; fig. 1, 4, 11, pl. VI).

209. *Toiture*. — Les toitures des voitures sont bombées pour faciliter l'écoulement des eaux.

La courbe de bombement est un arc de cercle décrit avec un rayon de 7 à 8 mètres.

Sur les bords de la toiture règne une corniche à gorge,

garnie intérieurement d'une gouttière en zinc ou en cuivre s'engageant de $0^m,150$ au moins sous la couverture.

La couverture se compose de voliges en sapin de $0^m,015$ d'épaisseur, assemblées entre elles à rainure et languette et à joints indiqués. Cet assemblage peut devenir défectueux avec des bois insuffisamment secs. On le remplace avantageusement dans les couvertures en voliges de $0^m,100$ à $0^m,125$, par une languette en zinc ou en fer de $0^m,022$ sur $0^m,002$ engagée après avoir été enduite de couleur à l'huile dans deux rainures poussées sur la tranche des voliges en contact. — Par-dessus les voliges on dispose des feuilles de zinc n° 14. Ces feuilles sont placées transversalement à la longueur de la voiture, et assemblées à coulisseaux, afin d'en faciliter la libre dilatation. — 1re partie, chap. X, § V, 370. —

On a également employé des couvertures en toile goudronnée et saupoudrée de sable; mais ce système, généralement adopté pour les vagons à marchandises, n'est pas aussi satisfaisant que le premier.

La gorge de la corniche a une double pente sur la longueur, et déverse les eaux au moyen de tuyaux soudés aux quatre angles du pavillon.

Sur quelques chemins de fer où l'on veut se prémunir contre les températures extrêmes, en Algérie, en Turquie, dans les Indes, en Egypte, en Espagne et en Russie, par exemple, la toiture de la voiture se compose d'une double paroi. La première de ces deux enveloppes est formée par une rangée de voliges fixées à l'intrados des cintres, tandis que la seconde se place à l'extrados. Les diverses courbes, auxquelles on donne un équarrissage un peu plus fort, sont découpées de distance en distance, à leur partie inférieure, de manière à laisser circuler l'air entre les deux parois sur toute la longueur du véhicule (fig. 8, pl. VI). Le double plafond, qui prévient une trop grande élévation de température pendant l'été et une déperdition de chaleur en hiver, mérite toute l'attention des ingénieurs de chemins de fer, et trouverait une utile application sur toutes les lignes.

Les voitures hongroises portent, au-dessus de la toiture et sur toute la longueur, un marchepied pour le service des lampes et des cordes de signal — 118 — (fig. 1 à 6, pl. III).

210. *Ventilateurs.* — On dispose quelquefois au-dessus des baies de custode des ouvertures rectangulaires, de 0^m,35 sur 0^m,15 environ, garnies de deux ou trois lames de persiennes, et destinées à faciliter la ventilation dans l'intérieur du compartiment. Une planchette glissant entre deux lattes horizontales fixées contre la doublure de custode, permet de fermer ces ouvertures à volonté. Dans les voitures de classe III de l'Ouest les ventilateurs garnis de toiles métalliques restent toujours ouverts.

211. *Plancher.* — Le plancher des voitures est construit en sapin, fixé par des pointes sur les traverses intermédiaires, et dans une feuillure pratiquée au pourtour des cadres.

Les planches, de 0^m,025 d'épaisseur, sont assemblées entre elles à rainures et languettes, et placées dans le sens longitudinal. En Russie les planchers, comme la toiture, se composent d'un double voligeage fixé dans les rainures des traverses par des vis à tête noyée.

Double plancher. — Pour rendre le séjour de la voiture plus confortable, on emploie un double plancher dans le vide duquel on loge quelquefois de la sciure de bois ou de la paille hachée. Il se compose d'un premier voligeage de 0^m,025 à 0^m,030, d'un vide de 0^m,047 à 0^m,055, et d'un second voligeage de 0^m,013 à 0^m,020, ensemble : 0^m,090 à 0^m,100, épaisseur du brancard de caisse.

212. *Panneaux.* — Le revêtement extérieur de la caisse se fait généralement en tôle, et même en tôle d'acier Bessemer. Il recouvre toutes les parois extérieures, à l'exception des parties saillantes, telles que la corniche et les moulures d'encadrement des baies.

Parfois, on emploie pour la construction des panneaux

extérieurs, l'acajou et le bois de teck[1], qui est susceptible de recevoir un très-beau poli, et se conserve parfaitement bien. La tôle a généralement $1^{mm},5$ d'épaisseur, et pèse 10 kilogrammes le mètre carré. Les différentes feuilles qui composent une garniture sont *planées* ou dressées avec le plus grand soin avant la pose, afin de présenter une surface parfaitement unie, et leurs bords, également dressés, ne doivent laisser entre eux aucun vide. Ces tôles sont fixées sur les pieds et les traverses par des clous dont l'écartement est de $0^m,030$ au plus. Tous les joints sont recouverts par des baguettes en bois ou en métal, le recouvrement ayant au moins $0^m,010$ de largeur.

Avant leur mise en place, toutes les feuilles reçoivent sur les deux faces une couche de peinture au minium.

213. *Marchepieds*. — Depuis que l'on a substitué les trottoirs bas aux trottoirs élevés qui permettaient d'entrer de plain-pied dans les voitures, on ne peut plus passer des trottoirs aux compartiments isolés, qu'à l'aide de deux planchettes suspendues sous la caisse aux brancards du châssis. Ces planchettes mesurent de $0^m,230$ à $0^m,300$ de largeur ; mais une fraction seulement de cette largeur sert réellement pour la montée ou la descente, puisque la palette inférieure est à moitié recouverte par la palette supérieure, et celle-ci par le brancard de caisse (fig. 2 et 3, pl. III; fig. 10 et 12, pl. II), disposition motivée par l'exiguïté du gabarit de libre passage — 9, 10 —.

Cette superposition des marches cause une véritable gêne aux voyageurs, et occasionne même de fréquents accidents.

On a essayé de remédier à cette mauvaise disposition, en découpant la palette supérieure suivant une forme triangulaire qui, vers sa pointe, démasque un peu la palette inférieure, et en ajoutant à cette palette inférieure une plan-

---

[1] Voitures du chemin du Midi, anciennes voitures du chemin de l'Ouest, (banlieue); en Angleterre, sur le Great-Western, le Great-Northern, le Lancashire ; les voitures algériennes, celles d'Ismidt, etc.

chette à charnière, qu'on replie quand la voiture est en marche. — Ces deux dispositions sont peu efficaces.

La place laissée libre par la partie triangulaire de la petite palette n'est pas toujours vue par les voyageurs, qui posent alors le pied dans le vide. La planchette à charnière réclame une manœuvre à chaque point d'arrêt. Si on oublie de la relever, elle peut choquer les ouvrages d'art.

L'arrangement indiqué au numéro 202 donne un certain dégagement pour le passage entre la portière et la palette, mais il ne résout pas la question.

Pour empêcher le pied de glisser du côté des roues, la grande palette est garnie à l'arrière d'un rebord qui lui donne en même temps un peu de roideur.

Enfin, pour faciliter le passage d'une voiture à l'autre, on prolonge les grandes palettes jusqu'à l'aplomb de l'extrémité des guides de tampons.

214. *Accessoires de la caisse.* — Toutes les caisses sont munies de quatre et mieux de huit boulons d'attache de $0^m,020$ de diamètre, dont les têtes sont noyées dans le plancher, et qui relient deux ou quatre traverses intermédiaires de la caisse à deux ou quatre plates-bandes en fer faisant corps avec le châssis.

La position de ces boulons doit être *rigoureusement* la même dans toutes les caisses d'une même classe, afin que chacune d'elles indistinctement puisse se monter sur le même châssis. On doit donc établir ce mode d'attache suivant un gabarit indéformable.

On dispose, en outre, sur les brancards, quatre crochets de levage retenus chacun par quatre boulons fraisés, dont la tête est entaillée dans le plancher.

Les quatre angles de la caisse reçoivent chacun un porte-lanterne.

A la caisse s'attachent à l'extérieur et de chaque côté :

1° Pour chaque compartiment, une poignée verticale d'au moins $0^m,500$ de longueur, en cuivre, fixée le long du pied d'entrée opposé à celui qui reçoit les charnières de la portière, et destinée à faciliter l'accès dans l'intérieur du compartiment ;

2° Une main courante en cuivre, de $0^m,20$ de diamètre, comme la poignée verticale, régnant le long de la paroi longitudinale entre les ouvertures des portes ;

3° Des poignées fixées aux quatre pieds corniers de la caisse, pour faciliter aux agents du train la circulation à l'extérieur et le passage d'une voiture à la voisine.

215. *Peinture*. — Tous les assemblages, tenons, entailles, embrèvements, mortaises, trous de boulon, etc., les surfaces de la charpente recouvertes par les panneaux, les pièces de ferrure et de quincaillerie, ainsi que le dessous de ces pièces, doivent recevoir avant le montage une couche d'impression de couleur à l'huile, ordinairement au blanc de céruse.

La peinture de la caisse est généralement faite conformément au détail suivant :

1. Une couche en gris blanc (générale) ;
2. Masticage à l'huile ;
3. Six couches d'apprêt ;
4. Un ponçage d'apprêt ;
5. Un déguisage en gris ;
6. Un masticage au vernis ;
7. Un ponçage au vernis ;
8. Une fausse teinte (générale) ;
9. Une visite de mastic au vernis ;
10. Un dressage général à la ponce en poudre ;
11. Deux couches de teinte définitive pour les panneaux ;
12. Deux couches de noir d'ivoire pour les moulures ;
13. Deux couches de vernis ;
14. Un polissage à la ponce en poudre ;
15. Une couche de vernis n° 1 ;
16. Un polissage à la ponce broyée ;
17. Rechampissages, dorures, lettres et filages ;
18. Un vernissage au vernis anglais.

Le dessous du pavillon, les hauts de dossiers, les portières et en général toutes les parties non recouvertes à l'intérieur reçoivent trois couches de peinture.

216. *Observation générale.* — Le chêne seul est employé pour toutes les pièces de la charpente, à l'exception des courbes de pavillon, qui se font généralement en frêne. On remplace quelquefois le chêne par le bois de teck, dont le prix est plus élevé, mais qui donne des résultats excellents au point de vue de sa conservation ; l'emploi en est donc avantageux.

Les bois employés à la construction de la caisse, quelle que soit leur essence, doivent être de premier choix, parfaitement secs, et exempts de nœuds vicieux, roulures, malandres, aubier, fils tranchés et autres défauts; on les tire, autant que possible, des pièces de fort équarrissage ayant au moins trois ans de coupe, dont une de débit en plateaux. Dans le cas où, malgré ces précautions, les bois ne seraient pas suffisamment secs, on devra exiger du constructeur qu'il les dessèche à l'étuve, ou qu'il les laisse séjourner dans l'eau chaude pendant un certain temps.

Lorsqu'on fait usage du bois de teck, après avoir débité les pièces, on les range à l'abri de l'humidité, et on les laisse pendant quinze jours avant leur premier emploi, empilées de manière à ce qu'elles reçoivent des courants d'air de tous côtés.

Les pièces de la charpente doivent être équarries à vive arête, dressées avec soin, et corroyées sur toutes les faces.

Comme détails de construction, l'ingénieur aura soin de tenir la main aux précautions suivantes :

— Faire tous les assemblages des pièces à tenons et mortaises, avec un congé de 0^m,010 de rayon à l'épaulement des tenons.

— Afin de soulager ces derniers, appliquer, autant que possible, les embrèvements.

— Formellement interdire l'emploi des pointes et des clous pour la consolidation des assemblages.

— Tenir les tenons de manière à les faire entrer à frottement dur dans les mortaises, et à rendre inutile le secours des cales ou des remplissages, qu'on ne doit tolérer en aucune façon ; les assemblages sont ensuite maintenus à l'aide de chevilles en bois de chêne, de $0^m,008$ de diamètre au plus.

Le serrage des écrous sur le bois exige l'intermédiaire indispensable d'une rondelle en tôle pour éviter l'écrasement des fibres du bois. Les trous seront forés à la mèche et non brûlés.

Les têtes des boulons doivent être refoulées sans soudure, les écrous faits à l'emporte-pièce et forgés avant le taraudage. Cette dernière opération exige un soin tout particulier, afin qu'un écrou quelconque puisse servir indistinctement à tous les boulons de même diamètre. Tous les filetages devront être faits, par conséquent, d'après une même série adoptée une fois pour toutes.

Les ferrures de toute sorte et les équerres doivent avoir leurs congés forgés avec soin, et les chanfreins faits à la lime.

Toutes les différentes pièces de la charpente et des ferrures doivent être travaillées d'après des gabarits établis suivant les calibres adoptés par l'ingénieur, de manière que les dimensions des pièces similaires soient exactement les mêmes dans toutes les voitures, et puissent se substituer au besoin les unes aux autres.

C'est à ces conditions seules que l'on obtient une solidarité complète et durable dans les diverses parties de la charpente.

Lorsque la construction des voitures n'a pas lieu dans les ateliers de l'administration, celle-ci devra charger un de ses agents de vérifier cette exactitude sur chacune des pièces fabriquées par le constructeur, et de les poinçonner avant leur montage.

217. GARNITURE. — *Compartiments de classe I.* — La garniture intérieure des compartiments de première classe, en France, se fait généralement en drap de couleur claire.

Les coussins, placés sur des parcloses pleines, à jour ou sur des sommiers élastiques, sont rembourrés de crin et capitonnés. Les accoudoirs sont également rembourrés et capitonnés, ainsi que les dossiers, qui s'appliquent sur des sangles fortement tendues, et clouées verticalement sur deux traverses vissées, celle du haut, sur la doublure de la cloison, et celle du bas, sur le cadre portant les parcloses. Le rembourrage complet de la garniture exige 63 kilogrammes de crin environ. Le drap des parties rembourrées doit être doublé de toile pour empêcher le crin de sortir. Dans les compartiments à 6 places du Midland Ry, il entre 100 livres de crin pour le rembourrage, soit $7^k,56$ par place.

La face supérieure des cloisons au-dessus des dossiers, les parois de custode et quelquefois le dessous du pavillon, sont également tendus de la même étoffe.

Le plancher est recouvert d'une toile cirée, par-dessus laquelle on cloue un tapis de moquette, que l'on remplace en hiver par des peaux de mouton.

Sur quelques chemins de fer, la garniture des voitures de première classe est en maroquin. Cette garniture, adoptée quelquefois pour les compartiments destinés aux fumeurs, a l'inconvénient de donner une assiette glissante, instable, fatigante pour les voyageurs.

Les plafonds sont recouverts, tantôt en panneaux d'ébénisterie claire avec filets en bois de couleur plus foncée, tantôt en drap de même couleur que la garniture, tantôt, enfin, en toile cirée plus ou moins ornée.

Les accoudoirs et le dessous des cordons de glace et des cordons de pilastres sont doublés en peau de chèvre, comme les coussins des parcloses.

Dans les voitures des chemins de fer allemands, le velours remplace souvent le drap pour les compartiments de première classe, et les coussins reposent généralement sur des sommiers à ressort. Quelquefois même les parcloses sont complétement supprimées, et les banquettes à stalles remplacées par des sofas élastiques, qui occupent toute la largeur du compartiment. Il en est de même dans les voitures du système américain du Nord-Est suisse, mais il y a deux sofas sur toute la largeur, chacun d'eux recevant deux voyageurs.

Cette disposition des siéges en sofas indépendants des compartiments, permet de les sortir par les portières, et de les réparer aux ateliers sans y faire rentrer la voiture.

La garniture de ces sofas est en peluche rouge foncé, et le rembourrage de chacun d'eux comprend 7^k,50 de crin. Ils renferment, en outre, quinze ressorts en acier recouverts d'un treillis métallique, qui répartit la pression également sur chacun d'eux. Sur ce treillis repose une garniture en laine de sapin (*Waldwollen*) de 0^m,030 d'épaisseur.

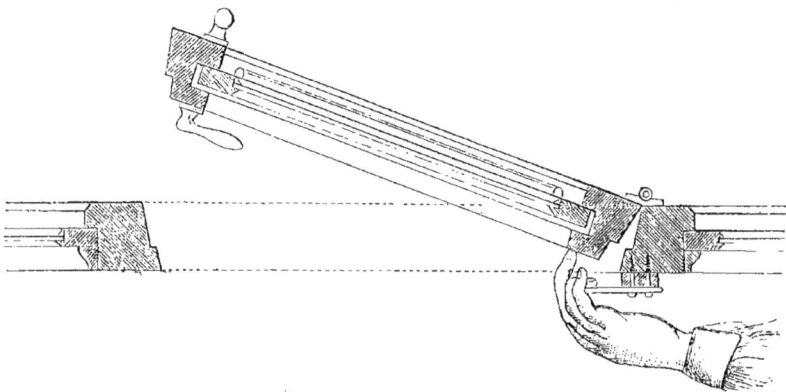

Garniture de portière. Echelle $\frac{1}{10}$.

La face intérieure des portières est revêtue d'une garniture en étoffe légèrement rembourrée à la hauteur des siéges, et analogue à celle du reste du compartiment.

Les contours intérieurs des baies de custode, les montants des portières et l'encadrement des baies, sont généralement indiqués par un galon. On préfère maintenant composer cet encadrement au moyen d'une moulure en bois de même espèce que celui de la garniture du compartiment (fig. 3, pl. XXX).

Quelques voyageurs engagent imprudemment la main dans l'embrasure des portières ouvertes, et n'ont pas le soin ni le temps de retirer les doigts quand les gardes-train se hâtent de fermer les compartiments au départ. — Il en résulte de graves accidents que l'on a cherché à prévenir, en Allemagne, par plusieurs dispositions ingénieuses. La plus simple est représentée page 246, et se compose d'une bande de cuir de forte épaisseur fixée au moyen de vis à une tringle en bois, placée le long du pied d'entrée, et qui fait saillie sur l'embrasure. La Compagnie de Paris-Lyon-Méditerranée applique ce procédé, dont l'usage devrait être obligatoire, car il diminue les chances d'accident du genre de ceux que nous avons signalés[1]. En Hongrie la bande de cuir des voitures de classe I et II est remplacée dans la voiture de classe III par un liteau à gorge en bois qui fait saillie de $0^m,026$ sur l'embrasure et de $0^m,035$ sur la face de la portière (fig. 11, pl. III).

Les baies de custode sont munies de rideaux glissant sur des tringles en cuivre, et les baies des portières, de stores à rouleaux, le plus souvent en soie. Ces stores sont habituellement guidés par des cordons tendus verticalement le long des montants, et qui s'arrachent assez facilement. Pour éviter cet inconvénient, on les a remplacés, sur le chemin de l'Etat en Bavière, par des tringles en cuivre fixées à l'aide de vis.

Sur le chemin de l'Est prussien, on se contente maintenant de placer, de chaque côté, deux rideaux à tringle de 1 mètre de long sur 1 mètre de large environ, fixés par l'une de leurs extrémités à la garniture intérieure, et pouvant venir couvrir à la fois la baie de custode et la baie de la porte, au-delà de laquelle on peut les fixer sur un bouton. A leur partie inférieure pendent une frange et de petites

---

[1] La solution du problème n'est cependant pas complète, et le meilleur préservatif serait une punition sévère infligée à tout employé du chemin de fer qui aurait fermé une portière sans prévenir les voyageurs à l'intérieur du compartiment.

boules de plomb placées de $0^m,10$ en $0^m,10$, qui les empêchent d'être soulevés par le vent.

Les châssis de glace des portières se manœuvrent à l'aide
de cordons plats généralement galonnés sur leur face extérieure, et terminés par une poignée (fig. 3, pl. XXX). Ils
sont fixés à la partie inférieure du châssis au moyen d'une
plaque de cuivre maintenue par des vis, et peuvent glisser
sur un rouleau en ivoire placé au niveau de la traverse de
repos de glace. Des cordons de même nature sont fixés aux
pieds d'entrée, et servent de points d'appui aux voyageurs
qui occupent les quatre angles du compartiment.

Les châssis des baies de custode ne portent pas généralement de cordons, mais une simple poignée en ivoire à la
partie inférieure, et des mains en galon à poignées passe-
mentées sur leur traverse supérieure.

Pour recevoir les menus bagages des voyageurs, on dispose, à $1^m,60$ environ du niveau du plancher, un filet tendu
sur un cadre en fer recouvert de galons, fixé aux doublures
et aux stalles, au moyen de consoles en fer.

218. *Compartiments de classe II.* — La garniture intérieure
des compartiments de deuxième classe est moins complète,
en général, que celle des précédents. Nous en excepterons
toutefois les voitures de plusieurs chemins allemands, sur
lesquels la différence ne provient guère que du nombre de
places contenues dans chacun d'eux, et de la nature de
l'étoffe qui en tapisse l'intérieur.

La garniture des cloisons s'arrête généralement au-dessus de la tête des voyageurs assis, quelquefois même au-
dessous, et n'existe pas, la plupart du temps, sur la paroi
intérieure des portières et du pavillon. Les coussins rembourrés et capitonnés, mais avec moins de soin que ceux des
premières, contiennent 10 kilogrammes de crin chacun, et
les dossiers, renfermant environ 5 kilogrammes de varech,
ne sont pas généralement tendus sur sangles, mais reposent le plus souvent sur des planches inclinées, fixées par
la partie supérieure aux doublures, et par le bas aux par-

closes. Au-dessus des garnitures, les frises, le plus souvent apparentes, sont recouvertes d'une couche de peinture imitant le bois de chêne ou d'érable. Quelquefois, cependant, on les revêt d'une garniture en toile cirée.

Les tirants des portières et les cordons des châssis se font le plus souvent en cuir jaune ; chaque baie est garnie d'un rideau ou d'un store en coutil ou en mérinos.

Le plancher est simplement couvert d'une toile cirée, pour empêcher l'introduction de l'air et de la poussière.

Les filets, avec cadres en fer, sont souvent remplacés, dans les compartiments de deuxième classe, par des courroies en cuir tendues parallèlement aux cloisons.

En Angleterre, avons-nous dit, la garniture des compartiments de deuxième classe est à peine indiquée, et, dans les voitures nouvelles, le siége, sordidement rembourré, laisse en arrière un creux où le voyageur place ses petits objets à la main. Il n'y a eu pendant longtemps ni filets ni rideaux, et sur quelques chemins, le Great-Western, entre autres, les deuxièmes classes n'étaient pas du tout rembourrées.

Sur d'autres chemins, les dossiers sont représentés par de simples bandes de cuir, de $0^m,250$ à $0^m,300$, placées à la hauteur des épaules.

L'éclairage des compartiments de deuxième classe se fait par les mêmes procédés que pour les premières ; toutefois, le nombre des appareils est généralement moindre.

En France, on éclaire deux compartiments de deuxième classe avec une seule lampe placée dans une échancrure de la cloison. Sur le chemin de l'Est prussien, deux compartiments sont éclairés par une seule bougie.

219. *Compartiments de classe III.* — Ces compartiments, en général, se distinguent par l'absence complète de toute espèce de garniture intérieure. Partout les frises sont apparentes et simplement peintes à l'huile et vernies.

Les parcloses ne portent aucun coussin, et les dossiers, en général, sont formés par de simples planches peu ou point inclinées, fixées à leur partie supérieure sur une forte traverse occupant toute la largeur du compartiment.

Les cordons des châssis de glace sont en cuir.

Malgré l'invitation qui en a été faite à plusieurs reprises aux Compagnies, on rencontre des voitures à voyageurs sans autres ouvertures que celles des portières, et encore ces baies sont le plus souvent dépourvues de rideaux.

La Compagnie d'Orléans perce maintenant des fenêtres dans ses compartiments.

Les compartiments de troisième classe de l'Est français sont encore en progrès : rideaux, banquettes cintrées, dossiers inclinés et planche-appuie-tête pour chaque voyageur, fenêtres au droit de chaque banc (fig. 13 et 14, pl. II).

Dans les nouvelles voitures de troisième classe à cinquante places, de l'Ouest, on a relevé les dossiers à 1^m,50 du plancher et ajouté une troisième lanterne.

Le Midland-Ry fait mieux encore. Dans ses nouvelles voitures à deux classes, les compartiments de classe III ont des coussins en étoffe de laine rembourrés de crin, des filets, courroies à chapeaux, etc. Voilà un bon exemple à suivre.

CHAPITRE III.

CONSTRUCTION DES VAGONS.

§ I. VAGONS COUVERTS.

220. Tout vagon à marchandises, avons-nous dit — 53, 2, — quelle que soit sa destination, appartient, moyennant certains détails, à l'une des trois catégories : *vagons fermés t couverts ; vagons découverts à hauts bords ; vagons plats.*

Ici, les ingénieurs renoncent au principe de l'indépendance de la caisse et du train appliqué à la construction es voitures ; ils adoptent le système de la plus complète olidarité entre ces deux parties constitutives du véhicule, ystème peut-être exagéré et poussé à sa limite par certains onstructeurs qui ont supprimé tout intermédiaire entre la aisse et les organes du mouvement.

Cette solidarité diminue, sans doute, les frais de contruction ; mais elle occasionne aussi le chômage du véhiule tout entier et son séjour à l'atelier ; une avarie à la aisse, de peu de valeur, prive l'administration des services e la partie la plus coûteuse, le train.

Dans la catégorie des *vagons fermés*, nous comprenons es *fourgons à bagages*, d'une part, et les *vagons à marchan-*'ises diverses ; quant aux vagons fermés à spécialité définie, ous les examinerons au paragraphe III sous la rubrique es *vagons spéciaux*, dont quelques types ont parfois sur ertains réseaux une importance plus marquée que les ypes généraux.

221. FOURGONS A BAGAGES. — Bien que ces véhicules ppartiennent aux trains de voyageurs, leurs caisses n'ont bsolument rien de commun avec celles des voitures. Le

seul point par lequel ils se touchent, c'est le train, qui fait, pour nous, l'objet d'une étude séparée — chap. VI —.

La caisse des fourgons a la forme d'un parallélipipède rectangle recouvert d'une toiture courbe. On pénètre dans cette caisse par deux larges ouvertures fermées par des panneaux à coulisse. Ces ouvertures se trouvent tantôt au milieu de la longueur des faces latérales (fig. 7, pl. III), tantôt vers l'une des extrémités de la caisse, tantôt enfin sur l'une des têtes. Une ou deux fenêtres, ménagées soit sur les faces latérales, soit dans la porte elle-même, soit enfin sur la toiture, éclairent l'intérieur du véhicule.

Les parois latérales sont encore percées, vers leurs extrémités, de petites baies qui donnent accès à des niches où l'on enferme les chiens séparés de leur propriétaire et soumis à la taxe. Pour le dire en passant, le produit du transport des chiens a son intérêt. Sur le réseau des chemins de fer de l'Ouest, en 1874 et 1875 réunis, on a taxé 287 084 chiens, qui ont produit 197 131 fr. 27; sur le réseau de l'Est, en 1875, 120 436 chiens ont fourni une recette de 75 734 fr. 16.

C'est donc une *marchandise* qui mérite une certaine considération, et digne d'un meilleur sort que celui auquel sont condamnés les malheureux animaux enfermés dans ces petites boîtes, quelquefois en fort désagréable compagnie.

Ces compartiments occupent le plus souvent toute la largeur du fourgon avec une section de $0^m,340$ à $0^m,650$ de largeur sur $0^m,60$ à $0^m,75$ de hauteur. On pourrait améliorer cette partie du service en adaptant à chaque fourgon une petite plate-forme comme celle dont nous avons parlé au paragraphe VIII, fig. 17, pl. XVII, et ouvrir sur cette plate-forme six à huit petites niches réparties dans la largeur du vagon et même en installer un deuxième rang; en taxant chaque niche pour deux ou trois chiens, chaque propriétaire aurait le droit de louer une niche entière et d'y loger un seul chien.

222. Le garde-train qui fait le service des bagages et

qui communique avec le machiniste à l'aide d'une ficelle
attachée à une clochette suspendue au tender, ou à un sifflet à vapeur posé sur la machine, est également chargé de
la surveillance du train et de l'inspection sur la voie. Pour
satisfaire à ces diverses branches de son service, il se place
sur un siége élevé, la tête dominant les toitures, dans une
vigie vitrée de toutes parts, ou pour le moins sur les faces
d'avant et d'arrière. Dans cette position le garde tient à sa
portée la manivelle d'un frein qu'il peut manœuvrer au premier signal, d'où qu'il vienne.

La vigie du garde-frein se place souvent en porte-à-faux en
dehors du vagon, comme l'indiquent les figures 9, 10 et 13,
pl. XXIV, d'un vagon à marchandises. Cette disposition ne
nous paraît pas aussi convenable que la précédente, car on
ne peut pas charger le même agent de toutes les fonctions
dont nous avons parlé, mais elle est nécessaire, sauf modifications, pour les fourgons-alléges qui n'ont point de manutentions de route.

Les fourgons belges et hanovriens portent, à l'une de leurs
extrémités, un double escalier extérieur qui conduit à un palier intermédiaire sur lequel s'ouvre une porte pratiquée
dans la paroi de bout, et conduisant au siége du garde-frein.
Dans l'intérieur, on monte à ce siége au moyen de quelques
marches qui recouvrent l'armoire aux objets de valeur.
Cette disposition est très-commode à tous égards et nous
nous en sommes bien trouvé ; elle est avantageuse surtout
pour les lignes à une voie où les stations se trouvent tantôt
à gauche, tantôt à droite du train ; enfin, elle a l'avantage
d'offrir aux agents de l'administration un passage facile
pour franchir le train dans les gares, ce qui n'est pas négli-
geable quand plusieurs trains sont en stationnement sur
des voies contiguës.

Sur la face de bout opposée à la vigie, on applique une
série de palettes étagées et une main courante qui servent
d'échelle aux agents chargés du service des lanternes du
train (fig. 7 et 9, pl. III).

Une main courante appliquée sur les faces longitudinales et une longue palette de marchepieds sont indispensables aux fourgons à bagages pour permettre aux gardes de circuler le long du train.

L'ameublement du fourgon à bagages est complété par une tablette sur laquelle le garde peut faire ses écritures, et par un casier où il classe et dépose les feuilles de route et papiers de service — 3ᵉ partie ; — Exploitation ; Personnel des trains ; — enfin par les appareils de chauffage, car, plus qu'aucun voyageur, le garde a besoin de conserver toute son activité, surtout pendant les grands froids.

223. *Charge des fourgons.* — Comme nous le verrons au chapitre VII, l'effet utile d'un frein est d'autant plus marqué que le véhicule qui le porte est plus lourd. Tant qu'on n'appliquera pas les freins continus, c'est-à-dire tant que chaque véhicule ne portera pas son propre frein, le ralentissement et l'arrêt ne s'obtiendront qu'à l'aide de la machine avec son tender, des fourgons à bagages et d'un certain nombre de freins répartis dans le train. Ceux-ci n'étant pas toujours suffisamment chargés, quelques Compagnies, le Nord et l'Est, entre autres, ont garni le plancher de plaques de fonte qui donnent une charge minima constante au fourgon à bagages ; au Nord cette constante est de 2 100 kilogrammes (annexe 3). A titre d'expédient, c'est une solution, mais que l'on doit se garder d'imiter dans une exploitation économique. Mieux vaut dans ce cas augmenter la capacité de chargement du véhicule, en augmentant l'équarrissage de ses pièces et leurs dimensions, et par conséquent le poids mort, qui serait au moins utilisé en cas d'affluence de bagages, ou munir de freins un certain nombre de voitures à voyageurs et les faire monter par des gardes supplémentaires en cas d'insuffisance de charge, ce qui se fait souvent là où les fourgons lestés ne sont pas en faveur. Nous verrons d'ailleurs que l'adjonction des freins aux voitures à voyageurs est une nécessité sur les lignes à forte inclinai-

son. On donne alors à la vigie la disposition représentée par la figure 5, pl. III.

Le fourgon à bagages est quelquefois mixte, comme l'indiquent les figures 7 et 10, pl. III; la figure 17, pl. XVII (adjonction de cabinets w. c.) les figures 9, 10 et 11 (adjonction de compartiment pour la poste; voie réduite), et les figures 1, 2, 3 et 4, pl. XX (réservoirs à gaz).

224. *Dimensions des fourgons.* — Ces véhicules sont portés tantôt par deux, tantôt par trois essieux. On donne généralement aux premiers de 5^m,500 à 6 mètres de longueur, 2^m,45 à 2^m,65 de largeur et 2 mètres environ de hauteur au milieu.

Le toit de la vigie s'élève au-dessus du rail à une hauteur de 3^m,680 à 3^m,920.

L'ouverture de service mesure de 1^m,800 à 1^m,820 de hauteur entre le plancher et le battant de pavillon et 1^m,300 à 1^m,500 de largeur entre les pieds d'entrée. Quand l'ouverture prend cette dernière dimension, la porte qui la ferme devient un peu lourde pour la manœuvre, et l'interruption de la main courante trop grande pour la circulation des gardes; on la divise en deux vantaux glissant à droite et à gauche (fig. 7, pl. III).

Un fourgon à bagages, présentant à peu près les dimensions qui précèdent, pèse de 6 800 à 7 500 kilogrammes (fig. 1 et 2, pl. XII). Ils peuvent recevoir un chargement de 5 000 kilogrammes.

Le *conducteur-wagen*, fourgon hongrois, représenté par les figures 7 et 10, pl. III, qui est à double paroi, bois et tôle, mesure 5^m,060 intérieurement et non compris le watercloset sur 2^m,400. Il pèse, avec le frein à huit sabots, 8 170 kilogrammes.

Le fourgon à voie de 1 mètre (Brésil) avec vigie, frein à huit sabots et caisse à chiens, fig. 7 et 8, pl. VIII, a en longueur intérieure 4^m,800 et en largeur 2^m,200. Il pèse 3 550 kilogrammes.

225. Vagons couverts. — Ces véhicules, dans leur ensemble, ont même forme que les fourgons à bagages ; mais il est mieux de disposer certains détails de manière à faciliter l'application du vagon à des transports d'objets différents. La figure ci-dessous montre en élévation longitudinale la moitié d'un vagon couvert ordinaire, à panneaux pleins. Les figures 1 et 2, pl. XXVII, représentent un vagon couvert, de même espèce, pour voie réduite. Ainsi

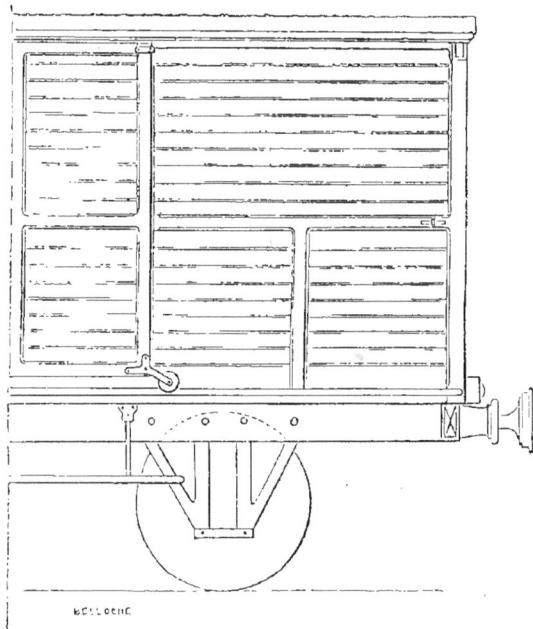

Vagon couvert à marchandises. (Est.) Echelle $\frac{1}{50}$.

composé, ce véhicule met bien à l'abri toutes les marchandises qu'on y place, mais il ne se prête pas facilement au transport d'objets qui ont besoin d'un renouvellement d'air pendant le transport. A cet égard, le vagon couvert à volets de l'Ouest, fig. 4, 5, 6 et 7, pl. XXIII, offre plus de ressources.

Certaines Compagnies remplacent les volets mobiles par des rideaux ; il en résulte une réduction de poids et de prix du vagon.

Ce véhicule est d'un chargement assez difficile, en ce qu'il ne peut se faire qu'à bras d'homme, sans le secours de la grue et par conséquent dans de mauvaises conditions de prix et de rapidité. Pour corriger ce défaut, quelques chemins anglais établissent dans la toiture plusieurs ouvertures fermées par des panneaux mobiles, à travers lesquelles on peut faire les opérations à la grue. C'est une complication de construction et de manœuvre, qui rend l'entretien coûteux et qui n'assure pas toujours la marchandise enfermée dans le vagon contre la *mouille*.

Nous verrons comment on arrange l'intérieur de ces vagons pour les transports de la guerre — chap. IV, § II, 270 et suiv. —.

En France, les parois de ces véhicules sont simples, en bois, les frises placées à l'intérieur des montants ou ranchets, et assez souvent inclinées à 45 degrés, disposition un peu plus coûteuse que si on les posait horizontalement ou verticalement, mais qui a l'avantage, tout en laissant écouler l'eau des joints, de donner un peu de *roide* aux parois.

Dans les pays à climat sec, on a moins égard au danger de l'humidité. On place alors les frises comme l'indiquent les figures 1 et 2 et on consolide le tout par des fers plats, obliques, fixés par des vis à bois.

En Allemagne et en Autriche-Hongrie, les frises sont placées à l'extérieur des montants, ce qui a l'avantage de préserver la charpente de l'eau d'infiltration. Une double paroi en frises intérieures jusqu'à mi-hauteur maintient le chargement et préserve la garniture extérieure contre les avaries qu'un dérangement peut occasionner.

Avec les panneaux mobiles ou les rideaux, ce vagon se prête au transport des bestiaux et chevaux de race commune.

Le tableau suivant donne les dimensions adoptées pour les vagons à destination multiple par quelques lignes d'Allemagne et d'Autriche-Hongrie :

Chemins.	Long. intér.	Larg. intér.	Hauteur.	Porte.
	m	m	m	m m
Berlin-Anhalt...........	5,863	2,408	2,042	1,492 à 1,570
Saarbruck-Trier..........	6,280	2,408	2,060 moyenne.	
Hannover...............	6,400	2,489	2,135 ,	
Oppeln-Tarnowicz........	6,280 à 6,599	2,382 à 2,434	2,146 à 2,198	1,884
Neisse-Brieg............	6,280	2,434	2,198	1,885
Magdebourg-Cothen, etc..	6,071	2,233	2,000 moyenne.	
Berlin, Potsdam, Magde-bourg................	6,335	2,282	1,884	
Etat hongrois...........	5,690	2,450	2,250 (milieu)	1,500

Ce dernier, avec brancards en fer, peut charger 10 tonnes. On trouvera à l'annexe n° 3 les dimensions de quelques vagons couverts.

226. *Vagons couverts à frein et guérite.* — Dans chaque train de marchandises, il faut un certain nombre de va-

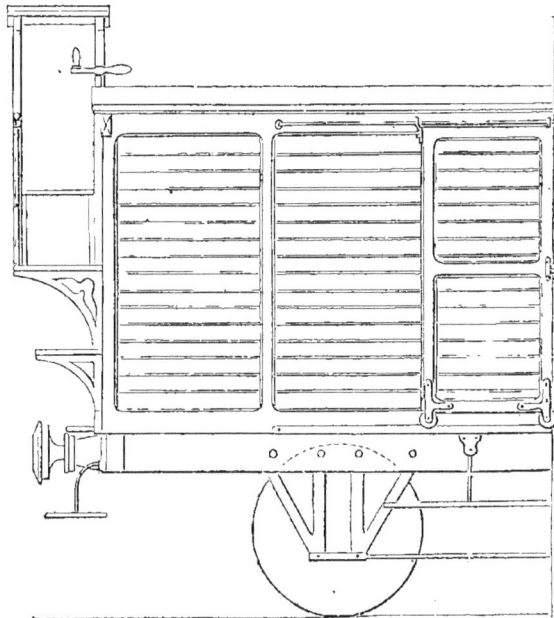

Vagon couvert à marchandises, avec guérite de garde-frein. (Est.) Echelle $\frac{1}{50}$.

gons à frein, indépendamment du fourgon du chef de train. L'intérieur de ces fourgons, dont les portes sont fermées et plombées, ne doit avoir aucune communication avec la guérite du garde-frein. On donne fréquemment en France à cette guérite la disposition ci-dessus qui représente une guérite couverte et fermée, à vitres de trois côtés, le quatrième restant ouvert pour l'entrée et la sortie. Relativement au bien-être du garde, cette disposition vaut mieux que celle adoptée de tout temps par la Compagnie de l'Ouest et presque partout en Allemagne et en Autriche-Hongrie, et indiquée par les figures 9, 10, 11, 12 et 13 de la planche XXIV. Au point de vue du service du garde, on peut aussi se demander si, en le plaçant transversalement à la voie, il n'emploierait pas mieux son temps à regarder le train ou son collègue qui le précède, qu'à regarder la voie *après* le passage du train.

Comme utilisation de la caisse du vagon, la guérite de la planche XXIV envahit un peu l'espace réservé aux marchandises ; c'est peu de chose, mais cette disposition est bien préférable à la première par la commodité d'accès, car on y peut monter quel que soit le côté par lequel on se présente, et par la facilité d'accouplement de deux véhicules portant deux guérites. S'il s'agit de deux vagons portant des guérites semblables à celle de l'Est, impossible de les réunir par le côté des guérites, puisque la saillie du porte-à-faux dépasse celle des tampons.

Au contraire, deux vagons à guérites de l'Ouest ou de l'Etat hongrois peuvent s'accoupler, sans difficulté, du côté des guérites et alors on a cette faculté, que nous retrouverons dans les vagons à plate-formes extrêmes, de pouvoir confier la manœuvre de deux freins contigus à un seul garde-frein.

227. Quant à la guérite elle-même, mieux vaut une guérite, fût-elle en porte-à-faux avec ses conséquences fâcheuses en cas de collision, qu'un siége découvert, par exemple celui du vagon à frein continu de l'Etat bavarois figuré sur la planche XXXII — chap. VII —, ou comme celui du vagon à rails, fig. 12 et 13, pl. XXII. Laisser le garde-frein à découvert, exposé à la fumée et à la poussière que soulève le train dans sa marche ou que le vent lui chasse

dans la figure, à l'ardeur du soleil, à la gelée, aux tourmentes de neige, sous prétexte de le tenir par là plus éveillé, c'est le placer entre deux alternatives : celle de se préserver contre le mauvais temps par un surcroît de vêtements qui l'empêcheront de percevoir les signaux ; ou celle de contracter une maladie ; il n'hésitera pas à choisir la première.

Nous aurons des raisons analogues à donner quand nous parlerons des abris pour les machinistes et chauffeurs.

§ II. VAGONS DÉCOUVERTS A HAUTS BORDS.

228. Ce type de vagon, représenté par les figures 12 à 14, pl. XXV, et par les figures 7 et 8, 14 à 17, 18 à 21, 22 à 24, pl. XXVII, peut être considéré comme de tous les types celui qui rend les meilleurs services. Les figures A représentent en élévation et en bout un vagon découvert du chemin de Hanovre, muni d'une guérite pour le garde-frein. L'absence de toit à la partie supérieure permet d'employer le chargement à la grue, beaucoup plus rapide et plus économique que celui à bras d'homme. En recouvrant d'une bâche les matières qu'il contient, on arrive à les soustraire au contact de l'humidité d'une manière suffisante pour qu'on puisse appliquer ce vagon au transport du blé, de la chaux, des minerais et de la plus grande partie des substances usuelles.

Les parois latérales de ces vagons ont de $0^m,400$ à 1 mètre de hauteur ; les deux faces extrêmes sont arrêtées à cette même hauteur, ou s'élèvent au-dessus en forme de pignons, dont les sommets portent quelquefois une traverse qui sert à maintenir leur écartement. Cette disposition, moins la traverse, est représentée sur la figure B du vagon de l'Est et du Nassau.

Les portes placées sur les côtés sont composées de deux battants à charnières verticales et se ferment à l'aide de

verrous. Ce système de portes est sujet à de fréquentes dé-
tériorations ; souvent même il arrive que les trépidations
du vagon faisant glisser les verrous, les battants viennent

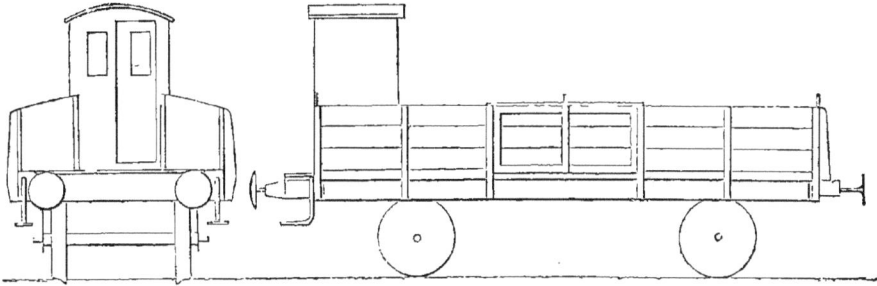

A. Vagon découvert — 10 tonnes de chargement. (Hanovre.) Echelle $\frac{1}{100}$.

à s'ouvrir, et la matière renfermée dans la caisse tombe en
partie sur la voie. Pour éviter cet inconvénient, on emploie,

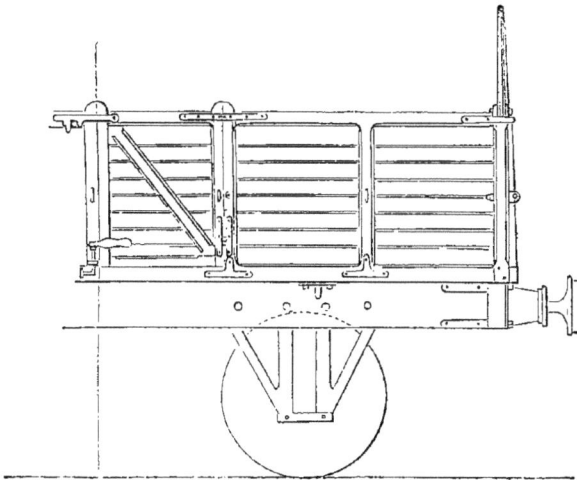

B. Vagon découvert. (Est.) Echelle $\frac{1}{50}$.

sur les lignes badoises, des portes à coulisse, qu'on
place et qu'on enlève à la main à chaque manipulation.
Les parois des vagons à coke sont à claire-voie et s'élèvent à 2 mètres environ au-dessus du plancher.

§ III. VAGONS PLATS.

229. La caisse des vagons plats se réduit à un simple plancher ou à un plancher bordé par des parois verticales de 0^m,10, 0^m,20 à 0^m,30, munies dans certains cas de charnières horizontales pour pouvoir être rabattues au besoin. Ces vagons (fig. 9 à 11, pl. XXVII) sont principalement affectés au transport des matériaux de construction, — pierres de taille, moellons, sable, ballast, fers laminés et forgés, tôles, rails et coussinets, pièces de fonte ou de chaudronnerie de fortes dimensions, pièces de bois de charpente et autres, etc. — Le transport des voitures se fait également sur des vagons de ce système.

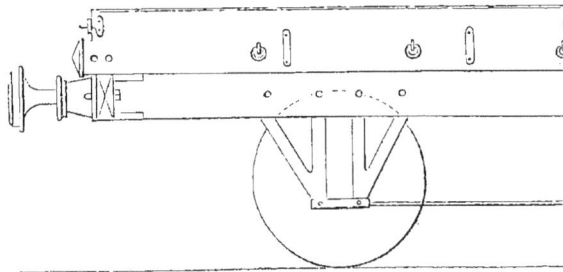

Vagon plat. (Est.) $\frac{1}{50}$.

Pour le transport des bois de construction et autres pièces de grande longueur, on se sert généralement de vagons plats — 241 —, portant des traverses à pivot sur lesquelles se placent les longues pièces qui, par ce moyen, ne gênent pas le passage dans les courbes. Sur quelques lignes, on réunit les deux vagons par une tige d'attelage en bois ferrée et de longueur appropriée à l'objet à transporter. Nous les retrouverons au § IV des *vagons spéciaux*.

Les parois de ces vagons portent, comme les précédents, des anneaux pour servir de points d'attache aux bâches dont on couvre quelquefois les matières à transporter. Les bâches roulées se suspendent à l'un des longerons au moyen de courroies bouclées, ou mieux se déposent dans les gares lorsqu'elles ne sont pas utilisées.

On trouvera au § VI, 259, des détails sur la fabrication des bâches.

§ IV. VAGONS SPÉCIAUX.

230. *Vagons à bestiaux.* — On peut transporter des bestiaux et des chevaux communs dans les vagons couverts dont les figures 4, 5, 6 et 7, pl. XXIII, indiquent les dispositions générales. Mais dans un pays d'exportation de bêtes à cornes, comme la hongrie, il peut y avoir intérêt à disposer un matériel spécial affecté à ce transport. L'administration du chemin de fer Hongrois emploie deux types de véhicules qui, tout en étant construits en vue du trafic des bêtes à cornes, se prêtent aussi à d'autres usages.

Le premier, c'est le vagon couvert à bestiaux (fig. 1, 2 et 3, pl. XXII). Dans chaque panneau se trouve une ouverture garnie de barreaux en fer, qui peut être masquée par un volet à charnières se rabattant à l'intérieur, affleurant dans cette position la face interne de la double paroi du vagon.

Le second type, vagon découvert à hauts bords (fig. 4 à 8, pl. XXIV), est aussi destiné aux transports des grands bestiaux, qui sont là plus à l'aise que dans les vagons fermés. Les dessins indiquent que les longs côtés de ce vagon sont entretoisés par des tringles cintrées en fer, qui s'opposent en même temps à ce que les bœufs, bien que liés à des pitons à écrou fixés dans la longuerine supérieure du panneau, se dressent et tentent de s'échapper.

Le plancher de ces deux types de vagon est composé de madriers dans les joints desquels on a ménagé des ouvertures longitudinales pour l'évacuation des déjections animales (fig. 3, pl. XXII).

Un vagon de même destination pour voie étroite est re-

présenté par les figures 12, 13 et 14, pl. XXV ; le constructeur a formé les longs côtés au moyen de deux grandes
portes à charnières inférieures et horizontales. Ces portes,
rabattues sur le sol, servent de pont d'accès et permettent
de supprimer l'emploi du quai de chargement. Nous avions
déjà signalé cette disposition de service très-économique,
dans notre *Mémoire sur les chemins de fer nécessaires*.

Tout en étant bien étudiés en vue du transport spécial
auquel ils sont destinés, ces vagons ne sont pas munis
d'une auge pour abreuver les animaux en route.

231. *Vagons à porcs.* — Il n'en est pas de même de ces
vagons représentés par les figures 1, 2 et 3 de la planche XXIV. Dans chacun des deux étages du véhicule se
trouvent des auges en bois doublé de zinc, dont le couvercle
est manœuvré de l'extérieur.

Le véhicule porte entre les essieux une sorte de soupente
dans laquelle on peut encore loger quelques animaux.

Le plancher du deuxième étage est posé sur trois cours
de longrines qui sont soutenues, celles de côté par des
contrefiches en bois de 0^m,045 sur 0^m,105, celle du milieu
par de petits supports en fer rond.

Les parois du vagon à porcs sont composées de frises de
0^m,125 de largeur, qui, à partir de 0^m,400 au-dessus de
chaque plancher, laissent entre elles un vide de 0^m,100
par lequel l'air pénètre et peut circuler librement autour
des animaux. A chaque étage correspond une porte roulante, pour chacune des longues faces du vagon.

232. *Vagons-bergeries.* — Ce sont des vagons à deux et
même à trois étages, quand le gabarit le permet. Les parois
de ces vagons sont à claire-voie, munies de plusieurs portes.
Dans certains vagons ces portes se rabattent autour d'une
charnière horizontale de manière à former un pont de service entre le quai de chargement et le vagon. Les planchers, également à claire-voie, doivent être doublés de
zinc et garnis sur leur pourtour d'une rigole qui rejette les
urines au dehors.

Les figures 3 et 4, pl. XXVII, représentent en coupes et en élévations longitudinale et transversale le vagon-bergerie du Brésil, pour voie de 1 mètre. La caisse mesure 4 mètres en longueur, $2^m,400$ en largeur et 2 mètres de hauteur au milieu. Le poids de ce vagon est de 2 830 kilogrammes. — Dispositions pour le chargement, Ire part., chap. X, § IV, 360 —.

233. *Vagons mixtes.* — Nous avons fait construire pour la ligne de Scutari-Ismidt des vagons à deux étages dont le second plancher, à 1 mètre au-dessus du premier, est composé de six panneaux mobiles ayant toute la largeur du vagon, soit $2^m,500$ et reposant sur des fers d'angle fixés aux longues parois du vagon. Aux deux extrémités ces fers sont interrompus et se retournent à angle droit à $0^m,25$ de distance de la paroi de bout. Dans le vide on peut glisser trois des panneaux du deuxième plancher, maintenus relevés contre la paroi de bout par le fer d'angle.

Ces vagons ainsi disposés peuvent, avec le deuxième plancher, servir au transport des primeurs, fruits ou légumes. Lorsque cesse l'époque de ces expéditions ou bien lorsque au retour on a des objets de grandes dimensions à expédier, on replie le second plancher dans ses rainures et l'on dispose d'un vagon ayant toute la hauteur d'un vagon ordinaire.

234. *Vagons-écuries.* — En Belgique, on fait usage, pour le transport des chevaux de cavalerie, de vagons munis de portes à deux vantaux aux deux bouts, et qui peuvent communiquer de l'un à l'autre par de petits ponts. Les chevaux sont alors introduits par l'une des extrémités du train et installés successivement dans chaque vagon jusqu'au dernier.

Pour le transport des chevaux de luxe, on prend quelques précautions qui réclament la construction de vagons spéciaux. Certaines administrations pensent que les chevaux de luxe doivent, pendant le transport, avoir la longueur de leur corps dirigée dans le sens de l'axe du véhi-

cule. Dans ce cas on ne peut trouver place, dans un vagon
à voie de 1ᵐ,50, que pour trois chevaux et un compartiment
de service (fig. 4, pl. XXII), et pour deux chevaux seulement avec compartiment de service, dans un vagon à voie
réduite (fig. 12 et 13, pl. XXVII). Dans l'un et l'autre cas,
l'introduction des chevaux s'opère par une porte à deux
vantaux tournants, ménagée à chaque extrémité du véhicule ; la demi-cloison qui sépare le compartiment de service est mobile. De cette manière, on n'a jamais besoin de
faire sortir le cheval à reculons, opération souvent difficile.
Avec cette disposition le matériel est imparfaitement utilisé
et en conséquence le prix de transport des chevaux très-
élevé.

On construit depuis plusieurs années des vagons-écuries
qui contiennent six chevaux et un compartiment de service, placés transversalement à la voie. Le vagon de l'Ouest
(fig. 1, 2 et 3, pl. XXIII) est très-bien disposé en vue de
l'utilisation du véhicule. Les séparations des stalles sont
fixes. L'entrée et la sortie des chevaux s'opèrent par des
portes ménagées dans les longs côtés du vagon, au droit
de chaque stalle. Ces portes sont divisées dans leur hauteur en deux parties : celle du bas, à charnières horizontales, se rabat pour former pont de service entre le plancher du vagon et le quai de chargement.

Quellè que soit d'ailleurs la disposition adoptée, on applique sur toutes les faces des boxes, même celle du plafond, des garnitures rembourrées qui préservent les chevaux contre les conséquences des chocs. Des sous-ventrières,
suspendues aux parois transversales, soulagent leurs jambes du poids du corps. Des mangeoires permettent de donner la nourriture en route. L'aérage est assuré par des
ouvertures pratiquées dans les parois et dans un lanterneau, garnies de lames de persiennes et de toile métallique pour éviter toute chance d'incendie. Un passage ménagé vers la tête des animaux sert au palefrenier qui les
accompagne pour les visiter tour à tour pendant la route.

Ces vagons, transportés dans les trains de voyageurs, portent, comme les voitures, de longues palettes de marche-pieds et des mains-courantes pour la circulation le long du train.

235. *Vagons à lait.* — Nous n'avons rien à dire de parti-culier sur ce vagon dont les dispositions se trouvent indi-quées dans les figures 8, 9, 10 et 11 de la planche XXIII. On remarquera que, pour opérer le chargement de l'étage inférieur, il faut soulever les panneaux du deuxième plan-cher, qui à cet effet reposent simplement sur des cornières fixées aux parois du vagon — 233 —.

236. *Vagons à houille, à minerai.* — Certains vagons, affectés au transport particulier de la houille ou des mine-rais, portent dans leur fond deux trappes à verrou qui ser-vent à opérer, sans main-d'œuvre pour ainsi dire, le dé-chargement du vagon. Ce système, sujet d'ailleurs à éprouver des accidents par l'ouverture en route des trappes de fond, ne peut convenir que dans le cas où le décharge-ment a lieu sur une estacade — 1re part., chap. X, § IV, 361 — ; mais, sans estacade, il ne présente plus aucun avantage. On a recours, dans ce cas, à la disposition des portes tombantes pratiquées dans les parois du vagon (fig. 1, 2, 3 et 4, pl. XXV du vagon à houille hongrois, fig. 14 à 17, pl. XXVII du vagon à minerai de Mokta-el-hadid et d'Ergastiria). Les parois des vagons à coke sont à claire-voie et s'élèvent généralement plus haut que celles des autres vagons ouverts.

On a construit, en Allemagne, une assez grande quan-tité de vagons découverts en tôle ; dans quelques-uns même on a supprimé complétement le châssis. Les appareils de support, de choc et de traction sont directement fixés sur la caisse. Cette disposition nous paraît défectueuse en ce qu'elle fait supporter à la caisse des efforts auxquels elle ne peut pas résister aussi avantageusement que le fait le châssis, et qui doivent occasionner de fréquentes et coû-teuses réparations.

Les figures 18 à 21, pl. XXVII, représentent le vagon tout
en fer, servant au transport du minerai sur le chemin de
fer de Rostok à Marksdorf (Hongrie), à voie de $0^m,75$ entre
rails. Ce vagon, qui pèse 2500 kilogrammes, a une capacité de $2^{m3},50$, porte 5000 kilogrammes de minerai à la
densité de 2000 kilogrammes.

237. *Vagons à liquides*. — Le transport des liquides en
fûts est sujet à des pertes, à des *coulages*, qui, indépendamment des vols, prennent souvent de grandes proportions. Une maison de commerce de spiritueux a eu l'idée
de faire ses transports dans des foudres en bois ou en fer
logés dans des vagons qui sont sa propriété. Chacun de
ces vagons coûtant 10000 francs, il faut que l'intérêt du
commerçant à en posséder soit bien marqué pour compenser l'immobilisation de capital et les frais de retour du
vagon vide qui résultent de cette organisation.

Les premiers vagons ont été construits avec deux foudres en bois (fig. 8 à 11, pl. XXV), mais le vagon donnait
lieu à des frais que l'on a économisés en installant un seul
foudre en tôle (fig. 5, 6 et 7, pl. XXV). Le remplissage et
la vidange se font à l'aide d'une pompe rotative installée
dans le véhicule. Des doubles parois, des jours ménagés
pour l'aérage, préservent le liquide contre les excès de
température. (Communication de M. Bonnefond, adminis-
trateur délégué de la Compagnie française de matériel de
chemins de fer, à Ivry-Paris.)

238. *Vagons à équipages*. — Ce truck, qui a eu beaucoup
d'importance à l'origine des chemins de fer, est, parmi les
vagons plats spéciaux, celui qui disparaîtra le premier, car
on peut le remplacer par un vagon plat ordinaire, moyennant certaines précautions d'arrimage, telles que traverses
de calage, courroies et barres pour enrayer les roues. Les
figures 1, 2, 3 et 4, pl. XXVI, représentent le truck à voitures de l'Ouest, véhicule qui peut être compris dans les
trains à voyageurs.

Les bouts des extrémités du vagon sont à charnières et

forment pont pour le passage de la voiture au quai d'embarquement. Aux points où portent les roues de la voiture, on revêt la face intérieure du plancher et des bouts tombants, de plaques de tôle forte.

239. *Vagons pour chargements exceptionnels.* — La tendance actuelle de l'industrie, et des arts en général, est d'augmenter les dimensions et les poids des objets que l'on avait autrefois l'habitude de produire sous un moindre volume, ou de livrer en une seule masse indivisible ce que l'on fabriquait en plusieurs pièces assemblées.

Pour répondre à ces nouveaux besoins, les chemins de fer ont construit des vagons à trois ou quatre essieux, qui, comme celui de l'Ouest (fig. 5 à 8, pl. XXVI), peuvent transporter des masses telles que leur poids, réparti sur les essieux, ne fatigue pas plus la voie que les locomotives les plus lourdes. La répartition du poids étant ainsi assurée, il ne s'agit plus que de charpenter le véhicule d'une manière suffisante et d'arrimer la charge de telle sorte que toutes les roues soient et restent uniformément chargées. Autant que possible les véhicules doivent offrir toutes les facilités désirables pour le chargement et le déchargement. A ce point de vue, ce vagon sans rebords, sans saillie d'aucune espèce, ne laisse rien à désirer. Par contre il n'offre aucun point d'arrêt fixe à l'objet chargé qui, en route, peut se déplacer, tomber et causer, comme on en a des exemples, de véritables catastrophes. Nous croyons qu'un rebord de quelques centimètres pourrait être rapporté sur les côtés de ce véhicule après le chargement opéré, sans préjudice des attaches par prolonges ou chaînes auquel il se prête d'ailleurs par ses dispositions.

240. La masse indivisible prend quelquefois une longueur exceptionnelle. On n'a, dans ce cas, pour toute ressource qu'à poser l'objet sur deux ou trois vagons. Mais le déplacement des véhicules dans les courbes fait constamment changer la répartition de la charge, ou fausser la pièce transportée, ou causer des déraillements.

Il vaut mieux, dans ce cas, se servir d'un vagon américain à deux trains articulés, comme celui de l'Ouest, que représentent les figures 13 à 16, pl. XXVI. Chaque train peut tourner sans difficulté sous la charge dans toutes les courbes et sur toutes les plaques tournantes ; en marche, l'amplitude des déplacements relatifs est réglée par la tringle à tendeur qui réunit les deux trains.

241. *Vagons à longs bois.* — Les vagons employés pour le transport des longs bois sont tantôt des vagons plats ordinaires sur lesquels on monte une fourche à pivot, supportée elle-même par une traverse rapportée sur la plateforme, ainsi que le montrent les figures 5 et 6, pl. XXVII, tantôt des imples plates-formes, dont le plancher est disposé pour recevoir la crapaudine du pivot de la fourche et deux segments circulaires en fer sur lesquels s'appuient les extrémités de la traverse de la fourche. Les figures 8, 9 et 10, pl. XXII, représentent l'ensemble du vagon à bois de l'Etat hongrois, et la figure 11 les détails de la fourche en tôle et de son pivot.

Pour faciliter le chargement ou le déchargement des bois, les branches de la fourche doivent pouvoir s'enlever ou s'abattre. Les figures 10 et 11 indiquent les dispositions prises pour donner aux branches la position voulue par le chargement, ainsi que l'arrangement de la chaine dont on peut faire varier la longueur selon la hauteur des bois dans la fourche.

Une disposition analogue, mais naturellement plus simple, se retrouve dans le petit vagon à fourche pivotante du matériel agricole — chap. V, fig. 7, 8, pl. XXVIII —.

Deux vagons ainsi chargés de longs bois doivent être suffisamment reliés entre eux pour qu'il n'arrive aucun dérangement dans les positions relatives des deux véhicules, et pour cela il ne faut pas compter sur la liaison par les pièces de bois chargées. On effectue la liaison tantôt en intercalant une plate-forme qui marche à vide entre celles qui portent le chargement, tantôt en accouplant les plates-formes au moyen d'une tige d'attelage en bois ferrée et de longueur appropriée à celle du chargement.

Les figures 8 et 9 indiquent deux tiges d'attelage (FL, FL) suspendues au vagon, l'une de 2ᵐ,500, l'autre de 4ᵐ,500 de longueur et deux amorces de tiges posées dans les crochets de traction.

Le mode de suspension et celui de jonction de ces tiges avec le crochet de traction demandent beaucoup de soins, d'études et d'exécution, car la chute d'une tige en route peut amener de graves accidents. Il y aurait lieu de loger ces tiges dans une boîte fermée et appliquée sous le châssis, et en service, de les soutenir au besoin par deux chaînettes de sûreté.

Nous verrons dans la IIIᵉ partie de ce *Traité*, chap. II, § III, les précautions à prendre pour l'arrimage des chargements et les conséquences souvent déplorables que l'oubli de ces précautions peut entraîner.

242. *Vagons à rails.* — Nous avons signalé au chapitre V, § III, de la Iʳᵉ partie de ce *Traité*, la tendance des administrations de chemins de fer à donner aux rails une longueur de plus en plus grande. De 4ᵐ,50, qu'elle était il y a moins de vingt-cinq ans, cette longueur atteint et même dépasse 6ᵐ,50. Probablement les moyens actuels de fabrication permettront d'augmenter encore cette dimension.

Tant que la longueur des rails ne dépassait pas celle des plates-formes ordinaires, on pouvait sans inconvénient transporter des rails sur ces véhicules ; mais depuis l'adoption des grandes longueurs on a été contraint de charger les rails soit sur deux vagons plats, soit sur un seul en relevant l'une des extrémités des rails par-dessus le bord du vagon. De cette disposition il est résulté de graves accidents ou des fatigues excessives sur les extrémités des châssis ; on s'est alors décidé à construire des vagons spéciaux à rails. Les figures 12 et 13, pl. XXII, indiquent les dispositions d'ensemble du vagon à rails de l'Etat hongrois. La caisse a 6ᵐ,910 de longueur intérieure. Sur les longs côtés, on a ménagé des portes à coulisse qui facilitent le service et permettent d'utiliser le vagon à d'autres usages pour le service de la voie. Les bords des extrémités sont à charnière et emprisonnent complétement les rails dans le vagon.

243. *Vagon de secours.* — Parmi tous les véhicules de service de la voie et de la traction, nous ne citerons plus que le vagon de secours et le chasse-neige. Un type du premier est représenté par les figures 1 à 4, pl. XXIX. Les élévations et coupes de ces figures sont assez détaillées pour nous permettre d'en abréger la description. L'outillage de ce vagon doit être suffisant pour permettre, dès son arrivée sur les lieux, de procéder à la remise sur rails des véhicules déraillés, ou de placer hors de la voie ceux qui ne peuvent plus rouler, de manière à rétablir aussitôt que possible la circulation des trains. L'article 41 du 15 novembre 1846 dispose « qu'il y aura constamment, aux lieux de dépôt des machines, un vagon chargé de tous les agrès et outils nécessaires en cas d'accident ». L'inventaire de ces outils et agrès comprend, au minimum : 2 paires de roues montées, 6 boîtes à graissage, 6 anspects, 1 prolonge, 1 chaîne de 30 mailles au moins, 2 crics, 2 verrins, 1 hache et 2 seaux à incendie, 1 scie, 2 pinces en fer, 1 poulain, 4 rails, traverses, madriers et cales en chêne, outils de charpentier et d'ajusteur, et enfin une boîte à médicaments. Le vagon de secours de l'Ouest porte en outre un petit lorry de 1^m,50 de longueur, à roues de 0^m,70, montées sur forts essieux espacés de 0^m,740. Deux crochets de traction, fixés aux traverses de tête, servent au besoin à l'attelage dans le train de ce lorry chargé de tout ou partie d'un véhicule avarié.

243 *bis. Grue roulante.* — Ire partie, chap. VIII, § II, 302 et suiv.

244. VAGON CHASSE-NEIGE. — Les diverses précautions à prendre pour frayer un passage au travers de la neige lorsque, dans les tranchées principalement, elle occupe

une grande hauteur, sont indiquées au numéro 227, § V, chap. VI de la première partie. Nous avons vu que l'on emploie, suivant le cas, divers appareils — *charrues* et *chasse-neige.*

Les charrues en tôle, de différentes hauteurs suivant l'importance de la couche de neige, se fixent à l'avant de vagons spéciaux suffisamment lestés pour ne pas dérailler sous la pression exercée par les amas de neige. En Wurtemberg, lorsque la couche de neige n'atteint pas 2 pieds, on se sert de charrues de 4 pieds de hauteur, de 10 pieds de longueur minima à la partie supérieure.

On emploie également, en Bavière, des charrues montées sur des trucs particuliers ; ces appareils, moins longs que les précédents, se composent de deux surfaces inclinées se rencontrant à angle droit, et formées d'un revêtement en forte tôle reposant sur un bâti en charpente.

Lorsque la hauteur de neige atteint des proportions plus considérables, on a recours à des chasse-neige montés sur roues et poussés par la locomotive en avant du train.

En Bavière, ces appareils se composent d'une forte charpente montée sur un train à six roues et revêtue d'une enveloppe en tôle ayant la forme d'un coin à faces concaves qui s'élève à $2^m,50$ de hauteur totale au-dessus des rails.

Des chasse-neige analogues fonctionnaient autrefois sur les lignes de la Compagnie autrichienne des chemins de fer de l'Etat ; mais on reconnut qu'en raison de leur forme ces appareils tendaient à refouler la neige sur les côtés et à la comprimer également en avant, ce qui augmentait la résistance de manière à la rendre quelquefois insurmontable si la couche atteignait de fortes proportions. On fut par là conduit à étudier une forme plus convenable, en se basant sur les considérations suivantes, que nous extrayons des documents présentés par la Compagnie[1] à l'Exposition uni-

---

[1] *Notice sur les objets envoyés à l'Exposition de Londres de l'année 1862, par la Société autrichienne I. R. P. des chemins de fer de l'Etat.*

verselle de 1862 et qui résument d'une manière assez complète les données du problème.

Un bon chasse-neige doit satisfaire aux conditions ci-après :

1° Ne pas simplement refouler la neige, mais surtout la soulever, et, par déplacements successifs, la rejeter en dehors de la largeur du passage nécessaire pour le matériel roulant en service ;

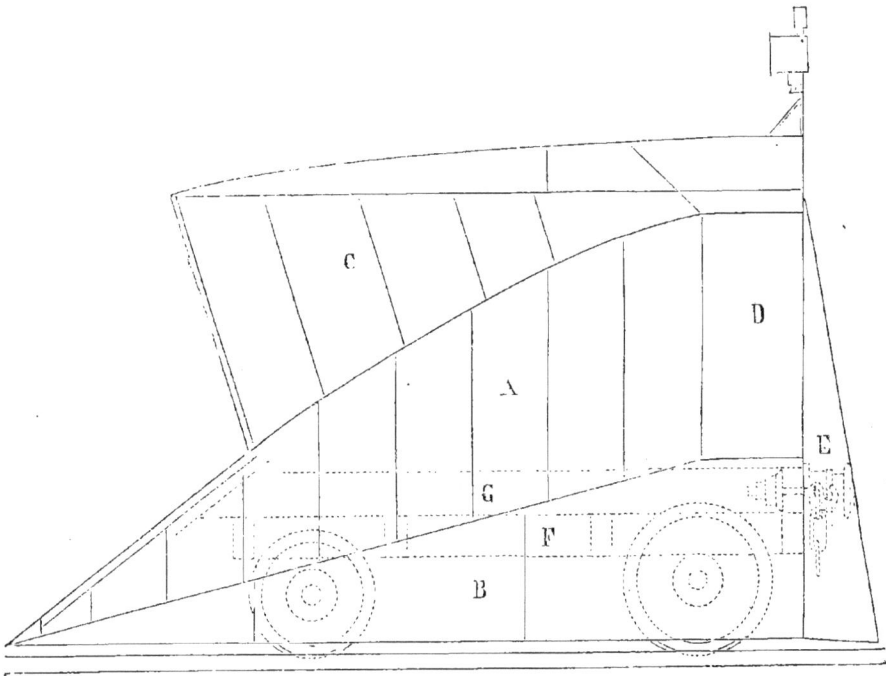

Chariot chasse-neige autrichien.

2° Offrir par son poids et celui de la neige qu'il porte une résistance telle, que les inégalités des pressions latérales exercées par la neige ne puissent pas le jeter hors des rails ;

3° Présenter des formes étudiées de manière à produire le déplacement de la neige par un mouvement continu et aussi bien ménagé que possible : plus on réduit ainsi la résistance, plus grande est la hauteur d'encombrement qu'une locomotive de puissance donnée peut attaquer avec succès ;

4° Déplacer et rejeter la neige enlevée de la voie pour ouvrir le passage de telle sorte, et comprimer les parois de la tranchée à un degré tel, que la neige ne puisse pas retomber sur la voie derrière le chasse-neige et y former un nouvel obstacle :

5° Rendre compactes, autant que possible, les neiges qu'il déplace, et les déposer, dans cet état, sur les côtés, de manière à éviter que la neige ne vienne à flotter dans l'air autour du chasse-neige et de la locomotive, ce qui rend impossible, ou du moins très-difficile, l'appréciation de l'état de la voie et la vue des signaux ;

6° L'arrière du chasse-neige doit être construit de manière à permettre une marche rétrograde quand les neiges ont peu de hauteur.

Les dispositions du chasse-neige étudié par la Société autrichienne d'après ces principes sont représentées en élévation par la figure ci-contre.

La surface se compose, sur chaque côté, de quatre parties distinctes :

1° Une paroi latérale BD plane et légèrement inclinée en dehors de bas en haut, qui sert à comprimer la neige rejetée hors de la voie et détermine la largeur de la tranchée à ouvrir ;

2° Une surface gauche A, dont la génératrice, parallèle à un plan perpendiculaire à l'axe de la voie, horizontale à l'avant, se relève progressivement vers l'arrière jusqu'à prendre l'inclinaison de la face BD, avec laquelle la surface se raccorde. Sa fonction consiste à enlever la neige et à la rejeter hors du profil de la tranchée à ouvrir ;

3° La surface gauche C, qui rencontre la première de manière à couper toutes ses génératrices à une longueur égale de l'arête latérale. La génératrice de la surface C, s'appuyant sur cette courbe d'intersection et restant constamment parallèle à un plan incliné à 30 degrés sur le plan de la voie, fait avec le plan médian un angle qui varie de zéro à 30 degrés de l'avant à l'arrière ;

4° La surface E, qui forme volet incliné, placé à l'arrière pour éloigner le peu de neige qui pourrait faire obstacle à la marche rétrograde du chasse-neige.

Ces diverses surfaces sont formées de planches de $0^m,040$ d'épaisseur, assemblées à languettes et rainures, recouvrant la charpente du véhicule et garnies elles-mêmes de tôle de $0^m,0033$ d'épaisseur. Les volets d'arrière sont en tôle plus forte de $0^m,0055$ et supportés par un châssis sans planches.

L'Etat Hongrois a modifié ces dispositions en adoptant celles que représentent les figures 5 à 10, pl. XXIX. Sans parler de la réduction des dimensions qui, dans le chasse-neige de la Compagnie autrichienne de l'Etat, paraissent un peu exagérées, les principales modifications sont : l'inclinaison en arrière donnée à l'arête de rencontre des faces C, inclinaison qui facilite la pénétration dans la neige ; le redressement des faces B et D ramenées à la verticale.

La charpente, en chêne, est munie à l'arrière de deux tampons de choc et d'un ressort de traction, à l'avant d'une barre d'attelage. Elle repose sur un châssis en bois supporté par deux paires de roues montées sur essieux à fusées extérieures.

Les dimensions principales de ces chasse-neige sont les suivantes :

Longueur, non compris les volets inclinés d'arrière...............................	$5^m,000$
Largeur au bas.............................	3 ,000
Largeur maxima en haut...................	3 ,000
Hauteur totale au-dessus du rail...........	2 ,500
Elévation de l'arête inférieure du soc au-dessus des rails...........................	0 ,080
Diamètre des roues { d'avant................	0 ,600
{ d'arrière..............	0 ,970
Distance de l'essieu d'avant à l'arête d'avant du soc....................................	1 ,600
Distance entre les deux essieux...........	2 ,700

Ces appareils deviennent inapplicables quand le chemin présente de nombreuses courbes de petit rayon. Le fait s'est présenté pour la ligne de Steierdof exploitée par la même Compagnie, qui, après avoir fait l'essai et reconnu dans ce cas les désavantages de ces appareils, leur substitua de simples socs de charrue appliqués à l'avant de la locomotive dans l'axe des cylindres et inclinés à 45 degrés sur la voie. Lorsque la neige atteint une épaisseur de 0ᵐ,20 à 0ᵐ,40, on ajoute à ces socs un bec portatif. Ainsi disposé, cet appareil a rendu de grands services en facilitant la traction du train normal (110 tonnes), malgré 0ᵐ,40 de neige. Cet appareil a été adapté aux locomotives des lignes principales.

Les chemins de l'Etat Badois font usage d'un appareil analogue.

§ V. DU POIDS MORT DES VAGONS.

245. *Tableau des dimensions et des poids de quelques vagons à grande et petite voie (le poids du train compris).*

DÉSIGNATION DES CHEMINS DE FER ET DES VAGONS.	NOMBRE D'ESSIEUX.	CAISSE.			POIDS.	OBSERVATIONS.
		LONGUEUR.	LARGEUR.	HAUTEUR.		
Paris-Lyon-Méditerranée.		m.	m.	m.	kil.	Voyez tableau n° 115. Brancards en bois.
Fourgon..............	3	6,780	2,400	2,100	7600	P.-L. Vigie intérieure. 4 portes.
Fourgon-allége	3	6,780	2,400	2,100	7550	P.-L. Guérite extérieure. 4 portes.
Fourgon..............	3	6,700	2,400	1,902	7700	L.-M. Toiture à galerie pour bagages. 4 portes.
Fourgon.............	2	5,380	2,400	2,100	6650	P.-L. Vigie intérieure. 2 portes.
Fourgon.............	2	5,000	2,402	1,822	6600	L.-M. Sans vigie, sans frein. 2 portes.
Fourgon.............	2	5,400	2,600	2,150	5200	G.-C. Vigie et frein.
Fourgon.............	2	6,080	2,640	2,060	6800	B. Guérite extérieure. Toiture à galerie à bagages.

DÉSIGNATION DES CHEMINS DE FER ET DES VAGONS.	NOMBRE D'ESSIEUX.	CAISSE.			POIDS.	OBSERVATIONS.
		LONGUEUR.	LARGEUR.	HAUTEUR.		
		m.	m.	m.	kil.	
Ouest.						Voie de 6m,60.
Fourgon.............	2	6,180	2,670	2,080	6 800 / 7 500	Certains fourgons lestés de 1800 kilog.
Vagon couvert.......	2	5,216	2,600	2,200	4 800 / 5 600	Frein à main. Chargement : 6 tonnes.
Vagon couvert.......	2	6,200	2,670	2,200	6 100	A volets. Frein à main. Chargement : 8 tonnes.
Vagon couvert.......	2	6,490	2,670	2,200	6 300 / 6 700	Guérite extérieure Frein 4 sabots. Chargement : 8 tonnes :
Vagon couvert.......	2	5,716	2,600	2,200	5 100	Frein à main. 1 sabot. Chargement : 8 tonnes.
Vagon couvert........	2	5,716	2,600	2,200	5 500	Guérite extérieure. Frein 4 sabots. Chargement : 8 tonnes.
Vagon ouvert........	2	4,800	2,440	1,000	4 300	Hauteur au milieu des pignons. 1m,520. Charg. : 10 tonnes.
Vagon ouvert........	2	4,925	2,440	1,040	4 800	Guérite extérieure. Frein 4 sabots. Charg. : 10 tonnes.
Vagon à lait.........	2	5,460	2,660	1,185	4 700	Frein à main. Charg. : 10 tonn.
Vagon à voitures.....	2	4,850	2,500	0,547	4 200 / 4 800	
Vagon plat..........	2	5,600	2,740	0,320	4 600 / 4 900	Frein à main. Bouts tombants. Chargement : 10 tonnes.
Vagon plat..........	3 / 4	7,000 / 6,300	2,730 / 2,730	» / »	8 500	Chargement : 20 tonnes.
Vagon plat	4	9,600	1,940	»	9 800	Tout en fer. Charg. : 20 tonnes.
Vagon à bois	2	5,500	2,400	»	3 500	Frein à main. Charg. : 6 tonn.
Vagon à terrassement.	2	5,600	2,640	6,400	3 600	Frein 4 sab. Charg. : 10 tonnes.
Festiniog.						
Vagon à charbon.....	2	2.895	1,473	1,040	965	Chargement : 3 tonnes.
Vagon à ardoises.....	2	1.830	1,500	0,457	914	Chargement : 3 tonnes.
Bogie à bois.........	2	»	»	»	660	
État hongrois.						Voie de 1m,435.
Fourgon.............	2	6,080	2,575	2,180	8170	Brancards en fer.
Vagon couvert.......	2	5,800	26,50	2,250	6 700	A frein. Charg. : 10 tonnes.
Brésil.						Voie de 1 mètre.
Fourgon.............	2	4,800	2,200	2,200	3 550	Chassis en bois. Vigie. Frein 8 sabots.
Vagon couvert......	2	4,000	2,200	2,000	2 840	Sans frein. Charg. : 5 tonnes.
Vagon ouvert........	2	4,000	2,200	0,900	2 340	Sans freins. Hauts-bords. Chargement : 5 tonnes.
Vagon bergerie......	2	4,000	2,400	2,000	2 830	Sans freins. Hauts-bords. Chargement : 5 tonnes.
Vagon plate-forme....	2	4,000	2,200	0,350	2 215	Sans freins. Bas-bords. Chargement : 5 tonnes.

§ VI. DÉTAILS D'EXÉCUTION.

246. VAGONS COUVERTS. — *Charpente.* — La charpente
de la caisse se compose : de quatre pieds corniers assemblés
à la partie inférieure dans les traverses extrêmes du châssis
et reliés à l'extrémité supérieure par le cadre formé des battants et courbes extrêmes de pavillon, dans lequel ils sont
assemblés, tantôt à tenons et mortaises, tantôt et mieux
par des brides en fer ou en fonte ; d'un certain nombre de
pieds intermédiaires placés à 0^m,70 ou 1 mètre de distance
les uns des autres, formant l'ossature des parois longitudinales et des faces de bout, et reposant les uns sur les
traverses extrêmes, et les autres sur un faux brancard
réuni aux longerons du châssis par des consoles en fonte ;
ils s'assemblent également avec le cadre supérieur, qui
est lui-même consolidé par une série de courbes intermédiaires espacées de 0^m,50 environ ; enfin, d'un ou de deux
cours de traverses, — traverses de ceinture, — reliant les
divers pieds entre eux, vers le milieu et aux trois quarts
de leur hauteur.

Lorsque cette charpente se fait en bois, les diverses
pièces, parfaitement équarries, doivent être choisies, travaillées et montées avec les mêmes précautions que celles
indiquées plus haut — 202 — ; les assemblages à tenons,
consolidés par des harpons et des équerres. On apportera
un soin tout particulier au travail des pieds d'angle, dont
les assemblages avec les traverses ne tardent pas à se détériorer, s'ils ne sont pas exécutés très-exactement et toujours maintenus à l'abri de l'humidité. Si l'on adopte l'emploi du fer, les pièces de la charpente se feront en fers
laminés, à double ou à simple T ou en U, réunis entre eux
à l'aide de cornières soigneusement dressées.

247. *Panneaux.* — Les espaces vides compris entre les
diverses pièces de la charpente sont fermés à l'aide de

planches jointives placées horizontalement, verticalement ou en diagonale, assemblées entre elles à rainures et languettes, ou, mieux encore, pour éviter les effets de la dessiccation du bois et par suite l'introduction de la pluie, au moyen de languettes de zinc de $0^m,020$ de largeur sur $0^m,003$ d'épaisseur, introduites dans les rainures pratiquées de chaque côté des planches.

Dans le cas de charpente en bois, ces planches reposeront dans des feuillures pratiquées sur les arêtes des pieds et des traverses. Nous préférons maintenir ces voliges par des tasseaux contre les montants, les rainures affaiblissant ces pièces. Avec l'ossature en fer, elles sont fixées au moyen de vis sur les ailes des fers à T qui composeront la carcasse.

Dans les vagons à bestiaux, la partie des panneaux située au-dessus de la traverse de ceinture est souvent remplacée par un volet, mobile autour d'une charnière horizontale fixée à la traverse de ceinture. D'autres fois, on substitue à ce volet des rideaux en cuir ou en toile.

Dans les vagons-écuries, la partie supérieure des panneaux est occupée par des ouvertures garnies de lames de persiennes. Quelques chemins possèdent des vagons-écuries dont les faces latérales se composent de portes contiguës correspondant à chaque stalle et destinées à faciliter l'entrée des chevaux dans leur box (chemin de fer de l'Ouest). Dans les vagons-écuries d'Orléans, les séparations sont mobiles et les parois n'ont que trois portes.

Les parois des vagons-bergeries sont à claire-voie ou pleines, et munies, dans ce dernier cas, d'ouvertures occupant toute la largeur des panneaux, assez étroites et placées assez haut pour que le bétail ne puisse pas se précipiter sur la voie.

En Allemagne et en Hongrie, les parois des vagons couverts sont doubles, le revêtement intérieur maintient le chargement, et le revêtement extérieur préserve l'ossature de l'introduction de la pluie (fig. 1 à 7, pl. XXII).

Les vagons à foudre (fig. 5 à 11, pl. XXV) portent la même disposition.

248. *Revêtement.* — On recouvre souvent les parois des vagons à bagages et à marchandises d'une garniture en tôle destinée à préserver les panneaux en bois du contact de l'humidité et des chocs. Les plaques de tôle servant à cet usage doivent être préparées, montées avec le même soin que les panneaux de revêtement des voitures — 212 — et toujours entretenues d'une couche de peinture qui les garantisse de la rouille.

249. *Portes.* — Les portes des fourgons à bagages et des vagons à marchandises sont tantôt à coulisses et tantôt à charnières. Elles sont formées d'un cadre en bois ou en fer, — suivant le genre de construction adopté pour la caisse, — garni de panneaux en planches et revêtu de plaques de tôle. Dans le premier cas, à ses deux angles inférieurs, la porte est munie de deux galets en fonte roulant sur un rail en fer plat fixé aux longerons du châssis par des consoles en fer forgé ; elle est guidée à la partie supérieure par deux anneaux glissant sur une tringle en fer fixée aux battants du pavillon. Une forte serrure fixée aux pieds d'entrée maintient la fermeture assurée. Afin que l'eau ne pénètre pas à la partie supérieure par l'espace libre qui existe naturellement entre la porte et la paroi de la caisse, on munit la première d'un rebord en tôle qui entoure la tringle de guidage, et vient se recourber sous le larmier de la corniche (fig. 7 à 12, pl. XXX).

Une petite cornière doit également régner sur les parties fixes qui bordent la porte, pour empêcher l'introduction de l'eau ou des matières enflammées dans le vagon.

Dans les vagons-bergeries, les portes au nombre de quatre pour chaque étage, se rabattent quelquefois horizontalement (Nord), de manière à servir de pont au bétail pour faciliter son entrée dans le véhicule. D'autres fois, elles se meuvent verticalement dans des coulisses (chemin de fer du Midi).

Les vagons-écuries s'ouvrent tantôt sur les faces latérales (Orléans, Ouest), tantôt aux extrémités (Bavière, Belgique, chemin rhénan). Dans le premier cas, les portes se composent de deux parties, dont l'une, formée d'un ou deux battants, tourne autour d'un axe vertical, tandis que l'autre occupant la partie inférieure, se rabat horizontalement, de manière à s'appuyer sur le quai et former un pont pour le passage des chevaux. Lorsque les portes s'ouvrent sur les faces extrêmes, un petit pont, fixé au vagon en dessous des ouvertures, peut se rabattre sur les tampons et faciliter la communication d'un quai au vagon, ou d'un vagon à l'autre (chemin rhénan, belge).

250. *Plancher.* — Le plancher est formé de madriers transversaux de $0^m,030$ d'épaisseur, directement posés sur les traverses et les brancards du châssis, et reposant par leurs extrémités dans des feuillures pratiquées sur les arêtes des longerons qui supportent les pieds intermédiaires et corniers. Dans les fourgons à bagages, ces madriers sont assemblés entre eux à rainures et languettes ; dans les vagons à marchandises, ils sont généralement assemblés à mi-bois. Dans les vagons-écuries, les madriers sont jointifs avec des ouvertures ménagées pour l'écoulement des liquides ; on donnera aux madriers un surcroît d'épaisseur, — $0^m,040$, — afin de résister au piétinement des chevaux. Les vagons-bergeries sont munis d'un double plancher, dont le supérieur, placé au milieu de la hauteur de la caisse, est à claire-voie, doublé d'une garniture en zinc ou en plomb, dont les bords, disposés en gouttières, rejettent les urines en dehors ; d'autres fois, les planchers sont formés de planches jointives assemblées avec des languettes de zinc n° 14, et celui de dessus est simplement incliné du milieu vers les bords (Midi).

251. *Toiture.* — La toiture des vagons se compose, comme celle des voitures, d'un lattis en voliges jointives reposant sur les courbes de pavillon et supportant une couverture en zinc, en toile goudronnée ou en carton bitumé ; quelle que

soit la disposition adoptée, les gouttières sont toujours en zinc et supportées par une corniche en sapin qui règne sur tout le pourtour du cadre supérieur. Les courbes des vagons hongrois sont formées de fer cornière de $0^m,05/0^m,050$ retournées d'équerre et fixées à l'aide de deux vis à bois contre les battants de pavillon (fig. 13, pl. XXX).

Dans les fourgons à bagages, la toiture est surmontée d'une vigie permettant au garde-frein de diriger ses regards au-dessus des vagons qui composent le train, et d'apercevoir les signaux de la machine, du chef du train ou de la ligne. Le but de cette construction fait suffisamment comprendre que les quatre parois devront être garnies de vitrages, de manière à ne gêner la vue dans aucun sens. La charpente, composée de quatre montants réunis à leur partie supérieure par une traverse soutenant une toiture de composition analogue à celle du vagon, reposera sur deux courbes de pavillon de cette dernière, auxquelles on donnera des dimensions en rapport avec la charge qu'elles auront à supporter.

Les vagons-écuries sont munis de lanterneaux, au nombre de deux généralement pour les vagons à six chevaux, de forme analogue à celle des vigies, mais simplement destinés à faciliter la ventilation, et dont les parois seront, par conséquent, percées d'ouvertures masquées par des lames de persiennes et garnies de toile métallique.

252. *Accessoires divers.* — Dans les fourgons à bagages, nous avons déjà dit que l'on plaçait des caisses à chiens. Ces dernières se trouvent aux extrémités du véhicule dont les panneaux de bout forment l'une des parois latérales, l'autre étant composée d'une cloison en planches régnant sur toute la largeur du vagon. L'escalier et le siége du garde-frein sont généralement placés au-dessus de la caisse à chiens qu'ils limitent ainsi à la partie supérieure ; le plancher de cette dernière est garni d'une feuille de tôle, relevée et cintrée sur les bords pour faciliter l'écoulement des urines, qui tombent sur la voie par des trous percés

dans l'épaisseur du plancher et également garnis de tôle. Les deux extrémités de la niche à chiens, correspondant aux longs côtés du vagon, sont fermées par une porte grillagée ou en tôle perforée et munie d'une forte serrure.

Le siége du garde-frein doit être élevé de quelques marches, de manière qu'il puisse, étant assis, avoir la tête à la hauteur du vitrage de la lanterne ; le dessous formant armoire est fermé par une porte à serrure. A 0m,500 en avant, on placera une armoire dont le dessus servira de table surmontée de casiers. Enfin, devant la table, et vis-à-vis du siége, se trouve placée une planche inclinée, sur laquelle le garde-frein peut poser les pieds, lorsqu'il a besoin d'un point d'appui pour exercer sur le volant un effort un peu considérable et serrer le frein.

Nous avons vu que, pour diviser les vagons-écuries en stalles, on place des cloisons qui établissent une séparation complète entre les chevaux à transporter.

Lorsque le nombre des portes est suffisant pour que chaque cheval puisse entrer directement de l'extérieur dans la stalle qui lui est destinée, — Ouest, — les cloisons sont fixes, composées de deux montants assemblés aux courbes de pavillon par tenon et mortaise et sur le plancher par l'intermédiaire de tasseaux. Ils sont consolidés, en outre, au moyen de traverses et de pièces en écharpe ; l'intervalle qui les sépare est rempli jusqu'à une hauteur de 1m,30 par un panneau en planches jointives maintenues dans des rainures pratiquées sur la face des montants. L'espace compris entre ces derniers et les parois latérales de la caisse reste libre et permet aux gardiens de circuler sur toute la longueur.

Dans le cas où le vagon n'a qu'une porte d'entrée, placée soit au milieu de la longueur, soit à l'une des extrémités (Belgique, Bavière), les parois des stalles sont mobiles autour de l'une de leurs extrémités et peuvent s'effacer, de manière à laisser aux chevaux le passage libre. Quand les chevaux occupent leur place, ces stalles mobiles sont ramenées perpendiculairement à l'axe du vagon et fixées, dans cette position, à l'aide de verrous, contre un montant qui laisse, comme dans la première disposition, un passage suffisant le long de la paroi.

Quel que soit d'ailleurs l'arrangement intérieur adopté, on réserve toujours un compartiment spécial pour les gardiens, dans lequel on place des banquettes et une table. Le dessous pourra servir d'armoire à renfermer les harnais et divers accessoires.

Enfin, on masque les parois des stalles fixes ou mobiles, ainsi que celles de la caisse jusqu'à la hauteur du corps du cheval, et le plafond du vagon, de garnitures en cuir rembourrées de crin, de manière que l'animal ne puisse pas se blesser pendant le transport.

Les vagons fermés doivent porter une main-courante placée à l'extérieur des parois de la caisse et régnant sur toute la longueur, de manière à faciliter la circulation au dehors sur les marchepieds qui s'étendront, à cet effet, jusqu'au plan vertical tangent aux faux tampons.

253. *Emploi du fer.* — Il y a une tendance très-marquée, dans la construction des nouveaux vagons, à remplacer le bois par le fer, principalement en ce qui touche la constitution de la carcasse. Dans les vagons en bois, en effet, par suite de l'augmentation des prix du bois de chêne et de la main-d'œuvre en Europe, l'entretien le plus coûteux est celui des montants, dont les assemblages avec le châssis se trouvent très-promptement détruits par l'eau et les chocs. L'emploi du fer amène, dans ce cas, une réduction des frais d'entretien et de réparation, qui élève d'autant les bénéfices du trafic et les garanties de sécurité de l'exploitation. Grâce à ces avantages, ce nouveau système de construction prend tous les jours une importance plus grande. La même observation se reproduira au sujet de la construction des châssis des voitures et des vagons, ainsi que nous le verrons au chapitre VI, § I, 317 et suiv.

Quelques constructeurs, allant plus loin, ont supprimé en principe l'emploi du bois, même pour les panneaux de remplissage. A l'appui de cette remarque, nous citerons la Compagnie prussienne du chemin de fer de la Silésie supérieure, qui a fait construire complétement en fer plusieurs centaines de vagons à marchandises ouverts et fermés. La Compagnie du chemin de Lubeck à Büchen, après un essai de quatre ans, a adopté un système de construction analogue pour tous ses nouveaux vagons. Toutefois, nous ne croyons pas pouvoir approuver absolument ce mode de construction, principalement en ce qui touche les vagons couverts; car l'emploi des panneaux en bois présente une grande facilité au point de vue de l'entretien. Cette opinion paraît être celle de la plupart des autres administrations allemandes, qui, au système du chemin de fer de Silésie, préfèrent la construction mixte en bois et en fer. Elles reprochent aux parois en tôle de se déformer trop facilement sous les chocs qu'elles subissent nécessairement pendant le chargement, le transport et le déchargement; le résultat de cette déformation est de faire tomber la peinture qui recouvre le métal, et par là de l'exposer à une prompte oxydation, nécessitant bientôt de coûteuses réparations. Enfin, l'emploi de la tôle a l'inconvénient de maintenir à l'intérieur des vagons, pendant l'été, une grande élévation, en hiver, un grand abaissement de température, qui peuvent être nuisibles à la conservation des objets à transporter et rendent les véhicules impropres, dans cette dernière saison, au transport des troupes et des animaux.

Le troisième système de garnissage, consistant en un remplissage en bois recouvert d'une enveloppe en tôle, ne paraît pas être beaucoup plus en faveur auprès de ces administrations. Ce dernier système a cependant l'avantage de prolonger la durée de la garniture en bois quand l'enveloppe en tôle est disposée de manière à empêcher l'introduction de l'eau dans les joints.

254. VAGONS DÉCOUVERTS. — *Charpente*. — La charpente en bois des vagons découverts à hauts bords, plus simple que celle des précédents, se compose de quatre pieds corniers assemblés sur les traverses extrêmes du châssis, de quatre pieds intermédiaires assemblés sur les mêmes traverses et formant la carcasse des parois extrêmes ; sur les longs côtés, de quatre pieds d'entrée servant d'attache fixe aux deux portes qui en occupent le milieu. Deux traverses, l'une au milieu, l'autre au sommet, relient entre eux les pieds d'angle et les pieds d'entrée et intermédiaires. Souvent les rectangles des deux bouts sont surmontés d'un pignon triangulaire dont le sommet dépasse de $0^m,500$ environ le niveau des parois latérales ; une traverse de moindre équarrissage, reposant directement sur le plancher, reçoit l'extrémité inférieure des planches de doublure placées obliquement, et reposant de l'autre bout dans les feuillures pratiquées sur les arêtes des pieds et des traverses. Les portières sont à charnières horizontales ou verticales, à un ou deux battants ou à coulisse. Quel que soit leur mode de fermeture, elles consistent en un cadre de charpente très-solidement construit et consolidé par des traverses ou des pièces en écharpe, le tout armé de fortes ferrures. Ces précautions sont nécessaires à observer en raison des manipulations continuelles subies par les portes qui ne tardent pas à refuser le service, si elles ne se trouvent pas construites dans les meilleures conditions de résistance. On aura soin de les munir de verrous convenablement placés et disposés de manière qu'elles ne puissent pas s'ouvrir par l'effet des secousses qu'éprouve le véhicule en mouvement.

Le plancher, formé de planches jointives de $0^m,050$ d'épaisseur, repose directement sur le châssis, au-delà duquel il se prolonge jusqu'à la rencontre du faux-brancard. Il vaut mieux assembler les madriers à mi-bois ou par des languettes en zinc, pour éviter les pertes des matières menues pendant le transport.

255. *Vagons en fer*. — On fait en Allemagne, en France

et en Suisse, des vagons découverts en fer. La carcasse de ces vagons est composée de fers à T simple, d'environ $0^m,078$ de hauteur, fixés sur les longerons à l'aide de cornières et recourbés à leurs extrémités pour former l'ossature des parois latérales; cette carcasse en fer supporte une caisse en tôle de $0^m,004$ d'épaisseur rivée sur les fers à T,

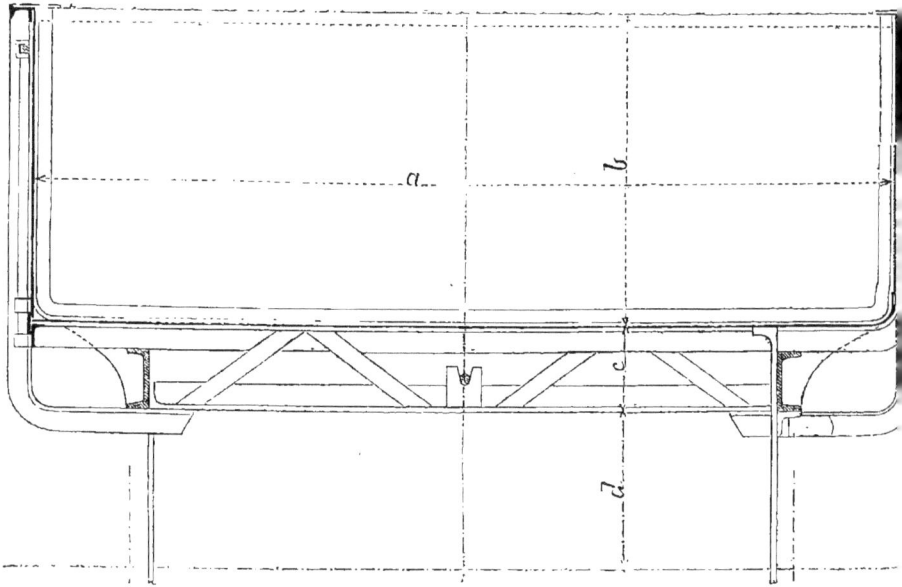

Vagon découvert en tôle. Echelle $\frac{1}{25}$.

a — Largeur intérieure du vagon........ $= 2^m,570$
b — Hauteur intérieure du vagon........ $= 0,900$
c — Distance de la caisse à la face inférieure des longerons............ $= 0,251$
d — Hauteur des longerons au-dessus de l'axe des essieux............ .... $= 0,420$

son bord supérieur étant renfoncé d'une cornière. Nous avons donné, à l'annexe n° 3, les dimensions de l'un de ces vagons. La tôle pourrait être, dans ce cas, avantageusement remplacée — 253 — par la garniture en bois ordinaire; mais alors, les panneaux ne pouvant pas servir aussi efficacement à relier entre eux les divers supports en fer, il deviendrait nécessaire de les maintenir, sur la hauteur, par une, au moins, ou deux traverses de ceinture.

La figure ci-contre représente, en coupe, un vagon de cette espèce appartenant au chemin de la haute Silésie :

Les longerons sont formés par des fers en U de $0^m,175$ sur $0^m,070$. La caisse est soutenue latéralement par des fers à simple T, dont les uns, ainsi que l'indique la partie droite du croquis, sont les prolongements recourbés des traverses, tandis que les autres — coupe de gauche faite au milieu du vagon — sont indépendants et viennent se relier au-dessus des longerons à une traverse supplémentaire, en composant ainsi un ensemble parfaitement rigide.

L'emploi de vagons en fer et tôle peut être avantageux, par exemple, pour le transport des matières liquides ; les vagons construits dans ce but par la Compagnie du chemin de la haute Silésie, — transports de goudrons de houille servant à la préparation des traverses, — ont le fond légèrement incliné vers le milieu, où viennent déboucher deux tuyaux de vidange fermés par des soupapes et se réunissant plus loin en un seul muni d'un robinet, auquel on peut fixer un tuyau de conduite. La caisse est fermée à la partie supérieure par une tôle percée de trous d'homme pour le remplissage et le nettoyage. Des vagons de cette espèce pourraient être affectés avec avantage, dans certains cas, au transport des huiles minérales ou végétales, etc. Nous avons vu l'application de la tôle aux foudres à liquides — 237 —.

256. Il est des cas où l'application d'un principe, juste en soi, n'est pas toujours raisonnable ; témoin celle du fer aux véhicules de transport destinés aux pays d'Orient. Le transport de ces caisses et de ces châssis assemblés est très-coûteux ; en cas d'accident, les moyens de réparation manquent ; tandis qu'on trouve presque partout du bois et des ouvriers pour le mettre en œuvre.

257. VAGONS PLATS. — Le vagon plat (p. 262) se prête, par sa forme, aux transports les plus variés; la caisse se trouve pour ainsi dire réduite à un simple plancher en madriers de $0^m,040$ d'épaisseur placés dans le sens de la longueur, reposant sur les traverses et, en dehors des longerons, sur des faux brancards portés par des consoles en fonte, lesquelles supportent également deux pièces de $0^m,070$ d'épaisseur et de $0^m,100$ à $0^m,400$ de hauteur environ placées de champ et servant de parois latérales. Les parois extrêmes, formées de même, sont quelquefois disposées de manière à pouvoir se rabattre en tournant autour d'une charnière horizontale. Enfin, des traverses en bois, placées en dedans de la caisse, et réunies aux parois latérales par des équerres en fer qui se prolongent sur toute leur longueur, protégent le plancher contre le choc des pièces lourdes qui peuvent composer le chargement de ces vagons.

Des anneaux en fer, fixés sur la face extérieure des parois, servent de points d'attache aux bâches et prolonges employées à maintenir ou à préserver des influences atmosphériques les objets à transporter. Les vagons plats spécialement destinés au transport des équipages doivent être munis à leurs extrémités d'un pont mobile que l'on rabat sur le quai, pour faciliter le chargement du véhicule.

258. *Peinture des caisses.* — La peinture des caisses de vagons ne demande pas autant de soins que celle des caisses de voitures, et leur destination respective explique suffisamment cette différence. Aussi se borne-t-on, en général, à trois couches de peinture : — une couche d'impression, une couche définitive et une couche de vernis, entre lesquelles on effectue un ponçage et un masticage soignés. Le gris de zinc est la couleur qui convient le mieux à toutes les parties en charpente ou en menuiserie, tandis que les ferrures et les inscriptions se peignent en noir.

Lorsque les parois sont formées ou simplement recouvertes de panneaux en tôle, ceux-ci devront également recevoir deux ou trois couches de peinture, que l'on aura soin d'entretenir toujours en parfait état, pour conserver la tôle à l'abri de l'action de la rouille.

Inscriptions. — Chaque type de voiture doit être affecté d'une lettre spéciale commune à tous les véhicules de la même série, et chaque vagon d'un numéro d'ordre servant à le désigner chacun en particulier. Ces indications sont gravées sur une plaque de cuivre fixée au châssis, qui reçoit également, vers le milieu de sa longueur, deux plaques en fonte portant le nom du constructeur et l'année de fabrication; l'autre, le nom de la Compagnie. Enfin, on inscrit, en lettres peintes sur les longerons, les initiales ou les marques distinctives de la ligne à laquelle appartient la voiture, et la tare exprimée en tonnes et dixième de tonne, la capacité de chargement, et la date de la dernière visite à l'atelier.

Sur la caisse, on inscrit de même la lettre de série et le numéro dans les quatre panneaux extrêmes, le nombre de bâches ou prolonges qui sont affectées au service du véhicule, le nombre d'hommes ou de chevaux à y loger.

Enfin, à l'intérieur des fourgons, on indique par une flèche et le mot *serrez*, le sens du serrage du frein.

259. Bâches et prolonges. — *Condition essentielle.* — Nous avons exposé plus haut — 225, 228 — les avantages que présentaient les vagons découverts, plats ou à bords plus ou moins élevés : — chargement prompt et économique; — application aux transports les plus variés, depuis les matériaux bruts employés au service de la voie, tels que rails, coussinets, etc., jusqu'aux produits plus délicats, tels que les céréales, les cotons en laine, etc. Toutefois, ces derniers objets ne pouvant rester, pendant toute la durée du trajet, exposés à l'action du soleil, de la pluie, ou même de la poussière soulevée par le mouvement rapide du convoi, il y a nécessité d'employer, comme annexes aux vagons découverts, des enveloppes ou *bâches* établies en matière aussi imperméable que possible.

A cette qualité essentielle d'imperméabilité, les bâches doivent encore ajouter celle d'une solidité suffisante pour résister aux manipulations diverses qu'elles subissent, et généralement exécutées avec peu de soin par les employés qui en sont chargés ; deux conditions qui exigent de la matière constituante une grande souplesse pendant toute la durée de son service.

Forme. — *Dimensions.* — Les bâches ont la forme d'un rectangle allongé ; leurs dimensions varient suivant qu'elles s'appliquent aux vagons à bords de 1 mètre ou aux vagons plats. Voici les dimensions adoptées par le chemin de fer du Nord :

	Longueur.	Largeur.	Surface.	
1re série....	8m,60	6m,70	57m2,62	
2e série....	8 ,60	5 ,70	49 ,02	
3e série.... {	6 ,86	5 ,00	34 ,30	(Petit modèle.)
	7 ,60	5 ,30	40 ,28	(Grand modèle.)
4e série....	6 ,86	4 ,00	27 ,44	
5e série....	5 ,10	3 ,75	19 ,12	
6e série....	7 ,04	4 ,50	31 ,68	(Vagons de secours.)
7e série....	6 ,86	4 ,90	33 ,61	(Vagons à marée.)
8e série.... {	8 ,10	3 ,54	20 ,32 }	(Caisses à poterie.)
	8 ,20.	4 ,15	28 ,83 }	
9e série....	6 ,40	3 ,00	23 ,60	(V. à houille de 10t.)

Les bâches du chemin d'Orléans et du Midi pour vagons plates-formes ont 8m,20 sur 5m,60 = surface, 46 mètres.

La bâche, quelle qu'elle soit, doit porter sur tout son pourtour un large ourlet percé d'œillets distants de 1 mètre à 1m,20, dans lesquels se fixent des cordes goudronnées, de 1 mètre de longueur, qui servent à la réunir au châssis ou aux parois de la caisse, munies à cet effet, comme nous l'avons dit plus haut, d'anneaux en fer placés de distance en distance.

Un second système de cordes ou de courroies, de 1m,50 de longueur, vient passer dans des anneaux fixés à une certaine distance (0m,80) des bords de la bâche, et sert à attacher le côté flottant au châssis lorsque le chargement est terminé. Afin d'intéresser le moins possible le corps de la bâche aux efforts de traction qui résultent de ce mode d'attache, on doit le consolider par des sangles de même nature que la bâche, fortement cousues sur sa face intérieure et reliant entre eux les anneaux et les œillets correspondants de deux bords opposés.

260. *Fabrication.* — *Nature des substances employées.* — Le cuir et les tissus imprégnés de diverses substances hydrofuges entrent dans la fabrication de ces couvertures.

Par sa solidité et sa souplesse, le cuir semble avoir jusqu'ici l'avantage sur les autres matières ; mais son prix élevé en a tout d'abord restreint l'emploi, et a motivé des recherches dans le but de le remplacer par une substance plus commune. Actuellement, la majeure partie des bâches employées sur les voies ferrées sont confectionnées en toile à voile, quelquefois, mais plus rarement, en bourre de soie, imprégnée d'une substance grasse ou résineuse qui leur donne l'imperméabilité requise.

La durée des bâches, très-variable d'ailleurs, mais généralement courte, rend leur entretien excessivement coûteux, et l'on peut dire qu'il constitue une des charges les plus lourdes du service d'entretien du matériel de transport ; il est donc de toute importance d'apporter à leur confection, au choix des matières et à leur qualité les soins les plus attentifs.

Le cuir employé doit être de bonne qualité, convenablement préparé, entretenu avec soin dans un état de graissage suffisant pour lui conserver sa souplesse et son imperméabilité, et conservé à l'état sec.

La durée des bâches en cuir peut être estimée à quinze ans.

Les bâches en toile doivent être faites en forte toile de lin de première qualité, sans aucun mélange de substance étrangère. Cette condition sera stipulée avec soin dans les spécifications dressées pour la fourniture de ces appareils, et l'on devra procéder, au moment de la réception, à l'essai du tissu, afin de s'assurer qu'il ne contient pas de fils de *phormium tenax* ou de jute, dont les propriétés moins résistantes compromettraient la solidité de la bâche.

A cet effet, on découpera un petit carré d'étoffe, et, après avoir séparé sur les coins, d'une part les fils de trame, d'autre part ceux de la chaîne, on le plongera pendant une minute dans une solution de chlore ; puis, le plaçant sur une assiette, on versera dessus quelques gouttes d'une dissolution ammoniacale. Une coloration rouge assez vive, passant ensuite au brun foncé, permettra de distinguer les fils étrangers, tandis que ceux de lin ne prendront qu'une teinte légèrement jaunâtre.

Les bâches en toile peuvent être enduites de suif, d'huile de lin, de goudron ou de caoutchouc. Les substances grasses ont l'inconvénient d'enlever à la toile sa souplesse aussitôt que la température de l'air s'abaisse ; l'enduit, se solidifiant sous l'influence du froid, devient cassant et il se forme des solutions de continuité qui livrent passage à l'eau. A ce point de vue, l'emploi du goudron est préférable, pourvu toutefois qu'il soit de bonne qualité, et surtout exempt de tout principe acide.

Le suif et le goudron s'étendent à chaud à l'aide d'un pinceau sur la bâche.

Prix de revient d'une bâche en toile à voile garnie de sangles, munie de longes en cuir et enduite de suif, de 8ᵐ,50 sur 6ᵐ = 51ᵐq.

Matières (toile, sangles, cuir)............	170 ᶠ,20
Main-d'œuvre...........................	30 ,00
Enduit (y compris l'application)...........	24 ,80
Frais généraux.........................	15 ,50
Total	240 ᶠ,50

L'application de l'huile de lin à la préparation des bâches se fait de la manière suivante :

Les pièces de toile sont immergées dans un bain d'huile

de lin pure, préalablement cuite, puis réchauffée à la température et au degré de cuisson convenables pour que la
toile soit bien imprégnée. La toile est ensuite séchée,
et garnie de ses anneaux, enchapures, cordes goudronnées, etc., et recouverte d'une couche extérieure de noir à
l'huile grasse [1].

Le prix d'une telle bâche de 8^m,20 sur 5^m,60 est de
215 francs, soit par mètre carré 4^f,68.

La Niederschlesisch-Markische Bahn (Prusse), qui fait
usage de bâches en toiles imprégnées de caoutchouc, les
prépare dans ses ateliers de la façon suivante [2] :

La toile est livrée en bandes de 35^m,43 de long sur une
largeur de 1^m,125 ; chaque bâche se compose de quatre
largeurs cousues à la machine, et l'on calcule la longueur
des bandes, de manière à n'avoir à faire aucune couture
dans l'autre sens. On soumet à une cuisson lente un mélange à parties égales de caoutchouc [3] et d'huile de lin, en
ayant soin de remuer sans cesse la masse, jusqu'à complète
fusion de la matière résineuse ; à ce moment, on y ajoute
une égale quantité de vernis ; il suffit alors de laisser
reposer le liquide pour avoir un enduit prêt à être
employé.

Chaque face de la bâche reçoit deux couches de cet
enduit, à chaud ; il importe que la matière pénètre parfaitement le tissu, et on ajoutera pour cela, s'il le faut, une
nouvelle quantité de vernis, dans le cas où la solution de
caoutchouc serait trop épaisse. Il est bon de ne passer la
deuxième couche qu'après siccité complète de la première.

On ajoute ordinairement au mélange, comme matière
colorante, du noir de fumée.

---

[1] Extrait de la spécification pour la fourniture des bâches de vagons
plats. — Chemins de fer du Midi.

[2] *Organ für die Fortschritte des Eisenbahnwesens.* 1er supplément,
1866, p. 177.

[3] On peut employer, pour cela, les vieilles rondelles de ressorts coupées
en morceaux.

Le prix de revient se compose ainsi :

Prix de la toile par mètre carré.............. 1 ʳ,03
Enduit sur les deux faces, en deux couches :
Matières........... .... 0 ,89
Main-d'œuvre.......................... 0 ,17
Frais généraux .... 0 ,09

Total par mètre carré........... 2ʳ,18

La durée de ces bâches peut être estimée en moyenne à cinq ans.

L'enroulage des bâches de toile humide est également nuisible à leur bonne conservation, et l'on doit prendre à leur égard les mêmes précautions que pour les bâches en cuir. On s'expose, en les négligeant, à les voir périr bientôt par la moisissure, cause de destruction qui provient aussi quelquefois d'une mauvaise préparation. Pour l'éviter, on emploie sur la ligne de Brunswick une dissolution au cinquantième de chlorure de zinc, dans laquelle on plonge la bâche avant sa mise en service.

La conservation des bâches exige de nombreuses précautions de la part des employés chargés de leur manutention. On doit veiller principalement à ce qu'une bâche mouillée ne soit pas enroulée avant d'avoir été au préalable convenablement séchée.

261. *Prolonges*. — Les prolonges sont des cordes goudronnées servant à fixer sur les vagons les objets transportés à découvert, ou qui seraient susceptibles de prendre, par le mouvement du vagon, un balancement nuisible à la conservation de la bâche.

Les prolonges se composent de trois fils de chanvre, dont un seul est goudronné. Elles se détériorent rapidement ; on les remplace avec avantage par des chaînes.

262. *Rideaux*. — Les rideaux qui ferment la partie supérieure des panneaux, dans certains vagons à marchandises — 225 — se font quelquefois en cuir, mais plus généralement en toile de coton, préparée à l'huile de lin de la même manière que les bâches.

Chaque rideau doit être muni de plusieurs anneaux de tringle en fer étamé, placés à la partie supérieure, d'autant d'anneaux en cuivre pris dans le rideau, et de trois anneaux plus forts en fer étamé placés à la partie inférieure du rideau, deux aux angles, et le troisième à 1^m,50 de l'extrémité. Les petits anneaux de tringle sont réunis par des enchapures aux anneaux de cuivre pris dans les rideaux, et les anneaux du bas sont fixés au rideau par des enchapures en cuir consolidées par des pièces de renfort de même toile que le corps du rideau. Enfin le rideau doit être bordé d'un ourlet de 0^m,070 environ.

Une garniture de quatre rideaux de cette espèce revient à 60 francs.

CHAPITRE IV.

TRANSPORTS DES SERVICES PUBLICS.

§ I. VAGONS-POSTE.

263. PRESCRIPTIONS DU CAHIER DES CHARGES. — Le service des lettres et dépêches, en France, est réglé par l'article 56 du cahier des charges. Chaque Compagnie qui a reçu de l'État quelque subside ou garantie. d'intérêt, est tenue de réserver, à chacun des trains de voyageurs et de marchandises circulant aux heures ordinaires de l'exploitation, deux compartiments spéciaux d'une voiture de classe II, ou un espace équivalent, pour recevoir les lettres, les dépêches et les agents nécessaires au service des postes, le surplus de la voiture restant à la disposition de la Compagnie. Elle est encore tenue de mettre, gratuitement, chaque jour, à la disposition de l'administration des postes, un train spécial régulier, dont les heures de départ, soit de jour, soit de nuit, ainsi que la marche et les stationnements, sont réglés par le ministre des finances et le ministre des travaux publics, la Compagnie entendue.

Dans tous les trains de voyageurs et de marchandises, si le volume des dépêches ou la nature du service rend insuffisante la capacité de deux compartiments à deux banquettes, et que l'administration des postes substitue une voiture spéciale aux voitures ordinaires, le transport de cette voiture est également gratuit.

En sus de son train particulier, le service des postes peut exiger plusieurs trains spéciaux pour lesquels elle paye à la Compagnie, par kilomètre de parcours, 75 centimes pour la première voiture et 25 centimes pour chaque voiture en sus de la première.

L'administration des postes fait construire et entretenir

à ses frais les voitures affectées spécialement au transport
et à la manutention des dépêches. Elle en règle les formes
et les dimensions ; leur poids ne doit pas dépasser 800 kilogrammes, chargement compris.

Le châssis et les roues sont livrés et entretenus par la
compagnie.

264. *Interprétation des conventions.* — Tout le monde sait que
la Poste française se charge d'expédier, sous le nom d'*échantillons*, de véritables colis qui, en équité, devraient revenir aux
chemins de fer. Cet état de choses, qui a existé de tout temps
en Prusse, en Bavière, etc., et qui provenait du monopole
autrefois concédé à la maison princière de Tour et Taxis,
pour le transport de la poste et de la messagerie, s'est naturellement continué sous le régime des chemins de fer,
mais en France, les transports de messageries étant restés
libres, ne doivent pas être effectués par l'administration des
postes, qui n'a droit au transport gratuit que de choses dont
le gouvernement s'était réservé le monopole antérieurement
à la concession des chemins de fer ; aussi les Compagnies
actuelles ont-elles réclamé contre cet abus, qui a pour co-
rollaire une surcharge des bureaux ambulants dont nous
parlerons tout à l'heure.

Nous avons vu un autre cas se présenter en Turquie. Là, une Compagnie d'exploitation de chemin de fer
a élevé la prétention de visiter les valises de la poste, ou
d'en refuser le transport, sous prétexte que la poste
transportait ou voulait transporter d'autres objets que
les lettres ou journaux ; que le mot *dépêches* de l'article
de son cahier des charges, calqué sur l'original français,
ne s'appliquant uniquement qu'aux lettres et journaux,
la Poste Ottomane n'avait pas le droit d'expédier gratuite-
tuitement tous autres objets. Qu'est-ce donc que des *dépêches ?* D'après Dalloz (v° *Postes*, n° 43), « on appelle *dépêches*,
en terme de Postes, le paquet fermé qui contient la cor-
respondance d'un bureau de poste pour un autre bureau de
poste. » En Turquie, c'est la poste qui faisait tous les trans-

ports d'objets de messageries avant l'introduction des chemins de fer — elle avait donc, après, le même droit de continuer le même régime. D'un autre côté, l'administration ottomane, voulant pousser trop loin l'application du principe, aurait exigé des chemins de fer le transport gratuit du produit des impôts, dont le poids, en valeurs métalliques, pouvait devenir excessif dans un compartiment de poste. Sur ce point, la Compagnie se refusait avec raison au transport gratuit, et l'esprit des conventions ne pouvait l'obliger à subir cet abus.

La morale à tirer de ces débats, c'est que les conventions devraient être, avant leur adoption, l'objet de discussions approfondies et d'examen sérieux de la part des hommes chargés de les appliquer, ce qui n'est généralement pas le cas.

365. *Bureaux ambulants français.* — La caisse d'un bureau ambulant (fig. 1, 2 et 3, pl. XI) sert à faire, pendant la route, toutes les manipulations de service que la poste effectue dans les bureaux à demeure. — Toutes les parois de cette caisse sont à cet effet garnis de casiers, tablettes, tiroirs et armoires nécessaires. — Les communications avec l'extérieur se font par deux portières placées vers l'une des extrémités; chacune de ces portières est percée d'une petite ouverture qui sert de bouche à une boîte aux lettres ambulante.

La caisse est éclairée, le jour, par quatre fenêtres prises dans les parois latérales et par quatre ouvertures vitrées et grillagées réparties sur la toiture; la nuit, à l'aide de lampes Carcel posées sur des bras fixés aux parois, en-dessous de petites cheminées qui conduisent au dehors les produits de la combustion.

En outre, la ventilation du vagon s'opère par l'appareil Noualhier, qui consiste en deux tuyaux concentriques dont le plus large, surmonté d'une girouette, fait appel d'air lorsque le véhicule est en mouvement.

Cette installation, très-simple, a l'inconvénient de l'être

un peu trop. On se heurte de tous côtés à des arêtes, à des angles vifs. — La charge n'y est pas toujours assez uniformément répartie.

Ce vagon laisse beaucoup à désirer au point de vue du confort pour les agents des postes et de la régularité de marche des trains qui les transportent. Les oscillations dues à la vitesse, aux entrées dans les courbes, aux arrêts brusques, etc., occasionnent, pour les employés qui sont la plupart du temps obligés à se tenir debout, des chocs et des contusions dont les conséquences pourraient être amoindries si on étudiait les installations en vue d'éviter ces inconvénients fort graves.

D'un autre côté, l'arrimage des sacs de dépêches n'est pas toujours disposé pour répartir uniformément la charge sur chaque roue; aussi arrive-t-il assez fréquemment que le chargement, refoulé sur un seul point pour laisser libre la circulation dans les entrées, produit des chauffages de boîtes à graissage. — Cette question, secondaire quand la poste ne transporte que des papiers, devient importante quand les dépêches contiennent des paquets d'objets pondéreux ou des espèces métalliques comme les produits de la dîme en Turquie. Dans ce cas, un règlement et un cahier des charges devraient stipuler rigoureusement les conditions de charges *maxima* à imposer à chaque roue.

Les bureaux ambulants français sont établis sur trois longueurs différentes : $7^m,200$ sur trois essieux, $6^m,800$ et $6^m,100$ sur deux essieux.

Le type le plus grand, et à soufflet, pèse 9575 kilogrammes; le plus petit, 6 880. — Or le cahier des charges stipule comme poids maximum du véhicule, chargement compris, 8 000 kilogrammes. On voit qu'il est facile d'atteindre et même de dépasser ce maximum, et surtout le maximum pour chaque roue.

266. Vagon-poste suisse. — Les figures Nᵒˢ 4 à 9, pl. XI, représentent le type des vagons-poste de la confédération

suisse. Ces vagons, construits récemment dans les ateliers d'Olten, sous la direction de M. Egger, qui a bien voulu nous en remettre les dessins, sont divisés par une cloison en deux compartiments affectés l'un au bureau des lettres, l'autre au dépôt des colis. Deux portes à coulisse donnent accès dans ce dernier; les deux compartiments communiquent entre eux par une porte pratiquée dans la cloison séparative.

Le bureau a double plancher et double toiture; il est éclairé, le jour, par quatre fenêtres prises sur les parois longitudinales, et la nuit par trois lampes modérateurs portés sur des bras à demeure, mais tournants. Un ventilateur ménagé dans le toit du bureau, un poêle dans la cloison, complètent les dispositions prises pour assurer le bien-être des agents pendant leur service.

Cinq de ces vagons sont munis d'un nouveau mode d'attache des ressorts de suspension, dit *sur trois points*, dont nous parlerons plus loin — chap. VI, 373 — mode qui réduirait, dit-on, beaucoup les oscillations du véhicule en marche, et améliorerait le service du bureau.

267. VAGON-POSTE ANGLAIS. — En Angleterre, le transport de la poste n'est pas gratuitement fait par les Compagnies. Moyennant péage, elles fournissent à l'administration les véhicules nécessaires au service. Ces véhicules circulent par groupes de deux ou de trois, sur les principales lignes du royaume-uni; ils portent les appareils d'échange des dépêches de la poste, sans arrêt des trains.

Dans le groupe de trois véhicules, on fait dans le premier le service des correspondances de route, c'est-à-dire des relations des villes de province entre elles; dans le second, qui communique avec le premier par un soufflet en cuir suspendu entre les deux véhicules (fig. 1 et 2, pl. XI), on fait principalement l'échange des paquets de la poste avec les stations où le train ne s'arrête pas; dans le troisième, communiquant avec le second par un appareil semblable à celui qui se trouve entre les deux premiers, s'opère le travail des lettres et journaux de ou pour Londres, et leur répartition entre les divers districts de la métropole.

L'appareil d'échange se compose : 1° d'une potence haute placée sur le trottoir, portant un sac de dépêches qu'une corbeille suspendue au haut du vagon-poste enlève en passant ; 2° d'une autre potence suspendue au bas du vagon et portant un sac de dépêches qu'une corbeille basse, fixée à une faible hauteur, sur le trottoir de la station, retient au passage du vagon-poste — 268 —.

Les caisses sont éclairées, de jour, par des vitrages ménagés dans la toiture ; de nuit, par des lampes d'intérieur. Les casiers sont rangés sur l'une des longues parois de la voiture. De l'autre côté, on a disposé la table pour le cachetage des paquets à la cire. A cet effet, des lampes brûlent en permanence sous des hottes garnies de cheminées d'appel qui emportent à l'extérieur les produits de la manipulation. On n'y voit ni arête ni angles vifs : tout est capitonné.

268. VAGON-POSTE PRUSSIEN. — La caisse est divisée, par une cloison vitrée, en deux compartiments inégaux, dont un seul communique avec l'extérieur au moyen de deux portières. Dans la cloison vitrée, une porte sert de passage de l'un à l'autre des compartiments. Le grand compartiment, occupé par quatre employés, est éclairé, de jour, par quatre fenêtres percées dans les longs côtés ; de nuit, par quatre lampes de plafond allumées de l'extérieur. Pour monter sur la toiture, on se sert des marchepieds qui servent également pour la vigie.

On trouve dans cette partie de la voiture, outre les casiers et les tables pour les manipulations de service : une boîte aux lettres sur chaque face, des pliants, un poêle chauffé au charbon de bois, une toilette, un water-closet et un ventilateur au plafond.

Dans le petit compartiment sont placés : une armoire pour les groups, des pupitres-bahuts, pliants et enfin les appa-

reils disposés pour l'échange des correspondances avec
les stations sans arrêt. L'ensemble de cette installation
comprend (fig. 10, 11, 12, pl. XI) :

1° Un mât AB établi à demeure sur le trottoir, et composé
d'une partie fixe, le pivot A, et d'une partie mobile qui porte
le bras B. En faisant tourner de 90 degrés cette partie mobile,
on peut donner au bras B une position soit parallèle, soit
perpendiculaire à la voie. A l'extrémité du bras B et en prolongement, se trouve une main C à coulisse, percée d'une rainure et d'une encoche, et qui porte le sac des dépêches G suspendu à la tige E introduite dans l'encoche. Dans la rainure
de la main C, sont logés deux taquets tt à pivot, qui, sous la
pression des deux ressorts rr, maintiennent dans sa position
d'attente la tige E passée dans l'encoche — détails fig. 11,
coupe horizontale et plan de la rainure de la main C —.

2° Un filet récepteur F, fermé de trois côtés et suspendu
par une fourche mobile a au vagon-poste. Ce filet est mobile, il peut prendre la position indiquée par la figure 12 ou
bien se relever et s'appuyer contre la paroi du vagon sous
l'action du levier à contre-poids dont le bras directeur pénètre dans le compartiment de manœuvre. Le levier à
contre-poids, qui donne au filet récepteur l'une des deux
positions voulues, l'y maintient à l'aide d'une goupille qui
pénètre dans le demi-cercle fixé à l'intérieur du vagon. Le
filet récepteur est surmonté d'un câble en croix b qui, au
passage, saisit la tige E du sac à dépêches G et le fait tomber dans le filet F.

Pour opérer l'échange des dépêches entre la station et le
train en marche, un employé de la station pose la tige E
du sac G dans l'encoche ouverte de la main C placée parallèlement à la voie. Il ferme l'encoche sur la tige E, en tournant les deux taquets tt à ressort. Il fait ensuite tourner
la partie supérieure du mât AB jusqu'à ce que la main C
se trouve dans une direction perpendiculaire à la voie. Le
sac à dépêches G tenu ainsi suspendu, mais en dehors du
gabarit de libre passage, est saisi par le câble en croix b

du vagon en mouvement, tombe dans le filet, et de là, par l'abaissement du contre-poids du filet, dans la voiture.

Comme on l'a dit au numéro 267, un appareil, inversement disposé, peut être organisé pour le dépôt des dépêches en marche. En Prusse, on ne l'a pas appliqué ; on s'est contenté de jeter, en passant, le paquet sur le trottoir. Dans la plupart des cas, il n'y aurait là aucun inconvénient.

269. VAGON-POSTE MIXTE. — Lorsque les relations postales, pour certains trains, ne comportent pas l'emploi d'un vagon-poste tout entier, on se contente d'une installation réduite ; c'est tantôt une partie de voiture à voyageurs, disposée en petit bureau-ambulant occupé par un ou deux employés, et meublé, chauffé, ventilé et éclairé comme les grands vagons-poste (Hanovre, fig. 8, pl. XVIII) ; tantôt une partie de fourgon à bagages emménagée pour la manipulation des dépêches (Brésil, fig. 9 à 11, pl. VIII) ; tantôt enfin un ou deux compartiments ordinaires de classe IIe où se font, de la main à la main, à chaque station d'arrêt, l'échange des sacs ou paquets à dépêches.

§ II. SERVICES DE LA GUERRE.

270. La guerre, ce lugubre héritage des temps barbares, transmis et conservé jusqu'à nous par l'ignorance et l'égoïsme, exige aujourd'hui plus que jamais de grandes et rapides concentrations de troupes et de matériel. Créer, pour satisfaire à cette nécessité, un matériel complet de chemin de fer, en vue d'une éventualité possible mais non certaine, serait augmenter, sur une proportion colossale, ce goufre des armées permanentes et de leur matériel sans cesse perfectible, où vont s'engloutir les fruits du labeur quotidien des peuples. On n'en est pas encore là, heureusement.

L'outillage ordinaire des chemins de fer ne pourrait pas plus, avec ses dispositions prises pour les transports commerciaux, suffire aux réquisitions de la guerre, si on ne lui faisait subir des modifications qui le rendent apte à répondre aux exigences des armées en campagne, savoir : — transport des troupes d'infanterie et du génie ; — transport de cavalerie ; — transport d'artillerie et du train des équipages ; — transport des blessés. Ce sont ces modifications que nous allons indiquer.

271. *Règles générales.* — Tous les véhicules de chemins de fer peuvent servir aux transports militaires, s'ils sont convenablement appropriés à cette destination, et même, en cas d'ordre de départ subit, sans aucune préparation.

Les voitures à voyageurs sont naturellement employées pour le transport des hommes blessés ou valides ; à défaut de voitures, on se sert de vagons couverts garnis de siéges.

Le transport des chevaux s'effectue dans les vagons-écuries, et dans les vagons couverts dont l'entrée offre une hauteur minima de $1^m,70$. A défaut de vagons couverts, on se sert de vagons à hauts-bords, pleins ou à claire-voie.

Le transport des voitures de l'armée et de l'artillerie s'opère dans les vagons découverts, à bas bords ou à plates-formes, quels qu'ils soient.

Les vagons employés pour les approvisionnements de l'armée sont les mêmes que pour les transports commerciaux. Renvoyant au § II, ch. IV de la troisième partie, l'examen des précautions générales à prendre pour le transport des poudres, des munitions de guerre et de la dynamite, nous ne parlerons ici que des détails techniques relatifs à cette question.

Quant aux conditions de prix des transports, elles sont réglées par les cahiers des charges de concession. En France, sur les chemins de fer d'intérêt général, le gouvernement paye, à la presque totalité des Compagnies, le quart du tarif légal, pour le transport des militaires et marins voyageant en corps ou isolément pour le service, et la moitié du tarif légal, pour le transport des troupes et du matériel militaire, en cas de réquisition de tous les moyens de transpórt (art. 54). Le tarif est variable sur les chemins d'intérêt local.

272. Transport des hommes. — Les règlements pour les transports militaires indiquent le mode d'emploi du matériel ordinaire à voyageurs, et du matériel à marchandises approprié. Nous n'avons à nous occuper ici que de cette seconde partie de la question.

Les vagons à marchandises à employer au transport de la troupe sont, ou les vagons dits *militaires*, destinés spécialement à cet usage par les dispositions prises à l'avance, ou ceux y appropriés au fur et à mesure des besoins du moment. En Autriche, le type du vagon militaire est le vagon couvert, ayant 20 pieds $= 6^m,322$ de longueur intérieure, et 8 pieds $= 2^m,528$ de largeur, ses panneaux longitudinaux, percés au-dessus de la tête des hommes assis, de quatre ouvertures ayant au moins chacune $0^{m2},1250$ de surface. L'espace nécessaire, par homme, a été calculé sur la base de 4 pieds carrés ou $0^{m2},40$, ce qui donnerait pour le vagon-type qui mesure en nombre rond 16 mètres carrés de plancher, $16 : 0^m,40 = 40$ hommes, nombre que contient le vagon-type. Les hommes y sont assis sur 4 banquettes rangées de chaque côté des portes, et parallèles à la voie, conformément au croquis ci-dessous :

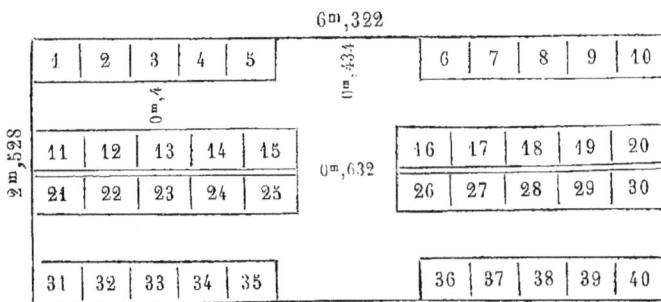

La largeur moyenne des siéges est de $0^m,434$. L'espace libre entre entre deux banquettes parallèles est de $0^m,400$, et le passage entre les deux rangs du milieu est de $0^m,632$.

La figure 9, pl. XXIV et la figure 1, pl. XXXIV, montrent les deux ouvertures pratiquées dans les panneaux d'un vagon militaire. — Pour les transports commerciaux, chaque ouverture qui a 0^m,326 sur 0^m, 490 est masquée au moyen d'un panneau en tôle maintenu par un loquet tournant. — Ce panneau, qui se manœuvre de l'intérieur, peut, le loquet levé, se dégager de la rainure qui le maintient en place, et descendre dans une seconde rainure ménagée en dessous de l'ouverture, disposition analogue à celle des châssis de glace mobiles des voitures. — Le panneau de tôle enlevé, l'ouverture est transformée en fenêtre garnie d'une vitre de 3 millimètres d'épaisseur et de six barreaux de fer rond espacés de 0^m,0740 d'axe en axe.

Les deux portes d'entrée doivent être garnies, à une hauteur de 0^m,450 et 1^m,060 au-dessus du plancher, de barres garde-corps mobiles. — Les banquettes sont pourvues de dossiers.

Les figures 4, 5, 6, 7, 8 et 9, pl. XXXIII, donnent les détails des diverses pièces qui composent l'emménagement d'un vagon militaire disposé pour le transport des hommes ; savoir, pour un vagon de 5^m,640 sur 2^m,450 pouvant contenir trente-six hommes :

	Nombre.	Longueur.	Largeur.	Epaisseur.
Barres garde-corps............	2	1^m,740	0^m,150	0^m,048
Madriers supports de banquettes.				
— d'avant.......	2	2 ,430	0 ,425	0 ,026
— d'arrière	2	2 ,430	0 ,405	0 ,036
Banquettes.................	8	2 ,400	0 ,300	0 ,045
Dossiers.................	2	2 ,400	0 ,150	0 ,035

La figure 4 représente le madrier-support d'avant des banquettes. Ce madrier est maintenu en place par quatre verrous, dont deux fixes et deux glissants, qui s'engagent dans leurs gâches noyées dans les pieds d'entrée des portes. Au milieu de ce madrier est fixé le support à fourche en fer (fig. 6), qui, en magasin, se couche parallèlement à la lon-

gueur du madrier, et, dans le vagon, se relève pour soutenir le dossier, maintenu dans cette position par une gâche
saillante dans laquelle on fait glisser sa queue. A cet effet,
l'œil qui reçoit le boulon autour duquel le support peut basculer, est allongé pour permettre l'introduction de la queue
dans la gâche.

Le madrier de support d'arrière (fig. 5) est maintenu en
place par une rainure de $0^m,050$, ménagée entre deux liteaux vissés à demeure contre les parois du vagon.

Ces madriers d'arrière et d'avant portent quatre échan-
crures de $0^m,310$ de largeur sur $0^m,020$ de profondeur, pour
recevoir et maintenir en place les banquettes (fig. 7), qui, à
leur tour, portent en-dessous de la face du siége, des tasseaux en saillie de $0^m,022$.

Chaque dossier (fig. 9) s'appuie, à l'une des extrémités,
dans une mortaise que porte le montant du milieu de la
paroi de fond, et dans laquelle le retient un petit crampon,
et à l'autre dans la fourche du support d'avant (fig. 6).

273. Au lieu de disposer les banquettes parallèlement
à la longueur du vagon, on peut les ranger perpendiculairement à cette direction. Les figures 1, 2 de la pl. XXXIII
indiquent cette seconde disposition, qui consiste à poser
les banquettes et dossiers de siéges sur des madriers-sup-
ports vissés contre les parois longitudinales du vagon.

Lorsque le vagon n'est pas occupé par la troupe, on peut
ranger les trois banquettes et le dossier de chacune des
moitiés du véhicule, dans une rainure pratiquée contre la
paroi du fond, à l'aide de tasseaux vissés.

La longueur des pièces qui forment les banquettes longitudinales du numéro 272 ne permet pas de les loger de la
même manière, quand le vagon doit avoir un autre emploi
momentané que le transport des hommes. Mais on pourrait
les placer en-dessous de la toiture, au moyen de crochets
de suspension fixés aux courbes de pavillon.

274. TRANSPORT DES CHEVAUX. — Nous avons déjà vu que

les vagons-écuries sont disposés, les uns pour recevoir les chevaux en long, les autres pour les loger en travers.

Comme le nombre des vagons-écuries, construits en vue des transports commerciaux, est très-limité et par conséquent très-loin de pouvoir satisfaire aux besoins des troupes de cavalerie, on arrange un certain nombre de vagons à marchandises, de manière à pouvoir y installer, aussi bien que possible, les chevaux à transporter.

Les ouvertures des vagons propres à cet usage doivent avoir au minimum 1^m,700 de hauteur pour les chevaux dessellés de toutes armes. Cette hauteur doit être de 1^m,80 pour les chevaux sellés de la cavalerie légère, et de 1^m,90 pour ceux de la cavalerie de réserve. En général, les chevaux voyagent dessellés, les selles rangées dans des vagons à bagages ou à marchandises, ou bien encore, dans l'intervalle qui sépare les deux rangées de chevaux disposés en long.

Enfin, en cas d'urgence, et surtout par un temps doux, on peut transporter les chevaux de troupe dans les vagons découverts à hauts bords ; à moins d'indications spéciales, on calcule la contenance des vagons d'après les données suivantes :

1° Transport en travers ; a — un cheval de cavalerie légère, non sellé, occupe en largeur 0^m,55 à 0^m,60 et sellé 0^m,60 à 0^m,65 ; b — un cheval de cavalerie de réserve ou de trait avec ses harnais, non sellé occupe en largeur 0^m,60 à 0^m,65 et sellé 0^m,75 à 0^m,80 ;

2° Transport en long : suivant la largeur du vagon, on y place 6 ou 8 chevaux de cavalerie de catégorie b et 8 ou 10 de catégorie a.

275. *Transport en travers.* — Les vagons couverts qui se prêtent le mieux au rangement des chevaux, perpendiculairement aux rails, sont ceux qui portent dans les panneaux des ouvertures à volets ; par exemple, les vagons des types représentés par les figures 1, 2 et 3, pl. XXII ; fig. 4, 5, 6 et 7, pl. XXIII ; fig. 9, 10, 11 et 12, pl. XXIV. La figure 3, pl. XXXIII, indique l'arrangement des chevaux dans cette

hypothèse. Pour l'attache des chevaux, il est bon de fixer à l'avance, dans les pièces de ceinture, un nombre d'anneaux correspondant au nombre de chevaux à installer.

Les hommes qui accompagnent les chevaux se placent du côté de la tête ; à défaut d'autre siége, on leur donne pour s'asseoir une planchette de 45/30/2,5 centimètres, percée de quatre trous dans lesquels passent quatre bouts de corde, qui servent à suspendre la planchette aux barres longitudinales du vagon, à 0ᵐ,60 au-dessus du plancher.

276. *Transport en long.* — La figure 4, pl. XXXIII, représente le mode de rangement des chevaux dans ce second cas. Cette disposition, convenablement appliquée, exige que l'espace compris entre le pied d'entrée de la porte et le fond du vagon mesure au moins 2 mètres de longueur, ce qui, avec une porte de 1ᵐ,50 de largeur, réclame une longueur totale intérieure de 5ᵐ,50 au minimum.

En Autriche-Hongrie, les administrations de chemins de fer sont obligées de tenir à la disposition du gouvernement un certain nombre de pièces destinées à maintenir en place les chevaux embarqués. Ce sont, comme le représentent les figures 10 et 11, pl. XXXIII, des barres de séparation suspendues aux anneaux répartis le long des traverses de ceinture, et des barres d'appui munies de cinq anneaux, qui sont fixées à 1ᵐ,140 au-dessus du plancher, contre les pieds d'entrée des ouvertures, au moyen de goujons mobiles, mais retenus au montant par des chaînettes.

Ces barres ne sont pas indispensables ; cependant, lorsqu'on a des chevaux turbulents, ou bien lorsque le vagon n'est pas complet, il est bon de pouvoir maintenir les chevaux à l'aide de ces pièces.

Le nombre d'hommes ou de chevaux qui peuvent être placés dans chaque vagon est inscrit dans un cartouche peint sur chaque paroi longitudinale du vagon.

277. Transport des voitures et du matériel de guerre.
— On emploie de préférence, pour le transport des pièces

d'artillerie et des voitures, les vagons plats sans bords ou à bords bas. Les administrations des chemins sont chargées du soin et des frais d'approvisionnements des crochets, anneaux, prolonges, cales, clous et outils nécessaires pour fixer le matériel transporté sur les vagons. Le mode de chargement et le nombre de véhicules chargés sur chaque vagon dépend de la forme, des dimensions de ces véhicules et de la grandeur du vagon. Nous avons donné, dans les figures 12, 15, 16 et 17 de la planche XXXIII, fig. 16, pl. XXXIV, quelques exemples d'arrimage du matériel de guerre sur des plates-formes de différentes dimensions. La solution la plus convenable du problème, c'est l'utilisation aussi complète du matériel de chemin de fer, combinée avec la facilité la plus grande possible de chargement et de déchargement. A cet effet, en tenant compte toutefois du temps dont on dispose au départ, des facilités que l'on trouvera à la gare de destination, et en ayant égard au profil du gabarit de libre passage, on charge sur les vagons les pièces d'artillerie démontées, les timons et les avant-trains des voitures détachés, si cela est nécessaire, et placés en dessous ou en arrière; les bagages et autres objets chargés sur les chariots militaires; les voitures vides démontées et chargées dans les voitures non démontées sur vagons; à chaque pièce d'artillerie ou voiture chargée il faut enrayer deux roues au moins, soit par des cordes ou des barres, soit par des planches clouées à la plate-forme du vagon ou maintenues par des crochets. Les roues, passées l'une dans l'autre, seront liées par des cordes. Les timons doivent être attachés par des liens aux parties de véhicules sur lesquels ils posent; ne pas dépasser le profil de libre passage en hauteur et en largeur celle du vagon qui les porte; s'ils atteignent le vagon suivant, on ne doit pas les lier sur ce dernier, la liaison pouvant amener des accidents.

278. Appareils de chargement et de déchargement. — Pour faciliter aux hommes l'accès des vagons à marchan-

dises, chaque grande gare doit posséder un trottoir élevé, d'une longueur suffisante pour l'embarquement simultané d'un train militaire. A défaut de trottoir, on établit des marchepieds en bois, ou plus simplement un surhausse- ment du ballast.

Pour le chargement des chevaux et du matériel de guerre, chaque grande gare et chaque bifurcation doit avoir un quai solide de 250 à 300 mètres au moins, de longueur, avec rampes d'accès pour opérer le chargement ou le décharge- ment simultané d'un train militaire composé de trente à qua- rante vagons ayant chacun 6^m,50 à 7 mètres de longueur.— 1re partie, chap. X, § IV, 360.— Les rampes à forte décli- vité, les quais qui nécessitent l'emploi des plaques tour- nantes, ne conviennent pas aux chargements militaires. La hauteur de la plate-forme est d'au moins 1 mètre au-dessus des rails — une largeur de 4 mètres est suffisante, si le quai est bordé d'une rampe douce sur toute sa longueur—; si la rampe d'accès n'existe qu'en un petit nombre de points, il faut donner 8 mètres à la plate-forme. L'inclinaison des rampes doit être inférieure à 1/6.

Pour opérer l'embarquement et le débarquement des chevaux et du matériel sur un quai, on emploie des ponts volants solides qui raccordent le quai et les vagons, ou les vagons entre eux, par une pente douce. Ces ponts volants doivent avoir une largeur égale à l'ouverture des vagons.

Les mêmes opérations en pleine voie s'effectuent à l'aide d'une rampe mobile, suivant les dispositions indiquées par les figures 13 et 14, pl. XXXIII ; cette rampe est formée de deux poutres principales supportant un tablier composé d'un certain nombre de madriers en sapin de 0^m,050 d'é- paisseur, 2^m,400 de longueur et 0^m,300 de largeur.

279. Vagons pour le transport des poudres et muni- tions. — Lorsque les poudres et munitions ne sont pas chargées dans des caissons militaires, on ne doit employer à leur transport que des vagons à marchandises couverts,

sans interstices aux parois et à fermeture hermétique, munis de ressorts de choc et ne contenant aucune autre espèce de marchandises. Les clous, vis, écrous, etc., en fer qui font saillie dans l'intérieur des vagons, doivent être enfoncés dans le bois ou recouverts de bois avant le chargement, pour éviter tout frottement. On peut aussi recouvrir de toile d'emballage collée dessus, les parties de fer qui ne pourraient pas rentrer dans le bois.

Un vagon servant au transport de la poudre doit avoir son plancher couvert d'un prélart imperméable, de manière à prévenir le tamisage sur la voie.

Les fûts doivent être rangés couchés et non dressés. Tous les colis placés dans le milieu du vagon, entre les deux portes, doivent être recouverts de bâches goudronnées ou de toile enduite de graphite, afin de les préserver des étincelles qui pourraient pénétrer à travers les interstices des portes.

On doit employer de préférence les vagons sans frein. Quand on est obligé de se servir des vagons à frein, il faut suivre les prescriptions suivantes : — interdiction absolue de l'emploi du frein ; — obligation de recouvrir d'étoffe ou de manchons en bois les ferrures des axes ou des leviers de transmission du mouvement apparentes dans les vagons.

Rien, dans ces minutieuses précautions, ne paraîtra superflu à ceux qui se rappellent l'accident arrivé le 6 février 1871 au train mixte circulant entre Marseille et Nice avec quatre vagons chargés de poudre qui sautent, tuent cinquante et un voyageurs et en blessent autant.

280. Transport des malades et des blessés. — Si les chemins de fer sont, pour l'art de la guerre, un puissant auxiliaire à l'aide duquel les concentrations rapides deviennent possibles en tout temps, ils peuvent aussi, non pas comme la lance d'Achille guérir les blessures qu'ils ont faites, du moins apporter un notable soulagement aux maux qu'ils ont contribué à infliger aux premières victimes des batailles.

Autrefois les blessés, faute de moyens de transport et d'installations convenables, manquaient souvent des soins immédiats et intelligents qui sont, la plupart du temps, pour eux, les seules conditions de salut.

Aujourd'hui des corps de volontaires, énergiquement appuyés par la convention de Genève, se sont constitués pour seconder les efforts des services militaires, et porter sur le champ de bataille même les premiers secours, rapporter à l'aide de moyens de transport perfectionnés les blessés aux premières ambulances, et activer autant que possible l'évacuation des malades et des blessés vers l'intérieur du pays. Sans vouloir entrer ici dans le détail du service des ambulances, nous pouvons cependant en indiquer sommairement la partie purement technique que l'ingénieur de chemin de fer doit connaître.

281. *Brancards.* — Tout le monde est d'accord sur ce point qu'il faut réduire au minimum possible les mouvements nécessités par le déplacement des hommes gravement malades ou blessés. L'appareil employé dans ce cas pour le transport de l'ambulance au train d'évacuation doit donc être disposé pour pouvoir être chargé dans les véhicules du chemin de fer en conservant son fardeau.

On a dans ce but adopté deux dispositions de brancard qui, chacune, répondent à un mode de transport en vagon différent — 282 — : lit-brancard posé sur le plancher ; lit-brancard suspendu. La première disposition est représentée par les figures 3, 4 et 5, pl. XXXIV. Elle a été adoptée par l'administration de la guerre en Autriche-Hongrie. C'est, en somme, un lit de camp composé d'un châssis en bois supporté par deux ressorts transversaux. Le châssis, formé de deux longerons et de deux traverses, est couvert d'une toile soutenue par les sinuosités d'une corde tendue d'un des longerons à l'autre et porte à l'une des extrémités un coussin maintenu par des courroies. La toile tient lieu de matelas ; en hiver, elle est garnie d'une couche de paille ou de crin végétal pour garantir les ma-

lades contre le froid. Ce brancard se place indifféremment
dans toute espèce de vagon fermé. La seconde disposition,
indiquée par les figures 12, 13 et 14, pl. XXXIV, a été
appliquée par l'administration des chemins de fer du
Hanovre. Le brancard, suspendu le long des parois de
véhicules spéciaux, n'a point de pieds élastiques; il paraît
donc moins convenablement approprié aux besoins des
blessés que le premier brancard, tout en présentant un peu
de complication de construction. Les brancards trop flexibles causent aux malades des oscillations pénibles.

282. *Vagons à blessés.* — Les voitures à voyageurs sont
réservées aux militaires atteints de blessures légères et
pouvant être transportés assis.

Pour le transport des militaires gravement blessés ou
malades qui doivent rester couchés, on se sert de vagons à
marchandises couverts ou de voitures à voyageurs appropriées *ad hoc*. Le type de ces dernières, c'est la voiture de
classe IV du Hanovre, représentée par les figures 6 et 7,
pl. XV, adaptée en 1867 au transport des blessés, sans la
retirer du service des voyageurs. Cette disposition a été
imitée par l'Est prussien, en donnant des bancs de bois
aux voyageurs, qui restent debout, en Hanovre.

La caisse de la voiture a $7^m,530$ en longueur, $2^m,745$ en
largeur et $2^m,185$ de hauteur ; un double plancher, huit
fenêtres et deux lampes d'éclairage. Elle s'ouvre à chaque
extrémité sur une plate-forme à escaliers, garde-corps et
passerelle, comme les voitures suisses. En service normal,
sur l'Est prussien, on y trouve 12 banquettes de $0^m,300$
de large sur lesquelles 60 voyageurs peuvent s'asseoir.
Pour le service d'ambulance, ces banquettes disparaissent ;
à $0^m,712$ des parois longitudinales, on fixe deux rangs de
poteaux verticaux de $0^m,070/0^m,070$, distants les uns des
autres de $2^m,330$ dans le sens longitudinal et de $1^m,020$ dans
le sens transversal, formant ainsi, de chaque côté de la voiture, trois travées de $2^m,330$ d'ouverture. Chacun des poteaux extrêmes porte 2 anneaux, chacun des poteaux

intermédiaires 4 anneaux, dans lesquels on passe les extrémités des brancards représentés par les figures 12, 13 et 14 de la planche XXXIV. Chacune des six travées reçoit deux brancards superposés, de sorte que la voiture transporte 12 blessés, 6 de chaque côté, séparés par un passage de 1^m,02 de largeur qui permet aux infirmiers et médecins de se rendre en un point quelconque du véhicule et même, à l'aide des passerelles, en un point quelconque des véhicules voisins.

Les voitures sont munies de ventilateurs pour le renouvellement de l'air, précaution indispensable en pareille circonstance.

283. Le chemin du Nord-Empereur-Ferdinand a rapporté, dans l'intérieur de vagons couverts munis de ventilateurs, quatre poteaux verticaux disposés de façon à supporter deux brancards-lits superposés ; le vagon renfermait en tout huit brancards suspendus par des courroies (fig. 15, pl. XXXIV). Les brancards-lits, garnis de matelas et du coussin qui amortissait les chocs du vagon, étaient placés en deux rangs dans le sens de l'axe de la voie, de façon qu'il restait entre les deux rangs un passage suffisant pour le service des blessés. On avait remplacé les ressorts ordinaires de ce vagon par des ressorts plus flexibles. Le brancard, avec son matelas et son coussin, pesait 15 kilogrammes environ.

284. Les vagons couverts à marchandises et même, en été, les vagons découverts à hauts bords surmontés d'une tente légère, peuvent servir au transport des militaires gravement malades ou blessés. Les figures 1 et 2 de la planche XXXIV indiquent les dispositions adoptées par l'administration autrichienne, pour l'installation, dans un vagon couvert, de sept blessés couchés sur les brancards décrits au numéro 281.

Avec cette disposition, tous les lits sont simultanément accessibles, faciles à introduire dans le vagon et à retirer à volonté.

Pour satisfaire aux conditions d'hygiène reconnues né-. cessaires, ces vagons doivent être pourvus de moyens d'aération et d'éclairage.

En cas d'urgence, on peut suppléer à l'insuffisance des lits et des brancards à l'aide de paillasses et de traversins légèrement remplis. Les coins de ces paillasses sont laissés vides et ficelés pour servir de poignées de manipulation.

Ces paillasses sont rangées, suivant la disposition indiquée plus haut, sur une couche de paille suffisamment épaisse répandue sur le plancher du vagon.

Dans l'espace laissé entre les rangées de lits, il y a place pour un médecin ou un infirmier assis et muni des objets nécessaires aux blessés pendant le trajet d'un point d'arrêt à un autre.

285. L'Association allemande des ingénieurs de chemins de fer avait inséré dans son programme de congrès pour 1868 la question suivante : « Comment un grand nombre d'hommes gravement blessés est-il le mieux transporté dans les véhicules de chemin de fer? »

Sur 52 administrations consultées par le comité technique, 26 manquant d'appréciation par expérience, ne donnaient aucune indication sur la question, 3 autres s'abstenaient et 23 répondaient à la question. Ces vingt-trois réponses peuvent se classer suivant deux groupes : 13 administrations préfèrent le système qui consiste à disposer les voitures ou vagons destinés au transport des blessés de manière à placer les lits sur deux étages; les 10 autres recommandent l'installation des lits sur le plancher des vagons, sans emménagement préalable des véhicules, ou bien la simple garniture du plancher avec de la paille et des matelas.

Treize administrations se prononcent pour une intercommunication des vagons au moyen de passerelles; dix autres n'attachent qu'une importance secondaire à cette intercommunication.

Les avantages et les inconvénients des deux systèmes sont résumés par le rapporteur au congrès de 1868 dans les lignes suivantes :

« Les véhicules munis des dispositions du premier système présentent ce grand avantage de pouvoir, en cas de besoins inattendus, recevoir et transporter avec le même nombre de véhicules un beaucoup plus grand nombre de blessés que par aucun autre système.

« Par contre, tous les lits ne sont pas abordables tous à la fois, disposition qui peut devenir critique pour le service des malades.

« Enfin la disponibilité, pour une autre destination, des véhicules munis d'installations fixes pourrait être diminuée plus ou moins, et alors ces véhicules, qui ne se prêtent pas bien à d'autres transports, pourraient bien ne pas être, sans dérangement, concentrés en nombre suffisant aux points où l'on en aurait besoin.

« Le second système offre cet avantage, qu'un grand nombre de lits pouvant être accumulés sur le point nécessaire, ils peuvent être chargés dans les premiers vagons couverts venus. Les brancards eux-mêmes peuvent être utilisés d'une autre façon en temps de paix, par exemple dans les hôpitaux, ce à quoi les installations fixes ne se prêtent pas.

« L'emploi des brancards-lits permet aussi le déplacement dans le vagon lui-même, suivant les besoins du blessé, car les diverses oscillations du vagon peuvent n'être pas sans influence sur telle ou telle blessure.

« Quant à l'intercommunication des vagons, elle paraît à tout le monde désirable, mais moins facile à établir dans le second système que dans le premier, puisque, dans le cas d'intercommunication, tous les vagons devraient être du même modèle et pourvus de passerelles, chose difficile, sinon impossible, à réaliser avec les vagons couverts et même découverts. »

La question n'est pas encore résolue ; les gouvernements paraissent ne pas vouloir se prononcer, puisqu'ils prennent les dispositions les plus simples, celles de l'emploi des vagons à marchandises, sans préparation.

286. Les sociétés de secours aux blessés voudraient, dans la limite de leurs moyens, parer aux défectuosités actuelles de ce transport, et fournir aux malades, pendant le trajet, tous les soins qu'on peut leur donner dans un hôpital ordinaire.

Cette prétention, qui prend sa source dans les sentiments les plus louables, conduit à des combinaisons très-ingénieuses, mais aussi très-compliquées et par cela même inapplicables dans toutes leurs conséquences. Malgré tout, ces études ont cela de bon, qu'elles doivent forcer les intendances à porter leurs efforts de ce côté triste des conséquences de la guerre. On a vu à l'Exposition de 1867, dans la section des États-Unis de l'Amérique du Nord, le modèle au quart de grandeur d'un vagon-ambulance exposé dans le local spécial par la *Sanitary Commission*. La caisse de ce vagon, qui mesure 16^m,800 en longueur, 2^m,860 en largeur et 2^m,160 en hauteur, repose sur deux trucs, chacun à 4 roues en fonte. Elle débouche à chaque extrémité sur une plate-forme à escaliers et garde-corps. Ses longs côtés sont percés chacun de 20 fenêtres de 0^m,700/0^m,500. De plus, le pavillon est surmonté d'un lanterneau de 1^m,300 de largeur.

Un passage de même largeur règne d'un bout de la caisse à l'autre. Le premier quart de la voiture est occupé par un cabinet de service d'ambulance renfermant la pharmacie, des fauteuils, un canapé et des pliants ; viennent ensuite, de chaque côté du passage, cinq travées de 2 mètres de long à trois lits étagés à 0^m,600 de distance l'un de l'autre, en tout trente lits. Enfin, à l'autre extrémité, un poêle, le réservoir d'eau et un water-closet.

287. La Société française de secours aux blessés demanda à la Compagnie française de matériel de chemins de fer d'étudier, avec le concours de M. le docteur Mundy, et de construire, en vue de l'exposition universelle de Vienne, un

train d'ambulance réunissant les conditions suivantes [1] :

1° Les vagons à blessés doivent être des vagons à marchandises construits de toutes pièces pour ce double but; accessibles par leurs quatre faces; éclairés et ventilés par des lanterneaux; chauffés au besoin; contenant des couchettes étagées et rangées dans le sens de la longueur des vagons; communiquant entre eux par des plates-formes à escaliers et à garde-corps mobiles;

2° Le train, composé d'environ 20 vagons à blessés, doit être accompagné d'une voiture partagée en compartiments emménagés pour recevoir confortablement les médecins attachés au train;

3° Il doit comprendre, en outre, trois vagons de service affectés l'un à la cuisine, le second aux approvisionnements, le troisième au magasin.

Les dispositions de chaque vagon à blessés (fig. 6, 7, 8 et 9, pl. XXXIV) permettent de transporter :

1° Les blessés ou malades alités;

2° Les blessés assis;

3° Les hommes valides;

4° Les marchandises, en temps de paix.

La caisse est pourvue sur ses quatre faces d'une porte glissante. Ses parois sont doubles; une partie de la paroi intérieure se compose des siéges et dossiers des bancs pour les hommes assis. Quatre montants en bois qui servent en temps de guerre à la pose des lits et des bancs, peuvent être réunis et boulonnés contre la toiture, en temps de paix, et les lanterneaux masqués par des panneaux.

Les ressorts de la suspension sont assez flexibles pour adoucir les chocs de la voie, tout en étant capables de porter une charge de 10 tonnes.

En temps de guerre, les vagons amenés au dépôt de matériel d'ambulance reçoivent les accessoires suivants :

[1] *Le train d'ambulance*, par Ch. Bonnefond, ingénieur, administrateur-directeur de la Compagnie française de matériels de chemins de fer, à Ivry-sur-Seine.

Quinze lits complets, comprenant chacun 1 matelas, 1 oreiller, 2 draps de lit, 2 couvertures de laine, 1 robe de chambre, 1 bonnet de coton ;

Un poêle en fer avec bain de sable et ses accessoires ;

Un water-closet avec sa cloison ;

Divers objets de toilette et de service.

Les quatre montants en bois sont mis en place ; dans les œillets qu'ils portent, on passe des tringles en fer emmagasinées dans une petite caisse ménagée sous le plancher.

Chacune des tringles supérieures reçoit trois lits garnis, empilés les uns sur les autres (fig. 6, pl. XXXIV) et que l'on descend en place au moment de la réception des blessés (fig. 7 et 9, pl. XXXIV). On pose le water-closet et sa cloison devant l'une des portes latérales, condamnée par ce fait, le poêle à côté.

Le service d'intérieur se fait par les portes donnant sur les plates-formes. L'entrée et la sortie des blessés peut aussi s'effectuer par la porte latérale, quand elle est libre.

Pour employer le vagon au transport des troupes ou des blessés assis, on détache de la paroi intérieure les dossiers et les siéges, et on engage les appliques dans les œillets des supports des lits. Quatre rangs de banquettes se trouvent ainsi formés pour recevoir 40 hommes (fig. 6 et 8, pl. XXXIV). Le vagon est ventilé et éclairé de jour par les lanterneaux, de nuit par des lanternes extérieures et abordables de la plate-forme.

288. Les autres vagons du train d'ambulance sont fort ingénieusement combinés, mais leur description nous entraînerait au-delà des limites de notre cadre. Nous nous bornerons à citer le vagon-cuisine, modèle d'arrimage et d'emménagement, qui pourra trouver des imitations, lorsque les administrations des chemins de fer en Europe voudront bien, dans le traitement des voyageurs, suivre l'exemple des chemins de fer des Etats-Unis d'Amérique.

Les figures 10 et 11 de la planche XXXIV représentent,

en coupes verticale et horizontale, le vagon-cuisine du train d'ambulance, outillé pour nourrir 200 à 300 voyageurs.

Légende : AA, armoires ; B, bassine ; C, caisse à charbon ; D, billot ; L, moitié de lit rabattu ; *p*, pliant ; RR, réservoirs d'eau au-dessus des armoires ; TTT, tables.

Le fourneau, placé au milieu de l'une des parois, porte deux chaudières de 75 litres chacune et deux bains-marie. Les couvercles des marmites sont maintenus en place par des bandages en bois. La batterie de cuisine est accrochée de façon à empêcher toute trépidation pendant la marche. Deux lits, pour le cuisinier et son aide, sont fixés, au moyen de charnières, à la paroi du vagon. Le jour, ces lits se relèvent contre la paroi, et se trouvent remplacés par une table. A côté des lits sont placés le lavoir et l'égouttoir. Aux quatre coins, des armoires reçoivent toute la vaisselle à l'intérieur et supportent les réservoirs d'une contenance totale de 1 800 litres d'eau, distribuée dans le vagon par des tuyaux et des robinets.

CHAPITRE V.

§ I. VOIE.

289. Soit r le rayon d'une roue chargée d'un poids p (fig. 4, pl. XXXV), et arrêtée par un point fixe m qui se trouve à une hauteur h au-dessus de l'horizontale passant à l'extrémité a du rayon vertical oa de la roue. Soient f une force horizontale appliquée au centre de la roue, y la distance du point m à cette force, x la distance du même point à la direction oa de la force p.

Le point m restant fixe, la roue, pour avancer dans la direction of, devra d'abord s'élever au niveau du point m et pour cela exigera un effort mesuré par le produit $p \times h$, abstraction faite des frottements de toute espèce, à la jante et au moyeu.

En prenant les moments des deux forces f et p par rapport au point m, il est évident que, pour que l'équilibre soit rompu et que le point a se soulève, il faut que $f \cdot y > p \cdot x$; d'où $f > p \cdot \dfrac{x}{y}$ (1).

En appelant α l'angle que fait la ligne om avec le rayon vertical oa, le rapport $\dfrac{x}{y}$ n'est autre chose que le rapport $\dfrac{sin\ \alpha}{cos\ \alpha} = tang\ \alpha$. Et l'on sait que l'angle α variant de $0°$ à $90°$, $tang\ \alpha$ peut prendre toutes les valeurs depuis 0 jusqu'à ∞.

Remplaçons dans (1) x et y par leur valeur, $x = \sqrt{2rh - h^2}$ et $y = r - h$. En substituant, on a $f > p \cdot \dfrac{\sqrt{2rh - h^2}}{r - h}$.

Ainsi la grandeur de la force f nécessaire pour surmonter l'obstacle, dépend de la valeur de h. Pour $h = o$, on a $f > p \cdot o$, ce qui démontre qu'un effort quelconque plus grand que o

peut faire avancer le véhicule, s'il repose sur un plan incompressible, sauf la question des résistances normales.

Pour $h = r$, on a $f > p$. $\frac{r}{0}$ ou l'infini, c'est-à-dire que l'obstacle placé sur la direction de la force f, quelle qu'elle soit, devient insurmontable.

Si l'on posait $h = \frac{1}{2} r$, on aurait $f > p \times \sqrt{3}$ ou $p \times 1,72$.

Ainsi un véhicule chargé de 1 000 kilogrammes, enfoncé dans une ornière de la moitié du rayon de sa roue, ce qui n'est pas rare, demanderait pour en sortir un effort supérieur à 1 732 kilogrammes. Telle est la cause des échecs des locomotives routières.

290. Ce que le calcul élémentaire indique, la pratique nous l'apprend chaque jour. Tout le monde a vu cette scène d'un attelage arrêté devant un obstacle, cette colère du charretier frappant, sans conscience de son acte sauvage, sur les pauvres animaux qui luttent héroïquement contre une impossibilité. Assez fréquente sur les routes mal entretenues, elle est de tous les instants dans les chantiers de travaux et dans les champs, partout enfin où le sol est trop compressible pour porter la charge des charrettes ordinaires.

Depuis longtemps on se sert, dans les chantiers de quelque importance, de madriers, de rails couchés à plat, de longrines garnies de fer plat ou de fer d'angle, sur lesquels portent les roues des brouettes, des camions et des vagons de terrassement. Combiner tous ces moyens de transport, c'est-à-dire donner aux roues une base plus résistante à la compression que le sol naturel ou empierré, et répartir la charge sur un certain nombre de véhicules, de manière à diminuer la charge de chacun d'eux, tel a été le point de départ du *Porteur universel* et du chemin de fer portatif, système H. Corbin (breveté), perfectionné et breveté par M. Decauville (de Petit-Bourg).

291. VOIE EN BOIS ET FER. — Le type primitif de M. H.

Corbin consistait en une suite d'échelles en bois, composées de deux longrines, entretoisées au moyen de petites traverses assemblées aux longrines par des boulons verticaux, le tout formant une série de travées faciles à poser, à enlever et à transférer partout où un transport de quelque importance doit être effectué. Mais le roulage direct sur bois présente trop de résistance, et le bois s'use rapidement. On fut donc conduit à garnir les longrines avec du fer et à prendre les dispositions suivantes :

La voie se compose de travées en bois de 5^m,30. Un fer plat ou à cornière, cloué et vissé sur la partie supérieure des longrines, forme la surface de roulement. Chacune des longrines porte, à l'une de ses extrémités, un sabot en tôle sur lequel repose l'extrémité de la longrine correspondante de la travée suivante. Des chevilles en bois, traversant sabot et longrine, opèrent la jonction des travées. Les longrines posent directement sur le sol, ce qui permet de placer la voie partout, et même de franchir de petits fossés.

Des portions de voie courbe et des aiguillages portatifs forment le complément des travées droites.

L'écartement intérieur des longrines varie suivant l'importance des charges à transporter. Pour simplifier la fabrication, on a adopté trois largeurs différentes : 0^m,250 ; — 0^m,400 ; — 0^m,600, correspondant aux poids à imposer à chaque véhicule, savoir : 40 à 50 kilogrammes ; — 100 kilogrammes ; — 500 à 600 kilogrammes.

Ce système a beaucoup d'inconvénients à l'emploi : sous l'influence des variations atmosphériques et du roulage, les bois se déjettent, les assemblages se disjoignent, la voie change de largeur ; les pièces se détériorent ; les fers rapportés sur les longrines se courbent, les clous et les vis sortent de leurs trous ; bref, s'il est économique de premier établissement et par conséquent favorable à un travail de courte durée, il ne peut être utilisé pour une exploitation permanente, sans occasionner des frais d'entretien élevés et des embarras dans les travaux. Quoi qu'il en soit, ce système a reçu et reçoit tous les jours de nombreuses applications dans les propriétés agricoles, les chantiers importants et les usines.

292. VOIE EN FER. — Frappé des inconvénients de ce système, un agriculteur et industriel distingué, M. Decauville aîné, de Petit-Bourg (Seine-et-Oise), a composé un système de voie dans lequel le bois est complétement supprimé. L'espacement des rails est celui que l'on veut ; mais la majeure partie des industriels qui se servent de cette voie, adoptent 0^m,40, comme donnant des travées facilement portatives, et se prêtant à toutes les sujétions des installations intérieures.

Le rail adopté par M. Decauville est représenté en section de grandeur naturelle par la figure 16, pl. XXVIII ; il pèse 4^k,75 le mètre courant. Ce poids un peu fort pour certaines industries peut être réduit, et Petit-Bourg construit des voies dont les rails, de même hauteur et de même largeur de table de roulement que le premier, ne pèsent que 4 et 3 kilogrammes le mètre linéaire. La figure 17, pl. XXVIII, représente en plan une travée de voie de 5 mètres. Les rails sont rivés sur quatre traverses en fer de 80/5 millimètres et sur une cinquième de 25/5 millimètres.

La base d'appui sur le sol, d'une travée de 5 mètres, voie de 0^m,40, est de 50 décimètres carrés, décomposée de la manière suivante :

Deux patins de rails...	$2 \times 5^m,000 \times 0^m,035 -$	$0^{m2},350$
Quatre traverses......	$4 \times 0,465 \times 0,080 -$	$0,149$
Une traverse.........	$1 \times 0,465 \times 0,025 -$	$0,011$
		$0^{m2},500$

Soit par mètre linéaire de voie 0^{m2},10.

Chacune des larges traverses est percée de deux trous qui peuvent servir à la fixer sur des madriers ou des traverses, dans le cas où la voie aurait à franchir un terrain mouvant, ou à supporter en permanence une lourde charge, comme celle d'une petite locomotive.

Pour installer la voie, on juxtapose les travées les unes au bout des autres, et la jonction s'opère simplement par l'introduction, dans la gorge des rails de la travée posée, de bouts d'éclisses dont l'une des extrémités de la travée suivante est armée. Dans la figure 16, pl. XXVIII, l'éclisse, rivée à demeure sur la moitié de sa longueur, est représentée en élévation *a* et en projection verticale *a'*. C'est la partie en saillie sur le bout du rail, qui se loge dans le creux existant entre le patin et le champignon du rail de la travée voisine. De plus, le patin de l'extrémité du rail pose sur la moitié de la largeur de la première traverse de la travée précédente. Toute autre consolidation du joint paraît inutile, jusqu'à présent du moins.

Probablement que l'emploi de la locomotive demandera un système de jonction plus résistant.

293. *Changements et croisements.* — Le constructeur prépare aussi des aiguillages et croisements tout montés, que l'on n'a plus qu'à poser sur place. La figure 18, pl. XXVII, représente un changement de voie à aiguilles mobiles, et à la suite, un croisement symétrique dont les courbes sont décrites avec un rayon de 8 mètres. Le cœur du croisement est en fonte. On fait aussi d'autres croisements à droite ou à gauche, selon les besoins du tracé.

294. *Plaque tournante.* — Elle se compose (fig. 20 et 21, pl. XXVIII) d'un plateau fixe, en tôle, portant à son centre un pivot, et sur ses bords quatre amorces de voie, sur lequel pose un plateau tournant en fonte muni des saillies formant le croisement de deux voies qui se coupent à angle droit. Des encoches ménagées dans ce plateau permettent de fixer la plaque tournante sur l'une des quatre directions de voie, en y logeant l'extrémité de l'un des loquets mobiles M, N, placés sur le plateau fixe. La plaque tournante complète pèse 80 kilogrammes.

295. *Passage à niveau.* — Quand la voie doit traverser

une route, on peut éviter de la démonter au passage de chaque voiture, en plaçant sur la route une travée formée de rails à ornière, comme ceux des tramways, ou bien un passage à niveau portatif composé d'une travée de voie ordinaire dont les traverses ont une saillie de 0ᵐ,25 de chaque côté de la voie. Sur ces traverses on boulonne des madriers de 0ᵐ,040 d'épaisseur, en ayant soin de tailler en plan incliné les madriers extérieurs à la voie, de manière à racheter, par ces petits plans inclinés, la différence de hauteur de la route et de la voie qui la traverse. Ce passage à niveau portatif pèse 35 à 40 kilogrammes le mètre courant. En le composant de travées ayant 2ᵐ,50 et 1ᵐ,25 de longueur, on peut suivre d'assez près, dans la traversée, le bombement de la route, pour ne pas gêner la circulation.

Une récente amélioration du passage à niveau consiste à le construire comme celui des grandes lignes. « Le rail tramway, nous écrivait M. Decauville, qui donnait un mauvais roulage, parce que le boudin de la roue appuyait dans l'ornière du rail, est remplacé par la voie ordinaire avec contre-rail rivé. »

§ II. PORTEURS.

296. PORTEUR CORBIN. — La construction de ce porteur, dit *universel*, repose sur cette très-juste observation que, pour employer une voie légère, par conséquent économique, qui puisse, étant placée sur des terrains facilement compressibles, résister sans se détériorer ni s'enfoncer au passage de charges considérables, il faut que ces charges soient divisées et réparties sur une certaine longueur de voie.

Le véhicule destiné à recevoir une portion de la charge ainsi répartie, ressemble à une brouette à deux roues, ou plutôt à un petit camion. Il est formé d'un plateau porté à l'une de ses extrémités par un essieu à deux roues, et à l'autre par une flèche ou barre d'attelage appuyée sur l'arrière du véhicule qui le précède, et où il est retenu par une cheville. A l'aide d'un certain nombre de porteurs semblables, on peut former un train d'une longueur proportionnée à la charge à transporter ; en tête du train, le premier plateau porte sur quatre roues, tous les autres sont à deux roues.

Si, sur le parcours à effectuer, il y a une rampe à gravir, il faut, en prévision du fractionnement du train, intercaler un nombre de porteurs à quatre roues, correspondant à la charge que le moteur dont on dispose peut remorquer sur cette rampe.

Ces porteurs sont composés d'un châssis en bois reposant sur l'essieu, et d'un platelage en bois de dimensions variables, selon leur destination. Si le transport a lieu à bras d'hommes, la charge peut consister en une corbeille contenant de 40 à 50 kilogrammes de matières et posant sur un plateau de 0ᵐ,25 de large sur 0ᵐ,50 de long ; dix à douze plateaux ainsi chargés peuvent être poussés par un seul homme, sur palier.

Pour des charges de 100 kilogrammes environ, comme des civières à brancards maniées par deux hommes, le plateau a 0ᵐ,65 en longueur sur 0ᵐ,80 en largeur. Il s'applique aux transports par traction d'animaux.

L'avantage que procure ce système de construction, c'est la flexibilité des trains dans les courbes des plus petits rayons ; mais ses inconvénients ne sont pas négligeables. Les châssis en bois se détraquent facilement, sans parler de leur détérioration naturelle ; les barres d'attelage se détachent assez souvent de leur cheville, par suite des secousses provenant des inégalités de la voie, et alors la charge tombe du plateau. Enfin, les déraillements sont fréquents, occasionnés par la légèreté et le défaut de stabilité du véhicule.

Quoi qu'il en soit, comme la voie mixte, le porteur universel peut rendre des services ; dans un pays où le bois est abondant et le fer coûteux, il est économique d'établissement ; mais pour une entreprise de longue haleine, les frais d'entretien peuvent s'élever à un chiffre important.

297. PORTEUR DECAUVILLE [1]. — Ce porteur, représenté par les figures 4, 5 et 6, pl. XXVIII, est tout en fer et fonte, à quatre roues.

Le châssis se compose essentiellement de deux longerons en fer à T de $0^m,12$ de hauteur, donnant assez de poids pour éviter les déraillements, fréquents avec un aussi petit matériel, quand il est trop léger. Les roues en fonte durcie, sont folles autour d'un essieu sur lequel sont rivés les deux longerons. Le graissage se fait à l'huile, par un petit trou ménagé dans le moyeu qui forme réservoir d'huile. Deux plaques de tôle de $0^m,003$, assemblées à chaque bout par une cornière, sont à leur tour rivées sur les longerons, et servent de plate-forme, en même temps qu'elles préservent les roues, des poussières ou des boues qui peuvent tomber des civières ou autres accessoires. Le milieu de la plate-forme est à jour, et cette disposition empêche les matériaux transportés, surtout quand il s'agit des betteraves, de déposer une couche trop épaisse de terre, nuisible à l'assiette complète de la civière.

La barre d'attelage est formée par une barre de fer qui se prolonge sous le porteur. Un des bouts de cette barre est percé d'un trou ; l'autre bout se termine par un fort crochet. Cette barre est fixée sur les essieux par deux boulons, et le crochet complétement préservé des chocs, par le bout des longerons qu'il ne dépasse pas ; l'autre bout dépasse au contraire de $0^m,20$, et l'accrochage d'un porteur à l'autre se fait, en soulevant le bout percé, sur le crochet du porteur précédent. La charge de ce porteur ne doit pas dépasser 200 kilogrammes en travail normal ; mais la construction est assez robuste pour supporter accidentellement le double de la charge indiquée.

[1] Extrait d'un mémoire adressé par M. Decauville à la Société centrale d'agriculture.

298. Civière. — Lorsque la charge à transporter est disséminée en petits tas sur toute la surface du sol, comme dans la récolte des betteraves ou des pommes de terre, l'emploi du porteur avec civière est très-économique ; il en est de même dans l'épandage des fumiers et des gadoues, qu'il faut prendre en bordure des champs, pour les éparpiller sur tout le sol.

Les civières destinées à ces transports (fig. 11 et 12, pl. XXVIII) sont construites à claire-voie en fers plat et rond, dont l'assemblage produit une grande rigidité. Elles pèsent 18 kilogrammes, y compris les brancards, et peuvent contenir 120 à 150 kilogrammes de betteraves.

Chaque porteur reçoit une civière qui est facilement portée par deux hommes, à 15 mètres de chaque côté de la voie. Il est reconnu, par l'application qui en a été faite en grand à Petit-Bourg et à Gonesse, que quatre hommes avec un cheval conduit par un gamin, peuvent débarder au minimum 40 000 kilogrammes de betteraves par journée de dix heures, d'un champ ayant 300 mètres de longueur. Pour ce cas, le matériel nécessaire se compose de 300 mètres de voie droite, 1 croisement, 6 courbes, 20 porteurs et 30 civières.

299. Ranchets. — Lorsqu'il s'agit de débarder des bois dans les forêts, on munit le porteur de 4 ranchets qui s'adaptent dans des chapes boulonnées aux extrémités des longerons. Les trous pour le passage des boulons y sont ménagés à l'avance, et cette transformation, comme toutes les autres, se fait en quelques instants (fig. 9 et 10, pl. XXVIII).

Le porteur avec ranchets peut supporter un demi-stère de bois de chauffage, et donne des résultats encore plus satisfaisants que dans le débardage des betteraves, puisque le bois fournit plus de poids à l'hectare.

Les mêmes ranchets peuvent servir dans les colonies, pour le débardage des champs de cannes à sucre.

300. FOURCHE PIVOTANTE. — Quand on veut débarder des pièces de bois de toute longueur, on les fait porter à chaque bout sur un porteur muni d'une fourche pivotante en fer forgé, dont un côté mobile s'enlève pour opérer le chargement. On peut transporter de cette façon des arbres de 20 mètres de longueur, et la fourche étant à pivot, le train passe facilement dans les courbes les plus prononcées (fig. 7 et 8, pl. XXVIII).

301. CORNES. — Quand il s'agit de débarder des récoltes encombrantes, comme la paille, les fourrages, les écorces, etc., on munit le porteur de cornes en fer analogues aux cornes des charrettes trop courtes.

L'emploi du porteur avec cornes est particulièrement avantageux pour le débardage des foins dans les prairies irriguées, car la récolte enlevée étant suivie d'une autre récolte, il importe d'éviter l'action destructive des roues des voitures trop chargées.

302. CAISSE A BASCULE. — La caisse à bascule, qui peut décharger d'un seul coup tout son contenu, est employée lorsque la charge à transporter part d'un point déterminé, pour aller vers un autre point déterminé, comme, par exemple, pour conduire des charbons du tas aux fourneaux, des betteraves du silo à l'élévateur, des terres de la fouille au remblai, etc.

Cette caisse (fig. 1, 1 *bis*, 2 et 2 *bis*, pl. XXVIII) est construite en tôle de $0^m,002$ à $0^m,003$, roidie par des cornières ; elle s'adapte sur le porteur au moyen de quatre pieds qui portent les axes autour desquels elle peut basculer. Ces pieds sont fixés sur le porteur par huit boulons dont les trous sont ménagés à l'avance dans les longerons, de façon que la caisse puisse décharger par côté ou par bout. Elle est maintenue horizontale par un crochet *mnp*. En dégageant le crochet de son arrêt, on fait tourner le levier qui le termine, la caisse rendue libre bascule et en même temps la porte qui forme couloir s'abat ; lorsque le vagon est vide, il suffit de relever la caisse et de remettre en place le crochet qui ferme la porte, en même temps qu'il retient la caisse sur ses pivots.

Des tampons en bois ont été ajoutés, à l'origine, au bout des longerons, de façon que les caisses ne se touchent pas par le haut ; mais depuis, les tampons en bois, qui ne répondaient pas du reste à la solidité du matériel tout en fer, ont été remplacés par un tampon central, formé d'une bande en fer plat allant d'un longeron à l'autre (fig. 1, 2, 3).

Cette bande de fer présente une certaine élasticité au tamponnement, et facilite la circulation dans les courbes, surtout quand les vagons sont poussés par un homme, au lieu d'être tirés par un cheval.

La capacité de cette caisse est d'un cinquième de mètre cube, par conséquent, elle égale le cube de quatre brouettes de terrassement. Quand on veut transporter des matières encombrantes, on peut porter la capacité de la caisse à $0^{m3},30$ en lui donnant la hauteur de $0^{m},500$, et en fermant le côté ouvert, par deux portes superposées, l'une à charnière inférieure, l'autre à charnière supérieure.

Quand les transports sont importants, on forme un train de 12 porteurs à bascule qu'un cheval traîne facilement en palier. En rampe de $0^{m},07$ par mètre, il ne peut en traîner que six. Cette application a été faite, avec succès, par MM. Feray et Cᵉ, pour les terrassements et le transport des matériaux nécessaires à la construction d'une filature établie sur les bords de la Seine, près de la gare de Corbeil.

303. *Roues, essieux, boîtes à graissage.* — Il ne faut pas demander à ce petit matériel plus qu'il ne peut donner. Très-convenable pour effectuer, en peu de temps, le transport d'une récolte abondante, ou bien pour enlever chaque jour une charge légère et régulière, il ne peut remplir à la fois les deux conditions : forte charge et travail permanent. La Société du Creusot en a fait l'expérience dans l'exploitation des mines de fer spathique d'Allevard. L'extraction y dépasse 100 tonnes de minerai par jour, et le roulage s'y fai-

sait d'abord sur des rails du type de la figure 16, pl. XXVIII. Ce rail a un champignon trop étroit et trop bombé en tous sens ; d'ailleurs trop épais dans l'âme et le patin, on pourrait l'améliorer, sans en augmenter le poids. Avec ce rail tel qu'il est, le roulage a promptement usé la couronne des roues des vagonnets et dans une telle proportion que le Creusot à substitué au rail de $4^k,75$ un rail d'un poids beaucoup plus grand, qui présente une surface de roulement plus étendue. Il est évident qu'ici la pression imposée à la roue par millimètre carré, dépasse de beaucoup sa limite de résistance à l'écrasement, même si la fonte est coulée en coquille.

De son côté, M. Decauville, par sa propre expérience et celle de ses clients, s'est aperçu que son système d'essieu fixe avait un grave défaut. « Lorsque le porteur travaillait aux terrassements, nous écrivait-il le 25 septembre 1876, et surtout au transport de sable, avec charge de 300 à 400 kilogrammes, l'essieu s'usait en dessous de la roue et la roue augmentait son alésage, de sorte qu'au bout de trois mois, les déraillements devenaient très-fréquents et il fallait recourir à l'opération du rechargement de l'essieu. »

Pour remédier à cet état de choses, on a d'abord rendu l'essieu libre, tout en conservant l'indépendance de la roue ; et pour le faire sans réduire outre mesure sa résistance, on a placé, à l'extérieur des roues, le longeron et la fusée qui le porte. Entre l'essieu et le longeron, on devait intercaler une boîte à graissage en fonte disposée, dans sa forme essentielle, suivant le principe de construction indiqué par les figures 1 *bis* et 2 *bis*, pl. XXVIII : boîte supérieure alésée et contenant un coussinet de bronze posé sur la fusée ; — boîte inférieure remplie d'étoupe imbibée d'huile, et maintenue par un assemblage à queue-d'hironde, sous la boîte supérieure ; — enfin, pour empêcher cette boîte inférieure de sortir de sa rainure et retenir le coussinet de bronze, clef verticale tenue par des nervures à queue-d'hironde venues de fonte contre la boîte supérieure.

L'ajustage de ces quatre petites boîtes sous les longerons en fer était trop coûteux. On a alors remplacé les longerons en fer et la boîte en fonte rapportée, par un longeron en fonte portant sa boîte venue de fonte avec lui. La nouvelle disposition est indiquée par les figures 1, 1 *bis*, 2 et 2 *bis* de la planche XXVIII.

Le porteur ancien type est réservé aux charges inférieures à 200 kilogrammes ; par exemple, au transport des betteraves, pommes de terre, engrais, amendements, etc. Si on y applique la caisse à bascule, ce ne doit être que momentanément. Les transports lourds et de longue durée demandent l'emploi du porteur sur longerons à boîtes extérieures.

304. *Applications diverses. Rampe de chargement.* — Ce petit matériel se prête à une variété d'applications qu'il est inutile d'indiquer ici. Cependant il est intéressant de le voir en rapport avec les grandes lignes de chemins de fer, surtout pour la question, déjà trop controversée, des transbordements. Les figures 13, 14 et 15, pl. XXVIII, représentent une rampe mobile pour déchargement rapide des petits vagons pleins, dans un vagon ordinaire garé sur une voie sans quai. Cette rampe, de 10 mètres de longueur sur $2^m,50$ de hauteur et $1^m,70$ de largeur, est montée sur un chevalet à deux roues. Pour la transporter, on en place l'extrémité libre sur un avant-train (fig. 15) auquel on attelle les bêtes de trait. En service, on détache l'avant-train, et la rampe s'appuie sur le sol, comme un affût de canon. La voie de terre aboutit à la voie posée sur la rampe. A l'aide d'une chaîne, mise en mouvement par un treuil suspendu aux poutres de la rampe, on hisse les caisses à bascule au-dessus du vagon en chargement. Là elle se vide, puis redescend, pour être remplacée sur la rampe par une nouvelle caisse pleine.

Il va sans dire que la voie qui aboutit au pied de la rampe doit se dédoubler près de là, pour faire évacuer les porteurs vides, sans arrêter la marche des porteurs chargés.

Le complément de ces chemins de fer agricoles et industriels, c'est la petite locomotive. Nous la décrirons dans la
deuxième section. Là est l'avenir des chemins de fer
d'*intérêt local*, la seule ressource des contrées qui veulent
des chemins de fer économiques, c'est-à-dire des chemins
dont les revenus suffisent non-seulement à couvrir les frais
d'exploitation, mais encore à payer un intérêt raisonnable
au capital de premier établissement.

La situation, plus que précaire, de nombreuses petites
lignes construites sous l'inspiration de visées dont la réalite
a fait justice, doit servir de leçon, si tant est qu'on en
profite.

CHAPITRE VI.

CONSTRUCTION DES TRAINS DE VÉHICULES.

§ 1. CHASSIS.

305. *Le bois et le fer.* — Le châssis est formé de deux longues poutres, *brancards* ou *longerons*, disposés parallèlement à l'axe longitudinal du véhicule, réunies et consolidées par des pièces transversales, les unes normales, les autres obliques à cet axe. Tous ces éléments sont destinés à composer un *cadre* dont la condition première est de se déformer le moins possible sous l'action des efforts de compression et de flexion qui l'assiégent en tous sens. Chaque longeron, considéré comme une poutre reposant sur quatre points d'appui — les attaches des ressorts — a donc à supporter les efforts verticaux provenant du poids de la caisse et des chocs causés par les inégalités de la voie, sans parler des efforts latéraux.

Ces efforts verticaux imposés aux longerons vont sans cesse en croissant, d'année en année, par suite des accroissements de dimensions des caisses de voitures et des augmentations de vitesse des trains ; aussi demande-t-on des longerons de plus en plus longs et d'équarrissage plus fort.

Pendant longtemps ces longerons s'enlevaient dans de fortes pièces de chêne ; mais le bois de chêne sec, de longueur et de section suffisantes, devient rare. Pour parer à cette difficulté, certains chemins de fer qui conservent encore le châssis complet en bois, consolident les longerons par une armature en fer. D'autres renoncent aux longerons en bois qu'elles remplacent par des longerons en fer, tout en utilisant le bois pour les pièces secondaires du châssis. D'autres, enfin, composent le châssis en fer, de toutes pièces.

La préférence que l'on conserve pour le bois est motivée : dans les pays où l'industrie peut satisfaire à tous les besoins, sur la propriété que l'on attribue au bois d'être plus léger, plus élastique, moins sonore que le fer, à résistance pratique équivalente, absorbant mieux les vibrations dues au mouvement sur la voie ; dans les pays riches en bois et pauvres en outillage industriel, sur les difficultés de transport, de montage, de réparation, de remplacement des pièces de fer amenées à grands frais des ateliers de construction.

Indépendamment d'autres griefs, on reproche avec raison aux châssis en bois de prendre facilement feu, quand leurs pièces sont en contact prolongé avec les escarbilles tombées de la machine. Malgré la précaution adoptée de recouvrir la surface supérieure des pièces de bois avec des bandes de tôle, le danger n'en existe pas moins, que le châssis soit en bois ou en fer, s'il existe entre les brancards ou les traverses de la caisse un vide capable de retenir, un instant, les escarbilles en ignition.

L'installation du double plancher *continu et en contact direct* avec les pièces du châssis peut seule remédier à cette cause d'incendie, et encore. La Compagnie de Paris-Lyon-Méditerranée l'a si bien compris, que, même avec des châssis entièrement en fer, elle masque d'un écran en tôle le dessous de la caisse des voitures, qui repose directement sur son châssis.

Quoi qu'il en soit, tant que l'on pourra se procurer du bois à des conditions raisonnables, la concurrence se maintiendra entre les deux matières, mais elle cessera bientôt, par la force des choses, et le fer, convenablement approprié à sa destination, constituera seul un jour tous les châssis des véhicules.

En prévision des différents cas que l'ingénieur peut rencontrer, parlons des différents modes de construction du châssis, en pratique jusqu'à présent :

1° Châssis en bois ; 2° châssis en bois armé ; 3° châssis mixtes, fer et bois ; 4° châssis en fer.

306. CHASSIS EN BOIS. — La charpente d'un châssis de voiture, en bois, se compose d'un cadre formé par deux brancards, pénétrant par doubles tenons dans les mortaises de deux traverses de tête. Ces assemblages sont consolidés par des harpons. — Trois traverses intermédiaires relient les deux brancards, avec lesquels elles sont assemblées à doubles tenons et mortaises. Le tout est consolidé par une croix de Saint-André dont les pièces sont entaillées dans les traverses intermédiaires ; les deux branches, entaillées entre elles à mi-bois, s'assemblent à tenons et mortaises et à embrèvement dans les traverses extrêmes, à l'affleurement des brancards.

Dans l'ancien châssis en bois de l'Est, la croix de Saint-André est cintrée en dessous (fig. 12, 13, 14, pl. II), disposition prise en vue de ménager les bois et d'empêcher les têtes de s'abaisser, de donner du *roide* au châssis. Depuis l'adoption des longerons en fer, cette disposition a disparu (fig. 3 et 4, pl. XVIII).

Les assemblages des traverses intermédiaires avec les brancards sont consolidés par des équerres, et l'écartement maintenu par deux boulons transversaux.

Les dimensions adoptées pour l'équarrissage des diverses pièces de cette charpente sont à peu près partout les mêmes, et en rapport, cependant, avec la longueur et le poids de la caisse et de la charge. Dans les châssis des voitures de première classe du chemin de fer de l'Ouest, ces dimensions sont les suivantes :

	Hauteur.	Épaisseur.
Longerons......................	0m,250	0m,100
Traverses de tête..............	0 ,250	0 ,100
— intermédiaires, 2 de...	0 ,250	0 ,090
— — et 2 de.	0 ,140	0 ,090
— du milieu...........	0 ,110	0 ,110
Croix de Saint-André..........	0 ,070	0 ,130

Sur le chemin de Strasbourg à Bâle, sur l'ancien chemin d'Orléans, sur le chemin de Birmingham, on a fait l'essai de châssis avec brancards moisés. — Cette disposition avait l'avantage d'employer des bois de faible équarrissage plus secs que les gros brancards, de faciliter le mode d'exécution, et d'obtenir enfin une plus grande rigidité, mais aussi l'inconvénient de multiplier les assemblages, les surfaces exposées aux variations atmosphériques, etc.; on y a renoncé. Les figures 1 à 6, pl. XXXII, des anciennes voitures de l'État bavarois donnent un profil de cet arrangement.

307. Une troisième disposition se rencontre sur la plupart des anciennes voitures allemandes. Le nombre des traverses est de quatre ou de six; deux d'entre elles, placées symétriquement par rapport au milieu du châssis, sont maintenues à une distance de $0^m,70$ environ par deux pièces longitudinales, assemblées à tenons et mortaises et consolidées par des équerres. Sur la face opposée de ces traverses on assemble de même les extrémités des pièces diagonales représentant la croix de Saint-André, et qui vont buter d'autre part contre les traverses extrêmes ou contre deux traverses intermédiaires. A l'aplomb de ces derniers assemblages, on relie les traverses entre elles, dans le sens longitudinal, par deux entretoises parallèles aux brancards. Cette combinaison exige des bois moins longs, ménage plus les traverses intermédiaires que celles des croix de Saint-André; elle n'offre pas moins de roideur contre la déformation.

Ce type simplifié est reproduit dans le châssis des véhicules du Brésil (fig. 1, 2, 7 et 8, pl. VIII). Dans le châssis des vagons (fig. 11, pl. XXVII), le train ne comporte que deux traverses intermédiaires entre lesquelles se trouve l'appareil des ressorts de choc et de traction.

Dans le châssis du vagon à minerai de Mondalazac (fig. 22 à 24, pl. XXVII) une seule traverse intermédiaire relie les deux longerons par dessous.

Sur les voitures du chemin de l'État, en Saxe, le châssis

est formé de deux brancards, réunis par deux traverses extrêmes et trois intermédiaires. Deux entretoises longitudinales partagent le châssis en trois parties ; celle du milieu, très-étroite, renferme les appareils de traction ; les deux autres sont consolidées par des contre-fiches appuyées sur la traverse du milieu et les traverses extrêmes, et par une entretoise longitudinale reliant les trois traverses intermédiaires.

Ces deux dernières dispositions sont moins économiques et moins rationnelles que la première ; mais elles se trouvent expliquées en partie par la disposition de l'appareil de traction employé sur ces mêmes voitures et dont nous nous occuperons plus loin.

308. Comme accessoires directs du châssis, rappelons les deux ou quatre entretoises en fer à talon, percées d'un trou à chacune de leurs extrémités, et destinées à servir de points d'attache à la caisse — 214. — La position de ces entretoises doit être rigoureusement observée, afin de pouvoir monter, sur le même châssis, une autre caisse de la même classe ou d'une classe quelconque, dans le cas où le matériel a été disposé dans ce but.

Sur le châssis des voitures de première classe de l'Ouest, dont nous avons donné plus haut les dimensions principales, l'écartement des trous des boulons d'attache est de $4^m,400$ dans le sens longitudinal, et $2^m,10$ dans le sens transversal.

L'adoption des rondelles de caoutchouc interposées entre la caisse et le châssis modifie cet arrangement, mais exige la même rigueur dans le montage des pièces qui doivent se superposer — 370 —.

309. Dans les voitures américaines, le châssis se compose généralement de deux brancards réunis par plusieurs traverses ; les plates-formes sont soutenues par de faux brancards, assemblés sur les traverses extrêmes et une des traverses intermédiaires, et qui s'appuient contre une traverse posée à plat, destinée à présenter une grande résis-

tance dans son sens transversal ; cette résistance est très-nécessaire, puisque cette pièce devra supporter les chocs qui agiront sur le châssis, dans le sens du mouvement du véhicule. A leur extrémité libre, les deux faux brancards sont réunis par une forte traverse, dont la face extérieure est débillardée suivant un cylindre à génératrice verticale, pour maintenir les véhicules les uns contre les autres dans le passage des courbes. Chacun des trains articulés se compose de deux brancards réunis par deux ou trois traverses en bois ou en fer. La traverse du milieu porte une douille dans laquelle s'engage un fort boulon d'articulation fixé au châssis principal ; ses deux extrémités sont, en outre, munies de galets coniques, sur lesquels appuient des secteurs en fonte fixés aux brancards du châssis principal, et destinés à faciliter le mouvement des trains mobiles autour de leur centre d'oscillation.

310. Les mêmes précautions que nous avons déjà signalées en parlant de la construction de la caisse devront être suivies dans le choix des bois et l'exécution des différentes pièces du châssis. On ne doit employer que du chêne blanc de première qualité, provenant de bons terrains. Tous les tenons, mortaises, joints, ferrures, seront grassement enduits de peinture, de préférence au blanc de céruse ou au minium. Dans ces divers systèmes, d'ailleurs, tous les assemblages sans exception doivent être soigneusement exécutés et renforcés par des armatures en très-bon fer, telles que : équerres simples et doubles, harpons, boulons, tirants, etc.

Pour prévenir les incendies qui peuvent survenir par l'introduction dans les vides existant entre le châssis et la caisse, de morceaux de coke échappé du foyer de la machine, on recouvre toutes les pièces en bois, de plaques de tôle mince — 305 —.

311. *Châssis de fourgons à bagages.* — Dans les voitures, le plancher repose sur des traverses qui supportent les brancards, et par conséquent toute la caisse. La distance

entre les faces extérieures des brancards de caisse étant de
2ᵐ,620, par exemple, et celle des faces extérieures des longerons de châssis étant de 2ᵐ,020, la face extérieure du
brancard de caisse se trouve en porte à faux de 0ᵐ,300 sur
celle correspondante du longeron; ce porte à faux est racheté par les traverses.

En France, à l'encontre de ce qui se pratique en Allemagne et en Hongrie, et sans que l'on puisse alléguer
d'autres bonnes raisons que la routine, les fourgons à bagages n'ont pas, comme les voitures, la caisse indépendante du châssis. Comme dans les vagons à marchandises,
le plancher repose directement sur les longerons; les brancards de caisse sont soutenus par des consoles en fonte
boulonnées contre les longerons et qui rachètent le porte
à faux du plancher. Dans l'exemple de la figure 1, pl. XII,
ce porte à faux est de 0ᵐ,285.

Le châssis de fourgon subit des efforts plus considérables
que celui de tous les autres véhicules, en raison de la position qu'il occupe dans le train, de la vitesse qui lui est im-
primée, de la charge qu'il porte, des effets du frein dont il
est pourvu. Ce châssis doit donc être plus robuste que les
autres. Exemple : tandis que le châssis de la voiture à trois
compartiments, de classe 1, d'Orléans, avec 6 mètres de
longueur, n'a que trois traverses intermédiaires, celui du
fourgon à bagages (fig. 7, pl. 11), avec la même longueur,
en a cinq, tout comme le châssis de la voiture à quatre
compartiments d'Orléans (fig. 11 *bis*, pl. 11), qui a 6ᵐ,880.

Le châssis du fourgon de l'Ouest, représenté en plan et
en coupe longitudinale, par les figures 1 et 2, pl. XII, est
composé, dans sa charpente en bois, des pièces principales
suivantes, sans parler des brancards de caisse portés par
les consoles en fonte :

	Hauteur.	Épaisseur.
Deux longerons................	0ᵐ,250	0ᵐ,100
Deux traverses de tête..........	0 ,250	0 ,100
Quatre traverses intermédiaires..	0 ,250	0 ,090
Une traverse de milieu..........	0 ,180	0 ,110

	Hauteur.	Epaisseur.
Quatre longrines-supports de l'arbre-du frein.................	0 ,100	0 ,100
Une longrine-entretoise sous la tringle de transmission de mouvement.....................	0 ,180	0 ,100
Croix de Saint-André...........	0 ,070	0 ,130

Le tout est vigoureusement consolidé par équerres, harpons, plaques de tôle, boulons, etc.

312. Dans les vagons à marchandises, surtout dans ceux de voie réduite, le porte à faux du brancard de caisse atteint quelquefois jusqu'à 0^m,500, et comme on y supprime presque toujours les traverses, le platelage reposant directement sur les longerons de châssis, il faut soutenir les brancards de caisse par des consoles. Généralement ces dernières pièces sont en fonte, avec des trous venus à la coulée, qui servent à fixer la console contre le longeron, à l'aide de boulons. De même encore, des consoles qui reçoivent les pieds des ranchets, dans les vagons à claire-voie.

Ces diverses dispositions sont représentées par les fig. 2, 4, 8, pl. XXIII; fig. 13, pl. XXV; fig. 6 et 10, pl. XXVI; fig. 2, 3, 6, 10, 11, pl. XXVII.

Voici les équarrissages des pièces de la charpente du châssis d'un vagon couvert à panneaux pleins de l'Ouest, analogue à celui que représentent les figures 4, 5, 6, 7 de la planche XXIII, mais de capacité différente, la caisse ayant seulement 5^m,556 de longueur sur 2^m,440 de largeur, à l'intérieur, les essieux écartés de 2^m,700 d'axe en axe.

	Longueur.	Hauteur.	Epaisseur.
Deux longerons (les tenons non compris).	5^m,400	0^m,280	0^m,100
Deux traverses de tête...............	2 ,730	0 ,280	0 ,100
Deux traverses intermédiaires (les tenons non compris).....................	1 ,820	0 ,280	0 ,090
Deux traverses intermédiaires (les tenons non compris).....................	1 ,820	0 ,200	0 ,090
Croix de Saint-André (les tenons non compris)........................	5 ,640	0 ,085	0 ,100
Une longrine-entretoise (les tenons non compris)........................	0 ,731	0 ,080	0 ,150

La traverse du milieu des châssis du fourgon ne se retrouve plus ici ; les deux ressorts de choc et de traction sont réunis dos à dos, comme dans les figure 3 et 8, pl. XXIII.

313. CHASSIS EN BOIS ARMÉ. — Malgré le prix toujours croissant des longerons en chêne, la Compagnie d'Orléans construit encore en bois les châssis des voitures de classe 1, dans le but d'amortir les vibrations. Seulement elle renforce les longerons à l'aide d'une plaque de tôle de même hauteur que le longeron et fortement serrée par des boulons. Ce procédé de construction paraît inspirer à la Compagnie d'Orléans toute sécurité, car elle en fait une large application aux châssis des nouvelles voitures à quatre compartiments de classe 1 dont nous avons parlé.

Dans ces nouvelles voitures, dont les figures 5 et 6, pl. II, représentent des coupes partielles, la section transversale du longeron a 0^m,280 de hauteur sur 0^m,120 d'épaisseur totale, savoir : 0^m,112 pour le bois et 0^m,008 pour l'épaisseur de la feuille de tôle.

314. Les Anglais se servent, depuis longtemps, d'un mode d'armature qui consiste à noyer dans l'épaisseur du longeron en bois AB une bande de fer plat *ab* recourbée vers le haut, comme l'indique la figure 3, pl. XXXV.

Ce procédé, que nous avons vu appliqué par la Compagnie anglaise du chemin de fer de Smyrne à Aïdin, ne nous paraît pas judicieux. Entailler à 0^m,010 de profondeur et sur presque toute sa hauteur une pièce de bois, c'est bénévolement sacrifier toute la résistance que cette pièce peut offrir, sur toute la profondeur des fibres ainsi tranchées et introduire dans le longeron un élément de destruction. Que si l'on a besoin du surcroît de résistance attendu de l'armature, mieux vaut appliquer la bande de fer contre le longeron, sauf à augmenter la réunion des deux pièces accolées, à l'aide de harpons, d'étriers, ou tout autre moyen analogue. Et alors on peut, ou diminuer l'équarrissage du

longeron, ou bien profiter de toute l'épaisseur primitivement jugée nécessaire pour cette pièce.

315. La charpente des parois longitudinales des longues
voitures américaines, qui ne sont point découpées par des
baies de portières, se prête très-bien à un arrangement en
poutre armée, de grande résistance, ce qui permet de réduire les équarrissages du châssis.

La voiture à deux bogies du Midland Ry, de 16^m,45 de
longueur, avec les huit portières qui découpent chacune de
ses parois longitudinales — 78 — ne pouvait chercher dans
ces parois la roideur nécessaire pour supporter un poids
aussi considérable. C'est en faisant de chaque longeron du
châssis une véritable poutre armée qu'elle a résolu le problème. Le longeron, en chêne d'une seule pièce, est garni
sur ses faces extérieure et inférieure d'un fer d'angle, $\alpha\beta$
dont la branche verticale — celle de l'extérieur — a 0^m,228
de hauteur, la branche horizontale — celle du dessous — a
0^m,102 de largeur; toutes deux avec une épaisseur de
0^m,0126 (fig. 29, pl. XXXVI).

En outre, la partie du longeron comprise entre les deux
bogies est renforcée par une armature en fer t', t' (fig. 9,
pl. XXXI, et fig. 29, pl. XXXVI) à laquelle on peut donner
toute la roideur voulue, à l'aide d'un écrou roulant qui
rapproche, à volonté, les deux parties constitutives du
tirant.

Voici les principales dimensions de ces véhicules :

Caisse : longueur en dehors.................	16^m,450
— largeur en dehors....................	2 ,439
— hauteur du plancher au plafond du lan-	
terneau........................	2 ,554
— hauteur des portières..............	1 ,829
Châssis : longueur totale...................	16 ,280
— hauteur des tampons au-dessus des rails.	1 ,017
— largeur de saillie des marchepieds....	2 ,591
Bogies : espacement de centre en centre.......	10 ,972
— distance des essieux fixes............	3 ,200

Essieux : distance des centres de fusée........ 1 ,980
   —   longueur des fusées............... 0 ,205
   —   diamètre —   .... 0 ,089
Roues : diamètre........................ 1 ,093

Quant aux châssis des bogies, leur construction rappelle celle des anciens châssis de tender : longerons en bois garnis de longerons en fer $\lambda\lambda$ dans lesquels on enlève les plaques de garde. Le châssis de la caisse repose sur celui de chaque bogie par l'intermédiaire d'une double crapaudine en fonte y, dont le centre est occupé par un pivot p de $0^m,076$ de diamètre. Des plaques en fonte $\mu.\mu.$, attachées les unes en dessous des longerons du châssis supérieur et les autres sur la face supérieure des bogies, servent à limiter les oscillations latérales. La crapaudine du centre des bogies est fixée à une longrine armée de deux fers qui assurent sa liaison avec deux traverses, roidies au moyen de plaques de fer boulonnées, reposant sur les 8 ressorts de la première suspension — 372 —.

316. Un tel luxe de précautions provoque naturellement cette réflexion, qu'il ne faut pas attribuer à la routine seule la persistance avec laquelle plusieurs Compagnies maintiennent l'emploi du bois dans les châssis de certaines voitures. L'administration du Midland Ry est citée comme l'une des plus avancées, en fait d'innovations heureuses, et dans le cas qui nous occupe elle avait une occasion bien justifiée d'appliquer des longerons en fer. Des pièces de plus de 16 mètres, en chêne à vive arête, sont partout difficiles à trouver, en Angleterre plus qu'ailleurs, et où, par contre, on se procure facilement des longerons en fer de toutes formes, de toutes dimensions pratiques, et de toutes qualités.

Il faut donc admettre que le bois possède certaines qualités, pour le confort du voyage, que le fer seul ne peut offrir dans les conditions actuelles d'emploi.

317. Chassis mixtes, fer et bois. — Comme disposition

d'ensemble il n'y a aucune différence entre le châssis tout en bois et le châssis mixte ; on y trouve toujours deux longerons reliés par un certain nombre de traverses, le tout consolidé au moyen d'une croix de Saint-André ou des contrefiches. Il n'y a de changé, sans parler du mode d'assemblage, que la matière des longerons : le fer à la place du bois. Nous avons reproduit plusieurs exemples de châssis mixtes dans différentes planches de l'atlas (fig. 11 *bis*, pl. II ; fig. 1, 2, 4, pl. III ; fig. 5, 6, 7 et 8, pl. IV ; fig. 1, 3, 4, pl. X ; fig. 3, 4, 5, 6, pl. XII ; fig. 1, 2, 3, 4, pl. XVIII ; fig. 1 à 13, pl. XXII ; fig. 1 à 13, pl. XXIV ; fig. 1 à 4, pl. XXV).

La forme du profil du longeron est tantôt celle d'un double T (I), tantôt celle d'une double cornière ([). Cette dernière paraît plus commode pour les assemblages. Voici les dimensions des longerons appliqués dans les exemples indiqués plus haut :

Véhicules.	Longueur maxima des châssis.	Distance maxima des essieux.	Profil.	Longeron :			Poids. par mètre.
				Hauteur.	Largeur.	Epaisseur.	
Voitures de toutes classes (Est).....	7m,00	3m,60	I	0m,250	0m,120	0m,009	33 à 34k
Voitures et vagons (Etat hongrois)...	7 ,30	4 ,20	[	0 ,325	0 ,085	0 ,010	30 à 31
Voitures de classes II et III (Orléans)...	6 ,88	3 ,75	I	0 ,235	0 ,090	0 ,011	34 à 35

De ces trois profils, le plus léger, celui de l'Etat hongrois, est aussi celui qui offre le moins de résistance à la flexion ou à la torsion. Des deux autres profils, celui du longeron de l'Est paraît le plus résistant. Les ailes des T sont inégales : la saillie est de 0m,049 pour l'aile extérieure et 0m,062 pour l'aile intérieure.

Les assemblages des longerons et des traverses s'opèrent à l'aide d'équerres en fer boulonnées. Pour fixer les plaques de garde contre les longerons double T, on intercale des tasseaux (fig. 9, pl. II et fig. 7, pl. XI).

Les traverses de tête du châssis à voitures et à fourgons de l'Etat hongrois sont garnies extérieurement d'une plaque de tôle de 0^m,004 d'épaisseur.

318. *Nomenclature des pièces de châssis mixtes.* — Dans les tableaux qui suivent, les dimensions des pièces de châssis ne comprennent pas les tenons dont il faut ajouter la longueur à celles de la nomenclature.

Est. — *Voitures de classe III* (fig. 1 à 5, pl. XVIII) :

		Longueur.	Hauteur.	Largeur.	Epaisseur.
Fer.	Deux longerons.............	6^m,800	0^m,250	0^m,120	0^m,009
Bois.	Une longrine centrale........	6 ,800	0 ,070	0 ,200	—
—	Deux traverses de tête.......	2 ,600	0 ,250	0 ,100	—
—	Trois traverses intermédiaires.	1 ,912	0 ,250	0 ,100	—
—	Quatre contre-fiches.........	3 ,420	0 ,070	0 ,100	—

Etat hongrois. — *Voitures de classes I et II sans frein*
(fig. 3, 4, 5 et 6, pl. XII) :

		Longueur.	Hauteur.	Largeur.	Epaisseur.
Fer.	Deux longerons.............	5^m,760	0^m,235	0^m,085	0^m,010
—	Une plaque de tôle (traverses de tête)...................	2 ,430	0 ,260	—	0 ,001
Bois.	Deux traverses de tête.......	2 ,440	0 ,260	0 ,116	—
—	Deux traverses intermédiaires.	1 ,880	0 ,235	0 ,105	—
—	Deux entretoises — .	1 ,590	0 ,190	0 ,090	—
—	Une — — .	0 ,400	0 ,190	0 ,105	—
—	Quatre contrefiches..........	2 ,090	0 ,190	0 ,090	—

Orléans. — *Voitures de classe II* (fig. 8 à 11 *bis*, pl. II) :

		Longueur.	Hauteur.	Largeur.	Epaisseur.
Fer.	Deux longerons.............	6^m,430	0^m,235	0^m,090	0^m,011
Bois.	Deux traverses de tête.......	2 ,600	0 ,259	0 ,100	—
—	Cinq — intermédiaires.	1 ,909	0 ,235	0 ,080	—
—	Croix de Saint-André........	6 ,255	0 ,070	0 ,130	—

319. Chassis en fer. — L'application du fer à la construction des châssis n'oblige à rien changer dans l'ensemble : longerons droits que relient entre eux deux tra-

verses de tête et plusieurs traverses intermédiaires ; le tout consolidé par une croix de Saint-André ou des contre-fiches.

Il faut avouer que la construction des châssis tout en fer, représentée dans les figures 1 et 5, pl. V ; fig. 4, 5, 6, 7, 8 et 9, pl. XI ; fig. 12, 13, 16, 18 et 19, pl. XIII ; fig. 6, 7, 8 et 9, pl. XV ; fig. 1, 2, 3, 4 et 5, pl. XVI ; fig. 8, 9, 10 et 11, pl. XXV ; fig. 14, 15, 16, 17, 18, 19, 20 et 21, pl. XXVII, n'a pas beaucoup engagé la responsabilité des administrations qui en ont autorisé soit la mise en œuvre, soit la mise en circulation.

Généralement beaucoup plus lourds que leurs analogues en bois, ils présentent tous un excès de résistance que l'on pourrait réduire sans inconvénient ou que l'on pourrait utiliser, plus complétement qu'on ne l'a fait jusqu'ici, en augmentant encore la portée des longerons et les dimensions des voitures, par conséquent le confort des voyageurs. Si ce n'était la question d'initiative, on aurait cherché à profiter de l'admirable docilité avec laquelle le fer épouse toutes les formes qu'on lui impose, pour ramener le centre de gravité de la voiture plus près des rails, et par là augmenter la largeur et la hauteur disponibles dans le gabarit de libre passage. Les figures 9, 10, 11, 12 et 13, pl. VI ; fig. 1, 2, 3, 4, 10 et 11, pl. VII ; fig. 11, 12, 13, 14 et 15, pl. XXIX, démontrent, un peu timidement encore, le parti que l'on peut tirer de l'emploi du fer dans les châssis. C'est avec des dispositions de ce genre que l'on parvient, entre autres améliorations, à placer le plancher des voitures à $0^m,77$, celui des omnibus de tramway à $0^m,570$ au-dessus des rails.

320. Voici les dimensions des pièces de quelques châssis en fer :

Voiture de classe IV. Est prussien (fig. 6 et 7, pl. XV). — Longueur du châssis, $9^m,200$; espacement des essieux, $5^m,400$. Dimensions approximatives :

	Longueur.	Hauteur.	Largeur des ailes.	Épaisseur de l'âme.
Deux longerons I	9^m,200	0^m,235	0^m,090	0^m,010
Deux entretoises [..........	9 ,300	0 ,140	0 ,055	0 ,009
Quatre — ⌐	1 ,360	0 ,060	0 ,060	—
Deux traverses de tête [.......	2 ,360	0 ,235	0 ,090	0 ,010
Deux — centrales [.....	1 ,916	0 ,140	0 ,055	0 ,009
Quatre — intermédiaires ⌐	0 ,620	0 ,050	0 ,070	—
Deux — extrêmes ⌐	1 ,000	0 ,050	0 ,070	—

Une bonne disposition contre les déformations, bien supérieure à celle des goussets que l'on a quelquefois placés aux points de jonction des traverses et des longerons, c'est l'application des entretoises qui, tout d'une pièce, sans entailles, réunissent les traverses de tête et les traverses intermédiaires. Pour conserver aux pièces toute leur épaisseur, on a donné aux deux traverses centrales une légère courbure vers le bas, de façon que les entretoises, comprises entre les traverses de caisse et ces deux traverses de châssis, sont soutenues dans leur partie médiane et ne peuvent pas flamber.

Dans le châssis des voitures de classe IV du Hanovre, les brancards de 9^m,024 de longueur reposant sur deux essieux espacés de 4^m,864 sont en fer I de 0^m,235 de hauteur ; les traverses de tête en fer [de 0^m,235 ; les 3 traverses intermédiaires en fer I de 0^m,130 et les 2 entretoises en fer [de 0^m,105. Tous ces fers ont 0^m,010 d'épaisseur ; la somme des hauteurs des fers, des traverses intermédiaires et des fers des entretoises égale la hauteur des longerons : 0^m,120 + 0^m,105 = 0^m,235. Des consoles en fer rivées aux longerons soutiennent les brancards de caisse.

Voiture de la Poste suiss (fig. 4, 5, 6 et 7, pl. XI) :

	Longueur.	Hauteur.	Largeur.	Épaisseur.
Deux longerons I	8^m,000	0^m,235	0^m,090	0^m,010
Quatre entretoises [.........	3 ,945	0 ,135	0 ,045	0 ,009
Deux traverses de tête [.......	2 ,725	0 ,235	0 ,090	0 ,010
Une traverse centrale I	1 ,832	0 ,235	0 ,090	0 ,010
Quatre traver. intermédiaires [.	1 ,832	0 ,080	0 ,035	0 ,0075

Chacun des brancards de caisse est relié par boulons, à quatre consoles en fer forgé, rivées aux longerons.

Vagon pour le transport des liquides (fig 8, 9, 10 et 11, pl. XXV).

	Longueur.	Hauteur.	Largeur.	Epaisseur.
Deux longerons [..........	6^m,000	0^m,250	0^m,075	0^m,012
Une longrine ⊔	6 ,000	0 ,100	0 ,040	0 ,008
Deux entretoises Γ	6 ,150	0 ,070	0 ,070	—
Deux traverses de tête I	2 ,700	0 ,250	0 ,115	0 ,011
Quatre traver. intermédiaires Γ .	1 ,790	0 ,175	0 ,060	—

§ II. RESSORTS.

321. UTILITÉ DES RESSORTS. — Les véhicules en mouvement reçoivent des chocs qui proviennent les uns de l'accouplement, les autres des inégalités de la voie. Les effets de ces chocs deviendraient intolérables pour les voyageurs et destructeurs pour le matériel, si les organes qui produisent ou reçoivent ces chocs ne se trouvaient pas séparés des autres organes des véhicules, par des appareils doués de propriétés élastiques, capables de transformer chacun de ces chocs en une série de flexions successives. C'est la succession de ces flexions qui, en répartissant sur un temps plus ou moins long, l'effet instantané du choc primitif, constitue la *flexibilité* d'un ressort. Plus est grand l'intervalle qui sépare la première et la dernière partie fléchissante de l'appareil, plus le ressort est flexible, toutes choses égales d'ailleurs, et moins le choc primitif est sensible pour l'organe qui le reçoit par l'intermédiaire du ressort.

322. *Diverses espèces de ressorts.* — Le matériel des chemins de fer a, dès l'origine, employé les ressorts à lames d'acier, composés tantôt d'une lame unique, tantôt de plusieurs lames superposées d'égale longueur, tantôt enfin de lames superposées et de longueurs décroissantes. C'est la dernière qui prévaut aujourd'hui. Mais l'élévation des prix et du poids de ces ressorts a poussé les constructeurs vers d'autres formes et d'autres matières qui pourraient remplir les mêmes fonctions. On se sert aujourd'hui de quatre espèces de ressorts :

1° Ressorts d'acier en lames parallèles ;

2° Ressorts d'acier en barres enroulées ;

3° Ressorts d'acier en disques tronc-coniques ;

4° Ressorts en caoutchouc.

323. RESSORTS D'ACIER EN LAMES PARALLÈLES. — Ces ressorts se composent d'une série de lames d'acier, posées les unes contre les autres, et de longueurs qui vont en augmentant depuis le milieu du ressort jusqu'aux extrémités. La plus longue des lames porte le nom de *maîtresse feuille*. Ces feuilles sont cintrées suivant un arc de cercle dont la flèche représente la flexibilité totale du ressort.

Une barre d'acier soumise à un effort de tension R, s'allonge dans la limite qui ne détruit pas l'élasticité du métal, d'une quantité α telle que le rapport $\frac{R}{\alpha}$ est constant et représenté par E, le module d'élasticité $= 2 \times 10^{10}$; dans ce cas extrême, α est égal à 0,005 ; mais en pratique on ne dépasse pas 0,003.

La somme des moments des efforts développés dans une barre de largeur b et d'épaisseur h, soumise à la flexion, en fonction de E, ou le moment d'élasticité, est $M = \frac{E\,b\,h^3}{12}$.

Pour calculer un ressort —332 ; voir le *Manuel pratique*, par M. Phillips, — on se donne : 1° la flexibilité i, diminution de flèche ou flexion, par 1000 kilogrammes ; 2° la charge 2Q sur le ressort ; 3° l'allongement α correspondant ; 4° la longueur développée 2L de la première feuille, comptée entre les points de contact, ou la corde 2c de fabrication, ou la corde 2c' sous charge.

Les charges étant proportionnelles aux allongements, la charge d'aplatissement 2P du ressort est donnée par la proportion $2P : \alpha :: 2P : 0{,}005$, d'où $2P = \frac{2Q \times 0{,}005}{\alpha}$.

La flexibilité étant proportionnelle à la charge, la flèche f du ressort est donnée par la proportion $1\,000^k : i :: 2P : f$, d'où $f = \frac{i \times 2P}{1\,000}$. Le rayon r de fabrication se tire de la relation $L^2 = 2rf$. L'allongement maximum toléré α détermine l'épaisseur h des feuilles : r étant le rayon de fabrication, ρ le rayon de courbure de la maîtresse-feuille, sous une charge donnée, on a $\alpha = \frac{h}{2}\left(\frac{1}{r} - \frac{1}{\rho}\right)$. Cette feuille aplatie, ρ devient infini et l'on a $\alpha = \frac{h}{2r}$ et $h = 2r\alpha$. L'étagement l et le nombre n de feuilles du ressort sont donnés par les relations $l = \frac{M}{Pr}$ et $n = \frac{L}{l}$.

324. *Solidarité des feuilles.* — Les feuilles d'un ressort sont réunies en leur milieu soit par un boulon ou un rivet d'acier, soit par une frette, un étrier. Il faut, de plus, que toutes les lames conservent entre elles une certaine solidarité et que la flexion de la maîtresse feuille se transmette successivement, et de proche en proche, à toutes les feuilles du ressort, sans que l'axe de l'une quelconque des feuilles quitte le plan de l'axe du ressort.

On obtient cet effet à l'aide de deux procédés :

Dans le premier, chaque feuille porte vers ses extrémités une rainure ou fente longitudinale et, un peu en arrière, une saillie. Cette saillie, à laquelle on donne le nom d'*étoquiau*, s'engage dans la rainure de la feuille suivante, en partant de la maîtresse feuille, de façon que deux feuilles voisines sont réunies d'abord au centre, puis vers les extrémités, par un étoquiau qui les empêche de se séparer latéralement; mais, dans le sens de la longueur, il leur laisse toute liberté de mouvement.

Dans le second procédé suivi généralement en Allemagne et en Autriche-Hongrie, chaque feuille porte sur l'une de ses faces une rainure à section circulaire venue au laminage, et qui se traduit sur la face opposée par une nervure continue de même forme, de sorte que la nervure d'une feuille s'engage dans la rainure de la feuille précédente qui la maintient, sur toute sa longueur, dans l'axe du ressort (fig 9 et 13, pl. XXXVI).

Chacun de ces procédés a ses avantages et ses inconvénients sur lesquels nous reviendrons — 330 —.

325. *Étagements.* — Comme mesure de sécurité, on ne doit les commencer qu'à la troisième feuille, la maîtresse feuille étant toujours doublée d'une seconde feuille d'égale longueur, de telle sorte que l'épaisseur totale du ressort devient $h \times (n + 1)$. Ainsi, dans l'exemple de la figure 12, pl. XXXVI, l'étagement $l = 0^m,100$, $n = 7$ et l'épaisseur totale du ressort $= 0^m,012 \times 8 = 96$ millimètres.

326. *Diminution de section de l'étagement.* — Pour ménager la transition entre deux feuilles contiguës, on diminue graduellement la section de la feuille sur la longueur de l'étagement. Cette diminution s'obtient de deux manières : en France, en prenant pour épaisseurs successives h_1, h_2, etc., aux distances l_1, l_2 de l'extrémité, les valeurs tirées des proportions $h^3 : h_1^3 :: l : l_1$, etc. ; en Allemagne, par une réduction de la largeur de la feuille qui, tout en conservant son épaisseur normale sur toute son étendue, prend une forme de trapèze à partir de la base de l'étagement (fig. 8, 11, 13 et 15, pl. XXXVI), de façon que la feuille de $0^m,080$ de largeur normale n'a plus que $0^m,020$ à l'extrémité de l'étagement. Le premier système paraît ménager mieux la feuille qui suit l'étagement, puisque la partie amincie de l'étagement occupe toute la largeur de la feuille.

327. Nature de l'acier pour ressort. — On n'emploie plus aujourd'hui dans la composition des ressorts que des aciers fondus. Mais il faut distinguer, ainsi que nous l'avons dit — 1re partie, ch. V, § III, 149 à 153 —. Le métal que l'on peut produire avec les appareils Bessemer, ou Siemens-Martin, n'a pas toujours les qualités requises pour satisfaire aux justes exigences des administrations.

La révolution que l'introduction de ce métal a produite

ne s'arrête pas à la fabrication des rails. On la voit s'étendre, de plus en plus, aux masses métalliques qui constituent
les principaux organes des appareils affectés aux grands
transports. Mais ici la question va changer d'aspect. En
remplaçant les rails en fer par des rails en métal dit *acier*,
on a substitué à des matériaux manquant d'homogénéité et
de résistance, un métal homogène promettant de faire, avec
plus de sécurité, un service dix fois au moins plus long que
les premiers, sans coûter beaucoup plus. La substitution
était donc indiquée, nécessaire, obligatoire.

En est-il de même quand il s'agit de ressorts, d'essieux,
de bandages, en un mot de pièces dont dépend la sécurité
des transports, et qui, pour répondre aux exigences du
service imposé, réclament une composition de matières
irréprochables et que l'on n'hésitait pas, il y a quelque
temps encore, à employer malgré leur prix relativement
élevé? On livre aujourd'hui ces organes, en acier fondu
Bessemer ou Siemens-Martin, à des prix de beaucoup inférieurs aux précédents. Le bon marché n'est certainement
pas une cause de refus, à qualités égales. Mais c'est la
question d'égalité de qualités qui est en jeu, et les administrations agiraient prudemment en ne se laissant pas entraîner trop loin par la séduction des bas prix ; dans ce cas,
plus encore que dans le premier, elles devront redoubler
de vigilance.

Certes il existe des aciers fondus, obtenus par les nouveaux procédés, qui ne laissent rien à désirer. Les essais
poursuivis en ce moment par la Compagnie de Lyon ont
prouvé que certaines usines françaises, parfaitement outil-
lées et employant un minerai approprié à cette fabrication,
comme le fer carbonaté spathique traité à l'air surchauffé
(600° à 650°), produisent couramment des aciers qui résistent à des efforts de 90 à 140 kilogrammes par millimètre
carré, tout en admettant des allongements de 5 et 8
pour 100, résultats que l'on n'obtient pas souvent avec des
aciers fondus au creuset. Mais, est-il besoin de le dire? ces

bonnes qualités ne se retrouvent point partout. Les bas prix, les nouvelles méthodes aidant, pourraient bien inciter quelques producteurs à lâcher la main, à négliger les bonnes traditions, à viser avant tout aux bénéfices, ce qui est facile à comprendre, car il faut vivre.

De leur côté, les administrations cherchent à faire des économies, chose parfaitement légitime ; mais, comme elles ont intérêt à éviter les accidents, elles essayent d'imposer aux fabricants des conditions de réception de plus en plus rigoureuses, des clauses de garanties qu'aucun tribunal ne pourrait confirmer, si elles venaient à contestation, et qui si elles étaient effectivement appliquées, feraient fermer toutes les usines sans distinction, devenues les fournisseurs, à titre gratuit, du matériel de chemins de fer. De nouvelles clauses d'épreuves à outrance viennent chaque jour s'ajouter aux anciennes. Mais on a beau les multiplier ; comme on ne peut soumettre à ces épreuves la totalité des fournitures, il n'y a rien d'impossible à ce que des pièces défectueuses, échappant à la vigilance des administrations, ne viennent un jour donner quelque rude leçon, et ne démontrent que ce n'est pas *là* qu'il faut chercher les économies à réaliser, enfin que tout n'est pas pour le mieux dans le meilleur des chemins de fer possibles.

328. ÉPREUVES DE RÉCEPTION DES LAMES. — L'épaisseur des feuilles d'acier à ressorts varie de $0^m,006$ à $0^m,012$ et $0^m,015$, et la largeur de $0^m,050$ à $0^m,100$. L'acier cémenté, qui tout d'abord avait été employé à cet usage, est remplacé maintenant par l'acier fondu, auquel on donne la préférence comme étant plus homogène, d'une flexibilité plus constante, d'une fabrication plus simple, plus uniforme et d'un prix de revient moins élevé.

L'acier employé à la fabrication des ressorts, quelle que soit son espèce, doit être toujours dur et nerveux. Dans l'acier fondu, on reconnaît le nerf à une petite pellicule fibreuse que l'on remarque au côté opposé à l'entaille. Il en est de même pour les aciers puddlés bruts. Quant aux aciers corroyés, on les compose de mises d'acier de *dureté* moyenne, ou, si les aciers dont on dispose sont très-durs, on met à l'extérieur une lame d'acier un peu doux ; après le premier soudage, on entaille à chaud le paquet; du côté de la mise d'acier doux, on le plie et on le corroie de nouveau. L'acier doux se trouve ainsi des deux côtés en couche très-mince, après le laminage ; aussi retrouve-t-on à la casse la même fibre, mais bien plus prononcée, car elle est ferreuse par suite des chaudes successives que l'acier a subies et qui ont décarburé tant soit peu la partie extérieure des paquets. Cette partie fibreuse, très-tenace, donne de la roideur au ressort et empêche la casse des feuilles.

Comme nous venons de le dire, il est très-important que la bonne qualité des feuilles soit vérifiée avec soin ; voici quelques détails extraits des cahiers des charges des chemins de fer du Nord et de l'Est, sur les épreuves de réception auxquelles elles sont soumises, à leur entrée dans les ateliers de fabrication des ressorts, ou chez le fabricant.

Sur chaque série de cent barres au plus, trois des plus défectueuses sont réservées pour les essais au nombre de douze, trois à la flexion et neuf au choc, qu'elles doivent subir.

Les morceaux d'essai à prendre dans chacune des trois barres doivent toujours être découpés à la suite les uns des autres, afin de permettre de mieux apprécier comment la résistance au choc se concilie avec la résistance à la flexion.

Un barême a été dressé à l'aide des deux formules suivantes de la résistance des matériaux à la flexion plane : $\frac{PL}{4} = \frac{Rbh^2}{6}$ et $f = \frac{PL^3}{4Ebh^3}$, dans lesquelles $R = E\alpha$ représente la charge maxima imposée au métal soumis à la traction ; E le coefficient d'élasticité, b et h la largeur et l'épaisseur de la barre, L sa longueur entre les points d'appui, P le poids appliqué en son milieu, f la flèche qui lui correspond, α l'allongement par mètre de longueur.

On néglige le poids de la feuille (d'ailleurs très-minime), et on suppose de plus que la relation est vraie jusqu'à la rupture, ce qui est loin d'être exact. Il suit de ces considérations que les nombres inscrits au tableau ne sont que des valeurs approchées, mais suffisantes toutefois pour la pratique.

Dans ces formules, P est exprimé en kilogrammes, et les autres valeurs L, b, h, α, f en mètres.

Le barème donne, en regard des charges d'épreuves — calculées pour les diverses dimensions de feuilles usuelles, de manière à produire toujours sur la fibre extrême une tension de 100 kilogrammes par millimètre carré — les valeurs correspondantes des flèches pour plusieurs valeurs différentes du coefficient d'élasticité E.

Chaque morceau d'essai à la flexion, coupé à la longueur de 1 mètre, cintré de 0^m,100, trempé et recuit suivant les meilleures conditions, est placé sur des supports libres, et soumis en son milieu aux charges P données par le barème, colonne 3, qui amènent une certaine flexion.

Dans cette première épreuve, la feuille ne doit ni rompre ni prendre une flèche permanente supérieure à 1/10 de la flèche élastique due à la charge d'épreuve. Chargée de nouveau de la même quantité et déchargée ensuite, la feuille ne doit plus acquérir de nouvelle flèche permanente.

Les flèches élastiques par 100 kilogrammes, que l'on mesure dans cette deuxième épreuve, ne doivent pas être inférieures aux valeurs données par le tableau en regard de la charge d'épreuve employée, et correspondant à la valeur du coefficient d'élasticité de 20 000 000 000, prise comme maximum, ce qui revient à dire que, sous une tension de 100 kilogrammes par millimètre carré de la fibre extrême, l'allongement par mètre devra être de 0^m,005 au moins.

Les efforts de flexion sont ensuite augmentés progressivement jusqu'à la rupture de chaque feuille, qui ne doit avoir lieu que sous un effort au moins double de la charge d'épreuve.

Sur les trois morceaux coupés dans chaque barre à la longueur de $0^m,20$ et destinés à l'épreuve au choc, deux sont trempés et recuits de la même manière que la feuille destinée à l'essai de flexion ; chacun de ces trois morceaux, posé sur deux appuis distants de $0^m,10$, est soumis au choc d'un mouton tombant d'une hauteur de $1^m,50$ et dont le poids est indiqué à la colonne 9 du barême.

329. *Usage du barême.* — *Détermination expérimentale de l'élasticité.* — Pour obtenir le coefficient E dit d'*élasticité*, on prendra la moyenne des flèches par 100 kilogrammes, mesurées depuis 50, 100 ou 200 kilogrammes, selon les dimensions des feuilles jusqu'à la charge d'épreuve, et l'on pourra lire dans le barême, aux colonnes : *Flèches par 100 kilogrammes*, une valeur suffisamment exacte du coefficient dit d'*élasticité* E. Exemple : une barre de 75/10 a pris une flèche totale de $0^m,060$, depuis 100 jusqu'à 500 : la moyenne des flèches par 100 kilogrammes est alors $\frac{60}{4} = 15$. En suivant la ligne horizontale relative aux barres 75/10, on voit que le nombre 15 est plus petit que 16,66 (colonne 6), correspondant à E = 20 et très-peu différent de 14,80 (colonne 7), correspondant à E = 22,5, d'où l'on voit immédiatement E = 22 fort.

Plus exactement, l'on a $\frac{22,5-E}{E-20} = \frac{15-14,80}{16,66-15}$, d'où E=21,9 milliards de kilogrammes.

Si l'on veut obtenir le coefficient α, on détermine E comme nous venons de le faire, et l'on en déduit : $\alpha = \frac{100\,000\,000}{E}$.

Ainsi, dans l'exemple précédent, l'on a :

$$\alpha = \frac{100\,000\,000}{21\,900\,000\,000} = 0^m,00456.$$

Évaluation de la tension de la fibre extrême au moment de la rupture. — Cette tension est égale à la charge de la feuille, à cet instant, divisée par la centième partie de la charge d'épreuve produisant une tension de 100 kilogrammes sur la fibre extrême et donnée pour chaque dimension de feuille par le barème (colonne 3).

Exemple : une barre de 75/12 a cassé sous une charge de 1 400 kilogrammes, la charge d'épreuve produisant une tension de 100 kilogrammes par millimètre carré étant pour cette dimension de 720 — voir colonne 3 — la tension de la fibre extrême, au moment de la rupture, est de $\frac{1400}{7.20} = 194^k,4$.

La condition mentionnée dans la spécification : « que les flèches élastiques par 100 kilogrammes ne soient pas inférieures à celles indiquées dans la colonne n° 6 du barème, » revient à celle-ci :

« Que le coefficient E, dit d'*élasticité*, ne soit pas supérieur à 20 000 000 000 ; »

Ou, ce qui revient encore au même :

« Que l'allongement α par mètre correspondant à une tension de 100 kilogrammes par millimètre carré ne soit pas inférieur à 5 millimètres. »

Dans le cas où, pour déterminer les tensions de rupture, on diminuerait l'écartement des appuis, on se rappellera que le résultat calculé comme ci-dessus, pour une feuille de 1 mètre, doit être ensuite multiplié par l'inverse de cet écartement.

Barême pour la réception des aciers.

DIMENSIONS DES FEUILLES en millimètres.		ESSAI A LA FLEXION.						ESSAI AU CHOC.
Largeur.	Épaisseur.	CHARGE D'ÉPREUVE en kilog. Cette charge produit sur la fibre extrême une tension de 100 kilogr. par millim q.	Flèches en millimètres par 100 kilogrammes correspondant aux valeurs du coefficient dit d'élasticité E = 15, 17.5, 20, 22.5 et 25 milliards, et aux valeurs de 0,0067, 0,0057, 0,005, 0,0044 0,004 de l'allongement α [1].					Poids [2] en kilogr. du mouton d'essai tombant d'une hauteur de 1m,50.
			$E = 15^m$ $\alpha = 0,0067$	$E=17,5^m$ $\alpha = 0,0057$	$E = 20^m$ $\alpha = 0,005$	$E=22,5^m$ $\alpha=0,0044$	$E = 25^m$ $\alpha = 0,004$	
1	2	3	4	5	6	7	8	9
75	6 1/2	211	80,93	69,37	60,70	53,96	48,56	16 1.4
	7	245	64,78	55,54	48,59	43,20	38,37	17 1.2
	7 1/2	281	52,67	45,14	39,50	35,11	31,60	18 1/2
	8	320	43,40	37,20	32,55	28,93	26,04	20
	8 1/2	361	36,20	31,03	27,15	24,13	21,72	21
	9	405	30,47	26,11	22,86	20,31	18,29	22 1/2
	9 1/2	451	25,91	22,21	19,44	17,28	15,55	23 1/2
	10	500	22,22	19,03	16,66	14,80	13,33	25
	10 1/2	551	19,20	16,46	14,40	12,80	11,53	26
	11	605	16,66	14,29	12,52	11,14	10,01	27 1/2
	11 1/2	661	14,60	12,51	10,45	9,73	8,76	28 1/2
	12	720	12.87	10,91	9,64	8,58	7,72	30
	12 1/2	781	11,40	9.77	8,59	7,60	6,84	31
	13	843	10,13	8,69	7,60	6,76	6,07	32 1/2
	13 1/2	911	9,07	7,77	6,80	6,04	5,44	33 1/2
	14	980	8,15	6,97	6,07	5,42	4,86	35
	14 1/2	1051	7,27	6,23	5,45	4,84	4,36	36
	15	1125	6,59	5,65	4,94	4,39	3,95	37 1/2
	15 1/2	1201	5,97	5,11	4,48	3,98	3,58	39
90	9 1/2	541	21,60	18,51	16,20	14,44	12,96	28 1/2
	10	600	18,47	15,83	13,88	12,31	11,11	30
	10 1/2	661	16,00	13,75	12,00	10,66	9,60	31 1/2
	11	726	13,93	11,94	10,43	9,27	8,35	33
	11 1/2	793	12,20	10,46	9,15	8,13	7,31	34 1/2
	12	864	10,73	9,20	8,03	7,16	6,43	36
	12 1/2	937	9,47	8,11	7,10	6,31	5,68	37 1/2
	13	1014	8,47	7,23	6,33	5,64	5,06	39
	13 1/2	1093	7,35	6,46	5,65	5,02	4,52	40 1/2
	14	1176	6,73	5,77	5,06	4,49	4,05	42
	14 1/2	1261	6,08	5,22	4,57	4,06	3,65	43 1/2
	15	1350	5,49	4,70	4,11	3,66	3,29	45
	15 1/2	1441	4,98	4,27	3,79	3,32	2,98	46 1/2

[1] Le coefficient E représente le nombre de kilogrammes qui allongeraient de 1 mètre une tige de 1 mètre quarré de section et de 1 mètre de longueur, en supposant que le rapport $\frac{R}{\alpha}$ des tensions R aux allongements est demeuré égal à la valeur constante E qu'il a lorsque R est très-petit ; et α l'allongement en mètres que prendrait une tige de 1 mètre de longueur et 1 millimètre quarré de section, soumise à un effort de 100 kilogrammes.

[2] Correspond à 1 kilogramme par chaque 30 millimètres carrés de section de la feuille.

330. FABRICATION DES RESSORTS. — Les barres d'acier sont remises à un ouvrier spécial chargé de couper, à la longueur voulue, toutes les feuilles pour toute espèce de ressorts. Il faut exiger du fabricant des longueurs déterminées, dans lesquelles on puisse trouver les diverses longueurs de lames qui entrent dans la composition des ressorts, afin d'éviter les déchets.

Les extrémités des morceaux destinés à former les maîtresses-feuilles sont façonnées par le forgeron, en bourrelets ou en rouleaux, suivant la destination du ressort — voitures, vagons, traction, choc, suspension, etc.

Les autres feuilles sont introduites dans un four à vent forcé alimenté par du coke, et passent de là sous une presse à excentrique portant deux poinçons dont l'un repousse l'étoquiau, l'autre l'encoche. Une troisième chaude, l'amincissement des extrémités des feuilles à l'aide d'un laminoir excentrique, et un cintrage à chaud par la machine à cintrer, précèdent l'opération de la trempe, qui se fait dans un bassin spécial alimenté par un courant d'eau froide.

Les feuilles d'un même ressort doivent être travaillées successivement, en commençant par la maîtresse-feuille, chacune d'elles devant servir de gabarit à la suivante, pour le cintrage.

Au sortir de la trempe, les feuilles sont recuites dans un four au coke, jusqu'au *bois fumant* ou *étincelant*, suivant la dureté que l'on veut donner à l'acier, ce qui correspond un peu en dessous ou un peu en dessus du rouge blanc naissant. Puis elles passent à l'atelier de meulage, d'ajustage et de montage, où se termine l'opération.

La trempe et le recuit sont les deux opérations capitales de la fabrication, et c'est de leur exécution que dépend en grande partie la qualité du produit définitif.

Pour la trempe, on introduit la feuille bien horizontalement dans l'eau, et on l'en retire assez chaude pour que l'eau qui la recouvre s'évapore presque instantanément. Les rou-

leaux conservent encore des parties rouges ; les parties effi-
lées de l'étagement sont assez froides pour rester couvertes
d'eau plus longtemps que le reste de la lame.

La Compagnie de Paris-Lyon-Méditerranée demande
« que tous les ressorts construits d'après le dessin de la
commande soient identiques, et que toutes les feuilles de
même rang, dans les ressorts semblables, puissent se substituer l'une à l'autre ; que les ressorts soient construits
avec une flèche de fabrication supérieure à la flèche indiquée sur les dessins de la commande, de la quantité nécessaire pour compenser la perte initiale de la flèche
nécessaire pour faire joindre les lames ; enfin, que le constructeur les soumette au travail de flexion nécessaire
pour épuiser le perte de flèche due au rapprochement des
lames, et pour que les ressorts ne présentent plus, dans les
épreuves indiquées plus loin — 332 — aucune autre perte
permanente de flèche. »

331. Composition des ressorts. — En se reportant aux
formules du n° 328, on voit que pour un ressort de longueur
et de largeur déterminées la charge qu'il peut porter est
proportionnelle au carré de l'épaisseur de la lame, et qu'inversement, la flexibilité est d'autant moindre que cette
épaisseur s'accroît. Si l'on était tenté de toujours composer
les ressorts en lames épaisses, il serait à craindre que,
dans ce cas, le métal ne travaillât constamment à un degré
de tension trop élevé. Les épaisseurs de $0^m,10$ à $0^m,13$ paraissent convenir le mieux dans la plupart des cas ordinaires.

Inconvénients des fentes et étoquiaux. — Le système des
étoquiaux et des fentes ou encoches présente quelques difficultés, au point de vue d'une exécution parfaitement régulière des étagements des étoquiaux, parce que les feuilles,
ne pouvant pas être chauffées toutes à la même température ni sur une même longueur, se dilatent plus ou moins.
Il s'ensuit que, quoique les feuilles d'une même longueur

soient toutes percées à chaud à la même distance de l'extrémité, ces distances varient souvent de $0^m,003$ à $0^m,004$ au moins quand les feuilles sont froides. C'est là un grave inconvénient, *quand les fentes ne sont pas longues*, et lorsque de plus on prescrit que l'étoquiau doit se trouver au milieu de la fente, quand le ressort n'est pas chargé ; car il arrive souvent alors que, lorsque le ressort est chargé, l'étoquiau est poussé au fond de la fente et occasionne la rupture de la feuille qui ne peut plus jouer. Un autre inconvénient des fentes trop courtes, c'est que, pour cintrer les feuilles, on les chauffe entièrement ; on les allonge donc proportionnellement à leur longueur ; or, comme on les cintre sur la feuille correspondante inférieure, qui est froide et munie de ses étoquiaux, ces derniers ne peuvent plus entrer dans les fentes de la feuille à cintrer. La longueur des fentes devrait donc toujours être déterminée d'après la longueur des ressorts et leur flèche, c'est-à-dire d'après le jeu des feuilles et les variations inévitables de température sous lesquelles les feuilles sont laminées. Enfin on corrige un peu le défaut de ce système en faisant à froid les étoquiaux et les fentes.

Le système des ressorts à rainure et nervure, employé maintenant en Allemagne et en Autriche-Hongrie—324— obvie à ces inconvénients ; mais on peut lui reprocher d'opposer plus de frottement aux mouvements des lames, les unes sur les autres, et de se prêter moins facilement au développement de l'élasticité du métal.

332. *Essai des ressorts*. — Il se fait quelquefois en exerçant une pression sur leur milieu à l'aide d'un appareil à vis ou d'un grand levier, tandis que les extrémités reposent, par l'intermédiaire de petits chariots, sur le plateau d'une bascule servant à mesurer la pression d'épreuve.

Cette méthode est défectueuse en ce qu'elle soumet le ressort à une compression lente, tandis qu'une fois en service il devra résister au contraire à des chocs, dont l'action violente est presque toujours la cause des ruptures. Aussi a-t-on recours, dans certains ateliers, à d'autres moyens d'épreuve. Dans les ateliers de la Compagnie anglaise du London-North-Western, qui, comme la Compagnie du Nord, façonne elle-même ses ressorts, et de plus fabrique, par l'application du procédé Bessemer, l'acier qui sert à leur construction, l'appareil d'épreuve consiste en un cylindre à vapeur solidement fixé, dont la tige du piston frappe le milieu du ressort, et exerce ainsi sur lui une pression instantanée que l'on peut évaluer en mesurant, au moyen d'un manomètre, la tension de la vapeur dans le cylindre. Ce mode d'essai, tout en présentant l'avantage que nous avons signalé, n'est pas susceptible d'autant de précision que le précédent.

Lorsque l'administration ne fabrique pas elle-même les ressorts, elle impose des conditions spéciales à la réception des appareils. Ainsi la Compagnie du chemin de fer de l'Est fixe dans son cahier des charges les clauses suivantes :

Chaque ressort de supension est essayé sous une charge pouvant faire subir à l'acier un allongement de $0^m,005$ par mètre courant, et la flèche doit mesurer $0^m,016$ à $0^m,017$ par 1 000 kilogrammes — 323 —.

Après une première épreuve, la diminution de flèche ne doit pas dépasser $0^m,002$, et une seconde épreuve ne doit donner aucune nouvelle diminution permanente de flèche.

La Compagnie de Paris-Lyon-Méditerranée prescrit, dans son cahier des charges pour la fourniture des ressorts en acier à lames parallèles, employés pour le choc, la traction et la suspension, dans tous les véhicules, les épreuves suivantes :

« Art. 8. Tous les ressorts, sans exception, sont soumis, dans l'atelier du constructeur, à deux épreuves de résistance, l'une par un poids statique, l'autre par des oscillations.

« Dans chacune de ces épreuves, le ressort est posé par ses extrémités sur des supports à chariot, qui permettent l'allongement du ressort pendant sa flexion.

« *Première épreuve*. — Les ressorts, placés comme il vient d'être dit, sont chargés, en leur milieu, d'un poids calculé de manière à produire, par le redressement du ressort, un allongement de fibres de $0^m,005$ par mètre à la surface des lames.

« Chaque ressort reste sous l'action de ce poids pendant cinq minutes au moins.

« La diminution temporaire de flèche, sous l'action de la charge ci-dessus définie, ne dépasse pas celle qui correspond à l'allongement de $0^m,005$, en prenant pour coefficient d'élasticité de l'acier 20 000 kilogrammes par millimètre carré [1].

« *Deuxième épreuve*. — Après avoir réduit à 75 pour 100 la charge de la première épreuve, on imprime à la charge ainsi réduite un mouvement d'oscillation verticale dont l'amplitude est telle que la flexion du ressort, dans chaque oscillation, soit au moins égale à la flexion sous charge pendant la première épreuve. — On imprime ainsi à la charge au moins cinquante oscillations. — Après cette deuxième épreuve, comme après la première, le ressort doit reprendre exactement sa flèche primitive de fabrication, sans aucune diminution permanente.

« On rebute tous les ressorts qui, sous la charge statique, présentent une perte de flèche plus grande que la flèche déterminée ci-dessus, ou qui ne reprennent pas exactement, après chaque épreuve, la flèche primitive de fabrication, ou enfin qui présentent, après les épreuves, des traces quelconques de détérioration. »

333. *Frais de fabrication des ressorts d'acier en lames parallèles*. — Ces frais peuvent se résumer ainsi :

---

[1] Les poids et les flèches sont déduits des formules données par M. Phillips dans son *Manuel* sur les ressorts en acier, publié à la librairie Carilian Gœury et Victor Dalmont, à Paris, 1852.

Voir aussi le mémoire du même auteur publié dans les *Annales des mines*, t. I, 1852, dont le *Manuel pratique* n'est qu'un résumé.

Matières.

Houille........	1 f,00	
Prix d'achat des 100 kilogr. d'acier en barres[1].	33 ,00	
Déchets et rebuts (5 pour 100)	1 ,65	
Dépenses de matières..........	35 f,65	35 f,65
Intérêt du matériel (pour une fabrication supposée de 50000 ressorts par an).........		0 ,20

Main-d'œuvre pour 100 kilogrammes.

Coupage, perçage, laminage...........	2 f,00	
Meulage...............................	1 ,00	
Cintrage et trempe	2 ,00	
Ajustage	2 ,25	
Salaire d'un forgeron et d'un frappeur pour refouler les bouts des feuilles...........	0 ,40	
Dépenses de main-d'œuvre..............	7 f,65	7 ,65
Total pour 100 kilogrammes........		43 f,50

334. RESSORTS D'ACIER EN BARRES ENROULÉES. — Il en existe de plusieurs systèmes : *a*) ressorts en hélice ; *b*) ressorts en spirale conique. A son tour, cette dernière forme se subdivise en deux variantes, différant par la section de la barre d'acier enroulée en spirale. Dans la première — système Brown — la section de la barre est curviligne. Dans la seconde — système Baillie — la section prend la forme d'un rectangle très-allongé.

L'avantage de tous ces systèmes, c'est d'occuper un espace relativement faible, comparativement aux ressorts à lames superposées, et, à conditions égales de flexibilité, de présenter un poids moitié moindre que ces derniers.

Par contre ils ont l'inconvénient de se briser fréquemment en service, parce que, sans doute, sous cette forme, le travail imposé au métal n'est pas en rapport avec les sections adoptées pour les barres enroulées.

[1] En 1868 ce prix était de 65 francs.

Un ressort en lames enroulées pouvant supporter une charge de 2,000 à 3,000 kilogrammes pèse environ 23 à 25 kilogrammes; le rapport du poids du ressort à la charge est en moyenne de 1/112. Quelques fabricants le font descendre jusqu'à 1/225 et c'est probablement là la cause des ruptures fréquentes — 339 —.

335. *Ressorts d'acier en hélices Myers.* — On s'est long-temps servi, en Angleterre, de ressorts à hélice simple, mais on y a renoncé, sans doute, parce que, pour avoir une flexibilité et une résistance convenables, il fallait donner au pas de l'hélice une assez grande valeur et augmenter aussi la section de la barre enroulée.

Pour remédier au défaut du ressort à hélice simple, M. Myers a composé un ressort à trois hélices concentriques, l'hélice intermédiaire étant enroulée en sens inverse des deux autres (1re partie, chap. VIII, § IV, 317). Les trois hélices, étagées sur trois hauteurs différentes, prennent successivement part au travail de compression du ressort et se soulagent mutuellement.

Ces ressorts furent employés pendant un certain temps dans le matériel du chemin de fer du Nord, puis abandonnés comme trop cassants, par suite de la difficulté de trouver des aciers de prix modérés pouvant supporter le travail souvent très-violent auquel ils sont soumis dans ces appareils, lors des manœuvres de gare.

Il serait à désirer qu'on reprît ces essais avec les aciers provenant des nouveaux procédés de fabrication, car le système Myers est fondé sur un principe rationnel.

On a vu à l'exposition de 1867 des spécimens de ressorts américains, système Thomson, composé d'une hélice d'acier enroulée autour d'un cylindre de laine comprimée. Cette disposition de guidage de l'hélice est un soulagement pour la lame d'acier, mais la laine comprimée ne doit-elle pas s'effilocher assez promptement, et alors que devient le guidage? un empâtement dans les spires de l'hélice.

336. RESSORTS D'ACIER EN SPIRALE CONIQUE. — Nous avons représenté par les figures 21 et 22, pl. XXXVII, les ressorts du système Baillie employés en Autriche-Hongrie. Dans chacune de ces figures, la lame est indiquée, avec ses dimensions planes, en élévation et en plan avant son enroulement, à l'échelle de 1/40, à gauche elle se présente enroulée, à une échelle double.

La lame du ressort de choc, fig. 22, à partir de la première spire, a une section de hauteur décroissante, à peu près dans la proportion de la décroissance du rayon d'enroulement. Quant à celle du ressort de traction destiné à agir dans les deux sens, sa section reste uniforme sur toute la longueur à partir de la première spire.

Les extrémités des lames sont amincies de manière à réduire le poids sur les parties les moins fatiguées, et rapprocher le plus possible la première spire d'une surface cylindrique, sans ressaut trop brusque.

Ces deux types de ressorts sont les seuls, comme nous le verrons plus loin — 350 — qui composent les appareils de choc et de traction du matériel de l'État hongrois.

Le tableau suivant donne les dimensions de quelques ressorts en spirale avec leur flexibilité et la charge correspondante :

h	d	l	p	NOMBRE DE TOURS DE LA SPIRALE.
240mm		130mm	2 950k	7
250		130	2 240	8
252		120	4 200	6
257		150	2 240	8 .
262	135	145	2 800	7
280	à	165	1 675	8
285	150mm	175	1 675	8
300		185	2 400	8
350		220	2 240	9
310		190	2 500	8
351		154	1 680	8

h est la hauteur du ressort, — d son diamètre extérieur à la base, f, sa flexibilité mesurée par la réduction de hauteur sous la pression maxima de la charge P, p, poids moyen des ressorts $= \frac{1}{225} P$.

337. RESSORTS D'ACIER EN RONDELLES TRONC-CONIQUES. M. Belleville[1] a composé un système de ressort au moyen de rondelles ou disques en acier trempé, affectant la forme d'une calotte très-légèrement conique, percée d'un trou circulaire au centre. Deux rondelles se présentent mutuellement leur concavité ou leur convexité, formant ainsi une série de couples réunis par une tige passant dans le trou central et servant de guide aux diverses rondelles.

La flèche ou le degré de conicité des disques doit être telle, qu'ils fassent ressort jusqu'à ce qu'ils soient comprimés à fond, de manière à ne pas dépasser la limite d'élasticité et que le ressort ne se rompe point sous l'action d'un choc.

On obtient ce résultat en adoptant, pour les dimensions des rondelles, certains rapports déterminés par l'expérience et qui peuvent se résumer dans les expressions suivantes :

1° $$D = 0,08 + 0,01 \, N ;$$

D, — diamètre extérieur de la rondelle; N, — nombre total de tonnes à supporter par le ressort;

2° $$r = \frac{1}{2,75} D ;$$

r représente le *rayon matière*, c'est-à-dire la différence entre le rayon extérieur et le rayon du trou;

3° $$e = 1/6 \text{ à } 1/8 \, r ;$$

e, — l'épaisseur de la rondelle;

Et enfin 4° $$F = 1/10 \text{ à } 1/14 \, r ;$$

---

[1] Les détails suivants sont extraits du rapport de M. J. Morandière sur les ressorts du système Belleville (*Bulletin de la Société des ingénieurs civils*, 1866, 4° trimestre).

F, — la flèche de la rondelle.

Ces dimensions seront applicables dans le cas où le trou ne dépassera pas trois fois le rayon matière. Dans le cas contraire, les rapports 1°, 2° et 3° ne changeront pas, mais on pourra augmenter la valeur de F jusqu'à 1/8 r.

La valeur du diamètre extérieur D dépend uniquement des circonstances particulières de la construction. Le tableau suivant donne les rapports entre les charges et les diamètres de quelques ressorts établis avec les proportions convenables.

Charge maxima ou d'aplatissement du ressort.	Diamètre extérieur donné à la rondelle.
3,000 kilogrammes.	0^m,102
4,000 —	0 ,120
5,000 —	0 ,130
6,000 —	0 ,140
13,000 —	0 ,204

D'après ce que nous avons déjà dit, le ressort Belleville présente toutes les garanties possibles de sécurité. En admettant d'ailleurs qu'une rupture vienne à se produire, elle n'intéressera très-probablement qu'une seule rondelle et n'empêchera pas le ressort de continuer à fonctionner, tout au moins partiellement. Il présente donc un avantage sensible sur le ressort à spirale ; son installation, tant pour la traction que pour le choc, peut d'ailleurs se faire tout aussi facilement et de la même manière ; sa flexibilité est sensiblement constante, ce qui n'a pas lieu pour le ressort en spirale. Le seul désavantage qu'il présente sur ce dernier est une légère augmentation de prix, tout en restant cependant beaucoup au-dessous de la valeur des ressorts à lames.

Les Compagnies du Midi et du Nord ont fait une large application de ces ressorts. Les véhicules du Brésil, que nous avons représentés dans les figures 1, 7, pl. VIII ; fig. 1, 4, 5, 9, 11, 12, pl, XXVII, sont armés de ressorts de ce système.

338. RESSORTS EN CAOUTCHOUC. — Le caoutchouc vulcanisé s'emploie sous forme de rondelles superposées et sé-

parées les unes des autres par des plaques de tôle. Un trou central est pratiqué dans l'intérieur des rondelles et des plaques qui se montent comme les ressorts en spirale ou à disques à l'aide d'une tige en fer, terminée par une partie filetée portant écrou de serrage, et qui passe dans le vide central des rondelles réunissant le tout en une masse solidaire. On trouve ces ressorts appliqués sur la plupart des chemins de fer en France et en Allemagne, mais avec de notables variantes dans l'arrangement.

Les dimensions des rondelles de caoutchouc ne sont point prises arbitrairement, leur résistance dépendant dans une certaine proportion de leur forme. Celle qui paraît la plus convenable (fig. 1, 2, pl. XXXVII) prend la figure d'un tore aplati, engendré par la révolution d'une ellipse dont on aurait enlevé deux segments égaux, aux extrémités du grand axe, perpendiculairement à l'axe de la rondelle. On prend la précaution de laisser au vide central des rondelles un assez grand diamètre pour qu'en cas du maximum de compression, le caoutchouc refoulé ne touche pas la tige centrale. Toutefois, la pratique seule peut guider ici le constructeur; nous indiquerons donc les dimensions en usage sur quelques-unes des lignes qui emploient ce genre de ressorts, principalement pour tampons de choc, de traction, ou pour tiges de chaînes de sûreté — 346 —.

Ressorts de traction ou de choc.	Diamètre extérieur. mm	Diamètre intérieur. mm	Epaisseur. mm
Chemin rhénan	207	65	39
— du Nord (France)............	178	56	35
— de l'Ouest (France).........	124	80	36
— d'Orléans et Méditerranée...	130	75	36
— du Midi (France)............	130	75	36
— de l'Est (Bavière)...........	123	57	36
— de l'Ouest (Saxe)...........	130	52	37
— du Hanovre (traction).......	126	55	37
— de l'Est (Saxe).............	120	58	35
— du Central suisse...........	117	52	33
— de Berlin-Stettin...........	113	65	23
— de Silésie-Saxe.............	103	46	25

Les rondelles en tôle, qui séparent les rondelles de caoutchouc, doivent avoir également une forme bien étudiée, car leurs mauvaises dimensions peuvent hâter la destruction du caoutchouc. On a reconnu que l'épaisseur de $0^m,003$ est convenable et qu'il est bon d'adopter un diamètre de $0^m,02$ supérieur à celui des rondelles en caoutchouc. Il convient de munir l'intérieur des rondelles en tôle, d'un rebord qui empêche le caoutchouc de s'appliquer contre la tige centrale, lorsqu'il se trouve comprimé par le tampon. Ce rebord est généralement rapporté et formé d'un alliage à base de zinc. Le soufre contenu dans le caoutchouc ne tarde pas à altérer les rondelles en tôle, si l'on n'a soin de garantir ces dernières de son action destructive en les étamant ou les recouvrant d'une couche de peinture qui demande à être soigneusement entretenue.

Les ressorts en caoutchouc présentent une grande légèreté, et un prix d'établissement relativement peu élevé. — Ire part., ch. VII, § IV —.

Leur flexibilité, loin d'être constante comme celle des ressorts à lames d'acier, diminue rapidement à mesure que la charge augmente; il en résulte un manque d'élasticité dans les chocs violents qui est un inconvénient sérieux. Quand ils sont consciencieusement fabriqués, ce qui est rare, ils peuvent supporter momentanément des charges considérables sans que leur limite d'élasticité se trouve dépassée ; mais, sous l'action de la tension permanente ou des chocs incessants auxquels les ressorts de traction se trouvent soumis, la nature du caoutchouc vulcanisé ne tarde pas à s'altérer, les rondelles se déchirent en morceaux et finissent par se réduire en poussière. Leur durée est d'ailleurs subordonnée à la qualité de la matière. Ainsi, des rondelles en caoutchouc sophistiqué ne servent guère plus d'une année, tandis que, d'après l'expérience des principales lignes d'Allemagne, leur durée peut, dans de bonnes conditions, surpasser celle des ressorts en acier.

Il faudra donc apporter un soin tout particulier à leur

réception : on devra spécialement refuser toute rondelle fendue, car dans ces conditions, elle ne tarde pas à se détruire.

Sur le chemin du Midi, les spécifications fixent la densité du caoutchouc à 1,22, avec une tolérance de 2 1/2 pour 100 au maximum, et l'on exige que la proportion de caoutchouc pur atteigne au moins 66 pour 100. La densité admise par le chemin de fer de l'Est ne dépasse pas 1,10. Ces précautions ne sont pas superflues, en présence de la tendance des fabricants à augmenter la proportion de soufre nécessaire pour la vulcanisation, et à livrer des produits dont la durée est ainsi considérablement réduite.

On a signalé au Champ de Mars, en 1876, un ressort *Sterne*, système anglais, composé de rondelles de caoutchouc qui ajoutent, à leur élasticité, celle de l'air qu'elles renferment dans le vide central.

§ III. APPAREILS D'ACCOUPLEMENT.

339. DISPOSITIONS D'ENSEMBLE. — Comme on l'a dit — 11 et suiv. —, à propos de l'accouplement des véhicules, le système d'attelage généralement employé aujourd'hui est l'attelage avec tendeur à vis. L'attelage à barre rigide, dont nous avons énuméré tous les inconvénients, doit être proscrit, quel que soit le type du véhicule considéré.

A l'exception de quelques cas spéciaux (fig. 15, 16, 22, 23 et 24, pl. XXVII), il en est de même de l'attelage par chaînes simples, qui a succédé à ce premier, dans les véhicules du système anglais. La réunion des voitures d'un même train doit être faite de telle sorte qu'au moment de la mise en marche ou du ralentissement du convoi, il n'en résulte aucun choc trop marqué, qui exposerait les voyageurs à des secousses violentes, et le train à des ruptures d'attelage. Cette condition essentielle est remplie par le mode d'accouplement presque universellement employé aujourd'hui, et qui se compose d'un double système de traction et de choc. Il consiste à munir chaque extrémité des véhicules d'une tige de traction terminée d'un côté par un crochet et fixée de l'autre à un ressort en acier ou en caoutchouc. Un tendeur à vis réunit les crochets d'attelage de deux voitures successives, et deux chaînes de sûreté, placées de chaque côté, complètent le système de traction. Le but de ces deux chaînes étant de suppléer au tendeur ou à la tige de traction, il faut leur donner de fortes dimensions pour les empêcher de se briser par suite du choc résultant de la rupture de l'attelage, et de plus, entre leur point d'attache et la traverse, interposer des rondelles en caoutchouc, ou des ressorts en acier.

L'appareil de choc comprend, pour chaque voiture, quatre tampons ou plateaux reportant les pressions qu'ils reçoivent sur des ressorts d'acier — à lames en spirale ou rondelles bombées — ou bien de caoutchouc. Au moment d'un arrêt ou d'un ralentissement, les tampons se choquent, et le travail T que les ressorts peuvent absorber dépend de leur volume V ; de sorte que l'on a $T = \frac{E V \alpha^2}{6}$.
— M. Phillipps, 323 —.

On réunit quelquefois les ressorts des deux tiges de traction d'un même véhicule de manière, d'une part, à diminuer la flexibilité et les chances de rupture, dans le cas où une tension trop forte viendrait à agir sur l'une d'elles, en y intéressant la seconde ; d'autre part, à dégager le châssis des efforts qui se transmettent d'un véhicule à l'autre par les tiges de traction.

Les centres des tampons de choc, du crochet d'attelage et les points d'attache des chaînes de sûreté, doivent se trouver sur un même plan horizontal.

Voici les dimensions arrêtées, dans la conférence de Dresde, par les ingénieurs allemands, pour le matériel destiné à circuler sur les diverses lignes de l'Union :

La hauteur normale du centre des tampons au-dessus

des rails est de $1^m,042$, avec un jeu de $0^m,025$ en dessus, dans le cas de voitures à vide, et de $0^m,100$ en dessous pour les véhicules à charge pleine ; de sorte que le plan des axes de tampons peut se trouver à $0^m,942$ dans le second cas, et à $1^m,067$ dans le premier, au-dessus du plan des rails ;

Écartement des tampons, d'axe en axe, $1^m,754$;

Distance de la surface extérieure du disque à la traverse extrême du châssis, $0^m,370$ au minimum, lorsque le ressort est comprimé à fond de course ;

Distance du point d'attaque du crochet d'attelage détendu, au plan tangent aux plateaux des tampons, $0^m,370$.

Les dispositions qui précèdent sont prises pour qu'un manœuvre, chargé d'opérer l'accouplement de deux véhicules, puisse y procéder, sans courir le danger d'être écrasé par les traverses ou les crochets.

La longueur des chaînes de sûreté doit être telle que, tendues horizontalement, le point d'attaque du crochet dépasse de $0^m,305$ le plan des tampons, et que, tombant verticalement, leur extrémité se trouve à $0^m,050$ du plan des rails, le vagon chargé[1]; leur distance d'axe en axe est arrêtée à $1^m,067$.

En France, la saillie des tampons sur la traverse est de $0^m,500$ à $0^m,550$, le ressort étant au repos, et de $0^m,325$ à $0^m,330$, quand le tampon est enfoncé au maximum. — Ces dimensions sont insuffisantes, surtout lorsque la caisse a une saillie sur la traverse. — La hauteur de l'axe des tampons est de $1^m,010$ à $1^m,020$.

Leur écartement est de $1^m,710$ (Est) à $1^m,727$ (Nord), et $1^m,730$ (Ouest) ; celui des chaînes de sûreté est de $0^m,640$ (Est) à $1^m,190$ (Nord). — Ce dernier écartement des chaînes de sûreté nous paraît exagéré, surtout pour des lignes à courbes roides et à inclinaisons prononcées, là où les ruptures d'attelage sont le plus fréquentes, et où, en

---

[1] *Technische Vereinbarungen des Vereins Deutscher Eisenbahn-Verwaltungen*, Dresde, 1865.

cas de rupture de l'une des chaînes, la seconde seule est en prise.

Les agents chargés de réunir entre eux les divers véhicules sont, comme nous l'avons dit à la page précédente, exposés à de graves dangers lorsqu'ils doivent effectuer cette opération. Les accidents provenant de cette cause se répètent fréquemment et leurs conséquences, souvent déplorables, ont appelé l'attention des ingénieurs, sur la recherche des moyens à employer pour les éviter. Il suffirait, en conservant le mode d'attelage actuel, avec tous ses avantages, d'introduire une modification qui, en permettant d'opérer la manœuvre de l'extérieur, ferait disparaître le danger qu'elle présente aujourd'hui. Le rapprochement des tampons vers l'axe du véhicule résoudrait peut-être la question ; mais le grand écartement qu'on leur donne aujourd'hui est nécessité par d'autres considérations que l'on ne saurait négliger, et l'on peut dire qu'actuellement la question n'est pas encore résolue [1].

340. TIGE ET CROCHET DE TRACTION.— Les tiges de traction sont en fer forgé, terminées à l'une de leurs extrémités par un crochet d'attelage. Ce crochet est représenté page 380. Sa forme doit être étudiée de telle sorte que le point d'attaque de l'anneau du tendeur — 341 — ou de la chaîne

---

[1] L'administration du chemin de fer rhénan conseille l'emploi d'un double escalier qui, placé sur les tampons, permettrait à l'employé de se tenir à cheval sur ces derniers. Sur le chemin du Sud de l'Autriche et la ligne de Graz à Kofflach, on se sert, pour accrocher et décrocher les vagons, de la tige du drapeau-signal, convenablement prolongée et terminée par un crochet en fer.

Un ingénieur du chemin de fer autrichien de l'Etat, M. Becker, a imaginé un mécanisme destiné à prévenir les accidents dont nous parlons, et qui consiste à opérer l'accouplement à l'aide d'un levier à crochet, et le serrage au moyen d'un encliquetage, le manœuvre se tenant en dehors des véhicules. L'appareil décrit dans le numéro 1, 1876, de l'*Organ für die Fortschritte des Eisenbahnwesens*, a reçu le prix de l'Association, mais il nous paraît encore trop compliqué.

d'attelage soit exactement situé sur le prolongement de l'axe de la tige : sa section en ce point doit être au moins égale à la section minimum de la tige, et son extrémité ne doit être recourbée que de la quantité nécessaire pour recouvrir l'anneau après sa mise en place, afin que l'attelage puisse se faire sans rapprocher inutilement deux véhicules. La base du crochet est percée d'une ouverture oblongue qui reçoit l'un des anneaux du tendeur appartenant à la tige de traction, ouverture qui motive l'augmentation de dimensions de cette partie de la tige, pour conserver au moins, en section pleine, l'équivalent de la section de la tige de traction.

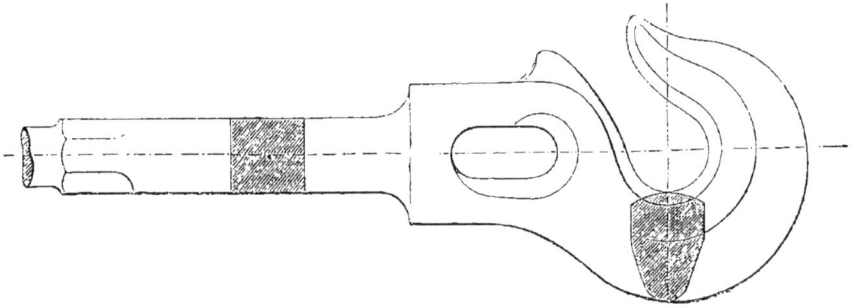

Crochet de traction. Echelle $\frac{1}{5}$.

Les dimensions de la section de la tige de traction sont données par l'expression $F = S \times R$ dans laquelle F représente l'effort, en kilogrammes, appliqué à la tige, S la section de la tige, en millimètres carrés; et R la tension du fer par millimètre carré. Cette tension du fer doit être de beaucoup inférieure à l'effort nécessaire pour en amener la rupture.

Si l'on prend $F = 5\,000$ kilogrammes, et $R = 5$ kilogrammes, on a $S = 1\,000$ millimètres carrés.

Appelons S' la section du crochet à sa partie la plus fatiguée, c'est-à-dire la plus éloignée de l'axe de la tige de traction prolongé, et l la distance du centre de gravité de cette section à l'axe. Pour que le crochet ne se rompe pas en ce point, il faut que cette section satisfasse à l'équation $F \times l = S' \times R$.

On commettrait une erreur en prenant comme section maxima celles qui sont indiquées sur les crochets des figures 1, 3, 5 et 7, pl. XXXVII. Ces sections ne donnent que le profil moyen du crochet vers sa partie la plus fatiguée.

Comme il existe encore des vagons dont l'accouplement avec les vagons voisins s'effectue à l'aide de chaînes et crochets, l'Association allemande a recommandé d'appliquer aux véhicules qui doivent circuler sur les lignes de l'Association, un crochet d'attelage muni d'un étrier mobile, représenté par les figures 3 et 4 de la planche XXXVII. Cet étrier peut recevoir le crochet de la chaîne d'accouplement d'un vagon et porter lui-même le dernier anneau d'une chaîne semblable dont le crochet s'engage dans l'étrier correspondant de ce vagon, de telle sorte que l'accouplement des deux véhicules s'opère à l'aide de deux chaînes dont les maillons sont composées de fer rond de $0^m,028$ de diamètre. Les figures 5 et 6, pl. XXXVII, représentent le crochet d'attelage de la traverse d'avant des locomotives, recommandé par l'Association.

Pour ramener au minimum la longueur des trains, il faut autant que possible réduire la distance de deux véhicules contigus. On fixe à cet effet à $0^m,370$ la distance du plan tangent aux tampons à l'intérieur du crochet — point d'attaque du maillon du tendeur —, et comme course du crochet de traction ou comme flexibilité du ressort de $0^m,050$ à $0^m,150$.

341. TENDEUR A VIS. — Les chaînes d'accouplement laissent toujours subsister, entre les tampons d'une part et les tiges d'attelage d'autre part, un certain intervalle. Dans les démarrages ou dans les ralentissements, les véhicules ainsi accouplés, n'étant pas en contact constant, oscillent

entre eux, les chaînes et les tiges de traction subissent des
efforts subits et violents qui les détériorent. Le tendeur à
vis remplace très-avantageusement ce mode d'accouplement ; il y en a de deux types : le premier, complétement
indépendant des tiges de traction et qui est représenté par
la figure ci-dessous, dans laquelle l'un des étriers ou maillons est indiqué en projection verticale, l'autre en projection
horizontale ; le second, représenté par les figures 7 et 8,
pl. XXXVII, est relié à la tige de traction par un boulon à
goupille.

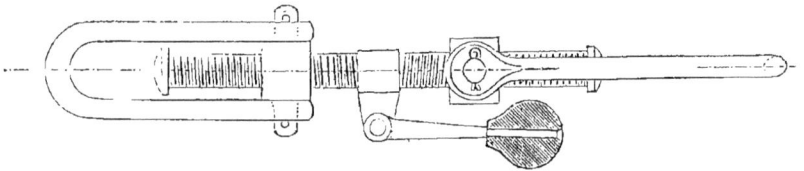

Tendeur à vis. Echelle $\frac{1}{10}$.

On remarquera, dans la figure de la page 380, que la tige
de traction porte une saillie au-dessus de l'œil qui reçoit le
boulon de l'étrier ou maillon du tendeur ; cette saillie est
destinée à maintenir suspendu le maillon libre du tendeur,
quand il n'est pas accroché au véhicule voisin, précaution
qu'il faut prendre pour toutes les pièces pendantes, de
crainte d'accident.

La construction de la vis, dont les filets sont arrondis,
réclame un soin tout particulier, parce que cette pièce supporte, seule, l'effort de traction du train tout entier. Son
diamètre d et celui de l'intérieur du filet d' se déduisent
des relations suivantes : on a ordinairement $d' = 0,8 \times d$,
ou $d' = 4/5 \times d$. Pour déterminer d, en appelant F l'effort
que la section de la vis doit subir, R la tension du métal par
unité de section, on aura $F = \frac{\pi d'^2}{4} \times R = 0,16 \times \pi \times d^2 \times R$.
Prenant $F = 5\,000$ kilogrammes, $R = 5$ kilogrammes, on
aurait $d = 0^m,04525$ et $d' = 0^m,0362$.

Dans l'exemple des figures 7 et 8, pl. XXXVII, du matériel hongrois, le rapport de d à d' n'est plus 0,80, mais bien 0,83, mauvaise disposition comme la vis, à filet carré, qui a un pas de $0^m,008$.

342. *Levier de manœuvre de la vis.* — On a longtemps fait d'une seule pièce le levier à boule soudé à la vis, qui sert à la manœuvrer (fig. 7, pl. XXXVII) ; mais on adopte aujourd'hui plus fréquemment la disposition à charnière indiquée par la figure du texte, p. 382, et la figure 9, pl. XXXVII, qui permet d'allonger le bras du levier, sans gêner le service entre les voitures. La Compagnie d'Orléans, pour ses nouvelles voitures, vient de porter la longueur du levier du centre de la charnière au centre de la boule à $0^m,460$. Précédemment, avec le levier soudé, la distance du centre de la boule à l'axe de la vis n'était que de $0^m,225$.

343. *Maillon.* — L'expérience indique que la résistance du fer dans les parties courbées n'est que les 0,75 de celle du fer dans les parties droites. La section résistante du maillon étant $2 \times \frac{\pi d^2}{4}$, en appelant d le diamètre du fer, l'effort que le maillon peut supporter sera $F = \frac{1}{2}\pi d^2 \times 0,75$. R. Si l'on prend $d = 0^m,033$, on trouve $F = 6\,400$ kilogrammes.

344. *Detaching Coupling.* — Pour desservir les embranchements à l'aide des express de grande ligne, sans obliger ceux-ci à marquer l'arrêt aux bifurcations, le chemin du South-Eastern a installé un système d'attelage qui permet de détacher, en marche, une partie du train. L'appareil employé à cet usage est représenté par les figures 9 et 10 avec leurs détails, pl. XXXVII.

Le tendeur est composé de trois parties, comme à l'ordinaire : la vis avec son levier à boule, et deux étriers. Mais l'un de ces derniers est terminé par un levier B pouvant tourner autour d'un boulon qui le retient à l'une des branches de l'étrier. Pendant l'accouplement, le levier B, engagé dans une rainure de l'autre branche de l'étrier, y est retenu par le taquet d'un levier A fixé à cette seconde branche, par un boulon autour duquel il peut tourner; à son tour, ce levier A est maintenu en place, pendant l'accouplement, par l'une des branches d'un levier coudé *C*, cette branche étant fixée dans cette position par un ressort à lame; l'autre branche de ce levier est munie d'une chaînette dont l'extrémité aboutit à la guérite d'un garde-frein.

Ce tendeur en place, en approchant de la station ou de la bifurcation où le véhicule doit s'arrêter, le garde-frein tire à lui la chaînette; le levier coudé s'efface, en dégageant l'extrémité du levier A. Sous la pression exercée par le crochet d'attelage du véhicule qui le précède, le levier B fait pivoter le levier A, dont le taquet ne retient plus le levier B qui s'abat, et abandonne le crochet d'attelage. Le véhicule, détaché du train, s'arrête sous l'action mesurée du frein manœuvré par le garde.

345. Dynamomètre enregistreur. — Bien que nous ayons parlé de la résistance des trains au chapitre Ier de cette seconde partie, ce n'est pas encore le moment de traiter des appareils qui servent à mesurer les efforts de traction imprimés aux véhicules. Cependant, comme disposition d'accouplement, il nous semble opportun de signaler ici le dynamomètre enregistreur que M. Holtz, attaché au service des machines de l'Est prussien, avait exposé en 1867.

Cet instrument, représenté par les figures 6 et 6 *bis*, pl. XXX, se place, avec le tendeur auquel il est adapté par le boulon *a*, entre deux véhicules. Il se compose de deux parties : — le mécanisme de transmission de l'effort; le compteur.

La transmission est comprise entre deux flasques parallèles en tôle, que nous supposons enlevées. L'anneau du tendeur, appliqué au point *a*, fait osciller le levier *abc* autour du boulon *b*, et transmet l'effort de traction, par les pièces *cd* et *def*, au ressort à boudin *fh* fixé en *h*, aux deux flasques dont nous avons parlé. Le rapport des bras de levier est calculé de telle sorte que l'effort exercé en *a* par le tendeur, est réduit au quarantième en arrivant au ressort; l'amplitude du mouvement en ce point est, inversement, quarante fois plus grande qu'en *a*. Le levier *def* porte une aiguille qui se meut devant un segment de cercle *kl* divisé en intervalles dont chacun correspond à l'effort de 50 kilogrammes.

Le compteur, maintenu par un ressort dans une boîte (fig. 6 *bis*), se compose d'un cadre en fer, muni, à sa partie postérieure, de deux guides embrassant une saillie correspondante, fixée sur les flasques de tôle qui supportent le mécanisme de transmission. Ce cadre porte deux cylindres en bois *pq*, *rs*. Sur ces deux cylindres est enroulé un papier sans fin, constamment tendu par un ressort appliqué sur le cylindre *rs*. On a tracé sur ce papier des lignes longitudinales, qui répondent aux efforts de traction à enregistrer, et des lignes transversales pour l'indication du temps écoulé. Un mécanisme d'horlogerie imprime au cylindre supérieur *pq* un mouvement de rotation, à raison d'un tour par heure. Les lignes transversales du papier correspondent chacune à une minute.

Au-dessus du cylindre *pq* se meut, dans le sens horizontal, un porte-crayon fixé à l'extrémité d'une tige qui se place au bout du levier porte-aiguille *f*, lorsqu'on fait descendre la boîte du compteur le long de ses guides. Les oscillations de l'aiguille se reproduisent sur le papier par un trait sinueux dont les coordonnées représentent en abscisses les efforts de traction, en ordonnées les divisions du temps écoulé.

346. CHAÎNES DE SURETÉ. — Les chaînes de sûreté sont composées d'anneaux soudés suivant la forme A, p. 386, et se terminent par un crochet B, dont l'extrémité doit être plus recourbée que celle du crochet d'attelage, les chaînes étant toujours animées d'un mouvement d'oscillation qui pourrait sans cela faire dégager l'anneau du cro-

chet. Les chaînes de sûreté sont attachées aux anneaux de

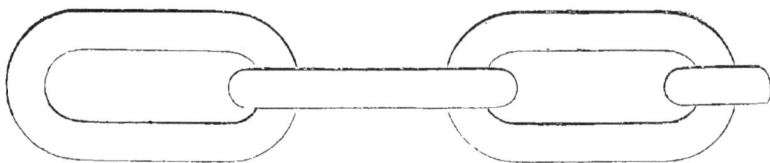

A. Chaîne de sûreté. Echelle $\frac{1}{5}$.

deux boulons représentés par la figure C; ceux-ci sont fixés tantôt sur l'une des traverses intermédiaires (fig. 1, 2, pl. XII; fig. 3, pl. XXIII ; fig. 3, pl. XXVI), afin de reporter l'effort de traction vers le milieu du châssis ; tantôt, et le plus souvent, contre la traverse de tête. Il est nécessaire, ainsi qu'on l'a déjà dit — 321 — d'interposer entre l'écrou de ce boulon et la traverse une ou plusieurs rondelles élas-

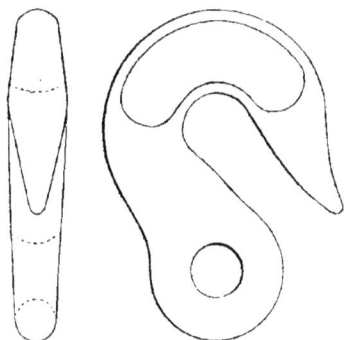

B. Crochet de chaînes de sûreté. Ec. $\frac{1}{5}$.

tiques , afin d'amortir la violence du choc qui se produit lorsque le tendeur vient à se rompre ; sans cette précaution, le choc pourrait briser également les chaînes appelées à suppléer le tendeur. (Voir les planches II, III, IV, VI, VII, XXII, XXIII, XXIV, XXVI.)

Les dimensions de ces rondelles peuvent

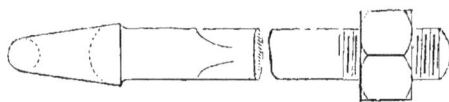

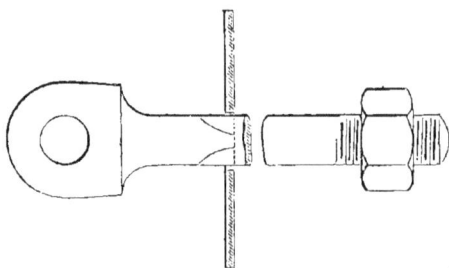

C. Boulons d'attache des chaînes de sûreté. Ech. $\frac{1}{5}$.

être déterminées d'après les exemples suivants :

Rondelles des chaînes de sûreté.

	Diamètre extérieur.	Diamètre intérieur.	Epaisseur.
	mm	mm	mm
Chemin de Wurtemberg............	120	48	39
— de Hanovre	106	37	53
— de Bavière (Est)............	87	32	72
— de Cologne à Minden........	84	29	63
— du Rhin	77	28	39
— de l'Etat hongrois..........	90	40	33

Les figures 1, 1 *bis* et 2, pl. XXXVII, représentent l'appareil complet des chaînes de sûreté des chemins de l'Etat Hongrois. Les rondelles de caoutchouc *r*, *r*, séparées par une plaque de fonte *s*, ont une section ovale, forme qui paraît être la plus favorable à la conservation du caoutchouc. L'épaisseur de 0ᵐ,040 des rondelles libres est réduite à 0ᵐ,033 sous la pression de l'écrou qui termine le boulon d'attache C.

Les chaînes de sûreté doivent pouvoir, en cas d'accident, remplacer l'attelage par la tige de traction. Leurs dimensions se vérifient par les calculs suivants :

347. *Maillon.* — Chaque côté du maillon supporte la moitié de l'effort appliqué à la chaine ; si *d* est le diamètre du fer, S sa section, F l'effort exercé sur la chaîne, R′ le coefficient de résistance du fer, on a $S = \frac{1}{4} \pi d^2$ et $\frac{1}{2} F = \frac{1}{4} \pi d^2 R'$, d'où $d = \sqrt{\frac{2F}{\pi R'}}$.

Dans les chaînes, le coefficient de résistance R′ n'est que les 3/4 de R, coefficient du fer employé dans le sens de sa longueur. Il y a dans la fabrication des chaînes un juste-milieu à observer : ne pas plier les maillons suivant un rayon de courbure ρ des fibres moyennes trop petit, sinon l'homogénéité du fer est détruite ; ne pas prendre un rayon de fabrication ρ trop grand, car la résistance du maillon diminue en raison de l'augmentation de ρ. Comme proportion convenable on prend $\rho = 1.50 \times d$.

En employant du fer qui résiste à 32 kilogrammes par millimètre carré, les chaînes fabriquées avec ce fer ne résistent qu'à 24 kilogrammes. Si on étançonnait les maillons des chaînes de sûreté, leur résistance s'élèverait à 30 kilogrammes par millimètre carré, de sorte que R', au lieu d'être les 75 centièmes, deviendrait les 94 centièmes de R.

348. *Boulon.* — En appelant d le diamètre du fer dans la partie non filetée, d' le diamètre de la partie filetée, S sa section, on prend ordinairement $d' = 0,8 \times d$ et on a $S = 1/4\,\pi\,(0,8\,d)^2 = 0,16\,\pi\,d^2$ et $F = 0,16\,\pi\,d^2 \times R$.

En appelant D le diamètre extérieur et d le diamètre intérieur de l'écrou, l'effort dans l'écrou s'exerce suivant une section $1/4\,\pi\,(D^2-d^2)$, et comme cet effort doit égaler celui du boulon on a l'égalité $1/4\,\pi\,(D^2-d^2) = 1/4\,\pi\,d^2$, d'où $D = d\sqrt{2}$. On prend en pratique $D = 1.50\,d$ ou $2\,d$.

La hauteur h de l'écrou serait donnée par l'expression $F = \pi.d.h.R = 1/4\,\pi.d.^2R$, d'où $h = 1/4\,d$. En fait, on ne compte que sur l'une des faces du filet de vis et alors $h = 1/2\,d$. Mais pour prévenir les inégalités de fabrication on prend ordinairement comme proportion de sécurité $h = d$.

349. RESSORTS DE TRACTION. — *Ressorts d'acier à lames parallèles* — 323 et suivants. — Ces ressorts sont placés horizontalement dans le vide du châssis. Le milieu des lames est embrassé par un étrier en fer, terminé en forme de douille dans laquelle s'engage l'extrémité de la tige de traction qui s'y trouve maintenue par une clavette. Les deux maîtresses-feuilles, sans rouleaux, s'appuient simplement sur des tasseaux en fonte fixés contre la face verticale de l'une des traverses du châssis.

La Compagnie d'Orléans emploie ce système de traction des voitures et fourgons, ainsi que les figures 8, 9 et 11 *bis*, pl. II, l'indiquent en leurs dispositions d'ensemble. Chaque ressort est composé comme suit : 7 lames d'acier de $0^m,010$;

longueur de la corde de l'arc du ressort en place, $0^m,800$;
flèche, $0^m,060$, qui donne une bande initiale de 1 500 kilogrammes ; tige de traction, diamètre courant, $0^m,038$, et
dans la douille de l'étrier, $0^m,040$.

Les deux traverses centrales qui portent les tasseaux,
contre lesquels butent les extrémités des ressorts de traction, sont reliées entre elles par quatre plates-bandes en
fer de $0^m,050$, laissant un vide de $0^m,080$ dans lequel jouent
les étriers des ressorts. Ces mêmes traverses sont reliées
aux traverses intermédiaires et de tête par les bras de la
croix de Saint-André boulonnés à chaque rencontre.

350. *Ressorts d'acier à barre en spirale.* — Ceux que nous
avons décrits — 334 et suivants — sont appliqués à la traction des véhicules de l'État hongrois (fig. 4, pl. III ; fig. 3
et 6, pl. XII ; fig. 1, 3, 4, 5, 8, 9 et 12, pl. XXII ; fig. 1, 4,
9 et 12, pl. XXIV ; fig. 21, pl. XXXVII). Pour les voitures,
l'appareil de traction comprend une tige de fer en deux
morceaux, qui aboutit aux deux crochets de traction et qui
traverse d'outre en outre le ressort placé près du centre du
châssis. Un manchon et des clavettes réunissent les deux
morceaux de la tige de traction. Le diamètre de cette tige
est de $0^m,052$ aux extrémités et au centre, de $0^m,040$ dans
les sections intermédiaires.

Le ressort se compose de deux lames enroulées, appliquées par leur grande base contre une rondelle médiane, et
par leur petite base contre une douille qui peut s'appuyer
contre une des traverses du châssis. Chacune de ces douilles
est reliée à la tige de traction, par une goupille qui peut
glisser le long d'une mortaise pratiquée dans l'épaisseur de
cette tige.

De cette disposition, il résulte que, l'un des crochets
d'attelage étant tiré vers la gauche, par exemple, la mortaise de gauche dans la barre d'attelage coule sans obstacle ; mais la clavette et la douille de droite qui se trouvent
ramenées vers la gauche par la mortaise droite à fond de
course, compriment les deux ressorts contre la douille de

gauche et la grande traverse, et entraînent le châssis dans
le sens de la gauche. Si c'est le crochet d'attelage de droite
qui est tiré, au contraire, la mortaise de droite glisse sans
obstacle vers la droite ; mais la mortaise de gauche bute
contre la clavette et la douille de gauche qui comprime les
ressorts contre la petite traverse, d'où l'effort de traction
se transmet à la charpente du châssis (fig. 3 et 6, pl. XII).
Les figures 1 et 4, pl. III, ne concordent pas, par erreur de
dessin. La figure 4 renversée qui est le plan horizontal de
la partie gauche de la figure 1 devrait être à la place de la
figure 3.

Pour éviter les trop grandes courses des tiges de traction,
l'allongement des trains et les oscillations trop prononcées,
on donne aux ressorts une certaine bande initiale ; ceux
du châssis hongrois qui ont, en liberté, une hauteur de
$0^m,286$, sont ramenés à $0^m,220$ mis en place. La course
totale des barres d'attelage est d'ailleurs limitée à $0^m,200$
par des clavettes à goupilles fixées à l'intérieur du châssis,
à $0^m,100$ de distance de la traverse de tête. Ce mode d'arrêt
doit fatiguer les traverses de tête et leurs assemblages. Les
clavettes qui limitent la course des crochets de traction
seraient mieux placées au centre, à l'intérieur du petit
cadre, car leur effet se reporterait immédiatement sur les
entretoises. Quoi qu'il en soit, entre ces deux limites le
châssis est, pour ainsi dire, indépendant de la barre d'attelage et soumis uniquement à l'action des ressorts. Mais,
au démarrage, tous les véhicules peuvent se trouver en
prise presque simultanément ; nous n'avons pas remarqué
que ce fût là une difficulté pour le service de traction.

351. Dans les châssis de vagons, l'appareil élastique de
traction se compose d'un seul ressort (fig. 1, 4, 9 et 12,
pl. XXIV). Sauf ce détail, le système d'attelage est le même
que dans les châssis de voitures. Par une erreur de dessin
semblable à celle que nous avons signalée plus haut, la
figure 3, pl. XXII, plan du châssis de vagon à bestiaux de
l'État hongrois, devrait concorder avec la figure 1, projec-

tion verticale de ce vagon. La partie enlevée de la caisse devrait se trouver renversée et à la droite de cette figure 3.

352. *Ressorts en caoutchouc.* — L'application de ces ressorts à la traction — 338 — est des plus simples. Lorsqu'on veut les faire travailler à simple effet, la barre d'attelage traverse les couples de rondelles fer et caoutchouc et les presse à l'aide d'un double écrou, contre l'une des traverses du châssis. Cette traverse porte quatre boulons horizontaux qui servent de guide à une platine de fonte intercalée entre l'écrou de la tige de traction et les couples élastiques.

Un appareil semblable et relié au premier par le prolongement de la tige de traction, est placé symétriquement à l'autre extrémité du châssis.

Les figures 1 et 3, pl. VII, représentent ce système de traction appliqué aux nouvelles voitures du Nord-Est suisse — 95 —.

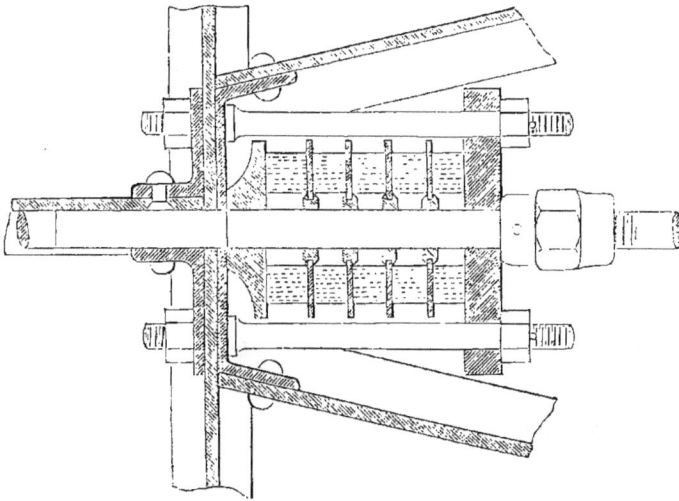

Le dessin ci-dessus indique à l'échelle de 1/10 le ressort de traction appliqué depuis plusieurs années par l'administration du Hanovre.

353. Au chemin de la Theiss (Hongrie), on fait usage depuis 1857 de ressorts à double effet en caoutchouc du système G. Spencer de Londres. Ces ressorts sont composés d'éléments tronc-coniques, soit isolés, soit accolés deux à deux. Un double cône et deux cônes indépendants constituent le ressort de traction d'une voiture. Les divers éléments, séparés par des rondelles en tôle, sont limités dans leur extension, au milieu par un anneau en fer, et aux extrémités par les rebords de deux douilles en fonte clavetées à coulisse sur la tige de traction. Celle-ci règne sans interruption, d'un bout à l'autre du châssis qu'elle entraîne

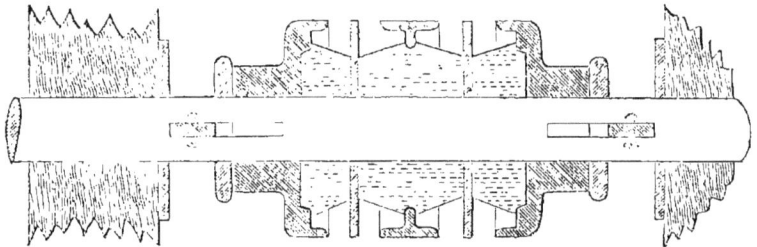

par l'intermédiaire du ressort appuyant alternativement sur les traverses centrales. La figure ci-dessus montre la disposition de ce système. Mais le contact du caoutchouc et de la tige de traction doit gêner les mouvements de la matière des rondelles dans leur déformation nécessaire.

354. APPAREILS DE CHOC. — Ils se composent du tampon qui reçoit le choc, de sa tige qui transmet ce choc, du *faux tampon* ou *boisseau* qui soutient et guide la tige, et du ressort interposé entre la tige du tampon et le châssis.

Le ressort se trouve tantôt à l'intérieur, tantôt à l'extérieur du châssis. Dans le premier cas, la tige du tampon pénètre dans l'intérieur du châssis et se prolonge jusqu'à la rencontre du ressort de choc.

355. *Tampons à ressorts d'acier en lames parallèles.* — La figure 11 *bis*, pl. II, représente en plan les dispositions de

l'appareil de choc adopté par la Compagnie d'Orléans. Le tampon est un disque en fer de $0^m,028$ d'épaisseur et $0^m,325$ de diamètre, venu de forge à l'extrémité d'une tige d'abord cylindrique au diamètre de $0^m,060$ sur $0^m,490$ de longueur, jusqu'à la traverse extrême, et qui prend une section carrée de $0^m,040$ de côté, sur le reste de sa longueur. Elle aboutit à une *main de choc* en fonte, formée d'une douille et d'un patin. La tige entre dans la douille et s'y trouve retenue par une clavette. Le patin reçoit l'extrémité d'un ressort à lames parallèles adossé contre la traverse du milieu du châssis et couché entre les quatre plates-bandes en fer qui supportent aussi le ressort de traction — 349 —. Dans les nouvelles voitures, ce ressort est composé de 18 lames de $0^m,075$ sur $0^m,010$ et mis en place avec une bande initiale de 2435 kilogrammes.

La course de la tige du tampon est limitée d'un côté par la tête du faux tampon contre laquelle le tampon s'appuie quand le ressort est comprimé à fond, de l'autre par un arrêt en fonte fixé au brancard et qui retient la main de choc. Dans son plus grand aplatissement, la maîtresse-feuille pourrait froisser le brancard et gripper dans le bois. Pour prévenir cet effet, on applique sur toute la longueur de la course du ressort une plaque de fer boulonnée contre le brancard.

La course du tamponnement est au maximum de $0^m,200$, tandis que celle du crochet d'attelage, limitée par la douille qui réunit le ressort et la tige, n'est que de $0^m,060$, disposition qui réduit la longueur du train et les oscillations des véhicules, mais rend le démarrage plus sensible.

Cette disposition d'appareil de choc a le grand avantage de reporter tous les efforts de réaction des véhicules entre eux, au centre, et le châssis s'y trouve à peu près complétement désintéressé. Mais, en compensation, elle est d'un prix élevé et d'un poids considérable.

En somme, l'appareil de choc séparé de l'appareil de traction — 349 — constitue un ensemble compliqué et coûteux. Néanmoins la Compagnie d'Orléans le conserve toujours, parce que, suivant l'avis de ses ingénieurs, il assure, en marche, le contact des tampons et évite une cause du mouvement de lacet, ce qui est exact en fait.

356. *Tampons à rondelles de caoutchouc.* — Quand le ressort de choc est installé à l'extérieur du châssis, on le place dans le faux tampon, et l'appareil prend l'une des dispositions suivantes :

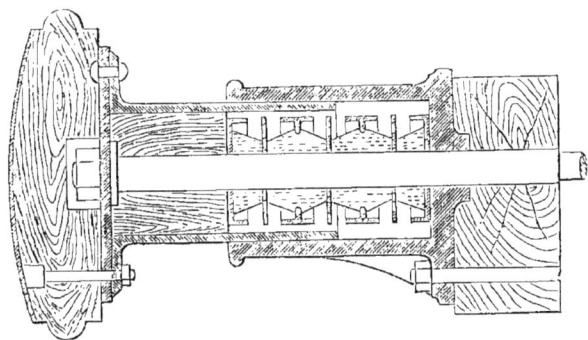

a. Ressort de choc. Système Spencer. (Chemin de la Theiss.)

Le tampon, en bois ou en fer, boulonné avec le plongeur qui en est comme le prolongement, se trouve guidé dans sa course par le boisseau. Une tige en fer fixée au tampon, et glissant à travers un trou ménagé dans le fond du faux tampon et dans la traverse, supporte les rondelles de caoutchouc et de fonte du ressort, établi d'ailleurs sur le même principe que le ressort de traction décrit au numéro 353.

On remarquera que le boisseau est ouvert à l'avant ; que le tampon est rapporté sur sa tige et formé d'un disque de tôle maintenu par un bloc de bois ; que le guidage se fait au moyen d'une gaîne en tôle tournée au diamètre intérieur du boisseau ; dispositions très-convenables de construction et qui permettent de réparer le ressort, sans avoir besoin de démonter tout l'appareil.

357. *Tampons à tube de caoutchouc.* — On ne retrouve pas les mêmes facilités dans les ressorts figurés ci-dessous, adoptés par les lignes du Hanovre pour les tampons de choc des vagons.

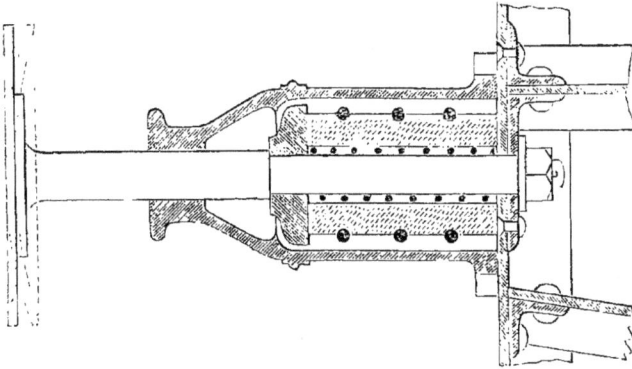

Tampon de choc en caoutchouc pour vagons. (Hanovre.)

Le ressort se compose d'un tube de caoutchouc qui a $0^m,126$ de diamètre extérieur, $0^m,055$ de diamètre intérieur et $0^m,302$ de hauteur. Ce tube est entouré d'anneaux en fer plus ou moins rapprochés, suivant le degré d'élasticité que l'on veut obtenir, et contient à l'intérieur un ressort en spirale. Cette association du caoutchouc et du métal est fréquemment employée en Amérique.

On voit que la visite de l'intérieur du ressort nécessite le démontage de la tige du tampon et du faux tampon. Mais l'inconvénient le plus sérieux du système de ressort, c'est la mise au rebut du tube en caoutchouc tout entier pour une avarie produite en l'un de ses points seulement. La division en rondelles a, sous ce point de vue, un notable avantage.

358. *Tampons à ressort d'acier en spirale.* —Les figures 11 à 22, pl. XXXVII, reproduisent dans toutes ses applications le tampon de choc, extérieur au châssis, adopté par les lignes de l'État hongrois. Le mérite de cet appareil, c'est sa simplicité et surtout la facilité avec laquelle il se prête à

toutes les réparations. Les figures 11, 12, 13 et 14, qui reproduisent le dessin du tampon à grande échelle, font voir
que le boisseau ou faux tampon s'ouvre à sa partie inférieure, présentant un vide par lequel on peut faire toutes
les réparations, tous les remplacements nécessaires. Le
boisseau, fixé à la traverse de tête par quatre boulons,
porte des nervures longitudinales qui lui donnent une résistance suffisante pour supporter les chocs. Le ressort en
spirale conique, fabriqué avec une hauteur totale de $0^m,300$,
est ramené à la hauteur de $0^m,278$ mis en place. Pour empêcher qu'il ne soit comprimé à fond et par suite exposé à se
rompre, le boisseau porte, à l'intérieur, une nervure circulaire qui limite la course de la rondelle refoulée par la tige
du tampon. Dans la partie étranglée du faux tampon qui
sert de guide à la tige du tampon, on a ménagé un trou
pour lubrifier la tige.

La face supérieure du boisseau est plate avec des rainures venues de fonte, ce qui permet de l'utiliser comme
marchepied (fig. 11 et 14, pl. XXXVII).

359. *Forme du tampon.* — La face extérieure du tampon
était autrefois recouverte d'un disque en bois fixé contre
le fer au moyen de vis à tête noyée. Aujourd'hui le fer reste
à découvert. Sur la plupart des chemins de fer, des deux
tampons qui garnissent l'une des extrémités du véhicule,
l'un présente une surface sphérique, l'autre une surface
plane; à l'extrémité, les deux tampons sont construits de
même, mais placés symétriquement par rapport à ceux qui
leur sont opposés, de façon qu'un tampon plat correspond à
un tampon bombé (fig. 12 et 13, pl. XXXVII). On avait
pris cette précaution pour que, dans les courbes, les tampons restent toujours en contact par un point rapproché
de l'axe du tampon et pour empêcher que, sur les parties
très-sinueuses, les tampons appartenant à deux véhicules
inégalement affaissés sous leurs charges respectives, n'occasionnent un déraillement lors d'un tamponnement un
peu brusque. Cette cause de déraillement n'a pas disparu.

Quoi qu'il en soit, la Compagnie d'Orléans a remarqué que l'usure inégale qui se produit sur les faces de tampons, rend cette précaution plutôt nuisible qu'utile ; tous ses tampons indistinctement ne portent plus qu'une face plane. La Compagnie de l'Est a pris la même mesure. Cette détermination est peut-être un peu trop radicale et il ne serait pas surprenant que, dans peu d'années, il y eût, dans les véhicules circulant sur les lignes très-sinueuses un grand nombre de tampons au rebut ; on reviendra probablement à n'employer que des tampons légèrement mais également bombés.

360. APPAREILS DE TRACTION ET DE CHOC. — *Voie normale.* — *Voitures.* — C'est une combinaison des appareils décrits aux numéros 340, 349 et 355 : tige et crochet de traction aboutissant à l'étrier du ressort de traction confondu avec le ressort de choc ; tampons à tige prolongée dans l'intérieur du châssis jusqu'aux mains de choc de ce ressort. Les exemples de ces appareils abondent dans les planches VI, XII, XVII, XXIII, XXV, XXVI, XXVII.

L'un des avantages de cet appareil, c'est de concentrer tous les efforts en un seul point du châssis et de rendre le ressort plus roide pour la traction que pour le choc, en diminuant sa longueur, et de soulager l'un des ressorts en l'accouplant avec son voisin ; ainsi, dans le châssis de fourgon de l'Ouest (pl. XII, fig. 1 et 2), le ressort est composé de 12 lames de $0^m,011$ d'épaisseur sur $0^m,075$ de largeur ; en place, sa flèche est de $0^m,225$.

Une feuille supplémentaire de 1 mètre de longueur est superposée à la maîtresse feuille, qui a $1^m,730$. Cette lame supplémentaire se termine en rouleaux réunis deux à deux, par des boulons. à des tiges horizontales qui relient les deux ressorts adossés.

Voici les conditions adoptées par la Compagnie de l'Ouest pour les attelages des voitures :

Ressorts de choc et traction reliés par deux tirants écartés de 1 mètre.	Résistance maxima au choc..............			3550^k,00
	Flexibilité pour 1 000 kilogrammes au choc.			0^m,075
	Flexibilité pour 1 000 kilogr. à la traction..			0 ,010
	Bande initiale...	Grandes lignes........		600^k,00
		Banlieue.............		800 ,00

Course des tiges de traction limitée à. { Grandes lignes........ : 0^m,065
Banlieue.............. 0 ,035

Saillie des tampons sur l'intérieur des crochets de traction. . .   0 ,345
Excédant des chaînes de sûreté sur les tampons, 0^m,070 à . ...   0 ,100

Tendeurs...	Long. intérieure maxima du tendeur développé.		0 ,936
	Long. intérieure minima du tendeur développé.		0 ,665
	Long. de l'axe à l'intérieur. { De la grande maille .		0 ,330
	De la petite maille..		0 ,235
	Longueur totale de la vis.................		0 ,440

Ecartement des tampons de choc......................   1 ,730
Ecartement des chaînes de sûreté.....................   1 ,180

La concentration des appareils élastiques vers le milieu du châssis, avons-nous dit, est avantageuse ; mais elle n'est pas toujours possible, comme dans le cas des châssis courbés en col de cygne (fig. 9 à 13, pl. VI) ou bien surbaissés comme celui du Nord-Est suisse (fig. 1 à 6, pl. VII), où la tige de traction passe dans le vide du double plancher de caisse, ou bien encore lorsque le train trop long est divisé (fig. 13 à 16, pl. XXVI) en deux trains articulés.

Vagons. — Les appareils de choc et de traction pour vagon offrent plus de roideur que ceux appliqués aux voitures. Au chemin de fer de l'Ouest, le ressort conjugué d'un vagon couvert est constitué de la manière suivante :

Maîtresse feuille, longueur (distance d'axe en
    axe des tampons)...................   1^m,730
Epaisseur...............................   0 ,011
Epaisseur totale du ressort..............   0 ,120
Feuille supplémentaire, longueur (distance
    d'axe en axe des rouleaux)............   1 ,180
Epaisseur des lames...................   0 ,011
Largeur   —   ....   0 ,075
Flèche du ressort en place...............   0 ,173
Course du crochet de traction............   0 ,050
Course du tamponnement...............   0 ,150

En réduisant ainsi les courses des appareils élastiques, on diminue l'intensité des chocs qui se produisent dans les trains de marchandises, mais les démarrages sont aussi plus difficiles pour la machine. C'est une question de dimensions de cylindres et de pression de la vapeur.

361. *Appareils de traction et de choc pour voie réduite.* — C'est à tort, suivant nous, que l'on a appliqué aux véhicules des mines d'Ergastiria (fig. 14 à 17, pl. XXVII) les dispositions de traction et de choc des véhicules à voie normale — 24 —. La simplification dans ce matériel est de rigueur et la sécurité exige que ces appareils soient, autant que possible, établis dans l'axe ou aussi près que possible de l'axe des véhicules. L'application qui s'écarte le moins de ce principe se trouve dans le véhicule de la Compagnie française de matériel à Ivry, représenté par les figures 12 à 14, pl. XXV.

Ici le tampon de choc est au milieu, dans l'axe du châssis, et les tendeurs d'attelage attachés aux deux tiges de traction articulées, qui agissent simultanément aux extrémités du ressort comme les deux traits d'un cheval attelé à un palonnier, ingénieuse disposition analogue à celle proposée par M. Dietz, ancien ingénieur de la Compagnie de l'Est. Les chaînes de sûreté se trouvent entre le tampon central et les crochets de traction. Mais n'est-il pas à craindre que, dans une courbe prononcée et en forte rampe, un seul côté du ressort ne vienne à être en prise et ne se trouve surchargé? l'effort oblique exercé sur la partie du ressort voisin de l'extérieur de la courbe doit amener une tendance au renversement du véhicule vers l'intérieur.

C'est évidemment le cas des attelages du vagon de Mondalozac (fig. 22 à 24, pl. XXVII), où un tampon central élastique est flanqué de deux chaînes d'attelage arrêtées simplement à la traverse de tête. Les véhicules du chemin de Festiniog portent leur tige de traction immédiatement au-dessous du tampon de choc. L'un et l'autre sont dans le plan médian du véhicule (fig. 12 à 14, pl. VIII).

362. L'appareil de choc et traction adopté par le constructeur des voitures du Brésil résout très-simplement le problème (fig. 1, 7, 15, 16, 17, pl. VIII; fig. 1 à 13, pl. XXVII). — M. Chevalier et Cᵉ; M. Rey, ingénieur —.

Au centre du châssis se trouve un appareil élastique composé de rondelles en acier système Belleville — 336 —. Cet appareil est traversé par une tige de fer de 0ᵐ,045 de côté en quatre sections réunies entre elles par douilles et clavettes, qui va d'une traverse de tête à l'autre du châssis. Elle se termine en dehors du châssis par une cloche venue de forge avec la tige et qui fait office à la fois de tampon de choc et de crochet d'attelage. Les figures 15, 16 et 17, pl. VIII, donnent les détails de ce tampon. La réunion de deux tampons voisins s'effectue à l'aide d'un maillon *a* (fig. 17). Chaque cloche est percée de deux trous dans lesquels on introduit un goujon qui passe dans l'intérieur du maillon *a*, lorsque ce dernier a pénétré dans la cloche. Pour découpler deux véhicules, il suffit de dégager le maillon de l'un des goujons qui le retient prisonnier dans le tampon — une chaînette relie le goujon et le tampon pour éviter que cette pièce mobile ne se perde pas.

363. Un tampon de choc et d'attelage *self-acting* remplace celui du Brésil dans l'appareil de choc et traction du vagon à minerai du chemin de Rostock à Marksdorf (Hongrie) à voie de 0ᵐ,75. Ici le tampon est muni d'un goujon à charnière qui, renversé du côté du vagon quand le tampon est libre, bascule en avant par le fait de l'introduction du maillon dans la cloche, et met le maillon en prise. Pour le décrochage du maillon, on relève le goujon au moyen d'une manivelle manœuvrée du dehors du vagon.

L'appareil élastique est composé de rondelles en caoutchouc.

364. *Forgeage des tampons de choc.* — C'est une opération qui demande un soin tout particulier. Voici le procédé que nous avons employé pour la fabrication des tampons avec du fer de ferraille. Elle se divise en deux parties :

1° La préparation du fer ou l'ébauchage du fagot;

2° L'enlevage complet du champignon et de la tige du tampon.

Cette double opération exigeait cinq chaudes. En voici le détail et l'indication des déchets successifs.

Première opération.

1re chaude pour souder et relier le paquet donnant, avec de la ferraille de dernière qualité, un déchet de...... 12 p. 100

2e chaude ayant pour but de préparer le massiau et couper le tampon; déchet d'environ...................... 6 —

Deuxième opération.

3e chaude pour enlever la tige du tampon............. 6 —

4e chaude pour enlever et rabattre le champignon...... —

5e chaude pour terminer le champignon dans la matrice. 8 —

Déchet total.................... 32 p. 100

Une fois le tampon enlevé au pilon, les tiges ne sont pas toutes d'une longueur régulière, il faut les souder, il y a presque toujours du déchet; de plus, les champignons laissent à leur pourtour une bavure qu'il faut enlever à la cisaille; bien que la majeure partie de ces déchets soient utilisables, on peut porter à 33 pour 100 le chiffre total des déchets.

Le prix de revient d'un tampon peut, d'après cela, se résumer ainsi :

Matières.

Ferraille nécessaire pour un tampon de 33^k,33 à 7 francs les 100 kilogrammes............................. 2 f,33

Déchet, 33 pour 100............................. 0 ,80

Charbon nécessaire pour marteler, 8^k kilogrammes à 30 francs les 100 kilogrammes.................... 2 ,52

Une tige ronde de 0^m,043 de diamètre sur 0^m,680, 7^k,70 à 18 francs les 100 kilogrammes.................... 1 ,38

Charbon pour souder la tige........ .... 0 ,25

A reporter.............. 7 f,28

Report................	7ᶠ,38

Main-d'œuvre.

Pour marteler 53ᵏ,33 de fer et façonner le champignon, à 6ᶠ,50 les 100 kilogrammes, pour 30 kilogrammes....	1 ,95
Souder la tige...................................	1 ,00
Cisailler le pourtour du champignon................	0 ,05
Soit.....................	10ᶠ,28
Auxquels il faut ajouter pour frais généraux comptés à 75 pour 100 de la main-d'œuvre...................	2 ,25
Ce qui donne pour un poids de 37ᵏ,50 un total de......	12ᶠ,53
Soit 33ᶠ,40 pour 100 kilogrammes.	

Quelquefois on fait venir de forge, à la tige du tampon, un bourrelet (Est) destiné à buter contre le faux tampon, et à limiter la course du tampon, tout en laissant à la tige une longueur suffisante pour conserver l'intervalle voulu entre les véhicules, par exemple, dans le cas des vigies en porte à faux — 226, sans changer le type du faux tampon. Cette saillie s'obtient en refoulant dans une étampe fendue la queue du tampon chauffée au rouge blanc, avant de la souder à la barre qui forme le prolongement de la tige.

Le tampon est guidé soit par une douille à trois pattes en fer, soit par le *faux tampon* en fonte, qui porte à sa partie postérieure, généralement ouverte, trois ou quatre pattes venues de fonte et servant à le fixer au châssis à l'aide de boulons.

365. *Puissance des ressorts.* — A mesure que les chemins de fer pénètrent dans les parties montagneuses, que se développent les éléments du trafic, et par conséquent la charge des trains, l'effort de traction va sans cesse en croissant. Avec les ressorts fabriqués en vue du trafic et des profils moyens, les ruptures d'attelage deviennent fréquentes quand on aborde les fortes rampes. C'est ainsi que la Compagnie de Paris-Lyon-Méditerranée se voit contrainte de remplacer ses ressorts de choc et de traction qui, comme tous leurs analogues aux autres chemins,

pesaient 65 à 75 kilogrammes, par des ressorts nouveaux dont le poids s'élève à 106 kilogrammes environ. Naturellement la section des crochets et barres d'attelage doit suivre la même progression — 340 —.

§ IV. SUSPENSION.

366. CONDITIONS D'ÉTABLISSEMENT DES RESSORTS. — *Voitures.* — On demande à ces ressorts une grande flexibilité, en même temps que la résistance suffisante, conditions satisfaites au moyen d'une épaisseur réduite des lames et une grande longueur.

Cette épaisseur varie de $0^m,008$ à $0^m,013$, selon la longueur de la maîtresse-feuille qui va de $1^m,40$ à 2 mètres. La tendance actuelle est de se rapprocher de ces deux maxima.

Vagons. — Ici on exige plus de roideur, moins de flexibilité, ce que l'on obtient en augmentant l'épaisseur des lames et en diminuant leur longueur. Les limites inférieures et supérieures à ces deux valeurs sont respectivement de $0^m,010$ à $0^m,015$ et de $0^m,850$ à $1^m,150$.

Les tableaux suivants indiquent les principales conditions d'établissement des ressorts de suspension à deux époques différentes — 1867, pour le chemin de fer du Nord ; 1872, pour les chemins de l'État hongrois :

Observations. — *a.* Les ressorts des voitures suivantes ont, en plus du ressort, une lame dite *de sûreté* qui a, comme toutes les lames des ressorts, $0^m,075$ en largeur et les épaisseurs ci-dessous :

Voiture-salon..........................	$0^m,008$
Voiture à deux compartiments de classe I et un coupé........................	$0 ,010$
Voitures à trois compartiments de classe I..	$0 ,008$
Voitures mixtes à un compartiment, classe I, deux comp., classe II et un comp. à bagages.	$0 ,010$
Vagon-poste..........................	$0 ,010$

CHEMIN DE FER DU NORD.

Véhicules à quatre roues (1867). — Conditions d'établissement des ressorts de suspension (a).

DÉSIGNATION DES VÉHICULES.	LAMES DU RESSORT ([2]).		MAÎTRESSE-FEUILLE LONGUEUR (b).	FLÈCHE DE FABRICATION.	FLEXIBILITÉ PAR 1000 KILOG.	POIDS du véhicule plein (c).	OBSERVATIONS.
	NOMBRE.	ÉPAISSEUR.					
		m.	m.	m.	m.	kil.	
Voiture salon........	12	0,008	1,550	0,200	0,125	7250	
— 1re cl. et coupé.	9	0,010	1,550	0,180	0,125	7050	
— 1re cl. (3 comp.)	12	0,008	1,550	0,220	0,120	7800	
— 2e cl. (4 comp.).	9	0,010	1,550	0,150	0,085	8455	
— 3e cl. (5 comp.).	10	0,010	1,400	0,130	0,060	9110	
— 3e cl. (4 comp.).	9	0,010	1,400	0,130	0,065	8115	Frein à cric.
Mixte (1 comp. 1re cl., 2 comp. 2e cl.).....	9	0,010	1,400	0,130	0,065	7470	
Mixte (1 comp. 1re cl., 2 comp. 2e cl.)....	13	3 f. à 0,010 10 à 0,007	1,300	0,165	0,110	5000	Vide. Fourgon
Mixte (2 comp. 2e cl., 3 comp. 3e cl.)....	9	0,010	1,400	0,130	0,065	7650	Frein à cric.
Vagon poste.	12	0,009	1,800	0,220	0,115	8740	
Fourgon ([1])........	10	0,010	1,400	0,118	0,060	9100	Sans frein.
Fourgon lesté.......	11	0,010	1,400	0,135	0,050	13750	Frein à contre-poids.
Vagon-écurie.	8	0,010	0,850	0,100	0,015	7200	3 chev. 1 conducteur.
Truk à équipages...	8	0,010	0,850	0,100	0,015	3620	Vide.
Vagon à bestiaux....	8	0,010	0,850	0,100	0,014	10500	Frein à vis.
Vagon à bestiaux....	9	0,012	1,000	0,075	0,015	14600	Frein à main.
Vagon-bergeries. ...	9	0,010	1,000	0,100	0,025	9920	
Vagon à lait........	9	0,010	1,000	0,100	0,025	8810	
Vagon à marchandises	9	0,010	1,000	0,100	0,025	9500	Grande vitesse.
Vagon à sucre.......	9	0,010	1,000	0,100	0,025	10000	Frein à vis.
Vagon à sucre.......	9	0,012	1,000	0,075	0,015	14600	Frein à main.
Vagon à houille.....	9	0,012	1,000	0,075	0,015	14200	Frein à main.
Vagon à houille.....	9	0,012	1,000	0,075	0,015	14600	Frein à vis.
Vagon à coke.	9	0,012	1,000	0,075	0,015	14530	Frein à main.
Vagon à coke à caisses mobiles..........	8	0,010	0,850	0,100	0,015	9500	Frein à main.
Vagon à pierres.....	9	0,012	1,000	0,075	0,015	13650	Frein à main.
Vagon à bois........	9	0,012	1,000	0,075	0,015	14450	Frein à main.
Vagon plate-forme...	9	0,012	1,000	0,075	0,015	13620	Frein à main.
Vagon plate-forme côtés tombants....	8	0,010	0,850	0,100	0,015	9620	Frein à main.

([1]) Voir tableau n° 245.

([2]) Toutes les lames ont indistinctement 0m,075 de largeur.

b. La longueur développée de la maîtresse-feuille est celle comprise entre les points de contact.

c. Le poids des véhicules se répartit de la manière suivante (chaque voyageur compté pour 75 kilogrammes) :

	1.	II.	III.	Fourgon.	Vagons.
		Classes :			
Train	3 650^k	3 750^k	3 800^k	3 600^k	3 200^k
Caisse...........	2 350	1 705	1 560	1 500	»
Chargement,......	1 800	3 000	3 750	4 000	»
Poids total....	7 800^k	8 455^k	9 110^k	9 100^k	

CHEMINS DE FER DE L'ÉTAT HONGROIS.

Conditions d'établissement des ressorts de suspension (1872).

DÉSIGNATION DES VÉHICULES.	LAMES du RESSORT (¹).		MAÎTRESSE-FEUILLE. LONGUEUR.	HAUTEUR DE LA FLÈCHE DU RESSORT.			POIDS DU VÉHICULE.
	NOMBRE.	ÉPAISSEUR.		LIBRE.	SOUS VÉHICULE VIDE.	SOUS VÉHICULE PLEIN.	
		m.	m.	m.	m.	m.	kil
Voitures de cl. I et II....	8	0,012	1,640	0,180	0,092	0,064	8 150
Voitures de cl. I et II (2).	8	0,012	1,640	0,190	0,092	0,064	9 230
Voitures de cl. III et IV.	9	0,012	1,640	0,155	0,080	0,034	7 500
Fourgon et vagon-poste..	9	0,013	1,640	0,160	0,080	0,034	8 170
Vagon à marchandises...	8	0,013	1,135	0,120	0,096	0,064	5 900
Vagon à marchandises (2).	8	0,013	1,135	0,125	0,096	0,064	6 700
Vagon écurie.	6	0,013	1,135	0,150	0,122	0,116	»

(¹) Largeur uniforme des lames : 0^m,080.
(²) Du côté de la guérite de frein.

367. LIAISONS DES RESSORTS ET DU TRAIN. — *Étrier.* — Le milieu du ressort, qui repose sur la boîte à graissage, est relié avec cette pièce par une plaque de fer et quatre boulons qui embrassent complétement le ressort (fig. 3, 5 et 6, pl. XXXVI). Quelquefois, pour atténuer les chocs, ménager les essieux et les ressorts, on interpose une plaque de bois, de feutre ou de caoutchouc entre le couvercle de la boîte à graissage et le dessous du ressort.

Dans les anciennes voitures de l'État hongrois, à l'imitation du chemin de fer du Nord et du Midi, le ressort, embrassé par un étrier complet, repose sur le couvercle de la boîte à graissage par un axe horizontal venu de forge à la base de l'étrier ; cet axe est retenu sur la boîte par deux attaches à œil dont les tiges sont fixées en dessous de la boîte à graissage (fig. 4, 5 et 6, pl. XII). On voulait par là rendre le ressort indépendant des inclinaisons transversales de l'essieu. Aujourd'hui, avec la grande.longueur des ressorts, cette précaution, superflue d'ailleurs, est abandonnée (fig. 5, 8 et 9, pl. IV ; fig. 14 et 15, pl. XXXVIII).

Menottes. — En France, dans la plupart des voitures, en Allemagne et en Autriche-Hongrie, dans tous les véhicules, la maîtresse-feuille se termine par un rouleau dont l'œil reçoit un boulon qui la relie, à l'aide de deux petites chapes, à un boulon semblable engagé dans un support attaché au châssis. Pour les voitures en général, le second boulon des chapes est pris dans l'œil d'une tige dont l'autre extrémité filetée passe à travers une douille percée dans le support fixé au brancard, où elle est retenue par deux écrous. Cette tige filetée sert, à l'aide de ses deux écrous, à donner au ressort la tension voulue et en même temps à répartir uniformément la charge sur les essieux. Le jeu de toutes ces pièces permet au châssis, et par suite à la caisse, d'osciller autour de l'œil de la maîtresse-feuille comme point fixe et par conséquent de se prêter avec le minimum de secousses à la transition du passage des alignements droits dans les courbes roides. Telles sont les raisons qui ont engagé les administrations allemandes à exiger l'application des menottes à tous les vagons circulant dans le réseau de l'Union. On comprend du reste que, plus ces menottes se rapprochent de la verticale, plus grande est l'amplitude de ces oscillations [1].

---

[1] Il paraîtrait que les menottes presque horizontales ont pour effet de faire *bâiller* les ressorts construits sans précaution contre cette tendance. Le lecteur que cette question intéresse, pourra consulter une Note, tou-

Mais si toutes les voitures étaient garnies de menottes aussi fortement inclinées, elles oscilleraient continuellement en tous sens, à grande vitesse surtout. Aussi voit-on la plupart du temps les menottes presque horizontales, comme dans les nouvelles suspensions du Nord, en prolongement de la maîtresse-feuille dont la flèche, en place, est presque nulle. Ce ressort, qui a 2 mètres de longueur, se compose de huit lames de 0^m,075/0^m,013, y compris une lame dite *soupente*, superposée à la maîtresse-feuille et destinée à la suppléer en cas de rupture. A cet effet, la soupente se termine par deux rouleaux reliés aux menottes légèrement inclinées de la main de suspension, par une seconde paire de menottes horizontales de même longueur que les premières, 0^m,075.

La tige qui porte le T à menottes aurait des tendances à tourner dans la douille de la main de suspension qui la guide, et par conséquent à voiler la maîtresse-feuille, si l'on ne prenait la précaution d'incruster dans la tige un *prisonnier* qui entre à frottement doux dans une rainure ménagée à l'intérieur de la douille.

Quelques chemins jugent prudent de faire venir à cette tige à T, sans doute pour la soulager, un appendice en équerre qui se prolonge jusqu'au patin d'attache de la main de suspension au brancard (fig. 4 et 5, pl. XI). Ce surcroît de précaution a trouvé peu d'imitateurs.

Les menottes des voitures du Hanovre (fig. 12, 13 et 15, pl. XIII), et la tige qui les relie à la main de suspension, ne forment qu'une seule et même pièce, composée d'une tige filetée vers le bas et, à son autre extrémité, d'un étrier dont les branches percées d'un œil se réunissent, par un boulon, au rouleau de la maîtresse-feuille.

La main de suspension, divisée en deux flasques, porte,

---

chant l'influence de l'inclinaison des menottes sur la suspension des véhicules, publiée dans les *Mémoires de la Société des ingénieurs civils*, 5e cahier, 1876, par M. Rey, ancien ingénieur du chemin de fer de Ciudad-Real à Badajoz, et ingénieur des ateliers Chevalier et Ce, à Paris.

vers le bas et en dehors, une double échancrure arrondie
qui reçoit les deux tenons d'une douille à embase, traversée
par la tige filetée des menottes munie de deux écrous de
tension. Appuyée par les deux tenons de la douille dans
l'échancrure arrondie des flasques, la tige des menottes
peut prendre, sans gêne, toutes les inclinaisons comman-
dées par les flexions du ressort. Ce résultat compense-t-il
la complication de l'appareil? Y trouve-t-on plus de facilité
pour le montage ou le levage de la voiture ? C'est douteux.
Mais ce qui ne l'est pas, c'est la complication d'un accident
qui peut surgir en route par suite de la rupture du rouleau
et de la chute sur le rail de la tige-menottes.

La nouvelle attache projetée par la Compagnie d'Orléans,
pour la suspension de ses voitures à 32 places de classe I
paraît moins sujette à cet inconvénient, et mieux disposée
pour ménager le ressort. La tige à écrous de rappel qui
traverse la main de suspension porte du côté du ressort un
retour d'équerre très-renflé et percé d'un trou très-évasé
(fig. 5, pl. XXXV) ; la tige qui porte à l'un de ses bouts
le T des menottes traverse ce support, puis une rondelle
profilée suivant un cône à génératrice concave qui pénètre dans le trou évasé, puis une rondelle de caoutchouc,
puis une rondelle plate et se termine par une partie filetée,
munie de ses deux écrous de rappel.

Cette disposition permet à la tige des menottes de suivre
sans gêne tous les mouvements du ressort. De plus, la rondelle de caoutchouc interposée entre la main de suspension
et les menottes permet de donner au ressort la tension
voulue, sans craindre que les pièces ne se brisent à la suite
d'un choc brusque et violent.

Sellettes. — Quelques voitures de classe III et presque
tous les wagons en France reposent sur les extrémités des
ressorts, sans menottes. Le bout de chaque maîtresse-
feuille est maintenu dans l'axe du ressort par les ailes d'une
sellette en fonte fixée sous la face inférieure du brancard ;
disposition économique, mais regrettable au point de vue

de la conservation du matériel, du bien-être des voyageurs et de la solidarité, qui n'existe plus entre le ressort et le châssis. L'Association allemande ne l'admet pas dans les véhicules circulant sur le réseau de l'Union.

Les sellettes d'un même ressort, dans les voitures de classe III d'Orléans, sont réunies entre elles par une entretoise qui, sur ce point, fait doublure au brancard. Cette solidarité des deux sellettes ne paraîtrait nécessaire que dans le cas où le frottement de la maîtresse-feuille sur le fond du patin tendrait à détruire l'attache de la sellette contre le brancard.

368. LIMITE DE COURSE DES RESSORTS. — Le chemin du Nord place au-dessus des autres lames du ressort et maintenue seulement par l'étrier central une lame dite *de sûreté*, dont les extrémités, relevées suivant une flèche de fabrication très-prononcée, s'approchent de la face inférieure du longeron dont elles limitent l'abaissement et soulagent le ressort principal.

Dans le matériel hongrois, la course du ressort est limitée par un taquet en fer, rivé en dessous du longeron et en saillie de $0^m,080$, correspondant à l'aplatissement admis de la maîtresse-feuille.

Bonne comme moyen préventif contre les accidents qui peuvent résulter d'une surcharge accidentelle sur un ressort de vagon à marchandises — répartition vicieuse du chargement, excès de charge normale, etc. —, cette précaution semble inutile pour les voitures où la surcharge accidentelle n'est pas à craindre. Si le taquet limitant la course doit intervenir, ce ne peut être que dans le cas où la voiture éprouverait une violente secousse provenant d'une voie défectueuse, et alors ce seraient ou les voyageurs qui pourraient en souffrir ou les essieux.

369. *Abaissement de la caisse par la suspension latérale.* — En appliquant le patin des mains de suspension contre la face latérale et extérieure du brancard (fig. 9 à 13, pl. VI;

fig. 1 à 6, pl. VII), comme l'a proposé M. Vidard — 91 —, on gagne alors, en utilisant le vide sous les banquettes pour loger les roues, un abaissement notable du centre de gravité des voitures, plus de stabilité et une zone supplémentaire de 0ᵐ,200 de hauteur environ au profit de la voiture. Il est vrai que le porte à faux de la fusée se trouve par là augmenté d'environ 0ᵐ,060, que l'on doit racheter par une section d'essieu plus grande.

370. SUSPENSION AMÉLIORÉE. — *Système d'Orléans*. — Depuis 1855, la Compagnie d'Orléans emploie, pour la suspension, des rondelles en caoutchouc interposées entre la caisse et le châssis (fig. 5, pl. 11). Réparties au nombre de quatre de chaque côté de la voiture et à peu près à l'aplomb des mains de suspension des ressorts, ces rondelles ont, en place, sous la pression de la caisse :

Diamètre extérieur (non compris le bombement).   0ᵐ,190
Diamètre intérieur........................   0 ,065
Épaisseur................................   0 ,045

Chacune d'elles se trouve emprisonnée par une console à douille et à plateau en fonte, boulonnée contre le brancard de châssis, et un plateau en fonte vissé sous la face inférieure des traverses de caisse ; le tout réuni et assemblé par un boulon de 0ᵐ,035 à tête carrée, maintenu en place par une clavette qui traverse la douille.

La caisse posée sur les rondelles et le boulon claveté, il reste disponible un jeu de 0ᵐ,020 entre le châssis et la caisse, suffisant pour amortir les oscillations qui montent jusqu'au caoutchouc.

D'ailleurs, le rôle que la Compagnie d'Orléans assigne à ces rondelles est, « non pas d'augmenter l'élasticité de la suspension, mais d'empêcher la transmission des vibrations produites par le roulement à grande vitesse, » distinction qui semble un peu spécieuse. L'important, c'est qu'il y ait amélioration, et elle existe.

D'ailleurs, en cas de collision et de choc violent, l'effort qui tend à séparer la caisse du châssis s'exerce uniquement sur les huit boulons qui les relient — 308 —. Les rondelles de caoutchouc n'auraient-elles d'autre utilité que d'amortir en quelque sorte et d'une manière un peu indirecte la violence et l'instantanéité de cet effort, leur application serait encore bien justifiée.

Cette addition de rondelles en caoutchouc a été imitée sur plusieurs chemins anglais, et depuis lors par les Compagnies du Midi et du Nord.

371. *Double suspension.* — On connaît la *douceur* de la suspension des carrosses à huit ressorts, composée de quatre ressorts, généralement à pincettes, séparant les essieux des brancards du train et de quatre ressorts à soupente qui réunissent le train à la caisse. Procédant du même principe, M. Henri Giffard a eu l'idée de séparer du châssis la caisse des voitures et d'utiliser l'inertie de cette dernière pour diminuer l'amplitude et la vitesse des oscillations auxquelles elle est soumise, quand elle est reliée d'une manière invariable aux brancards du train. Lors d'un premier essai, il a suspendu chaque extrémité de la caisse à un grand ressort de 2^m,420 de longueur reposant sur un support à deux branches $b\,b$, terminées en patins appliqués contre la traverse de tête (fig. 1, pl. XXXVI). Les extrémités renforcées de la maîtresse-feuille portent, à la manière des balances de précision, une chape terminée vers le bas par une longue queue filetée qui sert à soutenir, à l'aide d'écrous un tirant évidé embrassant à sa partie inférieure un tourillon à deux articulations normales l'une à l'autre, qui terminent une armature s'étendant d'un bout à l'autre sous le brancard de caisse. La voiture ainsi suspendue, comme une lampe marine ou un compas, doit donc rester presque toujours horizontale ; et, en effet, les chocs des roues sur la voie n'y sont pas perceptibles ; mais la tendance au balancement trop marquée, surtout en raison de l'élévation du point de suspension de tout le système. Cette

disposition de détails trop recherchés a été suivie d'un second essai représenté par la figure 2, pl. XXXVI.

L'armature inférieure du brancard de caisse est supprimée ; mais, comme ce brancard doit porter toute la
caisse, on le double d'un fer plat à nervure f (coupe A B,
fig. 2). Une console en fer G, boulonnée contre le brancard
du châssis, porte le ressort par son milieu, à l'extrémité g
de son bras évidé.

Les supports, les bielles de suspension sont articulés,
comme dans le premier essai, à joint universel ; les bielles
réunies aux extrémités des ressorts, à la manière des maillons d'une chaîne.

Une voiture de l'Est, munie de cet appareil de suspension, a voyagé de Paris à Coulommiers à la satisfaction
des personnes qui en ont fait l'essai. Mais, trop compliquée
et trop coûteuse, l'idée de M. H. Giffard n'a pas eu d'autre
application.

372. *Double suspension du Midland.* — Nous avons vu que
le châssis supérieur des voitures à douze roues du Midland
— 315 — repose sur les ressorts de suspension par l'intermédiaire de deux traverses armées de plaques de fer de
renfort (fig. 6 et 7, pl. XXXI).

Chacune de ces traverses $\tau\tau$ (fig. 29 et 30, pl. XXXVI)
repose sur deux couples de ressorts à pincettes $r\,r$, disposés
normalement à la voie. De chaque côté du châssis, les deux
ressorts accouplés s'appuient sur un fléau en fer $k\,k$, suspendu, par des tringles obliques $\varepsilon\varepsilon$, à écrous de rappel,
d'une part à une traverse en fer recourbé x fixée par ses
patins contre les longerons du bogie, de l'autre à une
seconde traverse θ composée de deux moises en chêne
emprisonnant une plaque de fer de renfort et reliée par
des boulons longitudinaux à la traverse de tête du
bogie.

Le complément de la suspension se trouve dans une
couple de ressorts d'acier en hélice $s\,s$ (fig. 6, pl. XXXI)
placés, comme tampons verticaux, entre le longeron du

bogie et un balancier coudé *b b* en fer, dont les extrémités s'appuient sur les boîtes à graissage.

Par cette répartition uniforme de la charge totale sur les six fusées d'essieux d'un bogie, tout choc des roues sur la voie doit passer d'abord dans les ressorts à hélice pour arriver aux longerons qui le transmettent aux ressorts à pincettes, d'où il passe aux traverses et aux plaques-coussinets des longerons du grand châssis.

373. *Suspension sur trois points.* — Une solution de ce *desideratum* posé par l'Association allemande pour la suspension des locomotives est appliquée par M. Riggenbach, directeur de la Société des chemins de montagne, l'un des créateurs du chemin du Rigi, à cinq voitures de la Poste suisse (fig. 13 et 14, pl. XI). Ces voitures posent sur des ressorts de 2 mètres de longueur à 9 lames du côté du bureau et à 10 lames du côté du compartiment aux colis, en raison de la surcharge imposée vers cette partie de la voiture — 266 —.

L'une des extrémités de chaque ressort, placé sous le bureau, est rattachée au brancard suivant le mode ordinaire, par menottes. L'autre extrémité est prise entre les flasques du levier coudé vertical *a b c*. Le boulon auquel aboutit le bras *b c* est percé de deux œils qui reçoivent, chacun, un goujon saisi par les deux branches d'une chape *c d*. En *d* se trouve le bouton d'un levier à deux flasques, coudé, horizontal, *d e f*, dont le pivot est en *e* et dont l'autre bras *e f* porte un second boulon *f*. L'extrémité du ressort placé sous le châssis, du côté opposé, est munie d'un appareil de leviers coudés identique, *a'b'c'* et *d'e'f'*, mais disposé symétriquement. Les boutons *f f'* de ces deux appareils sont reliés entre eux à l'aide d'une tringle de connexion *f m n f'*, formée de deux parties réunies par un manchon fileté. Ce manchon et les écrous des tiges à menottes de l'extrémité des ressorts la plus rapprochée de la voiture servent à en régler la tension à la manière ordinaire.

Le jeu du système va de soi. Supposons le point b fixe ; un choc survient qui soulève le ressort et le boulon a de sa menotte. La chape $c\,d$ se jette en avant vers le bout du châssis, repousse le bouton d et amène vers la gauche de la voiture les deux boutons $f\,f'$. Ce mouvement fait reculer les boutons d' et c' et, supposant b' fixe, abaisser le point a' et son ressort.

Cet ingénieux procédé de répartition des chocs sur deux ressorts conjugués a donné, dit-on, pleine satisfaction aux agents des postes, qui se plaignent des oscillations gênantes causées par la suspension ordinaire. Mais ces nombreuses articulations et leurs *temps-perdus* permettront-elles à tous les chocs de se transmettre instantanément d'un ressort à l'autre, et si deux chocs en sens contraire viennent à se croiser sur le parcours de la transmission, comment se comporteront ses organes ? Il sera intéressant de revoir l'appareil après quelques années d'essai ; mais nous croyons qu'un bon ressort transversal, placé en dessous de la suspension ordinaire, ferait bien mieux l'affaire.

§ V. PLAQUES DE GARDE.

374. NÉCESSITÉ DES PLAQUES DE GARDE. — Le rôle, l'utilité de ces organes, leur espacement commandé par les dimensions des véhicules et les sinuosités de la voie ont été indiqués aux numéros 1 et 8. Disons de plus que les plaques de garde sont indispensables pour maintenir la boîte à graissage et son coussinet dans leur position normale.

On a dit que l'emploi de menottes, peu ou point inclinées sur l'horizontale, permettrait de supprimer les plaques de garde. C'est une erreur ; et, pour le prouver, il suffit de demander ce que deviendrait, sans ces appendices, l'essieu dont un ressort serait séparé d'une main de suspension ; ou bien encore, comment se comporteraient la boîte et le coussinet oscillant avec les flexions du ressort.

On rencontre actuellement des plaques de garde de deux
systèmes différents : les premières, découpées dans une
plaque de tôle, présentent à la partie supérieure une large
surface qui sert à les fixer sur les longerons au moyen de
quatre ou cinq attaches, et se terminent par deux branches
dont les extrémités inférieures sont réunies au moyen
d'une entretoise horizontale en fer — Paris-Lyon, Nord,
Hanovre (fig. 12 et 13, pl. XIII), Ouest dans certains cas
(fig. 5, 6, 13 et 14, pl. XXVI; fig. 7, pl. VII) —. Le second
système de construction permet de substituer à la tôle le
fer laminé, d'épauler les deux branches par des arcs-bou-
tants, ce qui donne plus de résistance et moins de poids.
Quel que soit d'ailleurs le modèle employé, plusieurs ingénieurs pensent encore aujourd'hui qu'il est important de
réunir, ainsi qu'on le faisait il y a vingt ans (fig. p. 262), les
plaques de garde appliquées à un même longeron par des
tirants horizontaux qui maintiennent leur écartement et
conservent le parallélisme des essieux. En prolongeant ces
tirants jusqu'à la traverse extrême, on veut faire une sorte
d'armature au longeron. A moins que d'employer dans ce
cas des fers spéciaux de section suffisante, comme au
vagon à 6 ou 8 roues de l'Ouest (fig. 5 à 8, pl. XXV), cette
précaution est inutile surtout avec les longerons d'une hauteur suffisante. En supprimant la barre, on diminue les
frais de construction, d'entretien, et le poids mort du
véhicule.

Cependant la barre de connexion des plaques de garde
a son utilité pour soulager les fusées des véhicules à frein
à deux sabots — chap. VII, fig. 9, pl. XXVI —. C'est à
tort que la voiture figure 5, pl. V, ne porte pas cette barre
de connexion.

Nous ne parlons pas d'un troisième système de plaques
de garde qui consiste à enlever dans la masse d'une plaque
de tôle le longeron et ces appendices, à l'imitation de ce
qui se pratique pour les locomotives et tenders. C'est encore
une exception appliquée aux bogies des longues voitures

système américain (fig. 1, pl. VI ; fig. 9, pl. XXXI), comme celles qui font partie intégrante du longeron (fig. 9 à 13, pl. VI ; fig. 10, pl. VII).

Les faces intérieures des deux branches qui servent de guides aux rainures des boîtes à graissage sont, à cet effet, parfaitement dressées sur la partie de leur hauteur dans laquelle se meut la boîte.

375. *Attaches des plaques de garde.* — Avec des longerons en bois (fig. 12 et 13, pl. II ; fig. 2 et 8, pl. VIII ; fig. 6, pl. IX), la plaque est appliquée simplement contre la face intérieure du longeron et boulonnée. De même pour des longerons en fer à double cornière (fig. 2, pl. III ; fig. 3, pl. X ; fig. 2, pl. XXII ; fig. 3, 4, 5, pl. XXXVI). Avec des longerons en fer double T, on interpose entre l'âme du longeron et la plaque une fourrure en fonte, traversée, comme les deux pièces qu'elle réunit par les boulons d'attache (fig. 9, pl. II ; fig. 4, 5, 7, pl. XI).

Dans ce dernier exemple, bureau ambulant suisse, les entretoises de la plaque sont légèrement renvoyées en avant et retournées d'équerre sous le longeron. Ce mode d'attache soulage les boulons de liaison.

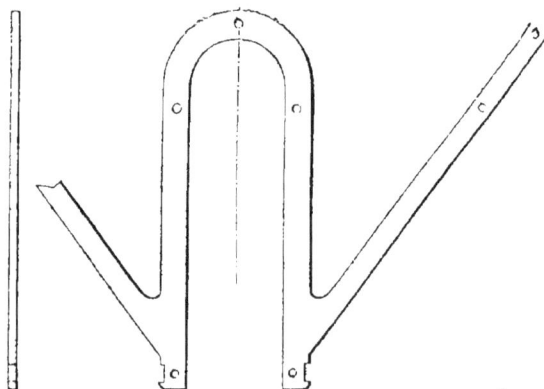

Plaque de garde en fer laminé. Echelle $\frac{1}{20}$.

376. *Fabrication et prix de revient.* — Les fabricants suivent deux procédés pour exécuter les plaques de garde de

forme représentée par la figure ci-dessus. — Les jambes de force formant V peuvent, en effet, être *enlevées* dans la masse de la barre qui constitue le fer à cheval, ou simplement *encolées*, deux opérations différentes par la qualité du fer employé et par la main-d'œuvre, ainsi qu'il résulte des deux prix de revient suivants :

PROCÉDÉ PAR ENLEVAGE.

Matières.

Fer n° 2 pour enlever les V, 10^k,175 à 18 fr. les 100 kil.	1^f,83	
Fer n° 3 pour les branches, 20 kil. à 17 fr. les 100 kil.	3 ,40	
Déchet, 10 pour 100...............................	0 ,53	
Charbon...	1 ,04	6^f,80

Main-d'œuvre.

Forgeage.......................................	6 ,00	
Ajustage.......................................	0 ,35	
Traçage...	0 ,06	
Perçage	0 ,25	6 ,66
Frais généraux.................................		5 ,00
Prix de revient total........		18^f,46

PROCÉDÉ PAR ENCOLAGE.

Matières.

Fer n° 3, 30^k,175 à 17 fr. les 100 kilogrammes........	5^f,13	
Déchet, 10 pour 100...............................	0 ,52	
Charbon...	1 ,05	6^t,70

Main-d'œuvre.

Forgeage...........	4^f,50	
Ajustage, traçage et perçage (comme ci-dessus)........	6 ,66	5 ,16
Frais généraux.................................		3 ,87
Prix de revient......... ...		15^f,73

Il y a ainsi entre les deux procédés une différence de 2 fr. 73 par plaque — et l'usage fait reconnaître que le premier est préférable. Pour les vagons à marchandises, les plaques de garde obtenues par le deuxième procédé sont suffisantes.

Cependant il ne faut pas perdre de vue le principe de l'uniformité; autant que possible les plaques de garde et les boîtes à graissage doivent être toujours du même modèle pour tous les véhicules du même réseau.

§ VI. BOITES A GRAISSAGE.

377. CONDITIONS ESSENTIELLES.—Intermédiaire placé entre le ressort et la fusée d'essieu, la boîte à graissage se compose de deux parties principales : le dessus et le dessous de boîte. La fusée de l'essieu pénètre dans l'intérieur, par un trou ménagé dans la paroi de la boîte tournée vers l'intérieur du châssis; un système d'obturation enveloppant l'essieu, à son entrée dans la boîte, tend à isoler l'intérieur de la boîte et à le préserver contre l'introduction de la poussière, ou à retenir dans l'appareil la matière lubrifiante projetée par la fusée dans son mouvement de rotation.

Jusqu'ici on n'est point parvenu à rendre cette isolation complète, même par à peu près. Là gît toute la difficulté et la cause de la multiplicité des types de boîtes à graissage en circulation.

Des boulons ou un étrier relient ces deux pièces principales de la boîte au ressort. Les faces latérales du dessus et du dessous de boîte sont garnies de doubles nervures qui embrassent, dans leur rainure, les branches des plaques de garde. L'ajustage des plaques de garde dans les rainures était autrefois très-rigoureusement fait pour tenir les surfaces en contact. On a reconnu depuis, qu'un certain jeu en tous sens facilite beaucoup la circulation en courbe — 3 —, et aujourd'hui on laisse entre les joues de la boîte et les branches des plaques de garde un vide qui varie de $0^m,002$ à $0^m,006$. — 3 —.

On peut lubrifier la fusée à l'aide de deux procédés : le graissage par-dessus, et le graissage par-dessous la fusée.

Le dessus de boîte, sur lequel repose le ressort, ne remplit

souvent d'autre office que de recouvrir l'appareil intérieur
et de maintenir le coussinet dans la position voulue (fig. 8
à 12 et fig. 20 à 22, pl. XXXVII). D'autres fois, il contient
un réservoir pour la matière lubrifiante, dont le fond est
percé de trous qui se prolongent au travers du coussinet,
jusqu'à la surface de la fusée — c'est le cas du graissage
par-dessus.

Le dessous de boîte forme une cavité en dessous de la
fusée. Tantôt, simplement destiné à fermer la boîte, à préserver l'essieu du contact des corps étrangers qui pourraient nuire au fonctionnement de l'appareil, il emmagasine
les parties de matière lubrifiante tombées sans être utilisées entre le coussinet et la fusée. Tantôt, au contraire, il
sert essentiellement de réservoir pour la matière lubrifiante, et de support pour les pièces qui la portent à la fusée
— c'est le graissage par-dessous.

Le graissage par-dessus, longtemps le seul employé en
chemins de fer, n'est pas toujours satisfaisant, car la pression du coussinet sur la fusée devient quelquefois trop
grande, pour laisser circuler la matière lubrifiante, entre
les deux surfaces frottantes ; les trous percés dans le coussinet, les *pattes d'araignée*, qui distribuent la graisse ou
l'huile sur la fusée, s'obstruent, ce qui amène l'échauffement
et le grippage des surfaces en contact, quelquefois la rupture de la fusée ; les trous percés dans le coussinet peuvent
être le point de départ de la rupture de la pièce. Enfin le
couvercle du réservoir supérieur peut s'ouvrir en marche,
la matière grasse sortir de la boîte, ou s'encombrer d'impuretés venant du dehors.

En cas d'échauffement de la fusée, en marche, l'ouverture supérieure est utilisée pour épingler le trou d'introduction de la matière grasse sous le coussinet, pour nettoyer
le coussinet ou pour verser de l'eau froide dans la boîte.

Ces inconvénients sont moins à craindre avec la seconde
disposition, de plus en plus appliquée depuis que l'huile
remplace la graisse dure. L'huile, placée dans la partie in-

férieure de la boîte disposée en forme de cuvette, est amenée à la surface de la fusée au moyen d'une mèche, d'un rouleau, ou d'une brosse maintenue en contact avec la fusée à l'aide d'un ressort.

378. *Nature et mode de graissage.* — On est presque universellement d'accord que le graissage à l'huile est plus avantageux que le graissage à la graisse dure — 37, 46 —. Cependant, et afin de prévenir un accident dans le cas où, pour une cause quelconque, l'appareil viendrait à faire défaut, plusieurs constructeurs se ménagent (fig. 14 à 19, pl. XXXVIII) les moyens d'effectuer le graissage à la graisse ou à l'huile par la partie supérieure, en adoptant une disposition mixte, combinaison des deux précédentes, qui offre plus de sécurité que l'un ou l'autre procédé appliqué isolément.

L'huile qui a lubrifié la fusée retombe dans le dessous de boîte où elle est recueillie pour servir de nouveau ; mais elle se trouve alors chargée d'une certaine proportion de limaille, d'impuretés dont il faut la débarrasser, sous peine de laisser les pores de l'appareil lubrificateur s'obstruer et les fusées s'user très-rapidement. Pour cela, on devra la recevoir dans une capacité particulière séparée du réservoir central, ou épurer le liquide avant son retour au réservoir. Le réservoir doit présenter un grand volume, afin de n'avoir pas à le remplir trop souvent, et de réduire le personnel chargé de ce service.

Le surhaussement des rails dans les courbes et les chocs transversaux que subissent les essieux, peuvent avoir pour effet de faire sortir une partie de l'huile en dehors de la boîte à graissage. Aussi le niveau du liquide se tient-il aussi bas que possible, afin d'empêcher que dans aucun de ces cas il ne puisse s'épancher au dehors.

En raison des accidents graves qui peuvent être la conséquence d'un mauvais graissage des fusées, il importe de pouvoir examiner ces appareils avec soin et le plus souvent possible. Pour faciliter ce travail et réduire les frais d'entretien, on donne aux boîtes à graissage un type de construction aussi simple que possible et on les installe de manière qu'elles soient toujours accessibles et sans difficultés.

En résumé, il faut adopter une disposition qui permette d'effectuer le graissage de la fusée par-dessous dans les conditions normales, et par-dessus, en cas de besoin. L'emploi de l'huile donne seul ce résultat; mais nous savons aussi qu'il faut que la substance lubrifiante se conserve parfaitement exempte de matières étrangères, que le réservoir d'huile soit aussi grand que possible et le niveau maintenu toujours assez bas pour que les oscillations et les chocs provenant des inégalités de la voie ne fassent pas épancher le liquide au dehors. On doit également faire en sorte que la pression du poids du véhicule s'exerce toujours au milieu de la fusée, en donnant au coussinet et aux ressorts un certain jeu qui facilite leur mouvement respectif dans le passage des courbes. L'emploi des menottes pour attache des ressorts aux brancards procure cet avantage.

On a conservé longtemps l'habitude de construire la boîte en deux parties dont le joint se trouve (fig. 12 à 22, pl. XXVIII) à peu près dans le plan horizontal passant par l'axe de la fusée. On a renoncé à cette dispostion, gènante pour la visite de la fusée et du coussinet, et plus sujette aux pertes d'huile que l'autre arrangement indiqué par les figures 8 à 17, pl. XXXVIII.

379. Coussinet. — *Pression par unité de surface.* — Pour avoir un bon graissage, c'est-à-dire un graissage continu, il faut, comme première et principale condition, que la pression exercée par le poids du véhicule sur la boîte à graissage, le coussinet de friction et transmise par ce dernier à la surface de la fusée, ne dépasse pas la limite du refoulement de la matière qui doit s'interposer entre les deux corps frottants, au-delà de laquelle il y a grippage et altération de ces deux corps.

Appelons P le poids total imposé à la fusée, p la pression qui en résulte par centimètre des surfaces en contact, d le diamètre, l la longueur de la fusée, $r r'$ les rayons des congés qui raccordent le cylindre de la fusée avec le reste de l'essieu. Si le coussinet embrasse la totalité de la demi-fusée supérieure sur toute sa longueur, on aura $P = p.d.l.(a)$; d'où on tire la pression par unité de surface $p = \dfrac{P}{d.l}$.

Mais le coussinet ne porte pas sur les congés ; un certain jeu, ménagé sur ces deux zones, permet à l'essieu de se déplacer dans le sens de son axe et contribue à former le *jeu de la voie* — 2 —. L'égalité (a) devient alors :

$$P = p.d.[l - (r + r')]\,(b), \text{ d'où } p = \frac{P}{d.[l - (r + r')]} .$$

Nous ne connaissons point d'expériences qui aient directement déterminé le maximum de p. Le tableau suivant donne les valeurs de p que l'on tire de cette formule (b), appliquée au matériel roulant du chémin de fer du Nord en 1866.

Désignation des véhicules.	Dimensions des fusées :			Pression par centimètre carré :		
	l.	d.	r ou r'.	minima.	maxima.	moyenne.
Véhicules à grande vitesse........	0ᵐ,170	0ᵐ,080	0ᵐ,015	12ᵏ,300	18ᵏ,800	15ᵏ,550
Véhicules à petite vitesse........	0 ,127	0 ,060	0 ,011	22 ,200	31 ,500	26 ,850

Ces valeurs indiquent que l'on tient compte de la vitesse, lorsqu'il s'agit de fixer le maximum de pression. Bien que paraissant considérable, nous croyons que ce maximum est encore dépassé. Depuis un petit nombre d'années, il y a tendance à réduire la largeur de la zone de contact du coussinet sur la fusée. Ainsi, dans la boîte du matériel hongrois (fig. 14 à 17, pl. XXXVIII), le creux du coussinet a pour centre un point placé à 0ᵐ,004 en dessous du centre de la fusée ; son rayon est 0ᵐ,047, celui de la fusée étant 0ᵐ,043. D'après cela, théoriquement les deux surfaces porteraient uniquement sur une génératrice, au point de tangence des deux cylindres; mais l'usure inévitable qui suit la mise en service augmente rapidement la largeur de la zone de contact, sans que celle-ci puisse dépasser la largeur du coussinet. Prenons la moyenne de ces deux limites, soit $0^m,040 = d'$, moitié de la largeur totale qui est de $0^m,080$. Le poids total sur les quatre fusées est — 114 —, 4. P $= 8580 — 1580$ kilogrammes (poids des essieux montés); d'où P $= 1750$ kilogrammes, $l = 0^m,200$, $d = 0^m,086$, $r = 0^m,017$; d'où $p = \dfrac{1750}{0^m,040 \times 0^m,200 — 0^m,034}$, ou, par centimètre carré, $26^k,35$ pour la voiture de classe III. Sous un vagon couvert, chargé à 10 tonnes, le poids 4 P est 16 700 kilogrammes — 1 580 kilogrammes $= 15 120$ kilogrammes, et P $= 3780$ kilogrammes, d'où $p = 56^k,94$.

Dans les nouvelles boîtes du chemin de Cologne à Minden, arrangées par M. Schiffer, ingénieur du matériel roulant, cette zone de contact est réduite à $0^m,050$ au maximum. M. Forquenot, dans les boîtes des nouvelles voitures d'Orléans, a adopté la réduction, mais en portant la zone à $0^m,080$ pour une fusée où $d = 0^m,100$.

Cette tendance à la réduction de largeur et, par conséquent, à l'augmentation de la pression par unité de surface en contact, n'est point paradoxale.

L'observation a en effet démontré que l'échauffement des fusées provient très-souvent du ballottement des joues du coussinet, quand, usées, elles s'approchent du plan médian horizontal de la fusée, de l'obstacle qu'elles opposent à l'arrivée de l'huile sous les parties réellement porteuses du coussinet, de la limaille qu'elles produisent, etc.

L'un des administrateurs de la Compagnie des vagons-lits nous a affirmé que, depuis que les lourdes voitures de la Compagnie roulaient sur des coussinets à largeur réduite (au tiers du diamètre), les boîtes ne chauffaient plus. Ce serait donc un fait acquis.

380. Appareil graisseur. — L'obturation incomplète du trou par lequel l'essieu entre dans la boîte ne permet pas de

faire tremper la fusée dans l'huile. Pour la lubrifier, il faut élever le liquide jusqu'à elle en utilisant l'effet de la capillarité. Tantôt, comme on le voit dans les figures 14 et 15. pl. XXXVII, l'huile est conduite, en haut, par une mèche couchée dans le réservoir supérieur, et en bas, par une masse spongieuse baignée dans le réservoir inférieur ; tantôt (fig. 18 et 19, pl. XXXVIII), l'huile est fournie par un tampon à ressort qui presse la fusée en dessous ; tantôt enfin (fig. 8 à 11, pl. XXXVIII), la fusée est serrée entre deux tampons latéraux alimentés par des mèches plongeant dans le réservoir.

Il est difficile de prononcer entre ces divers procédés de graissage, dont la réussite dépend de nombreux éléments : qualité de l'huile, soins de montage, degré de dureté des fusées et des coussinets, nature des poussières du ballast, etc. Cependant, toutes choses égales d'ailleurs, nous donnerions la préférence au graissage par tampons latéraux avec mèches plongeant dans des réservoirs fermés et ménagés le long des faces latérales de la boîte, à la hauteur de l'axe de la fusée. Avec cette disposition, l'huile toujours pure ayant le minimum de parcours et d'aspiration par les mèches qui, d'ordinaire, s'encombrent rapidement de poussière, ne manquerait jamais à la fusée, puisque rien ne l'arrêterait, soustraite à toutes les causes qui gênent les autres moyens de graissage.

On supprimerait ainsi les ressorts qui contribuent, à l'aide de la poussière, à user la fusée, et l'emploi de l'huile logée dans le bas de la boîte qui est salie par les impuretés que le mouvement lui amène, ou de la mèche à siphon du réservoir supérieur, qui peut se trouver inutile par l'obstruction du trou ou des pattes d'araignée.

381. EXEMPLES. — *Boîte de Hanovre.* — Le joint d'assemblage des deux parties de la boîte est à la hauteur de l'axe de la fusée. La réunion est obtenue, non point par des boulons, mais par un étrier en fer, articulé à la partie supé-

rieure du dessus de boîte, et muni, à sa partie inférieure, d'une vis de pression qui serre le dessous de boîte, de bas en haut. La figure A ci-dessous, coupe verticale de cet appareil suivant l'axe de l'essieu, en montre la disposition intérieure. — Le graissage se fait à la partie inférieure, au moyen d'une brosse puisant l'huile dans le réservoir à l'aide de mèches en coton ; la brosse est maintenue constamment en contact avec la fusée, par un petit ressort à boudin. Un réservoir supplémentaire, placé à la partie supérieure, permet, en cas de besoin, d'effectuer le graissage de la fusée par le haut. Du côté de la roue, une garniture en feutre qui s'applique contre l'essieu ferme l'entrée à la poussière, et un petit godet, placé à l'arrière du réservoir, retient

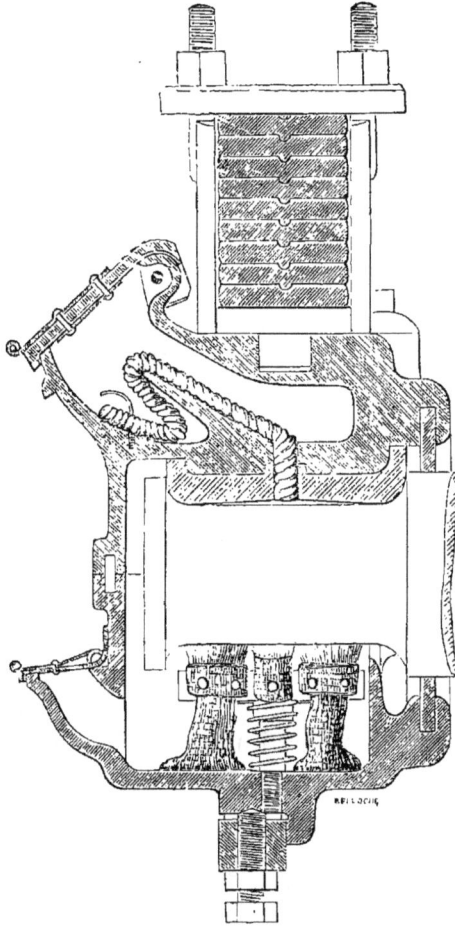

Fig. A. Boîte à graissage. Hanovre. Echelle $\frac{1}{5}$.

l'huile déversée au dehors ou retombant de la fusée.

L'étrier du ressort de suspension n'est point fixé à la boîte à graisse, mais il repose simplement sur sa partie supérieure ; un tenon qui pénètre dans un trou ménagé au-dessus de la boîte, sous le ressort, le maintient en place.

382. *Boîte du chemin de fer rhénan.* — Cette boîte, repré-

sentée par la figure B en coupe longitudinale, est une boîte américaine un peu modifiée. Le changement consiste principalement dans l'addition à la partie inférieure d'une tubu-

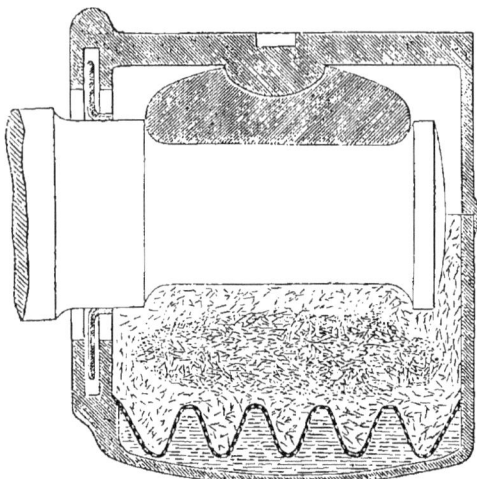

Fig. B. Boîte américaine des chemins rhénans.
Echelle $\frac{1}{5}$.

lure latérale qui n'a pu être figurée ici, mais qui est semblable à celle indiquée par la figure 21, pl. XXXVIII. La lubrification de la fusée a lieu par l'intermédiaire d'une garniture composée d'un noyau central formé d'un paquet de mèches solidement serrées et entouré de laine ; cette garniture repose sur une lame de tôle ondulée, percée de trous, destinée à empêcher l'obstruction du canal de la tubulure. La capacité située sous la plaque de tôle est maintenue constamment pleine d'huile.

Le contact entre le coussinet et la boîte, et par conséquent l'application de la charge sur la fusée, a lieu suivant une surface sphérique, ce qui facilite le mouvement relatif des deux pièces et, par suite, le passage dans les courbes ; en même temps que l'on obtient l'uniformité de pression aussi complète que possible.

Un anneau de cuir embouti, embrassant la fusée, ferme la boîte du côté de l'intérieur du châssis.

La boîte que nous venons de décrire présente à plusieurs égards des inconvénients, dont les principaux sont l'absence du graissage par la partie supérieure, et la difficulté de visite pendant la marche du train. Toutefois, elle est remarquable par sa simplicité d'installation, et peut rendre à cet égard de grands services sur les lignes secondaires. La disposition moins perfectionnée qui lui a servi de modèle est d'ailleurs fréquemment appliquée sur les chemins de fer des États-Unis.

383. *Boîte de M. Basson.* — Cette boîte, employée par les chemins rhénans et essayée sur une assez grande échelle

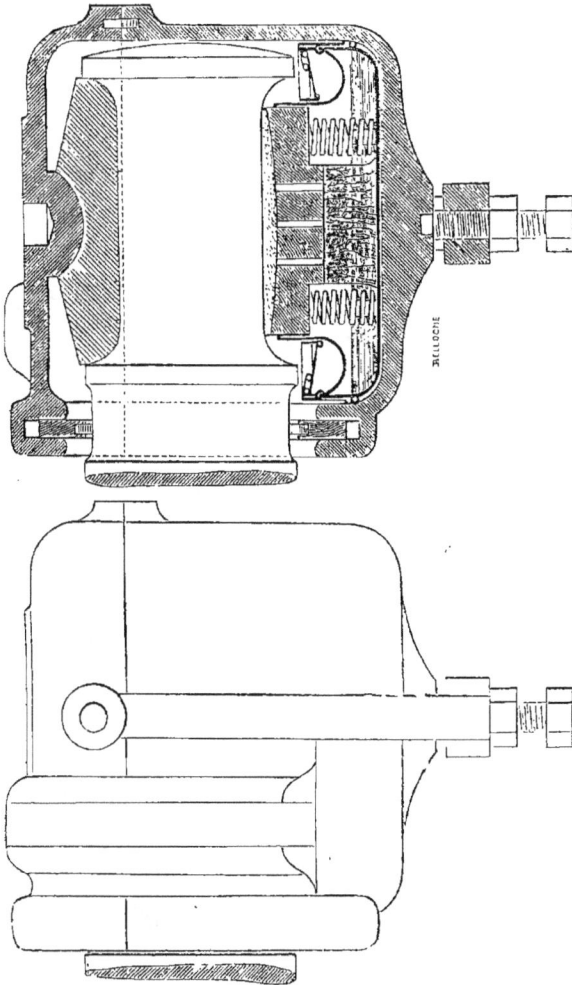

Fig. D.

Fig. C.

Boîte à huile du chemin de fer rhénan. Système Basson. Echelle $\frac{1}{5}$.

par la Compagnie de l'Est, est due à M. Basson, ingénieur du service des machines à Cologne (fig. C et D).

La réunion des deux parties de la boîte se fait, comme dans celle du Hanovre, à l'aide d'un étrier à charnière et à vis de pression. La boîte supérieure a très-peu de hauteur, de manière qu'elle laisse à découvert la plus grande partie de la fusée, le dessous de boîte enlevé. Le contact entre le couvercle et le coussinet a lieu, comme dans l'appareil précédent, suivant une surface courbe présentant les avantages déjà signalés.

Le fond de la boîte porte une cuvette en tôle galvanisée servant de réservoir d'huile. Deux ressorts à boudins appliquent contre la fusée une brosse formée de deux paquets de mèches séparés par un morceau de bois et maintenus de chaque côté par une planchette. Une lame de cuir, faisant rigole, réunit la brosse au réservoir; elle est recouverte d'une lame de tôle également fixée aux parois de ce dernier, percée de trous et inclinée légèrement vers l'intérieur. Des trous percés dans la pièce de bois du milieu permettent à l'excédant d'huile de tomber directement dans le réservoir, tandis que le liquide qui a lubrifié la fusée retombe par les deux extrémités sur la lame métallique d'abord, dont la surface retient une partie de ses impuretés, et, de là, sur la rigole en cuir, au travers de laquelle il se filtre et descend goutte à goutte dans le réservoir. La fermeture de la boîte vers l'intérieur est obtenue par une garniture en bois et en feutre.

Les avantages de cette disposition sont évidents. Toutefois, le graissage ne peut pas s'effectuer par le haut et, à ce point de vue, la boîte en question laisse à désirer. Mais l'absence d'ouvertures fermées par les couvercles ordinaires, qui ne sont jamais étanches, et souvent même se trouvent soulevés par les trépidations du véhicule pendant la marche, est un avantage marqué ; la capacité du réservoir permet de le remplir d'une quantité d'huile suffisante à un parcours de 200 kilomètres au moins ; la visite des boîtes ne devient nécessaire que dans les gares principales, ce qui n'est peut-être pas suffisant. Il faudrait un réservoir de plus grande capacité.

384. *Boîte du chemin de fer d'Orléans.* — Cette boîte est disposée de manière à pouvoir effectuer le graissage à la fois par-dessus et par-dessous (fig. 18 et 19, pl. XXXVIII).

Les deux parties de la boîte, ouverte suivant l'axe de la fusée, sont réunies par des boulons.

Le graissage de la fusée à la partie inférieure se fait à l'aide d'un tissu de coton maintenu sur un cadre en bois pressé par deux ressorts à boudin.

La boîte est close, du côté intérieur, par un anneau en feutre logé dans une rainure ménagée à l'arrière de la boîte.

Le réservoir supérieur sert à suppléer l'appareil inférieur, en cas de refus de service. Il est rempli de graisse dure qui coule sur la fusée, quand l'échauffement a fait fondre un bouchon fusible placé dans le canal adducteur. On peut aussi remplir le trou par une mèche et le réservoir avec de l'huile.

Le coussinet ne porte sur la fusée que suivant une partie de sa section transversale, ainsi que nous l'avons expliqué — 379 —, soit sur $0^m,080$ en projection horizontale, avec un diamètre de fusée de $0^m,100$. Les évidements ménagés le long des joues permettent à l'usure de creuser le coussinet, sans nécessiter de fréquentes réparations, ce qui est le cas avec les coussinets enveloppants.

Les congés de raccord de la fusée et de l'essieu ont $0^m,010$ de rayon, comme ceux des extrémités du coussinet. Seulement, la longueur du coussinet étant de $0^m,198$, tandis que celle de la fusée est de $0^m,200$, il y a, entre les joues de la fusée et celles du coussinet, un jeu de $0^m,001$ de chaque côté, de sorte que l'essieu peut se déplacer de $0^m,002$ dans sa boîte et suivant le sens transversal à la voie, sans compter le jeu des rainures de la boîte, entre les plaques de garde.

Les rebords à angle vif des extrémités des coussinets doivent donner lieu à de fréquentes ruptures.

Les couvercles des ouvertures des réservoirs sont tenus fermés par un ressort, comme dans la boîte d'Ergastiria (fig. 21, pl. XXXVIII). Commode pour vérifier l'état du graissage en route, ce mode de fermeture ne vaut pas, comme garantie, celui des bouchons à vis que nous trouvons dans la boîte hongroise.

385. *Boîte de l'État hongrois.* — Représentée dans tous ses détails par les figures 14 à 17 de la planche XXXVIII, cette boîte satisfait en grande partie aux principales conditions du programme : double graissage ; visite facile du coussinet, compliquée cependant par la nécessité de desserrer les quatre boulons de liaison de la boîte avec le ressort ; réduction de la zone de contact du coussinet et de la fusée ; fermeture hermétique des bouchons de réservoirs ; logement du coussinet dans un évidement du dessus de boîte ; réduction du poids du coussinet, etc.

Le dessous de boîte est séparé en deux compartiments, par une cloison qui entoure la fusée jusqu'à la hauteur du coussinet. Cette cloison arrête une bonne partie des poussières passant par l'ouverture de l'entrée de l'essieu d'un côté, et de l'autre, les projections d'huile lancée par la rotation de la fusée.

L'entrée de l'essieu est fermée à l'aide de deux demi-rondelles en bois assemblées à recouvrement et serrées par un ressort en acier inséré dans une rainure circulaire.

Le jeu total ménagé entre la boîte et les plaques de garde est de $0^m,004$ dans le sens de l'axe de l'essieu, et de $0^m,002$ dans le sens perpendiculaire.

386. *Boîte de Smyrne-Aïdin.* — Ce type, importé d'Amérique et que nous avons vu appliqué sur le chemin de Smyrne-Aïdin, est très-recommandable par sa simplicité et son efficacité. Au dire de M. Purser, directeur de ce chemin, cette boîte fonctionne d'une manière irréprochable pendant plusieurs mois, sans nécessiter de visite ou de remplissage. Les détails rapportés dans les figures 8 à 13 de la planche XXXVII et les critiques développées au sujet des autres boîtes nous dispensent de plus amples explications.

387. *Boîtes diverses.* — La boîte *Dietz*, employée sur le

réseau de l'Est, tient la fusée baignée en partie dans le réservoir d'huile ; ce réservoir est limité vers l'intérieur par
un collier en bronze, qu'un ressort à boudin presse contre
la fusée ; l'huile, après avoir lubrifié celle-ci, retombe à son
extrémité de l'autre côté du collier, et se recueille dans un
deuxième réservoir, d'où une bague en fer calée sur l'essieu
la fait remonter à la partie supérieure. Un ramasseur en
acier, frottant contre cette bague, force l'huile à tomber
sur un plan incliné ménagé au-dessus du coussinet, dans
l'épaisseur du dessus de boîte, et à revenir ainsi au réservoir principal.

La boîte *Delannoy* possède l'avantage d'être d'une seule
pièce, et de se fixer sur l'essieu, à peu près suivant le système des boîtes *patent* des voitures de route.

Il existe encore d'autres combinaisons basées sur l'emploi d'un rouleau graisseur flottant dans le réservoir d'huile
et tangent à la fusée, qui lui imprime en tournant un mouvement de rotation — boîte Seguin, boîte Wynans de Bal-
timore, boîte du chemin de Cologne à Minden, boîte du
Wurtemberg —. Enfin, une dernière méthode consiste à
substituer aux ressorts ordinairement employés pour presser les appareils lubrificateurs contre la fusée, des contre-
poids — chemin de Tours à Nantes, ancienne boîte ba-
doise, des boîtes où l'eau remplace l'huile, etc.

On lira avec intérêt la monographie très-détaillée de
M. Heusinger v. Waldegg, sur ce même sujet : *Die
Schmiervorrichtungen und Schmiermittel der Eisenbahn-
wagen — Wiesbaden.*

388. Détails d'exécution.

Devis d'une boîte à graisse, système Dietz.

QUANTITÉS.	DÉSIGNATION.	POIDS.	PRIX.	SOMMES PARTIELLES.	TOTAUX
	Matières.				
	FONTE.	kil.	fr.	fr. c.	fr. c.
1	Dessus de boîte.............				
1	Dessous de boîte..................	28	25 p. 100 kil.	7 »	
1	Couvercle de graisseur.....				
	BRONZE.				
1	Demi-coussinet..................	3,600	250 —	9 »	
1	Collier de barrage................				
	FER.				
4	Boulons de 12/70.................	0,450	30 —	» 14	
	FIL DE FER.				
4	Goupilles pour boulons ci-dessus....				
1	Axe du graisseur.................	0,060	100 —	» 06	
1	Axe du ramasseur................				
	ACIER.				
1	Ressort à boudin................	0,070	380 —	» 27	
1	Ramasseur.....................	0,175	100 —	» 175	
1	Ressort du couvercle graisseur......				
	DIVERS.				
4	Rivets du couvercle graisseur.......	Ensemble	»	» 05	
1	Platine en tôle du couvercle graisseur.	0,010	45	» 005	
1	Platine en cuir du couvercle graisseur.	Environ.	»	» 01	
1	Vis pour ressort du couvercle graisseur	»	»	» 01	
1	Charbon, environ................	»	»	» 10	
	TOTAL POUR LES MATIÈRES...				16 82
	Main-d'œuvre.				
	Dessus, dessous et couvercle de boîte. Traçage......	»	» 50		
	Rabotage.....	»	2 50		
	Ajustage......	»	» 50		
	Perçage......	»	» 50	4 »	
	Demi-coussinet et collier de barrage. Rabotage.....	»	» 30		
	Tour et alésage.	»	» 70	1 »	
	4 boulons de 12/70 reliant le dessus au dessous..... Forge........	»	» 20		
	Taraudage....	»	» 05		
	Perçage.......	»	» 05		
	Tour.........	»	» 30	» 60	
	Ramasseur en acier. Forge........	»	» 17		
	Perçage.......	»	» 03	» 20	
	Rouler, tremper et régler le ressort à boudin......................	»	»	» 20	
	Ressort du couvercle du graisseur. Forge........	»	» 20		
	Perçage.......	»	» 02	» 22	
	Platine du graisseur, perçage......	»	»	» 01	
	Montage de la boîte...............	»	»	1 »	
	TOTAL POUR MAIN-D'ŒUVRE.				7 23
	Prix de revient de la boîte............				24 05

A cette valeur, ajoutons celle de la rondelle en cuir fermant la boîte à l'intérieur, et de la bague fixée sur l'essieu :

Matières.

Fer pour la bague, 1ᵏ,500 à 25 francs........	0ᶠ,37	
Cuir pour la rondelle, 0ᵏ100 à 5 francs.......	0 ,50	
Charbon..................................	0 ,10	
	0ᶠ,97	0ᶠ,97

Main-d'œuvre.

Forge....................................	0ᶠ,50	
Tour et alésage..........................	0 ,75	
Faire la rainure de la bague..............	0 ,30	
Percer et découper la rondelle en cuir......	0 ,30	
	1ᶠ,85	1 ,85
Total		2ᶠ,82
A ajouter pour la boîte.....................		24 ,05
Prix total, compris la bague et la rondelle, sans frais généraux ni bénéfices.		26ᶠ,87

389. *Observations.* — La boîte se coule en fonte de première ou de deuxième fusion. Les deux parties doivent avoir leurs bords rigoureusement dressés, afin d'obtenir une fermeture étanche; dans ce même but, on fait le plus souvent venir de fonte une rainure sur le bord saillant, et l'on interpose dans le joint une bande de cuir ou de caoutchouc.

Lorsque la boîte est munie d'ouvertures pour la visite ou le remplissage, les obturateurs ont les faces de contact soigneusement ajustées, et sont munis d'un ressort en acier qui tend à les maintenir aussi hermétiquement fermés que possible (fig. 18, pl. XXXVIII).

De chaque côté de la boîte, les deux portées venues de fonte, formant les rainures verticales destinées à guider la boîte dans la plaque de garde, doivent être dressées avec le plus grand soin et parfaitement parallèles entre elles.

Les coussinets auront les bords légèrement évasés, de manière à ne reposer que sur le *sixième* environ de la surface de la fusée, et leurs extrémités arrondies, afin de ne pas se heurter dans les courbes contre les saillies qui terminent la fusée.

La fabrication des coussinets emploie tantôt le bronze, tantôt des alliages en proportions diverses, d'un prix moins élevé que le bronze, et donnant un frottement plus doux. La composition de bronze généralement employée est de :

80 à 82 pour 100 de cuivre
et 20 à 18 pour 100 d'étain.

Le métal blanc, — anti-friction, — pour les coussinets de voiture, est employé en Allemagne sur une assez grande échelle. Voici quelques-uns des alliages en usage sur différentes lignes de ce pays :

Chemins.	Cuivre.	Etain.	Antimoine.	Plomb.	Total.
Hanovre.............	8, 7	86, 3	5	»	100
Rhénan.............	4	60	8	»	72 [1]
—	»	85	15	»	100
Silésie supérieure.....	1	15	2	»	18 [2]
Berlin-Stettin........	»	42, 5	15	42, 50	100

Les ruptures de coussinets, accidents assez fréquents, résultent en grande partie des ébranlements produits par les inégalités de la voie, surtout celle des coussinets portant des trous pour le graissage à la partie supérieure de la fusée, et qui, par cela même, se trouvent affaiblis. Une mauvaise construction peut également avoir le même in-

---

[1] Cet alliage sert principalement à garnir les coussinets formés avec le bronze suivant : cuivre 30 + étain 7 = 37, lorsqu'ils sont usés.

[2] On commence par fondre un alliage composé de 1 partie de cuivre, 2 parties d'antimoine, et 6 parties d'étain. On lamine les lingots en plaques de $\frac{1}{2}$ pouce d'épaisseur, et au moment du coulage du coussinet on ajoute 100 pour 100 d'étain.

convénient. Quand le coussinet occupe en totalité le vide du dessus de boîte, on réduit les chances de rupture en coulant directement le coussinet dans l'intérieur de la boîte, opération qui ne présente pas de difficulté avec l'emploi des alliages blancs, tels que ceux que nous venons d'indiquer.

Indépendamment de ces cas particuliers de rupture, le remplacement des coussinets devient nécessaire au bout d'un certain temps de service normal, lorsque la diminution d'épaisseur peut en rendre l'usage incommode ou dangereux. On devra donc avoir toujours en réserve un nombre suffisant de coussinets de rechange — dans le cas où l'on emploie le bronze —, ou, s'il s'agit de métal blanc, une provision suffisante d'alliage en lingots. Il faut aussi prendre la précaution de faire préparer à l'avance une assez grande quantité d'alliage, afin d'obtenir une composition homogène, et veiller avec soin à ce que la proportion du mélange, une fois adoptée, soit rigoureusement conservée.

Pour renouveler la garniture d'une boîte à graisse, on fixe, à l'aide de boulons, sur le dessus de boîte, un moule en fer dont la forme représente la surface de frottement du coussinet, et portant un ajutage évasé. Après avoir bouché les solutions de continuité à l'aide de terre réfractaire, on place l'appareil dans une position inclinée et on verse avec précaution l'alliage fondu, en ayant soin de remplir complétement le moule et l'entonnoir de coulée, de manière à former une masselotte suffisante pour assurer l'homogénéité du métal. Après quelques minutes de refroidissement, on peut enlever la forme et la reporter sur une autre boîte. L'ajustage du coussinet s'effectue ensuite à la manière ordinaire.

En fait de choses qui intéressent la sécurité, il ne faut rien dédaigner.

Les appareils graisseurs — rouleaux, mèches, brosses, etc. —, donnant également lieu à un entretien très-coûteux dans les boîtes à graissage inférieur, méritent d'attirer l'attention de l'ingénieur. Les dispositions les plus simples seront donc, à certains égards, les meilleures ; cependant il ne faut pas rejeter pour cela des dispositions ingénieuses, telles, par exemple, que celles de M. Basson, qui, tout en présentant une certaine complication, peuvent, si elles sont bien construites, rendre de véritables services par l'économie du graissage et des frais de traction. En général, l'emploi des mèches liées en faisceau appliqué latéralement paraît préférable à celui des brosses ou coussins, dont les supports en bois pressés par des ressorts ne tardent pas à se ramollir sous l'action de l'huile et qui finissent par se détruire complétement.

La composition de la graisse, l'essai des huiles, le nettoyage des boîtes à graissage forment une partie importante de l'entretien — chap. VIII —.

§ VII. ESSIEUX.

390. CONDITIONS GÉNÉRALES. — Les essieux transmettent aux roues les pressions du véhicule sur les fusées, et reçoivent à leur tour, de ces roues, l'effet des réactions qu'elles éprouvent sur la voie. Les roues, solidaires avec l'essieu, devraient toujours avoir la même vitesse angulaire, quelle que soit leur position sur les rails. En fait, l'une ou l'autre des roues a du retard sur sa conjuguée ; de là, un effort de torsion dans le corps de l'essieu. En outre, la tendance des roues à se porter, tantôt vers un des rails, tantôt vers l'autre, occasionne, à l'encastrement du moyeu, des efforts de flexion dirigés de bas en haut ; enfin la charge du véhicule impose à l'encastrement de la fusée, au bout de l'essieu, des efforts de flexion dirigés de haut en bas.

Ces conditions, défavorables à la conservation de l'essieu, mais inévitables, ne peuvent se combattre que par des dimensions et des formes étudiées en vue de la résistance à leur opposer, et par l'emploi de matières aussi parfaites que l'industrie peut produire.

Il semble qu'en prenant pour base des calculs la résultante de tous les efforts connus imposés à un essieu, on doive arriver à la détermination immédiate de ses dimensions. Mais l'essieu, animé de mouvements de rotation et de translation très-rapides, est exposé non-seulement aux effets destructeurs mentionnés plus haut, mais encore à des surcharges, à des vibrations et des chocs réitérés provenant des imperfections de la voie, de la répartition inégale des charges et des défauts de construction, et qu'il n'est pas possible de faire entrer dans le calcul.

On ne peut tenir compte de ces circonstances exceptionnelles, qu'en réduisant le coefficient de résistance du métal. Au lieu de prendre pour ce coefficient 5 ou 6 kilogrammes admis pour les fers — 340 et suiv. —, il n'est pas prudent de faire travailler l'essieu à plus de 3 ou 4 kilogrammes par millimètre carré. Ces réserves posées, et avant d'indiquer la marche à suivre dans le calcul des sections de l'essieu dans ses diverses parties, parlons de la nature du métal employé à la fabrication des essieux.

391. CHOIX DE LA MATIÈRE. — Le fer, l'acier fondu ou l'acier Bessemer se partagent les préférences des ingénieurs. Pendant longtemps on n'a fait usage que d'essieux en fer, mais en bon fer, que l'on préférait aux essieux en acier, ceux-ci ne présentant pas toujours, à l'origine, toutes les garanties désirables. Les administrations, très-exigeantes alors comme aujourd'hui, ne s'adressaient qu'à certaines usines réputées pour n'employer que des fers fabriqués au charbon de bois, et extraits de minerais d'une composition bien établie. Mais les besoins toujours croissants, les effets de la concurrence et les progrès de la métallurgie, ont élargi le cercle des fournisseurs, et l'on s'est trouvé en présence de produits qui n'avaient pas subi une épreuve suffisamment prolongée.

Ainsi, en 1869, la Compagnie de l'Est dut retirer de la circulation deux mille essieux en fer. Ces essieux avaient satisfait à toutes les conditions et subi toutes les épreuves du cahier des charges. Mais, après quelque temps de service, la fusée d'un certain nombre d'essieux vint à se rompre au collet. Les ruptures avaient toutes le même caractère, et s'appliquaient à un même lot d'essieux ; on avait donc affaire à une fourniture entachée d'un vice de fabrication.

La section de rupture semblait comme coupée à la tranche, sillonnée de stries rayonnant vers le centre de la fusée. Au contraire, le noyau présentait une cassure nette, à gros grains.

Cet effet de cisaillement, remarqué sur la zone extérieure, provenait-il uniquement des flexions successives éprouvées au collet de la fusée, flexions facilitées par la douceur du fer, et que le fabricant, soumis à des conditions de flexibilité exagérée de l'essieu, dans les épreuves de réception, devait chercher à réaliser, sous peine de voir sa fourniture refusée ?

Ou bien ce phénomène ne peut-il être attribué à une cause de cristallisation du métal, dans des pièces fabriquées à une température trop élevée, et abandonnées à un refroidissement lent, qui permet aux molécules de prendre un arrangement débarrassé de toute tension ?

La lettre suivante, due à l'un de nos métallurgistes les plus distingués, M. Pinat, ingénieur aux forges d'Allevard, pourrait justifier cette hypothèse.

« .... Vous me parlez aussi de la question *transformation* du fer par les effets du service. Cette transformation est, pour moi, hors de doute, bien que ses effets soient assez divers. Nous l'avons observée dans nos bandages où le fer devient parfois à cristaux et où l'acier devient d'une finesse de grains extrême. Ce n'est pas général, et il faut qu'il y ait, dans le service, des circonstances qui aident parfois à cette modification de structure.

« Les idées sur ces phénomènes intéressants se sont éclaircies, dans ces dernières années, de tous les faits de trempe du fer en grosses pièces et du recuit.

« La trempe des plaques de blindage constitue un adoucissement du métal et une transformation de structure complète : des pièces à grain deviennent à nerf et, de cassant, le fer devient malléable à froid.

« Le recuit de tôles en acier doux est devenu un complément usuel de toutes les manipulations qu'on fait subir soit aux tôles, soit aux cornières et divers autres profilés en acier. Il corrige tous les effets désastreux de récroui que produisent le poinçonnage, la cisaille et l'emboutissage ou le cintrage.

« Ceux qui nient la transformation de structure du fer par les fatigues du service doivent expliquer difficilement tous ces phénomènes, cependant incontestables et de plus en plus manifestes, de l'écrouissage ou récroui. Le fer et l'acier, en travaillant dans les essieux, les ressorts ou les bandages, ne font pas autre chose que se récrouir, et l'idée de recuire ou retremper les essieux après un certain service serait très-justifiée, si elle était praticable.

« On n'a pas beaucoup écrit encore sur ces questions assez mystérieuses, et le peu que j'ai lu n'est pas satisfaisant. On confond la trempe traditionnelle de l'acier et des outils, avec la trempe du fer en grosses pièces, qui date d'hier, et est tout autre chose dans ses effets. Mais les faits s'accumulent, et la lumière se dégagera sans doute. Je suis persuadé, jusqu'à présent, quant à moi, que ce sont toutes questions de chaleur latente, principalement ; le recuit et la trempe la fixent dans le métal, le travail mécanique la dégage en la rendant sensible. Et l'état physique du fer, autrement dit sa structure, dépend essentiellement de la quantité de chaleur ainsi contenue à l'état latent.

« Le fil de fer qu'on vient de recuire pendant le tréfilage en est pour ainsi dire rempli ; son état est doux jusqu'à la mollesse ; mais après de nouvelles passes à la filière, toute cette chaleur s'est dissipée en travail, le métal a repris son état définitif cristallin ; il est aigre et cassant ; un nouveau recuit devient indispensable.

« Cette leçon est vieille comme les tréfileries ; on ne voit pas assez que les phénomènes curieux, manifestés aujourd'hui par les tôles d'acier, ne sont guère autre chose.

« Il n'y a de nouveau que la trempe des grosses pièces, et la douceur inattendue qu'elle procure au métal. Cela tient à ce que, pour de grosses dimensions, le simple recuit ne suffit pas à une restitution efficace de la chaleur latente ; le refroidissement très-lent permet les arrangements moléculaires définitifs, si mauvais pour la résistance ; et il faut couper court au refroidissement par la trempe, qui fait qu'une plaque de blindage est aussi vite refroidie qu'un fil de fer. »

392. Les essieux en acier fondu au creuset ou au convertisseur circulent depuis longtemps ; leurs preuves sont faites, et on les rencontre partout en concurrence avec les essieux en fer. Mais c'est ici le cas, ou jamais, de poser des réserves, comme celles que nous avons faites à propos des aciers à ressorts — 327 —. L'acier fondu, provenant de bonne fabrication, est la meilleure matière pour essieux, tant son homogénéité et sa résistance dépassent celles du meilleur fer.

Partant de là, on avait jugé convenable de réduire les sections des essieux en acier fondu, ou, ce qui revient au même, d'augmenter la charge normale, en conservant les dimensions adoptées pour les essieux en fer. C'était une erreur dont on a commencé à revenir, et la tendance actuelle, c'est l'augmentation des diamètres d'essieux.

Ainsi l'Association allemande avait admis, en 1865, — Notes du tableau, p. 445, — qu'à dimensions égales, les essieux en acier peuvent supporter une charge supérieure de 30 pour 100 à celle des essieux en fer. En 1868, le rapporteur concluait qu'il n'y avait pas lieu de modifier les conditions arrêtées, pour les essieux en acier fondu, dans la réunion de 1865, à Dresde ; que, pour les essieux de tender et de locomotive, les règles établies présentent une sécurité suffisante, mais que cependant un renforcement des essieux en acier fondu, jusqu'aux dimensions calculées pour les essieux en fer, ne serait pas considéré comme contraire au but proposé. — « Dass aber auch eine verstärkung der gussstahl-Achsen bis zu den fur Eisen berechneten Dimensionen nicht fur unzweckmässig erachtet werde » —.

En 1871, à Hambourg, le congrès de l'Association demande une légère augmentation des sections d'essieux en fer. Il n'admet plus qu'une surcharge de 20 pour 100 pour les essieux en acier fondu, et enfin il persiste à recommander d'éviter les épaulements à angles aigus et les embases ou cordons de sûreté.

L'acier fondu en effet, plus que toute autre matière, résiste mal aux efforts qu'on lui impose, quand il a des formes saillantes, anguleuses, tourmentées, des changements brusques de dimensions. Il lui faut des formes simples, des transitions ménagées, des congés amortissant les angles, des saillies aussi peu prononcées que possible. Moyennant toutes ces précautions, les essieux en acier, mais non trempé, peuvent fournir de longs parcours avec des frais d'entretien très-minimes.

393. CALCUL DES DIMENSIONS.— 1° *Corps et portée de calage*. —Le diamètre du corps de l'essieu peut se déterminer en appliquant dans la formule $\frac{I}{v} = \frac{\mu}{R}$ de la résistance des matériaux, les valeurs suivantes :

Soient P la partie de la charge du véhicule appliquée au milieu de la longueur de la fusée ; p le poids de la roue ; r le rayon de l'essieu à la portée de calage ; a la distance du milieu de la fusée au milieu de la portée de calage ; x la distance d'un point quelconque de l'essieu au milieu de la fusée ; l'essieu se trouve soumis à la force P appliquée au milieu de la fusée et à la force $-(P + p)$ due à la réaction du rail. Le moment μ pris à la distance x est égal à la somme algébrique des moments de ces forces, et l'on a $\mu = P.x - (P + p)(x-a) = P.a - p(x-a)$. En négligeant le dernier terme, on a $\mu = P.a$; on sait que $I = \frac{\pi r^4}{4}$; $V = r$;

en substituant, on a $\dfrac{\text{I}}{v} = \dfrac{\mu}{\text{R}} = \dfrac{\text{P}.a}{\text{R}} = \dfrac{\pi r^3}{4}$, d'où $r = \sqrt[3]{\dfrac{4.\text{P}.a}{\pi.\text{R}}}$.

Cette valeur, indépendante de x, montre que le diamètre $2r$ doit être constant sur toute la longueur du corps d'essieu, y compris la portée de calage.

2° *Fusée = a. Longueur.* Elle est déterminée par l'étendue de la surface de contact que l'on adopte, en partant du maximum de pression imposé au coussinet ou à la fusée — 379 —.

Si P est la pression exercée par le véhicule sur le coussinet ; p, cette pression par unité de la projection horizontale de la surface de contact du coussinet et de la fusée ; h, la largeur de cette projection ; l, la longueur de cette surface ou de la partie frottante de la fusée, on aura $\text{P} = p \times l \times h$, d'où $l = \dfrac{\text{P}}{p.h}$.

Prenons $\text{P} = 4\,000$ kilogrammes ; $p = 50$ kilogrammes ; $h = 0^{\text{m}},05$; on aura $l = 0^{\text{m}},160$, plus les congés de raccord.

Les congrès de l'Association allemande, en 1865, 1868 et 1871, ont recommandé de prendre $l = 1,75 \times d$ à $2,25\,d$, d étant le diamètre de la fusée.

b. Diamètre. On a vu que la résistance due au frottement des fusées est égale à $f \times \text{P} \times \dfrac{\delta}{\text{D}}$, δ étant le diamètre de la fusée et D le diamètre de la roue — 29 —. A n'envisager que ce côté de la question, D étant constant, il y a intérêt à diminuer δ ; mais il s'agit aussi de conserver à l'essieu une égale résistance en tous ses points, et, pour cela, il faut que la fusée ait une section suffisante, relativement à celle de la portée de calage.

Considérée comme encastrée à l'extrémité de l'essieu, la fusée de rayon r' est soumise à une pression P que l'on peut supposer appliquée au milieu de sa longueur l. Substituons dans la relation $\dfrac{\text{I}}{\text{V}} = \dfrac{\mu}{\text{R}}$, r' à V, $\dfrac{\pi r'^4}{4}$ à I, $\dfrac{\text{P}.l}{2}$ à μ, on a $\dfrac{\text{P}l}{2\,\text{R}} = \pi r'^3$, d'où $r' = \sqrt[3]{\dfrac{2.\text{P}.l}{\pi.\text{R}}}$.

La valeur du rayon r' de la fusée donnée par cette expression dépend de la valeur attribuée à R.— 394 —.

Il importe, en effet, que l'usure plus ou moins prompte de la fusée n'oblige pas à mettre trop promptement l'essieu hors de service; que le graissage soit possible, c'est-à-dire que la charge, répartie uniformément sur la longueur de la fusée, ne dépasse pas une certaine limite, par unité de surface de contact — 379 —.

En rapprochant les deux valeurs de r et de r' et si l'on pose $l = \frac{4}{5} \cdot a$ on en tire $r' = r \sqrt[3]{\frac{2}{5}}$, ou, pour prendre les indications du tableau de la page 444, $\delta = 0,73 \times d$.

394. APPLICATIONS. — De nombreuses administrations ont conservé l'habitude de donner aux portées de calage un diamètre supérieur au corps de l'essieu, parce que c'est là, et principalement vers le moyeu, à l'intérieur, que les ruptures d'essieux sont le plus fréquentes. A la suite de la portée de calage, on fait venir un cordon de sûreté, que l'on raccorde par un congé, avec deux cônes réunis vers le milieu de l'essieu, à l'aide d'un cylindre.

Voici, comme spécimen de ces dispositions, le profil des essieux employés de 1866 à 1869 par la Compagnie d'Orléans. Les dimensions de ces essieux sont reproduites au tableau, p. 445.

Depuis 1876, la Compagnie d'Orléans a encore augmenté la dimension de ses essieux, sans beaucoup en modifier les formes générales, ainsi que le démontrent les figures 4 à 4 *ter*, 18 et 19, pl. XXXVIII.

Nous croyons toutes ces complications plus nuisibles qu'utiles, car les changements de diamètre, quelque bien raccordés soient-ils, constituent une inégalité de résistance et une cause

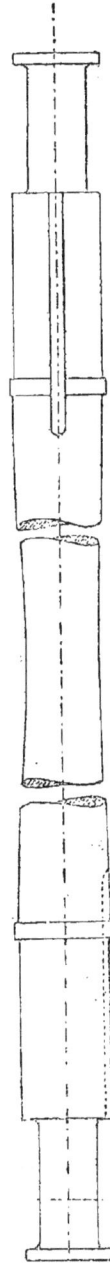

Essieu de voiture. Chemin de fer d'Orléans — 1869 —.
Echelle $\frac{1}{10}$.

de désorganisation du métal. Les ingénieurs allemands, autrichiens et hongrois y renoncent depuis quelques années et s'en trouvent bien. Nous citons, comme exemple de cette tendance, l'essieu hongrois représenté par les figures 1 à 3 *bis*, 14 à 16, pl. XXXVIII. Le corps d'essieu est cylindrique sur toute sa longueur, à l'exception des deux portées de calage, qui ont une légère conicité de $0^m,001$ sur $0^m,300$ de longueur, ce qui remplace avantageusement les embases d'arrêt et le calage cylindrique.

Comme comparaison, nous reproduisons le tableau des dimensions des essieux en 1866, à la suite du tableau des dimensions des essieux en 1876.

Dimensions principales des essieux en 1876.

DÉSIGNATION DES LIGNES.	DIAMÈTRE				LONGUEUR			OBSERVATIONS.
	au milieu.	d au calage.	δ à la fusée.	Rapport $\frac{\delta}{d}$	du calage.	λ de la fusée. (a).	Rapport $\frac{\lambda}{d}$	
	mm	mm	mm		mm	mm.		
Association allemande (Hambourg, 1871), essieux en fer.....	»	100	65	0,650	»	1,75 à 2,25 le diamèt. de fusée.	»	Charge : 3750ᵏ. Charge : 5500ᵏ. Charge : 7500ᵏ.
Essieux en acier. ...								Mêmes dimensions avec charge augmentée de 20 pour 100.
							»	
							»	
Paris-Lyon-Méditerranée............	105	125	85	0,680	182	170	1,36	
Central-Suisse.......	120	130	85	0,655	175	155	1,19	
Etat hongrois	132	132	86	0,652	210	200	1,51	
Compagnie d'Orléans. Voitures de toutes classes.....	115	140	85	0,607	150	170	1,27	(a) Longueur de la partie frottante.
Voitures de classe I à 4 compartiments...	125	150	100	0,666	150	200	1,33	

Ce tableau fait voir que la tendance est vers les gros essieux et les grosses fusées, ce qui s'explique par l'augmentation de la vitesse, des charges, du travail de composition et de décompositon des trains, etc.

Dimensions principales des essieux en 1866.

DÉSIGNATION des LIGNES.	DIAMÈTRE			Longueur de la fusée	Nature du métal.	OBSERVATIONS.
	au milieu.	au calage.	à la fusée.			
France.	mm.	mm.	mm.	mm.		
Ligne du Nord.......	110	120	80	170		
— de l'Ouest....	115	115	80	160		
— de l'Est.......	110	120	80	160		
— d'Orléans....	95	110	72	150		
— du Midi......	100	120	80	170		
— de Lyon.....	100	105	75	160		
Italie.						
Chemins romains...	105	120	80	170		
Russie.						
Grande Compagnie des chemins de fer russes..........	120 1/2	136,4	85,7	158,7		
Suisse.						
Nord-Est.........	101 1/2	114	76	152		
Allemagne.						
Ligne du Brunswick.	112	118	77	153	Acier f.	Dimensions minima.
	121	127	89	153	Id.	Dimensions maxima.
Berlin à Anhalt.....	102	111	78 1/2	157	Id.	
Cologne à Minden..	105	118	78 1/2	144	Id.	Pour une charge de 5 000 kilog. net.
Magdebourg-Leipzig	»	131	89	153	Fer.	Ces deux types servent également aux voitures et aux vagons.
		124	89	153	Acier f.	
Saarbruck-Trier....	»	»	72	»	»	Charge de 4 000 kilog.
			78 1/2	»	»	Charge de 5 500 kilog.
			85	»	»	Charge de 7 000 kilog. Depuis 12 ans ces essieux fonctionnent sous 2 673 voitures et n'ont donné lieu qu'à une seule rupture de fusée.
Saxo-Silésien.......	104,7	120 1/2	76	152	»	Charge de 9 000 kilog.
Bavière-est.........	120	120	85	160	»	
Hanovre............	108	114,3	76,2	139,7	Fer ou acier.	Charge de 2 500 kilog. [1].
	114,3	127	88,3			Charge de 5 000 kilog.
Autriche-Sud.......	110	120	80	160	»	
Dimensions proposées par la réunion des ingénieurs des chemins de fer allemands à Dresde en 1865 [4].......	»	101	67 [2]	1,75 à 2,25 fois le diamèt.	»	Charge de 3 750 kilog. pour essieux en fer.
	»	114 [3]	76		»	Charge de 5 000 kilog. pour essieux en fer.
	»	127	82		»	Charge de 7 500 kilog. pour essieux en fer [5].

[1] *Technische Vereinbarungen*, etc. — [2] Ce diamètre doit être considéré comme minimum pour les voitures.— [3] Ces diamètres doivent être considérés comme des minima au-dessous desquels l'essieu doit être rebuté. — [4] Ces essieux servent à la fois aux voitures à quatre roues et aux vagons à marchandises de 10 tonnes de charge. Deux ruptures seulement se sont produites sur les 10 000 essieux en fonction depuis cinq ans sur les lignes qui présentent de nombreuses courbes à petit rayon. — [5] Avec l'emploi de l'acier, la charge peut être augmentée de 30 pour 100.

Après la portée de calage, la partie délicate de l'essieu, c'est la fusée. Sa forme est celle d'un cylindre terminé par deux congés qui le raccordent avec les saillies destinées à limiter le mouvement transversal dans les boîtes à graissage. En Angleterre, on a cherché à obtenir une répartition constante de la pression sur la fusée, en substituant au cylindre tantôt deux cônes ajustés par la petite base à un cylindre — M. Archibaldt Sturrock, au Great-Northern —; tantôt un hyperboloïde de révolution— M. Sinclair, au Great-Eastern —. Ces formes, intéressantes au point de vue théorique, feraient bien disparaître les saillies trop prononcées ; mais à l'entretien elles présentent des difficultés d'ajustage. En définitive, on est revenu aux formes cylindriques, et on y reste.

Le diamètre d de l'essieu à la portée de calage étant déterminé, en désignant par δ le diamètre de la fusée et par λ sa longueur, le chemin du Mecklembourg a pris comme relations entre ces trois éléments $\delta = 0,670 \times d$, $\lambda = 1,33 \times d$.

Le tableau de 1876 montre que le rapport $\dfrac{\delta}{d}$ est, en général, en dessous, mais peu éloigné de 0,67. L'essieu de Paris-Lyon-Méditerranée fait exception. Quant au rapport $\dfrac{\lambda}{d}$, on ne paraît pas encore fixé sur ce point. Cependant les gros diamètres, les surfaces de frottement rétrécies pousseront nécessairement vers les longues fusées ; probablement que le rapport définitif se rapprochera de 1,40.

395. Essieux de vagons. — Ils diffèrent quelquefois des essieux de voitures par des dimen-

Essieu de vagon à marchandises (Orléans).

Echelle $\dfrac{1}{10}$.

sions plus fortes, en raison de l'augmentation de charge.

La figure ci-contre représente le type des essieux de vagons adopté en 1866 par la Compagnie d'Orléans ; ses dimensions sont les suivantes :

Diamètre au milieu..................	0^m,095
Diamètre au calage...............	0 ,120
Diamètre à la fusée...............	0 ,080
Longueur de la fusée............	0 ,155

Sur le chemin de l'Est de la Bavière, les dimensions des essieux de vagons diffèrent également de celles des essieux de voitures.

Diamètre au milieu ...	0^m,131	
Diamètre au calage....	0 ,125	pour des vagons à 10 tonnes.
Diamètre à la fusée ...	0 ,095	

La plupart des autres lignes de l'Allemagne, de l'Etat hongrois, ainsi que les chemins français du Nord et de l'Est, adoptent un seul type servant à la fois pour les voitures et les vagons.

396. FABRICATION DES ESSIEUX. — Le fer à essieux se fabrique en fonte de première qualité, provenant de bon minerai traité au charbon de bois ou au coke bien lavé. Le pudlage est dirigé en vue d'obtenir du fer à grains ; la loupe, convenablement martelée, est étirée en barres recoupées de longueur, disposées en paquets portés au four à réchauffer.

Le réchauffage doit être fait à une température très-élevée, pour obtenir de bonnes soudures.

Le succès de la fabrication exige une grande rapidité dans les diverses opérations, surtout pendant le réchauffage, qui, demandant une température très-élevée pour obtenir le soudage des mises, doit être assez prompt pour éviter un changement de nature dans la texture du métal.

En négligeant ces précautions, le fer peut prendre une

texture fibreuse qui diminue la résistance de l'essieu et augmente le frottement de la fusée.

Le paquet pèse environ 240 kilogrammes, et mesure, en section transversale, 0^m,220 sur 0^m,220 ; les barres de fer plat qui les composent ont, les unes, 80/20^{mm}, et les autres 60/20^{mm}, disposées par mises horizontales en prenant soin de croiser les joints. Le paquet réchauffé et cinglé deux fois sous un marteau de 3 000 kilogrammes, donne une ébauche à huit pans du poids de 185 kilogrammes, avec une perte de 55 kilogrammes. A partir de cette première opéopération, le prix de revient de la fabrication d'un essieu peut se décomposer ainsi :

DÉSIGNATION.	POIDS.	PRIX.	SOMMES PARTIELLES.	SOMMES TOTALES.
Matières.	kil.	fr. c.	fr. c.	fr. c.
Fer-ébauche à huit pans............	185	25 »	46 25	
Charbon pour forger un essieu.....	»	»	3 50	
TOTAL DES MATIÈRES...	....	....	....	49 75
Main-d'œuvre.				
Forgeage.....	»	4 »	»	
Dressage.......................	»	» 25	»	
Tournage.......................	»	3 75	»	
Cannelage..	»	» 25	8 25	
TOTAL DE LA MAIN-D'ŒUVRE.	....	....	....	8 25
Frais généraux..........				6 75
Prix de revient d'un essieu fini de forge pesant 170 kilogrammes. Soit par 100 kilogrammes, 38 francs environ.				64 75

Il importe de donner à l'essieu, par le travail du marteau, une forme brute qui diffère le moins possible de la forme définitive, de façon que l'ajustage ne consiste qu'en un polissage.

Le déchet provenant de cette seconde partie de l'opération varie généralement de 5 à 8 pour 100 du poids de l'essieu brut. La perte du poids s'élèvera donc au plus, dans le cas dont il s'agit, à 14 ou 15 kilogrammes, ce qui donne, pour le poids de l'essieu fini, 170 kilogrammes environ.

Malgré tous les soins apportés dans la fabrication des paquets, l'essieu obtenu par mises superposées conserve toujours quelques dispositions à la dessoudure. Les ingénieurs de chemins de fer feront bien d'encourager les tendances de quelques métallurgistes à fabriquer les essieux au moyen d'une loupe unique, comme celle que donne le creuset, le convertisseur Bessemer ou le four Siemens.

Le prix des essieux, finis de forge, en fer à grain fin, livrés par les forges de France les plus recommandables, varie de 50 à 60 francs les 100 kilogrammes. Le prix de revient de l'essieu tourné et cannelé s'établit ainsi (à l'usine et sans bénéfice) :

Matières.

Essieu brut, 170 kilogrammes à 40 francs....	68 ^{f},00	
Deux clavettes en acier, 3 kilog. à 40 francs....	1 ,20	
	69 ^{f},20	69 ^{f},20

Main-d'œuvre.

Dressage..........................	0 ^{f},50	
Tournage.	3 ,50	
Cannelage.........................	0 ,20	4 ,20
Frais généraux..............		3 ,00
Total..................		76 ^{f},40

Pour un essieu fini, prêt pour le service, pesant 160 kilogrammes, soit 48 francs les 100 kilogrammes.

397. CONDITIONS ET ÉPREUVES DE RÉCEPTION [1]. — Les essais de réception ont lieu à raison d'une épreuve par lot de vingt-cinq essieux livrés, les essieux choisis pour ces essais devant toujours être ceux qui présentent l'aspect le moins satisfaisant.

[1] Extrait du cahier des charges pour la fourniture des essieux au chemin de fer du Nord.

L'essieu soumis à l'essai est placé sur deux points d'appui établis aussi solidement que possible, et distants l'un de l'autre de 1^m,50. Sur son milieu, on laisse tomber, d'une hauteur de 3^m,60, un mouton du poids de 500 kilogrammes, produisant à chaque chute un travail de choc de 1 800 kilogrammètres.

Pour les essieux en fer de 0^m,120 de corps, les chutes du mouton seront répétées jusqu'à ce qu'on obtienne une flèche de 0^m,25, mesurée normalement à une corde initiale de 1^m,50, déduction faite de la conicité de l'essieu.

Le nombre de coups de mouton sous lesquels se sera produite la flèche de 0^m,25 devra toujours être supérieur à trois. L'essieu ainsi plié de 0^m,25 doit pouvoir se redresser complétement sans qu'il se manifeste ni crique ni fente longitudinales.

Les Compagnies de l'Est et de Lyon exigent que le même essieu redressé soit courbé en sens inverse de la première courbure, puis enfin redressé encore une fois, le tout sans manifester ni criques ni dessoudure. Ceci nous paraît excessif.

Lorsque les dimensions des essieux sont autres que celles indiquées ci-dessus, les conditions d'épreuves sont modifiées de telle sorte que l'allongement et le raccourcissement des fibres extrêmes correspondent toujours à 1/10.

Dans le cas où l'essieu pris pour essai ne satisferait pas aux conditions ci-dessus, le lot entier de 25 auquel il appartient sera refusé.

La Compagnie pourra également refuser tous les essieux présentant des défauts de fabrication, reconnus soit à la livraison, soit au moment de la mise en œuvre ; de même que tous ceux qui ne sont pas conformes aux plans remis par elle au fournisseur.

Garantie. — Après la réception provisoire, le fournisseur reste encore garant et responsable de tous défauts de qualité et de fabrication qui se révéleraient pendant un parcours de 100 000 kilomètres pour les essieux, quelle que soit la date de la livraison, sauf autre stipulation sur la commande. Il devra, en conséquence, remplacer à ses frais, et par simple échange, tous essieux qui seraient mis hors de service par suite de ces défauts pendant le délai de garantie.

398. *Observation.* — Nous renvoyons le lecteur aux développements donnés en traitant de la réception des rails[1] : Epreuves au mouton ; sa construction et ses fondations ; poids de l'enclume ; température du métal et de l'atmosphère au moment de l'essai ; surveillance de l'essai ; surveillance de fabrication, etc., etc.

L'agent chargé de procéder aux vérifications devra, comme dans le cas déjà traité dans la première partie, s'assurer que les pièces livrées ont exactement les qualités et dimensions prescrites ; apporter, en un mot, les plus minutieuses précautions dans l'exercice de ses importantes fonctions.

Lors même que les essais auraient démontré que les stipulations du cahier des charges ont été suffisamment observées, l'ingénieur n'est pas toujours certain que les essieux reçus fourniront tous la même durée de service. La longueur du parcours effectué par les essieux d'une même provenance, varie dans des proportions trop considérables, pour que l'on puisse la déterminer à l'avance. Ainsi, tandis que les uns parcourent souvent 300 000 kilomètres et plus, d'autres passent au rebut après un parcours inférieur à 40 000 kilomètres. On ne devra donc jamais négliger aucune des conditions qui peuvent influer sur la durée de leur service, et notamment la bonne répartition du poids du véhicule, le bon état du coussinet et du graissage que l'on devra vérifier fréquemment, ainsi que nous l'avons déjà indiqué. — 389 —.

La plupart du temps, les essieux ne sont mis au rebut que lorsque l'usure des fusées atteint de 5 à 8 pour 100 du diamètre. A ce moment, la prudence conseille d'enlever l'essieu et de le remplacer.

[1] Part. I, chap. V, § III, p. 156 et suiv.

La visite et le levage des essieux seront d'ailleurs assez fréquents, car, indépendamment de l'usure de ces pièces, celle des coussinets et des bandages, toutes les avaries intéressant les roues ou les boîtes à graisse, enfin la simple inspection de ces dernières, qui doit être répétée plusieurs fois par année, rendent ce travail nécessaire.

Les détails concernant la visite, la recherche et la constatation des ruptures, l'entretien des essieux, se trouvent reportés au chapitre VIII. — Petit entretien — .

§ VIII. ROUES.

399. *Conditions générales.* — Une roue se compose d'un *moyeu*, d'une *jante* et d'un *corps*, qui peut être formé, soit d'une série de bras indépendants, soit d'un disque plein. Chacune de ces deux dispositions présente ses avantages et ses inconvénients, la première étant généralement préférable au point de vue de l'élasticité et de la légèreté, la second offrant moins de résistance à l'air ; cette dernière forme arrivera sans aucun doute à satisfaire aux premières conditions, par un choix convenable des dimensions et de la matière employée, pour devenir alors le seul type qui prévaudra dans la construction des roues.

Le *moyeu* doit posséder des dimensions transversales suffisantes, pour supporter le calage et assurer la solidarité de la roue et de l'essieu.

Les *bras* sont soumis à un effort de compression et à un effort de flexion dont le maximum se trouve à leur jonction avec le moyeu ; ils devraient avoir en conséquence la forme d'un solide d'égale résistance ; mais pour les roues de voitures ou vagons, la section des rais est uniforme sur toute leur longueur. Si le corps de la roue est plein, son épaisseur sera plus faible que celle des rails d'une roue de même diamètre ; généralement on lui donne une forme ondulée dans le sens perpendiculaire aux rayons, afin d'augmenter son élasticité.

Le choix de l'une de ces deux dispositions dépend souvent, mais non d'une manière absolue, de la nature de la matière employée. En France, où l'application de la fonte n'est pas admise par les Compagnies de chemins de fer pour cette fabrication, les roues en fer forgé affectent généralement la première forme, mais les roues en fer à disque plein sont appliquées par plusieurs réseaux aux trains rapides. Les roues pleines en fonte ou acier fondu se rencontrent sous certains véhicules spéciaux en Angleterre et en Allemagne, tandis qu'en Amérique la fonte, — d'ailleurs d'excellente qualité, — est employée indistinctement pour toutes destinations.

Les roues, animées d'un mouvement de rotation très-rapide, sont soumises à l'action de la force centrifuge, qui peut devenir importante lorsque la masse et la vitesse prennent certaines proportions. Les perturbations nombreuses de la marche, qui tendent à appliquer à chaque instant contre les rails les boudins des roues, se traduisent à l'encastrement des rails dans le moyeu, par des efforts fléchissants. Il suit de ces considérations qu'une roue de véhicule de chemin de fer doit posséder une résistance suffisante dans le sens de son plan, d'une part, et normalement à ce dernier d'autre part, et présenter cependant la plus grande légèreté possible, afin de ne pas augmenter inutilement le poids de la masse mobile.

Un autre élément qui influe sur la disposition de la roue, c'est la résistance de l'air, que l'on doit chercher à diminuer autant que possible.

D'un autre côté, une rigidité absolue peut avoir des inconvénients, la roue devant concourir dans la mesure possible de son élasticité, à atténuer les inégalités de la voie, pour la conservation du bandage qui ne tarderait pas à se laminer ou à se rompre, si la roue n'offrait pas une flexibilité suffisante, et pour la douceur de la marche.

400. CLASSIFICATION. — Les roues peuvent se classer, d'après leur mode de construction, en deux catégories comportant chacune plusieurs subdivisions :

1° Roues à rais.

    a. Roues en fer laminé et moyeu en fonte ;
        Roues en fer laminé et moyeu en fer forgé ;
    b. Roues en fer forgé ;
    c. Roues en fonte.

2° Roues pleines.

    α. Roues en fonte ;
    β. Roues en acier ;
    γ. Roues en fer ;
    δ. Roues avec corps en bois.

D'après les conditions précédemment énoncées, les types qui répondent le mieux aux besoins du service sont les roues pleines.

Dans les premiers, en effet, au bout d'un temps de service plus ou moins prolongé, la circonférence se déforme dans l'intervalle des rais et amène une usure inégale des bandages. Le seul moyen d'éviter cet inconvénient serait d'augmenter l'épaisseur de la jante et d'enlever ainsi à la roue à rais une grande partie de ses avantages, l'élasticité et la légèreté.

L'égalité de réaction au pourtour de la roue s'obtient beaucoup plus facilement avec la roue pleine, qui présente peu de résistance à l'air dans le sens de la marche du convoi, et ne soulève pas la poussière autant que les roues à corps évidé.

D'après M. Bochet, ingénieur des mines [1], à la vitesse de quatre cents tours par minute, la résistance de l'air sur les roues pleines n'est que la moitié seulement de ce qu'elle est sur les mêmes roues évidées.

Mais cette supériorité incontestable de la roue pleine sur

---

[1] *Annales des Mines*, 2ᵉ livraison, 1858.

la roue à rais ne peut être effective qu'en introduisant, dans sa construction, une matière présentant à la fois une résistance suffisante et une certaine élasticité. En un mot, si la roue pleine en fer forgé, en acier fondu ou en bois, possède des avantages que n'ont pas les roues à rais en fer laminé ou forgé, il ne peut en être de même, dans certains cas, de la roue pleine en fonte, qui, par la nature du métal qui la compose, ne convient pas à toutes les circonstances du trafic. Enfin, indépendamment de la nature, nous devons encore tenir compte de la qualité du métal, qui influe considérablement sur la durée de la roue. Cette dernière considération nous explique, en partie, la divergence d'opinions qui partage encore, sur ce sujet, les différentes administrations de chemin de fer et amène la grande variété des types en circulation.

401. ROUES A RAIS. — *a. Roues en fer laminé et moyeu en fonte.* — Ces roues sont composées de secteurs formés

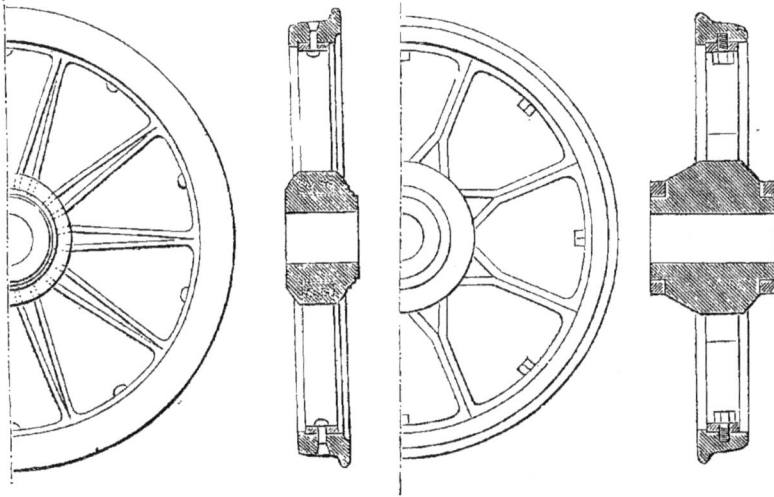

Fig. A. Roue à rais en fer laminé
(Est-France). Echelle $\frac{1}{20}$.

Fig. B. Roue à rais en fer laminé
(Bavière). Echelle $\frac{1}{20}$.

chacun d'une barre de fer laminé, plat ou à nervures, dont les deux extrémités recourbées servent chacune à former un rayon, tandis que la partie médiane appartient à la jante. Les deux barres voisines de deux secteurs contigus sont tantôt réunies sur une partie de leur longueur, à l'aide de rivets, tantôt s'écartent l'une de l'autre à partir de la circonférence ; dans les deux cas, leurs extrémités viennent s'engager séparément dans l'épaisseur du moyeu en fonte ou en fer qui complète l'ensemble du centre de la roue. Le plus souvent, le bandage s'applique directement sur la circonférence formée par les différents secteurs, fig. A (Est français, Saxe) et fig. B (Bavière).

D'autres fois, fig. C (Lyon, chemins romains), la forme spéciale des bras disposés pour rendre la jante plus uniformément élastique, exige l'emploi d'une bande rapportée à laquelle on donne le nom de *faux cercle*. Cette dernière construction permet de pousser plus loin l'usure du bandage ; mais elle a l'inconvénient d'augmenter inutilement le poids de la roue.

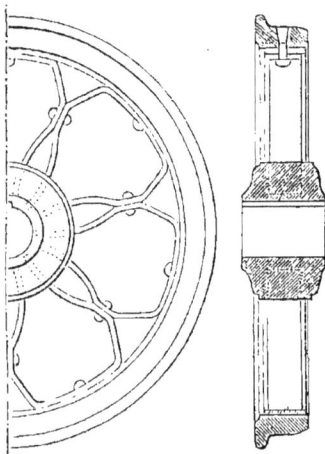

Fig. C. Roue à rais en fer laminé (Lyon, chemins romains). Échelle $\frac{1}{20}$.

Les roues à rais en fer, moyeu en fonte, se fabriquent par différents procédés. Nous avons employé avec avantage la méthode suivante :

Les bandes de fer plat (80/14^{mm}) sont coupées de longueur, percées et entaillées aux extrémités, puis cintrées suivant le profil voulu, au moyen de l'outil représenté par la figure D ; celui-ci se compose d'un gabarit venu en saillie sur une plaque de fonte, et contre lequel on applique la barre de fer chauffée au rouge. On serre la barre à l'aide d'un double levier coudé, ordinairement manœuvré à la main, mais que l'on pourrait faire mouvoir avantageusement par machine, dans le cas où il s'agirait d'une fabrication courante. Les bandes étant cintrées sous forme de secteurs, on les introduit dans un moule représenté figure E. Les divers secteurs portent sur une couronne en fonte qui s'oppose à la déformation du système, par le rebord saillant qui la termine. A leurs extrémités vers le centre, les rayons sont maintenus dans un anneau formé de deux portions de cylindre superposées, et munies d'ouvertures rectangulaires, par lesquelles passent à l'intérieur du moule les saillies entaillées que la fonte doit emprisonner de toutes parts.

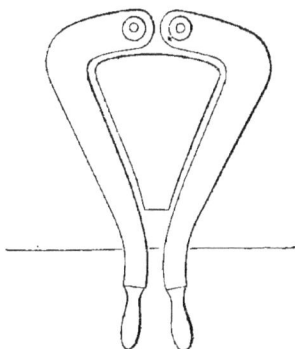

Fig. D. Outil à cintrer les rais. Echelle $\frac{1}{20}$.

Le moule proprement dit, enveloppé d'un double cylindre en fonte, se fait en sable ; il porte en son milieu un noyau

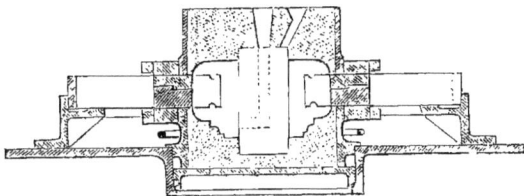

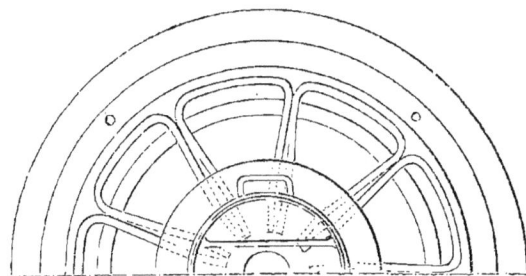

Fig. E. Moulage des moyeux en fonte. Echelle $\frac{1}{20}$.

creux dont l'axe est disposé pour servir de trou de coulée, tandis qu'un évent placé latéralement donne issue aux gaz.

La fonte employée est un mélange de deuxième fusion, grise, douce à la lime et au burin. Telles sont les conditions ordinairement imposées par les Compagnies aux fabricants, relativement à cette question. Il est ajouté, quelquefois, dans les cahiers des charges, que l'on devra faire passer dans les moules une quantité de métal en fusion au moins double de celle nécessaire, de manière à élever suffisamment la température des extrémités des rais et faciliter leur soudure avec le moyeu. Cette condition ne nous paraît pas nécessaire, mais nous recommandons particulièrement de ne couler la fonte dans le moule qu'après avoir laissé reposer la poche, jusqu'à ce qu'une légère pellicule se montre à la surface du métal en fusion. A l'aide de cette précaution, dont nous avons pu vérifier l'efficacité, on sera presque toujours certain d'obtenir un résultat satisfaisant.

Le moyeu démonté et ébarbé, on met la roue sur le tour pour aléser le trou de calage et dresser une des faces du moyeu. Les ouvriers s'assurent par là du bon état de la fonte, de l'absence de soufflures, etc., etc., et se servent des surfaces fixées par cette double opération pour dégauchir les bras avant d'effectuer les travaux qui suivent.

Après avoir dressé les rais et la jante, on soude des coins en fer entre les divers segments, de manière à obtenir une circonférence continue que l'on dresse au tour, et sur laquelle ensuite s'applique le bandage. — 420 —.

Lorsque la disposition des rais demande l'addition d'un faux cercle, celui-ci est rivé sur les portions de circonférences adhérentes aux bras, au moyen de rivets à tête fraisée. L'emploi de ce faux cercle remplace les coins soudés du premier système ; on voit, par l'inspection de la figure C, p. 456, que la jante est plus uniformément soutenue que dans le premier cas, mais elle est aussi beaucoup plus lourde, plus sujette au ferraillement, moins sensible à l'action des freins, étant animée d'une puissance vive plus considérable ; elle donne enfin des chocs plus violents qui se transmettent aux véhicules.

Prix de revient d'un centre de roue avec moyeu en fonte, rais en fer plat et sans faux cercle (modéle de l'Est), fig. A.

Quantités	DÉSIGNATION.	POIDS.	PRIX.	SOMMES PARTIELLES.	SOMMES TOTALES.
	Matières.	kil.	fr. c.	fr. c.	fr. c.
1	Moyeu en fonte.....	66	27 p. 100 k	17 82	
9	Rayons....	80	24 —	19 20	
9	Mises........	3,50	26 —	» 91	
	Charbon..................	»	»	1 50	
	Coke pour souder les mises...	»	»	1 50	
	Total des matières.	....	....	40 93	
9	**Main-d'œuvre.** RAYONS.				
	Poinçonner les bouts, dix-huit trous à 50 centimes le 100..	»	» 09	1 54	
	Cintrer neuf rayons à 10 francs pour 100 rayons...........	»	» 90	»	
	Tracer......	»	» 10	»	
	Tourner la jante........	»	» 43	»	
1	MOYEU.				
	Aléser le moyeu....	»	» 75	»	
	Faire la cannelure....	»	» 15	» 90	
9	COINS POUR MISES.				
	Forger neuf coins de mises...	»	» 75	»	
	Souder les coins de mises sur roue..................	»	4 »	4 75	
	Total de la main-d'œuvre.	....	....	7 19	
			Frais généraux.......		5 08
	Prix de revient total d'un centre de 0m,910 de diamètre.				53 20

En allongeant le moyeu en fonte dans le sens de l'axe, on se ménage la possibilité d'appliquer des frettes en fer qui, posées à chaud, préviennent ou arrêtent les effets des fentes du moyeu (fig. B, p. 455).

Prix de revient d'un centre de roue avec moyeu en fonte, rais cintrés
et faux cercle en fer plat laminé (Midi).

Quantités	DÉSIGNATION.	POIDS.	PRIX.	SOMMES PARTIELLES.	SOMMES TOTALES.
	Matières.	kil.	fr. c.	fr. c.	fr. c.
1	Moyeu en fonte.	63	27 p. 100 k.	17 01	
7	Rayons en fer méplat de 80 × 14.	52,500	24 —	12 60	
1	Faux cercle de 105 × 19	40	24 —	9 60	
3	Rivets de 18 × 50.	0,500	46 —	» 23	
7	Rivets de 15 × 50.	0,700	48 —	» 34	
	Charbon (environ).	»	»	1 »	
	TOTAL DES MATIÈRES.	. . . .	. . . .	. . . .	40 78
1	**Main-d'œuvre.**				
	FAUX CERCLE.				
	Cintrer, souder, amorcer	»	» 80		
	Embattre.	»	» 15		
	Tourner.	»	» 30		
	Tracer.	»	» 10		
	Percer et faire les fraisures. . . .	»	» 15	1 50	
7	RAYONS.				
	Cintrer et présenter dans la cuve, à 10 francs le 100.	»	» 70		
	River trois rivets fraisés.	»	» 15		
	Poinçonner les bouts à 50 centimes le 100	»	» 035		
	Percer quatorze trous à la machine.	»	» 30		
	River sept rivets.	»	» 35	1 535	
	MOYEU.				
	Aléser le moyeu.	»	» 75		
	Faire la cannelure.	»	» 20	» 90	
	TOTAL DE LA MAIN-D'ŒUVRE.	. . . .	. . . .	. . . .	3 935
			Frais généraux.		3 »
	Prix de revient total d'un centre de 0ᵐ,826 de diamètre.				47 715

402. *b.* **Roues en** *fer forgé.* — Il y a deux modes de fabrication pour les roues en fer à rais.

Le premier consiste à composer la roue d'autant de morceaux qu'il y a de rais, chacun d'eux portant à l'une de ses extrémités un segment représentant la partie du moyeu qui lui correspond ; à l'autre extrémité, on soude la partie correspondante de la jante. On réunit tous ces morceaux que l'on entoure d'un cercle pour les maintenir en contact, et on place l'ensemble sur un feu de forge circulaire où l'on porte le moyeu au blanc soudant. On dresse ensuite les rais, on soude entre elles, à l'aide de coins intercalés, les différentes parties de la jante, et l'on termine le moyeu, en rapportant et soudant sur ses deux faces deux disques de même diamètre que lui.

Le second procédé, exploité par MM. Arbel Deflassieux et Pellion, maîtres de forges à Rive-de-Gier, demande des moyens d'action beaucoup plus puissants, mais il donne aussi des résultats plus satisfaisants. La jante se compose d'une seule barre laminée en cercle ; le moyeu s'obtient en enroulant de la même manière deux barres que l'on applique ensuite l'une sur l'autre. A la surface intérieure de la jante et à l'extérieur du moyeu, on pratique des mortaises, dans lesquelles on introduit les extré-mités des rais disposées en forme de tenons. La pièce, ainsi pré-parée et assemblée, se chauffe au blanc soudant dans un four à voûte plate. On la place alors dans une étampe portant des creux correspondant aux diffé-rentes parties de la roue ; les rais, étant plus longs que leurs creux, se relèvent vers le moyeu. Quand le pilon armé de la contre-étampe s'abat sur l'en-semble, il refoule tous les rais

Fig. F. Roue à rais en fer forgé (système Arbel). Echelle $\frac{1}{20}$.

dans leurs rainures et produit une soudure parfaite de tous les éléments entre eux. La roue Arbel est représentée par la figure F.

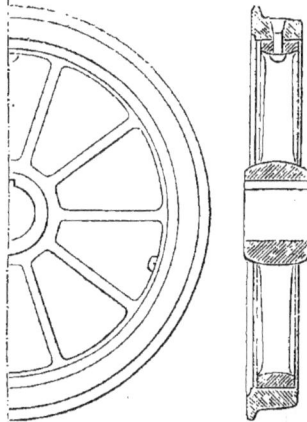

403. *c. Roues en fonte.* — Les roues à rais en fonte ne se

rencontrent que sur quelques petits chemins de fer; l'usage en est très-restreint, sinon abandonné. Les rais et la jante de ces roues sont creux; le moyeu, divisé en plusieurs secteurs, afin de faciliter le retrait du métal après la fusion, est consolidé par des frettes en fer. Quelquefois, le constructeur a soin de noyer dans l'épaisseur de la jante, à la coulée, un cercle en fer pour consolider la roue et empêcher la projection des débris, si la roue vient à se rompre. On a quelques exemples de roues de ce genre ayant fourni un service convenable; mais ce résultat était dû en grande partie à la qualité exceptionnelle du métal de provenance américaine. En principe, ce mode de construction nous paraît vicieux, et nous pensons que ces roues ne sauraient être appliquées avec avantage aux longs parcours.

C'est d'ailleurs une question de mesure, et ces mêmes roues, appliquées aux vagons de terrassement ou de ballastage, peuvent rendre de très-bons services en raison de leur faible prix de revient.

404. ROUES PLEINES. — *α. Roues en fonte.* — L'application de la fonte à la fabrication des roues n'a jusqu'ici donné de bons résultats qu'aux conditions suivantes :

1° Faire usage d'une qualité de fonte présentant à la fois une grande dureté et une grande cohésion ;

2° Employer le procédé de coulage en coquille, afin de donner à la surface de roulement, par l'effet de la trempe, une résistance suffisante à l'usure résultant du frottement sur les rails ;

3° Etudier la forme de la roue, de manière que, pendant le refroidissement, la couronne puisse se contracter après que le corps de la roue a déjà pris consistance, et, de plus, que la roue puisse présenter, en service, assez d'élasticité pour ne pas se briser sous les chocs nombreux provenant des inégalités de la voie.

La forme des roues américaines, en usage sur les divers chemins des États-Unis, est celle d'un disque dont la paroi, simple vers le bandage, se dédouble en approchant du moyeu, les deux parois laissant entre elles un vide annulaire qui va en s'élargissant de la circonférence au centre de la roue.

La figure G et la figure 1 et 1 *bis*, pl. XXXVIII, représentent l'une des formes les plus ré- pandues, et qui, mise à exé- cution, pour la première fois par M. Ganz, d'Ofen, a été imitée depuis par M. Gruson et d'autres constructeurs.

Si l'élasticité de la roue américaine doit être supé- rieure à celle de la roue alle- mande, il faut reconnaître que cette dernière présente plus de garantie de résistance et plus de facilité d'exécution.

En dehors de ces deux for- mes principales, la roue pleine

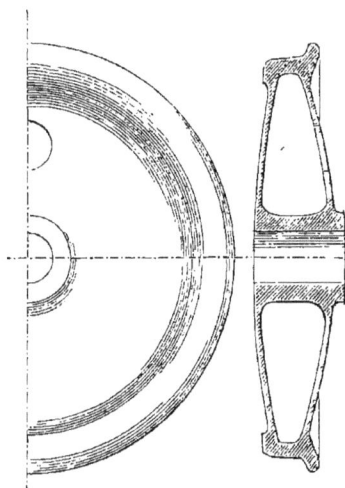

Fig. G. Roue pleine en fonte
(système Ganz). Echelle $\frac{1}{20}$.

en fonte affecte encore quelquefois celle d'un simple disque, ondulé tantôt parallèlement, tantôt perpendiculairement à ses rayons, et présentant dans ce dernier sens des nervures plus ou moins rapprochées pour consolider la saillie du bandage.

Ce type, de même provenance, et également employé en Allemagne, en Autriche et en Hongrie, est représenté par les figures 2 et 2 *bis*, pl. XXXVIII.

On trouve, en Suisse, des roues en fonte dans lesquelles la réunion du bandage au moyeu est opérée par un disque ondulé, les parties saillantes dirigées suivant les rayons étant découpées par des fentes rayonnantes venues à la coulée, et qui divisent ainsi le disque de remplissage en une série de secteurs ayant une forme quasi triangulaire.

Cette dernière forme ne nous semble pas propre à ré- pondre à la troisième des conditions que nous avons pré- cédemment énoncées.

La fabrication des roues en fonte demande un soin tout particulier; voici le mode de coulée usité en Amérique :

On se sert de fontes au bois fabriquées à l'air froid. Les moules employés sont maintenus au moment de la coulée à une température de 200 degrés (Fahrenheit) au moyen d'un tuyau de vapeur. Cette élévation de température, loin de nuire à la dureté de la trempe, a pour principal avantage d'assurer la siccité du moule et d'éviter la production des soufflures ou des gouttes froides, qui rendraient la pièce impropre au service. Aussitôt que la fonte a fait prise, on retire la roue du moule et on la porte dans un four chauffé à une haute température, où son refroidissement s'opère lentement. Les plus grandes précautions sont observées pour qu'aucun courant d'air ne pénètre dans l'intérieur du four pendant le séjour de la pièce, qui dure de trois à quatre jours, et pour cela on a soin de luter hermétiquement les portes.

En observant ces différentes précautions, on obtient des roues qui sont considérées par les ingénieurs américains comme supérieures aux roues en fer. Malgré l'intensité du froid qui règne en hiver dans les contrées septentrionales de l'Amérique, ces roues cassent rarement, et c'est là une des meilleures preuves de la perfection apportée dans leur fabrication.

Les applications des roues en fonte sur les chemins de l'Europe centrale sont très-nombreuses aujourd'hui, mais pour les vagons sans frein seulement. La dureté de la surface de roulement leur assure une certaine durée, la construction simple en rend l'entretien facile ; mais le prix de revient de ces roues est relativement assez élevé. Elles pèsent 300 kilogrammes, et coûtent environ 40 francs les 100 kilogrammes.

Comme inconvénients, elles ont une faible résistance transversale, et ne supportent pas l'action des freins. Aussi leur emploi aux trains à voyageurs et à grande vitesse ne saurait être admis, les réactions violentes qui agissent sur les roues soumettant la fonte, cassante de sa nature, à des épreuves qui la feraient travailler au-delà de son coefficient d'élasticité.

Voici, du reste, où en était la question des roues en fonte au Congrès de Munich (1868) : — Onze lignes émettent une opinion défavorable sur leur emploi ; quatorze autres conservent quelques doutes sur la question ; les quinze dernières se prononcent en faveur de ce matériel, et s'appuient sur une expérience de plusieurs années et sur de très-nombreuses applications.

Ainsi la Bergisch-Märkische Bahn faisait, depuis six ans, circuler 4000 roues dont une seule avait cassé — La Kaiser Ferdinand Nordbahn possédait plus de 6400 roues en marche, et qui, après la guerre de Bohême, avaient laissé 4 pour 100 de pièces défectueuses.

La Kaiserin Elisabeth Bahn en comptait 5000, depuis cinq ans et demi en moyenne, la Theiss 4476, ayant, en dix ans, donné, 3 ruptures et 1755 pièces hors de service.

En comparant les prix de revient d'entretien de roues en fonte et de roues en fer avec bandages en acier puddlé, la Theiss trouve que, par roue et par 100000 kilomètres, les frais d'entretien s'élèvent, pour les premiers, à 2^f,133, et pour les secondes, à 6^f,266 ; il est vrai que ces dernières servaient sous les véhicules à freins.

L'Autrichien de l'Etat a employé 18952 roues en fonte, dont 16240 circulent encore, et n'a eu que 14 roues rompues en service dans l'espace de treize ans. Il estime la durée moyenne d'une roue en fonte à sept ans en demi, et d'un bandage en acier puddlé à sept années, et les frais annuels d'entretien d'une paire de roues en fonte, de 13^f,45 moins élevés que ceux d'une paire de roues en fer avec bandage en acier puddlé.

Une roue en fonte coûte, à Pesth, 136^f,25, et, en remplacement d'une roue hors d'usage, livrée en échange après cinq ans de garantie, 62^f,50.

En résumé, la Conférence a conclu que ces roues, fournies par des constructeurs expérimentés dans ce genre de fabrication, peuvent, sans inconvénient, circuler sous les vagons sans freins, et sous la condition d'une inspection fréquente.

L'institution des primes par chaque découverte de rupture ne peut être que très-efficace et recommandable.

Au Congrès de Hambourg — 26-29 juin 1871 — on admettait encore la circulation des roues en fonte coulées en coquille pour vagons, mais avec la recommandation de les surveiller très-rigoureusement.

405. β. *Roues en acier.* — Les roues pleines en acier, dont l'application ne date que de quelques années, s'emploient très-fréquemment sur les lignes d'Allemagne et d'Angleterre, si bien que leur fabrication est devenue une des branches importantes de l'industrie de l'acier fondu.

La forme donnée aux roues en acier fondu est celle d'un disque plein, plat ou ondulé suivant un cercle concentrique à la circonférence de roulement, ainsi qu'on peut le voir sur la figure H. Le poids de ces dernières est de 287 à 345 kilogrammes.

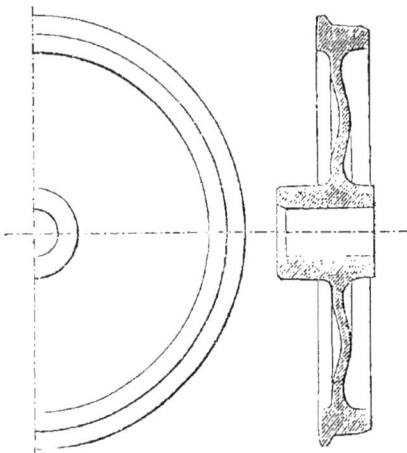

Fig. H. Roue pleine en acier fondu.
Echelle $\frac{1}{20}$.

La fabrication des roues en acier fondu ne comporte que deux opérations : la fonte et la coulée du métal dans un moule à coquille, de manière à obtenir une trempe de la circonférence, suffisante pour résister au frottement sur les rails. L'ajustage de la roue ne comprend guère, en général, que l'alésage du moyeu et le tournage de la partie formant bandage, le corps de la roue étant conservé simplement brut de fonte et recouvert d'une couche de peinture qui le garantit de l'oxydation.

Les moules sont disposés souvent pour contenir à la fois cinq, six, dix pièces et plus, de telle sorte que l'on obtient un chapelet de roues de composition homogène, adhérant entre elles par le moyeu, et que l'on sépare ensuite mécaniquement.

Aux avantages que présentent les roues pleines, en général, les roues en acier fondu ajoutent celui d'une résistance particulière, résultant de la nature même du métal employé, mais leur élasticité laisse encore à désirer.

En 1865, il y avait sur la ligne de Cologne à Minden quinze cent soixante-six roues de ce système en circulation, provenant des aciéries de Bochum. Leur parcours, entre deux tournages successifs, a été en moyenne de 90 000 kilomètres, en tenant compte des roues placées sous les freins, et l'usure correspondante est de $0^m,003$ à $0^m,004$. Il suit de là qu'elles peuvent subir sept ou huit tournages avant la complète usure de la couronne de roulement, et que leur durée, en supposant un parcours annuel de 45 000 kilomètres, sera de quatorze à seize années [1], terme au bout duquel le centre de la roue pourra encore être utilisé par l'enlèvement du boudin saillant et l'embattage d'un bandage. Dans une période de sept années, le nombre des ruptures de roues ne s'est élevé qu'à huit, ce qui donne, par rapport au nombre total de quinze cent soixante-six en service, la proportion de 0,073 pour 100 par an, tandis que l'emploi des roues à rais ordinaires avait donné jusque-là une moyenne de ruptures de 4 pour 100. Il y a, de plus, à remarquer que, sur les huit cas mentionnés plus haut, trois sont dus à l'action des freins. Il se produit, en effet, avec ces roues et celles en fonte, sous l'action des freins, le même phénomène que celui dont nous parlerons à propos des bandages en acier fondu (§ IX). Le frottement du sabot sur la couronne en acier ou en fonte l'échauffe promptement, et si la température extérieure est froide et humide, le con-

---

[1] Hezekiel, Vorstand à Dortmund. — *Erbkam's Zeitschr.*, 1865.

tact de l'air et du rail occasionnent un retrait brusque du métal de la roue, et par suite, des ruptures. *Aussi l'emploi des roues en acier fondu doit-il être proscrit des voitures circulant sur des lignes qui nécessitent l'action* PROLONGÉE *des freins.*

Le prix des roues en acier fondu est aujourd'hui de 50 francs par 100 kilogrammes à l'usine de production, ce qui, pour des roues de 287 à 315 kilogrammes, représente un prix d'achat de 143^f,50 à 157^f,50.

406. *γ. Roues en fer.* — Les roues pleines en fer laminé affectent la forme de disques plats ou ondulés, sur lesquels on peut rapporter un bandage ordinaire, ainsi qu'il est indiqué sur la figure I,

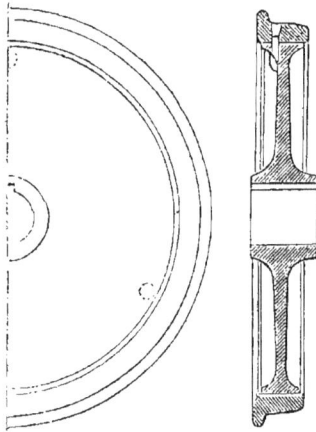

représentant une roue de la première disposition. Ces roues sont fabriquées en France par la Société des forges de la Providence, et employées avec succès sur plusieurs chemins, celui d'Orléans en particulier, dont le type est représenté par les figures 4, 4 *bis* et 4 *ter*, pl. XXXVIII.

Le corps de roue est formé d'une seule pièce, et se présente tout d'abord sous la forme d'un paquet octogonal soudé à l'aide d'un marteau-pilon, façonné dans une étampe de manière à présenter un profil qui rappelle à peu près celui de la roue. La forme définitive lui est donnée par un laminoir de construction spéciale, dont le principe est le suivant :

Fig. I. Roue pleine en fer. Echelle $\frac{1}{20}$.

Le disque, ébauché ainsi que nous venons de le dire, est introduit entre deux séries de cônes convergents, en acier, animés d'un mouvement rapide de rotation qu'ils communiquent à la roue en laminant ses faces, et en refoulant la matière à la fois vers le milieu pour former le renflement du moyeu et à la circonférence, où une série de galets

disposés circulairement limitent la jante suivant une surface plane ou suivant le profil adopté pour le bandage,
si ce dernier doit faire corps avec la roue.

Des dispositions spéciales sont adoptées pour permettre
aux cônes et aux galets de se déplacer à mesure que la
roue augmente de diamètre par suite du laminage.

La durée de l'opération est de huit minutes en moyenne.
Le perçage du moyeu se fait à froid.

Une usine de Prusse fabrique également des roues pleines
en fer forgé, mais par un autre procédé dont les résultats
sont loin d'être aussi satisfaisants. On reproche, en effet,
à ces roues, formées d'un disque circulaire sur lequel on
vient rapporter et souder, au centre, deux masses formant
la saillie du moyeu, et sur les bords une couronne représentant la jante, de se dessouder au bout d'un certain temps
de service[1].

407. δ. *Roues à corps en bois.* — Ces roues, fig. J, se
composent d'un moyeu en fonte, d'un corps en bois et d'un
bandage en fer ou en acier,
maintenu à l'aide de deux
contre-plaques circulaires
en fer boulonnées sur le
corps de la roue — 421 —.
Le corps est formé d'une
série de secteurs pour lesquels on emploie généralement le bois de teck, qui
reçoit facilement un très-
beau poli et se conserve
pour ainsi dire indéfini-
ment. L'élasticité résultant
de l'emploi du bois laisse

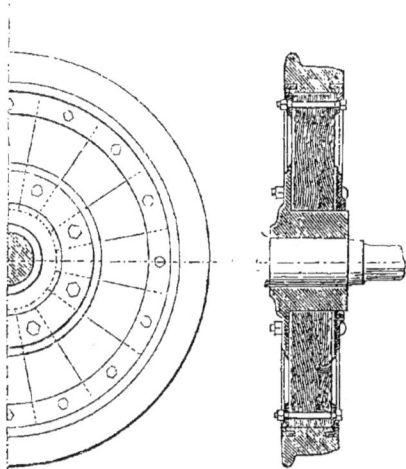

Fig. J. Roue à corps en bois. Echelle $\frac{1}{20}$.

toute liberté au bandage de
se contracter, et rend impossible sa rupture sous l'influence

---

[1] Des expériences comparatives ont été faites à Bochum sur la résistance de ces roues et de celles en acier fondu, d'après lesquelles ces

du froid ; aussi l'emploi de ces roues peut-il rendre de grands services dans les pays où l'hiver est rigoureux, ce qui explique l'usage que l'on en fait sur quelques lignes de l'Angleterre et dans les contrées du nord de l'Europe. L'embattage doit être fait à une température telle, que le bandage acquière par le refroidissement une certaine tension, mais pas assez élevée cependant pour exercer une influence quelconque sur les fibres du bois. Ce dernier, d'ailleurs, est choisi avec le plus grand soin et surtout parfaitement desséché, condition essentielle à la conservation de la roue ; les divers secteurs doivent être travaillés et rigoureusement dressés, afin que le contact entre eux soit parfait, et qu'il n'existe entre les assemblages aucun jeu qui faciliterait le séjour de l'eau et nuirait à la durée de la roue.

La Compagnie d'Orléans en a fait récemment une large application à ses voitures de classe 1 — 89 —. Le roulement de ces roues est beaucoup plus doux que celui des autres systèmes ; mais elles ont l'inconvénient de ne pas supporter l'usage des freins.

408. MONTAGE DES ROUES. — Le trou du moyeu de chaque roue étant alésé au diamètre voulu pour recevoir l'essieu, et la jante tournée au diamètre voulu pour recevoir le bandage, on procède au calage de la roue, opération qui consiste à introduire, de force, l'essieu dans le moyeu, à l'aide d'une presse hydraulique ou mieux d'une vis et d'un fort levier. Le diamètre du trou du moyeu et le diamètre de la portée de calage ne diffèrent que d'une fraction de millimètre infiniment petite exprimée en termes d'atelier de la manière suivante : diamètre du trou du moyeu :

dernières ont accusé une résistance plus considérable ; une roue en fonte soumise également aux mêmes essais donna des résultats de beaucoup inférieurs à ceux des roues des deux premiers systèmes. Elle supporta à peine quatre coups d'un poids de 310 kilogrammes tombant d'une hauteur de six pieds, et se brisa sous le choc, tandis que la roue en acier et celle en fer forgé résistèrent à la même épreuve.

n millimètres ; diamètre de la portée de calage : n millimètres *fort*.

Avec les portées de calage cylindriques, cette différence
de diamètre produit le *serrage* ; avec les portées de calage
coniques, il est encore augmenté par la conicité. L'intensité des efforts exercés par la portée de calage sur le moyeu,
peut se déduire des considérations suivantes : soient L, la
longueur du trou du moyeu ; d, le diamètre du trou, sensiblement égal au diamètre de la portée de calage ; p, la pression réciproque exercée par les deux cylindres en contact,
sur l'unité de surface, et F', la pression totale. On a
$F' = \pi.d.L.p$. Cette pression réciproque engendre un frottement f qu'il faut vaincre pour effectuer le calage. L'effort
nécessaire F est donc représenté par l'expression $f.F'$ et l'on
a $F = f. F' = f. \pi. d. L. p$; supposons $f = 0^m,15$; $F' = 40\,000$ kilogrammes ; $d = 0^m,150$; $L = 0^m,150$ (Orléans , nouvelles
roues en bois ou en fer), on aura $p = \frac{40\,000}{0,15 \times 3,14 \times 150 \times 150} = 3^k,67$.
On donne en général à F' une valeur nominale comprise
entre 25 000 et 40 000 kilogrammes. Nous disons nominale,
car avec les portées cylindriques on n'est jamais aussi
sûr de l'égalité de répartition de pression qu'avec le calage
conique.

On peut aussi calculer les dimensions du moyeu relativement à la pression jugée nécessaire pour le calage. Ce
moyeu est, en effet, dans les mêmes conditions qu'une
chaudière à vapeur soumise à une pression intérieure p par
unité de surface. En appelant R la résistance du métal
qui compose le moyeu, et e son épaisseur, on aura $R.e = p\frac{d}{2}$.
Si l'on prend $p = 4^k$; $R = 5^k$ pour un moyeu de fer $d = 0^m,150$;
on aura $e = \frac{p.d}{2.R} = \frac{4 \times 150}{2 \times 5} = 60$ millimètres.

Généralement on consolide le calage du moyeu sur la
portée, à l'aide d'une clavette en acier. La profondeur de la
pénétration de la clavette dans le corps de l'essieu doit être
la moindre possible, car on a remarqué, sans qu'on puisse
encore en deviner la cause, que les cassures d'essieu se pro-

duisent, le plus souvent, à partir du point de la portée de calage diamétralement opposé à la rainure de la clavette. On pourrait demander si, en donnant au serrage du moyeu une intensité convenable, on éviterait l'emploi de la clavette, qui n'est utile que pour parer à l'insuffisance du calage et qui paraît provoquer en effet les ruptures au moyeu. Il suffirait que le moment de l'effort f. F′ fût plus grand que le moment de l'adhérence de la roue sur le rail. Si l'on désigne par P′ et p' le poids du véhicule et de la roue, par f' le coefficient d'adhérence de la roue sur le rail, par D et d les diamètres respectifs de la roue et de l'essieu, il faudrait, pour satisfaire à la condition demandée

que
$$f.\,\mathrm{F}'.\frac{d}{2} > f'(\mathrm{P}'+p').\frac{\mathrm{D}}{2}.$$

en tenant compte du surcroît de résistance dû au frottement de l'essieu sur le moyeu, produit par la charge du véhicule le poids de l'essieu et de la roue (plus exactement de la demi-roue), on aurait

$$f\left[\mathrm{F}'.\frac{d}{2} + (\mathrm{P}'+p')\frac{d}{2}\right] > f(\mathrm{P}'+p')\frac{\mathrm{D}}{2}.$$

En supposant $f = f'$, on arrive à $\mathrm{F}' > \dfrac{\mathrm{D}}{d} \times (\mathrm{P}'+p')$. Ainsi les gros essieux exigent une pression de calage moins élevée que les petits essieux. En appliquant les données des roues d'Orléans (fig. 4, pl. XXXVII), on trouve, en prenant P′ = 4000ᵏ et p′ = 800ᵏ, que F′ doit être plus grand que 33 346 kilogrammes.

Nous verrons au paragraphe IX les dispositions qu'il faut prendre, lors du calage, pour donner aux roues montées sur un même essieu l'espacement qui convient pour la circulation sur la voie.

§ IX. BANDAGES.

409. CONDITIONS GÉNÉRALES. — On sait qu'en principe le profil de la face de roulement du bandage doit concorder avec la forme du champignon et l'inclinaison des rails —

1re part., chap. V, § III, 146; § IV, 161, 214; chap. VI,
§ II, 193; 2e part., chap. I, § I, 4. Mais, dans un même
réseau, il existe une grande variété de profils et de tracés, et comme le matériel destiné à y circuler ne peut
pas concorder avec les dispositions spéciales à chaque
ligne, on adopte un profil de bandage qui puisse satisfaire
à peu près aux conditions moyennes de l'ensemble du
réseau.

Ainsi, sur les premières lignes d'Angleterre et du continent, on avait admis comme limite de l'inclinaison de la
face de roulement du bandage 1/20 de conicité, et par conséquent on donnait au rail une inclinaison de 1/20 sur la
verticale ; mais on a pris depuis des dispositions pour porter
la conicité à 1/16, 1/15, 1/12, 1/10 et même 1/9 pour certaines roues de machines.

Avec un bandage conique et un champignon bombé, la
surface de contact qui donne l'adhérence est très-limitée.
Si cette surface s'étend, c'est aux dépens du bandage et du
rail. Pour éviter cette usure et pour augmenter les surfaces
adhérentes, on a essayé de revenir aux dispositions des
chemins primitifs, établis avec des rails à champignon
plat, posés sans inclinaison, et des bandages sans conicité.
Ce retour aux errements des premiers constructeurs n'a
donné que de mauvais résultats; on est donc revenu aux
bandages coniques.

Avec des bandages d'une conicité faible et uniforme sur
toute la largeur à partir du boudin, avec un *jeu de voie* réduit, le contact du bandage sur le rail s'exerce sur une
zone qui s'écarte peu de cercle de roulement; de là une
usure rapide de la zone de contact et du congé de raccord
du cône avec le boudin, coïncidant avec un accroissement
de résistance au mouvement. Ces deux parties se creusent;
après un parcours réduit, le bandage est transformé en une
sorte de poulie à gorge, d'où la conicité a disparu.

Pour la rétablir, on enlève, au tour, tout ce qui dépasse
le profil primitif, principalement sur le demi-cercle du

boudin, dont la saillie sur le cercle de roulement ne doit pas
atteindre la limite de libre passage en dessous du champignon des rails, dans le matériel de la voie. Une conicité
faible et uniforme donne donc de mauvais résultats. On les
évite en forçant la conicité ou en adoptant un profil à conicité variée.

Quant à la nature du métal, elle doit répondre à deux
conditions essentielles : la dureté, qui s'oppose à l'écrasement du bandage sous la charge du véhicule; la ténacité,
qui lui donne la faculté de résister aux efforts de tension
des fibres résultant du serrage du bandage autour de la
roue.

410. PROFILS DIVERS. — A. *Conicité uniforme.*— α. Nous
citerons, comme exemples, le profil employé, en 1866, sur
le réseau de l'Est bavarois et celui que l'État hongrois a
appliqué en 1870 aux bandages en acier.

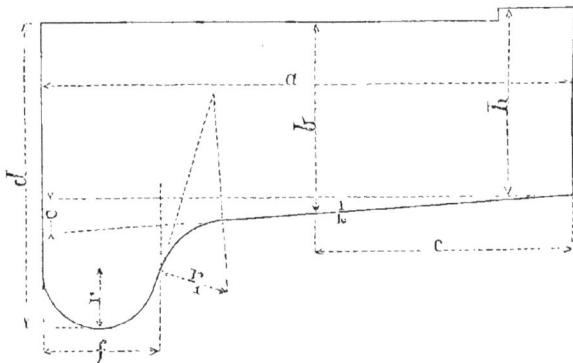

Profil de bandage de voiture. Est (Bavière). Échelle $\frac{1}{2}$.

Dans le premier, représenté par la figure ci-dessus, l'inclinaison de la génératrice du cône est de 1/16. La face
intérieure porte un talon, comme les bandages de Paris-
Strasbourg, destiné à soulager les attaches du bandage sur
la jante et qui atténue en même temps, par l'augmentation de section de cette partie du bandage, la différence de
contraction des deux zones extrêmes.

Voici les dimensions principales de ce bandage :

$$a = 0^m,1274 \quad b = 0^m,045 \quad c = 0^m,063$$
$$d = 0\ ,071 \quad e = 0\ ,008 \quad f = 0\ ,028$$
$$h = 0\ ,044 \quad r = 0\ ,014 \quad r_1 = 0\ ,0165$$

Saillie minima du boudin sur le cercle de roulement : $0^m,026$.

Ce profil, qui a le défaut d'être trop mince, porte d'ailleurs un signe de la tendance, qui s'est développée depuis, à épauler fortement le boudin par un congé de raccord de grand rayon.

β. Nous retrouvons cette disposition, mais plus accentuée, dans le profil du bandage en acier de l'État hongrois (fig. 3 *bis*, pl. XXXVIII). Le congé de raccord du cône et du boudin est décrit avec un rayon de $0^m,028$, correspondant au rayon $r_1 = 0^m,0165$ du profil précédent. L'épaisseur au cercle de roulement est de $0^m,061$, et au bord extérieur, $0^m,057$ seulement, obtenue par la forte conicité de 1/16.

Ce profil présente cette particularité, que l'arc de cercle qui termine le boudin du côté de l'intérieur n'est pas, comme d'ordinaire, tangent à la face verticale du bandage. La transition entre ces deux parties est ménagée par un arc de cercle de $0^m,158$ de rayon, dont le centre se trouve placé sur le prolongement de la génératrice du cône du bandage et qui est tangent à la fois au boudin et à la face verticale. Cette disposition, qui rejette un peu le boudin tout entier vers le cercle de roulement, lui donne une certaine *entrée* et facilite le passage des roues dans les appareils de la voie.

411. B. *Conicité variée.* — γ. Dans le profil appliqué par le chemin du Nord en 1866 (fig. p. 476), la génératrice du cône de la surface de roulement est une ligne brisée dont l'inclinaison, d'abord aux 3/20 vers le bord extérieur, passe à 1/20 sur la zone de roulement. Le boudin est mince, mal épaulé par un congé de raccord décrit avec un rayon de $0^m,007$. Voici les dimensions de ce profil :

$$a = 0^m,125 \quad b = 0^m,058 \quad c = 0^m,041 \quad d = 0^m,069$$
$$f = 0,038 \quad r = 0,010 \quad r_1 = 0,007 \quad r_2 = 0,0145$$
$$r_3 = 0,013 \qquad \text{»} \qquad \text{»} \qquad \text{»}$$

Saillie minima du boudin sur le cercle de roulement : $0^m,030$.

Comme le bandage en acier de l'Etat hongrois (fig. 3 *bis*, pl. XXXVIII), celui du Nord est évidé sur l'angle de la face interne correspondant au boudin. Ce creux, décrit avec un rayon plus ou moins grand, réduit un peu la section du côté du bandage, ce qui facilite le laminage et la pose, en diminuant la différence de contraction des zones extrèmes du profil.

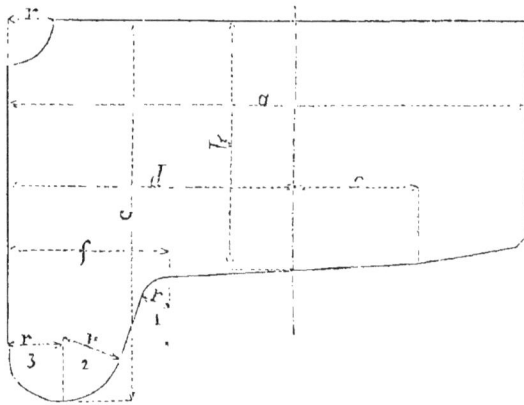

Profil de bandage de voiture (Nord). Echelle $\frac{1}{2}$.

Mais, si ce creux est considéré comme utile, mieux vaut-il lui donner des dimensions plus marquées que celles du profil ci-dessus. Les bandages de Paris-Strasbourg portaient un évidement décrit par un arc de cercle de $0^m,020$ de rayon, mais dont le centre se trouve placé à $0^m,004$, en dehors, sur le prolongement de la génératrice de la face intérieure du bandage ; de telle sorte que l'évidement mesurait $0^m,016$ de profondeur sur cette génératrice et $0^m,020$ dans le sens du diamètre extérieur du bandage.

δ. Le congrès de l'Association allemande tenu à Hambourg, en juin 1871, a fixé de la manière suivante les principales dimensions des bandages de voitures et vagons :

Largeur maxima........	0^m,145	Saillie minima du boudin sur le cercle de roulement................	0^m,010
Largeur minima.... ...	0 ,130	Saillie maxima du boudin sur le cercle de roulement................	0 ,025
Largeur provisoirement tolérée..............	0 ,127	Diamètre minimum du cercle de roulement......	0 ,900
Epaisseur minima au cercle de roulement des bandages en fer.			0 ,019
Epaisseur minima au cercle de roulement des bandages en acier.			0 ,016

Cette dernière dimension est supérieure de 0^m,001 à celle fixée par les *Vereinbarungen* de Dresde en 1865 ; on peut conclure de cette augmentation, qui approche 7 pour 100, que l'acier inspire moins de confiance après quelques années d'expérience qu'au début de son emploi.

ε. Les bandages, adoptés en 1876 par le chemin d'Orléans, paraissent réunir toutes les conditions d'un bon profil (fig. 17, pl. XXVI ; fig. 4 et 5, pl. XXXVIII). Comme dans le bandage du Nord, le cercle de roulement se trouve, nou pas au milieu de la largeur du bandage, mais 0^m,0075 de ce milieu, ce qui reporte l'usure vers la zone extérieure du bandage où la dimension d'épaisseur, obtenue par l'inclinaison de 3/20, réduit encore l'importance des parties à enlever au tour quand le bandage devient trop *creux*.

Le boudin ménagé par cette excentricité du cercle de roulement est d'ailleurs épaulé par un congé de raccord à trois centres et dont les rayons ont, à partir du point de tangence à la génératrice au 1/20 : 0^m,200; 0^m,029 ; 0^m,012. Une tangente commune à l'arc décrit par ce dernier rayon et à l'arc qui termine le boudin complète le profil.

Ce bandage, avec ses inclinaisons brisées et son congé de raccord à trois centres, peut circuler, sans résistances anormales, sur toutes les lignes du réseau.

412. Nature du métal. — On emploie pour constituer ce bandage le fer ou l'acier. Dans l'un et l'autre cas, le métal doit être dur et ductile. La nécessité de la durée se comprend de soi ; le poids imposé à l'unité de surface de roulement peut s'élever quelquefois à 3000 ou 3500 kilogrammes ; en admettant que la compression et l'élasticité des corps portent cette unité de surface à 1 centimètre carré, l'effort imposé s'élèverait à 30 ou 35 kilogrammes par millimètre carré ; mais une autre cause de destruction plus grave, c'est le choc que le bandage éprouve au passage des joints des rails. Puis vient s'ajouter à tout cela l'action des freins.

La ductilité, qui paraît devoir exclure la dureté, n'est pas moins nécessaire. Le bandage est, en effet, soumis à des efforts d'extension et de contraction en tous sens, soit par l'effet de l'embattage — 420 — soit par celui du roulement, des changements de température, de l'action des freins.

Ce que nou savons dit à propos du métal employé pour les essieux — 391 — s'applique en tous sens à ce qui touche les bandages. Nous n'avons à ajouter qu'une recommandation : c'est d'exiger du métal employé qu'il puisse subir sans rupture un allongement minimum de 12 à 15 pour 100.

413. Fabrication. — A. *Bandages en fer.* — Le fer employé doit être à grain fin, dur et aciéreux. On fabrique les bandages avec ou sans soudure.

α. Le premier mode consiste à laminer une bande de fer suivant le profil à obtenir, à la cintrer au diamètre convenable et à souder ensemble les deux extrémités rapprochées, soit à l'aide de coins rapportés, soit en les engageant l'une dans l'autre après refoulement des extrémités.

Le soudage des bandages [1] rencontre deux difficultés : un bon chauffage, — un forgeage normal au joint. Pour vain-

---

[1] *Mémoires et comptes rendus de la Société des ingénieurs civils,* 1859. Note de M. Pinat, ingénieur d'Allevard.

crc la première, on a construit à Allevard un appareil particulier consistant en un foyer établi dans un vide à trois
pointes en étoile. Dans ce foyer brûle la houille en talus
incliné à 45 degrés, frappé horizontalement par le vent de
trois tuyères. L'enceinte réfractaire enveloppant le vide
triangulaire est recouverte par un bouchon mobile, qui
permet d'introduire dans le foyer les bouts du bandage à
souder. Avant de l'y placer, on ouvre le bandage avec une
barre d'écartement, et on intercale dans le joint une mise
de fer doux. Ainsi disposé, le joint placé au centre de
l'étoile, le couvercle en place, on donne le vent. La chaude
dure de quinze à dix-huit minutes.

Le forgeage commence dans le foyer. Pour cela, le bandage ayant été forcé de s'ouvrir au moyen de la barre
d'écartement placée suivant un diamètre, quand on juge la
chaleur des amorces suffisante, on fait tomber la barre
d'écartement, et les deux bouts se serrent par l'élasticité
du bandage. Puis, avec un fort tendeur à rochet, on serre
encore le bandage, en rapprochant de plus en plus les surfaces du joint toujours maintenues dans le foyer. Ensuite,
le bandage entier est placé sous un marteau-pilon qui
frappe suivant le diamètre perpendiculaire à celui de la
soudure, pendant que trois frappeurs contre-forgent au
marteau à main. On enlève à la tranche tout ce qui peut
avoir été altéré au feu, en conservant le noyau de la
soudure.

Le bandage est alors porté à la forge ordinaire, où les
vides sont remplis au moyen de deux mises-liens soudées
à chaude-portée, sur les faces verticales du cercle.

414. β. — Le point de soudure du bandage présente,
pour quelques ingénieurs, moins de résistance que les
autres parties. Pour éviter cette cause de rupture, on préfère, sur certaines lignes, les bandages dits sans soudure,
qui sont fabriqués de la manière suivante :

On enroule en hélice sur un mandrin une barre de fer à
section un peu conique, de manière à former un cylindre de

$0^m,30$ de diamètre sur autant de hauteur, que l'on soude au marteau après l'avoir suffisamment chauffé. On obtient ainsi un anneau que l'on agrandit au diamètre voulu au moyen d'un laminage.

415. γ. *Bandages en fer cémenté.* — Avant que l'emploi des bandages en acier ait pris l'extension qu'il atteint aujourd'hui, on faisait un grand usage de bandages en fer cémenté. On se servait, à cet effet, de bandages en fer dont l'épaisseur ne dépassait guère $0^m,040$ à $0^m,050$, obtenus par le procédé ordinaire de fabrication avec soudure, et que l'on introduisait ensuite dans un four à cémenter. Au sortir de ce four, le bandage présente une surface de roulement plus dure que celle des bandages en acier fondu ; aussi le rafraîchissage des bandages exige-t-il l'emploi du meulage, les outils du tour ordinaire ne pouvant pas attaquer le fer cémenté.

416. B. *Bandages en acier.* — α. La fabrication des bandages en acier fondu, qui a pris une grande extension dans ces dernières années, suit diverses méthodes. Celle de M. Krupp consiste à forger des plaques d'acier fondu, dans lesquelles on découpe des barres rectangulaires d'un poids égal à celui d'un bandage. Celles-ci sont percées, et par l'introduction de coins de grandeur croissante, on élargit l'ouverture jusqu'à former un anneau agrandi au marteau et terminé au laminoir, comme à Lowmoor.

β. Certains fabricants d'Allemagne et d'Angleterre emploient un système différent dont les résultats ne sont pas aussi satisfaisants ; ils coulent tantôt un anneau correspondant à un seul bandage, dont le diamètre est de $0^m,30$ environ inférieur à celui du bandage fini, et que l'on élargit au laminoir ; tantôt un anneau d'une hauteur suffisante pour pouvoir y découper cinq ou six bandages terminés de la même manière.

417. γ. *Procédé de l'usine d'Allevard.* — Cette usine, qui fabrique des bandages en fer aciéreux dont la réputation est faite, produit aussi, au moyen du four Siemens-Martin,

l'acier propre aux bandages. A la sortie du four, l'acier est coulé dans une lingotière qui livre un gâteau de $0^m,70$ de diamètre et $0^m,120$ d'épaisseur portant au centre un renflement qui contient les impuretés de l'acier. Ce gâteau est chauffé, puis martelé au pilon qui comprime et refoule le renflement. On enfonce alors au centre, sous le pilon, un premier mandrin de $0^m,16$ de diamètre qui laisse au fond une cloison de $0^m,010$ d'épaisseur, seul déchet de l'opération, et qui tombe quand, avec deux autres mandrins, on élargit l'ouverture centrale jusqu'à $0^m,300$ de diamètre.

Le gâteau ouvert et percé est réchauffé, puis soumis à un premier martelage sous un pilon dont la frappe ébauche grossièrement le boudin du bandage ; ainsi dégrossi, le bandage est paré sur ses deux faces planes parallèles sous le même pilon ; puis réchauffé de nouveau, il passe au marteau-laminoir dont nous empruntons les détails suivants à la *description du brevet d'invention* que les usines d'Allevard ont pris en 1872 :

« Le forgeage se fait au moyen d'un marteau et d'un laminoir agissant simultanément sur le bandage : le marteau frappe sur la surface du roulement, c'est-à-dire sur la partie du bandage qui sera, pendant le service, exposée au contact des rails et sur laquelle se concentrera toute la fatigue de la pièce. Le forgeage au marteau est donc réservé à la partie du profil où il est le mieux placé en vue de la qualité du produit. Le laminoir agit dans le sens de la largeur du bandage, c'est-à-dire sur les deux plats, parties qui seront exemptes de toute fatigue spéciale pendant le service et pour lesquelles, par conséquent, un serrage intime du métal est relativement sans intérêt.

« Le laminoir est énergique, ses dispositions sont toutes particulières, il a deux fonctions : il est combiné d'abord par sa forme spéciale pour faire tourner le bandage sur place, de façon que tous les points de la circonférence se présentent successivement sur l'enclume du marteau. Ensuite et indépendamment de cette action de guidage et de conduite du bandage, il produit un laminage réel et énergique, pouvant régulariser et même réduire la largeur du profil par un véritable forgeage.

« Le marteau est rapide d'allures : 100 à 300 coups à la minute. L'application d'un marteau rapide à l'étirage des bandages circulaires est nouvelle et fait partie de notre invention. Cette condition est d'ailleurs essentielle pour permettre de donner au bandage passant sur l'enclume, entraîné par le laminoir, une certaine vitesse. De cette façon le premier tour du bandage s'accomplira assez rapidement pour bien utiliser la première chaleur de la chaude, et la durée d'une même chaude comportera un nombre de tours suffisant pour un étirage égal et efficace. De cette grande vitesse du marteau, il résulte qu'il doit être léger relativement à ce qui est en usage aujourd'hui dans les forges ; mais ce n'est qu'un bien, les marteaux légers étant les meilleurs au point de vue de la qualité des produits, quand il s'agit des dernières chaudes à appliquer aux essieux ou bandages. »

δ. *Bandages mixtes.* — Quelquefois on compose le bandage moitié en fer, moitié en acier. Pour cela on introduit dans un moule une bague en fer, chauffée à la température convenable, et après l'avoir enduite de borax pour faciliter la soudure, on coule autour de la bague en fer l'acier fondu ; on termine ensuite l'opération par le laminage, comme dans le cas précédent.

Ce procédé, appliqué par MM. Verdié et Cᵉ pendant plusieurs années, à l'époque où l'acier coûtait au-delà de 100 francs les 100 kilogrammes, n'a plus de raison d'être aujourd'hui que le fer de bonne qualité et l'acier fondu reviennent à peu près au même prix.

418. DÉTAILS ET PRIX DE FABRICATION D'UN BANDAGE A SOUDURE. — (Nous le supposons tiré d'une barre droite fabriquée par le même procédé que les essieux en fer — n° 396 —.)

Matières.

Fer laminé et profilé (poids approximatif, 180ᵏ), à 25 fr. les 100ᵏ.	45ᶠ,00
Charbon pour cintrer le bandage............................	0 ,60
Charbon pour mandriner le bandage.......................	0 ,60
Charbon pour embattre le bandage.........................	0 ,50
Coke pour souder le bandage..............................	1 ,00
	47ᶠ,70

Main-d'œuvre.

Pour cintrer le bandage.......................	0ᶠ,25	
Pour souder le bandage........................	2 ,50	
Pour mandriner le bandage....................	0 ,25	
	3ᶠ,00	3 ,00
Frais généraux.......................		3 ,00
Prix de revient du bandage brut (diam. intér., 0ᵐ,910).		53 ,70

L'ajustage et le montage donnent lieu aux dépenses suivantes :

Matières.

Bandage brut, 160 kilogrammes....................	53ᶠ,70	
Quatre rivets, 1ᵏ,300 à 60 francs les 100 kilogrammes..	0 ,80	
Charbon..	0 ,60	
	55ᶠ,10	55ᶠ,10

Main-d'œuvre.

Tourner entièrement le bandage................	1ᶠ,00	
Embattre...	1 ,00	
Tracer...	0 ,30	
Percer quatre trous.............................	0 ,40	
River..	0 ,30	
Coltinage aux machines, 10 p. 100 sur main-d'œuvre...	0 ,30	
Frais généraux...................................	2 ,25	
	5ᶠ,55	5ᶠ,55
Prix de revient du bandage monté pesant 150 kilogrammes....		60ᶠ,65

Soit par 100 kilog., 40 francs à l'usine, sans bénéfices.

Le prix des bandages en acier fondu, de première qua-

lité, pour voitures est descendu actuellement à 32 francs
les 100 kilogrammes, pris à l'usine de production.

*Comparaison entre le prix de divers systèmes de roues mon-
tées sur essieux.* — En combinant les éléments dont les prix
partiels sont indiqués plus haut, on se rendra compte du
coût des roues montées sur essieu, variable selon la nature
des matériaux et le mode de construction employés. —
Voici un aperçu du poids des types de roues montées sur
essieu étudiés plus haut :

Roues de 1 mètre de diamètre.	Poids.
	k
Essieu en fer, centre en fonte et fer, bandages en fer cémenté..	725
Essieu en fer, centre en fer (Arbel), bandages mixtes (Verdié)...	650
Essieu et roues pleines en acier fondu.......................	750
Essieu en acier fondu et roues pleines en fonte..............	800

Mais on commettrait une grave erreur en se laissant sé-
duire par la modicité du prix de premier établissement.
Les opérations d'entretien sont un élément considérable
de la question. Tel système de roues montées pourra circuler sans réparations pendant deux ou trois fois plus de
temps que tel autre système, et, tout compte fait, reviendra
à meilleur marché au bout d'un certain nombre d'années,
bien qu'il ait coûté plus cher d'établissement que le second [1].

449. EPREUVES DE RÉCEPTION. — *Garantie.* — Nous
extrayons du cahier des charges du chemin de fer du Nord
les conditions suivantes, relatives à la réception des bandages :

Lors de la livraison et avant la réception provisoire de
chaque fourniture, il sera procédé à des essais sur un nombre de bandages qu'on déterminera en divisant par 25 le
nombre de bandages composant la fourniture.

---

[1] C'est ainsi que le chemin de fer de Cologne-Minden a pu réduire de
plus de moitié sa consommation annuelle de bandages, depuis l'introduction des roues pleines en acier fondu sous les voitures à voyageurs.

Les essais consistent :

1° A chauffer le bandage d'épreuve, puis à le tremper à l'eau dans les mêmes conditions que pour l'embattage ;

2° A placer le bandage refroidi sur un point d'appui non élastique et à l'ovaliser, en laissant tomber un mouton sur son sommet...

Le bandage devra supporter le premier coup de mouton sans qu'il se manifeste aucune crique ou indice de rupture et sans que le diamètre intérieur vertical soit réduit de plus de $0^m,12$.

On cassera ensuite le bandage en divers morceaux, et toutes les cassures ainsi obtenues devront présenter une matière parfaitement régulière et exempte du moindre défaut de soudure...

Une garantie, variable suivant le cas, doit également rendre le fournisseur responsable de tous les défauts de qualité et de fabrication qui se révéleraient pendant l'accomplissement du parcours qui sera stipulé — cahier des charges. Annexes —.

Le parcours minimum garanti pour les bandages de voitures ou vagons est d'environ 40 000 à 50 000 kilomètres. Les bandages hors de service avant d'avoir effectué le parcours minimum sont rendus au fournisseur au prix de facture et au poids livré. Ceux qui ont dépassé le minimum, sans atteindre le maximum, sont réglés avec une réduction sur le prix du marché.

420. Montage et embattage. — L'opération du montage des roues et bandages sur essieu se fait généralement de la manière suivante : chaque roue est calée sur l'essieu au moyen de la presse hydraulique, la clavette en acier chassée dans sa rainure de manière à la remplir très-exactement ; puis le bandage, chauffé à la température strictement nécessaire, est déposé dans une cuve. L'essieu, garni de ses roues, est descendu, au moyen d'une grue, dans la cuve, de manière que la roue pénètre dans le ban-

dage ; dès que la roue est arrivée à sa position, on refroidit le bandage en introduisant de l'eau dans la cuve.

L'écartement intérieur entre les deux bandages d'un même essieu doit être de $1^m,360$, avec un écart de $0^m,005$ en dessus ou en dessous de cette dimension. On a vu (1re partie, chap. VII, § 1er) le rapport qui existe entre cette dimension et celle de la voie, et l'on comprend facilement que cet écartement doit être rigoureusement observé, sous peine d'exposer le véhicule à dérailler.

Afin d'obtenir un contact complet entre le bandage et le corps de la roue, on tourne la surface extérieure de la jante et quelquefois la surface intérieure du bandage, en donnant à ce dernier un diamètre un peu inférieur à celui du corps de la roue; de cette façon, en le plaçant à chaud, il presse fortement la jante de la roue en se refroidissant, et comme celle-ci, malgré son élasticité, ne peut pas se comprimer au-delà d'une certaine limite, le bandage reste en un état de tension permanent qui maintient le serrage.

Au chemin de fer du Nord, le serrage, qui varie avec le diamètre, est réglé par les formules suivantes, où s et la constante sont exprimés en millimètres, d en mètres.

Sous le boudin : $s = 1^m,375 \times d - 0^{mm},71$.

Sous l'autre bord : $s = 2^m,006 \times d - 0^{mm},66$.

Pour les roues à centre plein, on a $s = 1,8 \times d$.

La différence des diamètres de la roue et du bandage à embattre varie selon les dimensions des roues, la section de la jante et du bandage, et enfin la nature du métal employé.

Il faut tenir compte des différences de tension que présentent les différentes zones du bandage et de la compression qui en résulte sur le centre de la roue. On désigne par *serrage* le quotient de la différence des diamètres du centre et du bandage divisé par le diamètre. Si D est le diamètre du centre, d celui de l'intérieur du bandage, r le rayon du centre, on a $D - d = s$ et pour expression du serrage $\frac{s}{2r}$.

Après le refroidissement du bandage, il y a contraction i par élément du centre et extension i' du bandage. — La contraction du diamètre du centre est $2ri$; l'allongement du diamètre du bandage est $2ri'$, d'où $s = 2r(i + i')$, d'où $i + i' = \frac{s}{2r}$.

Les bandages en fer supportent un serrage plus fort que ceux en acier; pour les premiers, la différence de diamètre varie de $0^m,0010$ à $0^m,0015$ par mètre, tandis que pour les seconds, il ne faut pas dépasser $0^m,0006$ à $0^m,001$. En donnant un serrage trop fort, on s'expose à dépasser le coefficient d'élasticité, tandis qu'il faut au contraire se tenir toujours au-dessous d'une quantité suffisante, pour que par la diminution de section due à l'usure ou par l'abaissement de la température dans les saisons froides, la tension du bandage par millimètre carré ne dépasse pas la limite de résistance du métal.

Les roues, ainsi garnies de leurs bandages, sont portées sur le tour pour être amenées *rigoureusement* au même diamètre.

La circonférence extérieure du bandage formant le boudin et la surface de roulement ainsi que les deux faces latérales sont achevées au tour, de manière à ce qu'elles soient parfaitement centrées relativement à l'axe de l'essieu, que les deux roues aient exactement le même diamètre à la cir-

Jauge à vérifier le montage des roues et bandages.

a. Écartement des faces intérieures des bandages montés; *b.* Distance de la face intérieure d'un bandage à la naissance des boudins sur le bandage opposé; *c.* Écartement des boudins pris à l'extérieur; *d.* Distance de l'extérieur d'un boudin à la face extérieure du bandage.

conférence de roulement, et que les bandages se trouvent distants l'un de l'autre à l'écartement de calage réglementaire, condition que l'on vérifie à l'aide de la jauge représentée par la figure ci-contre.

Une plaque mobile, que l'on peut fixer à l'aide d'une vis de pression dans une position déterminée, permet d'appliquer le même instrument à la vérification des bandages de différentes largeurs.

421. LIAISON DU BANDAGE ET DE LA ROUE. — On peut l'obtenir à l'aide de plusieurs procédés : par *rivets*, par *boulons*, par *vis*, par *agrafes*.

L'attache par rivets s'exécute en perçant d'outre en outre le bandage et la jante de la roue et en remplissant le trou, *fraisé* du côté de la surface de roulement, par un rivet, en partie conique, en partie cylindrique, posé à chaud. On a soin de refroidir à l'eau la partie conique du rivet comprise dans le bandage, afin que la fraisure soit bien exactement remplie.

Les rivets du chemin de fer de Paris-Strasbourg avaient, en place, les dimensions suivantes :

Partie conique.

Longueur à compter de la surface de roulement... $0^m,040$
Grand diamètre (à la surface de roulement)....... $0 ,020$
Petit diamètre............................... $0 ,021$

Partie cylindrique.

Longueur entre le cône et la tête du rivet......... $0^m,025$
Diamètre.................................. $0 ,021$
Diamètre de la tête du rivet en place............. $0 ,030$

On recommande d'employer pour la fabrication des rivets une matière identique à celle du bandage, afin que l'usure soit uniforme sur tout le pourtour de la roue.

Quelques ingénieurs pensent que le rivet à renflement conique ne suffit pas pour maintenir en place les morceaux

de bandages qui peuvent éclater en marche. Au cône du
rivet, ils substituent un cylindre qui·s'appuie dans un trou
de diamètre convenable ménagé dans l'épaisseur du bandage, et au serrage à chaud, le serrage par écrou. D'autres
reprochent à ce procédé de trop affaiblir le bandage, en le
perçant d'outre en outre. Ils préfèrent l'attache par vis, qui
n'entame le bandage que sur une partie de son épaisseur
(fig. 3 *bis*, pl. XXXVIII).

Enfin, le système par agrafes et vis, ou par agrafes
seules, est le plus recommandable, comme le complément
nécessaire des corps de roue pleins en fer, acier ou bois.

Avec les roues pleines en fer ou en acier, le bandage est
laminé avec une nervure en retour d'équerre qui s'emboîte
dans la saillie de la jante. Des attaches par vis qui s'enfon-
cent dans la partie la plus résistante et la moins fatiguée
du bandage complètent la liaison (fig. 4, pl. XXXVIII).

La liaison des corps de roue en bois avec les bandages
s'effectue au moyen de deux disques à ergots qui saisissent
les nervures ménagées sur les faces verticales du bandage
(fig. 5, pl. XXXVIII) — 407 —. Ces disques s'opposent par
leurs ergots aux projections d'éclats des bandages brisés
en marche.

Entretien des bandages. — Voir chapitre VIII.

CHAPITRE VII.

FREINS DES VOITURES ET VAGONS.

§ I. CONSIDÉRATIONS GÉNÉRALES.

422. Les trains ou les machines locomotives sont assujettis :

1° A des arrêts réguliers, c'est-à-dire en des points déterminés à l'avance, comme les stations ;

2° A des arrêts irréguliers, résultant d'un fait anormal survenu pendant la marche, entre deux stations — 1re partie, chap. XI, § 1er, n° 377 ;

3° A des ralentissements obligatoires, lorsqu'il s'agit de traverser une station, une bifurcation, un point dangereux, ou de descendre une pente sur laquelle l'action de la pesanteur pourrait imprimer une vitesse excessive aux véhicules.

S'il s'agit d'arrêt régulier en palier ou sur rampe, ou de simple ralentissement, un mécanicien habile et connaissant bien la route peut modérer à temps l'allure de sa machine et devenir maître de la vitesse du train. Mais lorsque l'arrêt est commandé pour un cas fortuit, ou bien si les véhicules, séparés du moteur, descendent une pente égale ou supérieure à $0^m,005$, ou bien encore, lorsque le train trop chargé descend une forte pente et prend alors une vitesse que la machine seule ne peut modérer, ou bien enfin, si l'on veut marcher vite et ne pas perdre un temps précieux à ralentir petit à petit à chaque station, il faut faire usage des freins.

Nous ne parlons ici que des freins appliqués aux voitures et vagons : les moyens d'enrayage par le moteur seront examinés dans la deuxième section de la locomotion. De même que l'on utilise l'adhérence des roues de la locomotive sur les rails pour vaincre les diverses résistances opposées à la marche par le train, de même on utilise le patinage, le frottement des roues sur les rails pour amortir la vitesse, en développant à leur pourtour une résistance au roulement, ou bien le frottement d'un patin chargé de tout ou partie du poids du véhicule.

Sauf les procédés d'application, la question des freins de voitures et vagons n'a pas fait un pas depuis l'origine des chemins de fer.

Voici ce que le célèbre Seguin aîné disait à ce sujet dans son livre : *De l'influence des chemins de fer*, etc., Paris, 1834, p. 176 : « On a essayé de remplacer les freins par plusieurs autres moyens dont je ne crois pas utile de m'occuper, car je n'en regarde aucun comme ayant atteint d'une manière satisfaisante l'effet qu'on en réclame. Je me suis moi-même occupé de quelques recherches à ce sujet, mai je n'ai pu faire les expériences dont j'aurais eu besoin, pour juger de l'efficacité des moyens que j'avais en vue. Je crois que toute la difficulté serait vaincue, si l'on parvenait à appliquer au convoi une force retardatrice dont l'intensité se développât de telle sorte, que la vitesse ne pût jamais dépasser une limite déterminée. Tel serait, par exemple, le développement d'une surface ou le mouvement d'un piston dans un cylindre, qui présenteraient à l'air une résistance croissante comme le carré des vitesses ».

423. Du MODE D'ENRAYAGE. — A quelques exceptions près, on enraye les véhicules en faisant frotter un ou deux sabots sur quelques-uns des bandages ou sur tous. Voyons-en les effets. De tous les moyens d'enrayage, si l'on en excepte le frein à contre-vapeur ou le frein à poulie du Rigi, c'est le plus barbare, soit pour les rails, soit pour les bandages.

Il y a eu une époque où les ingénieurs ne voulaient entendre parler d'aucune espèce de frein autre que celui alors en usage. Nous communiquions un jour à un chef de service d'une grande entreprise de traction un projet de frein indépendant de toute action du personnel et

destiné à régler le maximum de vitesse des trains. Ce frein
consistait en une application, à chaque véhicule, d'un mécanisme analogue à celui de la distribution dite *à cataracte*
des machines d'épuisement du type de Cornouailles. L'un
des essieux aurait porté un excentrique mettant en mouvement une bielle et le piston d'un cylindre dans lequel la
sortie du fluide, air ou eau, aurait été réglée par un robinet
jaugé pour un débit correspondant à une vitesse donnée.
Notre projet fut repoussé avec perte, car à cette époque il
s'agissait de trouver les moyens d'augmenter la vitesse des
trains et non de la diminuer.

On a donc continué et l'on continue encore à altérer par
le frottement : 1° les bandages, ceux des voitures et vagons, portés par le contact prolongé des sabots des freins à
une température élevée, tandis que le contact des rails
souvent humides, de l'air froid, produit sur eux l'effet d'une
véritable trempe ; ceux des tenders, en les exposant tout
brûlants de l'action des sabots, aux injections d'eau froide
des colonnes alimentaires ; 2° les rails des abords des stations, ceux des fortes rampes à une voie que l'on ne pourra
plus faire en acier, parce qu'ils prennent, sous l'action des
freins des vagons descendants, un poli qui en diminue la
faculté d'adhérence pour les trains montants ; on se prive
aussi de l'action des freins pour les voitures montées sur
roues en fonte ou en acier fondu ou à corps plein en bois.

Espérons que les Américains, après nous avoir rapporté les procédés propres à l'application simultanée des
freins à frottement sur toutes les roues des véhicules d'un
train, nous donneront un jour un nouvel engin d'enrayage
qui, appliqué à chaque véhicule, lui permettra de régler sa
vitesse et même de l'annuler sans aucun secours extérieur.

424. ACTION DES SABOTS SUR LES ROUES. — La descente
des longues pentes fortement inclinées, avec des trains
lourds nécessite l'emploi prolongé des freins. Quand les
sabots sont suffisamment serrés contre les bandages, les

roues ne tournent plus et, en glissant sur les rails, les bandages s'usent inégalement, s'échauffent, la face de roulement se couvre de facettes, les attaches s'ébranlent. On cherche à éviter cet inconvénient en se contentant d'exercer sur le bandage un effort tel, que la roue continue à tourner, mais en éprouvant une action retardatrice presqu'équivalente à l'action qui tend à la faire tourner, sans toutefois atteindre la limite du calage. On obtient par là un effet de ralentissement plus marqué qu'en faisant glisser les roues sur un seul de ses points.

425. *Application des sabots sur poulies.* — Au lieu de faire frotter les sabots sur la jante des roues, on peut les faire frotter sur une poulie à gorge, comme M. Riggenbach l'a fait sur les véhicules du chemin du Rigi et sur le vagon frein du chemin de Lausanne à Ouchy (fig. 1 et 2, pl. XXXV). Les sabots SS', suspendus par des tringles au châssis, sont appliqués contre deux poulies à gorge P, P. Ce mode d'application des sabots ménage beaucoup les bandages, mais il agit moins efficacement que celui des sabots pressés contre la jante, puisque le rayon de la poulie étant inférieur au rayon de la roue, le moment de l'effort retardateur est moindre que le moment de l'effort qui donne l'impulsion au véhicule.

426. *Emploi des freins.* — La manœuvre des freins isolés exige de la part du personnel une grande habileté. Si on ne doit pas enrayer complétement les roues, afin d'éviter les inconvénients signalés plus haut, il ne faut pas non plus trop prolonger l'action des sabots sur les mêmes roues. Quand on dispose de plusieurs freins il vaut mieux les faire fonctionner successivement et alternativement, que d'imposer à certains d'entre eux toute la fatigue de l'enrayage nécessaire.

427. *Fourgons spéciaux à frein.* — L'action retardatrice des freins est d'autant plus intense qu'elle s'exerce sur des véhicules plus chargés. C'est pourquoi les trains sont toujours accompagnés de fourgons spéciaux armés de freins

et aussi lourdement chargés que possible. Quand le chargement fait défaut, on dispose des fourgons *lestés*, c'est-à-dire
garnis de plaques de fonte dont le poids donne aux freins
l'efficacité voulue. Nous avons déjà indiqué notre manière
de voir à ce sujet, comme au sujet des freins isolés. Les
progrès que font tous les jours les freins continus dans
l'exploitation font espérer que tous les procédés d'enrayage
agissant sur des vagons spéciaux auront bientôt disparu.

En l'état, il faut que l'un des trois derniers véhicules de
chaque train porte un frein et s'il y a plus de deux freins,
que la dernière moitié en compte au moins deux.

428. *Enrayage en stationnement.* — L'enrayage est indispensable, lors du stationnement sur une ligne en pente, ou
sur un palier, immédiatement suivi d'une pente où le véhicule peut être engagé, soit par des manœuvres de gare,
soit par le vent, soit enfin par le départ spontané d'une machine abandonnée à elle-même. Les accidents provenant de
ce chef sont innombrables; ils deviendront plus fréquents
encore, lorsque les chemins en pays accidentés seront terminés.

On a deux moyens préventifs contre cette difficulté : l'enrayage par le frein ordinaire, et l'embarrage qui consiste à
caler les roues d'un véhicule en passant une barre de bois
dans les rais. On ne saurait trop critiquer ce dernier mode
d'enrayage, barbare, dangereux pour la manœuvre, nuisible pour le matériel, impraticable d'ailleurs avec les roues
pleines et qu'il faudra remplacer un jour par un patin suspendu à chaque extrémité de chaque véhicule.

429. *Dispositions diverses des sabots, leur nombre.* — Les
sabots sont fixés sur des supports en fer, qui peuvent être
ou suspendus aux châssis ou établis sur une tige horizontale réunie aux boîtes à graisse. Chaque disposition permet
d'appliquer deux sabots à chacune des roues, qui se trouve
ainsi pressée des deux côtés à la fois, condition préférable
à celle où la pression, s'exerçant sur la roue dans un sens,
tend à fausser la fusée. La réunion des sabots aux longe-

rons en les faisant participer aux oscillations du châssis pendant la marche, et à ses variations de hauteur suivant l'état de charge du véhicule, fait varier leur position relativement au centre des roues ; inconvénient qui a surtout de l'importance pour les voitures à voyageurs, dont les ressorts, très-flexibles, rendent possibles des différences de niveau assez sensibles, mais auquel on peut remédier en faisant osciller les sabots autour d'une charnière fixée au porte-sabot (fig. 17 et suiv., pl. XXXVI).

Les sabots, glissant sur la barre qui réunit les boîtes à graisse (fig. 13 et 14, pl. XXXII), restent toujours à la même hauteur, et pourvu qu'on ait soin de les disposer de manière à racheter les différences d'usure, leur effet est constant.

Malgré cet avantage marqué, le frein à sabot suspendu au châssis est le plus fréquemment employé.

On peut appliquer à chaque paire de roues un ou deux ou quatre sabots de frein.

L'application d'un seul sabot à une paire de roues est la plus mauvaise des combinaisons, car elle fait porter sur une seule roue toute la fatigue de l'enrayage et sur l'essieu un effort de torsion qui peut être considérable.

L'emploi de deux sabots pour une paire de roues offre moins d'inconvénients que le système précédent, mais il a ce désavantage de faire porter la pression du sabot sur la fusée, à laquelle il impose un surcroît de cause de destruction quand l'effort sur le sabot est considérable, à moins qu'il ne soit vertical. La disposition qui consiste à appliquer deux sabots à chaque roue est meilleure que les précédentes. La roue, également pressée des deux côtés, fatigue moins son essieu et s'échauffe moins.

Cependant, beaucoup d'ingénieurs n'attachent aucun intérêt à cette question, bien résolue d'ailleurs par les administrations allemandes, autrichiennes et hongroises, qui n'ont que des véhicules à frein à huit sabots.

430. *Matière constitutive et forme des sabots.* — Les sabots

sont en bois ou en métal. Le bois, charme, hêtre ou peuplier, doit être très-sec et pas trop dur pour ne pas se polir par le frottement. Comme il s'use vite on donne au sabot une surépaisseur de $0^m,010$ à $0^m,012$ pour éviter le remplacement trop prompt. Mais le bois se brûle quand le frottement est prolongé ; et pourvu que la pression soit suffisante il amène rapidement le calage. Les sabots en fer, en acier ou en fonte n'ont pas ces inconvénients ; aussi les préfère-t-on aux premiers. Quant au choix à faire il y a encore indécision ; cependant le fer, plus élastique, embrasse mieux le bandage que la fonte.

Pendant longtemps, la surface frottante du sabot ne portait que sur la face de roulement du bandage. Depuis quelques années, on donne au sabot toute la largeur et le profil en creux du bandage, y compris le boudin. De cette manière, on répartit plus uniformément la pression et par conséquent la destruction du bandage.

431. UTILITÉ DES FREINS CONTINUS. — Considérés uniquement au point de vue de l'enrayage, et abstraction faite du mode de transmission de l'effort appliqué, les freins sont des appareils à friction. L'effet utile cherché, c'est de produire une résistance proportionnelle à la charge totale du train et à sa vitesse. Quand on peut enrayer toutes les roues d'un train, l'effet utile est immédiat et direct ; chaque véhicule se ralentit pour son propre compte, et n'a d'effet à produire sur aucun des véhicules voisins et n'en attend d'aucun.

Tel est l'avantage du frein *continu*, quel qu'en soit d'ailleurs le système. Mais le frein continu n'est appliqué que sur quelques lignes privilégiées. Tant que l'on n'aura pas adopté un type uniforme, les trains se composeront de véhicules qui ne permettront pas l'emploi de la continuité et on en sera réduit à se servir des freins appliqués isolément et sur une partie des véhicules. Et cependant on a de récents exemples de l'efficacité des freins continus, notamment celui du 13 août 1877, donné par le train express d'Ecosse sur le Midland Ry. Ce train marchait sur Leeds avec deux locomotives. Arrivé près de Kirstall Abbey, l'essieu d'avant de la locomotive de tête se brise ; une des roues, devenue libre, s'élance en avant et s'abat sur la voie à 150 yards de son point de départ, mais le mécanicien met en jeu le frein continu et le train s'arrête dans un intervalle de 100 mètres sans faire éprouver aux voyageurs qu'une forte secousse.

Les systèmes de freins continus sont déjà nombreux. Chaque réseau aura le sien comme il a son ou ses freins isolés, et alors comment arriver à l'unité ? Le rachat seul des chemins de fer par l'Etat peut y conduire et on y viendra. Si ce n'était question de personnes, de situations acquises ou prétendues telles, on n'hésiterait pas. Bien entendu qu'il ne s'agit ici ni des actionnaires ni des porteurs d'obligations.

432. Nombre de roues enrayées dans un train. — A l'exception des trains organisés pour enrayer toutes les roues, jusqu'à présent quelques véhicules seulement, parmi ceux qui composent un train, sont munis d'un frein. On comprend, en effet, que la nécessité de ramener au minimum les frais de construction et d'entretien des voitures et le nombre des agents des trains, ait engagé les Compagnies à réduire, autant que possible, l'application de ces appareils. Une décision ministérielle du 16 avril 1849, prise en exécution de l'article 18 de l'ordonnance du 15 novembre 1846[1], avait fixé de la manière suivante le nombre minimum de freins à comprendre dans les trains de voyageurs

[1] « Chaque train de voyageurs devra être accompagné :

« Du nombre de conducteurs gardes-freins qui sera déterminé pour chaque chemin, suivant les pentes et suivant le nombre de voitures, par le ministre des travaux publics, sur la proposition de la Compagnie. Sur la dernière voiture de chaque convoi, ou sur l'une des voitures placées à l'arrière, il y aura toujours un frein, et un conducteur chargé de le manœuvrer. »

(non compris le frein du tender) : « Un frein dans un train de voyageurs de sept voitures et au-dessous ; deux freins dans un train de quinze voitures et au-dessous jusqu'à sept ; trois freins dans un train de plus de quinze voitures. »

Ces prescriptions s'appliquent à ce que l'on peut appeler un *train moyen*, c'est-à-dire marchant dans des conditions de vitesse moyenne, comme le font les trains omnibus à voyageurs, et sur des voies dont les pentes et rampes ne dépassent pas 0,005 à 0,006. » (*Enq. sur l'expl.*)

Ces prescriptions sont insuffisantes pour les lignes à profil accidenté. Elles ont été remplacées par les dispositions suivantes — Association allemande, 1865 — :

Inclinaison. — *Proportion des essieux enrayés et des essieux libres.*

	Trains de voyageurs.	Trains de marchandises.
$\frac{1}{500}$	1 : 8	1 : 12
$\frac{1}{300}$	1 : 6	1 : 10
$\frac{1}{200}$	1 : 5	1 : 8
$\frac{1}{100}$	1 : 4	1 : 7
$\frac{1}{60}$	1 : 3	1 : 5
$\frac{1}{40}$	1 : 2	1 : 4

Mais la distinction des trains en deux catégories seulement n'est pas suffisante pour régler la proportion des essieux enrayés. Il faut encore tenir compte des différences de vitesse dans chaque catégorie. Le tableau suivant répond à cette condition :

Inclinaison en millimètres par mètre.	Nombre d'essieux libres pour un essieu enrayé :			
	Trains de voyageurs		Trains de marchandises	
	à 60 kil.	à 45 kil.	à 30 kil.	à 20 kil.
2	6	8	15	20
3	6	7	12	15
5	5	6	10	12
10	4	5	6	8
14	3	4	5	6
25	2	3	3	4

et au-dessus.

433. ESSAI DE CLASSIFICATION DES FREINS. — Il faudrait tout un gros livre pour faire une étude complète de tous les systèmes de freins ; il ne s'agit pas, bien entendu, des freins *proposés*, car le nombre en est infini et il s'accroît tous les jours ; mais seulement des freins *employés* sur les chemins de fer de quelque importance.

Nous ne pouvons qu'en faire ici une esquisse très-succincte et, pour cela, nous demandons au lecteur pardon de lui présenter une classification arbitraire, sans aucun caractère scientifique, dont le seul mérite est de lui éviter les redites et les pertes de temps.

Les freins appliqués aux véhicules sont manœuvrés tantôt par le mouvement même du train, tantôt par les agents. Dans ce dernier cas, la manœuvre s'effectue à un signal donné, ou ne s'effectue pas, selon que l'agent est ou n'est pas à son poste, est éveillé ou dort, et obéit plus ou moins promptement au commandement du signal. De là vient notre division des freins en deux classes : freins facultatifs, freins automoteurs. Puis dans chacune de ces classes nous avons fait une distinction entre les freins à patins glissant sur le rail et les freins à sabots appliqués sur roues. Enfin dans chacun de ces groupes nous avons séparé les freins appliqués sur les véhicules isolés, des freins employés sur tous les véhicules d'un train. C'est en partant de ces bases que nous nous traçons le cadre suivant :

1re classe. FREINS FACULTATIFS.

1er groupe. **Freins glissants :** α, *patins simples ;* β, *patins sous roues ;* γ, *mâchoires.*

2e groupe. **Freins roulants :** A. *Freins isolés*, dans lesquels nous trouvons toutes les combinaisons des transmissions de mouvement par leviers, vis, crémaillère, coin, etc. B. *Freins continus*, catégorie qui comprend tous les systèmes de freins appliqués à tous les véhicules d'un train et mis simultanément en jeu.

2e classe. FREINS AUTOMOTEURS.

Nous ne rencontrerons dans cette classe, en fait d'application du principe général de l'automotion, que le *frein Guérin*. Les autres applications ne sont que des cas particuliers de freins fonctionnant automatiquement en cas d'accident, comme le *frein à patin* du plan incliné de Lausanne-Ouchy, le *frein à mâchoires* de la Croix-Rousse et les freins continus à air ou à transmission électrique.

§ 11. FREINS GLISSANTS.

434. FREIN A PATINS. — On a vu ce frein, dû à M. Laignel, en fonction sur le plan incliné de Liége, à l'époque où cette section était exploitée à l'aide d'une machine fixe. Le vagon muni de ce frein et de l'appareil d'attelage au câble se plaçait toujours à l'aval du train. Il portait entre ses six roues quatre patins en bois, suspendus par des tiges, à l'extrémité de leviers manœuvrés à l'aide de vis à manivelles, et dont les écrous étaient fixés au sommet de colonnes en fonte placées sur le plancher du vagon.

Quand on veut faire agir ce frein, il suffit de tourner les vis avec un effort suffisant pour appliquer la plus grande partie, sinon la totalité du poids du vagon, sur les patins. On peut d'ailleurs, avec un lest suffisant, obtenir au moyen de ce frein un frottement aussi énergique que le comporte l'inclinaison du plan incliné, à la condition que cette inclinaison ne dépasse pas la tangente de l'angle de frottement, soit 0,15 à 0,20.

435. *Frein à patin des routes.* — Nous avons appelé, dans les termes que nous reproduisons ici, l'attention de la Société des ingénieurs civils, dans la séance du 21 juillet 1876, sur ce frein, employé par le chemin de fer de Smyrne-Aïdin (Asie-Mineure) pour la descente des fortes rampes.

La ligne de Smyrne à Aïdin a une longueur totale de 130 kilomètres que l'on peut diviser en trois sections au point de vue de la traction, savoir :

a. Section de Smyrne à Ayasoulouk (Éphèse) : inclinaison maxima, $1/70^e = 0^m,0143$; longueur, 77 kilomètres ;

b. Section d'Ayasoulouk-Azizieh-Balatchik : inclinaison maxima 1/36° = 0ᵐ,028 ; longueur, 22 kilomètres ;—voir le profil en long, fig. 6, pl. XXXV ;

c. Section de Balatchik à Aïdin : inclinaison maxima, 1/67° = 0ᵐ,0145 ; longueur, 31 kilomètres.

Dans la section *b* le chemin de fer s'élève à partir d'Ayasoulouk dans la vallée du Caystre, le long d'une gorge aux pentes abruptes, par une rampe continue de 0ᵐ,028 par mètre sur 8ᵏ,75, et, après avoir traversé deux tunnels de 230 mètres et 1ᵏ,100 de longueur, franchit le col à Azizieh, puis descend, par une pente qui atteint 0ᵐ,020, sur Balatchik, où il arrive après un parcours de 13 kilomètres sur le versant nord du Méandre. Dans ce passage, la ligne se déroule en courbes très-nombreuses qui changent brusquement de sens, sans alignements droits intercalés, bien que leur rayon descende jusqu'à 244ᵐ,50 en maints endroits.

Chaque train venant soit de Smyrne, soit d'Aïdin, trouve au pied de la rampe une machine de renfort qui le pousse en queue jusqu'au sommet du col, à Azizieh. En marchant d'Azizieh vers Balatchik (direction d'Aïdin), le train descend sur la pente de 0ᵐ,020 à l'aide de ses freins ordinaires. Les machines n'ont point d'appareil pour la marche à contre-vapeur.

En sens inverse, le train qui descend d'Azizieh vers Ayasoulouk et Smyrne, sur la pente de 0ᵐ,028, est muni, à la station d'Azizieh, de patins en fer, tenus en réserve, et placés sous un certain nombre de roues (1 essieu enrayé sur 8). Ainsi, sur 24 vagons, 6 essieux descendent sur patins. Chaque patin ou sabot *p* se compose d'un morceau de fer d'angle de 0ᵐ,100 de largeur et 0ᵐ,45 de longueur (fig. 7 et suiv., pl. XXXV), dont 0ᵐ,35 portent sur le rail et 0ᵐ,10 se relèvent pour recevoir la chape *c* de la chaîne qui retient le sabot. L'épaisseur du fer est de 0ᵐ,015, et la hauteur du retour d'équerre, qui fait l'office du boudin des roues contre le rail, est de 0ᵐ,030.

La chape c, qui saisit l'extrémité du patin p, porte l'une des extrémités m d'une chaîne en fer, dont l'autre extrémité M est suspendue à un crochet a, fixé dans une des traverses de châssis t qui se trouve à $1^m,83$ de l'essieu à enrayer, à l'aplomb du rail et à l'opposé de la charnière b de suspension du sabot de frein roulant ordinaire dont tous les vagons sont armés.

Il est évident, d'ailleurs, que les freins à patins ne peuvent trouver d'application que dans des cas limités, où les véhicules enrayés par ce procédé n'ont pas à traverser les plaques tournantes, changements et croisements de voie, etc.

Le train, garni de ses patins, descend la pente en vingt minutes, avec une vitesse moyenne de 20 à 24 kilomètres à l'heure. Si la vitesse devient trop grande, on fait usage des freins ordinaires des vagons et du tender. On arrête le train avant d'atteindre les aiguilles de la station d'Ayasoulouk, et on refoule, pour dégager les patins qu'on suspend au châssis.

Chaque patin devient hors d'usage après dix voyages, soit après un parcours de $10 \times 8^k,75 = 87^k,5$. On le répare à la forge en rapportant une nouvelle mise.

Ce moyen d'enrayage est appliqué depuis plus de six années et n'a donné que de bons résultats ; il évite le glissement des bandages enrayés par les freins ordinaires, et les frais considérables d'entretien qui en sont la conséquence, sans parler des dépenses de personnel qu'il faudrait adjoindre aux trains pour le service du plan incliné.

Quant à la sécurité, elle paraît complétement satisfaisante ; le service de contrôle n'a signalé aucun accident survenu, pendant cette période, dans cette partie de l'exploitation.

§ III. FREINS ROULANTS ISOLÉS.

436. FREIN A LEVIER SIMPLE. — Ce frein, représenté par les fig. 4, 5, 7 et 9, pl. XXIII ; 14 à 17 ; 22 et 23, pl. XXVII, se compose d'un sabot pressé contre la face de roulement du bandage, par un levier formé d'une forte barre de fer méplat, montée, à l'une de ses extrémités, sur l'arbre des sabots qui tourne dans des supports en fonte fixés au châssis. L'autre extrémité se termine par un enroulement formant poignée. Une coulisse à crans, également fixée aux longerons, sert de guide et d'arrêt à la barre du levier.

Ce système de frein s'applique tantôt sur une seule roue d'un véhicule, tantôt sur les deux roues placées du même côté du châssis, tantôt enfin sur les deux roues d'un même essieu. Les deux premiers modes d'application des sabots sont le plus désavantageux de tous, car ils tendent à fausser les branches des plaques de garde, à écarter les essieux du parallélisme, et à les tordre. L'enrayage des roues d'un même essieu évite ces inconvénients.

Le rapport des bras de levier de ce genre de frein détermine l'intensité de cette pression. Soient l la longueur du petit bras, L celle du long bras terminé par la poignée ; l'effort exercé par la main de l'homme est multiplié par le rapport $\frac{L}{l}$. Si on désigne par f le coefficient de frottement du sabot, par Q l'intensité de l'effort exercé sur la poignée, l'effort au pourtour de la jante sera représenté par le produit $f . Q . \frac{L}{l}$. Cet effort doit suffire pour empêcher la roue de tourner. — La force qui tend à faire tourner la roue c'est le poids du véhicule multiplié par le sinus de l'angle que fait le rail avec l'horizontale ou par i, nombre de millimètres de pente par mètre — 34 —, c'est-à-dire P. i, moins la résistance R propre du véhicule au mouvement. Soit q, cette résistance par tonne ; on aura l'égalité $f . Q . \frac{L}{l}$

$=\mathrm{P}(i-q)$. S'il s'agit de déterminer Q, la force nécessaire pour arrêter un vagon sur une pente donnée, prenons, par exemple, les dimensions du frein du vagon de l'Ouest fig. 4, 5, 7, pl. XXIII — qui nous donne $\mathrm{L}=2^m,35$, $l=0^m,235, f=0,15, \mathrm{P}=15000\,\mathrm{k}.\ i=10^{mm}, q=2^k,5$; nous aurons $\mathrm{Q} \doteq \frac{0,235 \times 15 \times 7,5}{0,15 \times 2,350}=75$ kilogrammes, c'est-à-dire tout le poids d'un homme. On voit que l'action de ces freins à levier simple est très-limitée.

Pour en accroître l'intensité, on avait organisé, sur l'ancien chemin de fer de Saint-Etienne à Lyon, un service de vagonniers munis d'une fourche et d'un moufle qui servaient à serrer les leviers de frein à sabots, en descendant de Saint-Etienne à Rive-de-Gier ; — arrivé au bas du plan incliné, le vagonnier remontait l'attirail à Saint-Etienne.

Le seul cas dans lequel la simple manœuvre à levier, — c'est-à-dire composée d'un seul de ces organes, — puisse aujourd'hui trouver une application vraiment avantageuse, est celui de la disposition proposée par M. Stilmant. L'énergie de serrage obtenue par l'application du coin, jointe à la rapidité de manœuvre qui résulte de l'emploi du levier comme moyen de transmission, font de la réunion de ces deux organes un système répondant aux conditions que nous avons énoncées plus haut.

437. FREIN A LEVIERS COMBINÉS, *système Tabuteau*. — Sur le chemin de fer du Midi on trouve une application du frein à levier qui se distingue par l'interposition, entre le levier de manœuvre $a\,bc$, fig. 11 A et 11 B, pl. XXXII et la tige de transmission ts, d'un système de leviers articulés formant *genou* dont l'action sur les sabots est très-énergique. Dans cette combinaison, les points f, f' et f sont fixes ; la course de la poignée est un peu longue et assez fatigante ; une lentille en fonte ajoute l'action de son poids à celle de la main du garde-frein et en allège un peu le travail. Cette disposition compliquée, dans laquelle il n'y a

rien pour régler le serrage des sabots, imposant un surcroît de travail au garde-frein, ne trouve pas beaucoup
d'accueil en dehors du réseau du Midi.

438. *Frein à coin.* — On peut obtenir un effet plus sûr et
plus rapide en combinant le levier simple avec un coin en
fer mobile dans le sens vertical et pressant par ses deux
faces obliques les supports de sabots : c'est le frein Stilmant. Les figures 15 et 16, pl. XXXII, représentent à
l'échelle de 1/20 une application de ce frein à la voiture de
Bayonne-Biarritz (fig. 5, pl. V).

Le *coin* de M. Stilmant se compose de deux patins articulés *ff* qui glissent entre les deux branches *Op*, *Oq*, reliées par articulation aux tringles des sabots de frein. Ces
deux patins *ff* font, à l'égard des branches *Op* et *Oq*, l'office
des deux leviers d'un genou. Dans la figure 15, les patins
sont en haut de leur course, relevés par la bielle *ta* qui
est reliée au système de leviers *cba*. Quand le point *a* commence à descendre, l'angle du coin étant très-aigu, la vitesse
de serrage est plus grande que lorsque, comme dans la
figure 16, l'angle formé par les patins est plus ouvert ; à ce
moment la vitesse est moindre, mais l'effort sur les bielles
augmente. L'action de ce frein est limitée à la largeur
maxima des patins au point d'articulation. Avec des sabots
métalliques on peut y trouver des garanties contre le calage.

439. *Freins à vis ou à crémaillère.* — Pour obtenir un
serrage convenable des sabots, nous savons que la transmission de l'effort par levier simple est insuffisante. On
remplace l'action directe de la main de l'homme par celle
d'une vis qui tantôt, serrée dans un écrou, avance ou recule
selon le sens de rotation imprimé à la manivelle qui la
termine, tantôt au contraire reste fixe, mais fait, par sa
rotation, monter ou descendre un écrou relié par des
leviers articulés aux sabots de frein.

La transmission à vis le plus fréquemment appliquée
comprend une tige verticale de $0^m,030$ de diamètre, placée
à la portée du garde-frein et pouvant tourner dans deux

collets fixés à la paroi du véhicule ; sur une partie de sa longueur entre les deux supports, elle est filetée et traverse un
écrou qui monte ou descend suivant le sens du mouvement
de rotation transmis à la tige par un volant à manette calé
à sa partie supérieure. L'écrou, de son côté, transmet le
mouvement, par un levier coudé, à la tige horizontale
placée sous le châssis, qui avance ou recule selon le sens
du mouvement appliqué à la vis, en imprimant un mouvement analogue aux sabots, soit directement, soit par l'intermédiaire d'un arbre horizontal suspendu au châssis
(fig. 7, pl. III ; fig. 5, pl. V ; fig. 1, 2, pl. VII ; fig. 1 et 2,
pl. XII).

Quelquefois on rencontre, à la place de la vis et de son
écrou, un pignon monté sur un arbre à manivelle et mettant en mouvement une crémaillère, qui, en montant ou en
descendant, agit sur les tringles de manœuvre des sabots, à
la façon de l'écrou mis en mouvement par la vis.

La crémaillère permet d'enrayer très-vite et de desserrer
plus promptement qu'avec tout autre mode de transmission,
faculté précieuse dans les manœuvres et que possède également le frein Stilmant.

440. Diverses dispositions ont été étudiées en vue d'augmenter la rapidité du serrage de ce mode de transmission.
Tel est le but du frein de M. Bricogne, appliqué sur le
chemin de fer du Nord français, et dont le principe consiste
à obtenir le contact des sabots sur la roue par la chute
rapide d'un contre-poids, en réservant l'action du garde-
frein pour compléter le serrage — 449 —. On gagne ainsi
tout le temps nécessaire à l'agent, dans les freins ordinaires,
pour amener les sabots de leur position initiale au contact
des roues.

441. D'autres fois, on se contente de rendre cette distance
à parcourir aussi faible que possible, en limitant, par des
taquets, le mouvement de recul des sabots. Les figures A, B
montrent deux dispositions de ce genre employées sur les
chemins du Hanovre. Dans la première, l'écrou b vient

rencontrer le taquet·c dans le mouvement de desserrage, afin de pouvoir conserver toujours la même distance, quelle que soit l'usure des sabots. Ce taquet est monté sur une crémaillère que l'écrou b peut entraîner dans son mouve-

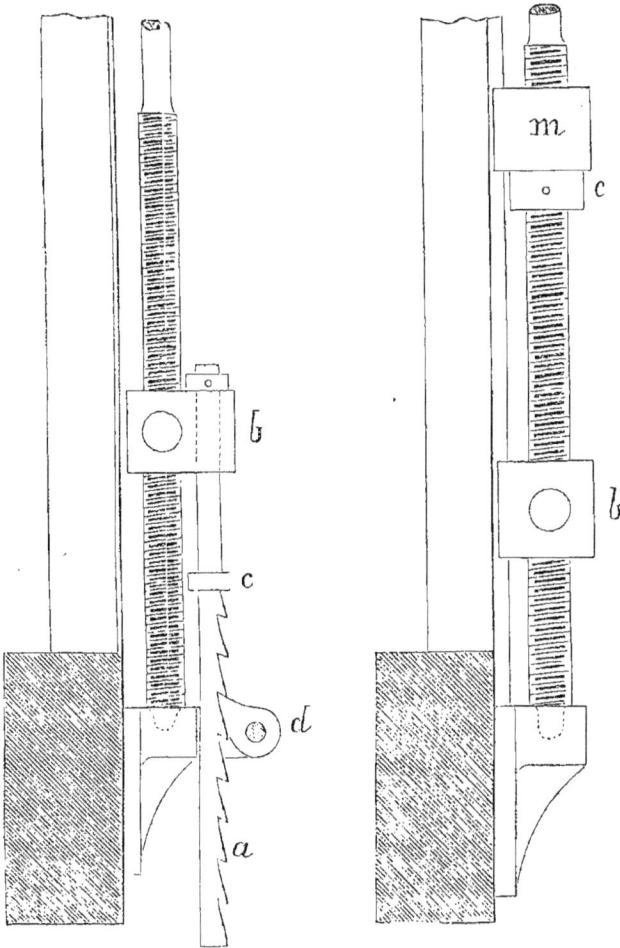

Fig. A.   Fig. B.

Freins. — Transmission de mouvement. — (Hanovre.) Echelle $\frac{1}{10}$.

ment ascensionnel. Dans la figure B, l'écrou m remonte pendant le serrage, s'élève au-dessus de la partie filetée, y reste pendant qu'on achève le serrage du frein, et ne se remet en prise qu'au moment du desserrage et s'arrête sur le contre-écrou c, placé pour limiter le nombre de tours du volant de la vis. Cette pièce peut se fixer à différentes hauteurs, mais une fois fixée elle ne change plus de place. L'une et l'autre solution exige d'ailleurs un entretien suivi. Une disposition analogue est reproduite dans le mécanisme du frein du fourgon de l'Ouest, fig. 1 et 2, pl. XII.

442. Partant du principe suivant, que le frottement de roulement d'une roue sur un rail est environ le double du frottement de glissement de cette même roue glissant sur le rail, les ingénieurs de la Niederschlesisch-Märkichen Eisenbahn ont admis qu'un frein agissant sur des roues en roulement, avec la moitié de la force nécessaire pour les caler, exerce un effet d'enrayage aussi grand que si les roues étaient amenées au glissement par une force double. La solution consistait donc à limiter l'effort sur le volant du frein, en rendant impossible le mouvement de la vis, aussitôt qu'il aurait atteint une valeur maxima déterminée à l'avance. Mais, considérant que cette valeur ne pouvait être constante et devait nécessairement varier avec la charge du véhicule, ils ont intéressé le poids de ce dernier en réunissant, au moyen d'un système de balanciers convenablement calculé, la crapaudine d du support de la vis de transmission aux ressorts de suspension du véhicule (fig. 12, pl. XXXII). Aussitôt que l'effort exercé par le garde-frein sur le volant, dépassant la résistance du support, fait fléchir le ressort, tout le système de la transmission s'abaisse, et un taquet s, monté sur la vis, venant buter contre un arrêt p, fixé à la charpente du véhicule, rend impossible un serrage plus complet. Les longueurs du balancier sont calculées de manière que l'effort des sabots sur la roue ne dépasse jamais le quart de la charge totale des ressorts.

443. FREIN A HUIT SABOTS. — Les figures 17 à 27, pl. XXXVI, donnent les détails du frein à huit sabots de l'Etat hongrois. Les sabots sont en bois, et les porte-sabots, sus-

pendus au châssis, sont munis de vis et d'écrous de rappel pour racheter l'usure des sabots.

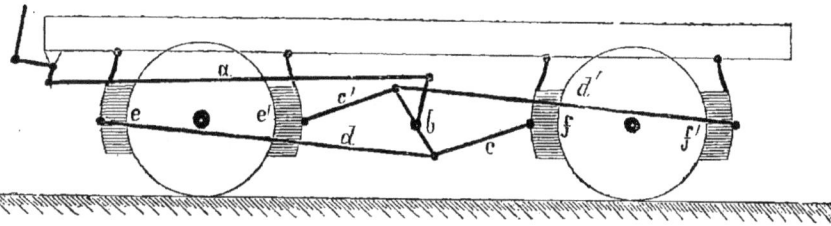

Fig. A.

Il y a deux modes de transmission d'action sur les sabots. Tantôt les quatre sabots, placés de chaque côté du véhicule,

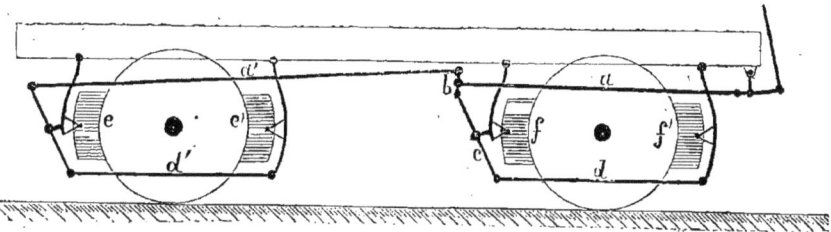

Fig. B.

sont mis en mouvement par une tringle qui part d'un arbre sur lequel est calé le levier coudé d'où vient l'action d'enrayage, comme le montrent le croquis A ci-dessus et les figures des planches XXIV et XXV ; tantôt comme l'indiquent les croquis B et C du frein à huit sabots adopté par plusieurs lignes allemandes, celles du Taunus, entre autres, les sabots, s'appuyant

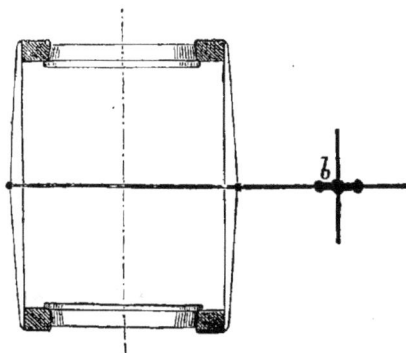

Fig. C.

sur le même côté d'une paire de roues solidaires, fonctionnent sous l'action d'un seul joug ; il suffit que

la transmission de mouvement s'applique aux quatre
jougs pour faire agir simultanément les huit sabots.
La figure C indique en plan les quatre sabots et leurs
jougs agissant sur une même paire de roues. Les quatre
jougs reçoivent l'action de quatre tiges articulées aux extrémités d'un levier calé sur un arbre transversal placé au
milieu du châssis, et sur lequel agit le garde-frein par l'intermédiaire du système de transmission ordinaire. La
figure 3, pl. VII, indique une transmission analogue, mais
pour un frein à quatre sabots seulement.

444. *Observation essentielle.* — Dans l'étude de la transmission de mouvement aux sabots des freins, il faut tenir
compte de deux conditions essentielles : la première est
d'amener très-rapidement les sabots en contact avec les
roues. On comprend, en effet, qu'en raison de la vitesse
quelquefois considérable du train, une perte de temps,
quelque minime qu'elle soit, puisse avoir de très-graves
conséquences.

L'ajustage et le montage de la transmission devront donc
être faits avec le plus grand soin, afin d'éviter toute espèce
de jeu, de *temps perdu* dans les articulations.

La seconde condition, c'est de calculer avec soin les rapports des différents organes, dans le but d'arriver à la pression voulue des freins sur les bandages, avec le minimum
d'effort de la part de l'agent chargé de la mise en action du
frein.

Ainsi, rapidité de mouvement et facilité de manœuvre
sont les deux conditions essentielles auxquelles doit satisfaire une bonne transmission.

En outre, toutes les pièces doivent être fabriquées en
bonne matière, de façon à ne pas refuser le service précisément au moment où l'on peut en avoir le plus grand
besoin.

§ IV. FREINS ROULANTS CONTINUS.

445. Toutes choses égales d'ailleurs, l'arrêt d'un train s'obtient dans un espace de temps et de chemin d'autant plus court, que la mise en activité des freins est plus rapide et le nombre d'essieux enrayés plus grand.

Le but des freins continus, c'est d'obtenir ce double résultat en réduisant le nombre des garde-freins au strict nécessaire, tout en multipliant le nombre des essieux enrayés et en mettant la manœuvre simultanée à la disposition du premier agent venu du train, le machiniste en tête, qui reconnaît la nécessité de l'arrêt.

En conservant les freins isolés, le nombre des véhicules munis de freins placés dans un même train peut devenir, dans certains cas, considérable et exiger l'emploi d'un nombreux personnel, que l'on cherche à diminuer autant que possible.

La nécessité de concentrer en une seule main l'action à transmettre au plus grand nombre de freins que la transmission peut atteindre, est reconnue depuis longtemps.

Avec les freins à vis et à crémaillère, la disposition adoptée dans ce but en Autriche, en Hongrie, en Prusse et sur les chemins suisses, consiste à fixer les appareils de manœuvre sur de petites plates-formes situées à l'une des extrémités de la voiture ou du vagon. En accouplant les plates-formes de deux véhicules à freins, on peut ainsi faire manœuvrer les deux appareils par un seul agent. Cette disposition s'applique facilement aux voitures du type américain et suisse (fig. 5, pl. V ; fig. 10, pl. VI ; fig. 1 à 6, pl. VII ; fig. 4, pl. XXIV).

Mais elle ne résout pas le problème de la simultanéité de la mise en prise des sabots de frein.

Celle que nous allons indiquer est un acheminement à la solution.

446. FREINS A TRANSMISSION FUNICULAIRE. — α. *Frein Exter*.
— C'est un frein à levier vertical arrangé par M. Exter, ingénieur aux chemins bavarois de l'Etat, pour être manœuvré à distance, ce qui permet de confier l'enrayage simultané de plusieurs freins au même agent (fig. 1 à 6,
pl. XXXII). Le levier *h* s'élève verticalement à l'une des
extrémités de chaque voiture, de manière à dépasser la
toiture d'une quantité suffisante pour laisser à la corde de
manœuvre toute son action. Un ressort, fixé d'un côté aux
parois de la caisse et appuyant de l'autre sur le levier par
l'intermédiaire d'un galet, mantient constamment le levier
écarté et, par conséquent, le frein desserré. La corde, passant sur une poulie *r*, dont la chape est fixée au levier, permet d'effectuer le serrage à distance. Une seconde poulie
de renvoi *p*, horizontale, fixée sur le toit de la voiture, sert
à renvoyer le mouvement d'un véhicule au suivant ; enfin,
l'extrémité de la corde aboutit à un tambour manœuvré par
le garde-frein à l'aide d'un volant *m* et de deux roues
d'angle. Un seul agent peut ainsi, à l'aide de cette disposition, donner le mouvement aux freins de quatre voitures.
Un poids *g*, suspendu à un tambour à déclic, permet d'a-
mener rapidement les sabots au contact des roues ; le
garde-frein n'a plus qu'à compléter le serrage, en agissant
sur le volant *m*.

Les vagons à minerai du chemin du Rostock-Marksdorf
(fig. 19 à 21, pl. XXVII)— 236 — ont tous un frein à quatre
sabots, mis en activité par un levier dont l'extrémité porte
une poulie qui se trouve comprise entre deux autres poulies
suspendues au châssis. Une corde, partant d'un tambour
que le garde met en mouvement par roues d'angle et volant,
passe successivement en dessous et en dessus de ces trois
poulies, et par sa tension fait abaisser le levier à sabots. Un
garde suffit pour manœuvrer les freins de cinq vagons sur
des pentes de 0^m,025.

447. β. *Frein Clark*. — Dans la disposition primitive de ce
frein, le serrage des sabots était obtenu à l'aide d'une chaîne

qui, pour conserver une longueur constante en passant d'un véhicule au suivant, traversait un système de trois poulies maintenues aux sommets d'un V à angle variable et dont les deux branches articulées au sommet de l'angle étaient formées de deux barres rigides.

Depuis plusieurs années, on a considérablement réduit en Angleterre, et surtout dans les trains circulant à Londres et aux environs, la variation de distance entre les véhicules, par la diminution de course des appareils d'accouplement. Cette réduction de longueur des intervalles entre voitures a permis de supprimer les trois poulies de jonction dont il vient d'être parlé et d'opérer, avec un simple crochet, l'accouplement des chaînes du frein. Les figures 7 et 8, pl. XXXII, représentent, réduits à leurs axes, les éléments de ce système. Dans la figure 7 on voit les sabots de frein reliés à une masse pesante p par des tringles aboutissant à deux poulies i et j maintenues à distance constante des poulies h et k par les barres rigides ih et jk. Autour de ces deux poulies passe une chaine g sur laquelle on peut exercer une tension. L'effet de cette tension est de rapprocher l'une de l'autre les deux poulies i et j, en soulevant le poids p, et par conséquent de serrer les sabots contre les roues. Cette tension cessant, le poids p descend, fait éloigner les deux poulies l'une de l'autre et, par suite, les sabots des jantes.

La tension des chaînes s'effectue par l'appareil moteur monté sur un autre véhicule, fourgon ou voiture, fig. 8. Entre les deux paires de roues, se trouvent deux poulies de friction e, f que le garde peut amener au contact des bandages de roues à l'aide de la transmission de mouvement $a\,b\,c\,d$.

Ce système est appliqué sur plusieurs lignes anglaises, — North-London, Great-Western, etc. —.

448. γ. *Frein Heberlein*. — Les croquis figures 9 et 10 de la planche XXXII indiquent les dispositions générales de ce frein. L'un des essieux d'un vagon placé dans le train

(fig. 9) porte deux manchons garnis de bois. Sur ces manchons peuvent s'appuyer deux rouleaux de friction $c\,c$, maintenus entre les deux branches d'un cadre $o\,b\,d$ disposé pour tourner autour d'un tourillon O suspendu au châssis du véhicule. L'autre extrémité d du cadre est reliée par une articulation à la tige $d\,i$ retenue sur un taquet d'arrêt par la tringle à poignée K.

Sur les axes des deux rouleaux $c\,c$ on place des tambours au pourtour desquels s'enroule une chaîne g. Quand le garde veut faire agir les freins, il tire la tringle K. Le cadre $o\,b\,d$ s'abaisse, les galets de friction $c\,c$ sont entraînés par le mouvement de l'essieu et la chaîne g mise en tension. Du vagon moteur la chaîne g passe dans le vagon de transmission (fig. 10) et aboutit à une poulie g' montée sur le levier coudé f et mouflée avec une autre poulie H. L'action de la chaîne g sur ces moufles fait relever le levier f, qui agit à la manière ordinaire par tringles sur les sabots des freins.

Le machiniste peut aussi enrayer le train, en tirant une ficelle $m\,n$ qui part d'un tambour placé sur la locomotive, passe par le verrou de déclanchement de la tige i et aboutit à un second tambour placé sur le dernier vagon.

Pour désembrayer, il suffit de soulever le cadre $o\,b\,d$ à l'aide du levier $K\,l\,p$. Le poids seul du levier f, abandonné à lui-même, suffit pour faire dérouler les chaînes g et écarter les sabots des roues.

Ce système de frein est appliqué sur plusieurs trains d'essai en Bavière et en Allemagne. Nous l'avons vu également fonctionner sur un train des chemins de fer de Constantinople à Andrinople. Quelques secondes suffisent pour obtenir l'arrêt d'un train lancé à la vitesse de 40 à 50 kilomètres à l'heure.

449. Frein Newal, a transmission rigide. — Ce frein, depuis longtemps en fonction sur le Lancashire-Yorkshire Ry et sur le chemin du Nord français, permet à un seul garde de manœuvrer à la fois les freins de plusieurs véhi-

cules, en imprimant un mouvement circulaire à un arbre horizontal $t\,t$ (fig. 13 et 14, pl. XXXII), suspendu sous chaque voiture. Ce mouvement, transmis d'un véhicule à l'autre par un *joint universel* t', est produit en deux périodes. Dans la première, le garde dans le fourgon déclanche un contre-poids en fonte A ajouté à une crémaillère et retenu dans sa position supérieure par un petit mécanisme à déclic; en tombant, la crémaillère A g fait tourner une roue dentée calée sur l'arbre $t\,t$; elle appuie en même temps sur l'extrémité du levier $c\,b\,a$ qui met en prise les sabots de frein. Dans la seconde période, le garde complète le serrage des sabots en faisant tourner l'arbre vertical n à double engrenage conique, au moyen du volant M, qui fait appuyer la queue de la crémaillère sur l'extrémité a du levier des sabots.

L'arbre de transmission $t\,t$ de chaque voiture, mis en mouvement par le fourgon moteur, fait tourner une petite roue dentée qui, à son tour, appelle une crémaillère et un poids P (fig. 14) dont l'action sur l'extrémité a du levier de commande des sabots produit l'enrayage des roues.

Les véhicules à frein continu sont groupés au nombre de trois, chaque groupe placé en tête et en queue du train. Pour que chaque véhicule soit toujours orienté, il y a, sous le châssis, deux arbres $t\,t$ placés de chaque côté de l'axe. La communication du mouvement d'un arbre à l'autre s'effectue par une transmission à courroie croisée en fer feuillard.

Le déclanchement des poids-crémaillère de chaque fourgon moteur peut être également opéré par le machiniste, à l'aide d'une corde qui court tout le long du train.

450. Frein Westinghouse, a air comprimé. — Ce système de frein consiste, dans ses dispositions actuelles, à munir chaque véhicule d'un réservoir spécial ou auxiliaire d'air comprimé, d'un cylindre dans lequel se meut un piston qui commande les sabots de frein, et d'un appareil de distribution de l'air comprimé, fourni à tous les véhicules par une conduite générale reliée à un réservoir et à une machine à comprimer, l'air placés sur la machine.

Cet appareil de distribution doit livrer passage à l'air comprimé se rendant soit dans le réservoir auxiliaire, soit dans le cylindre à piston des sabots, soit dans l'atmosphère. La figure 6, pl. XXXI, montre, par une coupe verticale[1], cet appareil, qui comprend : 1° un robinet à quatre voies, mettant en communication les cylindres A et B avec les conduites E et F ; la tubulure E communique avec la conduite générale, la tubulure F avec le cylindre à piston qui commande les sabots ; une troisième tubulure, dont la projection est figurée par un cercle en arrière de la tige du piston g, débouche dans le cylindre B ; 2° un cylindre A, dans lequel se meut un piston g guidé par une tige verticale percée à son centre d'un petit canal $g\,h$; 3° un cylindre B muni d'un tiroir, libre de se mouvoir entre deux saillies venues sur la tige du piston g.

Dans le cylindre B on a ménagé deux ouvertures m et d : m conduit, par le robinet à quatre voies, à F et de là au cylindre des freins ; d, à l'atmosphère. Par le petit canal $g\,h$, percé au centre du piston g muni d'une garniture hermétique, le cylindre A communique avec le cylindre B. Dans ce petit canal pénètre à frottement l'extrémité d'une tige qui y est toujours poussée par un ressort à boudin.

L'air comprimé venant par E, de la conduite générale, passe dans le cylindre A, de là par $g\,h$ dans le cylindre B, et, de là, dans le réservoir auxiliaire.

La conduite générale et toutes ses dépendances étant en charge, pour serrer les freins il suffit de laisser sortir l'air de la conduite générale ; la pression diminue dans le cylindre A, le piston g s'abaisse et l'ouverture $g\,h$ est bouchée par la tige à ressort inférieur. Le tiroir c s'abaisse, découvre l'ouverture m et met en communication directe le réservoir auxiliaire avec le cylindre à piston des sabots de frein.

Les figures 9 et 10, pl. XXXI, représentent une application du système Westinghouse à la grande voiture à douze roues du Midland Ry — 78, 315, 372 —. Dans le cylindre M, se meut le piston qui commande les leviers articulés aux tiges *t t* de manœuvre des sabots de frein *m m*.

Pour éviter le serrage spontané des freins par l'effet de quelque fuite, une soupape dite *de sûreté* (fig. 7) laisse échapper l'air comprimé, lorsqu'il se dégage en petite quantité ; elle se ferme quand les freins sont en activité et que l'air s'écoule avec violence.

Le desserrage des freins s'obtient en établissant la communication de la conduite générale avec le réservoir principal. L'air comprimé s'introduit dans la chambre A et soulève le piston *g*, puisque l'air s'est détendu dans le cylindre B. Alors le canal *g h* se rouvre ; la communication se rétablit entre le réservoir principal et le réservoir auxiliaire, et elle cesse d'exister avec le cylindre à piston-moteur des freins.

Pour accoupler les sections de la conduite générale placées sous deux véhicules consécutifs, on se sert de tuyaux en caoutchouc reliés au milieu par un joint métallique représenté en coupe longitudinale par la figure 8, pl. XXXI. A chaque bout de tuyau est attachée une moitié de ce joint qui s'emmanche dans son conjugué, avec lequel il est relié par les saillies à baïonnette *b b'* et les gorges *a a'* ; chacune de ces moitiés porte une soupape évidée, à ressort. Lorsque la conduite générale est en fonction, l'air comprimé circule dans les évidements des soupapes et passe de *c'* en *c'*. S'il survient une rupture du joint, soit accidentelle, soit voulue, les deux moitiés du joint étant séparées, les têtes des soupapes, refoulées par leur ressort, s'appliquent contre leur siége en caoutchouc, et l'air comprimé ne peut s'échapper : comme la communication n'existe plus avec le réservoir principal, le réservoir auxiliaire agit sur les pistons des freins et produit l'enrayage.

Voici le résultat de quelques expériences faites sur le chemin de Glascow à Edimbourg, à la suite desquelles le North British Ry a décidé l'application de ce système d'enrayage à tout son matériel (le train pesant 167¹,5 portait 46 sabots appliqués à 133 tonnes, savoir : machine, 4 sabots ; tender, 6 ; voitures, 36 sabots) :

Vitesse en kilomètres à l'heure.	Arrêt obtenu :	
	en secondes.	en mètres.
48	12,5	103,35
64	16,0	168,60
80	18,9	240,40
88	21,0	277,00

Les avantages du frein Westinghouse peuvent se résumer ainsi :

1° Le mécanicien, chaque garde-train peut arrêter le train par l'ouverture d'un robinet ;

2° Toute portion séparée du train s'arrête automatiquement ;

3° De l'intérieur de chaque voiture on peut donner un signal d'appel par un sifflet à air et par un signal saillant de la voiture, quand on manœuvre ce sifflet ;

4° La manœuvre des sabots peut être rendue indépendante de la transmission à air comprimé, puisque, l'air comprimé n'agissant plus, le piston commandeur n'est soumis des deux côtés qu'à la pression atmosphérique ;

5° Il peut fonctionner aussi bien avec l'air raréfié qu'avec l'air comprimé.

451. Frein Smith, a air raréfié. — Nous avons vu fonctionner, il y a plusieurs années déjà, au palais de l'Industrie à Paris, le modèle à petite échelle d'un frein agissant par la pression atmosphérique, proposé par M. du Tremblay. Cette idée, reprise en Amérique, y a trouvé des applications pratiques ; puis en Europe, où elle est à l'état d'expériences sous le nom de M. Smith, son propagateur. Le chemin de fer du Nord, en France, l'essaye depuis plus d'un an ; les résultats obtenus sont très-satisfaisants, et l'on attend avec impatience la relation officielle des expériences que M. l'in-

génieur Banderalli a bien voulu promettre à la Société des
ingénieurs civils — 123 —.

Nous avons reproduit, dans les figures 1 à 5, pl. XXXI,
les croquis des dispositions principales adoptées par l'inventeur, et que nous devons à l'obligeance de M. l'ingénieur
Bricogne. La figure 3 représente une coupe de l'*éjecteur*, sorte
de *Giffard* placé sur la boîte à fumée de la machine, et dans
lequel la vapeur injectée produit une aspiration d'air qui
forme un vide partiel dans la conduite établie sous toutes
les voitures du train. Cette conduite est en communication
avec un soufflet en caoutchouc C' (fig. 3), dont un fond,
celui du milieu, est fixe ; les deux fonds extrêmes, mobiles,
sont reliés avec les tringles qui agissent sur les sabots de
frein.

L'accouplement des tuyaux de conduite est effectué à
l'aide de tubes en caoutchouc disposés de telle sorte qu'en
cas de rupture d'attelage, le tube de connexion *g* (fig. 4) se
trouve fermé par le bout pendant du boyau G.

Le serrage des freins s'opère par la manœuvre de deux
organes : 1° le robinet de vapeur, qui forme injection dans
l'appareil A (fig. 1 et 3) et aspiration dans le soufflet C' ; 2° la
soupape placée en bas de l'éjecteur et qui donne accès à
l'air atmosphérique. Le desserrage se fait par la manœuvre
inverse.

L'effet de ce frein est instantané et sans secousses. Quelques secondes et un parcours de 320 mètres au maximum
suffisent pour obtenir l'arrêt d'un train lancé à des vitesses
atteignant jusqu'à 72 kilomètres à l'heure.

452. La commission royale anglaise nommée, en 1874,
pour les accidents de chemin de fer, a publié récemment un
Blue Book relatant les nombreuses expériences qu'elle a
faites sur divers freins continus. Elle ne se prononce en
faveur d'aucun système de frein, mais les tableaux qu'elle
publie indiquent que les freins à air comprimé Westinghouse ont donné de meilleurs résultats que les autres, à la
tête desquels vient le frein par le vide *Smith*, dont la très-

grande simplicité de construction, ajoutée à son efficacité reconnue, est un titre de recommandation.

453. Frein Achard, a transmission électrique — 121 —. Le but poursuivi, depuis près de vingt ans, par l'inventeur a été : 1° de rendre possible la manœuvre de tous les freins du train par un seul agent placé soit sur la machine, soit en un autre point ; 2° d'arriver à une disposition telle, que la rupture d'un attelage ou simplement d'un des conducteurs électriques qui servent à la manœuvre, fasse agir les freins automatiquement. Comme on le voit, le problème présentait un véritable intérêt, et la solution a été aussi complète que possible.

L'un des essieux de la voiture porte un excentrique sur lequel peut appuyer un levier en fer doux, qui, animé alors d'un léger mouvement d'oscillation, fait marcher, par l'intermédiaire d'un cliquet, un arbre auxiliaire parallèle aux essieux. Un électro-aimant, dans lequel circule un courant électrique, retient le levier suspendu et ne lui permet de s'appuyer sur l'excentrique que lorsque le courant vient à être interrompu soit par l'agent du train, soit à la suite de la rupture du fil conducteur. Dans l'un ou l'autre cas, l'arbre intermédiaire, mis en mouvement par le levier et son cliquet, entraîne en tournant un électro-aimant calé sur lui. D'autre part, l'arbre de transmission de mouvement des freins porte un levier mû par une chaîne qui s'enroule sur deux tambours portant chacun un plateau en fer doux et montés fous sur le même arbre que l'électro-aimant, de telle sorte que l'action de ce dernier sur les plateaux, lorsque le courant électrique agit, les oblige à tourner avec lui et fait enrouler la chaîne qui agit sur le levier et sur les freins.

Un troisième électro-aimant et une pile placée sur le véhicule font circuler un courant dans le deuxième aimant aussitôt que l'autre courant se trouve interrompu dans le premier, et, de cette façon, le fonctionnement de l'appareil

peut se faire, soit à volonté du mécanicien, soit indépendamment de lui, toutes les fois qu'une cause quelconque
vient interrompre le courant principal. Une sonnerie, mise
en action dans le même cas, avertit les agents du train du
fonctionnement de l'appareil. Le frein Achard est toujours
en expérimentation sur un train du chemin de fer du Nord.

454. *Application du frein électrique sur les chemins de fer
rhénans*. — Variante du frein Achard, l'appareil installé en
arrière d'un essieu comprend : 1° un arbre portant à ses
deux extrémités un électro-aimant circulaire qui touche
l'essieu ; 2° sur le milieu de l'arbre, un électro-aimant de
$0^m,125$ circulaire, dont les faces latérales sont parfaitement polies au tour ; 3° dans chaque intervalle qui sépare
cet électro-aimant central des électro-aimants extrêmes, un
tambour, fou sur l'arbre, autour duquel s'enroule une chaîne
reliée à un grand levier qui met en mouvement la tringle
de tirage des blocs de frein.

Chaque voiture porte un fil isolé accouplé à celui de la
voiture voisine. Chaque véhicule à frein est muni de sa
batterie propre, composée de quatre gros éléments, et de
son commutateur à manivelle, portant les inscriptions :
enrayer (E), *désenrayer* (D), *en marche* (M), et à la disposition
soit du mécanicien, soit de chaque conducteur. Quand la
manivelle est placée sur (M), il ne passe aucun courant dans
les appareils, toutes les pièces du frein sont au repos. Si la
manivelle est placée sur (E), le circuit électrique s'établit
sur toute la longueur du train ; les électro-aimants entrent
en action ; ceux des extrémités de l'arbre se rapprochent de
l'essieu, qui les entraîne dans son mouvement de rotation.
A leur tour, les électro-aimants extrêmes communiquent
leur mouvement à l'électro-aimant central, pourvu, dès
lors, d'une force d'entraînement suffisante pour faire tourner les tambours à chaînes. Ces dernières agissent sur les
grands leviers, et ceux-ci, à leur tour, sur les sabots de
frein : le train est enrayé.

La manivelle du commutateur est-elle placée sur (D), un

contre-courant circule dans les appareils, l'électro-aimant central abandonne les tambours à chaînes, celles-ci deviennent lâches et les sabots de frein quittent les roues.

Dans le cas de rupture du train, le fil conducteur est disposé de telle sorte, que le circuit se ferme automatiquement et agit immédiatement sur les freins dans les parties séparées du train.

§ V. FREINS AUTOMOTEURS.

455. *Observation préliminaire.* — La transmission de mouvement aux freins à main exige un nombreux personnel et une attention soutenue de la part des agents chargés de la manœuvre ; lors même que ces conditions se trouvent réalisées, il en résulte toujours une certaine lenteur dans le serrage, qui peut rendre quelquefois l'action du frein impuissante contre un accident. L'emploi des freins automoteurs semblerait devoir prévenir ces inconvénients : telle est du moins la cause de la faveur dont a joui cette disposition pendant un certain nombre d'années, et qui, en appelant sur la solution du problème l'attention des hommes spéciaux, a eu pour résultat la découverte des solutions ingénieuses dont nous allons parler.

Quels que soient, toutefois, les résultats obtenus par l'emploi des freins automoteurs et les services très-efficaces qu'ils peuvent rendre dans des circonstances déterminées, il n'en est pas moins vrai que le principe de leur application est toujours, et avec raison, très-contesté par la plupart des hommes du métier. Le mérite du frein automatique consistant dans l'indépendance de son action devient précisément aussi la cause de son inefficacité en certains cas. Il arrive souvent que, dans les circonstances anormales où son secours est non-seulement utile, mais nécessaire pour éviter un accident, il se dérange et devient incapable de fonctionner ; de là, la nécessité de ne pas se reposer entièrement sur lui et de tenir en réserve un moyen d'action dépendant de la volonté de l'homme, qui puisse au besoin le suppléer. La disposition du frein automoteur dépend, d'ailleurs, des conditions particulières dans lesquelles il doit fonctionner, et cette raison s'oppose à la réalisation de l'unité de système nécessaire dans la construction, pour répondre à l'extension toujours croissante des relations des chemins de fer entre eux.

Dans les divers freins automoteurs, la manœuvre est fondée sur des applications parfaitement rationnelles de la mécanique. Mais on ne peut se dissimuler que l'action à produire dépend uniquement du fonctionnement parfaitement régulier, mais inintelligent de tous les organes. Que l'un quelconque de ces organes essentiels vienne à modifier ses fonctions, et la manœuvre du frein est contrariée, son action annulée ou exagérée, en un mot, abandonnée ou laissée à la force brutale. L'exploitation des chemins de fer ne peut pas se soumettre à cette condition. Elle doit exiger de ses ingénieurs l'application d'appareils simples et en tout temps efficaces, de ses agents la vigilance et l'emploi intelligent des moyens mis à leur disposition.

Le frein à main, ajouté aux freins automoteurs, présente, au contraire, une beaucoup plus grande sûreté d'action ; sa simplicité de construction le rend applicable dans tous les cas, et lui permet de se prêter aux circonstances les plus diverses.

Mais si nous sommes arrivé à conclure en faveur des appareils les plus simples, nous devons cependant reconnaître que la recherche des moyens de remplacer dans la manœuvre des freins l'action de l'homme par une action automatique a fait découvrir plusieurs dispositions ingénieuses, parmi lesquelles il en est qui ont donné des résultats sinon absolument satisfaisants, du moins très-intéressants, et méritant à ce titre toute l'attention de l'ingénieur, le frein automoteur de M. Guérin entre autres, les freins à air, et le frein de détresse de la Croix-Rousse, de

Lausanne-Ouchy; bien entendu, sans parler des solutions indiquées plus haut.

456. FREIN GUÉRIN. — Le principe appliqué par M. Guérin à la construction de son frein automoteur est le suivant : Lorsqu'un train est lancé à une certaine vitesse et que le mécanicien ferme le régulateur, les divers véhicules, en vertu de leur puissance vive acquise par le mouvement, exercent les uns sur les autres une pression qui se traduit par une tension considérable des ressorts de choc et de traction à l'arrière de chacun d'eux. Si, à ce moment, ce ressort, au lieu de s'appuyer sur le châssis, est disposé de manière à presser l'extrémité d'un levier agissant sur l'axe des sabots du frein, il est clair que cette pression dont nous venons de parler, en se transmettant audit levier, pourra remplacer avantageusement l'action du garde-frein. Telle est, en effet, la disposition mise en pratique dans le frein automoteur de M. Guérin. Une difficulté se présentait toutefois dans son application, car il fallait mettre le frein dans l'impossibilité d'agir lorsque la tension du ressort se produirait par d'autres causes que celles précédemment mentionnées, telles que la marche en arrière ou les manœuvres dans les gares. L'inventeur est arrivé à vaincre la difficulté au moyen d'une disposition très-ingénieuse : un petit levier coudé, placé entre la traverse d'arrière et l'embase du crochet d'attache, et mobile autour de son centre, peut, en prenant une certaine position, venir caler la tige de traction et l'empêcher de reculer; dans ce cas, rien n'empêche le mouvement de recul de la voiture. Mais, aussitôt que la vitesse du véhicule atteint une certaine limite, un manchon de forme particulière, monté sur l'essieu d'arrière, vient, en tournant sous l'action de la force centrifuge, agir sur l'un des bras d'un levier dont l'autre extrémité, portant à son tour sur le petit levier coudé qui retient le crochet de traction, le dégage et rend à la tige la possibilité d'agir sur le ressort.

Le frein Guérin n'est plus appliqué que par la Compagnie d'Orléans. Les autres réseaux qui l'avaient essayé l'ont abandonné, par suite de désaccord avec les réseaux voisins.

Un modèle, exposé au Champ de Mars, en 1867, par M. Dorré, inspecteur au chemin de fer de l'Est, présentait une modification importante du frein Guérin. Au manchon à came destiné à faire déclancher le ressort du frein quand le train est en vitesse, M. Dorré a substitué un manchon à gorge se mouvant sur la partie médiane de l'essieu, qu'il embrasse avec un jeu annulaire de $0^m,005$. Il s'avance et recule sous l'action d'un régulateur à force centrifuge à deux boules, fixé sur l'essieu près de l'une des roues.

Quand le frein ne doit pas agir, les boules se rapprochent de l'axe du véhicule et repoussent le manchon vers la roue opposée. Dans le cas contraire, les boules s'écartent et rapprochent le manchon. Dans ce mouvement, le manchon entraîne avec lui un levier à fourche qui opère l'enclanchement et le déclanchement.

Du reste, le frein Guérin est d'une application difficile quand les trains doivent être refoulés, en pleine marche, par des machines de renfort.

457. FREIN A MACHOIRES. — α. *Plan incliné de Lyon à la Croix-Rousse.* — Ce chemin de fer, de $489^m,20$ de longueur, franchit une différence d'altitude de 70 mètres; la pente par mètre atteint $0^m,1605$, par suite de l'extension des garages. La traction s'opère par machines fixes et câbles.

On a établi deux voies sur le plan incliné et quatre voies aux extrémités pour séparer le service des marchandises de celui des voyageurs. Les deux services ont donc un câble distinct; les voies de garage étant en courbe, il a fallu donner aux câbles une section circulaire, et, comme ils supportent une tension considérable, — 9 000 kilogrammes,— on a dû, pour ne pas exagérer leur diamètre, employer le fil d'acier fondu.

Chaque câble, au diamètre de $0^m,06$, s'enroule sur un

tambour de 4ᵐ,50 de diamètre, à masse très-réduite, commandé directement par deux cylindres de 2 mètres de course, de la force de 150 chevaux, sans condensation, à détente donnée par la coulisse.

L'inclinaison du chemin de fer de la Croix-Rousse est supérieure à la tangente de l'angle de frottement, de sorte qu'un vagon, même avec toutes ses roues enrayées, glisserait le long du plan incliné. En cas de rupture du câble, on aurait donc eu à craindre des accidents sérieux si l'on n'avait pas recours à des moyens plus puissants que le système d'enrayage ordinaire. Les ingénieurs du chemin, MM. Molinos et Pronnier, ont pris une disposition aussi sûre qu'ingénieuse pour obtenir un enrayage prompt et énergique, agissant de lui-même dès que le câble vient à manquer. Ils ont, à cet effet, monté un truc spécial, dont toutes les roues sont munies de freins à bande ou freins de grue, mis en serrage sous l'action de contre-poids dont la chute est provoquée par celle d'un frein spécial ; celui-ci, retenu en suspens par une came, en marche normale, tombe, abandonné par la détente du ressort de traction, quand le câble casse (fig. 11 et 12, pl. XXXV).

Ce frein consiste en une poulie à gorge qui, en tombant sur les rails, tourne par le mouvement que lui imprime le truc en descendant. Ce mouvement de rotation de la poulie se transmet à l'arbre qui la porte et qui est fileté en sens inverse de chaque côté de la poulie. Sur ces parties filetées sont engagées deux mâchoires, qui descendent de chaque côté du rail, et que la rotation de l'arbre rapproche l'une vers l'autre jusqu'à ce qu'elles arrivent au serrage. Le frottement que ces mâchoires exercent sur les deux faces du champignon du rail est suffisant pour arrêter le truc après un recul de quelques mètres.

Tous les vagons sont munis de freins à contre-poids qui, à l'aide d'une tige, d'un tendeur et d'une manivelle, sont mis successivement en fonction par la chute du contre-poids du véhicule voisin.

458. β. *Plan incliné de Galata à Péra.* — Ce chemin de fer [1], construit par M. Gavand, a pour but de relier ces deux quartiers populeux de la ville de Constantinople. La rue la plus fréquentée et la plus directe qui les dessert présente une déclivité dont la moyenne est de $0^m,097$ et le maximum de $0^m,17$; elle est étroite et tortueuse. La circulation y est donc très-difficile, et atteint cependant une moyenne de 40 000 personnes par jour. La différence du niveau à franchir est de $61^m,55$ sur une longueur horizontale de $606^m,60$, ce qui correspond à une rampe de 101 millimètres par mètre.

Le problème à résoudre était donc tout à fait analogue à celui qui a provoqué l'exécution du chemin de fer de Lyon à la Croix-Rousse. Celui-ci, qui a été le premier plan incliné destiné au service des voyageurs, offrait même des conditions d'exécution plus difficiles : franchissant une différence de niveau de 80 mètres environ sur 180 mètres de longueur, il présentait une rampe moyenne de $0^m,16$ par mètre.

En plan, les voies du chemin de fer de Péra sont absolument droites : c'est un avantage sensible sur le chemin de la Croix-Rousse, où la disposition des lieux a imposé l'usage de poulies de renvoi. M. Gavand a donc pu employer des câbles plats et des bobines, tandis qu'au chemin de fer de la Croix-Rousse il fallait accepter le câble rond.

La voie a un profil en long parabolique, afin, d'une part, d'entrer de suite en souterrain avec la plus grande épaisseur de terre possible, entre les voûtes et les maisons, et, d'autre part, de permettre aux trains de partir sans vapeur et de s'arrêter par le seul fait de la fermeture du régulateur.

Cette disposition, qui supprimait la tension du câble vers le bas de la descente, a eu pour conséquence l'impossibilité de conserver la manœuvre automotrice des freins de dé-

[1] Rapport de M. Molinos à la Société des ingénieurs civils (mars 1877) sur l'ouvrage de M. Gavand : *Chemin de fer métropolitain de Constantinople.*

tresse fonctionnant par la rupture même du câble. Il a fallu disposer un mécanisme pour faire tomber ces appareils par la main du garde-frein.

Ces freins sont ceux du chemin de fer de la Croix-Rousse; seulement, sur ce dernier chemin, la manœuvre en est assurée de deux manières. Ils sont d'abord à la disposition du conducteur qui peut à volonté les faire tomber sur la voie; en outre, ils sont suspendus à l'aide d'une came reposant sur un taquet maintenu en position par la tension du câble.

Si ce dernier casse, le frein tombe de lui-même; lorsqu'un tel accident arrive, il peut entraîner des conséquences très-graves; il n'est donc pas prudent de confier la manœuvre à un homme qui très-probablement ne sera pas prêt ou perdra la tête. Ajoutons qu'avec ces pentes rapides, la vitesse prise, au bout de quelques secondes, est si considérable qu'il y a danger pour les appareils, quels qu'ils soient, si on met quelque retard à les manœuvrer. Au chemin de fer de la Croix-Rousse, les gares sont en plan, et, pour éviter que le frein ne tombe par la diminution considérable de la tension du câble, des lisses en bois sont placées dans les quais, et des galets reliés au système des freins viennent rouler sur ces lisses et maintiennent les freins en place.

Peut-être serait-il préférable d'appliquer au chemin de fer de Péra cette disposition très-simple, en l'étendant jusqu'au point où le train arrive à une pente suffisante pour que la traction du câble soutienne le frein sans qu'on puisse craindre qu'il ne tombe intempestivement.

459. FREIN A PATIN DE LAUSANNE-OUCHY (fig. 1 et 2, pl. XXXV). — Le chemin de fer de Lausanne-Ouchy part du quai du lac de Genève, vers l'hôtel *Beau-Rivage* à la cote 376^m,50 et s'élève jusqu'à Lausanne, dans la vallée du Flon, près du pont Pichard, à la cote 496^m,35. Cette différence de niveau, de 120 mètres environ, est rachetée par

deux plans inclinés réunis vers le milieu de la longueur à l'aide d'un palier. La partie inférieure est inclinée à 0^m,120 ; celle supérieure, à 0^m,060 par mètre. La longueur totale de la ligne est de 1 568^m,55. Au tiers de cette longueur la ligne passe sous la gare du chemin de fer de la Suisse occidentale, avec laquelle elle se reliera par un embranchement à propulsion pneumatique. La traction s'effectue au moyen d'un câble rond enroulé sur un tambour mû par une turbine à double effet. Cette turbine est mise en mouvement par les eaux du Grenet, accumulées dans le lac de Bret et qui lui arrivent à la pression de 10 atmosphères environ.

Le câble moteur est attaché au crochet C de la tringle K Q, reliée au vagon-frein par la bielle A B et par la chape d'un ressort R R fixé au châssis. En cas de rupture du câble, le levier coudé *m o n* recule, entraîne la tringle *t t* qui fait pivoter le levier *h g l* autour du point *g*, et amène sous les roues les patins *p p* suspendus au châssis par les bielles pendantes *b b*. Ce frein, comme celui de la Croix-Rousse, est donc un frein de détresse.

Indépendamment de ce frein à patin, le vagon porte un autre système de frein roulant à sabots S S dont nous avons parlé — 425 — et qui est désigné sous la dénomination de *frein ordinaire* dans les procès-verbaux d'expériences que le contrôle technique des travaux publics a effectuées avant la mise en exploitation du chemin.

Grâce à l'obligeance de M. le directeur Lochmann, qui nous a communiqué tous ces renseignements, nous pouvons reproduire ici le résultat de ces expériences, qui justifient pleinement les prévisions des auteurs du projet.

Essais du 20 *février* (*Vor-Collaudation*) *sur une pente de* 65 *pour* 1 000 :

« *a*. Un *vagon à voyageurs*[1] fut remonté sur la rampe sur une longueur d'environ 20 mètres ; il atteignit, après avoir

---

[1] Cette voiture se composait d'une caisse à deux compartiments, l'un pour vingt voyageurs, l'autre pour les bagages, et monté sur le châssis

parcouru ce chemin, une vitesse de 3 mètres. Les *sabots*
tombés, il s'arrêta après un patinage de 1 mètre et demi.

« *b*. Le même *vagon à voyageurs*, remonté de 50 mètres et
détaché du train, atteignit, après avoir parcouru ce chemin,
une vitesse de 6^m,5 à peu près. Les *sabots* l'arrêtèrent après
un patinage de 5^m,4.

« *c*. Une *plate-forme* fut remontée de 60 mètres ; détachée
du train, elle parcourut 42 mètres en 8 secondes. Les freins
ordinaires l'arrêtèrent après un patinage de 18 mètres.

« *e*. Un train composé de quatre vagons plates-formes fut
remonté d'environ 50 mètres. Détaché, on l'arrêta subitement avec deux freins. Le même résultat est obtenu ensuite avec un seul frein.

« *Essais du 6 mars 1877 (Collaudation) sur une pente
de 120 pour 1000* :

« I. Un *vagon à voyageurs* et un *vagon à plate-forme* furent
détachés ; après un parcours de 30 mètres le train atteignit,
grâce à l'emploi constant des freins du vagon plate-forme,
une vitesse de 3^m,5 seulement. Il fut arrêté au moyen des
sabots après un patinage de 1^m,100.

« II. Un *vagon à voyageurs* fut détaché, après un parcours
de 30 mètres ; il fut arrêté à la vitesse de 5^m,5 par les patins
après un patinage de 5 mètres. »

représenté par les figures 1 et 2, pl. XXXV. Le poids propre du vagon est
de 6500 kilogrammes ; celui des vagons plates-formes, 4000 kilogrammes.
(Note de M. Lochmann.)

CHAPITRE VIII.

PETIT ENTRETIEN.

VISITE DES VÉHICULES.

460. — Il y a intérêt pour le public à ce que le matériel roulant soit entretenu dans le plus parfait état possible, que les avaries survenues en service soient reconnues sans retard, et pour l'administration du chemin de fer, que ces avaries soient réparées aussitôt qu'on en a constaté l'existence.

La constatation a lieu lors des visites que le personnel doit faire, soit au moment de l'arrivée ou avant le départ de chaque véhicule : — c'est la *visite quotidienne*, — soit lors de la rentrée du véhicule dans l'atelier, à des époques plus ou moins éloignées, mais périodiques et réglementées : — c'est la *visite générale*.

461. VISITE QUOTIDIENNE. — La visite des véhicules a pour but : 1° de s'assurer que rien ne fait défaut dans leur ensemble, et qu'ils peuvent circuler en toute sécurité ; 2° dans le cas contraire, de les réparer sur place ou de les retirer du service.

Dans les gares de formation des trains, la visite doit précéder le départ et suivre immédiatement l'arrivée des véhicules. L'agent chargé de ce soin fera bien de procéder avec ordre et méthode, afin de ne laisser échapper aucun détail. Il passe donc en revue les crochets et tendeurs d'attelage, chaînes de sûreté, tampons, marchepieds, poignées et mains-courantes, serrures et loqueteaux, douilles de lanternes et de signaux, etc. Il s'assure ensuite, par le choc du marteau, de l'état des bandages, roues et essieux : — parfait serrage du bandage sur la jante, absence de fentes, éclats ou ruptures, de *méplats*, etc. ; — largeur suffisante du boudin et de la partie roulante ; distance de calage normale, vérification indispensable quand un vagon a éprouvé un déraillement.

Les rais ou disques doivent être en connexion intime et sans jeu avec le moyeu et la jante ; le moyeu sans fissure dangereuse et bien serré sur l'essieu ; les clavettes solidement enfoncées et en place ;

Les essieux parfaitement droits et sans fissure ; les boîtes à graissage bien complètes, sans avaries, avec tous leurs boulons et écrous solidement fixés, leurs faces verticales jouant librement dans les plaques de garde ; les réservoirs convenablement garnis de matières lubrifiantes exemptes de corps nuisibles, et préservés, par des obturateurs bien fixés, de toute déperdition ou d'introduction de matières étrangères ;

Les plaques de garde solidement attachées aux brancards, bien droites, parallèles entre elles et d'équerre sur les essieux ; les entretoises maintenues par leurs boulons et écrous fortement arrêtés.

Le visiteur passe ensuite à l'examen de la suspension : il s'assure que les ressorts portent bien au milieu de la boîte à graisse, à laquelle ils sont solidement reliés ; — que les ressorts ont le jeu convenable, sans arrêt dans leur course, et qu'ils conservent la forme voulue ; — que les feuilles se maintiennent bien dans leurs positions respectives, et se plient régulièrement sous les charges prescrites ; — que les menottes, crochets, boulons sont en parfait état et conservent tout leur jeu ;

Que dans le châssis, toutes les pièces sont bien assemblées, les boulons, écrous, rivets, etc., à leur place et intacts ;

Que les ressorts de choc et de traction ont conservé leur forme, la bande initiale, le jeu qui leur est assigné, etc.

Le visiteur fait enfin la revue des freins, — vis, tringles et sabots, — couverture du véhicule, portières, fenêtres, siéges, coussins, tapis, lanternes d'intérieur, etc.

Tout véhicule dont le frein ne fonctionne pas d'une manière irréprochable sera retiré du train et entrera en réparation.

Le visiteur doit toujours être présent à l'arrivée des trains dans les gares de passage, faire immédiatement la visite des véhicules, principalement des roues et boîtes à graissage, de la suspension et des pièces de traction, puis des freins, s'il en a le temps.

Il importe de s'assurer, pendant la visite, que les couvercles et les dessous de boîtes à graissage ferment hermétiquement, toute ouverture pouvant donner lieu à un épanchement de matière grasse ou à l'introduction du sable sur la fusée, qui dans l'un et l'autre cas ne tarderait pas à chauffer.

Il prévient le chef de gare des avaries constatées et demande à retirer du train les véhicules dont la circulation ne lui paraît pas absolument sûre.

Les visiteurs et graisseurs examinent, en passant la revue du train, le chargement des vagons à marchandises, et font part au chef de station de leurs remarques, si la forme ou le conditionnement leur paraît devoir entraîner des inconvénients soit pour le matériel, soit pour le chargement lui-même.

Les véhicules avariés sont réformés [1] et expédiés sur les ateliers de réparation, lorsque les visiteurs n'ont pas à leur disposition les moyens de réparer les avaries. Quand un vagon avarié ne peut être placé dans un train avec sécurité, on le charge sur un vagon plat.

Tout véhicule réformé pour avarie doit porter deux étiquettes de réforme dont la couleur bien tranchante ne laisse aucune chance d'erreur aux agents des gares chargés de la manutention des véhicules.

Ainsi, on applique : 1° sur les véhicules ne pouvant circuler sans danger et qui doivent être réparés sur place, des

---

[1] Essieux forcés, roues décalées, bandages fendus ou ayant du jeu sur la jante, boîtes à graisse, ressorts et pièces de suspension, plaques de garde, etc., cassés ou perdus sont autant de causes de réforme.

étiquettes ROUGES; 2° sur les véhicules réformés qui doivent
rentrer *à vide*[1] aux ateliers de réparation, des étiquettes
BLEUES; 3° sur les véhicules qui peuvent être utilisés[2] dans
leur parcours jusqu'aux ateliers de réparation, des étiquettes
JAUNES, avec cette mention « peut être chargé en destination de... »

462. NETTOYAGE QUOTIDIEN. — *Train et châssis.* — Nettoyer soigneusement les bandages, roues, essieux, ressorts,
freins, etc., etc., de manière à mettre au jour les avaries
que la saleté pourrait masquer; — porter surtout les soins
les plus minutieux sur les articulations, les joints, etc.. ;—
enlever des essieux et des boîtes à graissage toute matière
qui pourrait en altérer les surfaces frottantes; — nettoyer
et dérouiller toutes les parties frottantes des freins, des
tampons de choc et tiges de traction, puis les graisser.

CAISSES. — Épousseter et brosser les parois, en ayant
soin de ménager le vernis; — veiller à ce que l'eau, les
brosses, éponges, chiffons, etc., employés au nettoyage ne
portent pas avec eux des corps durs qui altéreraient le poli
des surfaces frottées. — Si l'on employait de l'eau acidulée
pour nettoyer les cuivres, faire en sorte que, en ménageant
les parties avoisinantes, cette eau soit posée sur les pièces,
puis enlevée immédiatement avec des chiffons; le polissage
sera ensuite amené par le frottement avec le cuir sur planchette et la peau de daim; — frapper, brosser et épousseter
le rembourrage des intérieurs; enlever et frapper les tapis; .
— nettoyer les parois peintes et les parquets avec un linge
mouillé ou une éponge imbibée d'eau, puis les essuyer avec
un linge sec.

---

[1] Cas de réforme : couvertures, planchers, frises, garnitures, ferrures
de caisse à réparer, changement de glaces, de châssis, stores, loqueteaux,
serrures, rideaux, nettoyage d'intérieur, etc.

[2] Chape de tendeur, couvercles ou dessous de boîtes à graissage à remplacer, fermetures de porte, boulons de caisse, etc.

463. VISITE DU MATÉRIEL ÉTRANGER. — Il est convenu entre toutes les administrations de chemin de fer que chaque ligne doit user du matériel étranger avec le même soin, les mêmes précautions qu'avec son matériel propre ; de lubrifier les boîtes à graissage, etc. ; de rendre à chaque administration, dans le même état et avec les mêmes agrès, le matériel qu'elle a livré ; enfin de faire payer par l'administration propriétaire, les frais de réparation des avaries survenues en dehors de son réseau.

Chaque administration a donc grand intérêt à constater l'état du véhicule qui entre sur son réseau. Trois cas peuvent se présenter : 1° le véhicule ne peut circuler sans danger ; 2° le véhicule porte des avaries qui ne l'empêchent pas de circuler; 3° le véhicule est en bon état. Cette constatation est effectuée contradictoirement par les visiteurs de la gare de contact.

Pour le premier cas, le véhicule est refusé et mis à la disposition de l'administration propriétaire.

Dans le second cas, le visiteur constate, sur un procès-verbal, toutes les avaries du véhicule ou les manquants aux agrès.

L'outillage des visiteurs et graisseurs se compose comme suit :

1 rivoir, — 1 compas d'épaisseur, — 1 burin, — 1 bec-d'âne, — 4 clefs à fourches de diverses dimensions, — 1 clef anglaise, — 2 chasse-goupilles, — 1 tourne-vis, — 1 pince à main, — 1 tricoise, — 1 cric de 3 000 kilogrammes, — 1 gabarit d'écartement des bandages, — 1 gabarit pour vérifier l'usure des bandages, — 1 gabarit de pattes-d'araignée, — 1 burette de 1 kilogramme, — 1 burette inversable, — 1 lanterne à main ; — le règlement d'ordre intérieur concernant leur service.

Les visiteurs et graisseurs doivent inscrire sur un registre les avaries constatées par eux.

464. LEVAGE DES VÉHICULES. — Pour visiter à fond les essieux, roues et bandages, nettoyer les boîtes à graissage, réparer ou remplacer les coussinets, il faut, soit *lever* les véhicules à une hauteur suffisante pour que les essieux échappent les plaques de garde, ou bien amener les roues sur une fosse à visite où se trouve une plate-forme mobile dans le sens vertical, au moyen de quatre montants à vis ou à crémaillère.

Les roues du véhicule amenées sur cette plate-forme, on enlève les entretoises des plaques de garde, puis on abaisse la plate-forme chargée de l'essieu et de ses roues. Un chariot le conduit alors sous une grue qui le ramène au niveau de l'atelier — 1ʳᵉ part., ch. IX, § II, 325 ; 2ᵉ part., 2ᵉ sect., Ateliers —.

Le levage s'opère soit avec des grues — 1ʳᵉ part., chap. VIII, § 11 —, soit avec des crics ou à engrenages ou hydrauliques, soit enfin avec des chevalets à vis.

Le procédé le plus simple consiste à caler une des paires de roues du véhicule, à soulever l'extrémité opposée, à l'aide de deux crics et à la poser soit sur un rail appuyé sur deux petits tréteaux, soit sur un grand tréteau dont les montants laissent un espace suffisant pour le passage des essieux montés.

Une manœuvre analogue dégage la seconde paire de roues.

Les chevalets à vis se composent : 1° de deux montants de 0ᵐ,10 à 0ᵐ,121, bien étançonnés par jambes de force sur une semelle, et d'une traverse supérieure posée à une hauteur de 1ᵐ,50 ou 1ᵐ,75 ; 2° d'une vis verticale à filet carré que l'on fait mouvoir dans l'espace qui sépare les deux montants, au moyen d'un écrou appuyé sur la traverse supérieure du chevalet et garni d'une denture qui engrène avec un pignon mis en mouvement par une manivelle. La vis a un diamètre extérieur de 0ᵐ,04 à 0ᵐ,05 sur 1ᵐ,30 à 1ᵐ,40 de longueur. Elle porte à sa partie inférieure un étrier qui reçoit un morceau de rail sur lequel repose le véhicule à lever.

465. Visite générale. — Sur les lignes du Hanovre, cette visite générale dans les ateliers est prescrite :

1° Lorsqu'il y a lieu de faire une grande réparation au véhicule;

2° Lorsque le bureau de contrôle de circulation ordonne l'arrêt du véhicule et l'envoi aux ateliers : cet ordre est lancé quand les états de parcours indiquent que le véhicule a fourni, depuis la dernière visite, environ 15 000 kilomètres : — voitures à voyageurs, fourgons à bagages et vagons découverts, — ou 18 000 kilomètres : — vagons à marchandises couverts;

3° Lorsqu'un visiteur de train reconnaît, d'après la date de la dernière inspection inscrite sur le véhicule, que le délai entre deux visites consécutives est écoulé. Ce délai se trouve fixé comme suit :

Voitures à voyageurs et fourgons....	6 mois[1].
Vagons couverts...................	12 —
— découverts................	18 —
— à ballast..................	12 —
Véhicules ayant des fusées sans congés.	6 —

Ces visites sont renseignées dans les rapports des ateliers au bureau du contrôle de circulation.

Le but de cette visite générale est de passer en revue toutes les pièces, principalement les roues et les essieux. Il est donc nécessaire, lors même que l'on n'aurait pas à changer les essieux montés, de *lever* le véhicule, pour examiner à fond cette partie essentielle du train.

Voici comment on procède :

466. *Essieux.* — Tout essieu doit être parfaitement droit et sans traces de fente ou de cassure. Un essieu casse rarement sans que la rupture ait pour cause une cassure ancienne. On sait par expérience que les ruptures n'ont généralement lieu qu'à la naissance de la fusée ou au droit de la face intérieure du moyeu, au *cordon de sûreté.* C'est vers

---

[1] Les voitures de réserve, circulant peu, ne sont visitées que tous les ans.

ces deux régions de l'essieu que les recherches doivent porter; d'après cet examen, les visiteurs reconnaissent que l'on peut ou non laisser circuler les essieux avec sécurité ; tout essieu qui dénoterait la plus légère altération ne présente plus de garanties suffisantes, et passe au rebut ou à la réparation.

Voici le procédé recommandé par les *instructions* du Hanovre : Lorsqu'on a nettoyé la fusée à blanc avec de l'huile, les fentes se décèlent au moyen de quelques forts coups de marteau donnés sur la tête de la fusée, coups qui produisent des lignes fines, noires, formées par l'huile que les coups de marteau ont fait sortir. Ces lignes annoncent une fissure, soit transversale, soit longitudinale. Dans le premier cas, la fusée est hors de service et l'essieu rebuté. Une fissure longitudinale n'est pas toujours un motif de réforme, et le chef d'atelier peut encore en tirer parti.

Plus difficiles à reconnaître sont les ruptures en arrière du moyeu. Là on constate quelquefois la présence d'une trace de rouille. Ce phénomène peut provenir de l'une des deux causes suivantes : — décalage de la roue; — commencement de rupture.

Il ne faut pas se contenter de chasser les clavettes de calage à fond : on doit détacher la roue de l'essieu. Si l'essieu, au cordon de sûreté, ne présente aucune fissure, on recale la roue. Lorsqu'il y a doute, il faut retirer l'autre roue et chauffer au rouge l'essieu à la portée de calage. Dans cet état, les fentes sont visibles, surtout en refroidissant la pièce par l'application d'un linge mouillé — 486 —.

467. *Roues.* — Le moyeu doit serrer très-énergiquement l'essieu, les rais bien jointifs avec la jante, les bandages sans fentes ni criques ou défaut quelconque. On suit d'ailleurs, pour le rafraîchissage des bandages, la révision de leur diamètre et de leur distance de calage, les règles que nous donnons plus loin — 488 et suiv. —.

468. *Boîtes à graissage.* — S'assurer que les boîtes jouent bien dans les plaques de garde, sans trop de jeu cepen-

dant; remplacer les coussinets trop creusés ou ayant trop de déplacement latéral, ou enfin ceux qui accompagnaient l'essieu retiré du service. Lors du remplacement, veiller à ce que la largeur de portée du coussinet sur la fusée ne dépasse pas la moitié du diamètre, que les joues ne serrent pas la fusée ; en remontant la boîte, veiller à ce que la rondelle d'arrière, les garnitures de joints, ferment aussi hermétiquement que possible ; les coussins de graissage bien nettoyés, garnis d'huile et prenant bien la position voulue ; enfin, que les boulons de serrage sont munis de contre-écrous ou tout au moins de rondelles qui les empêchent de se desserrer — 477 —.

469. *Plaques de garde.* — Vérifier leur équerrage, leur écartement, le parallélisme des axes d'essieux ; ne pas les laisser trop s'amincir ; s'assurer de la solidité de leurs attaches — 476 —.

470. *Appareils de suspension, de choc et de traction.* — Les ressorts doivent se mouvoir librement en tous sens, sans frottement contre les pièces voisines ; leurs éléments, parfaitement intacts, doivent conserver leur position de montage ; les crochets, chaînes, menottes, anneaux, douilles et goujons, boisseaux, guides, etc., sont remplacés quand le jeu est trop grand ou lorsqu'ils sont trop usés —474, 475—.

La hauteur de l'axe des tampons sera vérifiée et ramenée à la cote normale — 339 —.

471. *Freins.* — Les freins nécessitent une attention toute particulière, en raison de l'importance de leurs fonctions et des dangers qui peuvent résulter du refus de service de l'un d'eux ; il sera donc de la première importance de graisser avec soin toutes les articulations et, pour les freins à vis en particulier, de tenir cet organe dans un état parfait de propreté. A chaque visite nouvelle, on devra s'assurer qu'aucune pièce n'est forcée, fissurée ou cassée, qu'il n'y manque aucun boulon ni goupille, que les filets de l'écrou ou de la vis ne sont pas usés, que la manœuvre en est facile et que les sabots ont un serrage suffisant. On

donnera de l'épaisseur au frein chaque fois que les sabots seront assez usés pour qu'il soit possible de manœuvrer la vis de règlement, ou de changer de trou les boulons qui relient les bielles de ces freins à l'arbre. On réglera les sabots avec soin, afin d'être certain qu'ils *portent tous sur les roues en même temps.* Il faut que la manœuvre des freins soit toujours facile et qu'elle conserve son efficacité. A cet effet, on veille à ce que les articulations aient le jeu strictement nécessaire, que les bielles et tringles soient bien rectilignes, sans frottement contre les pièces voisines, les goujons munis de goupilles fendues, et assurés ainsi contre le démontage — 444 —.

Observation générale. — Les parties essentielles étant ainsi examinées à fond et remises en bon état au besoin, on revoit les assemblages de châssis, de la caisse, le plancher, les parois latérales et de fond, la couverture; on nettoie l'intérieur et on étend une couche de couleur à l'huile sur les roues, les essieux et les ressorts. On repeint aussi à l'huile l'inscription de la date de la visite générale, l'indication de la *tare* après un nouveau pesage. Avant de livrer à l'exploitation le véhicule remis en bon état, il convient de faire effectuer un petit voyage d'essai à ce véhicule.

472. CAISSES DE VOITURES. — Les chefs d'atelier devront s'assurer de la solidité de la caisse, examiner si les tenons sont en bon état, si les boulons et harpons de ces assemblages sont bien serrés, si les bois ne présentent pas de gerçures pouvant en compromettre la solidité; — veiller à ce que les portières fonctionnent bien; les savonner et leur donner du jeu quand cela est nécessaire; tenir les serrures en parfait état de propreté et les graisser légèrement. Ils doivent, dans le matériel qui est muni de loqueteaux de portières, surveiller ces organes de la fermeture, et les remplacer toutes les fois qu'ils seront cassés; — maintenir les glaces des portières en bon état et bien fixées à leurs châssis; assurer à ces châssis un bon fonctionne-

ment sans jeu dans leur baie ; remplacer les ressorts cassés
ou qui ont perdu leur bande, sans cela le mouvement de la
voiture imprime au châssis un balancement désagréable,
et, en outre, fait pénétrer l'air froid en hiver ou la poussière
en été, ce qui incommode les voyageurs ; — s'assurer enfin,
chaque fois, que les planchers des voitures n'ont aucun trou
et ne sont pas disjoints.

L'attention du visiteur doit porter particulièrement sur
la solidité des mains-courantes et marchepieds ; il fait remplacer et repiquer les palettes en fer, lorsque, par suite
d'usure, elles sont devenues glissantes.

On nettoiera les parois extérieures de la caisse avec soin,
prenant garde de ne pas dégrader la peinture en enlevant
les matières adhérentes ; l'emploi de l'eau facilitera ce travail, et, dans les angles rentrants, on ne devra jamais se
servir de la brosse ou du balai, mais effectuer le nettoyage
par simple injection d'eau au besoin lancée par une pompe
à main. On lavera ensuite toutes les parties avec une éponge
mouillée, en prenant soin que l'eau soit parfaitement
exempte de sable ou de petits graviers qui rayeraient la
surface du vernis ; — on terminera le nettoyage en essuyant
les parois avec une peau blanche et douce. En observant
ces précautions, on arrive à conserver très-longtemps la
couche de vernis ; mais il n'en serait pas de même si on faisait usage, pour le lavage, d'eau chaude, impure, chargée
de sable, ou enfin savonneuse, et si on employait pour enlever les taches de boue et la poussière un couteau, un balai ou une brosse trop dure.

Sur les fenêtres, on enlèvera la poussière extérieurement
et intérieurement ; — on lavera les carreaux en frottant
avec une peau de daim, et les essuyant avec des torchons
de toile. Les cadres seront essuyés ou brossés, selon que
le bois sera apparent ou recouvert de drap ou de velours.

En nettoyant les parties métalliques, mains-courantes,
boutons de portières, loqueteaux, etc., on devra prendre
garde à ne pas salir ou endommager les parois de la caisse.

Les coussins et parties rembourrées de l'intérieur doivent être battus avec un fouet à lanières ou en jonc, et brossées soigneusement pour enlever complétement la poussière. On enlève les housses ou paragraisses, et on remplace celles qui sont salies par un usage trop prolongé. A l'aide d'un balai et d'un torchon, on nettoiera les autres parties de la garniture. Après avoir enlevé les tapis de pied pour les battre et les brosser, on lavera le parquet avec un linge humide. La même opération suffira au nettoyage intérieur des voitures de troisième classe, que l'on essuiera ensuite avec un linge sec — 217 —.

473. CAISSES DE VAGONS. — Dans les vagons à marchandises, les visiteurs portent leur attention sur la fermeture des portes ; s'assurent que les galets ne sont pas sortis de leurs rainures, que les chevillettes de fermeture sont en bon état ; — graissent fréquemment les tourillons des galets, vérifient l'état des volets et leurs ferrures, et s'assurent qu'ils ferment aussi hermétiquement que possible. Dans les vagons qui peuvent servir aux transports des bestiaux, ils doivent particulièrement s'attacher à la visite des planchers, s'assurer qu'aucune saillie n'est de nature à blesser les animaux. Les écuries seront pour eux l'objet d'un examen tout à fait spécial; ils visiteront les planchers, s'assureront de leur solidité, les tiendront toujours propres, nettoieront les rainures dans les planchers qui laissent des intervalles pour l'écoulement des liquides; ils veilleront à ce qu'il ne manque aucun objet d'aménagement.

Enfin, dans tous les véhicules couverts, le visiteur doit surveiller les couvertures, vérifier si elles ne laissent pas passer l'eau, et, dans celles en zinc, s'assurer que les coulisseaux ne peuvent pas glisser; que les taquets d'arrêt sont bien à leur place. qu'ils pressent sur la couverture ; enfin, et surtout, que les clous qui fixent les extrémités de ces couvertures n'ont pas pris de jeu dans le zinc, de façon que, la tête du clou pouvant passer à travers la feuille, elle ne serve plus à la retenir. Il doit, dans les mêmes vagons, examiner l'état des frises des côtés, s'assurer qu'elles ne sont pas disjointes, que l'eau ne peut filtrer dans l'intérieur. Les vagons qui présenteraient des couvertures avariées ou des frises disjointes doivent être envoyés à l'atelier de réparation.

Pendant la durée du trajet, il est important de surveiller l'état des chargements, de s'assurer qu'ils sont également répartis dans les vagons, qu'ils ne fatiguent pas les ressorts outre mesure ; en un mot, qu'ils ne présentent pas de danger pour la sécurité de la marche.

Le nettoyage des parois extérieures et intérieures de la caisse doit se faire à l'eau froide et au moyen d'une éponge ; on essuie ensuite avec des torchons secs ; les étiquettes collées sur le vagon s'enlèvent à l'eau seulement ; on doit ménager avec soin les numéros d'ordre et les autres inscriptions placées sur les parois extérieures, éviter de les dégrader, et les repeindre aussitôt qu'elles commenceront à s'effacer, enfin peindre à l'huile la date de la dernière visite.

474. Ressorts de suspension. — Les ressorts de suspension doivent occuper rigoureusement la position qui leur est assignée et reposer sur le milieu de la boîte à graisse ; les ferrures, étriers, boulons, etc., en bon état, seront bien assujettis, et ne gêneront dans aucun sens le mouvement du ressort, qui doit être également chargé à ses deux extrémités ; les menottes de suspension, les boulons et les supports seront examinés avec soin.

475. Accouplement. — Les vis des tendeurs doivent être tenues dans un parfait état de propreté ; pour les graisser, verser une petite quantité d'huile sur la vis, faire fonctionner les écrous, puis essuyer la vis pour que la poussière ne puisse s'y attacher. A chaque visite, s'assurer que les filets ne sont pas arrachés et que la vis est exempte de fissures.

L'attelage des différents véhicules entre eux doit toujours

être facile, et, dans ce but, présenter la plus grande uniformité — chap. VI, § lII ; 339, 360 —.

Les dimensions réglementaires doivent être vérifiées avec soin de temps en temps, de manière à s'assurer qu'aucun dérangement ne s'est produit dans l'ensemble de l'appareil de traction et que toutes les pièces ont conservé exactement leur position relative. La hauteur des tampons au-dessus des rails demande également une vérification à la jauge, ainsi que l'ouverture des crochets d'attelage et de ceux des chaînes de sûreté. Les tiges des tampons doivent pouvoir fonctionner librement dans les boisseaux et être maintenues pour cela dans un parfait état de propreté. Les boulons d'attache des boisseaux au châssis exigent également l'attention du visiteur; aussitôt que l'un d'eux est desserré ou perdu, le resserrer ou le remplacer immédiatement pour éviter la rupture des boisseaux, rupture qui se produit dès qu'ils peuvent battre contre le châssis.

476. PLAQUES DE GARDE. — Les boulons d'attache qui relient les plaques de garde au châssis doivent être maintenus en bon état et convenablement serrés ; le visiteur s'assurera que les plaques de garde ne sont pas faussées, ne font pas coincer la boîte à graissage dans ses guides, ni altérer le parallélisme des essieux. — Cette précaution est principalement utile après un déraillement ou une collision.

477. BOITES A GRAISSAGE. — Lorsque les coussinets se trouvent réduits par l'usure à la limite d'épaisseur, il importe de les remplacer sans tarder, afin de ne pas les exposer à une rupture. Il en est de même lorsque le jeu latéral sur la fusée atteint un certain degré. Ainsi, au chemin de l'Ouest, le coussinet est retiré du service lorsque le jeu initial de $0^m,002$ est arrivé à $0^m,006$.

Trois ou quatre fois au moins par année, on doit enlever les boîtes à graissage pour les visiter et les nettoyer d'une manière complète. Ce nettoyage se fait en les plongeant dans un bain alcalin à une température élevée pour dissoudre les matières grasses. Puis on les passe dans une dissolution faiblement acidulée pour les décaper, et l'on termine l'opération par un lavage à l'eau froide. La date de la visite est inscrite sur le châssis, ainsi que l'épaisseur du coussinet à la dernière vérification.

Tout véhicule mis en circulation doit être pourvu de matière lubrifiante en quantité suffisante pour fournir une longue carrière sans nécessiter de renouvellement.

Avant d'opérer ce renouvellement, le graisseur s'assurera, sans aller jusqu'au démontage de la boîte, que toutes les parties de l'appareil lubrificateur sont en bon état de fonctionnement et de propreté, ou bien qu'il y a lieu à réparation ou nettoyage.

Le graisseur veillera particulièrement à ce que la matière lubrifiante restant encore dans la boîte ne contienne point d'impureté et surtout point de sable ; qu'elle n'arrive pas à un degré d'épaisseur trop grand, que la rondelle de cuir ou de feutre fermant la boîte du côté de la portée de calage, s'il y en a, et, en général, tous les moyens de fermeture, remplissent convenablement leur office ; enfin, à ce que l'extérieur de la boîte soit propre, les couvercles et obturateurs fermant hermétiquement, et tous les écrous bien serrés.

Le graisseur reçoit comme recommandation expresse de veiller à ce que la matière lubrifiante dont il dispose pour compléter l'approvisionnement des boîtes en circulation soit en parfait état de propreté, et que les quantités de matières ajoutées soient en rapport avec le parcours restant à effectuer par le véhicule.

Boîtes à huile. — Avant de verser de l'huile nouvelle dans le réservoir *ad hoc*, le graisseur s'assure que l'huile ancienne n'est pas trop épaisse, qu'elle conserve une fluidité convenable. Lorsque la boîte est disposée comme l'indique la figure A, p. 425, il veille à ce que la mèche supérieure conserve sa souplesse et sa position dans la lumière, l'extrémité dans le trou devant se trouver en dessous de la partie qui trempe dans le réservoir.

- *Boîtes à graisse solide.* — La graisse solide prend généralement, par l'échauffement des coussinets, un degré de fluidité suffisant pour qu'elle tombe goutte à goutte par les trous des pattes-d'araignée et se répande sur la fusée. On profite de ce premier échauffement, en pressant fortement la graisse sur le fond du réservoir en contact avec le coussinet de manière à intéresser toute la masse à la liquéfaction partielle.

Le graisseur prendra soin : 1° de gratter et nettoyer le dessous du couvercle; 2° d'enlever les parties de graisse souillées de poussière; 3° de nettoyer les bords du réservoir; 4° de ne pas trop remplir le réservoir, car la graisse, en s'échauffant, augmente de volume et se répand au dehors, si elle n'a pu se dilater dans le réservoir. — Sur certaines lignes on a recommandé aux graisseurs de ne pas unir la surface de la graisse, de la ramener vers les bords, de façon à en faire sortir un peu en fermant le couvercle.

Nous croyons que cette pratique est fâcheuse, car toute la graisse qui s'échappe ainsi au dehors retient la poussière ou le sable soulevés par le mouvement du train, et que le prochain graissage introduit dans le réservoir.

Lorsque la température s'abaisse à plusieurs degrés au-dessous de zéro, presque toutes les graisses se solidifient et ne lubrifient plus les fusées. Le graisseur doit avoir soin dans ce cas, surtout au point de départ du train, de creuser dans la graisse un trou conique, pénétrant jusqu'aux lumières du coussinet, et de verser dans ce trou 25 à 30 grammes d'huile. Cette opération facilite le démarrage du train ; au bout de quelques kilomètres, les fusées s'échauffent suffisamment pour faire fondre la graisse et lui rendre son efficacité.

478. BOITES ÉCHAUFFÉES. — Indépendamment des visites régulières, il y a intérêt capital à s'assurer de l'état du coussinet et de la fusée, toutes les fois qu'une boîte a chauffé d'une manière notable. En route, pour la refroidir, on met une cale dessous et, avec un cric placé à côté, l'on soulève le châssis, de manière à séparer le coussinet de la fusée, puis on verse de l'eau entre les deux. Si l'on ne prend pas cette précaution, le coussinet étant pressé sur la fusée par le poids du véhicule, l'eau ne pénètre que difficilement et, en outre, le cuivre tend à se détacher du coussinet par petites parcelles qui se soudent avec la fusée ; lorsque ensuite la voiture est mise en mouvement, ces parcelles de cuivre, qui forment saillies sur la fusée, font gripper le coussinet, et l'échauffement est plus considérable que si l'on n'avait pas refroidi la boîte.

Dans les stations principales, le graisseur de planton ou le chef de station a soin de préparer, avant l'arrivée de chaque train, plusieurs seaux ou arrosoirs pleins d'eau, un seau à graisse avec sa spatule et une burette à l'huile.

Une boîte à graisse vient-elle à chauffer ? on recherche immédiatement si les lumières ou pattes-d'araignée sont obstruées, ce qui se reconnaît facilement à l'état de fluidité complète et même d'ébullition de la graisse. On cherche à débarrasser l'obstruction des lumières, en y passant l'épinglette ; si l'on y parvient, la graisse fondue coule dans le coussinet. On remplace celle qui disparaît ainsi par de l'huile. Quand le coussinet est très-chaud, on remplit les lumières et le fond du réservoir de suif que l'on recouvre de graisse.

Les lumières débouchées ne laissent-elles pas couler la graisse ? — indices d'obstruction des pattes-d'araignée ; — il faut essayer de les débarrasser par l'emploi d'huile de graissage et de suif jusqu'au refroidissement de l'essieu.

Quand une boîte à huile chauffe, on doit vérifier l'état de

l'huile dans son réservoir : quantité suffisante, fluidité convenable, mèches bien disposées. Ces conditions n'étant pas satisfaites, on nettoiera les lumières, en passant à plusieurs reprises l'épinglette entourée de coton sec, puis on versera de l'huile dans les réservoirs supérieur et inférieur jusqu'à ce que l'essieu soit revenu à son état normal.

Quand la matière lubrifiante peut pénétrer jusqu'à la fusée, et que, malgré ces tentatives, l'échauffement persiste, le cas se complique : il existe entre la fusée et le coussinet du sable, de la limaille ou des copeaux de métal, etc. Il ne s'agit pas, alors, de rechercher autre chose, si l'on ne peut faire disparaître la cause, que d'en amortir les effets, jusqu'à la prochaine station, en arrêtant l'élévation de la température, qui, sans cela, parvient à brûler la matière grasse et même à fondre le coussinet. On obtient souvent ce résultat, en mêlant à l'huile ou au suif, employés comme précédemment, une certaine quantité de fleur de soufre, et en marchant lentement. On fera bien, en même temps, de refroidir la boîte par une aspersion d'eau suffisante.

Quelques ingénieurs recommandent dans cette dernière opération de veiller à ce que l'eau ne touche pas l'essieu. Nous croyons cette recommandation très-importante, car il se produit là une véritable trempe qui peut rendre l'essieu cassant.

Quel que soit d'ailleurs le résultat obtenu, les agents des trains ne doivent pas manquer de signaler les boîtes échauffées, pour faire retirer de la circulation les véhicules qui ont besoin d'être levés et visités.

479. Primes de graissage. — Plusieurs administrations sont, depuis plusieurs années, à la recherche des moyens de graissage les plus parfaits sous le rapport de l'effort de traction, et de la dépense d'entretien journalier. Sur quelques chemins, on tient à faire graisser les trains par un

graisseur de route : — agent employé également à visiter le train, à manœuvrer les freins, etc.

Cette organisation du graissage des trains nécessite l'adjonction à chaque train d'un employé spécialement chargé de faire la visite en route, et renouveler la réserve de matière lubrifiante. Lorsque le nombre de trains est peu considérable et quand l'organisation du service embrasse dans les mêmes attributions le personnel des trains et de la locomotion, il y a intérêt à faire accompagner chaque train par un employé spécial qui remplit l'office de graisseur, visiteur et, en même temps, de garde-freins. C'est le système allemand.

Mais, avec une circulation très-active, le nombre des graisseurs de route s'élève à un chiffre important, et si le service des freins n'est pas confié à ces agents, la dépense de ce chef devient relativement considérable. On préfère alors supprimer les graisseurs de route, en leur substituant des graisseurs à poste fixe.

On a institué un système de primes sur les économies de graissage, système qui, concordant avec d'importants perfectionnements dans la construction des appareils et le système de lubrification, a produit des résultats avantageux au point de vue des frais d'exploitation [1].

En 1859, l'administration des lignes du Hanovre avait organisé un ensemble de primes fondé sur les bases suivantes :

— Compte ouvert à chaque visiteur-graisseur, pour les matières à lui délivrées et les distances parcourues;

— Allocation pour 1 000 essieux indistinctement transportés à 1 mille, 5 livres d'huile : soit $0^g,330$ par kilomètre et par essieu.

---

[1] Les économies prévues l'an dernier sur la consommation des matières grasses ont pris une telle importance, que la valeur des quantités consommées en moins s'élève à 60 000 francs environ (*Compte rendu des résultats de l'administration, de la construction et de l'exploitation des chemins de fer rhénans,* 1863).

La moitié des économies réalisées sur cette allocation était dévolue aux graisseurs ; l'huile étant comptée à raison de 1 franc par kilogramme, chaque kilogramme d'huile économisé rapportait 50 centimes aux graisseurs.

Par contre, si, dans un mois, la consommation avait dépassé l'allocation, il était fait aux graisseurs une retenue équivalente au prix total de l'huile consommée en excédant.

Chaque essieu ayant laissé des traces d'échauffement donnait lieu à une amende de 1 fr. 50.

Pour guider les graisseurs dans l'emploi de l'huile, l'administration les avait munis d'une double mesure en fer-blanc, contenant, l'une 10 grammes d'huile, quantité plus que suffisante à une boîte devant parcourir de 150 à 180 kilomètres ; l'autre 5 grammes, pour les distances moindres.

En parlant du service des magasins, nous indiquerons les différents modes en usage pour la distribution et le contrôle des matières employées.

A partir du 1er janvier 1863, la Compagnie des chemins de fer rhénans avait pris les dispositions suivantes pour les primes de graissage :

— Les vagons, livrés complétement garnis par les ateliers ou stations, étaient graissés par des graisseurs de route ;

— Un compte était ouvert à chaque graisseur pour les quantités d'huile consommées et de milles parcourus ;

— L'allocation était de 4 kilogrammes d'huile par 1 000 essieux transportés à 1 mille, soit $0^k,531$ par 1 000 essieux à 1 kilomètre, — ou $0^g,531$ par essieu à 1 kilomètre ; soit, par boîte à huile parcourant 1 kilomètre, $0^g,265$. Les allocations pour graisse solide étaient doubles des allocations d'huile.

Toute consommation dépassant ces allocations devait être remboursée par les graisseurs ; par contre, ils recevaient une bonification du tiers de la valeur de l'huile économisée.

Chaque boîte ayant chauffé par manque d'huile était la cause d'une amende de 3 fr. 75 — 1 thaler, — infligée au graisseur en cause, et de la perte totale des primes gagnées dans le mois.

En 1864, le système des primes subit une modification à la suite de la décision prise par l'administration de ne plus employer que des boîtes à huile complétement fermées, ne nécessitant plus de graissage de route et, par conséquent, d'ouverture que dans le cas d'échauffement des coussinets.

Les boîtes à graissage en circulation sur le réseau se groupaient alors en trois catégories : 1° appareils des administrations étrangères, alimentés par les graisseurs de route ; 2° appareils de la Compagnie non encore fermés et, par conséquent, soignés conformément au règlement antérieur ; 3° appareils de la Compagnie, fermés et graissés seulement par les leveurs dans les ateliers d'entretien. — L'allocation trop forte du précédent règlement est réduite à 0.18 de loth par essieu à 1 mille, — $0^g,4$ par essieu à 1 kilomètre,— pour les graisseurs de route, et à 0.06 de loth par essieu à 1 mille, — $0^g,133$ par essieu à 1 kilomètre pour les leveurs.

Les leveurs et les graisseurs participent aux primes et aux amendes, comme il est dit ci-dessus.

Le tiers des économies réalisées par les ateliers leur est partagé de la manière suivante :

Le chef d'atelier............	4 parties.
Le contre-maître	2 parties.
Chaque leveur..............	1 partie.

Chaque boîte fermée qui a chauffé est payée par le fonds de l'atelier en cause sur le pied de 2 thalers, et supportée comme suit :

Le chef d'atelier............   1 partie.
. Le contre-maître. ....   2 parties.
Chaque leveur.............   1 partie.

480. MATIÈRES GRASSES. — Sous cette dénomination,
nous comprenons :

1° Les huiles et les graisses destinées à lubrifier les fusées de locomotives, tenders et vagons ;

2° Les huiles et le suif servant au graissage des pièces
du mécanisme en mouvement ;

3° Les huiles consommées pour l'éclairage des véhicules
et des signaux.

Graissage des fusées. — Nous avons eu l'occasion de dire,
en parlant des boîtes à graissage, que la lubrification des
fusées d'essieux s'effectuait tantôt au moyen d'huiles simples, tantôt au moyen de mélanges semi-liquides, auxquels
on donne le nom de *graisses.* Cette dernière méthode, avons-
nous dit, tend à disparaître sur la plupart des lignes
actuellement exploitées, devant les progrès toujours croissants du graissage à l'huile. Cependant, on rencontre encore aujourd'hui une grande quantité de véhicules munis
d'anciennes boîtes à graisse, pour lesquels il importe de
conserver cette méthode de graissage ; mais il y a plus :
quelques administrations, satisfaites des résultats qu'elles
en ont obtenus, continuent à l'employer exclusivement, tant
pour leurs anciens vagons que pour le nouveau matériel
qu'elles mettent en circulation. Avant d'entrer dans l'étude
des matières grasses, résumons les avantages de chacune
d'elles, au point de vue du graissage des fusées des véhicules de chemin de fer.

Le principal inconvénient des graisses est leur solidité,
qui suit naturellement les variations de température et
augmente très-sensiblement les frais de traction pendant
la saison d'hiver. Avec la graisse, la lubrification de la fusée par-dessous devient impossible ; nous avons constaté
—chap. VI, § VI—la tendance générale des administrations

de chemin de fer à utiliser cette dernière disposition, qui donne beaucoup plus de garantie de sécurité que la première. Enfin, la plupart des graisses ont l'inconvénient de produire une certaine quantité de cambouis, qui détériore promptement les fusées ; nous verrons, plus loin, comment on arrive, par une bonne préparation, à diminuer la production de ce phénomène.

D'autre part, la grande fluidité de certaines huiles les rend impropres au graissage des fusées, car, dans ce cas, une trop forte pression chasse l'huile interposée entre les surfaces, qui s'échauffent et finissent par gripper.

En outre, les huiles siccatives, celles qui renferment des principes ayant beaucoup d'affinité pour l'oxygène de l'air, ne donneront également pour cet usage qu'un très-mauvais résultat, car il se forme promptement des grumeaux qui augmentent les frottements, en accélérant l'usure de la fusée et des coussinets.

Enfin, certaines huiles comme certaines graisses mal préparées ou falsifiées présentent une réaction légèrement acide, qui doit en faire rejeter l'emploi dans l'intérêt de la bonne conservation du matériel.

Les conditions auxquelles devront satisfaire les matières lubrifiantes peuvent donc se résumer ainsi :

— Fluidité suffisante pour faciliter le mouvement des molécules, sans cependant atteindre la limite de liquidité au-delà de laquelle la matière ne pourrait résister à la pression ;

— Ne pas se solidifier en hiver par suite de l'abaissement de température, ce qui rendrait le graissage impossible dans cette saison, et déterminerait l'échauffement de la fusée ;

— Être exemptes de tout principe acide, dont l'action sur les coussinets se traduit bientôt par la formation de sels métalliques qui produisent le grippage des surfaces en contact ;

— Se composer d'éléments possédant le moins d'affinité possible pour l'oxygène.

481. *Huiles.*—On distingue sous le nom générique d'*huiles*
des corps gras composés de deux substances de nature or-
ganique, la *margarine* et l'*oléine*, qui, sous l'action d'un
alcali, se dédoublent en donnant de la *glycérine* et deux
acides gras, l'*acide margarique* et l'*acide oléique.* Ces deux
dernières substances, en se combinant avec l'alcali, produisent les sels métalliques que l'on désigne sous le nom
de *savons ;* l'ensemble du phénomène porte le nom de *saponification.*

Les huiles peuvent se diviser en deux catégories : huiles
siccatives et huiles non siccatives. Nous n'avons d'intérêt
qu'à étudier les secondes, puisqu'elles jouissent seules de
la propriété essentielle que nous avons énoncée dans les
conditions générales.

L'huile d'olive, — l'huile de colza, — l'huile d'amandes
douces, — l'huile de spermaceti, composent la série usuelle
des huiles non siccatives. Parmi ces matières, les deux premières seules se rencontrent en assez grande abondance
dans l'industrie pour être appliquées à l'usage qui nous
occupe ; encore y a-t-il une distinction à faire entre elles.

L'huile d'olive, quoique plus avantageuse pour le graissage, est d'un prix généralement trop élevé pour en permettre l'emploi dans ces conditions [1].

— L'huile de colza non épurée est celle qui convient le
mieux aujourd'hui à cet usage.

Cette huile est extraite, par pression, des graines de colza,
clarifiée par le filtrage et le repos.

L'huile de colza est jaune, légère, limpide, d'une odeur
forte et d'une saveur peu agréable. Sa densité à 15 degrés
est de 0,9135. A — 6°,25, elle se congèle sous forme d'aiguilles réunies en étoiles. Elle contient 46 pour 100 de margarine et 54 pour 100 d'oléine. Épurée à l'acide sulfurique
— 2 pour 100, — elle conserve une réaction acide qui en
fait proscrire l'usage.

---

[1] Nous parlerons de ses propriétés et des moyens de reconnaître sa
pureté en parlant de la fabrication des graisses.

L'huile de colza, malgré sa fixité, peut présenter cependant un commencement de décomposition partielle lorsque, par suite de l'échauffement des boîtes à graisse, elle se trouve portée à une très-haute température.

Les falsifications de l'huile de colza se font avec les huiles d'œillette, de cameline, de ravison, de lin, de baleine, de poisson, l'acide oléique ou huile de suif. La falsification la plus commune se fait avec l'huile de baleine et l'huile de lin [1]. Cette dernière, par ses propriétés siccatives, rend l'huile de colza impropre au graissage.

Pour constater qu'une huile de colza remplit les conditions qu'exige le graissage des fusées, on procédera aux essais suivants :

1° A l'aide de l'alcoomètre centésimal de Gay-Lussac, on vérifiera sa densité. A 15 degrés, elle doit marquer avec cet instrument 62°,2.

2° On étend sur une plaque de cuivre rouge parfaitement polie une goutte de l'huile à essayer. Si, après quelques jours, on constate qu'elle s'est transformée en un vernis de consistance solide, ou qu'elle a pris une coloration verte, on pourra en conclure, dans le premier cas, qu'elle contient une proportion plus ou moins forte de principes siccatifs ; dans le second, qu'elle attaque le métal. Pour l'un ou l'autre de ces motifs, on devra la rejeter.

3° En laissant reposer pendant huit jours environ une certaine quantité de l'huile à essayer, si elle se trouve falsifiée par l'huile de baleine, cette dernière se séparera peu à peu en venant se précipiter à la partie inférieure du vase d'essai.

4° On contrôlera ces expériences à l'aide de l'*oléomètre Laurot*. Cet instrument, fondé sur la grande différence de densité qu'accusent les diverses espèces d'huiles portées à la température de 100 degrés, se compose d'une burette en

---

[1] M. Théodore Château, *Connaissance et Exploitation des corps gras industriels*, 1864.

fer-blanc faisant fonction de bain-marie, dans laquelle on introduit un petit cylindre creux rempli de l'huile à essayer. On chauffe l'appareil jusqu'à ce que le thermomètre posé dans le bain-marie marque 100 degrés, et on plonge alors dans l'huile un petit aréomètre portant deux cent vingt à deux cent vingt-cinq divisions, dont le zéro, placé à la deux centième division à partir du bas, correspond à l'huile de colza pure chauffée à 100 degrés.

Voici les indications que donne l'oléomètre Laurot plongé dans les huiles suivantes à 100 degrés :

Huile de lin..........................	210°
Huile de chènevis....................	136°
Huile d'œillette......................	124°
Huile de poisson.....................	83°

L'épaississement de l'huile de colza, quand la température descend à quelques degrés au-dessous de zéro, rend difficile son emploi dans ces circonstances. On a essayé de lui conserver sa liquidité par l'addition de substances étrangères. M. le docteur Ziureck, chimiste à Berlin, a trouvé que, parmi les substances dont le point de solidification est inférieur à celui de l'huile en question, l'huile de pétrole raffinée peut donner le résultat cherché en préparant les mélanges suivants (*Organ.*, etc., 1865) :

Huile de colza.	Huile de pétrole raffinée.	Température de concrétion en dessous de zéro.
95 pour 100	5 pour 100	8 à 9° Cent.
90 pour 100	10 pour 100	10 à 12° Cent.
85 pour 100	15 pour 100	15 à 16° Cent.
80 pour 100	20 pour 100	19 à 29° Cent.

On a essayé à la Staats-Bahn (Autriche-Hongrie) le graissage à l'huile minérale ; au chemin d'Orléans, un mélange d'huile de colza et d'huile de résine. Pendant quelque temps, le graissage est convenable ; mais, au bout de quelques semaines, les parties volatiles disparaissent, surtout dans les boîtes exposées du côté du soleil ; les boîtes s'échauffent et les fusées grippent. On y a renoncé.

482. Graisses. — Les graisses employées sur les chemins de fer sont des mélanges de corps gras — huiles ou suifs — avec une proportion variable d'eau plus ou moins alcaline. L'emploi d'une grande quantité d'alcali a pour résultat de produire une saponification du corps gras ; le savon qui prend naissance ne fond pas, comme la graisse, sous l'action de la chaleur, et forme des grumeaux qui augmentent le frottement au lieu de le diminuer. En principe, la fabrication de la graisse ne doit pas être une saponification, mais une simple émulsion, et, dans ce but, on devra diminuer, autant que possible, la proportion d'alcali qui entre dans sa composition.

Les matières grasses employées sont l'huile de colza ou l'huile d'olive, l'huile de palme et le suif ; la proportion de ces diverses substances doit varier suivant l'époque de l'année, afin que la température ambiante soit sans influence sur la consistance de la graisse, qui doit demeurer toujours la même.

Au chemin de fer d'Orléans, on a fait, pendant longtemps, usage de la composition suivante :

	Graisse d'été.	Graisse de printemps.	Graisse d'hiver.
Huile de colza............	10	30	45
Suif.	50	30	15
Eau	30	36	38
Carbonate de soude........	10	4	2
	100	100	100

La graisse jaune employée sur les chemins belges est composée de suif et d'huile de palme dans les proportions moyennes suivantes :

Suif........................	8,3
Sel de soude................	1,4
Huile de palme..............	20,7
Eau ordinaire..............	69,6
	100,0

En été, on augmente la quantité relative d'eau et on la diminue en hiver.

Le chemin de fer de Paris-Lyon-Méditerranée emploie des graisses dont la composition est la suivante :

	Graisse d'été.	Graisse d'hiver.
Huile d'olive......................	10	40
Suif.............................	40	10
Eau (contenant au plus 1 pour 100 de carbonate de soude).............	50	50
	100	100

L'huile d'olive présente sur l'huile de colza l'avantage d'être moins siccative, et de ne se décomposer jamais par suite de l'échauffement de la fusée ; enfin, l'émulsion avec l'huile d'olive est plus persistante que celle de l'huile de colza, ce qui permet, avec la première, de conserver la graisse plus longtemps.

La préparation des graisses se divise en deux opérations : Mélange des corps gras — addition de l'eau et agitation.

La première opération s'effectue dans des bassines métalliques. On commence par fondre le suif, puis on y verse l'huile d'olive ou de colza. Le mélange étant bien brassé, on le fait écouler, sous forme d'un mince filet, dans une cuve contenant l'eau alcaline remuée par un agitateur. Lorsque la masse est convenablement émulsionnée, on la retire.

483. ESSAIS. — FALSIFICATIONS. — L'huile d'olive employée pour la fabrication des graisses provient de qualité inférieure. Pure, elle a une densité de 0,9170 correspondant à 58°,5 (5°,68 de l'alcoomètre centésimal de Gay-Lussac). En dessous de zéro, elle se fige à — 6 degrés, elle dépose 0,28 de stéarine et laisse 0,72 d'oléine. Elle peut être falsifiée par l'huile de colza, de navette ou de lin. Ces falsifications se décèlent à l'aide du procédé d'analyse de M. Boudet. — On prépare un mélange de trois parties d'acide azotique à

35 degrés de Baumé et une partie d'acide hypoazotique. On agite, dans un flacon, une certaine quantité du mélange acide avec cinq ou six parties de l'huile à essayer, en opérant parallèlement sur une même quantité d'huile pure. La différence de temps que mettent les deux échantillons à se concréter permet d'en apprécier la pureté.

L'huile pure demandera..............	1ʰ,20ᵐ
L'huile à 1/20 d'huile d'œillette.......	1 ,40
L'huile à 1/12 d'huile d'œillette.......	1 ,30
L'huile à 1/5 d'huile d'œillette.......	4 ,00

On peut également faire usage des densimètres, tels que l'alcoomètre centésimal de Gay-Lussac, l'élaïomètre de Gobley, l'oléomètre de Lefebvre ou celui de Laurot.

A la Staats-Bahn (Autriche-Hongrie) on se sert, pour classer les huiles, d'une petite machine composée d'un arbre qui porte d'un côté une roue avec corde et poids moteur, de l'autre un volant avec compteur. L'arbre roule sur deux paliers que l'on lubrifie avec l'huile à essayer. C'est par le nombre de tours de l'arbre en un temps donné que l'on juge de sa qualité.

Ces divers procédés ne devront pas faire négliger l'emploi de la plaque de cuivre, au moyen de laquelle on constate immédiatement que l'huile répond à ces deux conditions : absence de matières siccatives ; absence de principes acides.

Les tissus graisseux des herbivores, soumis à une température de 105 à 110 degrés, produisent le *suif*. Le meilleur est celui de mouton. Les suifs — formés de stéarine, de margarine et d'oléine — sont solides à la température de 12 ou 15 degrés, blancs ou légèrement jaunâtres. Ils se falsifient par addition de graisses de qualité inférieure, de flambart. On y ajoute quelquefois de l'eau, en l'incorporant dans la masse par un battage prolongé, et, enfin, des matières solides étrangères : fécule, kaolin, marbre blanc pulvérisé, sulfate de baryte, etc.

La présence des matières minérales et de la fécule se décèle facilement par la dissolution dans l'éther — qui ne dissout que le suif — ou simplement en faisant bouillir le suif avec 10 pour 100 d'eau. On reconnaît la fécule en malaxant le suif avec de l'eau iodée, et ajoutant quelques gouttes d'acide sulfurique qui amènent une coloration bleue.

Si la matière grasse renferme de l'eau, en la pétrissant avec moitié de son poids de sulfate de cuivre desséché, la masse prend une teinte bleue ou verdâtre. Le poids de l'eau est donné par dessiccation du suif à l'étuve.

L'huile de palme, jaune orangé, a la consistance du beurre. Récemment extraite, elle fond à 27 degrés ; mais son point de fusion s'élève, avec le temps, jusqu'à 31 et même 36 degrés. Elle se compose de 31 pour 100 de stéarine et 69 d'oléine.

L'huile de palme est non-seulement falsifiée, mais quelquefois même composée tout entière de *cire jaune*, d'*axonge* et de *suif de mouton* coloré avec du *curcuma* et aromatisé avec de la *poudre d'iris*, odeur de l'huile véritable. En la traitant par l'éther, les corps gras sont dissous ; il reste le curcuma et l'iris.

484. Graisses pour les pièces du mécanisme. — On fait usage, pour le graissage des pièces de machine, d'huile de pied de bœuf et d'huile d'olive ou de colza mélangée de suif ou autres matières grasses ayant pour but de l'épaissir, de suif pour le graissage des pistons, des tiroirs, et de toutes les parties exposées à une température élevée.

L'huile de pied de bœuf se trouve rarement pure dans le commerce. On la falsifie par addition d'huile de baleine ou d'huile d'œillette. L'oléomètre de Lefebvre peut servir encore à déceler les fraudes. Une série de réactions indiquées dans l'ouvrage de M. Château feront reconnaître plus exactement la présence des huiles étrangères, leur nature et leur proportion.

485. HUILES D'ÉCLAIRAGE. — On peut employer à l'éclairage, soit les huiles végétales, et principalement l'huile de colza épurée, dont nous avons donné les propriétés et les caractères distinctifs, soit les huiles minérales. La nature spéciale et la faible densité de ces derniers produits rendent leur adultération difficile. Les huiles de schiste, dont l'odeur est très-persistante, ne brûlent pas avec autant de facilité que les huiles de pétrole, auxquelles on donnera toujours la préférence.

La densité de l'huile de pétrole doit être 0,800. Mais cette densité n'est pas toujours une preuve de bonne qualité de l'huile employée, car on peut l'obtenir par des mélanges frauduleux d'huiles lourdes et d'essences légères. Or, il suffit d'une très-faible quantité d'essence pour augmenter l'inflammabilité du produit et en rendre l'usage dangereux dans des mains inexpérimentées. Ce dernier point surtout réclame une appréciation sévère ; on fera usage, à cet effet, des appareils connus sous le nom de *naphtomètres*. La température de 35 degrés est considérée comme limite pour le point d'inflammation de ces huiles. Enfin, on s'assure, par un essai dans une lampe, que l'huile a été bien épurée, et qu'elle brûle à fond sans charbonner la mèche.

486. ESSIEUX. — L'entretien des essieux, roues et bandages comprend : le redressage des essieux faussés ; — le tournage des fusées rayées ou coniques ; — le remplacement des rivets, vis ou boulons détachés ; — le changement d'essieux pour les roues dont le moyeu a pris du jeu ; — la *rétreinte* des bandages ; — le garnissage des jantes avec des épaisseurs pour regagner le serrage ; — le tournage des jantes non cylindriques ; — le rafraîchissage des bandages *creux*, — et enfin, le remplacement des bandages usés.

La réduction du diamètre de la fusée au-delà de la limite assignée — 390 et suiv. — amène le rebut de l'essieu ; ce diamètre devra donc être l'objet d'une vérification fréquente à l'aide du gabarit; on s'assurera aussi avec soin que la fusée ne s'est pas usée en cône, c'est-à-dire que, dans sa longueur, elle ne présente pas une différence de diamètre atteignant $0^m,002$ à $0^m,003$, auquel cas il deviendrait nécessaire d'enlever l'essieu pour lui faire subir un nouveau tournage, si son diamètre le permet — 398 —.

Les autres parties de l'essieu doivent être scrupuleusement examinées, afin de constater qu'il n'y a pas de fissure — 466 —. Le chemin de fer du Midi accorde une prime de 10 francs à tout visiteur qui a découvert une fissure à un essieu. Pour s'assurer que les essieux ne sont pas forcés, on présente la jauge d'écartement en quatre points opposés deux à deux sur la face intérieure des bandages.

487. ROUES. — Il importe de ne laisser circuler que des roues satisfaisant aux conditions suivantes : le moyeu ne présente aucune fissure ; les clavettes de calage sont bien à leur place et le moyeu n'est pas déplacé sur sa portée de calage ; les rayons et la jante n'ont pas de cassure.

Toutefois l'expérience a démontré que l'on peut sans danger laisser circuler une roue en fer forgé dont la jante a une seule cassure ; mais on doit retirer du service celles qui en présentent plusieurs.

En cas de fissure partielle du moyeu, on peut appliquer à chaud des frettes et laisser circuler des roues ainsi consolidées. — Fig. B, p. 455 —.

488. BANDAGES. — Pour s'assurer de l'état des bandages, on les frappe à l'aide d'un marteau, et le son qu'ils rendent indique s'ils sont desserrés sur la jante ou s'il y a des cassures ; on examine ensuite s'il n'y a aucune paille pouvant entraîner la rupture ou l'écrasement, et si les rivets ou boulons qui les réunissent à la jante ne sont ni cassés ni desserrés. On doit enfin vérifier, à l'aide de la règle d'écartement, s'ils sont bien calés à la distance réglementaire de $1^m,360$ (420, p. 487).

Au moyen d'un gabarit appliqué sur la surface du bandage, on se rendra compte de la profondeur du creux produit par le frottement sur les rails, de l'épaisseur du bandage et de celle du boudin. Dès que le creux aura atteint $0^m,005$, on retirera les roues pour leur faire subir un nouveau tournage, la limite d'épaisseur pour la mise au rebut du bandage étant arrêtée à $0^m,025$ ou à $0^m,019$ pour le fer, à $0^m,015$ ou $0^m,020$ pour l'acier fondu — 419 et suiv. —.

Quand le boudin ou la surface de roulement s'use plus vite sur l'une des roues que sur la roue opposée, il faut rechercher avec soin la cause de ce déplacement : — une plaque de garde forcée ; — un coussinet usé latéralement ; — ou enfin un mauvais montage. Le visiteur corrigera ce défaut et retournera l'essieu bout pour bout, si toutefois le boudin usé n'est point encore arrivé à sa limite d'épaisseur.

489. Parcours des bandages. — Le frottement du bandage sur le rail produit une usure qui ne tarde pas à creuser la surface de roulement et à amincir le boudin ; une jauge, que l'on applique de temps en temps sur la surface de roulement, permet d'apprécier l'état d'avancement de l'usure, et cet examen doit être renouvelé fréquemment, afin que l'on puisse y remédier aussitôt qu'elle atteint la limite fixée. La longueur du parcours que peut effectuer un bandage avant d'atteindre cette limite dépend absolument de la nature de la matière employée, de la charge des essieux, du tracé de la ligne ; mais, outre ces causes générales, il en existe d'autres qui ont pour effet d'amener une inégalité d'usure, soit dans les différents points d'un même bandage, soit entre les bandages d'une même paire de roues ; ce sont : les inégalités de la voie, l'inertie des pièces du mécanisme et l'action des freins. Pour remédier à l'usure inégale des bandages d'un même essieu provenant généralement du sens de courbure affecté par l'ensemble de la voie, il convient de retourner l'essieu bout pour bout jusqu'à ce que les bandages soient également usés.

Les bandages sont livrés par les maîtres de forges avec une garantie de parcours déterminé. Les bandages hors de service avant d'avoir effectué le parcours minimum sont rendus au fournisseur aux prix de facture, et pour le poids existant lors de la cessation du service. Ceux qui ont dépassé le minimum, sans atteindre le maximum, font l'objet d'une retenue sur le prix de facture, qui s'élève généralement au tiers de ce prix.

Voici les parcours garantis des différentes espèces de bandages employés en France :

Bandages en fer fin............	140 000 kilomètres.
Bandages en acier fondu.......	200 000 kilomètres.

En général, on arrête la circulation d'un bandage accusant un creux maximum de $0^m,004$ à $0^m,005$. Cette pièce rafraîchie reprend le service avec une diminution d'épaisseur de $0^m,006$ environ, y compris le déchet du tournage, qui peut être réduit par la substitution du meulage au tournage ordinaire.

Le parcours d'un bandage entre deux tournages dépend de la nature du métal, de l'état de la voie, du diamètre de la roue et de la charge appliquée. Un bon bandage en fer sous voiture perd en moyenne $0^m,001$ pour 7 à 8 000 kilomètres. Rafraîchi six fois environ, il peut, selon son épaisseur, fournir un parcours total variant de 200 000 à 280 000 kilomètres, soit une durée de onze à douze années en moyenne pour une circulation annuelle de 25 000 kilomètres : Usure annuelle, $0^m,0025$ à $0^m,003$; épaisseur primitive, $0^m,058$; épaisseur limite, $0^m,026$; usure totale, $0^m,032$; durée $\frac{32}{3}$ à $\frac{32}{2,5} = 11$ à 13 années. (Est, 1866.)

Un bandage en acier fondu perd $0^m,001$ d'épaisseur pour 18 000 à 20 000 kilomètres. Porté sept fois sur le tour, il peut ainsi fournir 550 000 à 630 000 kilomètres, ce qui donne en parcours entre deux tournages, plus de 72 000 kilomètres, et en durée vingt années en moyenne.

Enfin, on estime, en Allemagne, à huit tournages et 720000 kilomètres le parcours d'une roue en acier fondu, avant que sa couronne usée demande l'application du premier bandage. (Cologne-Minden, 1865.)

Il y a donc grand intérêt pour une administration à vérifier ce fait, et, s'il se réalise, à placer, sous ses voitures surtout, des roues en acier fondu qui, bien calées, ne réclament d'autre réparation qu'une mise sur le tour tous les deux à trois ans, et un chômage insignifiant entre deux parcours de 75 à 90000 kilomètres.

490. Changement de bandage. — On a vu que, par précaution contre les accidents, on arrête la circulation d'un bandage parvenu à une épaisseur de $0^m,015$ à $0^m,025$ au roulement selon la nature du métal et la destination de l'essieu monté. Si son conjugué peut encore continuer le service, on doit remplacer le bandage de rebut par un autre bandage ayant des dimensions telles qu'un léger tournage des deux pièces suffise pour les appareiller.

Dans le cas contraire il faut enlever les deux bandages, mettre en réserve le bandage propre au service et regarnir les roues de bandages neufs.

Il arrive enfin qu'un bandage ayant encore des dimensions convenables pour circuler n'a plus assez de serrage sur la jante.

Dans ces différents cas, l'enlèvement du bandage à remplacer s'effectue en suivant, en sens inverse, la marche de l'embattage. On commence par enlever les attaches du bandage à la jante ; puis on chauffe légèrement une petite partie du bandage. La dilatation le fait détacher de la jante.

491. Rétreinte des bandages. — Quand un bandage n'a plus le serrage nécessaire, on l'enlève de la roue et on le remplace par un autre bandage ou bien on le *rétreint*, autrement dit, on le ramène à un diamètre intérieur plus petit. Ce résultat est obtenu en chauffant le bandage et en

le plongeant rapidement dans l'eau jusqu'à moitié de sa largeur. Cette première opération amène une première réduction du diamètre. On recommence l'opération, mais en refroidissant cette fois la partie qui était restée chaude lors de la première opération. On obtient une nouvelle réduction de diamètre. Si celle-ci n'est pas suffisante, on recommence la même série d'opérations jusqu'à ce que l'on arrive au diamètre voulu.

492. Tournage des roues. — C'est la partie du service d'entretien la plus importante. Lorsqu'on enraye les bandages en acier fondu ou en fonte, l'échauffement considérable occasionné par le frottement continu des sabots, immédiatement suivi d'un refroidissement subit provenant du contact des rails souvent humides, et de l'air ambiant, produit sur le bandage l'effet d'une véritable trempe, et le rend assez dur pour résister à l'action du burin ; il serait facile de remédier à cet excès de dureté en employant la meule pour opérer le rafraîchissage de la surface de roulement ; mais, ce qui est bien plus grave, cette trempe rend le bandage cassant, et le fait rompre sous l'action du frein. On pourrait éviter ce danger en se servant, pour les roues à frein, de bandages en acier fondu d'une qualité moins dure, mais s'usant beaucoup plus vite, et dès lors moins avantageux que les bandages en fer. Cet inconvénient n'existe pas pour les machines ou tenders dont les roues sont immédiatement serrées au calage.

Quoique, pour d'autres considérations, nous ayons engagé l'ingénieur à proscrire dans ces circonstances l'emploi des bandages ou des roues en acier, il nous paraît intéressant de rappeler que, pour enlever la croûte durcie qui résiste complétement à l'action de l'outil en acier, on se sert de meules en pierre pour user les parties à enlever. — La surface de ces dernières doit être dure et unie ; dans les meules à texture poreuse, la boue métallique produite par son action sur le bandage ne tarde pas à remplir les cavités et à former une surface lisse sans action sur la pièce à travailler.

L'emploi de bandages mixtes en fer et acier trempé amena le Great Western Railway à construire des tours à meules qui sont actuellement employés au rafraîchissage des bandages de toute espèce, et même substitués aux limeuses et autres outils chargés d'enlever des épaisseurs. Les meules sont montées sur des porte-outils analogues à ceux des tours ordinaires, de manière à pouvoir se déplacer latéralement et perpendiculairement, et reçoivent par l'intermédiaire de courroies un mouvement très-rapide de sens contraire à celui de la roue à travailler. Le rafraîchissage ainsi effectué est, pour des bandages faciles à tourner, moins économique que par la méthode ordinaire ; mais il n'en est plus de même lorsque les surfaces ont acquis une certaine dureté. Enfin il existe aux ateliers de Swindon un tour à meules construit par M. Armstrong sur le même principe que les tours doubles de Withworth, et qui présente, quel que soit le cas, une supériorité réelle, au point de vue économique, sur les tours à burins. L'expérience de dix années a confirmé les espérances que l'on avait conçues sur l'emploi de ce procédé, qui s'est généralisé dans tous les ateliers.

FIN DU TOME TROISIÈME.

ANNEXES

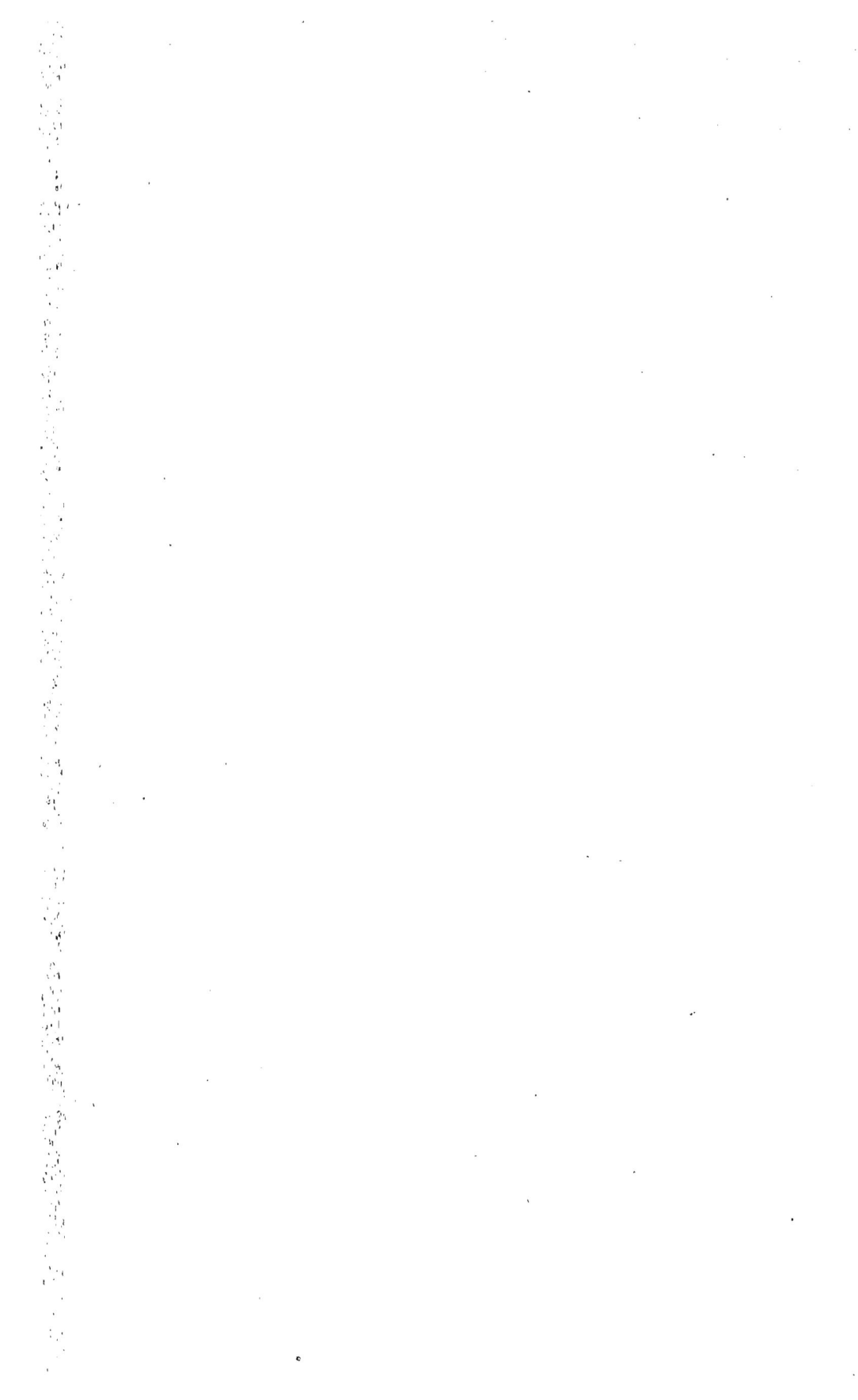

A

Dimensions de voitures du système américain et suisse (1868).

DÉSIGNATION de LA CLASSE ET DE LA LIGNE sur laquelle circule la voiture.	NORD-EST SUISSE à 8 roues et à trains mobiles. Mixte. 1re et 2e cl.	2e cl.	3e cl.	à 4 roues (2). Mixte. 1re et 2e cl.	WURTEMBERG à 8 roues. Mixte 1re et 2e cl.	CHEMIN DE FER CENTRAL SUISSE à 4 roues 1re cl.	à 8 roues. 3e cl.	Mixte. 1re et 2e cl.
Caisse.								
Largeur des parties les plus saillantes.....	—	—	—	2,800	2,843	—	2,820	—
Hauteur maximum au-dessus des rails....	—	—	—	3,400	2,490	3,400	3,430	3,430
Nombre de compartiments...........	2 (1re 2e)	1	1	2 (1re 2e)	2 (1re 2e)	1	1	2 (1re 2e)
Nombre de voyageurs.	8 | 44 / 52	56	72	6 | 23 / 29	12 | 40 / 52	16	72	8 | 48 / 56
Longueur intérieure de la caisse.......	11,200	11,200	11,200	1,91 | 4,45	3,37 | 5,66	4,842	11,430	11,430
Largeur intérieure de la caisse..........	2,700	2,700	2,700	2,650	2,589	2,520	2,520	2,520
Hauteur intérieure de la caisse..........	1,920(1)	1,920	1,920	1,960	2,080	2,000	2,000	2,000
Volume par voyageur.								
Longueur des plates-formes...........	0,960	0,960	0,960	0,830	0,800	0,915	0,915	0,915
Largeur des plates-formes..............	1,440	1,440	1,440	1,440	—	1,400	1,400	1,400
Châssis.								
Longueur totale du châssis..........	13,320	13,320	13,320	8,235	13,300	6,685	13,440	13,440
Longueur totale entre tampons.........	—	—	—	9,370	—	—	—	—
Ecartement des tampons.............	—	—	—	1,642	—	—	—	—
Hauteur des tampons au-dessus des rails.	—	—	—	0,967	—	—	—	—
Hauteur de la barre d'attelage au-dessus.	0,960	0,960	0,960	—	1,100	0,920	0,920	0,920
Ecartement des chaines de sûreté......	1,080	1,080	0,080	—	—	—	—	—
Roues et essieux.								
Nombre d'essieux....	4	4	4	2	4	2	4	4
Ecartement extrême.	—	—	—	3,757	8,818	2,700	9,300	9,300
Diamètre des essieux milieu...........	0,101	0,101	0,101	—	—	0,100	0,100	0,100
Diamètre au calage..	0,114	0,114	0,114	—	—	0,120	0,120	0,120
Diamètre à la fusée.	0,076	0,076	0,076	—	—	—	—	—
Longueur de la fusée.	0,152	0,152	0,152	—	—	—	—	—
Diamètre des roues..	0,884	0,884	0,884	0,900	0,900	0,840	0,840	0,840
Poids de la voiture..	—	—	—	—	10 000 à 12 000k.	—	—	—
Poids par voyageur..	—	—	—	—		—	—	—

(1) Au bord, au milieu, 2m,010. — (2) Nouveau modèle.

B

Dimensions principales de quelques vagons (1868).

DÉSIGNATION DU TYPE DU VAGON ET DE LA LIGNE sur laquelle il circule.	VAGONS COUVERTS.								VAGONS OUVERTS.		Vagon à pierres. Lyon-Genève.
	Vagon à bagages. Nord.		Vagon-écurie. Ouest.		Vagon couvert. Orléans (²).	Vagon-bergerie. Nord.	Vagon à cavalerie Belgique.		Vagon à bords de 1 mètre. — Est.	V. à houille en fer Silésie supér. (³).	
Caisse.											
Largeur des parties les plus saillantes... mèt.	3,000		2,950		2,750	2,820	2,800		2,700	2,742	2,710
Hauteur maxim. au-dessus des rails..... mèt.	3,400				4,150	3,285	3,400		2,775	2,825	1,322
	bag.	chiens	gard.	chev.							
Nombre de compartiments	1	2	1	6	1	moy. 2	1		1	1	4
Longueur intérieure d'un compartiment... mèt.	5.350	2,300	0,835	0,795	5,935 moy.	4,380	4,500		4,730	5,160	5,200
Largeur intérieure d'un compartiment... mèt.	2,300	0,700	2,720		2,495 moy.	2,500	2,500		2,460	2,562	2,380
Hauteur intérieure d'un compartiment... mèt.	1,753	0,480	2,210		1,840	0,900	2,090		0,850	1,007	—
Volume d'un compartiment..... mèt. cube.	20	0,770				9,835	6				
Nombre de places.......						50	6				
Châssis.											
Longueur du châssis.. m.	5,450		5,760		6,000	4,500	5,450		4,800	5,180	5,200
Longueur entre tampons.	6,470		6,860		6,860	5,300	5,450		5,700	6,300	6,140
Hauteur au-dessus des rails des tampons... m.	1,020		1,020		1,050	0,955	—		1,000	1,066	0,940
Écartement d'axe en axe des tampons..... mèt.	1,727		1,730		1,740	1,757	—		1,710	1,752	1,720
Écartement d'axe en axe des chaînes de sûreté..	1,190		1,180		1,100	1,190	—		0,640	1,066	1,200
Suspension.											
Nombre des feuilles de ressorts.	11		—		8	9	—		8	9	8
Largeur des feuilles de ressorts......... mèt.	0,075		—		0,075	0,075	—		0,075	0,092	0,075
Épaisseur des feuilles de ressorts........ mèt.	0,010		—		0,011	0,010	—		0,010	0,013	0,010
Essieux et Roues.											
Nombre d'essieux.......	2		2		2	2	2		2	2	2
Écartement extrême des essieux......... mèt.	3,250		3,000		2,700	2,500	2,300		2,400	2,980	2,700
Diamètre au milieu.....	0,110		0,115		0,095	0,090	—		—	0,111	0,900
Diamètre au calage.....	0,120		0,115		0,115	0,105	—		—	0,124	0,110
Diamètre à la fusée.....	0,080		0,075		0,080	0,060	—		—	0,082	0,073
Longueur de la fusée...	0,170		0,160		0,155	0,127	—		—	0,157	0,160
Diamètre des roues......	0,940		1,030		1.032	0,940	0,950		1,025	0,961	0,900
Poids du vagon vide.. kil.	7300 (¹)		—		5380	3920	—		3500	5650	—
Charge.................	2000		—		8000	6000	—				—
Rapport du poids à la charge...............	3,65		—		0,67	0,65	—				—

(¹) A frein. — (²) Exposé à l'Exposition universelle de 1867. — (³) Lesté à 2100 kil.

C

(Ch. III, § v). *Du poids mort des vagons.* — 245 —.

CHEMIN DE FER DU NORD.	CAISSE (dimensions intér.).			POIDS.			OBSERVATIONS.
	LON-GUEUR.	LAR-GEUR.	HAU-TEUR.	TRAIN.	CAISSE.	PLEIN.	
Véhicules à 4 roues.	m.	m.	m.	kil.	kil.	kil.	
Fourgon (sans frein).	5,350	2,300	1,753	3 600	1 500	9 100	
Fourgon lesté, à frein.	5,350	2,300	1,753	3 600	1 600	13 750	Lest, 2 100 kilogr.; frein à contre-poids.
Ecurie. (Stalles .... (Conduct. ...	3,630 0,750	0,940 2,380	2,140	3 200	1 600	7 200	
Truk à équipages....	4,800	2,200	0,400	3 200	4 20	»	Charge, une voiture.
Vagon à lait.........	4,380	2,100	1,100 2,500	3 200	1 010	8 810	Charge : 224 pots de 20 litres. Pavillon à deux étages.
Vagon à bestiaux....	4,360	2,480	2,900	4 500		10 500	Frein à vis.
Vagon à bestiaux....	4,440	2,500	2,900	4 600		14 600	Frein à main 8 têtes.
Vagon bergerie......	4,380	2,500	0,900	3 920		9 920	Charge : 50 têtes. Deux étages.
Vagon marchandises, grande vitesse.....	4,380	2,500	1,885	4 000		9 500	
Vagon à sucre.	4,380	2,500	1,885	4 500		10 000	Frein à vis.
Vagon à sucre.	4,440	2,440	1,885	4 600		14 600	Frein à main.
Vagon à houille.....	4,440	2,250	1,200 1,600	4 200		14 200	Côté Pignon } Frein à main.
Vagon à houille.....	id.	id.	id.	4 600		14 600	Frein à vis.
Vagon à coke.......	4,440	2,250	2,000 2,570	4 530		14 530	Côtés, Pignons, } Frein à main.
Vagon à coke.......	4,380	2,480	1,215	3 500		9 500	Caisses mobiles, frein à main.
Vagon à pierres.....	4,500	2,200	»	3 650		13 650	Frein à main.
Vagon à bois........	4,360	2,460	0,107	4 450		14 450	Frein à main.
Vagon plate-forme..	5,310	2,260	0,150	3 620		13 620	Frein à main. Tampons secs.
Vagon plate-forme à côtés tombants....	4,380	2,500	0,400	3 620		9 620	Frein à main. Tampons secs.
Vagon plat..........	4,360	»	»	3 300		9 300	Frein à main. Tampons secs.
Vagon à ch. de bois.	7,200	»	»	3 430		9 430	Frein à main. Tampons secs.
Vagon à ballast.....	4,380	»	»	3 900		9 900	Frein à vis.
Vagon à rails.	6,520	»	»	5 940		20 940	A six roues.

En parlant du poids mort des voitures — chap. III, § IV —, nous avons insisté sur l'intérêt qui domine toute la question, la sécurité qui entraîne avec elle le sacrifice de la légèreté du véhicule relativement à sa charge.

En fait de transport de marchandises, c'est autre chose. Ici la question du *poids payant* domine tout, réserve faite des conditions de circulation. Il ne faut pas en effet que, sous prétexte d'économie dans la construction, on expose la marche des trains à des interruptions désastreuses, les marchandises à des avaries sujettes à indemnités, par cause de rupture des organes principaux des vagons. Les tâtonnements successifs par lesquels ont passé les grandes administrations démontrent à l'évidence que, pour la voie normale, on est à peu près arrivé à la limite du rapport le plus favorable entre la charge *complète* et le poids mort. Si on le rapproche du rapport que donne la voie étroite, l'avantage ne paraît pas, dès l'abord, bien tranché en faveur de cette dernière, par les raisons que nous avons développées. Mais la charge des grands vagons n'est pas toujours complète parce qu'il n'est pas toujours possible de l'obtenir, tandis que la charge complète d'un vagon à petite voie est presque toujours facile à réaliser. Il existe d'ailleurs, entre les grandes administrations, des conventions qui rendent en quelque sorte à l'état de *constante* la partie souvent principale du vagon, savoir : les roues montées, les attelages, châssis, freins, etc.

D

CHAUFFAGE DES VOITURES

EXTRAITS DES INSTRUCTIONS POUR LES AGENTS DES TRAINS

KAISER-FERDINANDS-NORDBAHN.

N. B. La température dans les compartiments des classes I et II ne doit pas dépasser 12 degrés Réaumur.

1. **Chauffage à vapeur.** — A. Dans chaque compartiment se trouvent deux tuyaux cylindriques en tôle de $2^m,00/0^m,100$, placés sous les banquettes, communiquant avec la conduite générale de vapeur.

Sous chaque véhicule, cette conduite se termine par deux robinets. Un boyau en caoutchouc établit la communication d'un véhicule à l'autre ; la réunion de ce boyau avec chaque robinet s'opère au moyen d'un écrou roulant, et l'évacuation de l'eau condensée, par une soupape établie à mi-longueur du boyau. Les robinets de bouts servent, au besoin, à interrompre la circulation de la vapeur. A l'extrémité du dernier véhicule, on visse un robinet-soupape d'échappement de l'eau et de la vapeur en excès.

Pour régler la température, il y a un tiroir de distribution disposé à chaque compartiment, pour la manœuvre soit extérieure, soit intérieure, au milieu du dossier de chaque banquette.

B. Le train formé, machine en tête, on place les boyaux de jonction ; on ouvre en grand tous les robinets et le robinet-soupape, de la quantité nécessaire pour ne laisser écouler que l'eau de condensation. Le machiniste envoie alors la vapeur avec ménagement et sans dépasser 2 atmosphères.

Le surveillant examine tous les appareils, tous les tuyaux et signale les fuites.

C. En route, le machiniste règle l'envoi de la vapeur sur la température ambiante. Le conducteur s'informe de temps en temps auprès des voyageurs si la température obtenue leur convient ; il prévient le machiniste, s'il y a lieu de modérer ou d'augmenter le chauffage. Les agents surveillent la conduite de vapeur, au besoin ferment les robinets, remplacent les tuyaux, etc.

Si la machine quitte le train, le machiniste ferme la conduite entre tender et fourgon de tête.

D. A l'arrivée, visite générale, réparations, enlèvement des boyaux, et mise de tous les robinets sur l'indication « *ouvert* ».

E. A la fin de la saison froide, on enlève tous les robinets de la conduite et on les met en magasin avec les boyaux. Les extrémités de la conduite sous chaque véhicule sont fermées avec un bouchon mobile.

II. **Chauffage à l'air chaud.** — A. Sous le châssis de la voiture est fixé un cylindre en tôle dans lequel on place un panier formé de barres de fer et rempli de combustible. L'air d'alimentation entre par un tiroir de réglage, et sort par un tuyau rivé en dessous du cylindre, retourné à angle droit et dirigé vers l'arrière.

Le cylindre à feu est entouré d'une enveloppe en tôle comprenant l'air chaud distribué dans chaque compartiment. Ce tuyau est préservé du refroidissement par une enveloppe en bois. Un écran préserve le bois du contact de l'air chaud à chaque bouche de chaleur. Des clapets, manœuvrés à l'aide de boutons à la disposition des voyageurs, règlent l'entrée de l'air chaud.

L'air de chauffage et de ventilation entre par deux aspirateurs placés à l'avant de l'appareil de chauffe, et s'échappe par une ouverture ménagée dans le plafond de chaque compartiment.

B. *Préparation du train.* — On allume chaque corbeille deux heures avant le départ. Pour cela, on retire la corbeille du cylindre, on pose sur le combustible quelques morceaux de charbon de bois allumé. La corbeille replacée et le cylindre fermé, on ferme les portières, fenêtres et ventilateurs de chaque voiture.

C. En route, l'ouverture du tiroir pour la combustion règle la température.

Dans les longs arrêts, on tire les paniers hors des cylindres, on fait tomber les cendres ; au besoin, on recharge du combustible et on replace le panier, le côté allumé, du côté du tiroir, vers la porte.

Si, dans un compartiment, on se plaint de mauvaise odeur, d'entrée de gaz, etc., il faut retirer le panier à combustible, fermer les entrées d'air et noter la voiture pour *réparation*.

D. A l'arrivée, retirer les paniers, faire tomber les cendres, mettre en réserve le combustible, l'étouffer au besoin.

Les cendres enlevées et les trous à air nettoyés, visiter soigneusement les cylindres.

E. *Combustible* — 173. — Le panier plein se replace dans le cylindre pour que la voiture puisse toujours être chauffée.

F. *Mise hors.* — A la fin de la saison froide, on retire toutes les corbeilles, on les met en magasin ou en réparation. Les cylindres et la distribution sont scrupuleusement visités et réparés.

III. Chauffage par bouillottes. — Il ne s'applique qu'aux voitures où les autres modes de chauffage n'existent pas.

CHEMIN DE FER DE L'EST-BAVAROIS — 118 —.

A. *Préparation du train.*—Ouvrir en grand les robinets montés sur chaque portion de la conduite, fermer les portières, fenêtres et ventilateurs, puis placer les boyaux en caoutchouc.

Une heure au plus, une demi-heure au moins avant le départ, la locomotive en tête du train envoie la vapeur jusqu'au moment où, le robinet de queue ne donnant plus que de la vapeur, on le ferme ainsi que le robinet de vapeur.

Selon le degré de température, on attend pendant huit ou dix minutes, puis on lance de nouveau la vapeur. On ferme le robinet de queue lorsqu'il ne donne plus que de la vapeur, et on laisse ouverte la prise de vapeur pendant vingt-cinq minutes. On ferme encore les deux robinets pendant dix minutes. Le train est prêt à partir.

Les soupapes de purge des boyaux doivent bien fonctionner, ainsi que le petit robinet de queue ajouté au robinet permanent, et réglé pour laisser écouler l'eau de condensation.

B. *En route.* — L'injection de la vapeur est intermittente : quand le thermomètre extérieur marque $+ 5°$ à $+ 10°$, elle a lieu pendant trente minutes et cesse pendant quinze minutes ; s'il marque moins de $+ 5°$, on donne la vapeur pendant trente minutes et on suspend l'injection pendant douze minutes.

La position des leviers régulateurs de la température dans les compartiments varie également d'après les indications du thermomètre extérieur. De $+ 5°$ à $+ 10°$, la vapeur ne circule que dans un seul tuyau de chauffe par compartiment ; de $- 4°$ à $+ 5°$, tous les leviers sont placés sur l'indication *tiède ;* en dessous de $- 4°$, les leviers sont tous sur l'indication *chaud.*

A chaque arrêt, la température est indiquée par le chef de gare. On s'assure, à l'aide d'un outil spécial, que chaque soupape de purge agit automatiquement.

C. *A l'arrivée.* — On place tous les leviers sur l'indication *chaud,* pour laisser écouler l'eau de condensation de tous les tuyaux, on ouvre les robinets de tête et de queue de la distribution et on s'assure que toutes les soupapes de purge sont ouvertes — 188 —.

RÉSUMÉ

DES RÉPONSES ADRESSÉES A UNE DEMANDE DE RENSEIGNEMENTS
DU MINISTÈRE DU COMMERCE EN PRUSSE
SUR LE CHAUFFAGE PAR LE CHARBON COMPRIMÉ.

On s'est plaint, à juste titre, de la présence de gaz nuisibles ou désagréables dans les compartiments, de la température trop élevée, de l'échauffement des banquettes.

Pour remédier aux inconvénients de ce système, repoussé d'ailleurs par plusieurs administrations de chemins de fer, il faut :

1° Établir des boîtes de chauffage absolument étanches du côté des compartiments, ce que l'on n'obtient qu'avec des tubes fortement soudés et non rivés ;

2° Assurer la circulation de l'air de la combustion dans un sens bien constant par deux ouvertures opposées ;

3° Placer des valves de réglage à la disposition des voyageurs ;

4° Isoler de toutes parts les boîtes de chauffage ;

5° Réglementer le chargement du combustible d'après la température ambiante ;

6° Faire accompagner chaque train par un chauffeur spécial ;

7° Tenir les appareils en bon état et les essayer avant la mise en service.

E

CAHIER DES CHARGES ET SPÉCIFICATION

POUR LA FOURNITURE DES VOITURES.

ARTICLE 1er. *But du cahier des charges.* —Voitures de première, deuxième ou troisième classe.

ART. 2. *Conditions d'établissement.* — Système de voitures employé : anglais, américain. — Dimensions principales :

Longueur de la caisse.
Largeur de la caisse.
Nombre de compartiments.
Hauteur intérieure.
Longueur des brancards.
Longueur entre tampons.
Ecartement et hauteur des tampons.
Ecartement des chaînes de sûreté.
Nombre d'essieux.
Ecartement des essieux extrêmes.
Diamètre des roues au contact.

ART. 3. *Construction de la caisse.* — Dimensions des brancards, traverses, pieds corniers et intermédiaires ; courbes et battants de pavillon. — Essences des bois employés à la construction de ces différentes pièces. — Qualité des bois. — Absence de défauts. — État de dessiccation. — Soins à apporter dans la construction. — Peinture des assemblages avant le montage. — Précision d'exécution des assemblages. — Interdiction d'emploi de cales de remplissage. — Consolidation des assemblages par des ferrures. — Harpons, frettes, équerres, boulons. — Emploi de fer de bonne qualité pour la construction de ces ferrures. — Peinture des ferrures avant le montage. — Epaisseur et mode d'assemblage des doublures, frises, planches du plancher et voliges de la toiture. — Fermeture des portières.

ART. 4. *Couverture.* — Système de couverture employé. — Courbure de la toiture. — Gouttières et tuyaux de descente.

ART. 5. *Revêtement.* — Poids des feuilles de tôle par mètre carré. — Préparation. — Dressage. — Décapage ou polissage des surfaces. — Dressage des bords. — Emploi de couvre-joints. — Largeur du recouvrement.

ART. 6. *Peinture.* — Nombre et nature des couches. — Ponçages. — Couche définitive. — Filets. — Lettres et inscriptions. — Nom du constructeur et date de la construction. — Lettres adoptées par la Compagnie. — Indication de la série et du numéro d'ordre. — Indication de la classe.

ART. 7. *Garniture intérieure.* — Description de la garniture. — Couleur et qualité de l'étoffe et des galons. — Cordons. — Quantité de crin employée au rembourrage des coussins et des dossiers. — Epaisseur des coussins. — Emploi de poudre insecticide. — Filets ou courroies. — Plafond. — Peinture des parties apparentes. — Châssis de fenêtres. — Glaces. — Ressorts. — Contre-poids. — Tapis. — Lanternes.

Art. 8. *Construction du châssis.*—Mode de construction adopté. —. Emploi du bois ou du fer. — Dimensions des longerons, traverses, écharpes, etc.—Choix des matériaux.— Soins à apporter dans la construction et la consolidation des assemblages. — Position des entretoises de support de la caisse et des trous qui doivent recevoir les boulons. — Importance d'observer rigoureusement les distances indiquées, afin de pouvoir monter sur l'un quelconque des châssis toutes les caisses appartenant à la même série. — Position des marchepieds. — Dimensions des palettes. — Nature du bois. — Prolongement des marchepieds au delà de la caisse pour faciliter la circulation extérieure.

Art. 9. *Suspension et traction.* — Mode de suspension adopté. — Attache des ressorts. — Nombre et dimensions des feuilles.— Longueur développée de la maîtresse feuille. — Epreuves. — Attache des ressorts de suspension sur les boîtes à graisse. — Liberté de mouvements. — Indication du système de choc et traction employé. — Construction des tampons de choc, des ressorts de traction. — Boîtes. — Enlevage des tampons. — Choix du métal.—Composition et densité des rondelles en caoutchouc, pour tampons de choc ou ressorts de traction. — Bande initiale des ressorts de traction à lames. — Forme des crochets de traction. — Tiges de traction. — Chaînes de sûreté. — Pitons d'attache d'un seul morceau, sans soudure. — OEil percé à chaud. — Interposition de rondelles en caoutchouc. — Point d'attache rapproché autant que possible du centre de figure du châssis.— Longueur des chaînes de sûreté. — Dimensions des anneaux. — Placer la soudure au milieu de la longueur des maillons.—Soins à apporter dans cette opération. — Forme des crochets.

Art. 10. *Roues, essieux, bandages.* — Dimensions des essieux, des roues et des bandages. — Renvoi à la spécification, annexe G, pour la construction des roues, essieux et bandages montés.

Art. 11. *Boîtes à graissage.* — Indication du type de boîte à graissage adopté. — Choix de la fonte. — Composition des coussinets. — Dimensions intérieures. — Fermeture hermétique. — Absence de jeu dans les assemblages. — Parfaite identité des boîtes à graissage. — Dressage exact des rainures.

Vérification provisoire.— Pour s'assurer de la parfaite identité des boîtes à graissage, elles seront, avant leur réception, vérifiées avec des gabarits poinçonnés par l'administration et confectionnés par le constructeur. — Sur chaque lot de cent boîtes à graissage, l'administration aura le droit d'en faire casser deux, prises au hasard, pour vérifier la qualité de la fonte ; si l'épreuve n'est pas satisfaisante, le lot entier pourra être refusé.

Seront d'ailleurs rejetées toutes les boîtes offrant quelque vice de qualité, d'ajustage ou d'entretien.

Art. 12. *Plaques de garde.* — Type des plaques de garde. — Parfaite identité. — Vérification à l'aide d'un gabarit. — Confection. — Perçage des trous à froid, et aux dimensions rigoureusement exactes, pour que les boulons ne puissent pas ballotter. — Qualité des matières. — Vérification et réception. — Soins dans le montage pour que les axes des plaques de garde soient rigoureusement perpendiculaires au plan du châssis, et équidistantes deux à deux de deux plans verticaux passant l'un par l'axe longitudinal, l'autre par l'axe transversal du châssis.

Art. 13. *Freins.* — Système de freins employé. — Description. — Nature et qualité de la matière employée à la construction des sabots. — Les boulons d'articulation et les tourillons des arbres des freins seront tournés, les fourches et paliers seront dressés et alésés, — tous les trous percés à froid, — toutes les articulations cémentées et trempées en paquet, — tous les renflements obtenus à l'étampe ou enlevés. — Soins à apporter dans le moulage des pièces en fonte. — Identité des pièces de même espèce pour les freins de toutes les voitures, afin de faciliter leur substitution. — Les agents de l'administration seront autorisés à faire, aux frais du constructeur, toutes les épreuves qu'ils jugeront convenables pour s'assurer de la bonne exécution des pièces, des soudures, de la cémentation, de la trempe et de la conformité du fer aux échantillons agréés par la société. — Réception provisoire des freins montés sur un châssis spécial dans les chantiers du constructeur.

Art. 14. *Conditions générales.* — Série unique adoptée pour les pas de vis, boulons, écrous, etc., dont le constructeur devra se procurer les tarauds et filières. — Types. — Uniformité des pièces analogues ou ensembles de ces pièces dans toutes les voitures d'une même série.

Envoi des échantillons des pièces principales avant leur emploi.
— Ces échantillons seront envoyés en double, et la moitié rendue au fournisseur avec l'estampille de l'administration; l'autre moitié demeurera entre les mains de celle-ci à titre de pièces justificatives.

Exécution par le constructeur, et à ses frais, des gabarits, jauges ou calibres jugés nécessaires pour la bonne exécution des pièces, leur contrôle et leur réception.

Surveillance exercée par les agents de la Compagnie. — Epreuves effectuées par les agents de l'administration, aux frais du constructeur, pour vérifier la qualité des matières employées. — Poinçonnage des pièces, avant leur montage, par les agents de l'administration.

ART. 15. *Modifications aux plans remis aux constructeurs.* — Faculté réservée par l'administration de faire exécuter sur les véhicules non livrés les modifications qu'elle jugera convenable. — Nomination d'experts dans le cas où ces modifications seraient de nature à changer les prix primitivement arrêtés. — Interdiction au constructeur de modifier les plans sans l'approbation préalable de l'administration.

ART. 16. *Conditions de livraison.* — Epoque de livraison. — Délais. — Retard. — Dommages et intérêts. — Etat des véhicules à la livraison.

ART. 17. *Réception provisoire.* — Vérification des véhicules.

En blanc dans les ateliers de construction avant la mise en peinture.

Sur les rails, lorsque le véhicule sera prêt à entrer en service et avant la livraison.

ART. 18. *Réception définitive.* — Réception définitive après un parcours de 6 000 kilomètres effectués en service ordinaire. — Constatation par procès-verbal contradictoire. — Garantie.

ART. 19. *Interdiction de céder.*

ART. 20. *Mode de règlement.* — Répartition de versements.

ART. 21. *Jugement des contestations.*

F

CAHIER DES CHARGES

POUR LA FOURNITURE DES VAGONS.

ARTICLE 1er. *Objet du cahier des charges.* — Spécification de la classe de véhicules.

ART. 2. *Conditions d'établissement.* — Description du système adopté. — Dimensions principales :

Longueur intérieure de la caisse.
Largeur intérieure de la caisse.
Hauteur intérieure de la caisse.
Longueur du châssis.
Longueur entre tampons.
Ecartement d'axe en axe et hauteur des tampons.
Ecartement des chaînes de sûreté.
Nombre des essieux.
Ecartement des essieux extrêmes.
Diamètre des roues au contact.

ART. 3. *Construction de la caisse et du châssis.* — Solidarité de la caisse et du châssis. — Emploi du bois ; — du fer. — Dimensions principales des longerons, traverses, pieds corniers et intermédiaires, courbes et battants de pavillon. — Portes ; — mode de fermeture. — Plancher. — Frises. — Voliges ; — mode d'assemblage.

ART. 4. *Soins à apporter dans la construction.* — Choix des matériaux. — Essais. — Assemblage. — Consolidation.

ART. 5. *Couverture.* (Voir la spécification des voitures.)

ART. 6. *Revêtement.* (Voir la spécification des voitures.)

ART. 7. *Peinture.* (Voir la spécification des voitures.)

ART. 8. *Installations intérieures.* — Vagons à bagages. — Armoires. — Freins. — Caisses à chiens. — Vagons à écuries. Stalles. — Garniture intérieure. — Lanternes.

G

CAHIER DES CHARGES

POUR LA FOURNITURE DES ESSIEUX, ROUES ET BANDAGES

POUR VOITURES ET VAGONS.

Article 1er. Les roues et essieux seront exécutés conformément aux plans et gabarits de la Compagnie, lesquels seront remis au fournisseur par son ingénieur en chef du matériel.

Les roues seront livrées assemblées avec précision et clavetées sur leur essieu.

Les dimensions suivantes seront rigoureusement exigées, sans qu'aucune tolérance soit admise :

> Diamètre extérieur de la jante après tournage.
> Diamètre de l'essieu, au calage.
> Diamètre de l'essieu, au milieu.
> Écartement du bandage des roues.
> Largeur des bandages.
> Distance d'axe en axe des fusées.
> Diamètre des fusées.
> Longueur des fusées.
> Inclinaison de la surface des bandages.
> Largeur des entailles des clefs.
> Épaisseur des clefs en acier.

L'épaisseur des bandages devra être de..... au moins et de..... au plus, au milieu.

Les deux roues montées sur le même essieu auront exactement le même diamètre.

ART. 2. Les bandages seront en.....

Les essieux seront en....., de première qualité.

Ils devront pouvoir supporter les épreuves suivantes :

Couder l'essieu de 0^m,25 dans un sens, le redresser.

Après ces épreuves, l'essieu ne doit présenter aucun défaut, c'est-à-dire n'avoir aucune crique ni fente.

Les rais seront en fer nerveux de bonne qualité ; ils devront être décapés au moment de la coulée du moyeu.

Le moyeu sera en fonte de deuxième fusion, de la meilleure qualité. Cette fonte devra être coulée lentement.

ART. 3. L'ajustage et l'assemblage devront être faits avec des soins particuliers.

Le trou du moyeu de chaque roue sera centré sur le tour d'après le faux cercle et alésé avec une très-grande précision, de telle façon qu'il puisse recevoir indistinctement tous les essieux. L'alésage sera vérifié avec soin au moyen d'une jauge spéciale. Tout moyeu mal alésé ou présentant de trop grandes soufflures amènera le refus inévitable du corps de roue. Le moyeu et le faux cercle seront ensuite dressés sur la face intérieure sans démonter la roue de dessus le tour.

La pression pour l'introduction de l'essieu ne devra pas être moindre de 30 à 35 000 kilogrammes.

Les essieux seront tournés sur les parties indiquées aux plans, et d'après les calibres remis au constructeur. La position et la dimension des fusées et des parties porte-roues devront être absolument identiques dans tous les essieux. Aucune tolérance ne sera admise. Le constructeur devra mettre de côté tous les boutons d'arasement, qui fourniront ainsi autant de témoins de la qualité du fer et de sa bonne fabrication. Ces boutons seront toujours représentés à l'agent réceptionnaire. A cet effet, ils porteront deux à deux le même numéro d'ordre de fabrication que l'essieu d'où ils proviendront.

Après l'embattage, les essieux recevront de nouveaux trous de centrage sur lesquels s'exécuteront tous les travaux de tour ultérieurs. Le tournage des fusées ne devra donner aucune trace de mises des paquets. Les apparences de mises, si elles acquéraient trop d'importance, constitueraient un motif de refus. Les entailles des clefs seront parfaitement alignées et parallèles à l'axe de l'essieu.

Les clefs en acier seront exactement calibrées et les entailles sur l'essieu dressées de manière que lesdites clefs portent d'un bout à l'autre sur toutes leurs faces. Les bandages seront tournés sur le diamètre extérieur et sur les deux faces latérales. La face intérieure pourra ne pas être tournée; mais elle devra porter exactement sur le faux cercle.

Le faux cercle formé par les bras des rais devra être tourné avant la pose du bandage, et devra avoir exactement les dimensions indiquées à l'article 1er.

Les rais devront être faits avec du fer spécial, renflé à la partie qui forme le faux cercle, afin qu'après le tournage, le faux cercle puisse avoir la même épaisseur que les rais, c'est-à-dire $0^m,015$.

Tous les bandages en fer ou en acier devront présenter avant la pose le diamètre intérieur de...; ceux qui seraient plus petits seront alésés; ceux qui seraient plus grands seront refusés.

Avant leur expédition au lieu de livraison indiqué dans le traité, les roues seront recouvertes d'une couche de peinture.

Les fusées devront être graissées et enveloppées pour être préservées de la rouille.

Le nom du fabricant devra être placé sur chaque essieu et sur la face intérieure de chaque moyeu.

Art. 4. La Compagnie de *** pourra, pour s'assurer de la

qualité des matériaux employés et de la bonne exécution des roues, procéder à toutes les épreuves qui lui paraîtront nécessaires. Les frais auxquels ces épreuves donneraient lieu dans les ateliers du fournisseur seront à la charge de ce dernier.

L'entrée des ateliers du fournisseur sera toujours accordée aux agents de la Compagnie chargés de suivre la fabrication des roues.

Si, en cours de construction, il se présentait des modifications avantageuses, la Compagnie aurait le droit de les adopter pour les roues non encore livrées.

Si ces changements étaient de nature à modifier le prix des roues ou à entraîner le sacrifice de pièces déjà confectionnées, la Compagnie s'entendrait avec le fournisseur sur les indemnités à lui accorder.

En cas de désaccord, le chiffre des indemnités serait fixé par des experts nommés par la Compagnie.

La réception des roues montées sur leurs essieux sera faite dans les ateliers de la Compagnie de ***, laquelle aura le droit de refuser celles qui présenteraient des défauts ou dont les dimensions ne seraient pas conformes aux plans et aux prescriptions du présent cahier des charges.

ART. 5. Pendant une période de quatre années à partir de la date de la livraison, sauf le cas d'accident résultant du service, le fournisseur restera garant de ses roues contre toute rupture d'essieu, de moyeu, décalage de moyeu, ébranlement de rais dans le moyeu, fusées pailleuses, etc.

Toute fusée reconnue pailleuse donnera lieu au remplacement de l'essieu.

Tout bandage écrasé, fendu ou avarié d'une manière quelconque, avant que l'épaisseur en soit réduite à $0^m,045$ au cercle du roulement, sera remplacé aux frais du fournisseur, quels que soient la date de sa mise en service et le chiffre de son parcours kilométrique.

Les moyeux devront porter, en relief, sur la face intérieure, le nom de la ligne et celui du fournisseur.

Chaque bandage devra être marqué, sur la face extérieure, du nom de l'usine où il a été fabriqué.

Cette marque sera faite à chaud et le plus profondément possible; les lettres devront avoir au moins $0^m,015$ de hauteur.

Les essieux devront, comme les bandages, être marqués du

nom du fabricant. Cette marque sera également faite à chaud et avec des lettres ayant au moins 0^m,015 de hauteur.

Lorsque le fournisseur livrera les roues, il devra mettre à côté de la marque de fabrique des bandages et des essieux, le mois et l'année de la livraison. Le mois sera représenté par des chiffres indiquant le nombre de mois écoulés, et l'année par les deux derniers chiffres du nombre.

Art. 6. Le prix des roues sur essieux livrées aux lieux et aux époques fixés dans le traité ci-annexé, sera payé, savoir :

Neuf dixièmes à la livraison (9/10es).

Un dixième quatre mois après la livraison (1/10e).

Nonobstant le payement de ce dernier dixième, le fournisseur restera soumis aux garanties stipulées ci-dessus, pour l'ensemble des roues, et pour les essieux, les moyeux et les bandages.

Tous les payements seront faits au comptant, sans escompte, à la caisse de ***.

FIN DES ANNEXES.

TABLE DES MATIÈRES

SECONDE PARTIE
SERVICE DE LA LOCOMOTION

PREMIÈRE SECTION
MATÉRIEL DE TRANSPORT

CHAPITRE I. — CONSIDÉRATIONS GÉNÉRALES.

§ I. *Relations de la voie et du matériel roulant.*

§ II. *Résistance des trains.*

§ VIII. *Water-closets et lavabo.*

§ IX. *Détails d'exécution.*

CHAPITRE III. — Construction des vagons.

CHAPITRE IV. — Transports des services publics.

§ 1. *Vagons-poste.*

§ II. *Services de la guerre.*

ANNEXES.

ERRATA.

Page 19, ligne 12 en descendant, *au lieu de :* pl. XXXVI, *lisez :* pl. XXXVII.

25, ligne 7 en remontant, *supprimer :* ce qui ferait par tonne, etc.

28, ligne 14 en descendant, *au lieu de :* M. de Pambourg, *lisez :* M. de Pambour.

32, ligne 14 en remontant, *au lieu de :* pl. XXXVII, *lisez :* pl. XXXVIII.

50, ligne 9 en remontant, *au lieu de :* § VIII, *lisez :* § VII.

54, ligne 3 en remontant, *au lieu de :* fig. 1 à 4, *lisez :* fig. 9 à 13.

54, ligne 5 en remontant, *au lieu de :* fig. 9 à 11, *lisez :* fig. 1 à 4.

55, ligne 13 en remontant, *au lieu de :* fig. 1 à 7, *lisez :* fig. 1 à 3.

61, ligne 7 en descendant, *au lieu de :* chap. V, § I, *lisez :* chap. VI, § III.

107, ligne 16 en descendant, *au lieu de :* pl. XXXV, § IX), *lisez :* pl. XXXVIII) — § IX —.

175, ligne 18 en remontant, *au lieu de :* qu'avivé, *lisez :* avivé.

185, ligne 18 en remontant, *au lieu de :* Central...120, *lisez :* Central...130.

288, ligne 5 en remontant, *au lieu de :* renfoncé, *lisez :* renforcé.

354, ligne 1 en remontant, *au lieu de :* $2\,P : \alpha$, *lisez :* $2\,Q : \alpha$.

412, ligne 2 en remontant, *au lieu de :* fig. 6, *lisez :* fig. 9.

412, ligne 15 en remontant, *au lieu de :* fig. 6 et 7, *lisez :* fig. 9 et 10.

472, ligne 18 en descendant, *au lieu de :* $> f(P'+p')\frac{D}{2}$, *lisez :* $> f'(P'+p')\frac{D}{2}$.

478, ligne 3 en descendant, *au lieu de :* la durée, *lisez :* la dureté.

486, ligne 13 en remontant, *au lieu de :* $s = 2^{m},006 \times d - 0^{mm},66$, *lisez :* $s = 2,006 \times d - 0^{mm},66$.

486, ligne 14 en remontant, *au lieu de :* $s = 1^{m},375 \times d - 0^{mm},71$, *lisez :* $s = 1,375 \times d - 0^{mm},71$.

PARIS. — TYPOGRAPHIE A. HENNUYER, RUE D'ARCET, 7.

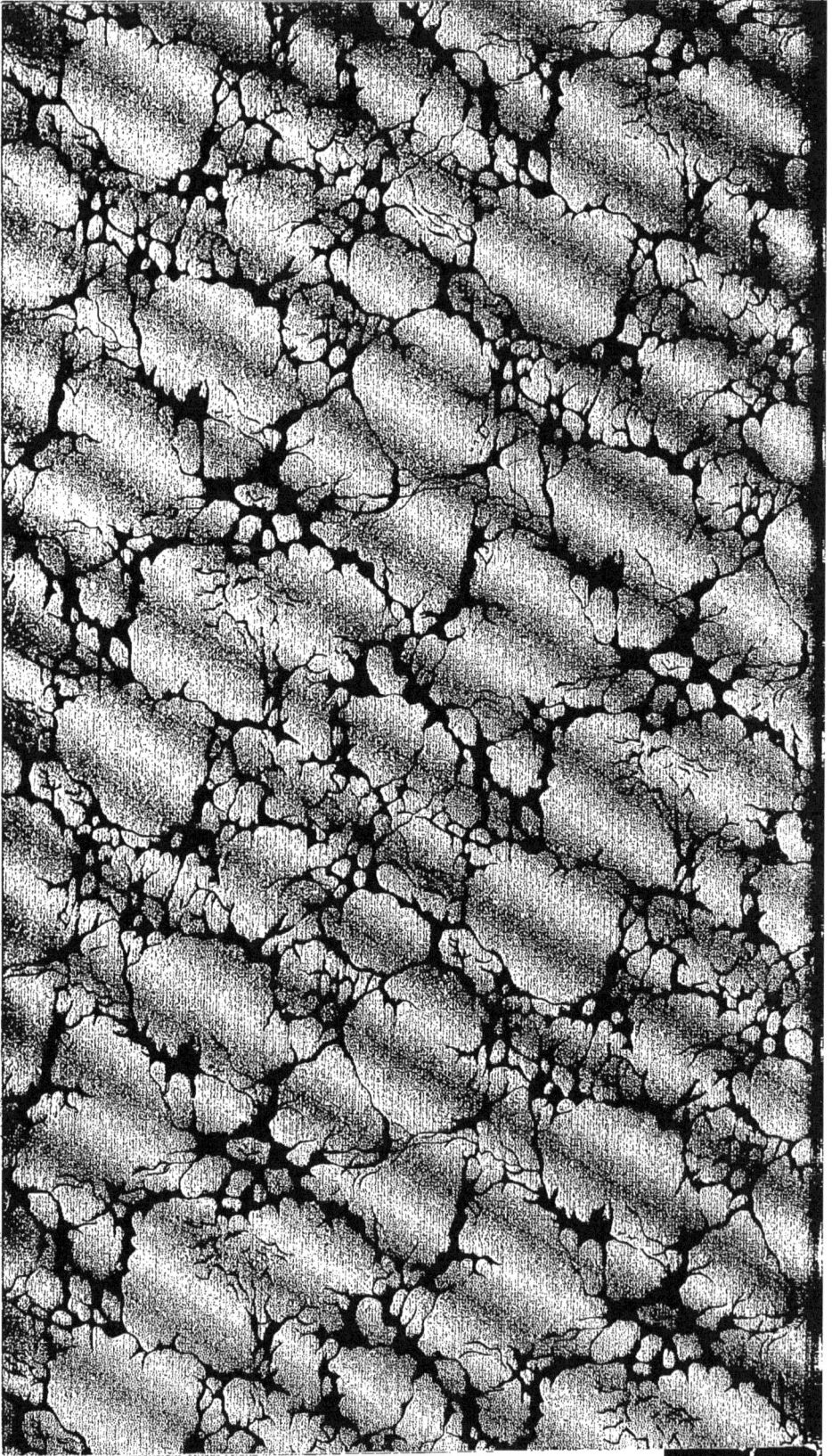

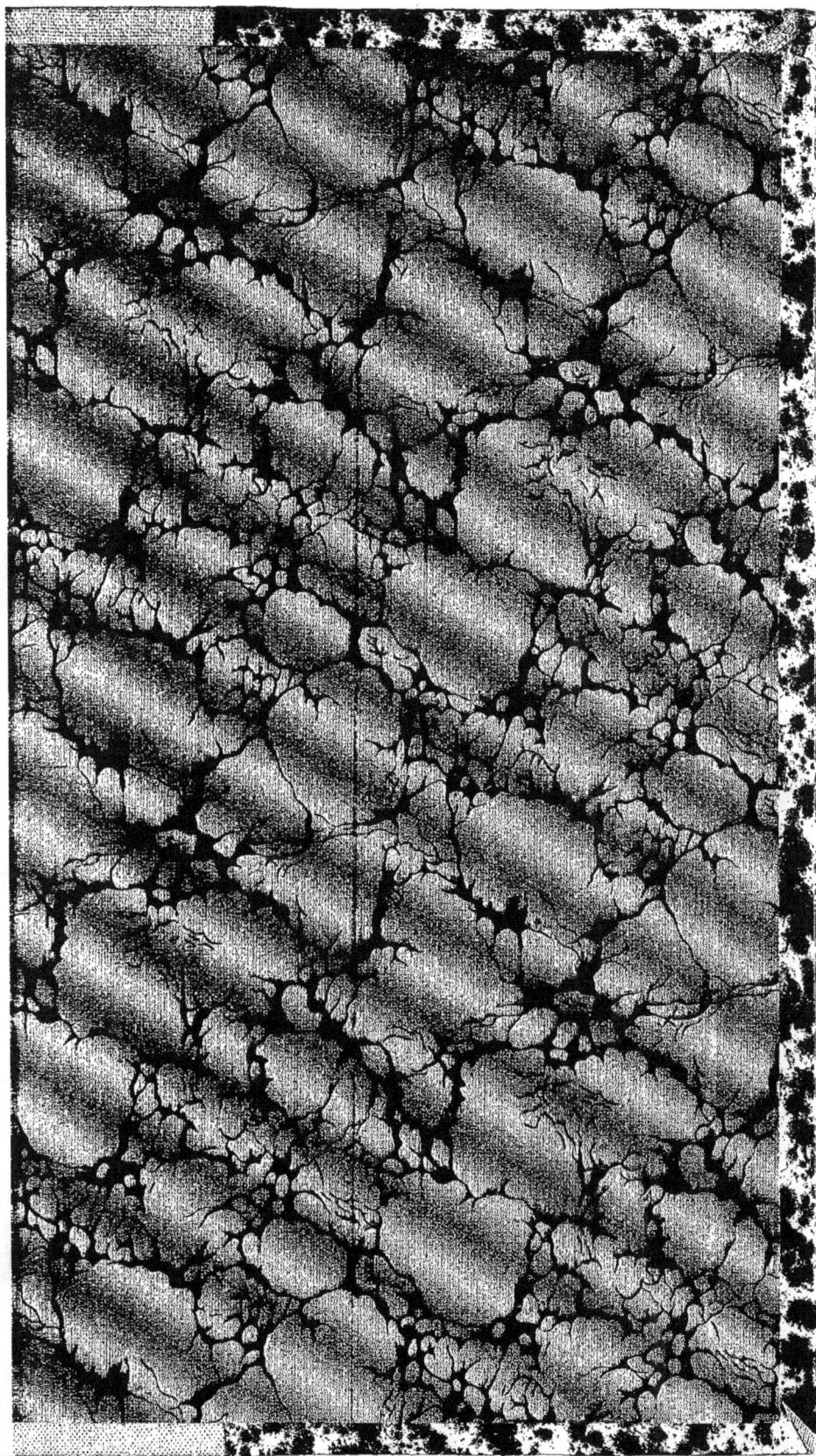